数学ラーニング・アシスタント
常微分方程式の相談室

理学博士 小林 幸夫【著】

コロナ社

はしがき

　唐突ですが，直線とは何でしょうか？　このように問いかけられて，即答できない学生の方々を見受けることがあります．「直」という漢字は「まっすぐ」という意味を表します．直線という熟語を，文字どおりに解釈すると「まっすぐな線」です．では，「まっすぐ」とは，どういう状態を指すのでしょうか？「まっすぐ」というのは，あいまいな表現であり，「曲がっていない」と言い換えても，「曲がる」とはどういう意味かという問いに行き当たります．

　微分方程式の教材なのに，どうしてこのような問いから始まるのかと思ったかもしれません．この例で伝えたい内容は，主に三つあります．

　(i)　数学という学問では，語学と同じように，**数学に特有のことばづかい(数学語)**が必要です．数学地方の方言ではなく，数学の世界では数学語を標準語と考えなければいけません．日常生活とちがい，あいまいな表現を使うと，まちがった結論，矛盾した結果に到達する場合があります．数学の表現に慣れないと，難解に感じます．しかし，じっくり読み取ると，あいまいさのない見事な表現であることが実感できるはずです．「二つの線分のなす角が $179.9°$ である」といえば，二つの線分が大体重なっていても，完全に重なっているわけではないという意味がはっきりします．

　(ii)　**数学の出発点は，用語の定義**です．数学の演習問題が解けるのに，用語の定義を正確にいえないという取り組み方は，明らかに本末転倒です．解き方を覚えているから正解に達するのでしょうが，問題の意味を正しく理解しているとはいえません．大学の数学では，定義を軽視しないで，定義から出発して地道に理解を深める姿勢が大事です．

　(iii)　定義・定理を，単語・文のまま頭に刷り込むのではなく，頭の中で**具体的なイメージを思い描くトレーニング**が重要です．ただし，数学のすべての概念に対して，具体的なイメージを描こうとすると，まちがったこじつけに陥るおそれがあります．しかし，中学・高校・大学初年次の水準の数学では，計算の仕方は知っているのに，何を計算しているのか，なぜこのように計算するのかがわかっていないということでは困ります．ことばだけに留まってイメージを描けない状態では，ほんとうにわかっているとはいえません．教育心理学では，このような状態を「バーバリズム(唯言語主義)」といいます．カレーとケーキとのどちらも食べた経験のない人が「カレーは辛い」「ケーキは甘い」という文を暗記しているのと同じです．

　この3番目の内容こそ，微分方程式の導入部です．はじめの「直線とは何か」という問題に戻って，「まっすぐ」「曲がっている」の意味を考えてみましょう．「直線，放物線，円を描け」という問題が出たら，正しく描くことができるでしょう．それにもかかわらず，「直線，放物線，円とは何か」という問題には即答できないとすると，「わかっていない」のに「できた」ということにならないでしょうか？　学校教育では，「わかる」だけでなく「できる」ようにならないといけないという注意があります．ここで取り上げている問題の場合は，まったく逆の実態です．ことばが頭に入って，決まった方法のとおりに「できた」だけで，「わかった」つもりになってはいけません．直線，放物線，円を描く場面を思い出してみます．ふつうは意識しませんが，曲線の場合，鉛筆の芯を進める方向を少しずつ変えながら描いています．数学のことばでいうと，曲線は「位置ごとに接線の方向の異なる図形」です．芯を進める方向が接線の傾きです．直線を描く場合は，傾きを変えないで芯を進めます．高校数学で関数のグラフをつくったときも，同じ発想だったことに気づきますか？　接線の傾きを式で表し，傾きの正負で関数値の増減を調べたのは，この発想を正確に活かすためです．円を描くとき，このような計算を省いても，頭の中で接線の傾きの見当をつけながら芯を進めているはずです．

はしがき

　数学の世界は，日常とは別の世界というわけではありません．生活の中で，メモ用紙に /，レ，? のような線を書くことがあります．このようなとき，数学の理屈を意識しながら芯を進めているわけではありません．傾きの程度を考えて，これらの線を書く人はいないでしょう．しかし，数学では，曲線の意味を定義し，定義のとおり正確に曲線を描く方法を発展させました．**微分方程式を解くときのイメージ**として，**接線の傾きを手がかりにして曲線を描く作業**を思い浮かべてみましょう．各点で接線の傾きを表す数学語が**微分**であり，芯の進んだ軌跡を表す数学語が**積分**です．簡単にいうと，**微分方程式の世界は，線の引き方に正確な理屈を与えるという発想**から出発します．驚くことに，この発想は「年代によって人口がどのように推移するか」「投げたボールの位置は時間とともにどのように変化するか」という問題に応用できます．本書を通じて，このような問題をくわしく探究していきます．

局所的振舞とは… 各点の接線の傾きによって，各点の近くでグラフが右上がりか右下がりかがわかる

⇓ つなぎ合わせ

大域的振舞とは… グラフ全体がどんな形かを知る

「振舞」：変化するようす

　式は数学の文法で書き表した文だから，局所的振舞を**式に翻訳**して微分方程式を解き，解を表す式を**読解**して大域的振舞を知る．

感謝のことば

　著者自身が LaTeX で作成した原稿，手書きの拙い図・イラストは，見にくいと感じる方もいらっしゃると思いますが，趣旨を理解してくださると幸いです．

　本書を出版していただく際に，LaTeX の作業に膨大な時間がかかったため，予定よりも大幅に遅れましたが，コロナ社の皆様が励ましてくださり，大変お世話になりました．厚く御礼申し上げます．

2018 年 11 月

小林　幸夫

目次

ラーニング・アシスタント ··· v

数 学 の 書 式 ··· ix

第0部　積分・微分への案内

第 0 講　プロローグ —— 微分方程式とは何か ··· 1
　0.1　なぜ接線を考えるのか　2
　0.2　接線の表し方　3
　0.3　曲線から接線の傾きが決まる規則 —— 導関数　10
　0.4　接線の傾きから曲線を探る方法 —— 積分　15
　0.5　微分方程式の名称と階数・次数　24
　　計　算　練　習　25
　　探　究　演　習　29

第Ⅰ部　1階常微分方程式の求積法

第 1 講　変数分離型 —— 接線の傾きのタイプⅠ ··· 33
　1.1　微分方程式の基本型 —— 変数分離型　34
　1.2　変数分離型の常微分方程式の解法　42
　　計　算　練　習　46
　　探　究　演　習　51

第 2 講　同次型 —— 接線の傾きのタイプⅡ ··· 60
　2.1　初期条件による解曲線のちがい　60
　2.2　同次型 —— 変数分離型に帰着する型　63
　　計　算　練　習　70
　　探　究　演　習　72

第 3 講　線型 1 階微分方程式 —— 接線の傾きのタイプⅢ ··· 80
　3.1　線型常微分方程式 —— 斉次方程式と非斉次方程式　80
　3.2　定数変化法の発想　84
　　計　算　練　習　90
　　探　究　演　習　95

第 4 講　完全微分型 —— 接平面の傾き ·· 101
　4.1　接平面の表し方 —— 接線の表し方の拡張　101
　4.2　曲線を求める問題と曲面を求める問題　112
　4.3　完全微分方程式 —— 接平面の傾きから曲面を探る方法　116
　　計　算　練　習　122

探　究　演　習　131

第 II 部　高階常微分方程式の求積法

第 5 講　連立常微分方程式 138
5.1　連立常微分方程式と高階微分方程式との関係　138
5.2　高階斉次線型常微分方程式　142
5.3　高階非斉次線型常微分方程式　172
計　算　練　習　194
探　究　演　習　215

第 III 部　常微分方程式論への入り口

第 6 講　エピローグ ── 常微分方程式の解の振舞 231
6.1　1 階高次常微分方程式　231
6.2　解の存在と一意性　237
6.3　ベキ級数による解の展開　245
6.4　解の安定性 ── ベクトル微分方程式　259
計　算　練　習　280
探　究　演　習　286

付録　初期値問題を微分演算子で解く方法 293
A.1　微分演算子と逆演算子　293
A.2　不連続な関数を微分する方法　294

索　　引 297

ラーニング・アシスタント

昨今，ラーニング・アシスタント制度を導入している大学が増えています．ラーニング・アシスタントとは，講義担当者の授業運営を補助したり，受講者の学習を支援したりする学生スタッフです．しかし，学生スタッフの方々が対応できる時間帯には限度があります．本書は，微分方程式のラーニング・アシスタントとして，いつでも訪問できる相談室です．

本書の特色

1. 小学算数，中学数学，高校数学からなめらかにつながるように交通整理する

学問は，過去にまとめあげた知識の蓄積の上に成り立っています．個人の幼児期から青年期までの成長過程は，人類が数学を発展させてきた歴史の圧縮版とみなせます．試行錯誤も含め，数学が発展した過程を追体験するという取り組みも大事です．太古の昔，人類は，知識の蓄積が乏しく，時代とともに誤概念を修正しながら，正しい体系を築いてきました．個人も，誕生の時点では知識がなく，成長に伴って，計算を正しく実行したり，図形を錯覚しないで判断したりするようになります．本書では，小学算数以来なじんできた「四則演算」「直線・曲線・長さ・面積」を出発点として，積分・微分まで概念を拡張する必然性を実感します．たとえば，関数のテイラー展開の予備知識を仮定しないで，中学・高校数学の「多項式の展開」「因数分解」「2次方程式の重解」の根本を見直して，微分の概念に進めます．

> 参考　林周二：『研究者という職業』(東京図書, 2004)
> 今日一般に科学と総称しているものは，過去から今日までの科学者と称される人びとの積年の思考の
> 積み重ねにより，長い歳月をかけ，累積的に組み上げられてきた各種の客観知の巨大な体系である．

2. 背景，着眼点，解法，モデルを系統的に理解する

どんな問題でも，どうしてその問題を考えるのかという由来があります．問題の背後にある事情がわかると，解決の糸口を見つけやすくなります．問題の解決のためには「どんな微分方程式を立てるのか」「その微分方程式をどのようにして解くのか」を理解しなければなりません．問題のモデル (数学記号・数式で書き表したシステムを数理モデルという) が自然科学 (理学・工学・医学など)・社会科学 (経済学・経営学・地理学など) の現実の世界に見つかるかどうかを探るという視点も重要です．モデルは，問題の背景と密接に結びついています．背景，着眼点，解法，モデルのように展開すると，序論，方法，結果，考察の順に進む論文の書き方とも合います．

3. 計算練習，概念に関する問題のほかに，線型代数との結びつきに着目して理解を深める

小学校で九九を暗誦した頃を思い出してみましょう．理屈を知るまえに，九九を覚えていると，算数の応用問題に進みやすくなります．高学年に進んで学力が高くなるにつれて，九九の意味もわかったはずです．大学数学でも，計算の練習は基本です．計算力が向上すると，概念の意味がわかってくる場合があります．「はしがき」で注意したとおり，大学の数学では，計算だけでなく，概念の意味も重要です．各章末で，「計算練習」から「探究演習」に進みます．問題によっては，代数のように見えても，幾何の姿が潜んでいます．幾何のように見えても，代数と関連の深い場合もあります．1問を深く掘り下げると，多くの問題を解いたときよりも，数学の見方が広がります．Descartes (デ

カルト) は，座標の考え方で幾何の問題を解決するという解析幾何の方法を考案しました．この話は，数学史で有名です．常微分方程式は線型代数との結びつきが強く，解の構造はマトリックスとベクトルとの世界で理解することができます．

> **参考** 東野圭吾：『容疑者 X の献身』(文藝春秋，2005)
> 「難しくはありません．ただ，思い込みによる盲点をついているだけです．」
> 「たとえば幾何の問題に見せかけて，じつは関数の問題であるとか」
> 「自分の作る問題が難しいとは思わない．むしろシンプルだと思っている．授業で教えたことから逸脱していないし，基本的なことさえ理解していれば，すぐに解けるはずだった．ただ，少しだけ目先を変えてある．その変え方が，参考書や問題集によくある問題とひと味違う．だから解法の手順を覚えているだけの生徒は戸惑う．」

4. 用語の定義を重視する

学問の世界では，多義語 (複数の意味を持つことば) を使わないように注意します．科学・工業英語の第一人者の早稲田大学名誉教授・篠田義明先生は，one word/one meaning の原則を提唱しています．「ことばがちがえば，意味もちがう」という原則です．高校数学とちがって，「微分」という名詞と「微分する」という動詞とを区別しないと，内容を正しく理解できない場合があります．化学でも，$2H_2O$ の係数 2 と添字 2 とは意味が異なります．この例では，2 という数字は同じですが，大きさ・位置によって意味を区別しています．

> **参考** 林周二：『研究者という職業』(東京図書，2004)
> どのような制度世界 (例えば，相撲における力士の世界) にあってもそうだが，学術研究の世界にも，そこには歴史的，伝統的に踏襲されてきたさまざまな作法とかルールのようなものが厳然と存在していて，当該科学ないし学術の研究に携わる者たちは，そのルールに従うことが求められる．(中略) 必ず当該学術の世界で広く公認されている学術用語 (technical term ふつう術語という) を用いて論ずる必要があることである．(中略) その定義内容は各分野ごとにそれぞれはっきり規定されていて，学術研究発表の文章ではそれに準拠することが求められている．

5. 初期条件をみたす解を追跡する

式で表してある関数を微分した結果のほとんどは，式で表せます．しかし，積分した結果も必ず式で表せると思い込んではいけません．高校・大学初年次の微分積分の教科書では，積分の結果が式で表せる例を挙げていますが，これらの例は限られた特殊な場合です．教室で取り上げる微分方程式は，解が式で表せるという幸運な例にすぎません．従来の教科書では，微分方程式の解は，積分定数を含む式 (一般解という) で表しています．しかし，どんな微分方程式でも，解がこのような式で表せるわけではありません．

自然科学，社会科学などの現実の世界には，微分方程式が有力な方法として活かせる問題があります．稲葉三男：『常微分方程式』(共立出版，1973)，齋藤利弥：『常微分方程式論』(朝倉書店，1967) の指摘のとおり，現実に応用する場合，特定の条件をみたす解 (初期値問題・境界値問題の解という) が必要です．圧倒的多数の微分方程式は，解が式で表せないので，数値解析の方法でプログラミングしないと解の振舞がわかりません．

積分の概念の基本は，合計 (和) です．$\int_{t_1}^{t_2} f(t)dt$ (t_1, t_2 は特定の値) は「$t = t_1$ から $t = t_2$ まで

$f(t)dt$ を足し合わせる」という意味を表します．数値解を求める場合，この合計の計算をプログラミングします．

　本書では，このような事情を配慮して，一般解は扱わず，定積分によって初期値問題を解くという方式を採ります．この方式によって，幾何の観点から，微分方程式の表す意味，解の振舞を理解することができます．

6. **積分法と微分法との間で微分の概念を同じという立場をとる**

　「はしがき」に示した「本書のテーマ」の観点で，「局所的変動 $y' = \dfrac{dy}{dx}$ の dx, dy と大域的変動 $\int_{y_1}^{y_2} dy = \int_{x_1}^{x_2} f(x)dx$ の dx, dy とは同じである」という立場をとります．小島順：「現実の中の積分」[『高等学校の微分・積分』(筑摩書房，2012) に所収] には，積分法と微分法とで異なる概念を同じ記号 dx で表しているという解説があります．一松信：『ベクトル解析入門』(森北出版，1997) によると，体系の構成方法のちがいによって，同じと見ることも，異なると考えることもできます．本書の第 0 講の出発点では，積分法と微分法との間で微分の概念を同じと見るほうが微分方程式の導入に都合がよいと判断しました．

7. **連立常微分方程式を導入してから簡単な高階常微分方程式に進む**

　1 階常微分方程式からただちに高階常微分方程式に進めるのではなく，1 階常微分方程式の組 (連立常微分方程式という) に進めるという順序をとります．「各点の接線の傾きを手がかりにしてグラフの形を探る」という基本から離れず，話がつながるようにするためです．高階微分は，1 階微分とちがって，初学者にとって直観しにくい概念であるという事情も配慮しているからです．

8. **考え方の筋道を記述する作文力を培う**

　マークシート方式は，多数の受験者に対して，限られた時間で採点しなければならない場合に有効です．この方式の利点は，成績を処理する側の立場であって，論述力の向上には役立ちません．大学入学後は，試験のための対策ではなく，数学の考え方を記述するときの作法を身につける姿勢が肝要です．式の書き方，文字・記号の使い方，作文の注意点を習得し，結果しか書かなかったり，計算用紙のような書き方になったりしないように練習します．

　たとえば，「因数分解」を「多項式を，いくつかの多項式の積の形に変形すること」という文は適切ではありません．「こと」ではなく，「操作」という概念を表すことばを使わないと定義になりません．「因数分解」＝「こと」ではないからです．

　改行の仕方にも気をつけないと，誤読のおそれがあります．講演会，卒業研究発表会などのスライドに，読みにくい例が見つかります．つぎのスライドの場合，1 行目の末尾を見たときに，鳩山由紀夫元首相の「由起夫」を「幸夫」と書きまちがえたのかと思いますが，2 行目を見て「幸夫人 (みゆきふじん)」であることがわかります．行の始まりだけを見て，何が「ころんだ」のかと思い，前の行に戻ると，正しくは「ほころんだ」であることがわかります．これらの改行の仕方は，球技・格闘技でいうフェイントです．

> 鳩山幸夫
> 人
> ころんだ
> ほ

　行の長さ (文字数) の統一に拘らないで，単語が分かれないように注意します．本書でも，行の長さよりも文の意味を読み取りやすくする工夫のほうを優先した箇所があります．

9. 文語体を回避する

　本書では「よって」「ゆえに」「しかるに」「かくして」などの文語調の接続詞を使いません．この方針は，前著『数学ターミナル 線型代数の発想』p. viii に記したとおりです．大学受験数学では，いまだに「よって」「ゆえに」ばかりの並んだ文があります．京都大学名誉教授・笠原皓司先生は『数学の言葉づかい 100 ―― 数学地方のおもしろ方言―』(日本評論社，1999) で「表現内容を変えずに，表現方法を口語化するようにもって行きたいものである．(中略) ただ古臭いだけで，きらわれる要素だけをもった言葉，(中略) 早急に追放していただきたいものである」とお書きになっています．

10. 索引を用語集，和英辞典として活用する

　本文だけでなく，索引を活用して，用語を整理するという取り組み方も重要です．

【本書の水準】EMaT 工学系数学統一試験 (工学系数学に焦点を当てて，全国の工学系学部生の数学基礎学力の底上げを目的として実施する試験．http://www.aemat.jp/exam/) に対応できる水準をめざしています．

【取り上げなかった項目】Lagrange の微分方程式の特異解の有無 [西本勝之：『大学課程微分方程式演習』(昭晃堂，1969) p. 134 にしたがって，自然現象，工学系の問題に不必要]，微分方程式の数値解法 [Runge-Kutta (ルンゲ・クッタ) 法]，偏微分方程式，ベクトル解析

【他書との関係】拙著『力学ステーション 時間と空間を舞台とした物体の振る舞い』(森北出版，2002)，『数学ターミナル 線型代数の発想』(現代数学社，2008)，『数学オフィスアワー 現場で出会う微積分・線型代数』(現代数学社，2011)，*The Mathematical Gazette, International Journal of Mathematical Education in Science and Technology, Far East Journal of Mathematical Education, Mathematical Gazette* に公表した拙稿の内容を，本書の目的に合うように書き換えた箇所があります．

数学の書式

1. ワープロでレポート・論文などを書くときの文字の使い方

イタリック体 (斜体) とローマン体 (立体) との区別

● **イタリック体 (斜体)**

① 数を表すアルファベット

　[例]　$3x + 4y = -1 \quad y = e^x$

② 量を表すアルファベット

　[例]　$A = \pi r^2$

● **ローマン体 (立体)**

① 特別な記号

　[例]　$\log x, \sin\theta, \cos\theta, \tan\theta$

　$logx, sin\theta, cos\theta, tan\theta$ と書かない.

　$tan\theta$ と書くと, $t \times a \times n \times \theta$ の意味になる.

　[例]　単位量を表す記号

　$l = 4\,\mathrm{km}, \quad m = 2\,\mathrm{g}, \quad t = 9\,\mathrm{min}$

　長さ l, 質量 m, 時間 t は斜体で書くが, km, g, min は立体で書く.

② ローマ数字

　　i, ii, iii, iv, v, ..., I, II, III, IV, V, ...

ボールド体 (太文字) とイタリック体 (斜体) との区別

● **ボールド体 (太文字)**

数の組 (**数ベクトル**という) を表すとき

　[例]　$\boldsymbol{a} = \begin{pmatrix} 5 \\ -2 \end{pmatrix} \quad \boldsymbol{a} = (5, -2)$

● **イタリック体 (斜体)**

ふつうの数 (**スカラー**という) を表すとき

　[例]　$c = 7$ の左辺 c 　　(x, y) の成分 x, y

アルファベットの選び方

① 未知数, 変数：アルファベットの終わりのほうの文字

　s, t, u, v, w, x, y, z

　[例]　方程式：$4x = 5$ (x は未知数)　　関数値：$y = 6x + 5$ (x, y は変数)

A：area (面積)
π：円周率は数だから斜体で表す.
r：radius (半径)

微分記号 d
● 数学では斜体で表す.
● 物理では立体で表す場合もある.

量を表す記号
l　：length (長さ)
m：mass (質量)
t　：time (時間)
単位量を表す記号
min：minute (分)

◀ (x, y) の括弧は立体で書く. (x, y) と書かない.

ベクトルとスカラーとを区別するために, 字体を使い分ける.

通常, 整数は i, j, k, l, m, n (番号を表す添字は整数) で表す. プログラミング言語では, 暗黙の型宣言によって, 変数の型の規則が決まっている.
● 変数名の頭文字が i, j, k, l, m, n のどれか：整数型変数
● 上記の文字以外 (頭文字が $a - h$, $o - z$)：実数型

② 定数：アルファベットのはじめのほうの文字

a, b, c など

例　1 次関数 $y = ax + b$ (x, y は変数，a, b は定数)

大文字と小文字との使い分け

① 図形の名称は大文字で表す．

例　$\triangle ABC$　円 O (ゼロではなく「オウ」)　点 Q　線分 AB

② 集合の名称は大文字，要素の名称は小文字で表す．

例　$A = \{a, b, c\}$

> 半径は r (radius の頭文字) で表す．直線は ℓ (line の頭文字) で表す．

2. 数学の説明文の書き方

文中の数式の書き方

式が文末の場合，ピリオドが必要である．

例　求める k の条件は
$$k > 2.$$

▶ 注意　文末とは「文の終わり」である．式を変形するごとにピリオドを打つわけではない．

例　$\overrightarrow{AP} = \frac{2}{3}\overrightarrow{AB}$ だから

$\overrightarrow{OP} = \overrightarrow{OA} + \overrightarrow{AP}.$　◀ このピリオドは不要．

$= \overrightarrow{OA} + \frac{2}{3}\overrightarrow{AB}.$　◀ 文末だからピリオドが必要．

数学記号と語句とを混同しない

数学記号は式の中で使う．

誤用　∴ 数学的帰納法によって，すべての自然数 n について (★) は成り立つ．

▶ 注意　記号 ∴ は，文の中で使わない．
「8 を 4 で割る」という文を「8 を 4 で ÷」と書かない．記号 ÷ は式の中で使う．文末に記号を書かない．錯覚して，文頭に記号 ∴ を書いてもよさそうに感じるので注意する．

> 論理の分野では，命題を表す文を式として扱うので，つぎの例のように ∴ を文頭に書く場合がある．
> ∴ ソクラテスは人である．

式を羅列しない

数学の説明文でも，式を羅列しないで，筋道を理路整然と記述する．

修正前
② から
$$\frac{dx}{dt} = 4t^3 - 1.$$

修正後
② を t で微分すると
$$\frac{dx}{dt} = 4t^3 - 1$$
となる．

最終結果だけを記すのではない

数学の思考は論理を基本として展開するので,最終結果に到達するまでの過程を論述する.読み手が途中の過程を推定しないように説明する.

助詞の使い分け

① 「の」「が」

例 ○「$(\star)$ をみたす k の存在することがわかる.」

△「$(\star)$ をみたす k が存在することがわかる.」

どちらの文も内容は同じであるが,助詞「が」を二度くり返すと,語調がよくない.

② 「より」「から」

例 ○「式 (3) から式 (4) を導く.」

△「式 (3) より式 (4) を導く.」

文脈を考えると誤読するとは限らないが,「より」は多義語(「ラーニング・アシスタント」の「本書の特色」4 参照) なので避ける.

▶ 注意 「より」の用法

from (出所, ⋯ から), than (比較, ⋯ よりも), since (継続, ⋯ 以来), more (程度, もっと ⋯)

文脈で,これらの用法のどれがあてはまるかを判断しなければならない.
例文は「式 (3) よりも式 (4) を導くほうがよい.」という意味にも読める.

◀ 助詞の使い分けについて,日本経済新聞編:『恥をかかない日本語の常識』(日本経済新聞社, 1998) pp.40–41 に別の例文が挙がっている.

代名詞,副詞,接続詞,助詞は原則として仮名書き

意味の中心となることばを漢字で表し,意味どうしをつなぐはたらきをすることばを仮名書きにする.

漢字が並びすぎると,文全体が黒くなり,どこが重要な意味を表すのかが一目で判断しにくい.

例 ○「ただし,積分定数を省くこと.」

△「但し積分定数を省略する事.」

◀ 仮名書きについて,木下是雄:『理科系の作文技術』(中央公論新社, 1981) p. 136,『放送研究と調査 MAY 2005』に別の例文が挙がっている.

主語と述語とが正しく呼応する文を書く

誤用 「ある時,師範の先生が,勝とう勝とうと思うから負けるのだ.ひとつ負けるつもりになって,敵の誘いや動きにかまけずに打ち込んでいけ,といわれた.」

▶ 注意 前の文の主語「師範の先生が」が同じ文の述語と呼応しないで,あとの文の述語「といわれた」と呼応している.

◀ 著者に失礼にあたるので,出典は明かさない.

> 『数学の言葉づかい 100』(日本評論社, 1999) p. 21.
> 吉田耕作:『積分方程式論 第 2 版』(岩波書店, 1978) p. iv.

文語体を使わない

「よって」「ゆえに」「しかるに」などの文語体の接続詞,「与式」「題意」などのあいまいな語を使わない.

答案の書き方

つぎの答案で, 適切でない箇所を見つけて添削せよ.

(答案 1)　方陣は $\begin{array}{|c|c|c|} \hline 4 & 3 & 8 \\ \hline 9 & 5 & 1 \\ \hline 2 & 7 & 6 \\ \hline \end{array}$ となり, どの方向でも 3 数の和は 15 である. なので, この方陣を回転させたり折り返すと, すべての方陣を得る.

(答案 2)　題意より ①, ② を使うことができる. ゆえに, 与式は $2x+5=3 \iff x=-1$ となる.

▶ 注意
- 表を文の一部にしない. 表に番号が必要である.
- 会話とちがって, 文を「なので」で始めない.
- 「たり … たり …」が正しい.
- 題意, 与式は何を指すかがはっきりしないから, 内容, 式を明確に書く.
- 「より」は多義語であり, from (起点,・から), than (比較, … よりも), since (継続, … 以来), more (もっと) の意味がある.「… よりも ①, ② を使うほうがいい」という意味にも読める.
- 「ゆえに」「よって」「しかるに」などの文語体を使わず, 論理の筋道を明確に書く.
- 同値性 (必要条件と十分条件とをみたす) を明らかにするとき以外は, 記号 $\iff$ を避ける.
- 式は独立した行に中央寄せする.

修正例

(答案 1)　図 1 の方陣で, どの方向の 3 数も和は 15 である. したがって, この方陣を回転させたり折り返したりすると, すべての方陣を得る.

$$\begin{array}{|c|c|c|} \hline 4 & 3 & 8 \\ \hline 9 & 5 & 1 \\ \hline 2 & 7 & 6 \\ \hline \end{array}$$

図 1　方陣の例

(答案 2)　x がみたす条件 (a) から ①, ② が求まる. ① を ② に代入すると,

$$2x + 5 = 3$$

となる. この式を x について解くと

$$x = -1$$

を得る.

3. 数学記号・数式の表し方

手書きの文字はまちがいやすいため，表 1 に挙げたように書くとよい．たとえば，1 と l，2 と z，6 と b，9 と g, q に注意する．

表 1　ノート・答案に書くときのアルファベット

1	7	l	2	z		5	s または s	S
6	b	f	9	g	q	u	v	U	V
c	C		h	k	n		K	k (カッパ)
x (エックス)		χ (カイ)						

数学ではギリシア文字を使うので，表 2 に示す．

表 2　ギリシア文字

大文字	小文字	英語	読み方	大文字	小文字	英語	読み方
A	α	a, ā	alpha アルファ	N	ν	n	nu ニュー
B	β	b	beta ベータ	Ξ	ξ	x	xi グザイ (クシー)
Γ	γ	g	gamma ガンマ	O	o	o	omicron オミクロン
Δ	δ	d	delta デルタ	Π	π	p	pi パイ
E	ε, ϵ	e	epsilon エプシロン	P	ρ	r	rho ロー
Z	ζ	z	zeta ゼータ	Σ	σ, ς	s	sigma シグマ
H	η	ē	eta エータ	T	τ	t	tau タウ
Θ	θ, ϑ	th	theta テータ (シータ)	Υ	υ	u, y	upsilon ウプシロン
I	ι	i	iota イオタ	Φ	ϕ, φ	ph (f)	phi ファイ
K	κ	k	kappa カッパ	X	χ	ch	chi, khi カイ
Λ	λ	l	lambda ラムダ	Ψ	ψ	ps	psi プサイ (プシー)
M	μ	m	mu ミュー	Ω	ω	ō	omega オメガ

数学で使う文字には，表 3 に示すようなまぎらわしい例がある．

表 3　まぎらわしい文字の区別

a	エイ	α	アルファ	v	ブイ	ν	ニュー	B	ビー	β	ベータ
p	ピー	ρ	ロー	r	アール	γ	ガンマ	t	ティー	τ	タウ
E	イー	ε	エプシロン	x	エックス	χ	カイ	k	ケイ	κ	カッパ
w	ダブリュー	ω	オメガ								

▶ パソコンのキーボードで「かい」と入力して変換をくり返すと，χ が見つかる．
▶ 数学では，x (エックス) と χ (カイ) とを区別する．
　統計学で χ^2 分布 (カイ 2 乗分布) は「エックス 2 乗分布」ではない．

数学記号の英語の読み方を表 4 に示す．その後に分数，小数，数式の英語の読み方を示す．

表4 数学記号の英語の読み方

記号	名称	例	読み方
!	exclamation mark	$a!$	factorial a
′	dash; prime	x'	x prime
( )	parentheses	$f(x)$	function of x
:	ratio sign	$x:y$	the ratio of x to y
∴	therefore	$\therefore x = y$	therefore x equals y.
∵	because	$\because x = z$	because x equals z.
∞	infinity sign	∞	infinity
$\sum$	summation sign	$\sum_{k=1}^{n} k$	the sum from k equal one to n of k
+	plus sign	$a+b$	a plus b
−	subtraction sign	$a-b$	a minus b
×	multiplication sign	$a \times b$	a times b; a multiplied by b
·	multiplication sign	$a \cdot b$	a times b; a multiplied by b
÷	division sign	$a \div b$	a divided by b; a over b
/	solidus	a/b	a solidus b; a divided by b with solidus ; a over b with solidus
±	plus-minus sign	$a \pm b$	a plus or minus b
=	equality sign	$a = b$	a equals b; a is equal to b.
≠	non-equality sign	$a \neq b$	a is not equal to b.
≒	approximation sign	$a \fallingdotseq b$	a is approximately equal to b.
<	less than sign	$a < b$	a is less than b.
>	greater than sign	$a > b$	a is greater than b.
≤	less than sign	$a \leq b$	a is less than or equal to b.
≥	greater than sign	$a \geq b$	a is greater than or equal to b.
$\sqrt{\ }$	root sign	$\sqrt{a}$	square root of a
$\sqrt[3]{\ }$		$\sqrt[3]{a}$	cube root of a
$\sqrt[n]{\ }$		$\sqrt[n]{a}$	the nth root of a
| |	modulus bar	$\|a\|$	absolute value of a; modulus a
∝	proportionality sign	$a \propto \dfrac{1}{b}$	a varies inversely with b.
exp	exp	$\exp x$	exponential function of x
Δ	triangle	$\triangle ABC$	triangle capital ABC
	delta	Δx	finite difference of x
log	log	$\log x$	log of x
ln	ln	$\ln x$	natural log of x
lim	lim	$\lim f(x)$	limit of the function of x
→	arrow	$a \to b$	a tends to b; a approaches b.
d	d	dx	dx; differential of x
∂	curly d	$\dfrac{\partial f}{\partial x}$	partial derivative of f with respect to x

▶ 等号付き不等号
  $\leqq, \geqq$ は日本の中学・高校数学の教科書で使っている.
  $\leq, \geq$ は欧米で多く使い,日本でもこの記号を使っている大学数学の教科書がある.
もっと知りたい読者のために 篠田義明:『伝える英語の発想法』(早稲田大学出版部,2007).

数学の書式

分数の読み方

分母：denominator,　分子：numerator

$\dfrac{1}{2}$ one half; a half　　$\dfrac{1}{3}$ one third; a third　　$\dfrac{1}{4}$ one fourth; a quarter

$\dfrac{2}{3}$ two thirds　　$2\dfrac{3}{4}$ two and three fourths

小数の読み方

小数点　point または decimal　小数点以下の数字を棒読みする．

0.027　　　　zero point zero two seven; zero decimal zero two seven

$0.555\cdots$　　zero point five recurring; zero decimal five recurring

数式の読み方

- 加法 (addition)

  $3+5=8$　　　　　Three plus five equals eight.

  　　　　　　　　　Three and five are eight.

  　　　　　　　　　Three and five make eight.

  $2+4+6+\cdots$　　two plus four plus six plus point point point

  $\dfrac{1}{4}+\dfrac{3}{5}=\dfrac{17}{20}$　　One over four plus three over five equals seventeen over twenty.

  $x(y+z)$　　　　　x times the sum of y plus z

  　　　　　　　　　x parenthesis open y plus z parenthesis close

- 減法 (subtraciton)

  $8-3=5$　　Eight minus three equals five.

  　　　　　　Three from eight leaves five.

- 乗法 (multiplication)

  $3\times2=6$　　Three times two equals six.

  　　　　　　　Three multiplicated by two equals six.

- 除法 (division)

  $10\div5=2$　　Ten divided by five equals two.

  $\dfrac{d}{a(b+c)}$　　d divided by the whole quantity a times quantity b plus c

- ベキ (power)

  c　　　　the first power of c; c to the first power

  c^2　　　the second power of c; c to the second power; c squared

  c^3　　　the third power of c; c to the third power; c cubed

  c^n　　　c to the nth power

  c^{-n}　　c to the minus nth power; c to the power minus n

  $c^{\frac{1}{2}}$　　c to half power

  $c^{\frac{2}{3}}$　　c to the two-thirds power

  $3^2=9$　　Three squared equals nine.

  e^x　　　e to the xth power; e to the power x

- ルート

  $c^{\frac{1}{2}}$, $c^{\frac{2}{3}}$ などは上記のとおり．

$\sqrt{c}$ the square root of c
$\sqrt[3]{c}$ the cube root of c
$\sqrt[n]{c}$ the nth root of c

- 対数 (logarithm)

  $\log_2 x$ log of x to the base two

  $\log x^n$ logarithm of the nth power of x; log of x to the nth power

  $\log x^{\frac{1}{n}}$ log of x to the one over n power

- 微分 (differential)

  $\dfrac{dy}{dx}$ derivative of y with respect to x

  $\dfrac{d^2y}{dx^2}$ the second derivative of y with respect to x

  $\dfrac{\partial y}{\partial x}$ partial derivative of y with respect to x

  $\dfrac{\partial^2 y}{\partial x^2}$ the second partial derivative of y with respect to x

  $a_3 y''' + a_2 y'' + a_1 y' + a_0 y = 0$ a sub three times y triple dash (or prime) plus a sub two times y double dash (or prime) plus a sub one times y dash (or prime) plus a sub zero times y equals zero.

- 積分 (integral)

  $\displaystyle\int_a^b f(x)dx$ the integral between the limits a and b of the function of x dx

  $\displaystyle\iint f(x,y)dxdy$ the double integral of x, y

  $\displaystyle\iiint f(x,y,z)dxdydz$ the triple integral of x, y, z

  $\displaystyle\int \dfrac{x}{x+a}dx$ the indefinite integral of the quantity x over x plus a with respect to x

- 極限 (limit)

  $x \to \infty$ x approaches infinity.

  $c_n \to c$ c sub n approaches the value c.

第0部 積分・微分への案内

第0講 プロローグ —— 微分方程式とは何か

> **第0講の問題点**
> ① 高校数学と大学数学との間のギャップを埋めること．
> 計算して解を求めるだけでなく，概念の意味を探究する姿勢が肝要である．
> ② 「微分」「微分係数」「微分する」という用語のちがいを理解すること．
> 高校数学の範囲でも，これらの表現を使うが，dx, dy を座標として扱わない．
> ③ 「積分」を足し算の拡張として理解すること．
> ④ 「微分方程式を解く」とは「局所的振舞から大域的振舞を見つける」という意味を理解すること．
> 【キーワード】 積分，微分，微分係数，関数，導関数，接線

　1個100円の缶コーヒーを扱っている自動販売機がある．100円を入れると1個出る．200円を入れると2個出る．金額を入力，商品を出力という．機械の内部のしくみを知らなくても，ボタンを押すと金額に応じた個数の商品が出る．
　「機械は金額に商品を対応させるはたらきをする」という．**入力と出力との対応の規則を「関数」**とよぶ．この自動販売機の規則は「入れた金額を単価で割ると個数が求まる」といい表せる．機械は，規則どおりの操作を実行し，正しい個数の缶コーヒーを出す．
　個数のようにトビトビ (離散) の例だけでなく，時間のようにトビトビでない (連続) 例もある．時計の長針は，15 min で 90° 回転し，30 min では 180° 回転する．時間が入力で，回転角が出力である．入力と出力との対応の規則は「時間に 1 min 当りの角度を掛けると回転角が求まる」といい表せる．時計のしくみを知らなくても，「入力を2倍，3倍，... にすると，出力も2倍，3倍，... になる」という規則をいえる．
　時計の例で，対応の規則は「**正比例関数**」で表せる．よこ軸に時間，たて軸に回転角を選ぶと，時間と回転角との対応は，**原点を通る直線のグラフで表せる**．確認しなくても，ある時刻から何分経つと何度だけ回るかがわかる．入力と出力との対応の規則がわかると「入力の値がいくらのとき出力の値がいくらか」を予測することができる．「グラフは原点を通る直線で表せる」という正比例関数の特徴が**予測の鍵**を握っている．第0講では，曲線のグラフに発展させて「曲線上の各点で接線は正比例関数のグラフとみなせる」という発想を理解する．

> **相談室**
> **P** 数学の書式を振り返ったところで，微分方程式の本題に進みましょう．これからの話に必要な基礎事項は，いうまでもなく積分・微分です．
> **S** 高校数学の教科書を復習しようと思います．「微分係数」と「導関数」とは，意味がどうちがうのかはっきりわかりませんでした．でも，x^2 を x で微分すると $2x$ になるというような規則を覚えましたから，このような規則を使う計算はできる自信があります．「原始関数」「不定積分」「定積分」という用語もあったような気がしますが，区別を聞かれても説明できません．高校のときは，用語の意味を深く考えずに，計算練習ばかりした記憶があります．
> **P** 「はしがき」で注意したとおり，用語の定義を理解し，イメージも描けるように

―― **用語を理解せよ** ――
関数は「整数」「実数」などとちがい，数の分類を指す用語ではない (0.3 節)．

◀ 単価とは1個当りの価格．ここでは，釣銭を考えない．

―― **書式に注意せよ** ――
字体
min: minute 分
単位はローマン体 (立体) で表す．p.1.

入力は**独立変数**の値，出力は**従属変数**の値である．
　時間が勝手に (独立に) 経過すると，時計のしくみにしたがって (従属して) 角度が変わる．

Stop!
「指数の 2 が係数になり，指数が 1 だけ小さくなる」という暗記は，九九の暗誦に似ている．肩 (指数) の荷 (2) が下り (係数になる) ても安心してはいけない．計算に慣れるためには，この暗記も必要である．しかし，この章で，2次多項式の展開を思い描いて，$2x$ になる理由をなっとくすることが大事である (例題 0.2)．

しましょう．高校数学から進んで，新しい気持ちで取り組む姿勢が大事です．
　S　たしかに，意味を知らずに，計算だけができても仕方ありませんね．

0.1　なぜ接線を考えるのか

　はじめに，厳密さに拘らないで，積分・微分の概念から始める．セロテープを取り付けたリール (丸い部分) を思い浮かべてみよう．

　テープがたわまないように，テープを強く引っ張りながら，じわじわとリールからテープを剥がす (図 0.1)．テープとリールとの接点からテープの先端までが接線 (正確には線分) である．テープが剥がれるにつれて，テープとリールとの接点は少しずつ変わる．接点が変わると，テープ (接線) の方向も変わる．

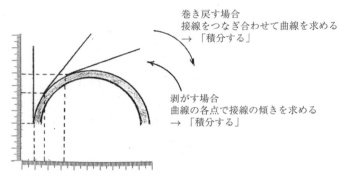

図 0.1　点ごとの接線のつなぎ合わせ

> イメージを描け──
> 「はしがき」の解説のように，紙テープ以外の例もある．鉛筆で曲線を描いている人の近くで，芯の進むようすを観察しよう．芯の進む方向が少しずつ変わりながら，曲線が仕上がってくる．芯の跡は同じ方向には進まず，つぎの瞬間わずかに方向が変わる．
> 小林幸夫：『現場で出会う微積分・線型代数』(現代数学社, 2011) 2.1 節．

　テープがたわまないように，テープを強く引っ張りながら，じわじわとリールにテープを巻き戻す (図 0.1)．「じわじわ」という進め方が本質であり，そうでないとなめらかに貼れない．

　頭の中で，テープに右側から光を当てたり，真上から光を当てたりした場面を想像してみる．左右方向の物差で，接点の影が右向きに進む長さが測れる．上下方向の物差で，接点の影が上向きに進む長さが測れる．
① 剥がす場合：リールの周上の各点で接線の方向が異なる．
② 巻き戻す場合：テープを微小な角だけ傾けながら，微小な長さの線分をつなぎ合わせると，曲線が描ける (図 0.2)．

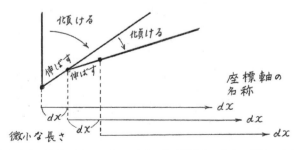

図 0.2　②の意味　線分の長さがゼロではまったく進まないから，傾けてから伸ばして貼る．「完全にゼロ」と「限りなくゼロに近い」とのちがいに注意する．

　数学は**記号の科学**だから，「微小な長さをつなぎ合わせる操作」を表す記号を決める．

◀ 接線上でヨコ座標 (独立変数) がわずかに変わるとタテ座標 (従属変数) も変わる．変化したあとの点を曲線上の点とみなして，この点で接線を傾ける．

◀ 一つの方向に二つの向きがある．
　左右方向
　　左向き
　　右向き

◀「限りなくゼロに近い」「微小」という表現もあいまいなので，解析学では $\varepsilon-\delta$ 論法を考える．

日常語	数学語
じわじわ	限りなくゼロに近い

> ① 剥がす操作
> 「曲線を微小に分割して傾きを求める」
> → 微分する
> ② 巻き戻す操作
> 「分割した長さを積み重ねる」
> (重箱とちがい「合計する」という意味)
> → 積分する

0.2 接線の表し方

合計 $\int_{どこから}^{どこまで}$ 何を 足し合わせる　　dx は 任意の (どこでもいい) 点から測った長さ を表す (図 0.2).

高さ, 奥行を考える場合, dy, dz も使う.

用語　合計を「積分」, 任意の点から測った長さを「微分」という.

例　左右方向：$\int_{x_1}^{x_2} dx = x_2 - x_1.$　$\underbrace{(どこまで)}_{終点の座標} - \underbrace{(どこから)}_{始点の座標}$

意味　「微小な長さの線分をつなぎ合わせると, 長さ $x_2 - x_1$ の線分になる」

ノート：dx の意味

ある点から左右方向の長さを測る物差 (図 0.2) を dx 軸と名付ける.
- dx 軸上では $dx = 0.0000006$ のように小さい値の目盛, $dx = 8230000024581$ のように大きい値の目盛, $dx = -0.0005$ のような負の値の目盛がある.
- dx 軸上で「微小な長さ」(図 0.2) を考えたのは, 接線の影の先端を測るとき, 接点付近の限りなく小さい範囲でしか**接線が曲線の代わりにならない**からである.
- 原点から右向きを正の長さとすると, 左向きの長さは負の長さである.

向きの正負も含めて表す長さを「有向距離」という.

右向きに測る場合：$\int_3^5 dx = 5 - 3 > 0$ (正の長さ).　$\longrightarrow$ 正の向き
　　　　　　　　　　　　　　　　　　　　　　　　　　3　5

左向きに測る場合：$\int_{-3}^{-5} dx = (-5) - (-3) < 0$ (負の長さ).　$\longleftarrow$ 負の向き
　　　　　　　　　　　　　　　　　　　　　　　　　　-5　-3

感覚をつかめ

「つなぎ合わせ」を合計と考えると, 和の記号 $\sum$ (sum の頭文字 S のギリシア文字) が思い出せる. $\sum$ はギザギザの形だから, トビトビの数の合計に使う.
$\sum_{k=1}^{10} k = 1 + 2 + \cdots + 10.$
p.ix「数学の書式」整数を表すのでアルファベット k を選んだ.
$\int$ (S を上下に伸ばした形) はなめらかな形だから, 途切れなく足すときの合計に使う.
積分記号をインテグラル (integrate 集積する) という.

◀「接線が曲線の代わりにならない」を「曲線を接線で代用できない」ともいい表せる.

図 0.3　拡大

たとえば, ヨコ座標が x のとき接線の傾きが $2x$ で表せる曲線は放物線である.

0.2 接線の表し方

曲線の形は, 曲線上の点のタテ座標の増減で決まる. タテ座標の値が大きく (小さく) なると, 曲線は右上がり (右下がり) になる. ある点の近くを虫めがねで拡大すると (図 0.3), その点で接線は曲線の代わりとみなせることがわかる. 接線が右上がりか右下がりかによって, 曲線上の点のタテ座標の増減が決まる. 描きたい曲線上の各点で接線の傾きがどんな規則で決まるかがわかっていると, 接線の傾きを手がかりにして曲線を描ける. 中学・高校数学を振り返って, 接線の表し方から始めよう.

休憩室　林真理子：『下流の宴』(毎日新聞社, 2010)
　簡単と思う部分もあるかもしれませんが, 基礎を甘く見てはいけません. 基礎がきちんと身についているからこそ, 難しい問題を解くことで思考力や応用力が養われるのです.

Stop!

「はしがき」参照. 直線とは？傾きとは？正しくいえるか？

座標

「座席」の「座」は「場所」という意味. 「道標」(みちしるべ) の「標」は「しるし」という意味.
栗田稔：『幾何学の思想と教育』(海鳴社, 1987) p.24.

用語を理解せよ

直線はどういう図形か？
直線とは「傾きが一定の図形」である.
「傾き」とは何か？
　傾き $= \dfrac{(終点のタテ座標)-(始点のタテ座標)}{(終点のヨコ座標)-(始点のヨコ座標)}.$　(例題 0.1)

x：よこ座標
y：たて座標
(x, y) は直線上の任意の点
よこ方向にどれだけ進むとたて方向にどれだけ進むか.

例題 0.1　直線の表し方

xy 平面内で原点と (x_0, y_0) とを通る直線の傾きを求めて, 直線の方程式を答えよ.

発想　「直線とは, 傾きが一定の図形」ということばで表現した定義を**式**に**翻訳**する.

【解説】 $\underbrace{\dfrac{y-0}{x-0}}_{\text{任意の点と原点との間の傾き}} = \underbrace{\dfrac{y_0-0}{x_0-0}}_{\text{特定の点と原点との間の傾き（一定）}}$ 【例】原点と点 $(3,5)$ とを通る直線 $\dfrac{y-0}{x-0}=\dfrac{5-0}{3-0}$

$\left(\text{傾き}=\dfrac{\text{高さ}}{\text{幅}}\right)$

分母を払うと，
$$y=\dfrac{y_0}{x_0}x$$
（高さ ＝ 傾き × 幅）

のように**正比例関数**の式 $y=ax$（a は比例定数）になる（図 0.4）．

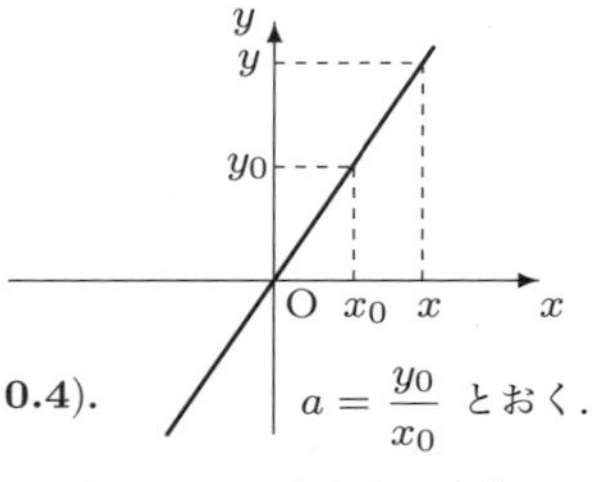

$a=\dfrac{y_0}{x_0}$ とおく．

図 0.4 原点を通る直線

▌用語を理解せよ

座標とは，原点からの距離（例：3 cm）が単位の距離（例：cm）の何倍かを表す数値である．
$$\dfrac{3\,\text{cm}}{\text{cm}}=3$$
だから，座標は 3 である．$3\,\text{cm}=3\times\text{cm}$ に注意．

（終点のヨコ座標）
−（始点のヨコ座標）
>0 とする．
傾きは
（終点のタテ座標）
−（始点のタテ座標）
>0 のとき 正
$=0$ のとき ゼロ
<0 のとき 負．

[相談室]
S 図 0.4 で，x 軸上の x，y 軸上の y は，座標軸の名前とどうちがうのでしょうか？
P 座標軸の名前 x,y は変数名を表し，座標軸上の x,y は座標（数値）の代表です．混同しないために，座標を s,t と書くこともできます．$t=\dfrac{y_0}{x_0}s$ が $x=s,y=t$ （s,t はどんな値でもいい）で成り立つので，$y=\dfrac{y_0}{x_0}x$ と表せます．任意の値を s,t とおくことは煩わしいので，図 0.4 のように，はじめから x,y と表すことがあります．

[問 0.1] xy 平面内で 2 点 (x_1,y_1), (x_2,y_2) を通る直線の傾きを求めて，直線の方程式を答えよ．

[発想]「直線とは，傾きが一定の図形」ということばで表現した定義を**式に翻訳**する．

【解説】 $\underbrace{\dfrac{y-y_1}{x-x_1}}_{\text{任意の点と特定の点との間の傾き}} = \underbrace{\dfrac{y_2-y_1}{x_2-x_1}}_{\text{特定の 2 点の間の傾き（一定）}}$ 【例】2 点 $(2,7),(3,9)$ を通る直線 $\dfrac{y-7}{x-2}=\dfrac{9-7}{3-2}$

$\left(\text{傾き}=\dfrac{\text{高さ}}{\text{幅}}\right)$

▌感覚をつかめ

点 $(\clubsuit,\heartsuit)$ を通る直線
$y-\heartsuit$
$=$ 傾き $\times(x-\clubsuit)$

分母を払うと，
$$y-y_1=\dfrac{y_2-y_1}{x_2-x_1}(x-x_1)$$
（高さ ＝ 傾き × 幅）

となり「点 (x_1,y_1) を通り，傾きが $(y_2-y_1)/(x_2-x_1)$ の直線」を表すことがわかりやすい（図 0.5）．$x-x_1, y-y_1$ は，点 (x,y) の「点 (x_1,y_1) から測った座標」とみなせる．

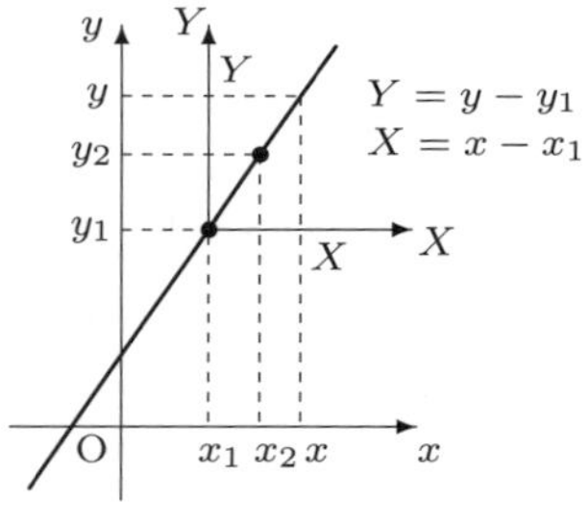

図 0.5 特定の 2 点を通る直線

[補足] 2 点 $(2,7),(3,9)$ のどちらを $(x_1,y_1),(x_2,y_2)$ としてもいいから
$$\dfrac{y-9}{x-3}=\dfrac{7-9}{2-3}$$
とも表せる．

▶ 注意 (x,y) は任意（どこでもいい）の点だから，例では $(2,7)$ も取り得る．このとき $(7-7)/(2-2)=0/0$ になる．$0/0=\heartsuit$ とおくと，$\heartsuit$ がどんな値であっても $0\times\heartsuit=0$（左辺の 0 は分母，右辺の 0 は分子）をみたす．しかし，この例では，$\heartsuit=(9-7)/(3-2)=2$ である．

◎ **何がわかったか** 点 (x_1,y_1) を新しい原点とする座標軸（X 軸，Y 軸）を使うと，1 次関数のグラフも正比例関数のグラフと同様に，原点を通る直線である．直線の方程式
$$y-y_1=\dfrac{y_2-y_1}{x_2-x_1}(x-x_1)$$
は
$$Y=\dfrac{y_2-y_1}{x_2-x_1}X\quad\left(\text{比例定数を }a=\dfrac{y_2-y_1}{x_2-x_1}\text{ とおく．}\right)$$
のように**正**比例関数の式 $Y=aX$ になる．この見方は，例題 0.2 で放物線上の点ごとの接線の方程式を表すとき，接点を原点とする新しい座標軸（dx 軸，dy 軸）を選ぶという発想に結びつく．問 0.1 で，微分の世界の入口に立ったことになる（図 0.8）．

◀ 座標軸の名前 x,y と座標（数値）x,y との区別について，例題 0.1 の相談室を参照．

◀ 小林幸夫：『力学ステーション』（森北出版，2002）pp.7–8, pp.27–28, p.43.

◀ $\dfrac{y-7}{x-2}=2$
の分母を払った式
$y-7=2(x-2)$
を見よ．$x=2,y=7$ のとき $0=2\times 0$.

傾き ＝ $\dfrac{\text{高さ}}{\text{幅}}$
→「微分する」操作の基本
高さ ＝ 傾き × 幅
→「積分する」操作の基本（0.3 節）

◀「点 (x_1,x_2) を新しい原点とする」とは？ $(3,9)$ は $(2,7)$ を原点 $[(0,0)$ とみなす] とすると $(1,2)$ である．

簡単な曲線の各点で接線の方程式を求める問題に進む．

例題 0.2 接線の方程式

放物線 $y = x^2$ 上の各点で接線の方程式を求めよ．

[発想] 接点を (c, c^2) とすると，接線は放物線と 1 点だけを共有する．
接線の傾きを a と表すと，接線の方程式は $y - c^2 = a(x - c)$ である (問 0.1)．
接点以外では，独立変数 x の値が同じでも，従属変数 y の値は放物線と接線とで異なる．
誤解を避けるために，y_p (p is parabora), y_t (t is tangent line) で区別してもいい．
$x = c$ のときだけ $y_p = y_t$ であることに注意する．
$y = x^2$ と $y = a(x-c) + c^2$ とを比べやすくするために，x^2 を $x-c$ で表す (図 **0.6**)．

─ イメージを描け ─

x^2 を $x-c$ で表す方法

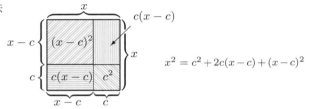

$$x^2 = c^2 + 2c(x-c) + (x-c)^2$$

図 **0.6** 1 辺の長さ x の正方形　図 **0.7** と比べよ．

【解説】 放物線：$y = x^2$
$$= c^2 + 2c(x-c) + (x-c)^2$$
の点 (c, c^2) の接線
$$y = c^2 + a(x-c)$$
は，接点 (c, c^2) を新しい原点とする座標軸 (図 **0.7** の dx 軸，dy 軸) で，
$$\underbrace{y - c^2}_{dy} = a \underbrace{(x-c)}_{dx}$$
と表せる．放物線の方程式 $y - c^2 = \underbrace{2c(x-c)}_{Y} + (x-c)^2$ の右辺第 2 項 $Y = 2c(x-c)$
は，接点を通る傾き $2c$ の直線の方程式 $y - c^2 = 2c(x-c)$ の右辺と同じである．放物線の方程式から
$$\underbrace{(y - c^2)}_{\text{放物線上のタテ座標}} - \underbrace{2c(x-c)}_{\text{直線上のタテ座標}} = (x-c)^2$$
である (図 **0.7**)．$(x-c)^2 = k$ (k は負でない実定数) とおくと，x の値によって k の値は異なる．
$(x-c)^2 = k$ をみたす x は，「放物線上のタテ座標」と「直線上のタテ座標」が
$$\begin{cases} 一致しないとき [k \neq 0 \ (x \neq c)] & 2 個, \\ 一致するとき [k = 0 \ (x = c)] & 1 個 \end{cases}$$
ある．$k = 0$ のとき，$y - c^2 = 2c(x-c)$ は接線を表すことがわかるから $a = 2c$ である．
▶ 接点 (c, c^2) で接線の方程式 $y - c^2 = 2c(x-c)$ を $dy = 2c\,dx$ と表す．

[Stop!] X 軸，Y 軸 (問 0.1) ⟶ dx 軸，dy 軸 (例題 0.2)

◎ 何がわかったか

① 接点の位置だけで放物線と接線とは一致する (接点では，放物線と接線との間で，ヨコ座標，タテ座標は同じ)．**接点では放物線の代わりに直線** (接線) **の方程式で表せる** (図 **0.8**)．

② 接点以外では，放物線と接線との間の差は $(x-c)^2$ だから，x の値が c に近いほど (接点に近づくにつれて) 0 に近づく．

③ 接点を原点とする座標軸 (dx 軸，dy 軸) で表して**接線を正比例関数のグラフとみなす**．

線型近似　点 (c, c^2) で接する直線の方程式：$dy = 2c\,dx$

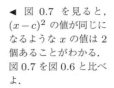

◀ 図 0.7 を見ると，$(x-c)^2$ の値が同じになるような x の値は 2 個あることがわかる．図 0.7 を図 0.6 と比べよ．

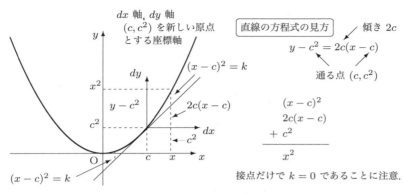

◀「2次方程式 $x^2 = c^2 + 2c(x-c)$ の判別式が 0 のとき，放物線と直線とが接する」という考え方は，$y = x^n$ ($n \neq 2$) に適用できない．

図 0.7　接点を原点とする座標軸　放物線 $y = x^2$ と接線 $y - c^2 = 2c(x-c)$ との関係．

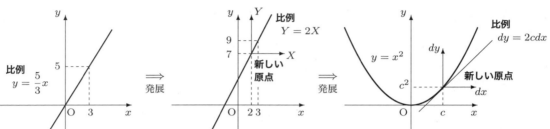

図 0.8　正比例関数，1 次関数，2 次関数　問 0.1 → 例題 0.1 → 例題 0.2

■モデル■ $Y = 2X$
時刻 2 s からの時間が 2 倍，3 倍，... になると，7 m の位置からの距離も 2 倍，3 倍，... になる．

──ノート：放物線 $y = x^2$ の接線の傾き──
任意の（どこでもいい）点 (x, x^2) で接する直線の傾き：$2x$

　数学では，**一般化**が本質だから，$y = x^3, x^4, \ldots, x^n$ に進める．図 0.6 は，$(x-c)^2$ の展開のしくみを表すと見ることができる．同じ発想で，$x^3, x^4, \ldots, x^n$ を $x-c$ で展開したときの $(x-c)^1$ の係数が接線の傾きを表す．例題 0.3 で，$y = x^3$ について，この考え方を理解する．

──書式に注意せよ──
任意の値 x
定数 a, c
「数字の書式」の「アルファベットの選び方」(pp.ix–x)．

例題 0.3　接線の傾き

曲線 $y = x^3$ の点 (c, c^3) で接線の傾きは，x^3 を $x-c$ で展開したときの $(x-c)^1$ の係数に等しいことを確かめよ．

(発想) 図 0.6 を立方体に拡張すると見にくいので，正方形の辺だけに着目して $x = (x-c) + c$ と表す．$x^3 = \{c + (x-c)\}^3$ の右辺を展開する．

【解説】曲線：$y = x^3$
$$= c^3 + 3c^2(x-c) + 3c(x-c)^2 + (x-c)^3$$
の点 (c, c^3) で接する直線の傾きを a とおくと，この直線

$$y = c^3 + a(x-c)$$

は，接点 (c, c^3) を原点とする座標軸（図 0.7 の dx 軸，dy 軸と同様）で，

$$\underbrace{y - c^3}_{dy} = a\underbrace{(x-c)}_{dx}$$

と表せる．曲線の方程式 $y - c^3 = \underbrace{3c^2(x-c)}_{Y} + 3c(x-c)^2 + (x-c)^3$ の右辺第 1 項 $Y = 3c^2(x-c)$ は，接点を通る傾き $3c^2$ の直線の方程式と同じ形である．

◀ 点 (c, c^3) を通り，傾き a の直線の方程式は，例題 0.1, 問 0.1 の方法で $y - c^3 = a(x-c)$ と表せる．

◀ もとのヨコ座標 x が c の位置を新しい原点 ($x - c = c - c = 0$) に選んだ．

◀ 硲文夫：『理工系の微分積分』(培風館，2001) p.128 も参考になる．

曲線を

$$\underbrace{(y-c^3)}_{\text{曲線上のタテ座標}} - \underbrace{3c^2(x-c)}_{\text{直線上のタテ座標}} = 3c(x-c)^2 + (x-c)^3$$

と表す (図 0.7)．$k = 3c(x-c)^2 + (x-c)^3$ (k は実定数) とおくと，x の値によって k の値は異なる．

「曲線上のタテ座標」と「直線上のタテ座標」とが一致するとき，$3c(x-c)^2 + (x-c)^3 = 0$ ($k = 0$) である．$x = c$ は，2 重解 (曲線と直線との 3 交点のうち 2 個が一致) または 3 重解 (曲線と直線との 3 交点が一致) である．したがって，$Y = 3c^2(x-c)$ は接線を表すことがわかるから，$a = 3c^2$ である．

▶ 接点 (c, c^3) で接線の方程式 $y - c^3 = 3c^2(x-c)$ を $dy = 3c^2 dx$ と表す．

◎ 何がわかったか
① x^3 を $x-c$ で展開すると $(x-c)^1$ の係数が接点 (c, c^3) で接線の傾きを表す．
② 接点以外では，曲線と接線との間の差は $3c(x-c)^2 + (x-c)^3$ だから，x の値が c に近いほど (接点に近づくにつれ) 0 に近づく．
③ 接点を原点とする座標軸 (dx 軸，dy 軸) で表して**接線を正比例関数のグラフ**とみなす．

線型近似 点 (c, c^3) で接する直線の方程式：$dy = 3c^2 dx$

── ノート：曲線 $y = x^3$ の接線の傾き ──

任意の (どこでもいい) 点 (x, x^3) で接する直線の傾き：$3x^2$

曲線 $y = x^n$ 上の点 (c, c^n) を原点として測った座標 $x - c$ を考えて，x^n の展開の $(x-c)^1$ の係数を求める方法を考える．$n = 2, 3$ ($y = x^2, y = x^3$) の場合 (例題 0.2, 0.3) を振り返って，$(x-c)^1$ の係数と n との間の規則性を見つける．

── ノート：展開の $(x-c)^1$ の係数 ──

$x^2 = \{(x-c) + c\}^2$ $x^3 = \{(x-c) + c\}^3$

(i) $(\boxed{x-c} + c)(x-c+\boxed{c})$ (i) $(\boxed{x-c} + c)(x-c+\boxed{c})(x-c+\boxed{c})$

$\boxed{x-c}\,\boxed{c}$ $\boxed{x-c}\,\boxed{c}\,\boxed{c}$

(ii) $(x-c+\boxed{c})(\boxed{x-c}+c)$ (ii) $(x-c+\boxed{c})(\boxed{x-c}+c)(x-c+\boxed{c})$

$\boxed{c}\,\boxed{x-c}$ $\boxed{c}\,\boxed{x-c}\,\boxed{c}$

                                               (iii) $(x-c+\boxed{c})(x-c+\boxed{c})(\boxed{x-c}+c)$

                                               $\boxed{c}\,\boxed{c}\,\boxed{x-c}$

$(x-c)^1$ の選び方：左・右の ( ) の 2 通り   左・中央・右の ( ) の 3 通り
c の指数   : $(2-1)$ 乗 $(3-1)$ 乗
$(x-c)^1$ の係数 : $2 \times c^{2-1}$ $3 \times c^{3-1}$

◎ 何がわかったか $x^n = \{(x-c)+c\}^n$ の展開の $(x-c)^1$ の係数：$n \times c^{n-1}$

点 (c, c^n) で接する直線の方程式：$dy = nc^{n-1} dx$

── ノート：曲線 $y = x^n$ の接線の傾き ──

任意の (どこでもいい) 点 (x, x^n) で接する直線の傾き：nx^{n-1}

◀ 一般に，3 次方程式は，因数分解した形 $(x-\alpha)(x-\beta)(x-\gamma) = 0$ でわかるように，3 個の解 α, β, γ を持つ．
$(x-c)^3 + 3c(x-c)^2 = k$ を $(x-c)^2$ でくくる．
$(x-k)^2(x-c+3c) = k$
$(x-c)^2(x+2c) = k$
$k = 0$ のとき
$x = c$ (2 重解)，
$x = -2c$．$c = 0$ (原点) のとき，$c = -2c$ だから 3 重解．

$dy = 3c^2 dx$ は $y - c^3$ を dy，$x-c$ を dx とおいた形．
$dy = 3c^2 dx$ は，中学数学で学んだ正比例関数の式 $y = ax$ の y が dy，a が $3c^2$，x が dx になった形．

書式に注意せよ
任意の値 x
定数 a, c
「数学の書式」の「アルファベットの選び方」 (pp.ix–x)．

感覚をつかめ
それぞれの ( ) から $x-c$ と c とのどちらかを選んで掛け合わせる．

◀ 注意 座標 dx, dy は，曲線ではなく接線の方程式を表すときに使う．

例 曲線 $y = x^2$ 上の任意の点で 接線の傾き y' は $2x$ だから，独立変数 x の値を連続して変化させると，従属変数 y' の値も連続して変化する．

例題 0.2, 0.3 で接線の傾きを求めるとき，多項式の展開だけに着目し「極限」を考えなかった．$y = x^2, x^3, \ldots, x^n$ のグラフ上の任意の点 (どの点でもいい) で接線を引くことができ，接線の傾きの値が連続して (途切れないで) 変化するからである．このように，曲線がなめらかだから「曲線と直線とが接する」を「曲線と直線とが 1 点で交わる」と考えた．

Stop!

問 一つの式で表せ．
答 $y = |x|$

問 0.2 「接する」を「1 点で交わる」と考えてはいけない例を挙げよ．
【解説】
$$y = \begin{cases} x & (x \geq 0), \\ -x & (x \leq 0). \end{cases}$$

◀ 原点で傾きは，x を正の側から 0 に近づけた場合 1，負の側から 0 に近づけた場合 -1 であり，一つの値に決まらない．

▶ **注意** 図 0.9 の関数値は，原点で連続である．しかし，原点で接線の傾きが一つに決まらない．原点で直線 $y = 0$ (x 軸) と 1 点で交わるが，$y = 0$ を接線ということはできない．

◀「はしがき」を参照．

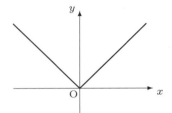 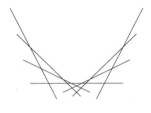

図 0.9 「接する」と「1 点で交わる」とのちがい 負の傾きと正の傾きとの間にゼロの傾きがある場合 (右図) と比較せよ．

x の値を入力すると y の値を出力するはたらきの規則を**関数**という．
入力と出力とを対応させる規則ではたらく機械を，中身の見えない箱 (black box) と考え，$f(\ )$ と表す．
「入力の 2 乗の 3 倍を出力する」という規則の場合，$f(\ )$ のはたらきを具体的に $3(\ )^2$ と表す．
( ) に x を入力すると，機械は $3(x)^2$ を計算して出力する．$3(x)^2$ を**関数値**という．

─── ノート：「接する」とはどういう状態か ───

点 $(c, f(c))$ で接する直線とは「曲線上の 2 点 $(c, f(c))$, $(c+h, f(c+h))$ を通る直線を考え，$h \neq 0$ として $h \to 0$ [点 $(c, f(c))$ に近い点 $(c+h, f(c+h))$ を選ぶ] のときに近づく傾きで，点 $(c, f(c))$ を通る直線」(図 0.10)

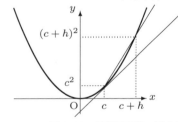 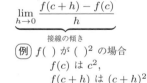

曲線上の 2 点間の傾き
$$\lim_{h \to 0} \underbrace{\frac{f(c+h) - f(c)}{h}}_{\text{接線の傾き}}$$

例 $f(\ )$ が $(\ )^2$ の場合
$f(c)$ は c^2,
$f(c+h)$ は $(c+h)^2$
を表す．

図 0.10 接線の定義 図 0.9 で極限の概念を考える理由を理解する．

「点 (x, y) で微分可能」とは「点 (x, y) で接線が引ける」という意味である．

「接する」を「1 点で交わる」と考えることのできない場合 (図 0.9) がある．このため，「h を限りなく 0 に近づける」という**極限**の概念が登場する．今後は，接線が引ける曲線 (なめらかな曲線) だけを考える．

◀ 接点 (c, c^n) を原点とする座標軸 (図 0.7) で表した形

$$\boxed{\text{曲線}} = \boxed{\text{接線 (比例)}} + \boxed{\text{曲線と接線との間の差 (比例からのずれ)}}$$

$$\boxed{x^2 - c^2} = \boxed{2c(x-c)} + \boxed{(x-c)^2} \quad (\text{例題 0.2})$$

◀ **昇べきの順** ($x - c$ に関して次数の低い順) に並べる．
「べき」は**累乗**と同じ意味．

$$\boxed{x^3 - c^3} = \boxed{3c^2(x-c)} + \boxed{3c(x-c)^2 + (x-c)^3} \quad (\text{例題 0.3})$$

◀ $\{(x-c) + c\}^n$ を展開して $(x-c)^2$ の係数を確かめよ．

$$\boxed{x^n - c^n} = \boxed{nc^{n-1}(x-c)} + \boxed{\tfrac{1}{2}n(n-1)c^{n-2}(x-c)^2 + \cdots + (x-c)^n}$$

$x-c$	$(x-c)^2$	$(x-c)^3$	$(x-c)^{10}$	$\cdots$	
10^{-1}	10^{-2}	10^{-3}	10^{-10}	$\cdots$	$\to 0$
10^{-2}	10^{-4}	10^{-6}	10^{-20}	$\cdots$	$\to 0$
10^{-5}	10^{-10}	10^{-15}	10^{-50}	$\cdots$	$\to 0$

$h(=x-c)$ が限りなく 0 に近いと，1 次の項 $(x-c)^1$ に比べて，高次の項 $(x-c)^2$, $(x-c)^3$, ... は無視できる．接点に近い範囲 (**近傍**) では，曲線 $y=x^n$ の代わりに接線 $y-c^n=nc^{n-1}(x-c)$ でおきかえることができる．

◀ $x-c$ を dx と表す．dx は c を原点として測った座標である．$x=c$ のとき $dx=c-c=0$．

問 0.3 曲線 $y=x^3$ 上の点 $(-2,-8)$ を原点とする dx 軸，dy 軸で，この点で接する直線 (曲線 $y=x^3$ の代わりになる直線) の方程式を表せ．

【解説】点 $(-2,-8)$ で接線の傾きは $3(-2)^2$ だから，接線の方程式は
$$y-(-2)^3 = 12\{x-(-2)\}$$
である．$x-(-2)$ を dx, $y-(-8)$ を dy とおくと，この方程式は
$$dy = 12dx$$
の正比例関数の式になる (図 **0.11**).

◀ 例題 0.1, 0.3.
◀ $3(-2)^2 = 12$
◀ 傾きが正だから，接線は右上がり．

◀ dy は dx に比例する．

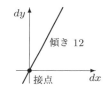

図 **0.11** 接線

◀ 点 (c,c^3) で放物線 $y=x^3$ に接する直線 $y-c^3 = 3c^2(x-c)$ $c=-2$ のとき $c^3 = -8,$ $3c^2 = 12.$

問 0.4 点 $(-2,(-2)^3)$ の近くで，曲線 $y=x^3$ との差が最も小さい直線は $y-(-2)^3 = 3(-2)^2\{x-(-2)\}$ である．つぎの手順で，この理由を説明せよ．
(1) 点 $(-2,-8)$ の近くで，曲線 $y=x^3$ と直線 $y=10\{x-(-2)\}+(-8)$ との差は，曲線 $y=x^3$ と直線 $y=12\{x-(-2)\}+(-8)$ との差よりも大きいことを示せ．
(2) (1) の考え方を，点 $(-2,-8)$ を通るが，傾きが 10 でない直線全体に拡張せよ．

(発想) 点 $(-2,-8)$ を通らない直線は，接線と比べる意味がない．$x=-2+h$ (h は 0 でない正負の実数) のときの y の値を比べる．点 $(-2,-8)$ を原点とする座標軸で，$c=-2$ として
$$\underbrace{x^3-c^3}_{\text{曲線}} = \underbrace{3c^2(x-c)}_{\text{接線}} + \underbrace{3c(x-c)^2+(x-c)^3}_{\text{接線からのずれ}}$$
を考えると便利である．

【解説】(1) $x=-2+h$ のとき，$h=x-(-2)$ に注意すると，
$$\underbrace{\{x^3-(-2)^3\}}_{\text{曲線}} - \underbrace{10\{x-(-2)\}}_{\text{直線}}$$
$$= \underbrace{3(-2)^2\{x-(-2)\}}_{\text{接線}} + \underbrace{3(-2)\{x-(-2)\}^2 + \{x-(-2)\}^3}_{\text{接線からのずれ}} - 10\{x-(-2)\}$$
$$= 2h - 6h^2 + h^3,$$
$$\underbrace{\{x^3-(-2)^3\}}_{\text{曲線}} - \underbrace{12\{x-(-2)\}}_{\text{直線 (接線)}}$$
$$= \underbrace{3(-2)^2\{x-(-2)\}}_{\text{接線}} + \underbrace{3(-2)\{x-(-2)\}^2 + \{x-(-2)\}^3}_{\text{接線からのずれ}} - 12\{x-(-2)\}$$
$$= -6h^2 + h^3$$
である．$h \neq 0$ として，h が限りなく 0 に近いとき，曲線と直線との差が h に比べて，どの程度かを調べる．
$$\lim_{h \to 0} \frac{2h-6h^2+h^3}{h} = 2, \quad \lim_{h \to 0} \frac{-6h^2+h^3}{h} = 0 \quad (h \text{ に比べて極めて小さい差})$$

◀ 例題 0.2, 0.3

◀ $(2h-6h^2+h^3)$ $-(-6h^2+h^3)$ $= 2h$.
点 $(-2,-8)$ を新しい原点とする座標軸 (図 0.11) で $dx=h$ だから，$2h$ は接線 $dy = 12dx$ と傾き 10 の直線 $dy = 10dx$ との差 $12dx - 10dx = 2dx$ である．

◀ 点 $(-2,-8)$ を原点に選ぶと，直線は
$$\underbrace{y-(-8)}_{dy} = 10\underbrace{\{x-(-2)\}}_{dx}$$
と表せる．

(2) 点 $(-2, -8)$ を通る直線の傾きを p とすると，(1) と同様に，

$$\overbrace{\{x^3 - (-2)^3\}}^{\text{曲線}} - \overbrace{p\{x-(-2)\}}^{\text{直線}} = (12-p)h - 6h^2 + h^3$$

である．$h \neq 0$ として，h が限りなく 0 に近いとき，曲線と直線との差が h に比べて，どの程度かを調べると

$$\lim_{h \to 0} \frac{(12-p)h - 6h^2 + h^3}{h} = 12 - p$$

だから，$p = 12$ のとき，$|12-p|$ は最小である．点 $(-2,-8)$ の近くで曲線 $y = x^3$ との差が最も小さい直線は，接線 [点 $(-2,-8)$ を通り，傾き 12 の直線] である．

◂ (1) で傾きを 10 に限らず p とする．

◂ $p = 12$ のとき h の 1 次の項が 0 である．

問 0.5 例題 0.2 で求めた接線の傾きは，極限値 $\displaystyle\lim_{h \to 0} \frac{(c+h)^2 - c^2}{h}$ と一致することを確かめよ．

【解説】$x = c + h$ とおくと $x - c = h$ だから，$h \to 0$ のとき $x \to c$ である．

$$\lim_{x \to c} \frac{x^2 - c^2}{x - c} = \lim_{x \to c}\{2c + (x - c)\}$$
$$= 2c.$$

●類題● 例題 0.3 で求めた接線の傾きは，極限値 $\displaystyle\lim_{h \to 0} \frac{(c+h)^3 - c^3}{h}$ と一致することを確かめよ．

【解説】$\displaystyle\lim_{x \to c} \frac{x^3 - c^3}{x - c} = \lim_{x \to c} \frac{3c^2(x-c) + 3c(x-c)^2 + (x-c)^3}{x-c}$
$= \displaystyle\lim_{x \to c}\{3c^2 + 3c(x-c) + (x-c)^2\}$
$= 3c^2.$

◂ $x^2 - c^2$
$= 2c(x-c) + (x-c)^2$
(例題 0.2) の両辺を $x - c$ で割ると
$\dfrac{x^2 - c^2}{x - c}$
$= 2c + (x-c)$.
$\dfrac{x^2 - c^2}{x - c}$
$= \dfrac{(x+c)(x-c)}{x-c}$
$= x + c$
を考えてもいい．

◂ 例題 0.3，
$x^3 - c^3$
$= 3c^2(x-c)$
$+ 3c(x-c)^2$
$+ (x-c)^3$

0.3 曲線から接線の傾きが決まる規則 —— 導関数

曲線という図形を，関数の概念と結びつけると，曲線は関数のグラフである．

例 曲線 $y = x^2$ 上のどの点でも，ヨコ座標 x の値に対応して，タテ座標 y の値と接線の傾き y' の値とのどちらも**一つだけ**決まる．

> **関数**とは，独立変数 (勝手に変化させる変数) を入力したとき，従属変数 (独立変数に応じて変化する変数) を**一つだけ**出力するときの**規則**である．

どんな関数も式で表せるとは限らない．銀行口座の名義人と暗証番号との間の対応は，式で書けない．独立変数 x と従属変数 y との対応の規則が $y = x^2$ のように式で表せる場合，2 本の座標軸のヨコ座標を x，タテ座標を y とすると，対応の関係が図示できる．

◂ 0.2 節で，曲線上の任意の点で接線の傾きを考えた．
同じヨコ座標に，二つ以上のタテ座標，接線の傾きは対応しない．

Stop!
「関数」「グラフ」とは何だろう？
関数は単なる式ではない．
グラフは単なる図ではない．

◂ 小林幸夫：『線型代数の発想』(現代数学社，2008) 0.2.4 項．
小林幸夫：『現場で出会う微積分・線型代数』(現代数学社，2011) 1.1 節，2.1.4 項．

--- ノート：座標軸の意味 ---
幾何の観点から，実数を点という図形で表す．
数直線は，あらゆる点の集まりであり，すべての実数の集合を表す図である．
座標軸は，座標 (例題 0.1) という数値の集合を表す数直線といえる．
よこ軸：入力する独立変数の値の**集合**　たて軸：出力する従属変数の値の**集合**

> 関数の**グラフ**とは，「対応の規則をみたす x, y の**順序のある組** (x, y) の全体」である．これらの組の全体は，平面内で点の集まりとして表せる．

0.3 曲線から接線の傾きが決まる規則 — 導関数

関数を「よこ軸の各点に，たて軸の点を **1 個だけ**対応させる規則」と考える（図 0.12）と，関数の姿（顔かたち）を見ることができる．空集合（要素が存在しない集合）でない集合（よこ軸，たて軸に点が隙間なく並んでいる）どうしの間で要素（座標軸上の要素は点）を対応させる．

どんな x の値にも，y の値が**一つだけ**対応する．

> 集合 X のそれぞれの要素 x を集合 Y の**一つの**要素 y に対応させる（うつす）規則（はたらき）を**写像**という．
> 特に，X, Y が数の集合である場合の写像を**関数**という．
> 一般に，対応の規則を $f(\ )$ と表す．
>
> **定義域**：入力する独立変数 x の取り得る値の範囲を表す集合 X
> [この集合から任意の（どれでもいい）値を自由に選べる．]
>
> **像**：出力される従属変数 y の取り得る値の範囲を表す集合
> [一般に，値域 Y の部分集合である．Y が実数全体の集合の場合，$f(\ ) = (\ )^2$ の像は負でない実数の集合である（図 0.12）．]

グラフは関数の姿
x を y に対応させる規則
例 $f(\ ) = (\ )^2$
$(0, 0), (2, 4),$
$(-2, 4), \ldots$
これらの点の集合は放物線だから，平面内の点全体の部分集合である．

用語を理解せよ
function
機能，はたらき
関数：定義域の要素を入力したとき，値域の要素につくりかえるはたらき

◀ 6.3 節でも写像を考える．
像について，小林幸夫：『線型代数の発想』（現代数学社，2008）p. 335.
一松信：『線形数学』（筑摩書房，1976）．
小島順：『線型代数』（日本放送出版協会，1976）．

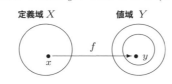

図 0.12 対応の規則

◀ 小林幸夫：『線型代数の発想』（現代数学社，2008）0.2.4 項．

記号
$f : X \to Y$
$x \mapsto y$

意味
f は集合 X から集合 Y への写像（対応の規則）である．
要素 x を要素 y に対応させる（うつす）．

例 $f(\ ) = (\ )^2$
x の異なる値に y の同じ値が対応する場合もある（図 0.12）．
$2 \mapsto 4, \quad -2 \mapsto 4$

ノート：「対応させる（うつす）」とは？

入力した値から出力する値をつくるはたらき
例 $(\ )^2$ は $f(\ )$ の具体的な形．$(\ )$ に x を入力すると y を出力する．

$x \mapsto y$	意味
$-2 \mapsto 4$	入力した -2 を 2 乗して 4 を出力する． 「入力の値 -2 に出力の値 4 が対応する」という．

◀ $f(\ )$
$= f_1(\ ) + f_2(\ )$
$= 4(\ ) + 7$
$(\ )$ に x を入力すると $f_1(x) + f_2(x)$ を出力する．

◀ 定数関数とは「入力 x の値に関係なく，出力 y の値が一定（問 0.6 では 7）」という対応の規則である．$f(\ )$, $f(x)$ のどちらも 7 だから区別に注意する．

問 0.6 「入力の 4 倍に 7 を足して出力する」という規則（はたらき）を記号で表せ．
【解説】$4(\ ) + 7$ ◀ 関数と関数との和 $f_1(\ ) + f_2(\ )$ の具体的な形（図 0.13）．
関数（入力と出力との対応の規則）：$4(\ ) + 7$ ◀ $f_2(\ )$ は定数関数，$f_2(x)$ は定数関数の値．
関数値（従属変数の値）：$4(x) + 7$ ◀ $4x + 7$ とも書く．$4x + 7$ は数値と数値との和．

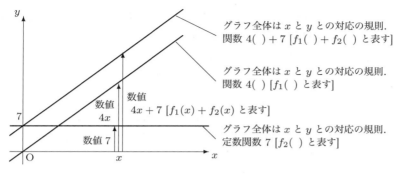

図 0.13　関数と関数値

- 独立変数 x (ヨコ座標) がいくらのとき従属変数 y (タテ座標) がいくらかを決める規則 (x に y を対応させる規則)

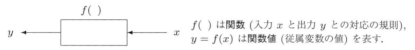

$f(\ )$ は**関数** (入力 x と出力 y との対応の規則), $y = f(x)$ は**関数値** (従属変数の値) を表す.

- 独立変数 x (ヨコ座標) がいくらのとき従属変数 y' (傾き) がいくらかを決める規則 (x に y' を対応させる規則)

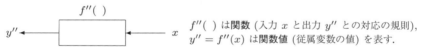

$f'(\ )$ は**関数** (入力 x と出力 y' との対応の規則), $y' = f'(x)$ は**関数値** (従属変数の値) を表す.

- 独立変数 x (ヨコ座標) がいくらのとき従属変数 y'' (傾きの変化率) がいくらかを決める規則 (x に y'' を対応させる規則)

$$y'' \longleftarrow \boxed{f''(\ )} \longleftarrow x$$

$f''(\ )$ は**関数** (入力 x と出力 y'' との対応の規則), $y'' = f''(x)$ は**関数値** (従属変数の値) を表す.

> $f'(\ )$ は $f(\ )$ から導いた規則だから, $f'(\ )$ を**導関数**という.
> $f''(\ )$ は $f'(\ )$ から導いた規則だから, $f''(\ )$ を**2 階導関数**という.

――ノート：微分，微分係数，微分商，微分する――

- 関数のグラフ上の任意の (「どこでもいい」という意味) 点を原点とする座標軸で測った座標 dx, dt を**微分**という.

  【例】問 0.3　$\underbrace{dy}_{\text{微分}} = \underbrace{12}_{\text{微分係数}} \underbrace{dx}_{\text{微分}}$,　$\dfrac{dy}{dx} = \underbrace{dy}_{\text{微分}} \div \underbrace{dx}_{\text{微分}} = 12.$

- 点 $(-2, -8)$ で接する直線の傾き 12 の見方
  ① 微分 dx に係る数だから**微分係数**という.
  ② 微分 dy を微分 dx で割った商だから**微分商**という. $\dfrac{dy}{dx}$ を「ディーワイディーエックス」と読む. 一般に, 微分商の値は点 (x, y) ごとに異なる.
  $y = f(x)$ 上の点 $(c, f(c))$ で接する直線の傾きは $f'(c)$ だから,
  $(dy)_c = \underbrace{f'(c)}_{\text{微分係数}}(dx)_c$　◀ $x = c$ のときの傾きの値 $f'(c)$ を $\left.\dfrac{dy}{dx}\right|_{x=c}$ と表すこともある.
  である (図 0.7, 図 0.8. 図 0.20 で a の代わりに c).

- 関数のグラフ上の 2 点間の傾きから極限操作で, グラフ上の点ごとに接線の傾きを求める. このとき「$t^2 + 1$ を t で**微分する**」という.
  「微分する」という操作　$\lim\limits_{t \to 5} \dfrac{(t^2 + 1) - (5^2 + 1)}{t - 5}$　(問 0.5).

◀ 座標軸の名前 x と座標 x とのちがいについて, 例題 0.1 の**相談室**を参照.

◀ f, f', f'' は関数の名称を表す記号.

◀ 機械の内部を知らなくていいので, 中身の見えない箱 (black box) を $f(\ ), f'(\ ), f''(\ )$ と表す. 箱 $(\ )$ に x を入力すると, 規則にしたがって, y, y', y'' を出力する.
【例】$f(\ )$ が $(\ )^2$, $f'(\ )$ が $2(\ )$, $f''(\ )$ が 2 の場合 (図 0.12, 図 0.13 を参考にする)
「$f''(\ )$ が 2」は「入力する x の値に関係なく, 出力する y'' の値は 2」という意味である.

◀ 小林幸夫：『現場で出会う微積分・線型代数』(現代数学社，2011) 2.3.1 項.

[Stop!]
dx, dy は $d \times x, d \times y$ ではない. 鉄を金と失とに分けて「きんしつ」と読まないことと似ている.

◀ 簡単に, 微分係数を微分ということもある.『数学辞典』(朝倉書店，1993).

◀ $f'(x)$ は導関数 $f'(\ )$ に x を入力した関数値を表す.

$\left.\dfrac{dy}{dx}\right|_{x=c}$ のほかに $(y')_c$, $\left(\dfrac{dy}{dx}\right)_c$ の記法もある.

八木克巳：『数学へのアプローチ (改訂版) ― 微分積分編 ―』(裳華房，1998) p. 16.

0.3 曲線から接線の傾きが決まる規則 — 導関数

相談室

S 高校のとき，$\dfrac{dy}{dx}$ は分数と考えない一つの記号と習いました．

P ある点を原点とする座標軸（dx 軸，dy 軸）を導入しないので，$dy \div dx$（分子÷分母）という割算を考えることができないからです．分子・分母の意味に立ち入らないで，接線の傾きの値 $\left.\dfrac{dy}{dx}\right|_{x=c}$ だけを考えました．$\dfrac{(dy)_c}{(dx)_c}$ は $(dy)_c \div (dx)_c$ です．x の値が任意のとき，c を省いて $dy \div dx$ を $\dfrac{dy}{dx}$ と書きます．

S 高校でも「微分係数」を習うのに，何に係る数かがわかりませんでした．

◀ 微分係数 $f'(c)$ を $\dfrac{df}{dx}(c)$ と表すこともある．$\dfrac{df}{dx}$ は微分商ではなく f' の代わりの関数記号である．$\dfrac{df}{dx}(\ )$ は，ひとかたまりの記号で $f'(\ )$ と同じ意味を表し，分子÷分母ではない．$\dfrac{(dy)_c}{(dx)_c}$ は，$(dy)_c = f'(c)(dx)_c$ の左辺の $(dy)_c$ を右辺の $(dx)_c$ で割った商である（図 0.20 で a の代わりに c）．

導関数の性質

① $(f+g)'(x) = f'(x) + g'(x)$　　② $(af')(x) = a\{f'(x)\}$　　（a は定数）

ノート：記号（関数の名称）の見方

$f, g, f+g$ は関数（ヨコ座標とタテ座標との対応の規則）の名称，
$f', g', (f+g)'$ は導関数（ヨコ座標と接線の傾きとの対応の規則）の名称を表す．
f' は f から導いた関数（規則），$(f+g)'$ は $f+g$ から導いた関数（規則）である．
規則は，定義域の任意の値を入力したときにどんな値を出力するかを決めるので，任意の値がみたす関係式を考える．$f'(x)$ は，関数（規則）$f'(\ )$ に x を入力したときに出力する値（関数値），
$(f+g)'(x)$ は，関数（規則）$(f+g)'(\ )$ に x を入力したときに出力する値（関数値）である．
① 関数値 $(f+g)'(x)$ は，関数値どうしの和 $f'(x) + g'(x)$ である．
② 関数値 $(af')(x)$ は，関数値 $f'(x)$ の a 倍である．

書式に注意せよ

複数の関数の名称を $f, g, h, \ldots$ のように表す．
複数の導関数の名称を $f', g', h', \ldots$ のように表す．

感覚をつかめ

グラフを考えると，意味が理解しやすい．

例 $f(\ )$ が $(\ )^2$，$g(\ )$ が $(\ )^3$ の場合
$\{(\ )^2 + (\ )^3\}' = \{(\ )^2\}' + \{(\ )^3\}'$（例題 0.2, 0.3）．
ヨコ座標 x の値が同じ点で，曲線 $y = x^2 + x^3$ の接線の傾きは，
曲線 $y = x^2$ の接線の傾き $2x$ と曲線 $y = x^3$ の接線の傾き $3x^2$ との和と等しい
（図 0.14）．

例 $af(\ )$ が $4(\ )^2$ の場合
$\{4(\ )^2\}' = 4\{(\ )^2\}'$．　　◀ a が 4，$f(\ )$ が $(\ )^2$ という意味．
ヨコ座標 x の値が同じ点で，曲線 $y = 4x^2$ の接線の傾きは，
曲線 $y = x^2$ の接線の傾きの 4 倍である（図 0.15）．

◀ 任意の値とは「どんな値でもいい」という意味だから，規則は任意の値がみたす関係式で表す．

◀ 問 0.6 は，$f(\ )$ が $4(\ )$，$g(\ )$ が 7 の場合．

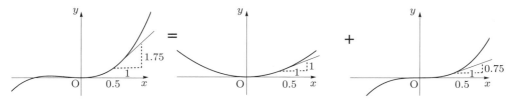

図 0.14　導関数の性質　**例** $y = x^2 + x^3$，$y = x^2$，$y = x^3$．
　　$x = 0.5$ のときの接線の傾き $2x = 2 \times 0.5 = 1$，$3x^2 = 3 \times 0.5^2 = 0.75$，
　　$2x + 3x^2 = 2 \times 0.5 + 3 \times 0.5^2 = 1.75$．

Stop!
傾きは，x の値が 1 大きくなると，y の値がどれだけ変わるかを表す．

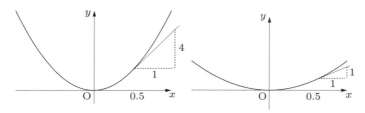

図 0.15　導関数の性質　例 $y = 4x^2,\ y = x^2$.
$x = 0.5$ のときの接線の傾き $4 \times 2x = 8 \times 0.5 = 4,\ 2x = 2 \times 0.5 = 1$.

── 感覚をつかめ ──
グラフ上の各点で接線は，各点を原点とする正比例関数のグラフとみなせる（図 0.16）．
　　接線の傾きの値 = 比例定数の値
例 放物線 $y = x^2$ 上の各点で接線の傾きは $y' = 2x$（問 0.5）と表せる．
直線 $y' = 2x$ 上のどの点でも接線の傾きは 2 だから $y'' = 2$ である．

◀ x は任意の値
（どんな値でもいい）を
表す．
$y = x^2$
（2 次関数の値）
$y' = 2x$
（1 次関数の値）
$y'' = 2 > 0$
（定数関数の値）

- 放物線 $y = x^2$ 上の点で接する直線の傾き y'：ヨコ座標 x に比例する．
- 放物線 $y = x^2$ 上の点で接する直線の傾きが大きくなる割合 y''：正

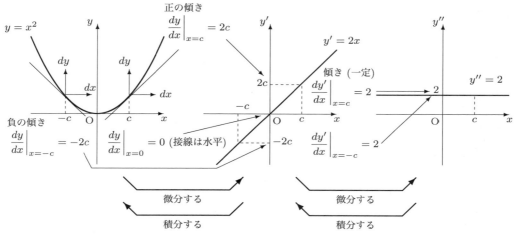

図 0.16　関数，導関数，2 階導関数の関係　接線の傾き y' はヨコ座標 x に比例する．
x の値の増加に対する接線の傾き y' が増加する割合 y'' は x の値に関係ない．

■ モデル ■　球の落下運動（図 0.17）：原点から水平方向に球を打ち出して，ストロボ写真を解析すると，球の鉛直方向の運動は，時刻 t のとき，位置 $z = \dfrac{1}{2}at^2$，速度 $v = \dfrac{dz}{dt} = at$，加速度 $a = \dfrac{dv}{dt} = -9.8 \text{ m/s}^2$（一定）で表せることがわかる．$a$ の値が負だから，z–t グラフ（図 0.16 で $y \to z,\ x \to t$）は上に凸の放物線，v–t グラフ（図 0.16 で $y' \to v,\ x \to t$ とおきかえる）は右下がりの直線である．

Stop!　① 「$f(\ )$ から $f'(\ )$ を導く」「$f'(\ )$ から $f''(\ )$ を導く」とは？

例 「ヨコ座標 x からタテ座標 y を求める規則 ($\ $)^2」から「ヨコ座標 x から接線の傾き y' を求める規則 $2(\ )$」を導く．
規則 $2(\ )$ の意味：「任意の値（どんな値でもいい）x を入力したときの出力は $2x$ である」（文字 x は数値の代表）
幾何の見方：「ヨコ座標 x の値ごとに接線の傾き y' の値が決まり，x と y' との組 (x, y') を点で表して，…, $(-1, -2)$, $(0, 0)$, $(1.2, 2.4)$, … をプロットすると，直線 $y' = 2x$ になる（図 0.16）」

② 「$f''(\ )$ から $f'(\ )$ を導く」「$f'(\ )$ から $f(\ )$ を導く」とは？

図 0.17　球の落下運動

◀ 空気抵抗が無視できる環境で，物体に重力だけがはたらくと，鉛直方向（地表を xy 平面，高さを z 軸で測る）の影は等加速度運動する．
小林幸夫：『力学ステーション』（森北出版，2002）p.38, p.125.

0.4 接線の傾きから曲線を探る方法 — 積分

例 「ヨコ座標 x から接線の傾き y' を求める規則 $2(\ )$」から「ヨコ座標 x からタテ座標 y を求める規則 $(\ )^2$」を導く.

記法
$y' = \dfrac{dy}{dx}$ だから

$$\dfrac{dy'}{dx} = \dfrac{d}{dx}\overbrace{\dfrac{dy}{dx}}^{y'}$$
$$= \dfrac{d(d\,y)}{(dx)^2}$$
$$= \dfrac{d^2 y}{dx^2}$$

と表す.

0.4 接線の傾きから曲線を探る方法 — 積分

積分の意味 接線の表し方を理解したので, セロテープを巻き戻すときのように, 接線の傾きを手がかりにして, もとの曲線を探る方法に進める.

> 「もとの曲線を探る」とは「曲線の方程式を求める」

という意味だから

> 「独立変数 x の値がいくらのとき, 従属変数 y の値がいくら」を決める関数

を見出す.

◀ 0.1 節
◀ 「はしがき」を参照.
◀ グラフでは, 従属変数をたて軸に選ぶから, ヨコ座標 x に対応するタテ座標 y を求める.

> **手がかり** (何がわかっているか)
> (i) 平面内の各点での接線の傾き
> (ii) 曲線が通る特定の 1 点 P_0

例 「曲線上のどの点でも接線の傾きはヨコ座標の 2 倍」とわかっている場合

- **式に翻訳する.** $P_0(x_0, y_0)$ を原点とする座標軸 (dx 軸, dy 軸) で測った P_0 で接する直線の傾き

$$\left.\dfrac{dy}{dx}\right|_{x=x_0} = 2x_0. \qquad \left(\dfrac{y_0\text{からの変化分}}{x_0\text{からの変化分}} = \dfrac{\text{高さ}}{\text{幅}} = \text{傾き}\right)$$

- **高さ ＝ 傾き × 幅** $dy = 2x_0 dx$ （例題 0.1, 問 0.1）（図 0.18）

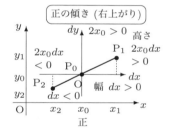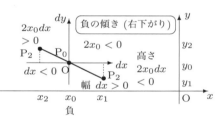

図 0.18 接線の傾きから高さを求める方法 同じ記号 dx で表しているが, 座標 (数) を座標軸 (変数名) と混同しないように注意する. 点 P_0 で傾きを手がかりにして, ヨコ座標 x_1 の点 P_1 を見つける. 点 P_1 のタテ座標 y_1 は $2x_0 dx + y_0$ である. 点 P_2 も同様.

◀ 図 0.18 の見方
x 軸の正の向きに点を見つけてつなぎ合わせるためには, dx の値を正とする.
(正の傾き)×(正の幅)＝ 正の高さ (右上がりにつなぐ)
(負の傾き)×(正の幅)＝ 負の高さ (右下がりにつなぐ)
x 軸の負の向きに点を見つけてつなぎ合わせるためには, dx の値を負とする.
(正の傾き)×(負の幅)＝ 負の高さ (左下がりにつなぐ)
(負の傾き)×(負の幅)＝ 正の高さ (左上がりにつなぐ)

- **同様の操作をくりかえし, つぎつぎに点を見つけてつなぎ合わせる.**

点をつなぎ合わせた曲線上で, ヨコ座標 s の点のタテ座標 t を

$$t = \underbrace{\overbrace{\int_{x_0}^{s}}^{\text{合計}} \overbrace{2x}^{\text{傾き}} \overbrace{dx}^{\text{幅}}}_{\text{傾き×幅の合計}} + \underbrace{y_0}_{\text{はじめの高さ}}$$

と表す.

$$\left[\begin{array}{l}\text{ヨコ座標が } x_0 \text{ の位置から } s \text{ の位置まで 傾き × 幅 を足し合わせる.} \\ 2x \text{ は, ヨコ座標が区間 } [x_0, s] \text{ の値 } x \text{ のときの傾きの値である.} \\ \text{区間幅が限りなく小さいと, 区間内で傾きの値は一定とみなせる.}\end{array}\right]$$

◀ 点と点との間の点も見つけないと, 点どうしをつなぎ合わせたときギザギザになる. 高さ ＝ 傾き × 幅を計算するときの幅が限りなく小さいと, なめらかな曲線が描ける (例題 0.6).

◀ y_0 から t までの高さの変化は
$t - y_0 = \int_{x_0}^{s} 2x dx$
である.

第0講 プロローグ —— 微分方程式とは何か

> a, b を実定数，x を実変数として，区間 $[a, b]$ の値を入力すると，どんな値を出力するかを決める規則 (関数) が定義できる (規則をつくることができる) とき，この区間を限りなく小さい幅で分割する．これらの幅ごとに関数値と幅との積を求めて合計する．
> 　この方法で求めた和を $2x dx$ の $x = a$ から $x = b$ までの**定積分**といい，
>
> 例 $\displaystyle\int_a^b 2x dx$ ◀ $\underbrace{2x}_{\text{関数値}} \underbrace{dx}_{\text{幅}}$
>
> と表す．「インテグラル a から b までの $2x dx$」と読む．

◀ 関数，関数値の意味 (0.3 節).

◀ dx が 0 に近づくように，分割数を限りなく大きくする．

◀ 区間 $[a, b]$ で関数値を求めることができないと関数値と幅との積を計算することができない．

ノート：定積分の計算

$\displaystyle\int_{x_1}^{x_2} dx = x_2 - x_1$
　　(x_1, x_2 は定数)

微小な長さの線分を $x = x_1$ の位置から $x = x_2$ の位置まで x 軸に沿ってつなぎ合わせると，長さ $x_2 - x_1$ の線分になる (0.1 節).

定積分の基本 $\displaystyle\int_\heartsuit^\diamondsuit d\square = \diamondsuit - \heartsuit$　$\square$ の上限／$\square$ の下限　◀ $\int$ と d とが隣り合った形

例 $\displaystyle\int_2^5 2x dx$ $\left(\displaystyle\int_\heartsuit^\diamondsuit d\square \text{ の形でない場合}\right)$.

手順 1 頭の中で，x^1 の指数 1 よりも 1 大きい x^2 を x で微分すると，$\dfrac{d(x^2)}{dx} = 2x$ となるから，分母を払って $d(x^2) = 2x dx$ に書き換える．

手順 2 $2x dx$ を x の下限から上限まで積分する代わりに，x^2 の下限から上限まで $d(x^2)$ を積分する．　◀ 積分するとは「つなぎ合わせる」「合計する」

$\displaystyle\int_2^5 2x dx = \int_{2^2}^{5^2} d\underbrace{(x^2)}_{u}$　　$\displaystyle\int_\heartsuit^\diamondsuit d\square = \diamondsuit - \heartsuit$ の形に書き換える．

$= 5^2 - 2^2$

$= 21.$

x	$2 \to 5$
u	$2^2 \to 5^2$

$\displaystyle\int_{2^2}^{5^2} du = 5^2 - 2^2$

$5^2 - 2^2$ を $\left[x^2\right]_2^5$ と表してもいい．

▶ 図 0.20 A の方向から見た高さ $d(x^2)$ の合計，B の方向から見た 傾き × 幅 $2x dx$ の合計．

ノート：和の記号

① $3 + 4 + 5 + \cdots + 10$ のようにトビトビ (離散) に値を足し合わせる記号 $\displaystyle\sum_{k=3}^{10}$

② ベターッ (連続) と値を足し合わせる記号 $\displaystyle\int_3^{10}$

$\displaystyle\sum_{k=3}^{10} 2k = 2 \sum_{k=3}^{10} k.$　◀ k を 2 倍してから合計しても，k を合計してから 2 倍しても同じ．

$\displaystyle\int_3^{10} 2x dx = 2 \int_3^{10} x dx.$　◀ x を 2 倍してから $2x dx$ を合計しても，$x dx$ を合計してから 2 倍しても同じ．

- 和 $\displaystyle\sum_{i=1}^n a_i b_i.$　◀ 積 $a_i b_i$ の合計
- 積分 $\displaystyle\int_a^b v(t) dt.$　◀ $v(t)$ と dt との積の合計 (例題 0.4)

積分定数

$\dfrac{d(x^2 + C)}{dx} = 2x$ の分母を払うと

$d(\underbrace{x^2 + C}_{u}) = 2x dx$

となる．この式は，$x = 2$ から $x = 5$ まで $2x dx$ を足し合わせる代わりに，$du\ [= d(x^2 + C)]$ を $u_1 = 2^2 + C$ から $u_2 = 5^2 + C$ まで足し合わせても合計は同じになることを示している．

$\displaystyle\int_{2^2 + C}^{5^2 + C} d(\underbrace{x^2 + C}_{u})$

$= \underbrace{(5^2 + C)}_{u_2}$

$ - \underbrace{(2^2 + C)}_{u_1}$

$= 5^2 - 2^2$

のように，定数関数の値 C によらない (問 0.9).
定積分の計算では，C を省略してもいい．

例題 0.4 定積分の意味

変数 t の区間 $[a, b]$ のどの点でもグラフに接線が引ける関数 x を考える．ここで，a, b は実定数である．接線の傾き v は接点ごとに決まるから，v も t の関数である．ここで，例として，図 0.19 のように $x(t) = t^3$ の x–t グラフと $v(t) = 3t^2$ の v–t グラフとを作成した上で，つぎの問に答えよ．

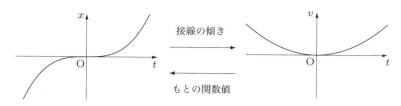

図 **0.19** (1) $x(t) = t^3$, (2) $v(t) = 3t^2$.

(1) $\int_a^b v(t)dt$ は，x–t グラフで何を表すか？ $v(t)dt$ の意味，$\int_a^b$ の意味も答えること．

(2) $\int_a^b v(t)dt$ は，v–t グラフで何を表すか？ $v(t)dt$ の意味，$\int_a^b$ の意味も答えること．

発想 $\int_a^b v(t)dt$ は「$t = a$ から $t = b$ まで $v(t)dt$ を合計する」という意味を表す．

【解説】

(1) x–t グラフ (x：たて, t：よこ)

$\int_a^b v(t)dt$ は $x(b) - x(a)$ ($t = b$ のときの x と $t = b$ のときの x との差) を表す．

$\int_a^b \underbrace{v(t)}_{傾き}\underbrace{dt}_{幅}$　$t = a$ の位置から $t = b$ の位置まで高さを合計する．

(上の $v(t)dt$ の上に「高さ」の表示)

(2) v–t グラフ (v：たて, t：よこ)

$\int_a^b v(t)dt$ は，曲線 $v = 3t^2$, 直線 $t = b$, 直線 $t = b$, t 軸で囲まれた部分の面積を表す．

$\int_a^b \underbrace{v(t)}_{たて}\underbrace{dt}_{よこ}$　$t = a$ の位置から $t = b$ の位置まで面積を合計する．

(上の $v(t)dt$ の上に「面積」の表示)

▶ **注意**　「積分 = 面積」と覚えてはいけない．たて軸がどの変数を表しているかによって，「高さの合計は高さ」と「面積の合計は面積」とのどちらかを読み取る．

高さをつなぎ合わせても面積にならない．$v(t)$ の積分 [$v(t)$ の合計] と考えると，「高さ $v(t)$ を足し合わせると面積になる」と誤解する．

■ **モデル** ■　t を時間, x を物体の位置, v を物体の速度とすると, x–t グラフは時間とともに位置がどのように変化するかを表し, v–t グラフは時間とともに速度がどのように変化するかを表す．

相談室

S　いままで「微分 = 微小な長さ」「積分 = 面積」と思い込んでいました．高校では，積分は面積を求める計算法と習ったので，積分が高さを表すといわれても，よくわかりません．

P　グラフのたて軸が何を表しているかを確かめないで，いつも「積分 = 面積」と思い込むと理解を妨げます．

数値解法との関係　微分方程式の数値解を求めるとき (例題 0.6),

図 **0.20** のように 高さ ($=$ 傾き $\times$ 幅) をつなぎ合わせる操作をくり返すという方法を適用して，$\int_3^s$ の意味のとおりに積分を実行する．

▶ **注意**「$\int 2xdx = x^2 + C$ だから $x = 3$ のとき $x + C = 10$ になるように C の値を決める」と考え，$C = 1$ を求めて $x^2 + 1$ とすることもできる．しかし，この解法に慣れても数値解析と関連させにくい．本書では，数値解法を配慮し，積分本来の「つなぎ合わせる」という意味にしたがって計算する (0.4 節のノート：原始関数, 定積分, 不定積分)．

◀ 運動学から例を挙げることができる．小林幸夫：『現場で出会う微積分・線型代数』(現代数学社，2011) p. 127.

◀ 図 0.17 も参考になる．

Stop!「たて軸がどの変数を表すか」に注意．同じ式でも表す意味がちがう．

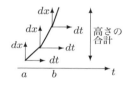

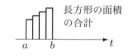

長方形の面積の合計

近似解 $f(x + h) = f(x) + f'(x)h$ を求める数値解法を**オイラー法**という．誤差が蓄積されて精度が悪い (図 0.23) ので，オイラー法のほかに，**ルンゲ・クッタ法**という数値解法もある．

◀ $\int 2xdx$
$= \int d(x^2 + C)$.

◀ 方は「比べる」という意味．
程は「まとめる」という意味．
方程は「正負を比べ，まとめる」という意味．仙田章雄：『数学者はなにを考えてきたか』(ベレ出版，2010) p. 98.

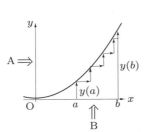

$x = a$ 付近の拡大図

接線 $(dy)_a = 2a\,(dx)_a$
　　高さ　傾き　よこ幅

中学数学 $y = a\;\;\;\;x$
　　　　 高さ　傾き　よこ軸
　　　　 と同じ形

点 $(a, y(a))$ を原点とする座標軸 $(dx\text{軸}, dy\text{軸})$ で測ると，接線は正比例関数を表す直線である．

図 0.20 $\dfrac{dy}{dx} = 2x$ をみたす関数　この図では，$y = 10$ を $y(a)$，任意の y を $y(b)$，$x = 3$ を a，任意の x を $x = b$ と書いてある．

「微分方程式を解く」とは？
「手順 1, 2 で，ある点のヨコ座標とその点で接する直線の傾きとから，ヨコ座標とタテ座標との対応の規則 (関数) を求める」という意味．

例 特定の点 $(3, 10)$ を通り，各点での接線の傾きが $\dfrac{dy}{dx} = 2x$ である関数の値 (タテ座標) は $y = x^2 + 1$．

微分方程式を解く　積分の意味を理解するために，微分方程式の解き方に進む．

┌─ ノート：方程式と微分方程式とのちがい ─────────
│ ・x についての方程式：$x^2 + 5x + 4 = 0$．
│ 　未知数 x の値を求めるための式 (未知数 x がみたす式)
│ ・x についての微分方程式：$\dfrac{d^2x}{dt^2} + 5\dfrac{dx}{dt} + 4x = 0$．
│ 　未知関数 x の表式を求めるための式 (未知関数 x がみたす式)
│ 　「t と x との対応の規則 (x は t でどのように表せるか) を求める」という意味．
└────────────────────────────

◎**何が問題か**　曲線の方程式を知らなくても，① 曲線が通る特定の 1 点，② 曲線上の各点で接線の傾きがわかっていれば，接線どうしをなめらかにつなぎ合わせて曲線を描ける (図 0.1)．この曲線はどのような関数を表すか？
xy 平面内で，接線の傾きを表す関数が定義できて連続である領域を考える．

例　全平面で定義した微分方程式

$$\dfrac{dy}{dx} = 2x \qquad \blacktriangleleft \text{式の読解}\;\left(\dfrac{\text{高さ}}{\text{幅}} = \text{傾き}\right)$$

を「$x = 3$ のとき $y = 10$」のもとで解く．
手順 1　分母を払って

$$dy = 2x\,dx \qquad \blacktriangleleft \text{式の読解 (高さ = 傾き × 幅)}\quad \text{(図 0.20)}$$

に書き換える．
▶**注意**　$\dfrac{dy}{dx}$ が接線の傾き $\left(\dfrac{dy}{dx}\right)_{x=a}$ を表す一つの記号と見ることもできるが，**線型近似** (例題 0.2) の立場で $\dfrac{dy}{dx}$ が微分商 $(dy)_a \div (dx)_a$ を表す (図 0.20) と考えて分母を払う．
手順 2　x の値に対する y の値を求めるために，図 0.20 のように，点 $(3, 10)$ を通るように高さを小刻みにつなぎ合わせる．

　┌─────────┐　　┌─────────┐
　│ある点で接する直線│ → │関数のグラフ　│　「大域」は「だいいき」ではなく
　│　(局所的変動)　│　　│　(大域的変動)│　「たいいき」と読む．曲線全体の
　└─────────┘　　└─────────┘　振舞を表す (「はしがき」参照)．

「**微分する**」　関数値を表す式が既知で (わかっていて)，その関数のグラフ上の点ごとに接線の傾きを求める操作 (0.3 節)　**傾き = 高さ ÷ 幅**

　　　　　　　　　　　$\updownarrow$　比較

「**積分する**」　ある関数のグラフの各点で接線の傾きが既知で (わかっていて)，その関数値を表す式を求める (グラフを描く) 操作 (0.4 節)　**高さ = 傾き × 幅**

◀ タテ座標 (高さ) y はヨコ座標 x の関数だから $y = f(x)$ と表せる．微分方程式を解いて，関数 f [$f(x)$ は関数値] を求める．混乱のおそれがないときには，$f(x)$ を $y(x)$ と書いて $y = f(x)$ の代わりに $y = y(x)$ と表す．左辺の y は従属変数，右辺の $y(\ )$ は関数である．$(\ )$ に x を入力すると関数値 $y(x)$ を出力する (0.3 節)．

$\dfrac{dy}{dx}$ の意味 (分数か？)
導関数を $f'(\ )$ の代わりに $\dfrac{dy}{dx}(\ )$ とも書く．$\dfrac{dy}{dx}$ はひとかたまりの記号で f' と同じ意味を表す．関数値 $\dfrac{dy}{dx}(x)$ を簡単に $\dfrac{dy}{dx}$ と書いたと考えると，dy と dx とを分けることはできない．
微分商 $(dy)_a \div (dx)_a$ は $\dfrac{(dy)_a}{(dx)_a}$ と表せるので，$x = a$ 以外の任意の点では a を書かないで $dy \div dx$ を $\dfrac{dy}{dx}$ と表す．

0.4 接線の傾きから曲線を探る方法 — 積分

定積分は,「定まった区間で,小刻みに分割して求めた高さを積み重ねた (合計した) 全体の高さ」という意味である.

- 刻み幅が大きいと,高さをつなぎ合わせたときギザギザの折れ線になる.
- 刻み幅が限りなく小さいほどなめらかな曲線になる (図 0.1, 例題 0.6).

問 0.7 図 0.20 で dy の合計と $2xdx$ の合計との意味を説明せよ.

【解説】 つぎのどちらの足し方でも合計は同じである.

- 「A の方向から見て, $y=10$ から $y=t$ (t はどんな値でもいい) まで dy をつなぎ合わせる」という発想 | dy の合計 |
- 「B の方向から見て, $x=3$ から $x=s$ (s はどんな値でもいい) まで 傾き×幅 $(2x \times dx)$ をつなぎ合わせる」という発想 | $2xdx$ の合計 |

高さ	=	傾き × 幅
高さ	=	傾き × 幅
高さ	=	傾き × 幅
+) 高さ	=	傾き × 幅
高さの合計	=	(傾き × 幅) の合計

関数のグラフが曲線の場合,傾きの値は,接点ごとに異なる.

左辺を $\int_{10}^{t} dy$, 右辺を $\int_{3}^{s} 2xdx$ と書き表す.

[例] $x=3$ のとき 傾き $2x=6$.

[例] $x=5$ のとき 傾き $2x=10$.

◀ $x<3$ の場合,図 0.20 で B の方向から見て x 軸の負の向きに $2xdx$ を足し合わせる.

問 0.8 $x=s$ (s は任意の値) のときの高さと $x=3$ のときの高さとの差 (変化分) を求めよ.

【解説】 左辺で $y=10$ から $y=t$ (t はどんな値でもいい) まで dy を積分し,右辺で $x=3$ から $x=s$ (s はどんな値でもいい) まで $2xdx$ を積分する.

$$\int_{10}^{t} dy = \int_{3}^{s} 2xdx$$

だから,右辺を | 定積分の基本 $\int_{\heartsuit}^{\diamondsuit} d\square = \diamondsuit - \heartsuit$ | の形に書き換える.

$$t - 10 = \int_{3^2}^{s^2} d(\overbrace{x^2}^{u})$$

x	$3 \to s$
u	$3^2 \to s^2$

$\int_{3^2}^{s^2} du = s^2 - 3^2.$

となり,

$$t = s^2 + 1$$

$s^2 - 3^2$ を $\left[x^2\right]_{3}^{s}$ と表してもいい.

であることがわかる. $x=s, y=t$ の場合 (s, t はどんな値でもいい) に成り立つから,y と x との対応の規則 (関数) で決まる関数値は

$$y = x^2 + 1$$

である.

◀ 上端を変数にした定積分
0.4 節のノート:定積分の計算.

◀ $t - 10$ は図 0.20 で $y(b) - y(a)$ である.
◀ $\int$ と d とが隣り合った形
◀ タテ座標 (高さ) y はヨコ座標 x の関数だから $y=f(x)$ と表せる.混乱のおそれがないとき,$f(x)$ を $y(x)$ と書いて $f(x)=x^2+1$ の代わりに $y(x)=x^2+1$ と表す.
◀ 導関数:「ヨコ座標がいくらのとき接線の傾きはいくらか」を決める規則 (0.3 節) 関数 $f(\ )$
 $= f_1(\ ) + f_2(\ )$
 $= (\ )^2 + 1$
$(\ )$ に x を入れると
関数値 $y=f(x)$
 $= f_1(x) + f_2(x)$
 $= x^2 + 1.$
$f_2(\ )$ は定数関数, $f_2(x)$ は数値 (問 0.6). 同じ「1」でも概念が異なる.

◎何がわかったか 導関数が $f'(\ )=2(\ )$ のとき関数は $f(\ )=(\ )^2+1$.

| (i) 通る 特定の点 $(3, 10)$ (ii) 各点での接線の傾き $\dfrac{dy}{dx} = 2x$ | $\longrightarrow$ | 関数のグラフ $y = x^2 + 1$ |

「はしがき」参照 局所的振舞 $dy = 2xdx$ から 大域的振舞 $y = x^2 + 1$

特定の点 $\left\{\begin{array}{l}\text{の座標} \\ \text{で接する直線の傾き}\end{array}\right\}$ から, 各点 $\left\{\begin{array}{l}\text{の座標} \\ \text{で接する直線の傾き}\end{array}\right\}$

を予測する (求める) (図 0.18).

一を聞いて十を知る発想と同じ.

微分方程式の解は無数に存在する

例「接線の傾きが $2x$ である」という手がかりだけでは，関数値を表す式は $f(x)=x^2$，$f(x)=x^2+1$，$f(x)=x^2+3$，... のどれかは決まらない．
　　⇒ 不定積分の概念へ（本節のノート：原始関数，不定積分，定積分）

> グラフが特定の点を通るという**初期条件**によって，関数は一つに決まる（1 通りのグラフ）．

例題 0.5　初期条件の意味

全平面で定義した微分方程式 $\dfrac{dy}{dx}=2x$ の解の振舞を考える．
(1) xy 平面で x 座標が $-2\leqq x\leqq 2$ の範囲の整数，y 座標が $0,1,4$ のどれかになっている点に，傾きを短い線分で書き込め．
(2) 初期条件を課すと，解曲線（解を表す曲線）は何本になるか？
(3) 点 $(1,1)$ を通るように，$\dfrac{dy}{dx}=2x$ を解いて，解曲線を (1) の xy 平面に書き込め．

【解説】
(1), (3) 初期条件（どの点を通るか）を課さないと，短い線分をどのようにつなぎ合わせていいかが決まらない（図 **0.21**）．

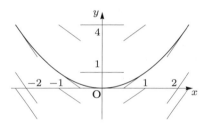

図 **0.21**　$\dfrac{dy}{dx}=2x$ の表す傾きと解曲線

手順 1　分母を払って $dy=2xdx$ に書き換える．
手順 2　左辺で $y=1$ から $y=t$（t はどんな値でもいい）まで dy を積分し，右辺で $x=1$ から $x=s$（s はどんな値でもいい）まで $2xdx$ を積分する．

$$\int_1^t dy = \int_1^s 2xdx. \quad \text{右辺を} \boxed{\text{定積分の基本 } \int_\heartsuit^\diamondsuit d\square = \diamondsuit - \heartsuit} \text{の形に書き換える．}$$

$$t-1 = \int_{1^2}^{s^2} d\overbrace{(x^2)}^{u}. \quad \begin{array}{c|c} x & 1 \to s \\ \hline u & 1^2 \to s^2 \end{array} \quad \int_{1^2}^{s^2} du = s^2-1^2.$$

$$t = s^2. \qquad\qquad s^2-1^2 \text{ を } \left[x^2\right]_1^s \text{と表してもいい．}$$

$x=s, y=t$ の場合（s,t はどんな値でもいい）に成り立つから，y と x との対応の規則（関数）で決まる関数値は

$$y=x^2$$

である．
(2) 1 本．点 $(1,1)$ を通るように短い線分をつなぎ合わせると，曲線 $y=x^2$ になる．

補足　$\dfrac{d(x^2+C)}{dx}=2x$ の分母を払うと $d(x^2+C)=2xdx$ だから $dy=2xdx$ の代わりに $dy=d(x^2+C)$ を考える．$x=1$ のときの高さと $x=s$ のときの高さとの差は，$(s^2+C)-(1^2+C)$ だから s^2-1^2 となり，C によらない．C の値を知るにはどうすればいいか？関数のグラフのちがい（$y=x^2+C$ の C のちがい）で，差 s^2-1^2 が $t-10$，$t-5$，... のどの値に等しいかが異なる．本問では，$t-1$ に等しいから，$t-1=s^2-1^2$

Stop!
「初期」とは，「つなぎ合わせの出発点」の意味（図 0.18 の P$_0$）である．本問では点 $(3,10)$ が P$_0$ であり，この点から $dy>0$ と $dy<0$ との両方の向きにつなぎ合わせる．

◂ 初期条件　initial condition (I.C.)

不等号
日本では $\geqq, \leqq$ を使うが，世界では $\geq, \leq$ を使う．

◂ 図 0.21 を**勾配図**という．
笠原皓司：『微分方程式の基礎』（朝倉書店，1982）．

◂ 検算 $1^2=1$．

◂ 0.4 節のノート：原始関数，不定積分，定積分．

となり，$t = s^2$ である．この場合は $C = 0$ であることがわかる．定積分の計算では C を省略してもいい．解説では $d(x^2)$ を積分している．

◀ $s^2 - 1^2$ が $t - 5$ に等しい場合は，$t = s^2 + 4$ となり，$C = 4$ である．

問 0.9　$\dfrac{dy}{dx} = 2x$ を「$x = 3$ のとき $y = 5$」のもとで解き，「$x = 3$ のとき $y = 10$」のもとで解いた解 (問 0.8) と比べよ．

【解説】
手順 1　分母を払って $dy = 2xdx$ に書き換える．
手順 2　左辺で $y = 5$ から $y = t$ (t はどんな値でもいい) まで dy を積分し，右辺で $x = 3$ から $x = s$ (s はどんな値でもいい) まで $2xdx$ を積分する．

◀ 0.4 節のノート：定積分の計算．

$$\int_5^t dy = \int_3^s 2xdx.$$　右辺を　定積分の基本 $\int_\heartsuit^\diamond d\square = \diamond - \heartsuit$　の形に書き換える．

$$t - 5 = \int_{3^2}^{s^2} d\overbrace{(x^2)}^{u}.$$

x	$3 \to s$
u	$3^2 \to s^2$

$\int_{3^2}^{s^2} du = s^2 - 3^2$

$$t = s^2 - 4.$$　$s^2 - 3^2$ を $\left[x^2\right]_3^s$ と表してもいい．

◀ 検算 $3^2 - 4 = 5$

$x = s, y = t$ の場合 (s, t はどんな値でもいい) に成り立つから，y と x との対応の規則 (関数) で決まる関数値は
$$y = x^2 - 4$$
である (図 0.22).

関数のグラフのちがい ($y = x^2 + C$ の C のちがい) によって差 $s^2 - 3^2$ が $t - 10, t - 5, \ldots$ のどの値に等しいかが異なる．
本問では，$t - 5$ に等しいから $t - 5 = s^2 - 3^2$ となり，$t = s^2 - 4$ である．この場合は $C = -4$ である (例題 0.5 補足 と同じ考え方)．定積分の計算では，C を省略して，解説のように $d(x^2)$ を積分してもいい．

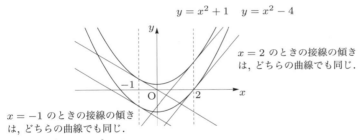

図 0.22　$\dfrac{dy}{dx} = 2x$ の解曲線　$y = x^2 + 1$ は問 0.8 の解．

($x = 2$ のときの接線の傾きは，どちらの曲線でも同じ．$x = -1$ のときの接線の傾きは，どちらの曲線でも同じ．)

▶ 微分方程式 $\dfrac{dy}{dx} = 2x$ の意味：どの点でも，接線の傾きはヨコ座標の 2 倍である．$y = x^2 + 1$ と $y = x^2 - 4$ とのどちらの曲線も，$x = -1$ のときの接線の傾きは $2 \times (-1)$，$x = 2$ のときの接線の傾きは 2×2 である．

関数族 (曲線族)
C の値ごとに放物線は異なるが，図 0.22 の曲線族 (共通の性質を持つ曲線の家族と思えばよい) に属する放物線は，$\dfrac{dy}{dx} = 2x$ をみたす．

◎ 何がわかったか　曲線 $y = x^2$ を y 軸方向に移動した曲線 $y = x^2 + C$ (C は定数関数の値) は，$\dfrac{dy}{dx} = 2x$ をみたす．ヨコ座標 x が同じ点では，接線の傾きも同じである．これらの曲線 (関数のグラフ) の集合は「$2xdx$ の不定積分」である (本節のノート：原始関数，不定積分，定積分，例題 0.4).

▶ 注意　「$2x$ の不定積分」ではなく「$2xdx$ の不定積分」である．
積分記号 $\int_3^s$ は，傾き $2x$ の合計ではなく，傾き × 幅 ($2x \times dx$) の合計を表す．

補足　直線は，通る特定の点と傾きとを指定しないと 1 本に決まらない．
- 傾きが 2 だけを指定した直線：$y = 2x$ (正比例関数を表し，原点を通る)，$y = 2x + 3, \ldots$ (1 次関数だから原点を通らない) など無数にある．
- 通る点 $(3, 8)$ だけを指定した直線：$y - 8 = 5(x - 3)$，$y - 8 = -2(x - 3), \ldots$ (傾きは 1 通りではない) など無数にある．

◀ 直線の方程式について，例題 0.1 参照．
小林幸夫：『線型代数の発想』(現代数学社, 2008) 2 章．

パズル すべての放物線は相似 (同じ形) である．なぜか？
$y = 2x^2 + 3x - 5$ と $y = -x^2$ とでは，広がりの程度がちがうように感じるが，一方の放物線を拡大または縮小すると，他方の放物線と完全に重なる．

例題 0.6　微分方程式の表す意味

ある関数のグラフ上の点 (x,y) で接する直線の傾きが $2x+1$ であり，このグラフは点 $(0,1)$ を通る．このような関数の形を知るために，以下の手順で問に答えよ．
(1) $x=0$ のときの接線の傾きを求めよ．
(2) $0 \leq x < 1$ の範囲で，(1) の傾きのまま関数が変化すると，x 座標が 1 のとき y 座標はいくらか？
(3) (2) で求めた点で接線を引いたとすると，その傾きはいくらか？
(4) $1 \leq x < 2$ の範囲で，(3) の傾きのまま関数が変化すると，x 座標が 2 のとき y 座標はいくらか？
(5) 同様の操作をくり返すと，次々に y 座標を求めることができる．
 (a) 刻み幅を 1 として，方眼紙に $0 \leq x \leq 3$ の範囲で関数のグラフを作図せよ．$0 \leq x \leq 1, 1 \leq x \leq 2, 2 \leq x \leq 3$ のそれぞれの範囲で線分を引き，これらを結んで折れ線を描く．
 (b) 刻み幅を 0.5 として，(a) と同じように関数のグラフを作図せよ．
(6) $\dfrac{dy}{dx} = 2x+1$ を解いて，解曲線 (解を表す曲線) を描け．

★ **背景** ★ 「微分方程式を解くというのはどういう意味か」「積分とはどういう操作か」を理解する．

不等号
日本では $\geqq, \leqq$ を使うが，世界では $\geq, \leq$ を使う．

(発想) (1), (2), (3), (4), (5) 傾き × 幅 = 高さ の関係を使う．

【解説】
(1) $\left.\dfrac{dy}{dx}\right|_{x=0} = 2 \times 0 + 1 = 1$.
(2) 右図を見て $y = \underbrace{1}_{x=0} + \underbrace{1}_{増加分} = \underbrace{2}_{x=1}$ のように計算する．

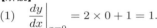

(3) $\left.\dfrac{dy}{dx}\right|_{x=1} = 2 \times 1 + 1 = 3$.
(4) 右図を見て $y = \underbrace{2}_{x=1} + \underbrace{3}_{増加分} = \underbrace{5}_{x=2}$ のように計算する．
(5) (a) $\left.\dfrac{dy}{dx}\right|_{x=2} = 2 \times 2 + 1 = 5, \left.\dfrac{dy}{dx}\right|_{x=3} = 2 \times 3 + 1 = 7$.
 (b) $y = \underbrace{1}_{x=0} + \underbrace{0.5}_{増加分} = \underbrace{1.5}_{x=0.5}$．座標 $(0.5, 1.5)$

$\left.\dfrac{dy}{dx}\right|_{x=0.5} = 2 \times 0.5 + 1 = 2, \underbrace{y}_{高さ} = \underbrace{1.5}_{x=0.5} + \underbrace{2 \times 0.5}_{傾き×幅} = \underbrace{2.5}_{x=1}$．座標 $(1, 2.5)$

$\left.\dfrac{dy}{dx}\right|_{x=1} = 2 \times 1 + 1 = 3, \underbrace{y}_{高さ} = \underbrace{2.5}_{x=1} + \underbrace{3 \times 0.5}_{傾き×幅} = \underbrace{4}_{x=1.5}$．座標 $(1.5, 4)$

$\left.\dfrac{dy}{dx}\right|_{x=1.5} = 2 \times 1.5 + 1 = 4, \underbrace{y}_{高さ} = \underbrace{4}_{x=1.5} + \underbrace{4 \times 0.5}_{傾き×幅} = \underbrace{6}_{x=2}$．座標 $(2, 6)$

$\left.\dfrac{dy}{dx}\right|_{x=2} = 2 \times 2 + 1 = 5, \underbrace{y}_{高さ} = \underbrace{6}_{x=2} + \underbrace{5 \times 0.5}_{傾き×幅} = \underbrace{8.5}_{x=2.5}$．座標 $(2.5, 8.5)$

$\left.\dfrac{dy}{dx}\right|_{x=2.5} = 2 \times 2.5 + 1 = 6, \underbrace{y}_{} = \underbrace{8.5}_{x=2.5} + \underbrace{6 \times 0.5}_{傾き×幅} = \underbrace{11.5}_{x=3}$．座標 $(3, 11.5)$

◀ 点 $(0,1)$ を原点とする座標軸で表した接線の方程式
　$dy = 1 dx$
(問 0.3).

◀ 点 $(0.5, 1)$ を原点とする座標軸で表した接線の方程式
$dy = 2 dx$ (図 0.23).

◀ 点 $(1,1)$ を原点とする座標軸で表した接線の方程式
$dy = 3 dx$ (図 0.23).

他も同様．問 0.3.

▶ 刻み幅が小さいほど $y = x^2 + x + 1$ に近いことがわかる (図 0.23).
(6) 分母を払って $dy = (2x+1)dx$ に書き換える．左辺で $y=1$ から $y=t$ (t はどんな値でもいい) まで dy を積分し，右辺で $x=1$ から $x=s$ (s はどんな値でもいい)

0.4 接線の傾きから曲線を探る方法 — 積分

まで $(2x+1)dx$ を積分する.

$$\int_1^t dy = \int_0^s (2x+1)dx.$$

右辺を 定積分の基本 $\int_\heartsuit^\diamond d\square = \diamond - \heartsuit$ の形に書き換える.

$$t - 1 = \int_{0^2+0}^{s^2+s} d\overbrace{(x^2+x)}^{u}.$$

$$t = s^2 + s + 1.$$

x	0	$\to$	s
u	0^2+0	$\to$	s^2+s

$$\int_{0^2+0}^{s^2+s} du = (s^2+s) - (0^2+0).$$

$(s^2+s) - (0^2+0)$ を $\left[x^2+x\right]_0^s$ と表してもよい.

◀ $\dfrac{d(x^2+x)}{dx} = 2x+1$
を思い出し，分母を払って
$(2x+1)dx = d(x^2+x)$
に書き換える.

◀ $\int$ と d とが隣り合った形

$x = s, y = t$ の場合 (s, t はどんな値でもよい) に成り立つから, y と x との対応の規則 (関数) で決まる関数値は

$$y = x^2 + x + 1$$

である (図 0.23).

◎何がわかったか　導関数が $f'(\ ) = 2(\ ) + 1$ のとき関数は $f(\ ) = (\ )^2 + (\ ) + 1$.

◀ 関数 $f(\ )$
$= f_1(\ ) + f_2(\ )$
$= (\ )^2 + (\ ) + 1$
$(\ )$ に x を入れると
関数値 $y = f(x)$
$= f_1(x) + f_2(x)$
$= x^2 + x + 1.$
$f_1(\ ) = (\ )^2 + (\ ),$
$f_2(\ )$ は定数関数,
$f_2(x)$ は数値 (問 0.6).
同じ「1」でも概念が異なる.

$y = x^2 + x + 1$
刻み幅 0.5 でつなぎ合わせた折れ線
刻み幅 1.0 でつなぎ合わせた折れ線

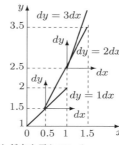

図 0.23　$\dfrac{dy}{dx} = 2x+1$ の解曲線　右図は刻み幅 0.5 の場合のつなぎ方を示している.

◀ グラフをつくるために，平方完成した形
$y = \left(x + \dfrac{1}{2}\right)^2 + \dfrac{3}{4}$
を使う.

◀ 傾きは，x の値が 1 大きくなると，y の値がどれだけ変わるかを表す. x が 0 から 1 大きくなると y は 1 だけ大きくなる. x が 0.5 から 1 大きくなると y は 2 だけ大きくなる.

[補足] $\dfrac{d(x^2+x+C)}{dx} = 2x+1$ の分母を払うと $d(x^2+x+C) = (2x+1)dx$ だから $dy = (2x+1)dx$ の代わりに $dy = d(x^2+x+C)$ を考える. $x = 0$ のときの高さと $x = s$ のときの高さとの差は $(s^2+s+C) - (0^2+0+C)$ だから C どうしが打ち消し合って s^2+s となる. C の値を知るには，どうすればよいか? 関数のグラフのちがい ($y = x^2+x+C$ の C のちがい) で，差 s^2+s が $t-1, t-5, \ldots$ のどの値に等しいかが異なる. 本問では，$t-1$ に等しいから，$t-1 = s^2+s$ となり，$t = s^2+s+1$ である. この場合は $C = 1$ であることがわかる. 定積分の計算では，C を省略して，解説のように $d(x^2+x)$ を積分してもよい.

◀ ノート：原始関数, 不定積分, 定積分

◀ s^2+s が $t-5$ に等しい場合は, $t = s^2+s+5$ となり, $C = 5$ である.

[参考]　コンピュータで微分方程式を解くとき, 例題 0.5, 例題 0.6 の方法を基本にしている.

ノート：原始関数, 定積分, 不定積分

● 原始関数

$$\dfrac{dF(x)}{dx} = f(x)$$ が成り立つとき, F を関数 f の原始関数という.

[例]　$f(x) = 2x$ の場合：$F(x) = x^2, F(x) = x^2 + (-3), \ldots, F(x) = x^2 + \pi$
頭の中で x の指数 1 よりも 1 大きい指数の $x^2, x^2 + (-3)$ などを考えて確認する.

$$\dfrac{d\overbrace{(x^2)}^{F(x)}}{dx} = \overbrace{2x}^{f(x)}, \quad \dfrac{d\overbrace{\{x^2 + (-3)\}}^{F(x)}}{dx} = \overbrace{2x}^{f(x)}, \quad \dfrac{d\overbrace{(x^2 + \pi)}^{F(x)}}{dx} = \overbrace{2x}^{f(x)}.$$

◀ 「微分 $dF(x)$ が $f(x)dx$ である関数 F を関数 f の原始関数とよぶ」ということもできる.

- **定積分**
  定まった区間で，小刻みに分割して求めた高さを積み重ねた全体の高さ (図 0.20)

  例　区間 $[2,5]$ で $x=2$ のときの高さから $x=5$ に向かって $\overbrace{2x}^{傾き}\overbrace{dx}^{幅}\ [=\overbrace{d(x^2)}^{高さ}]$
  をつなぎ合わせると $x=5$ のときの高さになる．

  $$\underbrace{\int_2^5 \underbrace{2x}_{高さ}dx}_{合計} = \int_{2^2}^{5^2} d(x^2)$$

  定積分の基本 $\int_\heartsuit^\diamond d\square = \diamond - \heartsuit$ の形に書き換える．

  $$= 5^2 - 2^2.$$

  $5^2 - 2^2$ を $[x^2]_2^5$ と表してもいい．

- **不定積分**

  $F(x) = x^2,$ ← 原始関数
  $F(x) = x^2 + (-3),$ ← 原始関数
  $F(x) = x^2 + \pi,$ ← 原始関数
  $\cdots\cdots\cdots,$

  f が連続関数のとき，それぞれの原始関数は**不定積分**という集合の中の一つ．

  原始関数の集合を不定積分といい，原始関数の全体をまとめて

  $$\int 2x dx = \{x^2 + C\}$$

  （C は定数関数の値の代表であり，要素が 1 個の集合を表すのではない．等号は「定数のちがいは本質でなくどれも同等」の意味．）

  と書く (問 0.9)．集合 $\{x^2, x^2+(-3), x^2+\pi, \ldots\}$ を $\{x^2+C\}$ と表す（C の値は定まっていない）．$\{-5, 3, 8\}$ などの集合の名称は大文字 (A, U など) で表すが，集合 $\{x^2+C\}$ は $\int 2x dx$ で表し，$\int 2x dx = x^2 + C$ である．波括弧 $\{\ \}$ は集合を表すが，この右辺のように通常は省略する [安藤洋美：『現代数学』(現代数学社, 1969)]．原始関数は，積分の概念と独立に，微分してもとの関数 f になる関数 F と定義したが，記号 $\int$ を使う．原始関数を，積分 $\int_{x_0}^x 2t dt + y_0$ と見た上で，**不定**の（定まっていない）x_0, y_0 を省略して $\int 2x dx$ と表し，原始関数の一つを x^2 として $x^2 + C$ と書いた形である [x^2 は，$x_0 = 0$（下限を 0），$y_0 = 0$ とした原始関数 $\int_0^x 2t dt + 0$]．

  下限はどんな値でもよく，上限も定まっていないから，$\int 2x dx + C$ [定数 $C(= y_0)$ の値は不定] とも書き，上限を変数（値は不定）とみなして不定積分とよぶという説明 [瀬山士郎：『これでなっとく！数学入門』(ソフトバンククリエイティブ, 2009)] もある．

▷ スミルノフ：『高等数学教程 I 巻 [第 1 分冊]』(共立出版, 1958).

◁ 佐野理：『キーポイント微分方程式』(岩波書店, 1993) では，$\int^x f(x) dx$ と表している．
笠原皓司：『微分積分学』(サイエンス社, 1974) には，$\int_a^x f(t) dt + C$ の a, C を省いて $\int^x f(t) dt$ と表すという説明がある．

◁ $x_0 = \sqrt{3}, y_0 = 0$ を選ぶと $F(x) = x^2 + (-3)$.
$x_0 = \sqrt{3}, y_0 = (\sqrt{3})^2 + \pi$ を選ぶと $F(x) = x^2 + \pi$.
『高等学校の微分・積分』(筑摩書房, 2012) pp. 612–615.

0.5　微分方程式の名称と階数・次数

微分方程式の名称を整理する．

■ **常微分方程式**　1 変数の未知関数の導関数を含む方程式

例　$\dfrac{dy}{dx} - 4y + 5 = 2x^3,\quad \dfrac{d^2y}{dx^2} + 5\dfrac{dy}{dx} - 2y = 3e^{4x},\quad \dfrac{d^2y}{dx^2} - 5\left(\dfrac{dy}{dx}\right)^3 + 2y = x - 5.$

1 変数：x，未知関数：y (0.4 節のノート：**方程式と微分方程式とのちがい**)

◁ 通常の微分方程式

参考　空気から速度に比例する抵抗を受けて振動する物体の運動方程式

$\overbrace{m\dfrac{d^2x}{dt^2}}^{質量×加速度} = \overbrace{-kx}^{ばねから} \overbrace{-a\dfrac{dx}{dt}}^{空気から}$ 　（k：ばね定数，a：比例定数で表す一定量）．

■ **偏微分方程式**　多変数の未知関数の偏導関数を含む方程式 (本書では扱わない)

例　$\dfrac{\partial^2 y}{\partial x^2} = \dfrac{1}{c^2}\dfrac{\partial^2 y}{\partial t^2}$.

2 変数：x, t　未知関数：y

計 算 練 習　25

参考 波動方程式 (x：位置，t：時刻，y：変位，c：波の速さ)

─ ノート：偏微分の記号 ─

偏微分 (partial derivative) の記号 ∂ (curly d) は，「デル (derivative の略)」「ラウンドディー (まるい d という意味の rounded d)」と読む．

■階数・次数

n 階 r 次常微分方程式：常微分方程式の含む導関数の最高階が n 階，その次数が r 次 (r 乗)．

例 2 階 3 次常微分方程式 $\underbrace{\left(\dfrac{d^2y}{dx^2}\right)^3}_{\text{最高階}} + 2\underbrace{\left(\dfrac{dy}{dx}\right)^4}_{\text{最高階でない}} - 3y = e^x$.

◀ マトリックスの階数 (線型代数) とは異なる概念である．

問 0.10 (1) $\dfrac{d^3y}{dx^3} - 4x^2y = e^{4x}$, (2) $\left(\dfrac{d^4y}{dx^4}\right)^3 - \dfrac{d^2y}{dx^2} = \sin x$ の名称を答えよ．

【解説】(1) 3 階 1 次常微分方程式　(2) 4 階 3 次常微分方程式

─ ノート：数式の読み方 ─

$\dfrac{dy}{dx}$　ディーワイディーエックス　(derivative of y with respect to x)

$\dfrac{d^2y}{dx^2}$　ディー 2 乗ワイディーエックス 2 乗　(the second derivative of y with respective to x)

$\dfrac{\partial y}{\partial x}$　ラウンドワイラウンドエックス　(partial derivative of y with respect to x)

$\dfrac{\partial^2 y}{\partial x^2}$　ラウンド 2 乗ワイラウンドエックス 2 乗　(the second partial derivative of y with respect to x)

$\displaystyle\int_a^b f(x)dx$　インテグラルエイからビーまでエフエックスディーエックス　(the integral between the limits a and b of the function of $x\,dx$)

◀ 篠田義明：『伝える英語の発想法』(早稲田大学出版部, 2007) pp. 164–171．

計算練習

【0.1】 微分する　$y = x^{\frac{1}{5}}$ を x で微分せよ．

【解説】 $\dfrac{dy}{dx} = \dfrac{1}{\dfrac{dx}{dy}} = \dfrac{1}{\dfrac{d(y^5)}{dy}} = \dfrac{1}{5y^4} = \dfrac{1}{5}x^{-\frac{4}{5}}$．◀ $\dfrac{d(x^\alpha)}{dx} = \alpha x^{\alpha-1}$ の成り立つことがわかる．

【0.2】 微分する　$y = x^{\frac{2}{5}}$ を x で微分せよ．

【解説】 $\dfrac{dy}{dx} = \dfrac{d(u^2)}{dx}$　　◀ $u = x^{\frac{1}{5}}$ とおく．計算練習【0.1】を使う．

$= 2x^{\frac{1}{5}} \cdot \dfrac{1}{5}x^{-\frac{4}{5}}$　　◀ $\dfrac{d(u^2)}{dx} = \dfrac{d(u^2)}{du}\dfrac{du}{dx}$．

$= \dfrac{2}{5}x^{-\frac{3}{5}}$．　　◀ $\dfrac{d(x^\alpha)}{dx} = \alpha x^{\alpha-1}$ の成り立つことがわかる．

【0.3】 微分する　$y = (x-5)^2$ を x で微分せよ．

【解説 1】 $\dfrac{dy}{dx} = \dfrac{d(x^2 - 10x + 25)}{dx}$

$= \dfrac{d(x^2)}{dx} + \dfrac{d(-10x)}{dx} + \dfrac{d(25)}{dx}$

$= 2x + (-10)\dfrac{dx}{dx} + 0$

$= 2x - 10$

$= 2(x-5)$．

◀ 【0.1】 $\dfrac{1}{5y^4} = \dfrac{1}{5x^{\frac{4}{5}}}$

◀ 【0.3】 導関数の性質 ①，② (0.3 節) $y = y_1 + y_2 + y_3$ とおく．
$\dfrac{dy}{dx} = \dfrac{dy_1}{dx} + \dfrac{dy_2}{dx} + \dfrac{dy_3}{dx}$　直線 $y_2 = -10x$ (1 次関数) の傾きは x の値に関係なく -10．
$\dfrac{d(-10x)}{dx} = -10\dfrac{dx}{dx}$
直線 $y_3 = 25$ (定数関数) の傾きは x の値に関係なく 0 (水平)．

Stop! $\dfrac{d(u^2)}{dx}$ は $\dfrac{d(\Box^2)}{d\Box}$ の形でない．$\Box$ どうしは同じ．

$\dfrac{d(u^2)}{du}$ は $\dfrac{d(\Box^2)}{d\Box}$ の形だから【0.1】と同様に $2u$．

【解説 2】 $\boxed{\dfrac{dy}{du}\cdot\dfrac{du}{dx}=\dfrac{dy}{dx}}$ 左辺の分母と分子の微分 du を約分した形と見る．

$$\begin{aligned}\dfrac{dy}{dx}&=\dfrac{d(u^2)}{dx}\\&=\dfrac{d(u^2)}{du}\cdot\dfrac{du}{dx}\\&=2u(1+0)\\&=2(x-5).\end{aligned}$$

合成関数の見方：$u=x-5,\ y=u^2$ と分けて考える．

$\dfrac{du}{dx}$ は $\dfrac{d(x-5)}{dx}$ だから $\dfrac{dx}{dx}+\dfrac{d(-5)}{dx}=1+0.$

▶ 慣れると $x-5$ がひとつのかたまりに見えて，u とおきかえなくても計算練習【0.1】と同じように計算できる．

$$\dfrac{dy}{du}=\dfrac{d\overbrace{\{(x-5)^2\}}^{u^2}}{d\underbrace{(x-5)}_{u}}$$
$$=2\underbrace{(x-5)}_{u}.$$

●類題● $\dfrac{d\{(3x+4)^2\}}{d(3x+4)}$ を求めよ．

【解説】 $\dfrac{d\overbrace{\{(3x+4)^2\}}^{u^2}}{d\underbrace{(3x+4)}_{u}}=2\overbrace{(3x+4)}^{u}.$ ◀ 暗算しにくければ $3x+4$ を u とおく．

▶ 注意
$$\begin{aligned}\dfrac{d\{(3x+4)^2\}}{dx}&=\dfrac{d\{(3x+4)^2\}}{d(3x+4)}\cdot\dfrac{d(3x+4)}{dx}\\&=2(3x+4)\cdot\left\{\dfrac{d(3x)}{dx}+\dfrac{d4}{dx}\right\}\\&=2(3x+4)\cdot(3+0)\\&=6(3x+4)\end{aligned}$$

◀ 合成関数 $u=3x+4,\ y=u^2$ を x で微分する．

と混同してはいけない．

【0.4】 微分する $x^2+y^2=1$ を x で微分せよ．

【解説】 $\dfrac{d(x^2)}{dx}+\dfrac{d(y^2)}{dx}=\dfrac{d1}{dx}.$

$2x+\dfrac{d(y^2)}{dy}\cdot\dfrac{dy}{dx}=0.$ ◀ 計算練習【0.3】の【解説 2】．

$2x+2y\cdot\dfrac{dy}{dx}=0.$

▶ 注意 「どの変数で微分するか」 $\dfrac{d(x^2)}{dx}$ と $\dfrac{d(y^2)}{dx}$ とのちがい 誤答例 $\dfrac{d(y^2)}{dx}=2y.$

【0.5】 微分する y が x の関数のとき，y の関数 $g(y)$ を x で微分した結果を，$g'(y)$ で表せ．

【解説】 $\dfrac{d\{g(y)\}}{dx}=\dfrac{d\{g(y)\}}{dy}\cdot\dfrac{dy}{dx}$ ◀ 具体例：計算練習【0.3】の【解説 2】．
$=g'(y)\cdot\dfrac{dy}{dx}.$

補足 【0.4】は $g(y)=y^2$ の場合である．

【0.6】 積分する 定積分 $\displaystyle\int_1^3 x^5\,dx$ を求めよ．

【解説】 頭の中で，x^5 の指数 1 よりも 1 大きい x^6 を x で微分すると，$\dfrac{d(x^6)}{dx}=6x^5$ となる．
両辺を 6 で割ると $\dfrac{d\left(\frac{1}{6}x^6\right)}{dx}=x^5$ だから，分母を払って $d\left(\dfrac{1}{6}x^6\right)=x^5\,dx$ に書き換える．

Stop!
「どの変数で微分するのか」に注意する．
$y',\ f'(x)$ と書くと簡単そうに見えるが，「x で微分するのか」「u で微分するのか」がはっきりしない．微分商の形で計算する方法に慣れることが肝要である．

◀ $\dfrac{d(u^2)}{du}=2u$ と $\dfrac{d(u^2)}{dx}=\dfrac{d(u^2)}{du}\cdot\dfrac{du}{dx}$ とのちがい

◀ $\dfrac{du}{dx}$ のほんとうの姿は $\dfrac{d(3x+4)}{dx}$ であることに注意する．

◀ 1 は x の値に関係なく関数値が 1 の定数関数を表すから，グラフは水平な直線（傾きは 0）である．

Stop! $\dfrac{d(y^2)}{dx}$ は $\dfrac{d(\square^2)}{d\square}$ の形でない．
$\square$ どうしは同じ．

$\square$ がどんな形でも $\dfrac{d(\square^2)}{d\square}=2\square.$

Stop!
$g'(y)$ は $\dfrac{d\{g(y)\}}{dx}$ ではなく $\dfrac{d\{g(y)\}}{dy}$ を表す．

◀ $\dfrac{1}{6}x^6+C$ (C は定数関数の値) を x で微分しても x^5 になる (問 0.6)．

$$\int_1^3 x^5 dx = \int_{\frac{1^6}{6}}^{\frac{3^6}{6}} d\overbrace{\left(\frac{1}{6}x^6\right)}^{u}$$

定積分の基本 $\int_\heartsuit^\diamondsuit d\square = \diamondsuit - \heartsuit$ の形に書き換える．

x	$1 \to 3$
u	$1^6/6 \to 3^6/6$

$\int_{\frac{1^6}{6}}^{\frac{3^6}{6}} du = \frac{3^6}{6} - \frac{1^6}{6}$．

$$= \frac{3^6}{6} - \frac{1^6}{6}$$
$$= \frac{364}{3}.$$

$3^6 - 1^6$ を $\left[x^6\right]_1^3$ と表してもいい．

$\left(\frac{1}{6} \times 3^6 + C\right) - \left(\frac{1}{6} \times 1^6 + C\right) = \frac{1}{6} \times 3^6 - \frac{1}{6} \times 1^6$
だから定数関数の値によらない．

【0.7】**積分する** 定積分 $\int_{-2}^1 (x^5 + 3x^4 + 2) dx$ を求めよ．

発想

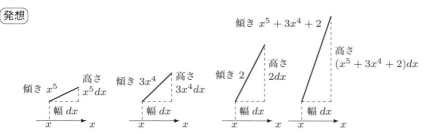

図 0.24 **定積分の加法** ヨコ座標 x が同じ位置で，それぞれの傾きから高さを求めて合計すると，定積分の加法が成り立つ．

図 0.24 を見ると，
$$\int_a^b \{f(x) + g(x)\}dx = \int_a^b f(x)dx + \int_a^b g(x)dx$$
の成り立つことがわかる．

◂ $f(x) = x^5$，$g(x) = 3x^4$，$h(x) = 2$．
$\int_a^b \{f(x) + g(x) + h(x)\}dx$
$= \int_a^b f(x)dx + \int_a^b g(x)dx + \int_a^b h(x)dx.$

【解説】頭の中で，x^4 の指数 1 よりも 1 大きい x^5 を x で微分すると，$\frac{d(x^5)}{dx} = 5x^4$ となる．両辺を 5 で割ると $\frac{d\left(\frac{1}{5}x^5\right)}{dx} = x^4$ だから，分母を払って $d\left(\frac{1}{5}x^5\right) = x^4 dx$ に書き換える．

$$\int_{-2}^1 (x^5 + 3x^4 + 2)dx$$
$$= \int_{-2}^1 x^5 dx + \int_{-2}^1 3x^4 dx + \int_{-2}^1 2 dx$$
$$= \frac{1}{6}\int_{(-2)^6}^{1^6} d(x^6) + \frac{3}{5}\int_{(-2)^5}^{1^5} d(x^5) + 2\int_{-2}^1 dx$$
$$= \frac{1}{6} \times \{1^6 - (-2)^6\} + \frac{3}{5} \times \{1^5 - (-2)^5\} + 2 \times \{1 - (-2)\}$$
$$= \frac{153}{10}.$$

◂ 計算練習【0.6】と同じ方法で計算する．
$d\left(\frac{1}{6}x^6\right) = x^5 dx$
から
$\frac{1}{6}d(x^6) = x^5 dx.$
$d\left(\frac{1}{5}x^5\right) = x^4 dx$
から
$\frac{1}{5}d(x^5) = x^4 dx.$
$\frac{1}{6} \times \{1^6 - (-2)^6\} + \cdots$ を
$\left[\frac{1}{6}x^6 + \frac{3}{5}x^5 + 2x\right]_{-2}^1$
と表してもいい．

【0.8】**積分する** 定積分 $\int_2^3 (x-1)^3 dx$ を求めよ．

【解説 1】頭の中で $(x-1)^3$ の指数 3 よりも 1 大きい $(x-1)^4$ を考えると，計算練習【0.3】のように，$\frac{d\{(x-1)^4\}}{dx} = 4(x-1)^3$ となる．両辺を 4 で割ると $\frac{1}{4}\frac{d\{(x-1)^4\}}{dx} = (x-1)^3$ だから，分母を払って $\frac{1}{4}d\{(x-1)^4\} = (x-1)^3 dx$ に書き換える．

$$\int_2^3 (x-1)^3 dx$$

定積分の基本 $\int_\heartsuit^\diamondsuit d\square = \diamondsuit - \heartsuit$ の形に書き換える．

$$= \frac{1}{4}\int_{1^4}^{2^4} d\{(x-1)^4\}$$

暗算にしにくければ $v = (x-1)^4$ とおく．

$$= \frac{1}{4} \times (2^4 - 1^4)$$

x	$2 \to 3$
v	$1^4 \to 2^4$

$d\{(x-1)^4\}$ を dv と書く．

$$= \frac{15}{4}.$$

$\frac{1}{4}\int_{1^4}^{2^4} dv = \frac{1}{4} \times (2^4 - 1^4).$

◂ $\int$ と d とが隣り合った形

◂ $2^4 - 1^4$ を $\left[(x-1)^4\right]_2^3$ と表してもいい．

【解説 2】$u = x - 1$ とおく．
このおきかえで，x は姿を消すので，つぎのように dx も u で書き換える．

$$\frac{du}{dx} = \frac{d(x-1)}{dx}$$

$$= \frac{dx}{dx} + \frac{d(-1)}{dx}$$
$$= 1 + 0.$$

積分変数のおきかえ
$\frac{du}{dx} = 1$ の分母を払うと
$du = dx$ だから
$(x-1)^3 dx = u^3 du.$

積分範囲

x	$2 \to 3$
u	$1 \to 2$

$u = x - 1$ $u = x - 1$
$\quad = 2 - 1.$ $\quad = 3 - 1.$

$$\int_2^3 (x-1)^3 dx = \int_1^2 u^3 du$$

$\frac{d\left(\frac{1}{4}u^4\right)}{du} = u^3$ の分母を払うと $u^3 du = d\left(\frac{1}{4}u^4\right).$

$$= \frac{1}{4}\int_{1^4}^{2^4} d(u^4)$$

定積分の基本 $\int_\heartsuit^\diamondsuit d\square = \diamondsuit - \heartsuit$ の形に書き換える。

◀ $\int$ と d とが隣り合った形

$$= \frac{1}{4} \times (2^4 - 1^4)$$

u	$1 \to 2$
u^4	$1^4 \to 2^4$

$\int_{1^4}^{2^4} d(u^4) = 2^4 - 1^4.$

$$= \frac{15}{4}.$$

$2^4 - 1^4$ を $\left[u^4\right]_1^2$ と表してもいい。

【解説 3】 $\int_2^3 (x-1)^3 dx$

◀ $\frac{d(x-1)}{dx} = 1$ の分母を払うと $d(x-1) = dx$.

◀ 【解説 2】と同様に
$\frac{d(x-1)}{dx}$
$= \frac{dx}{dx} - \frac{d1}{dx}$
$= 1 - 0.$

$$= \int_1^2 (x-1)^3 d(x-1)$$

◀ 暗算にくければ $u = x - 1$ とおくと $\int_1^2 u^3 du$ と同じ。

$$= \frac{1}{4}\int_{1^4}^{2^4} d\{(x-1)^4\}$$

◀ $\frac{1}{4}\int_{1^4}^{2^4} d(u^4)$ と同じ (【解説 2】).

$$= \frac{15}{4}.$$

【解説 4】 $(x-1)^3$ を展開して，定積分 $\int_2^3 (x-1)^3 dx$ を求める。

◀ 計算練習【0.6】.

$$\int_2^3 (x-1)^3 dx$$
$$= \int_2^3 x^3 dx + \int_2^3 (-3x^2) dx + \int_2^3 3x dx + \int_2^3 (-1) dx$$
$$= \int_{\frac{2^4}{4}}^{\frac{3^4}{4}} d\left(\frac{1}{4}x^4\right) + \int_{-2^3}^{-3^3} d(-x^3) + \int_{\frac{3}{2}2^2}^{\frac{3}{2}3^2} d\left(\frac{3}{2}x^2\right) + (-1)\int_2^3 dx$$
$$= \frac{1}{4}(3^4 - 2^4) + \{(-3^3) - (-2^3)\} + \frac{3}{2}(3^2 - 2^2) + (-1)(3-2)$$
$$= \frac{15}{4}.$$

◀ 計算練習【0.7】のように，
$\frac{1}{4} d(x^4) = x^3 dx$
から
$\frac{1}{4}\int_{2^4}^{3^4} d(x^4)$
を計算してもいい。
◀ 0.4 節のノート：和の記号
$\int_2^3 (-1) dx$
$= (-1)\int_2^3 dx.$

【0.9】積分する 定積分 $\int_{-1}^1 (2x+3)^4 dx$ を求めよ。

【解説 1】 頭の中で $(2x+3)^4$ の指数 4 よりも 1 大きい $(2x+3)^5$ を考えると，計算練習【0.3】の類題のように，

$$\frac{d\{(2x+3)^5\}}{dx} = \frac{d\{(2x+3)^5\}}{d(2x+4)} \cdot \frac{d\{(2x+3)\}}{dx}$$
$$= 10(2x+3)^4$$

◀ $\frac{d\{(2x+3)^5\}}{d(2x+4)}$
$= 5(2x+3)^4.$
$\frac{d\{(2x+3)\}}{dx} = 2.$

となる．最左辺と最右辺とを 10 で割ると $\frac{1}{10}\frac{d\{(2x+3)^5\}}{dx} = (2x+3)^4$ だから，分母 dx を払って $\frac{1}{10} d\{(2x+3)^5\} = (2x+3)^4 dx$ に書き換える。

$$\int_{-1}^1 (2x+3)^4 dx$$

定積分の基本 $\int_\heartsuit^\diamondsuit d\square = \diamondsuit - \heartsuit$ の形に書き換える。

◀ $\int$ と d とが隣り合った形
◀ $d\{(2x+3)^5\}$ を dv と書く。

$$= \frac{1}{10}\int_1^{3125} d\{(2x+3)^5\}$$

◀ 暗算にくければ $v = (2x+3)^5$ とおく。

$$= \frac{1}{10} \times (3125 - 1)$$

x	-1	$\to$	1
v	$\{2 \times (-1) + 3\}^5$	$\to$	$(2 \times 1 + 3)^5$

◀ $3125 - 1$ を
$\left[(2x+3)^5\right]_{-1}^1$
と表してもいい。

$$= \frac{1562}{5}.$$

【解説2】 $\int_{-1}^{1}(2x+3)^4 dx$

$= \frac{1}{2}\int_{1}^{5}(2x+3)^4 d(2x+3)$ ◀ 暗算しにくければ $u=2x+3$ とおくと $\frac{1}{2}\int_{1}^{5}u^4 du$.

$= \frac{1}{2}\cdot\frac{1}{5}\int_{1^5}^{5^5}d\{(2x+3)^5\}$ ◀ $\frac{d\{(2x+3)^5\}}{d(2x+3)}=5(2x+3)^4$ (計算練習【0.3】の類題)

$= \frac{1}{10}\times(3125-1)$ から $(2x+3)^4 d(2x+3) = \frac{1}{5}d\{(2x+3)^5\}$.

$= \frac{1562}{5}.$

◀ $\frac{1}{10}\int_{1}^{3125}dv = \frac{1}{10}\times(3125-1)$.

◀ $\frac{d(2x+3)}{dx}=2$ から $dx=\frac{1}{2}d(2x+3)$.

◀ $\frac{d(2x+3)}{dx}$
$= \frac{d(2x)}{dx}+\frac{d3}{dx}$
$= 2+0$.

▶ 注意

$\int_{1}^{5}(2x+3)^4 d(2x+3)$ ← $2x+3$ の上限 / ← $2x+3$ の下限

$\int_{1^5}^{5^5}d\{(2x+3)^5\}$ ← $(2x+3)^5$ の上限 / ← $(2x+3)^5$ の下限

探究演習

【0.10】 **微分の概念** 図 0.25 の曲線 $y=f(x)$ 上の点 $(c, f(c))$ (c は定数) で接線の表し方を考える.

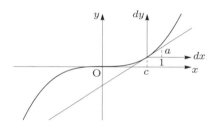

図 0.25 曲線 $y=f(x)$ と接線

◀ 直線の傾きの意味：ヨコ座標 dx が 1 だけ大きくなると、タテ座標が a だけ変化する.

(1) この接線の傾きを a として, xy 平面で接線の方程式を書き表せ.
(2) $x-c$ を dx, $y-f(c)$ を dy と表して, (1) の方程式を書き表せ.
(3) dx, dy は接点を原点として測った座標である. a の意味を答えよ.

◀ x, y は接線上の点の x 座標, y 座標を表す.

★ 背景 ★ 例題 0.1, 問 0.1, 例題 0.2, 問 0.3, 図 0.11, 例題 0.5, 図 0.21
▶ 着眼点 ◀ 正比例関数を表すグラフは，原点を通る直線である．
○解法○
(1) $y-f(c)=a(x-c)$. ◀ $y=ax+f(c)-ac$ と書いてもいい．
(2) $dy=adx$.
(3) 比例定数

◀ (1) 1 次関数 a は傾き, $f(c)-ac$ は切片を表す.

◀ (2) 正比例関数を表す.

■ モデル ■ x を時間 t (time の頭文字), y を位置 $x(t)$ (座標 x は時間 t の関数) とすると, 曲線は位置 − 時間グラフ, 接線の傾きは時刻 c の瞬間速度を表す.

●類題● 曲線 $y=x^2$ (図 0.17) 上の点 $(-2,4), (0,0), (1,1)$ で, この曲線はどのような直線で代用できるか？
▶ 着眼点 ◀ 接点以外では，曲線と接線とのタテ座標は一致しない (図 0.22).
【解説】曲線上の点 (x, x^2) を原点とする座標軸 (dx, dy) を使うと, この点で接線は $dy=2xdx$ と表せる.

　　点 $(-2, 4)$ を原点とする座標軸で $dy=-4dx$.
　　点 $(0, 0)$ を原点とする座標軸で $dy=0$.
　　点 $(1, 1)$ を原点とする座標軸で $dy=2dx$.

◀ xy 平面では,
$y-4$
$=-4\{x-(-2)\}$,
$y=0$,
$y-1=2(x-1)$
と表せる.

補足 $dy=2xdx$ の意味：正比例関数を表す (比例定数は $2x$).

【0.11】微分方程式の幾何的意味 全平面から原点を除いた領域で,円の方程式 $x^2+y^2=a^2$ (a は正の定数) を x で微分して得られる微分方程式を考える.

(1) xy 平面の原点から見た円周上の点の位置を $\boldsymbol{r}=\begin{pmatrix}x\\y\end{pmatrix}$,この点を原点として測った接線上の点の位置を $d\boldsymbol{r}=\begin{pmatrix}dx\\dy\end{pmatrix}$ と表して,この微分方程式を $\boldsymbol{r}$ と $d\boldsymbol{r}$ との内積で表せ.

(2) xy 平面で,(1) の内積が表す意味を答えよ.

★ **背景** ★ 中学・高校数学で,いろいろなタイプの方程式に出会った.これらの方程式を微分方程式の観点から調べると,新しい展望が開ける.$x^2+y^2=a^2$ を題材に選んで,微分方程式と図形との関わりを探究する.

▶ **着眼点** ◀ 「どの変数で微分するか」に注意する (計算練習【0.4】).

○**解法**○

(1) 「x で微分する」を**式**に**翻訳**する.

$$\frac{d(x^2)}{dx}+\frac{d(y^2)}{dx}=\frac{d(a^2)}{dx}.$$

$$2x+\frac{d(y^2)}{dy}\cdot\frac{dy}{dx}=0.\qquad \blacktriangleleft \text{分子・分母で } dy \text{ が約分できると考えて計算する.}$$

$$2x+2y\frac{dy}{dx}=0.\qquad \blacktriangleleft \text{誤答例 } 2x+2y=0.$$

両辺に $\frac{1}{2}dx$ を掛けると,微分方程式

$$xdx+ydy=0$$

を得る.この微分方程式は,内積

$$\begin{pmatrix}x\\y\end{pmatrix}\cdot\begin{pmatrix}dx\\dy\end{pmatrix}=0$$

で表せる.

(2) 内積が 0 だから,数ベクトル $\begin{pmatrix}x\\y\end{pmatrix}$ で表せる幾何ベクトル $\vec{r}$ と数ベクトル $\begin{pmatrix}dx\\dy\end{pmatrix}$ で表せる幾何ベクトル $d\vec{r}$ とが直交している (図 **0.26**).円の接線は,接点を通る半径に垂直である (中学数学).

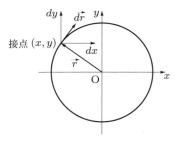

図 **0.26** $\vec{r}\perp d\vec{r}$　接点を原点とする座標 (dx,dy) で接線方向の幾何ベクトル $d\vec{r}$ を表している.

■ **モデル** ■ 物体の円運動は,物体が円周の接線方向に進む運動である.半径方向を表す数ベクトル $\begin{pmatrix}x\\y\end{pmatrix}$ と速度の方向 (運動の方向だから接線方向) を表す数ベクトル $\begin{pmatrix}dx\\dy\end{pmatrix}$ とは直交する.

▪ 書式に注意せよ
ベクトルを表す $\boldsymbol{r}$ はボールド体で表す.「数学の書式」(p.ix).

◀ 内積について,小林幸夫:『線型代数の発想』(現代数学社,2008) p.75.

▪ イメージを描け
$u=a^2$ は定数関数の値だから水平なグラフ (たて軸 u,よこ軸 x) で表せ,傾き $\frac{d(a^2)}{dx}$ は x の値に関係なく 0 である.問 0.6,図 0.13 参照.

▪ 感覚をつかめ
積の和 $\bigcirc\times\triangle+\square\times\triangledown$ の形を見たら**内積**を思い出す.

◀ 図 0.12 のように第 2 象限が見やすいが,接点はどの象限で考えてもいい.

Stop!
$xdx+ydy=0$ は $\frac{dy}{dx}=-\frac{x}{y}$ に書き換えることができる.全平面から原点を除いた領域を考えるのは,原点で $-\frac{x}{y}$ の値が 1 通りに決まらないからである.

◀ 速度 $\begin{pmatrix}\frac{dx}{dt}\\\frac{dy}{dt}\end{pmatrix}$.$dt$ は時間を表す.

探究演習

感覚をつかめ

2直線が垂直のとき，2直線の傾きの積は -1 であることがわかる．
$$xdx + ydy = 0 \text{ から } \frac{y}{x} \cdot \frac{dy}{dx} = -1.$$ ◀ (半径方向の傾き) × (接線方向の傾き)

「傾きの積が負」とは？ 2直線が垂直のとき，一方の傾きが正 (右上がり)，他方の傾きが負 (右下がり) だから，傾きの積は必ず負である．

例 単位円 (半径 1) の周上の点 $\left(\frac{1}{\sqrt{2}}, \frac{1}{\sqrt{2}}\right)$ で接する直線の傾きを暗算せよ．

【答】 -1 [原点と接点とを結ぶ線分の傾きは 1 (この線分とよこ軸とのなす角は $45°$)]

◀ $xdx + ydy = 0.$
$ydy = -xdx.$
$\dfrac{y}{x} \cdot \dfrac{dy}{dx} = -1.$

問 1.13 (5) で
$c = -1$ の場合．
探究演習【1.1】，
【1.6】

$\underbrace{(\text{正の傾き})}_{\text{右上がり}} \times \underbrace{(\text{負の傾き})}_{\text{右下がり}}$
$= \underbrace{-1}_{\text{負}}.$

確認
$\left(\dfrac{1}{\sqrt{2}}\right)^2 + \left(\dfrac{1}{\sqrt{2}}\right)^2 = 1.$

◎何がわかったか

式には表情がある —— 円は三面相

同じ円でも，式の形 (顔つき) によって語りかけるメッセージがちがう (図 0.27)．「式は数学語で書いた文」だから，式の心情を読み取ることも数学の重要な課題である．

方程式	式の読解 (日本文に翻訳)
$x^2 + y^2 = a^2$	「中心が原点，半径が a の円」
$xdx + ydy = 0$	「円周上のどの点でも，接点を通る半径と接線とは垂直」
$\dfrac{dy}{dx} = -\dfrac{x}{y}$	「接線の傾きは，円周上のどの点でも $-$(ヨコ座標)/(タテ座標)」

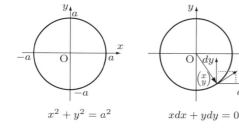
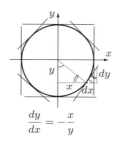

$x^2 + y^2 = a^2$ $xdx + ydy = 0$ $\dfrac{dy}{dx} = -\dfrac{x}{y}$

◀「図 0.27 の三つの円の顔つきを比べてください．円の表情のちがいを見て，円がどういう心情を読み取ってほしいと思っているかを読み取れますか？」

図 0.27 円の三面相 第 3 象限：2 辺の長さが $x, -y$ ($y<0$ だから $-y>0$) の直角三角形と 2 辺の長さが dx, dy の直角三角形 (破線) とが相似だから，$dy : x = dx : (-y)$ である．接線の傾き $\dfrac{dy}{dx} = \dfrac{x}{-y}$ ($dy > 0, dx > 0$ だから $\dfrac{dy}{dx} > 0$. $x > 0, y < 0$ だから $\dfrac{x}{-y} > 0$) の表す幾何的意味を理解することができる．第 3 象限以外でも，x, y, dx, dy の正負に注意すると，この幾何的意味は同様であることがわかる．

補足 1 円 $x^2 + y^2 = a^2$ は周上の各点での接線の傾きがどのような曲線か？
【解説】 $\dfrac{dy}{dx} = -\dfrac{x}{y}\left(-\dfrac{\text{ヨコ座標}}{\text{タテ座標}}\right)$．各象限で接線の傾きの正負は，図 0.26 で判断する．

第 2 象限：$x<0, y>0, \dfrac{dy}{dx}>0$ (右上がり).	第 1 象限：$x>0, y>0, \dfrac{dy}{dx}<0$ (右下がり).
第 3 象限：$x<0, y<0, \dfrac{dy}{dx}<0$ (右下がり).	第 4 象限：$x>0, y<0, \dfrac{dy}{dx}>0$ (右上がり).

点 $(0, a)$ で接線は $y = a$，点 $(0, -a)$ で接線は $y = -a$ と表せ，どちらの傾きも $\dfrac{dy}{dx} = 0$ (水平，x 軸に平行，y 軸に垂直) である．

点 $(a, 0)$ で接線は $x = a$，点 $(-a, 0)$ で接線は $x = -a$ と表せ，どちらも x 軸に垂直 (y 軸に平行) である．

◀ $-\dfrac{x}{y}$ の分子が 0 の場合に注意する．
◀ $-\dfrac{x}{y}$ の分母が 0 の場合に注意する．

補足 2 初期条件：「$x=0$ のとき $y=a$」(「$x=a$ のとき $y=0$」などでもいい) のもとで，(1) の微分方程式 $xdx + ydy = 0$ を解け．
【解説】 $xdx = -ydy$ の左辺を $x = 0$ (初期値) から $x = s$ (s はどんな値でもいい) まで積分し，右辺を $y = a$ (初期値) から $y = t$ (t はどんな値でもいい) まで積分する．

$$\int_0^s xdx = -\int_a^t ydy \quad (s, t \text{ はどんな値でもいい}).$$

◀ 計算練習【1.1】．

$$\frac{1}{2}s^2 = -\frac{1}{2}(t^2 - a^2).$$
$$s^2 + t^2 = a^2.$$

$x = s, y = t$ の場合に成り立つから，y と x との関係は

$$x^2 + y^2 = a^2 \quad (-a < x < a, -a < y < a)$$

◀ もとの円の方程式.

と表せる．

●類題● 曲線 $y = 5x^3$ の $x = 4$ で接する直線の方程式を dx, dy で表せ．この接線に垂直な方向を数ベクトルで答えよ．

◀ dx, dy は接点を原点として測った座標を表す．

【解説】 点 $(4, 5 \cdot 4^3)$ で接線の傾きは

$$\left.\frac{dy}{dx}\right|_{x=4} = 15 \times 4^2$$
$$= 240$$

◀ $\dfrac{d(5x^3)}{dx} = 5 \cdot 3x^2 = 15x^2.$

だから，接線の方程式は

$$dy = 240 dx \quad (\text{接点を原点とする座標軸で正比例関数を表す直線})$$

である．

$$1 dy + (-240) dx = 0$$

を内積

$$\begin{pmatrix} 1 \\ -240 \end{pmatrix} \cdot \begin{pmatrix} dx \\ dy \end{pmatrix} = 0$$

で表すとわかるように，接線は数ベクトル $\begin{pmatrix} 1 \\ -240 \end{pmatrix}$ で表せる方向に垂直である．

パズル 原点 O を中心とする円 C 外の点 A (図 0.28) から，円 C に接線を引くには，どのように作図すればよいか？

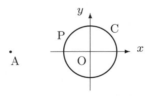

図 0.28 円 C 外の点 A から円 C に接線を引く方法

【答】 AO を直径とする円と円 C との交点が接点である．

第 0 講の自己評価 (到達度確認)
① 微分 dx, dy などの表す意味を理解したか？
② 積分記号 $\displaystyle\int_a^b$ の表す意味を理解したか？
③ 「局所的変動」「大域的変動」の意味を理解したか？

◀ 中学数学の範囲
接線は，接点を通る半径に垂直であることに着目する．
接点を P と表すと，AO を直径とする円の周上に P がある．この円の直径に対する円周角 ∠APO は 90° である．AO の垂直二等分線を描き，AO との交点を中心とする円を描く．
仲田紀夫：『数学トリック＝だまされまいぞ！』(講談社, 1992) も参考になる．

第 I 部　1 階常微分方程式の求積法

第 1 講　変数分離型 —— 接線の傾きのタイプ I

> **第 1 講の問題点**
> ① 微分方程式を変数分離して解く方法を理解すること．
> ② 現象の数理モデルの考え方を理解すること．
> 【キーワード】　変数分離，指数関数，対数関数，ネイピア数

　第 0 講で，微分方程式を解くのは，各点での接線の傾きを手がかりにして，曲線 (関数のグラフ) の全体像を知るためであることを理解した．特定の 1 点を通るように，傾きを表す短い線分をじわじわつなぎ合わせると，曲線が描ける (例題 0.5)．この考え方は，現実の数理モデルにもあてはまることがある．

◀ 曲線を表す式はわかっていないが，曲線が通る特定の 1 点と各点での接線の傾きとがわかっている．

　蛇口から桶に水を入れる場面を思い浮かべてみる．蛇口の栓をひねると，時々刻々，水が溜まる．はじめのうちはゆっくり溜まるが，栓をひねっている間に，速く溜まるようになる．栓をひねってから 0.02 s 経つと何ミリリットル増し，この時刻から 0.02 s 経つと何ミリリットル増すというように，水が増す．時刻の差を限りなく小さくして調べると，水の体積の増加率がくわしくわかる．瞬間ごとに桶の中に水が加わって (じわじわと積み重なって)，その後の体積になる．

◀ s は秒 (second) を表す記号である．
◀「じわじわと」について，0.1 節参照．
◀ 時間 t (time) 体積 V (volume)

　時間を t，体積を V と表すと，$\dfrac{dV}{dt}$ は体積 − 時間グラフ (よこ軸：t，たて軸：V) の各点での接線の傾きである．この傾きが大きい時刻で，体積の増加率が大きい (水が速く溜まる)．傾きは，未来の体積を**予測**するための鍵を握っている．

◀ 栓をひねっている間，グラフは曲線になる．各点での接線の傾きは，各時刻で水の体積の増加率を表す．栓を開いたままにして，ひねるのをやめると，体積は一様に増すので，グラフは原点を通る直線 (体積は時間に比例) になる．

　体積の増加率 $\dfrac{dV}{dt}$ を t, V で表す規則がわかれば，栓をひねってから何秒経つと何ミリリットルになるかが予測できる．その予測には，例題 0.5，例題 0.6 の方法を使う．どんな現象でも「**変化の規則**」がわかっているとは限らない．第 1 講で，変化の規則が常微分方程式 (0.5 節) で記述できる数理モデルを取り上げる．常微分方程式の解法の中で最も基本の「**変数分離**」という方法を理解する．

同じ時間内に同じ体積だけ増しても，はじめに空 (から) だったか，3 L 入っていたかという初期条件 (例題 0.5) によって，その後の体積はちがう．

ノート：「変化の数学」と「変換の数学」

いろいろな分野に応用する数学には，「変化の数学」と「変換の数学」とがある [桜井敏雄：『X 線結晶解析』(裳華房，1967) p.191]．

- 変化の数学：ある量がほかの量とともに変化する現象を記述する数学
  　　　　　　上記の例では，体積が時間とともに変化する．
  　例　微分方程式
- 変換の数学：二つの異なる量の間の対応 (関係) を考える数学
  　　　　　　価格と個数との間の関係は単価で表せる (価格 = 単価 × 個数)．
  　例　線型代数，フーリエ解析

　休憩室　ニューヨーク・ヤンキースのイチローの記事 (読売新聞 2013 年 8 月 22 日付) に「積み重ねた安打は 4000 本に達した」という文がある．「積み重ねた」とは，合計を表す．積分が「積み重ねた全体の高さ」を表すこと (0.4 節) と合っている．積分は「地道な学習の積み重ねによる成果」を表すというイメージで理解できる．

1.1 微分方程式の基本型 ── 変数分離型

第 0 講で,簡単な微分方程式を解いた (例題 0.5, 例題 0.6). 解法を振り返ってみる.

> $\dfrac{高さ}{幅}$ = 傾き を 高さ = 傾き × 幅 に書き換えて,高さを合計する.
>
> 例 微分方程式 $\dfrac{dy}{dx} = x$ の解法.
>
> 手順 1 $\dfrac{dy}{dx} = x$ の分母を払って $dy = xdx$ に書き換える.
>
> 手順 2 左辺で dy を y の初期値から任意の値まで積分し,右辺で $\dfrac{1}{2}d(x^2)$ を $\dfrac{1}{2}x^2$ の初期値から任意の値まで積分する.

▷ 問 $\dfrac{dy}{dx} = 2x$ の名称を答えよ.
▷ 答 1 階 1 次常微分方程式 (0.5 節)

◀ $\dfrac{d(x^2 + C)}{dx} = 2x$ の分母を払うと $d(x^2 + C) = 2xdx$ となる. 定積分の計算では $d(x^2 + C)$ の C を省略してもいい. ここでは,$d(x^2)$ を積分している (例題 0.5, 問 0.8).

Stop! 頭の中で,x の指数 1 よりも 1 だけ大きい x^2 を x で微分し,$\dfrac{d(x^2)}{dx} = 2x$ の分母を払うと $d(x^2) = 2xdx$ となる. 両辺を 2 で割ると $\dfrac{1}{2}d(x^2) = xdx$ だから,$dy = xdx$ の右辺で xdx の代わりに $\dfrac{1}{2}d(x^2)$ を考える.

変数分離型とは

> $\dfrac{dy}{dx} = \underbrace{p(x)}_{x\,\text{だけ}\,\text{の関数}} \underbrace{r(y)}_{y\,\text{だけ}\,\text{の関数}}$ $\begin{bmatrix} xy \text{ 平面内で } p(x), r(y) \text{ が定義できて連続である} \\ \text{領域で特定の点 } (x_0, y_0) \text{ を通る曲線を求める.} \end{bmatrix}$
>
> を**変数分離型の常微分方程式**という.
>
> 解法 $r(y) \neq 0$ のとき,$\dfrac{dx}{r(y)}$ を掛けて,形式的に x, y について対称的な
>
> $$p(x)dx + q(y)dy = 0 \qquad \left[q(y) = -\dfrac{1}{r(y)} \text{ とおいた.} \right]$$
>
> に変形して積分する.
>
>   特定の点 (x_0, y_0) で $r(y_0) = 0$ のとき $\left.\dfrac{dy}{dx}\right|_{x=x_0} = 0$ だから,直線 $y = y_0$ (定数関数) が解を表す (図 0.18 で同じ高さ $y = y_0$ の点をつなぎつづける場合).

◀ $p(x)dx = \dfrac{dy}{r(y)}$ を $p(x)dx - \dfrac{1}{r(y)}dy = 0$ と表すと $dy = xdx$ は $r(y) = 1$, $p(x) = x$ の場合である. すべての項を左辺にまとめた形を
$p(x)dx + \dfrac{1}{r(y)}dy = 0$
と書いてもいい. このように表すと,
$p(x)dx = -\dfrac{1}{r(y)}dy$
となる. $dy = xdx$ は $r(y) = -1, p(x) = x$ の場合である.

問 1.1 xy 平面から原点を除いた領域で定義した微分方程式 $\dfrac{dy}{dx} = -\dfrac{x}{y}$ の表す曲線 (関数のグラフ) の特徴を説明し,変数分離型であることを確かめよ (式の読解).
【解説】 曲線上のどの点でも,接線の傾きは $-$(ヨコ座標)/(タテ座標) と等しい.
分母を払って整理すると,$xdx + ydy = 0$ になる (探究演習【0.11】).
補足 この曲線は円だから,$y = 0$ の場合,接線は x 軸に垂直な直線である.

◀ $p(x) = x$, $r(y) = -\dfrac{1}{y}$.

◀ くわしい理由は計算練習【1.1】参照.

問 1.2 xy 平面で定義した微分方程式 $\dfrac{dy}{dx} = x$ の表す曲線 (関数のグラフ) の特徴を説明せよ (式の読解).
【解説】 曲線上のどの点でも,接線の傾きはヨコ座標と等しい (図 1.3).
補足 例題 0.5 の方法で,点 $(0,0)$ を通るように作図すると,曲線 $y = \dfrac{1}{2}x^2$ を得る.

◀ たとえば,ヨコ座標 x が 3 のとき,接線の傾き y' も 3 である (0.3 節).

曲線上のどの点でも,接線の傾きがタテ座標と等しい曲線は,どのような関数のグラフかを考えてみる.

問 1.3 「接線の傾きがタテ座標と等しい」という関係を微分方程式で表せ (式に**翻訳**).

【解説】全平面で接線の傾きは $\dfrac{dy}{dx} = y$ と表せる.

◎何がわかったか $\dfrac{dy}{y} = dx$ [関数値が 0 ($y=0$) の定数関数でない] は変数分離型である.

$$\underbrace{\dfrac{1}{y}}_{y \text{ だけの関数}} dy = \underbrace{1}_{y \text{ に無関係}} dx.$$

補足1 関数：$f'(\ ) = f(\ )$ ◀ 導関数 = 関数
関数値：$f'(x) = f(x)$ ◀ $y' = f'(x), y = f(x)$ だから $y' = y$ (接線の傾き = タテ座標).

補足2 計算しなくても，視察で $y = 0$ [定数関数 $f(\ ) = 0$：x のどんな値も y の値 0 に対応するという規則] は，微分方程式 $\dfrac{dy}{dx} = y$ の解であることがわかる.

◎何が問題か 微分方程式 $\dfrac{dy}{dx} = y$ が $y = 0$ 以外の解を持つかどうかを考える.

─ イメージを描け ─
「どの点でも接線の傾きとタテ座標とが同じ値である」とは？
ヨコ座標を表す変数 x で微分しても**変わらない関数**を見つける問題

0.2 節 (例題 0.2, 例題 0.3) で考えたように，x^n を x で微分すると nx^{n-1} になる. $y = x^n$ は，$\dfrac{dy}{dx} = y$ をみたさないから，この微分方程式の解ではない.

問 1.4 つぎの曲線は，どの点でも $\dfrac{dy}{dx} = y$ をみたすかどうかを，曲線の形で判断せよ. (3) の曲線を表す関数は xy 平面内の $x > 0$ の領域で定義する.
(1) $y = \sin(x)$. (2) $y = \cos(x)$. (3) $y = \log_2(x)$. (4) $y = 2^{(x)}$.

発想 $\dfrac{d\{\sin(x)\}}{dx} = \cos(x), \dfrac{d\{\cos(x)\}}{dx} = -\sin(x)$ などの予備知識を使わない. 計算するのではなく，曲線のグラフの特徴を読み取る.

【解説】曲線 (1)–(4) は，曲線上のどの点でも，接線の傾きはタテ座標と等しくない.
(1) $x = 0$ のとき $y = 0, \dfrac{dy}{dx} > 0$ [接線は右上がり，図 **1.1** (1)] だから $\dfrac{dy}{dx} \neq y$. $0 \leq x \leq \dfrac{\pi}{2}$ の範囲で，タテ座標 y の値は増加するが，接線の傾き $\dfrac{dy}{dx}$ の値は減少する.
(2) $x = 0$ のとき $y = 1, \dfrac{dy}{dx} = 0$ [接線は水平，図 (2)] だから $\dfrac{dy}{dx} \neq y$.
(3) $x = 1$ のとき $y = 0, \dfrac{dy}{dx} > 0$ [接線は右上がり，図 (3)] だから $\dfrac{dy}{dx} \neq y$.
(4) $x = 0$ で接線の傾きは，曲線 $y = 2^x$ 上で 2 点 $(0,1), (1,2)$ を通る直線 (細線) の傾き $[(2-1)/(1-0) = 1]$ よりも小さいから $\dfrac{dy}{dx} < 1$ である [図 (4)]. したがって，$x = 0$ のとき $y \neq \dfrac{dy}{dx}$ ($x = 0$ のとき $y = 1$).

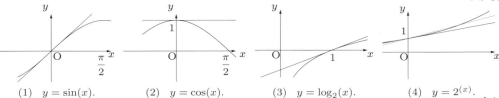

(1) $y = \sin(x)$. (2) $y = \cos(x)$. (3) $y = \log_2(x)$. (4) $y = 2^{(x)}$.
図 **1.1** いろいろな曲線

◎何がわかったか $y = \log_a(x)$ ($a > 0, a \neq 1$) は a の値に関係なく，点 $(1, 0)$ を通り，この点で接線の傾き $\dfrac{dy}{dx}$ は正だから，タテ座標 $y = 0$ と一致しない. $y = a^{(x)}$ の a の値を変えると，点 $(0, 1)$ で接線の傾きは y の値 1 と等しくなると予想する (問 1.5).

曲線上のすべての点で，接線の傾きがタテ座標と等しい曲線を見つけるのに，問 1.4 の曲線 (4) は特定の点 $(0,1)$ でこの関係をみたさない．

問 1.5 $y=a^x$ の点 $(0,1)$ で接線の傾きが y の値 1 に等しくなるような a の値が見つかるかどうかを判断せよ．

【解説】曲線 $y=2^x$ [図 1.1(4)]，$y=3^x$ は，どちらも点 $(0,1)$ を通る（図 **1.2**）．$x=1$ のときの y の値は，$y=2^x$ よりも $y=3^x$ のほうが大きい（$2^1<3^1$）．したがって，点 $(0,1)$ で y の値の増加の程度（接線の傾き）は，$y=2^x$ よりも $y=3^x$ のほうが大きい．2 点 $(0,1)$，$(1,3^1)$ を通る直線の傾きは $(3^1-1)/(1-0)=2$ だから，$y=3^x$ の接線の傾きは 2 よりも小さい．同様に，点 $(0,1)$ で $y=2^x$ の接線の傾きは 1 よりも小さい．$2<a<3$ の範囲で点 $(0,1)$ で接線の傾きが 1 になるような a の値が見つかる．

> 感覚をつかめ
> $y=a^x$ の a の値が 2 と 3 との間で，点 $(0,1)$ で接線の傾きが 1 になる（図 1.2）．

◀ 点 $(0,1)$ で接線の傾きの程度を見るために，$(0,1)$ を通る直線 $y=x+1$，$y=2x+1$ と比べる．

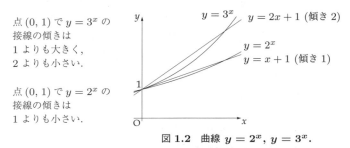

点 $(0,1)$ で $y=3^x$ の接線の傾きは 1 よりも大きく，2 よりも小さい．

点 $(0,1)$ で $y=2^x$ の接線の傾きは 1 よりも小さい．

図 1.2 曲線 $y=2^x$, $y=3^x$.

a の値が 2 と 3 との間で，曲線 $y=a^x$ の点 $(0,1)$ で接線の傾きが 1 になる．このとき，$(0,1)$ 以外の点でも，接線の傾きがタテ座標と等しいかどうかを調べてみる（問 1.6, 問 1.7）．

問 1.6 曲線 $y=a^x$ 上の点 (s,a^s)（s はどんな値でもいい）で接線の傾きを求めて，点 $(0,1)$ で接線の傾きを比べよ．

【解説】
$$\left.\frac{d(a^x)}{dx}\right|_{x=s} = \underbrace{\lim_{h\to 0}\frac{a^{s+h}-a^s}{h}}_{(s,\,e^s)\text{で接する直線の傾き}}$$
$$= a^s \underbrace{\lim_{h\to 0}\frac{a^h-1}{h}}_{(0,1)\text{で接する直線の傾き}}.$$

h によらない a^s は極限操作に関係ないので，a^s でくくる．

◎何がわかったか $s=0$ のとき，a の値に関係なく $a^s=1$ であるが，$\lim_{h\to 0}\dfrac{a^h-1}{h}$ は a の値による．この極限値は，曲線 $y=a^x$ の点 $(0,1)$ で接線の傾きと等しい．問 1.5 から，この接線の傾きが 1 になるような a の値が 2 と 3 との間にある．a がこの値のとき $\left.\dfrac{d(a^x)}{dx}\right|_{x=s}=a^s$ だから，s がどんな値でも，接線の傾きはタテ座標と等しい．

◀ 探究演習【1.7】．

◀ 0.2 節のノート：「接する」とはどういう状態か，図 0.7, 問 0.4.

◀ $y=a^x$ の点 $(0,1)$ で接線の傾きは
$$\lim_{h\to 0}\frac{a^{0+h}-a^0}{h}$$
$$=\lim_{h\to 0}\frac{a^h-1}{h}$$
である．

◀ $a^0=1$ だから，曲線 $y=a^x$ は a の値によらず，必ず点 $(0,1)$ を通る．

Stop!
曲線 $y=a^x$ の点 $(0,1)$ で接線の傾きは，どの点で接する直線の傾きにも関係するという観点で重要である．

曲線 $y=a^x$ の点 (s,a^s) における接線の傾き

極限操作：$\displaystyle\lim_{h\to 0}\frac{a^{s+h}-a^s}{h}=a^s\lim_{h\to 0}\frac{a^h-1}{h}$ （s はどんな値でもいい）．

微分記号：$\left.\dfrac{d(a^x)}{dx}\right|_{x=s}=a^s\left.\dfrac{d(a^x)}{dx}\right|_{x=0}$．

$y'|_{x=s}=y\times y'|_{x=0}$．

(s,e^s) で接する直線の傾き $=$（タテ座標）$\times$ [$(0,1)$ で接する直線の傾き]　（問 1.6）

1.1 微分方程式の基本型 — 変数分離型

特に，
$$\lim_{h \to 0} \frac{a^h - 1}{h} = 1 \quad [\text{曲線 } y = a^x \text{ の点 } (0,1) \text{ で接する直線の傾き}]$$
となる a を e で表し，$\boxed{e \text{ をネイピア数 } (2.71828182\cdots)}$ という。

◀ 無理数
① 代数的数（整数係数多項式で表せる方程式の解）：$\sqrt{2}, \sqrt{5}$ など．
② 超越数：π, e など．

◀ 覚え方
鮒一杯 2.718
問 1.8
e という記号は，Euler の名前の E にちなんで，Euler（オイラー）が導入した．黒木哲徳：『なっとくする数学記号』（講談社, 2001) p.33.

$\boxed{\begin{array}{l} a = e \text{ のとき} \\ \quad \text{極限操作：} \lim_{h \to 0} \frac{e^{s+h} - e^s}{h} = e^s \underbrace{\lim_{h \to 0} \frac{e^h - 1}{h}}_{1} \quad (s \text{ はどんな値でもいい}). \\ \quad \text{微分記号：} \frac{d(e^x)}{dx}\bigg|_{x=s} = e^s \underbrace{\frac{d(e^x)}{dx}\bigg|_{x=0}}_{1}. \quad \text{曲線 } y = e^x \text{ の点 } (0,1) \text{ で接線の傾きは } 1 \text{ である．} \\ \quad\quad\quad\quad\quad y'|_{x=s} = y \times \underbrace{y'|_{x=0}}_{1}. \\ (s, e^s) \text{ で接する直線の傾き} = (\text{タテ座標}) \times [(0,1) \text{ で接する直線の傾き}] \quad (\text{問 } 1.6). \end{array}}$

◀ $y' = y$.

s は特定の値ではないから，変数 x で
$$\boxed{\frac{d(e^x)}{dx} = e^x}$$
と表す．

$\boxed{y = e^x \text{ は微分方程式 } \frac{dy}{dx} = y \text{ の解である．}}$

曲線 $y = e^x$ 上のどの点でも接線の傾きはタテ座標と等しい．

◀ 問 6.9.

$$\frac{d(e^\square)}{d\square} = e^\square \quad e^{(\ )} \text{ は微分しても変わらない関数である．}$$
$$\text{関数 } f(\ ) \text{ と導関数 } f'(\ ) \text{ とはどちらも } e^{(\ )} \text{ である．}$$

◀ 関数，導関数について 0.3 節参照．ここで，便宜上，変数を記号 $\square$ で表してある．$e^\square$ は関数 $e^{(\ )}$ に $\square$ を入力したときの関数値である．

(例) $\square = 2x$ の場合，$\frac{d(e^{2x})}{d(2x)} = e^{2x}$.
$y = e^{2x}$ を $2x$ で微分しても $y' = e^{2x}$ である．

▶ 注意 $\frac{d(e^{2x})}{dx} = \frac{d(e^{2x})}{d(2x)} \cdot \frac{d(2x)}{dx} = e^{2x} \times 2$.
$y = e^{2x}$ を x で微分すると $y' = 2e^{2x}$ になる．

◀ 計算練習【0.3】の類題．

Stop!
傾きは，x の値が 1 大きくなると，y の値がどれだけ変わるかを表す．

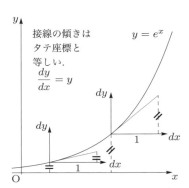 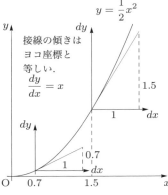

図 1.3 $\frac{dy}{dx} = y$ の解 $y = e^x$ と $\frac{dy}{dx} = x$ の解 $y = \frac{1}{2}x^2$ dx, dy は接点を原点として測った座標を表す．

問 点 $(1, e)$ で接する直線は原点 $(0,0)$ を通るか？
答 通る [図 1.3 (左図)で曲線上の点を $(1, e)$ として判断せよ]．
問 0.1 のように接線（直線）は $y - e = e(x - 1)$ と表せるから $y = ex$（原点を通る）と考えてもよい．

問 1.7 $y = e^x c$ (c は定数) は，全平面で定義した微分方程式 $\frac{dy}{dx} = y$ の解であることを確かめよ．

◀ 6.4 節を考慮して，ce^x ではなく $e^x c$ と書いた．

【解説】 $\dfrac{d(e^x c)}{dx} = \dfrac{d(e^x)}{dx} c = e^x c$

◎何がわかったか　曲線 $y = e^x c$ 上のどの点でも，接線の傾きはタテ座標と等しい（$y' = y$）．

◀ $c = 0$ の場合，解は関数値が 0（$y = 0$）の定数関数である．
$\dfrac{d0}{dx} = 0$ だから，
$y = 0$ も $\dfrac{dy}{dx} = y$ をみたす．

問 1.8　ネイピア数は，どのように定義することができるか？

【解説】 $\lim_{h \to 0} \dfrac{e^h - 1}{h} = 1$
だから
$$e = \lim_{h \to 0} (1 + h)^{\frac{1}{h}}$$
と表せる．

変数を取り直して，$t = \dfrac{1}{h}$ とおくと，$h \to 0$ のとき $t \to \infty$ だから，
$$e = \lim_{t \to \infty} \left(1 + \dfrac{1}{t}\right)^t$$
と表すこともできる．

◀ h が限りなく 0 に近いとき
$\dfrac{e^h - 1}{h} = 1$
だから
$e^h - 1 = h$
である．
$e^h = 1 + h$
から
$e = (1 + h)^{\frac{1}{h}}$
を得る．

補足　変数 t を自然数 n（正の整数）として，$1, 2, \ldots, 10, \ldots, 10^2, \ldots, 10^7, \ldots$ のように大きくすると，
$$\left(1 + \dfrac{1}{n}\right)^n = 2, 2.25, \ldots, 2.59374, \ldots, 2.70481, \ldots, 2.71828, \ldots$$
となる．

◀ Mathematica（数式処理システム）で数値計算した結果は，小林幸夫：『現場で出会う微積分・線型代数』（現代数学社，2011）p.199 参照．

変数分離型の微分方程式を解くとき，あらゆる指数関数の中で，$y = e^x$ が活躍する（1.2 節）．

変数分離型の基本　$\dfrac{d(e^x)}{dx} = e^x$
分母を払って e^x で割ると，
$\dfrac{d(e^x)}{e^x} = dx$
になる．

$\begin{bmatrix} \text{微分方程式} \ \dfrac{dy}{dx} = y \ (y \neq 0) \\ \text{は} \\ \dfrac{dy}{y} = dx \\ \text{に変形することができる．} \end{bmatrix}$

変数分離型の解法の準備として，指数関数と表裏一体といえる対数関数の微積分に進む．

問 1.9　「y は a の x 乗である」という日本文を，指数・対数のそれぞれの記号で表せ．

【解説】 $y = \exp_a(x)$, $x = \log_a(y)$．

◀ $y = \exp_a(x)$ を $y = a^{(x)}$ と表してもいい．

◀ exp, log は関数記号だから，立体（斜体ではない）で表す．

◀ $\exp_a(\ )$, $\log_a(\ )$ は関数 $f(\ )$ で f が $\exp_a$, $\log_a$ の場合を表す．
土基善文：『x の x 乗のはなし』（日本評論社，2002）p.44 によると，括弧を略して書く流儀もある．

翻訳
$\boxed{a \text{ を底とする指数関数}} \rightleftarrows \boxed{a \text{ を底とする対数関数}}$
（**exp**onential function）　　　（**log**arithmic function）

指数語　$y = \exp_a(x)$
　　　　y は a の x 乗　　（日本語と同じ語順）
　　　　←左から読む→

日本語「y は a の x 乗である」

対数語　$x = \log_a(y)$
　　　　x 乗　a の　y は　（日本語と逆の語順）
　　　　←右から読む

1.1 微分方程式の基本型 — 変数分離型

▶ 注意 底（てい） $a > 0, a \neq 1$

Stop! $a = 1$ のとき，実数 t がどんな値でも $a^t = 1$ だから，$y = 1^x$ のグラフは水平な直線 (定数関数) である．a がほかの正の実数のとき，$y = a^x$ のグラフは曲線だから，便宜上，指数関数は $a = 1$ の場合を除く．

ノート：ベキ

a^n を a の n-ベキという． $a^2 = a \times a, \ldots, a^n = \underbrace{a \times a \times \cdots \times a}_{n \text{ 個}}$.

指数が正の整数 n でなく，どんな実数 t でも a^t を定義するときの原則は，a^n で成り立つ規則を変えないという考え方である (旧法則保存の原理)．

「s, t が任意の実数でも $a^{s+t} = a^s a^t$, $(a^t)^s = a^{ts}$ が成り立つ」と決める．

◀ 旧法則保存の原理について，小林幸夫：『線型代数の発想』(現代数学社，2008) 0.2.2 項．
旧法則 (n は正の整数)
$a^{2+3} = \underbrace{\underbrace{aa}_{2 \text{ 個}} \underbrace{aaa}_{3 \text{ 個}}}_{(2+3) \text{ 個}}$
$= a^2 a^3$.
$(a^2)^3 = \underbrace{\underbrace{aa}_{2 \text{ 個}} \underbrace{aa}_{2 \text{ 個}} \underbrace{aa}_{2 \text{ 個}}}_{(2 \times 3) \text{ 個}}$
$= a^6$.
高校数学では，a^x は x が有理数の場合しか明確に定義していない．
仙田章雄：『おもしろくてためになる数学の雑学事典』(日本実業出版社，1992) p.85．

辞書

	日本語	翻訳	指数関数	翻訳	対数関数
	「p は a の s 乗である」		$p = \exp_a(s)$		$s = \log_a(p)$
	「q は a の t 乗である」		$q = \exp_a(t)$		$t = \log_a(q)$

例文 1 日本語：「$\underbrace{a \text{ の } s \text{ 乗}}_{p}$ と $\underbrace{a \text{ の } t \text{ 乗}}_{q}$ との積は a の $(s+t)$ 乗である」

指数語：$\underbrace{\exp_a(s) \exp_a(t)}_{pq} = \exp_a(s+t)$． ◀ ふつうは $a^s a^t = a^{s+t}$ と書く．

    pq は a の $(s+t)$ 乗   ◀ 日本語と同じ語順
    $(s+t)$ 乗 a の pq は   ◀ 日本語と逆の語順

対数語：$\log_a(p) + \log_a(q) = \log_a(pq)$．
         $s+t$

例文 2 日本語：「$\underbrace{a \text{ の } s \text{ 乗}}_{p}$ の k 乗は a の ks 乗である」

指数語：$\exp_{\underbrace{\exp_a(s)}_{p}}(k) = \exp_a(ks)$． ◀ ふつうは $(\underbrace{a^s}_{p})^k = a^{ks}$ と書く．

    p の k 乗は a の ks 乗   ◀ 日本語と同じ語順
    ks 乗 a の p の k 乗は   ◀ 日本語と逆の語順
    s

対数語：$k \log_a(p) = \log_a(p^k)$．

ノート：底

常用対数 (日常よく使う十進数の桁数を知るために 10 を底とする) $\log_{10} x$
   $\log_{10} 100 = 2$ (100 は 10 の 2 乗) は「100 は 0 が 2 桁分の大きさ」を表す．
自然対数 (自然科学・社会科学などの数理モデルで重要なネイピア数を底とする) $\log_e(x)$
二進対数 (二進数を基礎とする計算機科学の分野で 2 を底として情報量を表す)． $\log_2(x)$
   $\log_2 8 = 3$ (二進法で 1000 は 10 の 3 乗) は「1000 は 0 が 3 桁分の大きさ」を表す．

● 特定の底の省略
   常用対数 $\log(x)$ [$\mathrm{Log}(x)$ とも表す]
   自然対数 $\log(x)$ [$\ln(x)$, $\lg(x)$ とも表す]
   二進対数 $\log(x)$ [$\mathrm{lb}(x)$ とも表す]
  $\log(x)$ は，数値計算では $\log_{10}(x)$, 微積分では $\log_e(x)$, 情報理論では $\log_2(x)$ を表す．
  微積分では，$\exp_e(x)$ の底 e を省略して，$\exp(x)$ は e^x を表す．

◀ 10 を底とする指数，対数は化学で水素イオン指数を表すときに必要である．
小林幸夫：『現場で出会う微積分・線型代数』(現代数学社，2011) 1.1.2 項．
◀ $\log_e()$ を自然対数関数，$e^{()}$ を自然指数関数という．

問 1.10 $x = \exp_e(y)$ のグラフと $y = \log_e(x)$ のグラフとの間の関係を説明せよ.

【解説】首を傾けて図 1.4 の左図を見ると，右図のように y 軸がよこ軸 (水平左向きを正の向き)，x 軸がたて軸になるので，左図の $y = \log_e(x)$ のグラフは，右図では $x = \exp_e(y)$ のグラフである.

$y = e^x$ と $x = e^y$ とは，x と y とを入れ換えた形だから，$y = e^x$ のグラフと $y = \log_e(x)$ のグラフとは直線 $y = x$ に関して対称である.

◀ 左図
$y = \log_e(x)$.
↑   ↑
タテ ヨコ
右図
$x = \exp_e(y)$.
↑   ↑
タテ ヨコ

◀ 指数関数の (x) の括弧を略した.
確認 $y = \log_e(x)$ は「x は e の y 乗」という意味を表すから $x = e^y$ である.

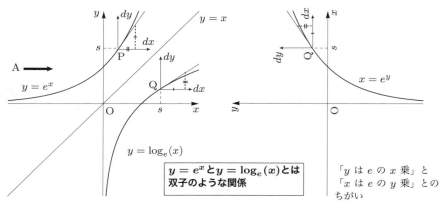

$y = e^x$ と $y = \log_e(x)$ とは双子のような関係

「y は e の x 乗」と「x は e の y 乗」とのちがい

図 1.4 $y = e^x$ と $y = e^x$ との間の関係 首を傾けて A の方向から左図の $y = \log_e(x)$ のグラフを見ると，右図の $x = e^y$ のグラフのように見える.

逆関数
y の値が決まると x の値が一つだけ対応する規則 (関数について 0.3 節)
　x の値に y の値を対応させる規則
　$f(\ )$
　y の値に x の値を対応させる規則
　$f^{-1}(\ )$
例 $f(\ )$ が $\log_e(\ )$ のとき，$f^{-1}(\ )$ は $\exp_e(\ )$ である [$e^{(\ )}$ と表してもいい].
　$f(\ ) = \log_e(\ )$
　$f^{-1}(\ ) = \exp_e(\ )$
関数値 $y = \log_e(x)$
逆関数の値
　$x = \exp_e(y)$
　($x = e^y$ とも表す)
逆関数 f^{-1} は分数 $\dfrac{1}{f}$ とは関係ない.
$\sin^{-1}(x)$ は $\dfrac{1}{\sin(x)}$ ではない.

図 1.4 から，つぎの関係がひと目でわかる.

曲線 $y = e^x$ の点 P で接する直線の傾き $= \dfrac{1}{\text{曲線 } y = \log_e(x) \text{ の点 Q で接する直線の傾き}} = $ Q における接線の傾き

$\left.\dfrac{d(e^x)}{dx}\right|_{x = \log_e(s)} = s.$ 　 $s = \dfrac{1}{\left.\dfrac{d\{\log_e(x)\}}{dx}\right|_{x=s}}.$ 　 $\left.\dfrac{d(e^y)}{dy}\right|_{y = \log_e(s)} = s.$

「接線の傾きはタテ座標と等しい」を式で表した.

$\begin{pmatrix} s = e^x \text{ をみたす } x \text{ を} \\ \text{求めるには「} s \text{ は } e \text{ の} \\ x \text{ 乗」を } x = \log_e(s) \\ \text{と書くだけでいい.} \end{pmatrix}$

「接線の傾きはタテ座標と等しい」を式で表した.

$\begin{pmatrix} \text{曲線 } y = e^x \text{ の点 P} \\ \text{で接する直線の傾き} \\ \text{の表式で } x \text{ と } y \text{ とを} \\ \text{入れ換えた形.} \end{pmatrix}$

$x = s$ (s はどんな値でもいい) に対して成り立つから，

$$\boxed{\dfrac{d\{\log_e(x)\}}{dx} = \dfrac{1}{x}}$$

と表せる.

▶ 注意 $a \neq e$ のとき $\dfrac{d\{\log_a(x)\}}{dx} \neq \dfrac{1}{x}$.

逆関数の微分法 $\boxed{\dfrac{dy}{dx} = \dfrac{1}{\dfrac{dx}{dy}}}$

「x は e の y 乗」
対数語　　指数語
$y = \log_e(x)$.　$x = e^y$.
$\dfrac{d\{\log_e(x)\}}{dx} = \dfrac{1}{\dfrac{d(e^y)}{dy}}.$

◀ $\dfrac{d\{\log_e(x)\}}{dx}$
$= \dfrac{1}{\dfrac{d(e^y)}{dy}}$
$= \dfrac{1}{e^y}$
$= \dfrac{1}{x}.$

問 1.11 全平面で定義した微分方程式 $\dfrac{dy}{dx} = cy$ (c は実定数) の解が $y = a^x$ ($a > 0$, $a \neq 1$) であるような c の値を求めよ．

【解説】 $y = a^x$ の e を底とする対数を考える．
$$\log_e(y) = \log_e(a^x)$$
の両辺を x で微分する．
$$\frac{d\{\log_e(y)\}}{dx} = \frac{d\{\log_e(a^x)\}}{dx}.$$
$$\frac{d\{\log_e(y)\}}{dy} \cdot \frac{dy}{dx} = \frac{d\{x\log_e(a)\}}{dx}.$$
$$\frac{1}{y} \cdot \frac{dy}{dx} = \log_e(a) \cdot \frac{dx}{dx}.$$
の両辺に y を掛けて，$\dfrac{dx}{dx} = 1$ に注意すると，
$$\frac{dy}{dx} = \{\log_e(a)\}y$$
となるから
$$c = \log_e(a)$$
である．

◎何がわかったか $\dfrac{d(a^x)}{dx} = \left.\dfrac{d(a^x)}{dx}\right|_{x=0} a^x$ だから，曲線 $y = a^x$ 上のどの点でも接線の傾き $\dfrac{d(a^x)}{dx}$ はタテ座標 a^x に比例し，その比例定数 c は点 $(0, 1)$ で接線の傾き $\left.\dfrac{d(a^x)}{dx}\right|_{x=0}$ を表す．本問で c の値が求まったので，$\left.\dfrac{d(a^x)}{dx}\right|_{x=0} = \log_e(a)$ であることがわかる．

補足 $y = e^x$ は微分方程式 $\dfrac{dy}{dx} = y$ ($c = 1$ の場合) の解であることと比べよ．
点 $(0, 1)$ で接線の傾きは $\left.\dfrac{d(e^x)}{dx}\right|_{x=0} = e^x|_{x=0} = 1$ だから，$c = \left.\dfrac{d(e^x)}{dx}\right|_{x=0}$ であることがわかる．

Stop!
$\dfrac{d\{\log_e(y)\}}{dx}$ は $\dfrac{d\{\log_e(\square)\}}{d\square}$ の形でない．$\square$ どうしは同じ．

◀ $\log_e(a^x) = x\log_e(a)$
$\log_e(a)$ は定数だから，
$\dfrac{d\{x\log_e(a)\}}{dx} = \log_e(a) \cdot \dfrac{dx}{dx}$
である．

◀ $y = a^x \neq 0$ だから $\dfrac{1}{y}$ の分母は 0 でない．

◀ 問 1.6.

◀ 問 1.5.

問 1.12 xy 平面内の $x > 0$ の領域で定義した微分方程式 $\dfrac{dy}{dx} = \dfrac{c}{x}$ (c は実定数) の解が $y = \log_a(x)$ ($a > 0$, $a \neq 1$) であるような c の値を求めよ．

【解説 1】 $\log_a(\ )$ は $a^{(\ )}$ の逆関数だから，図 1.4 (この図は $a = e$ の場合であるが参考になる) を見て，問 1.10 の結果を使う．

$$\begin{array}{c}\text{曲線 } y = \log_a(x) \text{ の点 } (s, \log_a(s))\\ \text{で接する直線の傾き}\end{array} = \dfrac{1}{\begin{array}{c}\text{曲線 } y = a^x \text{ の点 } (\log_a(s), s)\\ \text{で接する直線の傾き}\end{array}}.$$

$$\left.\frac{d\{\log_a(x)\}}{dx}\right|_{x=s} = \frac{1}{\left.\dfrac{d(a^x)}{dx}\right|_{x=\log_a(s)}}.$$

問 1.11 から
$$\left.\frac{d(a^x)}{dx}\right|_{x=\log_a(s)} = \{\log_e(a)\}s$$
だから
$$\left.\frac{d\{\log_a(x)\}}{dx}\right|_{x=s} = \frac{1}{\{\log_e(a)\}s}$$
である．$x = s$ (s はどんな値でもいい) に対して成り立つから，
$$\frac{d\{\log_a(x)\}}{dx} = \frac{1}{\{\log_e(a)\}x}$$

◀ $M(x) = \dfrac{c}{x}$ は $x > 0$ または $x < 0$ の領域で定義できて連続である．

◀ $y = \log_a(x)$ の x と y とを入れ換えると $x = \log_a(y)$ [$y = a^x$ と表せる] となる．

◀ 逆関数の微分法が成り立つ理由を図 1.4 で理解する．

と表せる．したがって，
$$c = \frac{1}{\log_e(a)}$$
である．

【解説 2】 $y = \log_a(x)$ は「x は a の y 乗」を表すから，$x = a^y$ と書き換えることができる．この両辺を x で微分すると
$$\frac{dx}{dx} = \frac{d(a^y)}{dx},$$
$$1 = \frac{d(a^y)}{dy} \cdot \frac{dy}{dx}$$
となるから
$$\frac{dy}{dx} = \frac{1}{\frac{d(a^y)}{dy}}$$
である．右辺の分母は，問 1.10 で x と y とを入れ換えた形だから
$$\frac{dy}{dx} = \frac{1}{\{\log_e(a)\}x}$$
となる．したがって，
$$c = \frac{1}{\log_e(a)}$$
である．

◀ $\dfrac{d(a^y)}{dx}$ は $\dfrac{d(a^\square)}{d\square}$ の形でない．□ どうしは同じ．

◀ $\dfrac{dy}{dx} = \dfrac{1}{\frac{dx}{dy}}$ は逆関数の微分法である．

◀ $y = \log_e(x)$ は微分方程式 $\dfrac{dy}{dx} = \dfrac{1}{x}$ ($c = 1$ の場合) の解であることと比べよ．

休憩室 対数関数 $y = \log_a(x)$ の導関数を求める過程で Euler (オイラー) が e を発見し，Napier (ネイピア) は e を知らなかったそうである．

◀ 仙田章雄：『おもしろくてためになる数学の雑学事典』(日本実業出版社，1992) p. 93.

1.2　変数分離型の常微分方程式の解法

1.1 節の冒頭に，変数分離型の常微分方程式の解法を整理した．この解法で，具体例を考えてみる．

問 1.13　比例を基本に，常微分方程式 $dy/dx = f(x,y)$ を
(1) $\dfrac{dy}{dx} = ax$, (2) $\dfrac{dy}{dx} = \dfrac{a}{x}$, (3) $\dfrac{dy}{dx} = ay$, (4) $\dfrac{dy}{dx} = a\dfrac{y}{x}$, (5) $\dfrac{dy}{dx} = a\dfrac{x}{y}$
(a は実定数) の型に分類する．それぞれの解を表す曲線の特徴を見出せ．
【解説】 (1), (3) は f の定義域は全平面．(2), (4) は $M(x) = a/x$ は xy 平面内の $x > 0$ または $x < 0$ の領域で定義できて連続．(5) は xy 平面から原点を除いた領域で $f(x,y)$ の値が 1 通りに決まる [原点で接線の傾きが 1 通りでないから，原点とつながる点が決まらない (図 0.18)]．曲線上のどの点でも，接線の傾きが (1) はヨコ座標 x に比例，(2) はヨコ座標 x の逆数に比例，(3) はタテ座標 y に比例，(4) は原点と結ぶ線分の傾き y/x に比例，(5) は x/y に比例．

◀ 小林幸夫：『現場で出会う微積分・線型代数』(現代数学社，2011) p. 220.

◀ (1) 探究演習【1.5】，
(2) 例題 1.1,
(3) 例題 1.2,
　　計算練習【1.3】，
(4) 探究演習【1.6】，
(5) 探究演習【0.11】，
　　【1.1】，【1.2】．

問 1.14　つぎの曲線上の各点で，接線の傾きは問 1.13 のどの型か？
(1) 楕円 $\dfrac{x^2}{a^2} + \dfrac{y^2}{b^2} = 1$ ($a > 0, b > 0$), (2) 双曲線 $y = \dfrac{1}{x}$ ($x \neq 0$), (3) 放物線 $y = x^2 + 3$
【解説】 (1) 楕円の方程式を x で微分すると，$\dfrac{2x}{a^2} + \dfrac{2y}{b^2}\dfrac{dy}{dx} = \dfrac{d1}{dx}$ となる．x 軸との交点以外の点 ($y \neq 0$) で $\dfrac{dy}{dx} = -\dfrac{b^2}{a^2}\dfrac{x}{y}$ だから，問 1.13 (5) の型である．x 軸との交点 ($y = 0$) で接線は y 軸に平行である．
(2) $\dfrac{d(x^{-1})}{dx} = (-1)x^{-2}$, $y = x^{-1}$ に注意して双曲線の方程式を x で微分すると，$\dfrac{dy}{dx} = $

◀ $\dfrac{d(y^2)}{dx} = 2y$ ではない (計算練習【0.4】)．

◀ $\dfrac{d1}{dx} = 0$.

◀ $x^{-2} = x^{-1}x^{-1}$
　　　$= yx^{-1}$.

$-\dfrac{y}{x}$ となるから，問 1.13 (4) の型である．

(1) → 計算練習【1.1】
(2) → 計算練習【1.2】
(3) → 計算練習【1.3】

補足
$$\begin{aligned}\dfrac{d(x^{-1})}{dx} &= \lim_{h \to 0} \dfrac{\dfrac{1}{x+h} - \dfrac{1}{x}}{h} \\ &= \lim_{h \to 0} \dfrac{x - (x+h)}{(x+h)xh} \quad \blacktriangleleft \text{分子・分母に } (x+h)x \text{ を掛けた形} \\ &= -\dfrac{1}{x^2}.\end{aligned}$$

(3) 放物線の方程式を x で微分すると，$\dfrac{dy}{dx} = 2x$ となるから，問 1.13 (1) の型である．

例題 1.1　初期条件の意味

常微分方程式 $\dfrac{dy}{dx} = g(x, y)$ は，点 (x, y) に傾き $g(x, y)$ の幾何ベクトルを対応させる．図 1.5 に，点 $(1, 0)$ を通るように幾何ベクトルをつなぎ合わせた解曲線が実線で示してある．$g(x, y) = \dfrac{y}{x},\ g(x, y) = y,\ g(x, y) = \dfrac{1}{x}$ のどの場合か？ 解を表す関数を求めよ．

◀ 解を表す曲線
◀ $g(x, y) = y/x$ の意味：「2 変数関数 $g(\ ,\ )$ に x, y を入力すると関数値 y/x を出力する」 $g(x, y) = y$ は x によらない．$g(x, y) = 1/x$ は y によらない．どちらも 2 変数関数 (4.1 節) の特別な場合である．
◀ 図 1.5 を勾配図という．
笠原皓司：『微分方程式の基礎』(朝倉書店, 1982)．
◀ 例題 0.5, 例題 0.6.
◀ 上下方向のどの位置でも，幾何ベクトルの傾きが同じである．

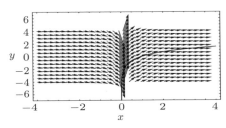

図 1.5　各点での幾何ベクトルの傾き　　この図では，幾何ベクトルを矢印で表す．

発想　図 1.5 で，幾何ベクトルの傾きが y の値に関係なく，x の値だけで決まることに着目する．$g(x, y) = \dfrac{y}{x},\ g(x, y) = y$ の場合，y の値によって傾きの値が異なる．

【解説】xy 平面内の $x > 0$ の領域で定義できて連続である $g(x, y) = \dfrac{1}{x}$ の場合

$$\dfrac{dy}{dx} = \dfrac{1}{x} \quad (\text{解曲線上の各点で接線の傾きがヨコ座標の逆数に等しい}) \quad [\text{問 1.13 (2)}]$$

図 1.5 で，傾きはヨコ座標が大きい (小さい) ほど小さい (大きい)．

手順 0　初期条件を設定する．「$x = 1, y = 0$」 [点 $(1, 0)$ を通る]

手順 1　分母を払って $\underbrace{dy}_{y \text{ だけ}} = \underbrace{\dfrac{dx}{x}}_{x \text{ だけ}}$ に書き換える．

手順 2　左辺を $y = 0$ (初期値) から $y = t$ (t はどんな値でもいい) まで積分し，右辺を $x = 1$ (初期値) から $x = s$ (s は $x > 0$ のどんな値でもいい) まで積分する．

$$\int_0^t dy = \int_1^s \dfrac{dx}{x}.\quad \text{右辺を}\ \boxed{\text{定積分の基本}\ \int_\heartsuit^\diamondsuit d\square = \diamondsuit - \heartsuit}\ \text{の形に書き換える．}$$

$$t - 0 = \int_{\log_e 1}^{\log_e s} d\overbrace{\{\log_e(x)\}}^{u}.$$

x	1	→	s
u	$\log_e(1)$	→	$\log_e(s)$

$\int_{\log_e(1)}^{\log_e(s)} du = \log_e(s) - \log_e(1)$

$t = \log_e(s).$ 　　$\log_e(s) - \log_e(1)$ を $\Big[\log_e(x)\Big]_1^s$ と表してもいい．

$x = s, y = t$ の場合 [$s\ (> 0), t$ はどんな値でもいい] に成り立つから，y と x との対応の規則 (関数) で決まる関数値は

$$y = \log_e(x) \qquad (x > 0)$$

をみたす．図 1.5 の実線 [直線 $x = 0$ (y 軸) と交わらない] は，この関数のグラフである．

◎ 何がわかったか　初期条件を決めると，ベクトルのつなぎ合わせ方は 1 通りである．

◀ どんな関数を x で微分すると $\dfrac{1}{x}$ になるかを思い出す．
$\log_e(x)$ を x で微分すると
$\dfrac{d\{\log_e(x)\}}{dx} = \dfrac{1}{x}$
だから，分母を払って
$d\{\log_e(x)\} = \dfrac{dx}{x}$
に書き換える．

◀ $\int$ と d とが隣り合った形

◀ $\log_e(1) = 0$.

◀ 初期条件として「必ず通る特定の点」を決めた．

$\log_e(x)$ は $\int_1^x \dfrac{dx}{x}$ のようにつなぎ合わせた曲線を表す (積分の上限 s も x と書いた).

補足 $x > 0$ の領域 (接線の傾き $1/x$ が定義できて連続である領域) の点全体の集合の中で,曲線 $y = \log_e(x)$ 上の点全体 ($x > 0$ の領域の点全体の部分集合) は微分方程式 $dy/dx = 1/x$ をみたす.

参考 平面内のどの点でも一つの幾何ベクトルが定義できるとき,幾何ベクトル全体の分布した平面を**ベクトル場**という.重力場,電場,磁場は位置ごとに大きさ,方向,向き (0.1 節) を持つベクトル場である.

●**類題**● $g(x,y) = \dfrac{1}{x}$ の場合,$x < 0$ の領域で点 $(-1, 0)$ を通るようにベクトルをつなぎ合わせると,どのような関数を表す曲線になるか?

【解説】$x > 0$ の場合の手順 2 を,つぎのように変更する.

$$\int_0^t dy = \int_{-1}^s \dfrac{dx}{x}. \quad \blacktriangleleft s \text{ は } x<0 \text{ のどんな値でもいい.}$$

$$t - 0 = \int_{\log_e(-1)}^{\log_e(s)} d\{\log_e(x)\}.$$

$$t = \log_e(s) - \log_e(-1) \quad \blacktriangleleft s = (-s) \times (-1).$$

$$= \log_e\{(-s) \times (-1)\} - \log_e(-1) \quad \blacktriangleleft \text{つぎの}\boxed{\text{相談室}}\text{を参照}.$$

$$= \log_e(-s) + \log_e(-1) - \log_e(-1) \quad \log_e(-s) + i\ell\pi - im\pi.$$

$$= \log_e(-s). \quad \text{解が実関数だから } \ell = m.$$

$$\quad s < 0 \text{ のとき } -s > 0.$$

解曲線は $y = \log_e(-x)$ ($x < 0$) [y 軸に関して曲線 $y = \log_e(x)$ ($x > 0$) と対称] で表せる.

相談室

S $\int \dfrac{1}{x} dx = \log_e(|x|)$ と習いましたが,$x < 0$ のとき $\log_e(x)$ は正しいでしょうか?

P 虚数を導入して,根号内が負の実数の場合を扱えるようにした事情と同様に,概念の拡張の例です.大学数学の関数論で,$e^{ix} = \cos(x) + i\sin(x)$ ($i^2 = -1$) を知ると,$x = k\pi$ (k は奇数) のとき $e^{ik\pi} = -1 + i0$ であることがわかります.底が e の対数を考えると,$\log_e(e^{ik\pi}) = \log_e(-1)$ だから $ik\pi = \log_e(-1)$ です.$x < 0$ のとき,$\log_e(x) = \log_e(-|x|) = \log_e(-1) + \log_e(|x|) = ik\pi + \log_e(|x|)$ です.$\dfrac{d(ik\pi)}{dx} = 0$ (関数値が $ik\pi$ の定数関数を x で微分すると関数値が 0 の定数関数になる) だから,$\dfrac{d\{\log_e(x)\}}{dx} = \dfrac{d\{ik\pi + \log_e(|x|)\}}{dx} = \dfrac{d\{\log_e(|x|)\}}{dx}$ となり,絶対値を考えなくていいことがわかります.

例題 1.2 同じ初期条件のもとで解の比較 ─────

全平面で定義した常微分方程式 $\dfrac{dy}{dx} = ay$ (a は定数) を解いて,$a > 0, a = 0, a < 0$ の場合の解曲線の特徴を調べよ (**式の読解**).

発想 $y_0 > 0$ のとき,a の値によって,点 (x_0, y_0) で接線の傾き ay_0 の値が正,ゼロ,負のどれかになるかが決まる.
点 (x_0, y_0) で接線の傾きが正,ゼロ,負のどれかによって,x の値が大きくなると,y の値が増加,一定,減少のうちのどのように振る舞うかが決まる.

【解説】$\dfrac{dy}{dx} = ay$ (解曲線上の各点で接線の傾きがタテ座標に比例する) [問 1.13 (3)]
$y \neq 0$ [関数値が 0 ($y = 0$) の定数関数でない] の場合
手順 0 初期条件を設定する.「$x = x_0, y = y_0$ (x_0, y_0 は正の定数)」[点 (x_0, y_0) を通る]

問 $x = 0$ の領域 (y 軸) で点 $(0, 1)$ を通るようにベクトルをつなぎ合わせると,解はどのように表せるか?

答 直線 $x = 0$

理由 $\dfrac{dx}{dy} = \dfrac{1}{\dfrac{dy}{dx}} = x$ と書き換える.$x = 0$ のとき $\dfrac{d0}{dy} = 0$ だから $x = 0$ は $\dfrac{dx}{dy} = x$ をみたす.図 0.18 で点 P_0 を $(0, 1)$ として,つねに $dx = 0$ の場合である.出発点 $(1, 0)$ から上向きと下向きとの両方の向きにつなぎつづけると,直線 $x = 0$ になる.直線 $x = 0$ は $y = cx$ ($c \to \infty$) と考えることができる.

◀ $x < 0$ のとき $-x = |x|$.

◀ 一松信:『微分積分学入門』(サイエンス社, 1971) p. 130.
梶原壌二:『微分方程式入門』(森北出版, 1984) p. 115.
仙田章雄:『おもしろくてためになる数学の雑学事典』(日本実業出版社, 1992) p. 32.

例 $x = -2$ のとき $|x| = |-2| = 2$ だから $-2 = -|-2|$.
$x < 0$ のとき $x = -|x|$ と表せる.

◀ $y \neq 0$ のとき,$\dfrac{1}{y}$ の分母は 0 でない (定数関数について問 0.6 参照).

1.2 変数分離型の常微分方程式の解法

手順1 変数分離する．分母を払って $\underbrace{\dfrac{dy}{y}}_{y \text{ だけ}} = \underbrace{a dx}_{x \text{ だけ}}$ に書き換える．

手順2 左辺を $y=y_0$ (初期値) から $y=t$ (t はどんな正の値でもいい) まで積分し，右辺を $x=x_0$ (初期値) から $x=s$ (s はどんな正の値でもいい) まで積分する．

$$\int_{y_0}^{t} \frac{dy}{y} = a \int_{x_0}^{s} dx.$$

左辺を 定積分の基本 $\int_{\heartsuit}^{\diamondsuit} d\square = \diamondsuit - \heartsuit$ の形に書き換える．

$$\int_{\log_e y_0}^{\log_e t} d\overbrace{\{\log_e(y)\}}^{u} = a(s - x_0).$$

y	y_0	$\to$	t
u	$\log_e(y_0)$	$\to$	$\log_e(t)$

$$\log_e(t) - \log_e(y_0) = a(s - x_0).$$
$$t = e^{a(s-x_0)} y_0.$$

$x=s, y=t$ の場合 (s, t はどんな正の値でもいい) に成り立つから，y と x との対応の規則 (関数) で決まる関数値は $c = e^{-ax_0} y_0$ (初期条件で決まる定数) とおくと

$$y = e^{ax} c \quad (-\infty < x < \infty)$$

をみたす (図 1.6).

◀ どんな関数を y で微分すると $\dfrac{1}{y}$ になるかを思い出す．$\log_e y$ を y で微分すると
$$\dfrac{d\{\log_e(y)\}}{dy} = \dfrac{1}{y}$$
だから，分母を払って
$$d\{\log_e(y)\} = \dfrac{dy}{y}$$
に書き換える．

◀ $\int$ と d とが隣り合った形

◀ $\log_e(t) - \log_e(y_0)$ を $[\log_e(y)]_{y_0}^{t}$ と表してもいい．
$\log_e(t) - \log_e(y_0)$
$= \log_e\left(\dfrac{t}{y_0}\right)$
に注意する．

◀「$\dfrac{t}{y_0}$ は e の $a(s-x_0)$ 乗」と読む．
$\dfrac{t}{y_0} = e^{a(s-x_0)}$

─ イメージを描け ─
式には表情がある．$y = e^{a(x-x_0)} y_0$ の顔を見たことがありましたか？ a の値が正，ゼロ，負のどれかによって，指数関数の表情がちがう．

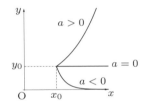

図 1.6 a の値による解の振舞のちがい　簡単のために xy 平面内の $x > x_0$ の領域で解曲線を描く．$y_0 > 0$ だから点 (x_0, y_0) で接線の傾き ay_0 の正負は a の正負と同じ．

◀ 図 1.6 のとおり，解曲線は x 軸と交わらない ($y \neq 0$)．$a < 0$ の場合，$x \to \infty$ のとき $y \to 0$.

補足 関数値が 0 ($y=0$) の定数関数の場合

x の値に関係なく $ay=0$ だから，x 軸上の点 $(s,0)$ (s はどんな値でもいい) を通ると，この点で接線の傾きは $\dfrac{dy}{dx} = 0$ (水平) となり，x 軸に接する．$dy = 0 dx$ だから，点 $(s,0)$ から x 軸の正負のどちら向きに dy をつなぎ合わせても y の値 (高さ) は 0 のまま変わらない．直線 $y=0$ は点 (x_0, y_0) を通らないから，初期条件をみたさない．$c=0$ とおくと $y=0$ だから，$y = e^{ax} c$ は定数関数で表せる解 $y=0$ も含む．

■**モデル**■ 自動車事故の危険率 y と血中アルコール濃度 x との間に $dy/dx = ay$ (a は正の一定量) の関係がある．血中アルコールが増すと危険率が指数関数 (図 1.6) にしたがって増大する [D. Burghes and M. Borrie: *Modelling with Differential Equations*, (Ellis Horwood Limited, 1990)].

問 アルコールなしの状態で事故の危険率が 2% とすると c が求まる．「$x=0.14\%$ のとき $y=20\%$」というデータから a を求めよ．

解 $x_0 = 0\%, y_0 = 1\%$ だから $c = 1\%$ となり $y = 1\% \, e^{ax}$．
$20\% = 1\% \, e^{a \cdot 0.14 \%}$ から $20 = e^{a \cdot 0.14 \%}$．
$\log_e 20 = a \cdot 0.14\%$ となり，$a = \dfrac{\log_e 20}{0.14 \%} = \dfrac{2.99573}{0.14 \%}$ だから $a\% = \dfrac{2.99573}{0.14} \fallingdotseq 21$
($a \cdot 0.14\% = a\% \times 0.14 \fallingdotseq 21 \times 0.14 \fallingdotseq 2.99573$)．図 1.6 で $a>0$ の場合である．

■**モデル**■ Rutherford は「時刻 t で放射性物質の中の原子数 N が単位時間当りに崩壊する割合 $-(dN/dt)$ は，現在の原子数に比例する」というモデルを示した．

問 このモデルを微分方程式で表せ (**式に翻訳**)．

[Stop!] 微分方程式は未知数ではなく未知関数を求める方程式 (0.4 節のノート：**方程式と微分方程式とのちがい**) だから $y=0$ は定数関数 (問 0.6) の値である．図 0.18 で点 P_0 を $(s,0)$ として，つねに $dy=0$ の場合である．出発点 $(s,0)$ (初期条件) から $s>0$ と $s<0$ との両方の向きにつなぎつづけると直線 $y=0$ になる．x の値に関係なく y の値は 0 である．

[解] $y \to N, t \to x, a \to -\lambda$ のようにおきかえると $\dfrac{dN}{dt} = -\lambda N$ ($-\lambda$ は負の一定量).

■**モデル**■ Newton は「時刻 t で物体と周囲との間の温度差 θ が単位時間当りに減少する割合 $-(d\theta/dt)$ は，現在の温度差に比例する」という冷却の法則を示した．

[問] このモデルを表す微分方程式の意味を読み取れ (式の読解).

[解] $\dfrac{d\theta}{dt} = -k\theta$ ($-k$ は負の一定量) が成り立つ．温度差が小さくなると冷えるのが遅くなる．図 1.6 で $a<0$ の場合である．

◀ 図 1.6 で
よこ軸：$x \to t$,
たて軸：$y \to \theta$,
$a(<0) \to -k$.

◀ 小林幸夫：『現場で出会う微積分・線型代数』(現代数学社，2011) p. 295.

計算練習

【1.1】 変数分離 xy 平面内の $y<0$ の領域で定義した常微分方程式 $\dfrac{dy}{dx} = -\dfrac{3}{2}\dfrac{x}{y}$ (問 2.4, 例題 2.2) を解いて，解曲線の特徴を調べよ．

【解説】 $\dfrac{dy}{dx} = -\dfrac{3}{2}\dfrac{x}{y}$ (接線の傾きが ヨコ座標/タテ座標 の負の定数倍) [問 1.13 (5)]

手順 0 初期条件を設定する． **[例]**「$x=1$ のとき $y=-1$」[点 $(1,-1)$ を通る]

手順 1 変数分離する．

分母を払って

$$\underbrace{2y\,dy}_{y\,\text{だけ}} = \underbrace{-3x\,dx}_{x\,\text{だけ}}$$

に書き換える．

手順 2 左辺を $y=-1$ (初期値) から $y=t$ (t はどんな値でもいい) まで積分し，右辺を $x=1$ (初期値) から $x=s$ (s はどんな値でもいい) まで積分する．

$$2\int_{-1}^{t} y\,dy = -3\int_{1}^{s} x\,dx.$$

定積分の基本 $\int_{\heartsuit}^{\diamondsuit} d\square = \diamondsuit - \heartsuit$ の形に書き換える．

$$2\int_{\frac{(-1)^2}{2}}^{\frac{t^2}{2}} \overbrace{d\left(\frac{1}{2}y^2\right)}^{v} = -3\int_{\frac{1^2}{2}}^{\frac{s^2}{2}} \overbrace{d\left(\frac{1}{2}x^2\right)}^{u}.$$

$$\int_{\frac{1^2}{2}}^{\frac{t^2}{2}} dv = \frac{t^2}{2} - \frac{(-1)^2}{2}, \quad \int_{\frac{1^2}{2}}^{\frac{s^2}{2}} du = \frac{s^2}{2} - \frac{1^2}{2}.$$

y	$-1 \to t$
v	$(-1)^2/2 \to t^2/2$

x	$1 \to s$
u	$1^2/2 \to s^2/2$

$$2\left\{\frac{t^2}{2} - \frac{(-1)^2}{2}\right\} = -3\left(\frac{s^2}{2} - \frac{1^2}{2}\right).$$

$$\frac{3}{2}s^2 + t^2 = \frac{5}{2}.$$

手順 3 $x=s, y=t$ の場合 (s,t はどんな値でもいい) に成り立つから，x と y との関係式は $\dfrac{3}{2}x^2 + y^2 = \dfrac{5}{2}$ であり，両辺を $\dfrac{5}{2}$ で割って整理すると

$$\text{楕円の方程式}: \frac{x^2}{a^2} + \frac{y^2}{b^2} = 1 \quad (-a \leq x \leq a, -b \leq y \leq b)$$

と表せる．簡単のために，$a=\sqrt{5/3}, b=\sqrt{5/2}$ (a,b の値は初期条件で異なる) とおいた．初期条件をみたす [点 $(1,-1)$ を通る] とき，y と x との対応の規則 (関数) で決まる関数値は

$$y = -\frac{b}{a}\sqrt{a^2 - x^2} \quad (-a < x < a)$$

◀「微分方程式を解く」とは？「y は x でどのように表せるか」または「x と y との関係はどのように表せるか」という問題を解く．(0.4 節のノート：方程式と微分方程式とのちがい)

◀ $y \neq 0$ ($y<0$ の領域) のとき，$-\dfrac{x}{y}$ の分母は 0 でない．

◀ 頭の中で，x^1 の指数 1 よりも 1 大きい x^2 を x で微分すると，$\dfrac{d(x^2)}{dx} = 2x^1$ となる．分母を払って両辺を 2 で割った形 $d\left(\dfrac{1}{2}x^2\right) = x^1 dx$ に書き換える．y も同様．$\dfrac{1}{2}x^2 + C$ (C は定数関数の値) を x で微分しても x^1 になる (問 0.6 と同じ考え方).

$\left(\dfrac{1}{2} \times s^2 + C\right) - \left(\dfrac{1}{2} \times 1^2 + C\right) = \dfrac{1}{2} \times s^2 - \dfrac{1}{2} \times 1^2$

だから定数関数の値によらない．

◀ $\dfrac{s^2}{2} - \dfrac{1^2}{2}$ を $\left[\dfrac{1}{2}x^2\right]_1^s$ と表してもいい．

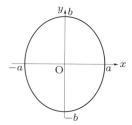

図 1.7 解の振舞（解曲線） 初期条件をみたす関数のグラフ（第3象限，第4象限）は
$y = -\dfrac{b}{a}\sqrt{a^2-x^2}$ $(-a < x < a)$ と表せる $(a = \sqrt{5/3},\, b = \sqrt{5/2})$.
である（図 1.7）.

▶ **注意** 関数値は $y = \pm\dfrac{b}{a}\sqrt{a^2-x^2}$ であるが，接線の傾きを $y < 0$ の領域で定義したから $y = -\dfrac{b}{a}\sqrt{a^2-x^2}$ である．

補足 1 xy 平面から原点を除いた領域で意味を持つ解曲線に広げる考え方

(i) 下半分 $(-a \leq x \leq a,\, y \leq 0)$：$y = -\dfrac{b}{a}\sqrt{a^2-x^2}$. 点 $(1,-1)$ を通る．$x = \pm a$ のとき $y = 0$ であり，x/y の値は存在しない．

(ii) 右半分 $(x \geq 0,\, -b \leq y \leq b)$：$x = \dfrac{a}{b}\sqrt{b^2-y^2}$. 点 $(1,-1)$ を通る．$x = a$ のとき $y = 0$ であり，x/y の値は存在しない．

(iii) 上半分 $(-a \leq x \leq a,\, y \geq 0)$：$y = \dfrac{b}{a}\sqrt{a^2-x^2}$ $(-a < x < a)$. 点 $(1,-1)$ を通らない．$x = \pm a$ のとき $y = 0$ であり，x/y の値は存在しない．

(iv) 左半分 $(x \leq 0,\, -b \leq y \leq b)$：$x = -\dfrac{a}{b}\sqrt{b^2-y^2}$. 点 $(1,-1)$ を通らない．$x = -a$ のとき $y = 0$ であり，x/y の値は存在しない．

点 $(1,-1)$ で接線の傾きの値は正であり，図 0.18 のように点 $(1,-1)$ から出発して，つぎの点を見つけながら点どうしをつなぎ合わせると，解曲線は楕円 $\dfrac{x^2}{a^2} + \dfrac{y^2}{b^2} = 1$ になる．点 $(a,0)$ で接線は直線 $x = a$，点 $(-a,0)$ で接線は直線 $x = -a$ と考えると，これらの接線は x 軸に垂直（y 軸に平行）である．このように，接線の傾きの意味を拡張して，原点（$x = 0$ かつ $y = 0$）以外の領域で楕円 $\dfrac{x^2}{a^2} + \dfrac{y^2}{b^2} = 1$ $(-a \leq x \leq a,\, -b \leq y \leq b)$ は初期条件をみたす解曲線と考える．

補足 2 関数値が 0 $(y=0)$ の定数関数の場合 $\dfrac{dy}{dx} = 0$（x で微分しても，x の値に関係なく，関数値が 0 の定数関数）であるが，$-\dfrac{3}{2}\dfrac{x}{y}$ は $x = 0$ のとき不定（0 とは限らない），$x \neq 0$ のとき 0 ではない．したがって，関数値が 0 $(y=0)$ の定数関数は解ではない．

◎**何がわかったか** 点 $(1,-1)$ を通り，どの点 (x,y) でも接線の傾きが $\dfrac{dy}{dx} = -\dfrac{3}{2}\dfrac{x}{y}$ であるように接線をつなぎ合わせると，$3x^2 + 2y^2 - 5 = 0$ $(-a \leq x \leq a,\, -b \leq y \leq b)$ で表せる曲線（楕円）になる（例題 1.1）.

検算 $3x^2 + 2y^2 - 5 = 0$ の両辺を x で微分すると，$3 \cdot 2x + 2 \cdot 2y \dfrac{dy}{dx} = 0$ となるから $\dfrac{dy}{dx} = -\dfrac{3}{2}\dfrac{x}{y}$ である．$x = 1,\, y = -1$ のとき，$3 \times 1^2 + 2 \times (-1)^2 - 5 = 0$.

───── 感覚をつかめ ─────

直線 $y = cx$（c は 0 でない定数）は $\dfrac{dy}{dx} = -\dfrac{3}{2}\dfrac{x}{y}$ の解でないことを推定せよ．
$\dfrac{d(cx)}{dx} = c$ と $-\dfrac{3}{2}\dfrac{x}{cx} = -\dfrac{3}{2c}$ から $c = -\dfrac{3}{2c}$ となるが，$c^2 = -\dfrac{3}{2} < 0$ をみたす c は実数ではない．$\dfrac{dy}{dx} = -\dfrac{3}{2c}$（傾きが一定）となる解は存在しない．

●**類題**● 本問と同じ初期条件のもとで $\dfrac{dy}{dx} = -\dfrac{x}{y}$（探究演習【0.11】，例題 1.1）を解け．

【解説】円の方程式：$x^2+y^2=(\sqrt{2})^2$ $(-\sqrt{2}\leq x\leq\sqrt{2}, -\sqrt{2}\leq y\leq\sqrt{2})$

【1.2】 変数分離 xy 平面内の $y>0$ の領域で定義した常微分方程式 $\dfrac{dy}{dx}=\dfrac{4x+xy^2}{y+x^2y}$ を解いて，解曲線の特徴を調べよ．

(発想) 右辺の分子，分母を因数分解することに気づき，

$$\frac{dy}{dx}=\frac{x(4+y^2)}{y(1+x^2)}$$

の分母を払って整理すると変数分離できることがわかる．

【解説】
手順 0 初期条件を設定する． (例)「$x=\sqrt{7}$ のとき $y=2$」[点 $(\sqrt{7},2)$ を通る]

手順 1 変数分離する．
分母を払って
$$\underbrace{\frac{ydy}{y^2+4}}_{y\ \text{だけ}}=\underbrace{\frac{xdx}{x^2+1}}_{x\ \text{だけ}}$$
に書き換える．

手順 2 左辺を $y=2$ (初期値) から $y=t$ (t はどんな値でもいい) まで積分し，右辺を $x=\sqrt{7}$ (初期値) から $x=s$ (s はどんな値でもいい) まで積分する．

$$\int_2^t \frac{ydy}{y^2+4}=\int_{\sqrt{7}}^s \frac{xdx}{x^2+1}.$$

$v=y^2+4, u=x^2+1$ とおく．

$$\frac{1}{2}\int_8^{t^2+4}\frac{dv}{v}=\frac{1}{2}\int_8^{s^2+1}\frac{du}{u}.$$

y	0	$\to$	t
v	2^2+4	$\to$	t^2+4

x	$\sqrt{3}$	$\to$	s
u	$(\sqrt{7})^2+1$	$\to$	s^2+1

定積分の基本 $\int_\heartsuit^\diamondsuit d\square=\diamondsuit-\heartsuit$ の形に書き換える．

$$\int_{\log_e(8)}^{\log_e(t^2+4)}d\{\log_e(v)\}=\int_{\log_e(8)}^{\log_e(s^2+1)}d\{\log_e(u)\}.$$

v	8	$\to$	t^2+4
q	$\log_e(8)$	$\to$	$\log_e(t^2+4)$

u	8	$\to$	s^2+1
p	$\log_e(8)$	$\to$	$\log_e(s^2+1)$

$$\int_8^{\log_e(t^2+4)}dq=\log_e(t^2+4)-\log_e(8).$$

$$\log_e(t^2+4)-\log_e(8)=\log_e(s^2+1)-\log_e(8).$$
$$t^2+4=s^2+1.$$
$$\frac{s^2}{(\sqrt{3})^2}-\frac{t^2}{(\sqrt{3})^2}=1 \quad (s^2-t^2=3 \text{ の両辺を 3 で割った形}).$$

手順 3 $x=s, y=t$ の場合 (s,t はどんな値でもいい) に成り立つから，x と y との関係式は

$$\text{双曲線の方程式}:\frac{x^2}{a^2}-\frac{y^2}{b^2}=1 \quad (x\leq -a, x\geq a)$$

と表せる．$a=\sqrt{3}, b=\sqrt{3}$ (a,b の値は初期条件で異なる) とおいた．初期条件をみたす [点 $(\sqrt{7},2)$ を通る] とき，y と x との対応の規則 (関数) で決まる関数値は $y=\sqrt{x^2-a^2}$ ($x>a$) である (図 **1.8**)．

漸近線

$$y=\pm\sqrt{x^2-3} \quad \text{(根号内は負でない)}$$

◂ 解曲線上の各点で接線の傾きが $\dfrac{4x+xy^2}{y+x^2y}$ と表せる．

◂ $y\neq 0$ ($y>0$ の領域) のとき $\dfrac{x(4+y^2)}{y(1+x^2)}$ の分母は 0 でない．

◂ 分母 $x^2+1>0$, $y^2+4>0$.

◂ $v=y^2+4$ とおき，v を y で微分すると $\dfrac{dv}{dy}=2y$ だから，分母を払って $\dfrac{1}{2}$ を掛けると $ydy=\dfrac{1}{2}dv$ になる． $u=x^2+1$ とおき，u を x で微分すると $\dfrac{du}{dx}=2x$ だから，分母を払って $\dfrac{1}{2}$ を掛けると $xdx=\dfrac{1}{2}du$ になる．

◂ $\int$ と d とが隣り合った形

◂ 頭の中で $\dfrac{d\{\log_e(v)\}}{dv}=\dfrac{1}{v}$ を思い出して，分母を払うと $\dfrac{dv}{v}=d\{\log_e(v)\}$ である．

◂ 暗算しにくければ $p=\log_e(u)$, $q=\log_e(v)$ とおく．

◂ $\log_e(t^2+4)-\log_e(8)$ を $\left[\log_e(v)\right]_8^{t^2+4}$ と表してもいい．

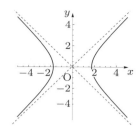

図 1.8 解の振舞 (解曲線) 初期条件をみたす関数のグラフ (第 1 象限) は
$y = \sqrt{x^2 - a^2}$ $(x > a)$ と表せる $(a = \sqrt{3})$.

◀ 漸近線は図 1.8 を描くために必要.

◀ 探究演習【1.6】の双曲線と比べよ.

◀ 根号内は負でないから $x^2 - 3 \geq 0$. $x \leq -\sqrt{3},\ x \geq \sqrt{3}$.

◀ 第 2 講の例題 2.2 と比べよ.

$$= \pm \sqrt{x^2\left(1 - \frac{3}{x^2}\right)} \qquad x^2 \geq 0,\ 1 - \frac{3}{x^2} \geq 0.$$

$$= \pm \sqrt{x^2}\sqrt{1 - \frac{3}{x^2}} \qquad \sqrt{x^2} = \begin{cases} x\ (x \geq 0), \\ -x\ (x \leq 0). \end{cases}$$

$$\xrightarrow{x \to \pm\infty} \pm x.$$

補足 1 xy 平面から原点を除いた領域で意味を持つ解曲線に広げる考え方

(i) 上半分 $(x \leq -\sqrt{3},\ x \geq \sqrt{3},\ y \geq 0)$: $y = \sqrt{x^2 - 3}$. 点 $(\sqrt{7}, 2)$ を通る. $x = \pm\sqrt{3}$ のとき $y = 0$ であり, x/y の値は存在しない.

(ii) 右半分 $(x \geq \sqrt{3},\ -\infty < y < \infty)$: $x = \sqrt{y^2 + 3}$. 点 $(\sqrt{7}, 2)$ を通る. $x = \sqrt{3}$ のとき $y = 0$ であり, x/y の値は存在しない.

(iii) 下半分 $(x \leq -\sqrt{3},\ x \geq \sqrt{3},\ y \leq 0)$: $y = -\sqrt{x^2 - 3}$. 点 $(\sqrt{7}, 2)$ を通らない. $x = \pm\sqrt{3}$ のとき $y = 0$ であり, x/y の値は存在しない.

(iv) 左半分 $(x \leq -\sqrt{3},\ -\infty < y < \infty)$: $x = -\sqrt{y^2 + 3}$. 点 $(\sqrt{7}, 2)$ を通らない. $x = -\sqrt{3}$ のとき $y = 0$ であり, x/y の値は存在しない.

点 $(\sqrt{3}, 0)$ で接線は x 軸に垂直 (y 軸に平行) な直線 $x = \sqrt{3}$ と考え (図 1.8), 図 0.18 のように点 $(\sqrt{7}, 2)$ から出発して, つぎの点を見つけながら点どうしをつなぎ合わせると, 解曲線は双曲線 $\dfrac{x^2}{(\sqrt{3})^2} - \dfrac{y^2}{(\sqrt{3})^2} = 1$ になる. このように, 接線の傾きの意味を拡張して, 原点 ($x = 0$ かつ $y = 0$) の領域で双曲線 $\dfrac{x^2}{(\sqrt{3})^2} - \dfrac{y^2}{(\sqrt{3})^2} = 1$ $(x \geq \sqrt{3})$ (第 1 象限, 第 4 象限) は初期条件をみたす解曲線と考える.

補足 2 関数値が 0 ($y = 0$) の定数関数の場合

$\dfrac{dy}{dx} = 0$ (x で微分しても, x の値に関係なく, 関数値が 0 の定数関数) であるが, $\dfrac{4x + xy^2}{y + x^2y}$ は $x = 0$ のとき不定 (0 とは限らない), $x \neq 0$ のとき 0 ではない. したがって, 関数値が 0 ($y = 0$) の定数関数は解ではない.

◎何がわかったか 点 $(\sqrt{7}, 2)$ を通り, どの点 (x, y) でも接線の傾きが $\dfrac{dy}{dx} = \dfrac{4x + xy^2}{y + x^2y}$ であるように接線をつなぎ合わせると, $x^2 - y^2 = 3$ $(x \geq \sqrt{3},\ x \leq -\sqrt{3})$ で表せる曲線 (双曲線) になる (例題 1.1).

検算 $x^2 - y^2 = 3$ を x で微分すると $2x = 2y\dfrac{dy}{dx}$ となるから $\dfrac{dy}{dx} = \dfrac{x}{y}$ である. $x^2 - y^2 = 3$ の両辺に 1 を加えると $(x^2 - y^2) + 1 = 3 + 1$ だから, $1 + x^2 = 4 + y^2$ になり, $\dfrac{4 + y^2}{1 + x^2} = 1$ である. したがって, $\dfrac{dy}{dx} = \dfrac{x}{y}$ は $\dfrac{dy}{dx} = \dfrac{x}{y} \cdot \dfrac{4 + y^2}{1 + x^2}$ と表せる. $x = \sqrt{7},\ y = 2$ のとき $x^2 - y^2 = 3$.

Stop! もとの微分方程式が変数分離できなくても, 微分方程式を変形すると, 変数分離法が使える形になる場合がある (第 2 講以降にも頻出).

休憩室 林真理子:『下流の宴』(毎日新聞社, 2010)
とてつもなく長い方程式の因数分解でも, しばらく見つめていると, 数字が

舞台裏
双曲線の方程式 $\dfrac{x^2}{3} - \dfrac{y^2}{3} = 1$ の両辺を x で微分すると $\dfrac{2x}{3} - \dfrac{2y}{3}\dfrac{dy}{dx} = 0$ (計算練習【0.4】) だから $y \neq 0$ のとき $\dfrac{dy}{dx} = \dfrac{x}{y}$ [問 1.13 (5) で $c = 1$ の場合]. 本問は, 双曲線上の点ごとの接線の傾きから双曲線の方程式を求める問題である.

◀ 探究演習【1.1】の 補足 1.

◀ $\dfrac{d0}{dx} = 0$.

◀ $\dfrac{d(y^2)}{dx} = 2y$ ではない (計算練習【0.4】).

◀ $x^2 = 3 + y^2$ から $\dfrac{3 + y^2}{x^2} = 1$ と表すこともできるが, 分母が $x^2 = 0$ の場合に注意しなければならない. $x^2 + 1 = 4 + y^2$ を考えれば, $\dfrac{4 + y^2}{1 + x^2} = 1$ の分母は必ず正である.

浮き上がってくる．まず整理しなくてはいけない．数字だけが，こう姿を変えたいと訴えてくるようだ．

【1.3】 変数分離 全平面で定義した常微分方程式 $\dfrac{dy}{dx} = \dfrac{2xy}{x^2+1}$ を解いて，解曲線の特徴を調べよ．

【解説】 $y \neq 0$ [関数値が 0 ($y=0$) の定数関数でない] の場合
手順 0 初期条件を設定する．　◯例「$x=2$ のとき $y=3$」[点 $(2,3)$ を通る]
手順 1 変数分離する．両辺を y で割って

$$\underbrace{\frac{dy}{y}}_{y\,\text{だけ}} = \underbrace{\frac{2x}{x^2+1}dx}_{x\,\text{だけ}}$$

に書き換える．
手順 2 左辺を $y=3$ (初期値) から $y=t$ (t はどんな値でもいい) まで積分し，右辺を $x=2$ (初期値) から $x=s$ (s はどんな値でもいい) まで積分する．

$$\int_3^t \frac{dy}{y} = \int_2^s \frac{2x}{x^2+1}dx.$$

定積分の基本 $\int_\heartsuit^\diamondsuit d\square = \diamondsuit - \heartsuit$ の形に書き換える．

$v = \log_e(y)$, $u = x^2+1$ とおく．

$$\int_{\log_e(3)}^{\log_e(t)} dv = \int_{2^2+1}^{s^2+1} \frac{du}{u}.$$

右辺を $\int_{\log_e(5)}^{\log_e(s^2+1)} d\{\log_e(u)\}$ に書き換える．$p = \log_e(u)$ とおくと $\int_{\log_e(5)}^{\log_e(s^2+1)} dp$．

y	3	$\to$	t
v	$\log_e(3)$	$\to$	$\log_e(t)$

x	2	$\to$	s
u	2^2+1	$\to$	s^2+1

u	5	$\to$	s^2+1
p	$\log_e(5)$	$\to$	$\log_e(s^2+1)$

$$\log_e(t) - \log_e(3) = \log_e(s^2+1) - \log_e(5).$$
$$\log_e\left(\frac{t}{3}\right) = \log_e\left(\frac{s^2+1}{5}\right).$$
$$t = \frac{3}{5}(s^2+1).$$

手順 3 $x=s, y=t$ の場合 (s,t はどんな値でもいい) に成り立つから，y と x との対応の規則 (関数) で決まる関数値は $c = \dfrac{3}{5}$ (初期条件で決まる定数) とおくと

$$\text{放物線の方程式}: y = c(x^2+1) \quad (-\infty < x < \infty)$$

をみたす (図 **1.9**).

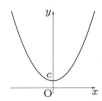

図 **1.9** 解の振舞 (解曲線) $c = \dfrac{3}{5}$

▶ **注意** 初期条件：「$x=x_0$ のとき $y=y_0\,(\neq 0)$」のもとで解くと $c = y_0/(x_0{}^2+1)$．
補足 関数値が 0 ($y=0$) の定数関数の場合

$\dfrac{dy}{dx} = 0$ (x で微分しても，x の値に関係なく，関数値が 0 の定数関数)，$\dfrac{2xy}{x^2+1} = 0$ (x の値に関係なく，関数値が 0 の定数関数) だから $\dfrac{dy}{dx} = \dfrac{2xy}{x^2+1}$ であるが，直線 $y = 0$ は点 $(2,3)$ を通らないから，初期条件をみたさない．したがって，関数値が 0 ($y = 0$) の定数関数は解ではない．

$c = 0$ とおくと $y = 0$ だから，$y = c(x^2+1)$ は定数関数で表せる解 $y = 0$ も含む．

Stop! 初期条件：「$x = 2$ のとき $y = 0$」[点 $(2, 0)$ を通る] のもとで解くと，解は関数値が 0 ($y = 0$) の定数関数である．

◎何がわかったか 点 $(2,3)$ を通り，どの点 (x,y) でも接線の傾きが $\dfrac{dy}{dx} = \dfrac{2xy}{x^2+1}$ であるように接線をつなぎ合わせると，$y = \dfrac{3}{5}(x^2+1)$ ($-\infty < x < \infty$) で表せる曲線（放物線）になる（例題 1.1）．

検算 $x = 2$ のとき $y = \dfrac{3}{5}(2^2 + 1) = 3$．

$\dfrac{dy}{dx} = \dfrac{3}{5}\left\{\dfrac{d(x^2)}{dx} + \dfrac{d1}{dx}\right\}$
$= \dfrac{3}{5}(2x + 0)$
$= \dfrac{3 \cdot 2xy}{5y}$ ◀ 分子・分母に y を掛ける．
$= \dfrac{3 \cdot 2xy}{3(x^2+1)}$． ◀ $y = \dfrac{3}{5}(x^2+1)$ から $5y = 3(x^2+1)$．

別法

$\dfrac{2xy}{x^2+1} = \dfrac{2x}{x^2+1} \times \dfrac{3}{5}(x^2+1)$
$= \dfrac{6}{5}x$
$= \dfrac{dy}{dx}$．

舞台裏
放物線の方程式
$y = \dfrac{3}{5}(2^2 + 1) = 3$
の両辺を x で微分すると $\dfrac{dy}{dx} = \dfrac{6}{5}x$ [問 1.13 (1) で $c = \dfrac{6}{5}$ の場合]．
本問は，放物線上の点ごとの接線の傾きから放物線の方程式を求める問題である．

◀ 点 $(2,0)$ で，傾きが 0 のとき，図 0.18 のように点をつなぎ合わせると，つねに $y = 0$ のままであり，水平な直線になる．

探究演習

【1.4】 逆関数
(1) $y = x^4$ のグラフを手がかりにして，$y = x^{1/4}$ のグラフを作成せよ．
(2) $\displaystyle\int_0^1 x^4 dx$ の値から $\displaystyle\int_0^1 x^{1/4} dx$ の値を求めよ．

★ 背景 ★ 問 1.10

▶ 着眼点 ◀ $y = x^{1/4}$ のグラフよりも $y = x^4$ のグラフのほうが描きやすい．$y = x^4$ を x について解くと $x = y^{1/4}$ になる．x と y とを入れかえると $y = x^{1/4}$ になる．$y = x^{1/4}$ は $y = x^4$ の**逆関数**である．$y = x^{1/4}$ のグラフと $y = x^4$ のグラフとは，直線 $y = x$ に関して対称である．本問のねらいは (2) の方法を理解することだから，$\displaystyle\int_0^1 x^{1/4} dx$ を直接計算しない．

◀ C. H. Edwards, Jr.：*The Historical Development of the Calculus*, (Springer, 1994) p. 115.

○解法○

(1) 図 **1.10** のとおり．
(2) 逆関数のグラフを活用する発想

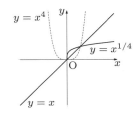

図 1.10 $y = x^{1/4}$ と $y = x^4$ との関係 図 1.4 と比べよ．

$$\underbrace{\int_0^1 x^{1/4}dx}_{y=x^{1/4}\text{のグラフと }x\text{ 軸，直線 }x=1\text{ で囲まれた部分の面積}}$$

$$= \underbrace{(x\text{ 軸},y\text{ 軸}, 2\text{ 直線 }x=1, y=1\text{ で囲まれた部分の面積})}_{1\times 1}$$

$$- \underbrace{(y=x^4\text{ のグラフと }x\text{ 軸，直線 }x=1\text{ で囲まれた部分の面積})}_{\int_0^1 x^4 dx}$$

$$= \frac{4}{5}.\qquad \blacktriangleleft y=x^4 \text{ のグラフと }y\text{ 軸，直線 }y=1\text{ で囲まれた部分の面積}$$

$\dfrac{d\left(\dfrac{1}{5}x^5\right)}{dx} = x^4$ の分母を払うと

$d\left(\dfrac{1}{5}x^5\right) = x^4 dx$ だから

$\displaystyle\int_0^1 x^4 dx$
$= \displaystyle\int_{0^5}^{1^5} d\left(\dfrac{1}{5}x^5\right)$
$= \dfrac{1^5}{5} - \dfrac{0^5}{5} = \dfrac{1}{5}.$

$\dfrac{1^5}{5} - \dfrac{0^5}{5}$ を $\left[\dfrac{1}{5}x^5\right]_0^1$ と表してもいい．

【1.5】 1次関数と指数関数とのちがい 全平面で定義した (1), (2), (3) の常微分方程式を解いて，解の特徴を比べよ．a, b は正の定数である．
(1) $\dfrac{dy}{dx} = a.$ (2) $\dfrac{dy}{dx} = ay.$ (3) $\dfrac{dy}{dx} = (a-by)y.$

★ **背景** ★ 関数のグラフ上の点 (x, y) における接線の傾きが $a \to ay \to (a-by)y$ のように異なると，解曲線の特徴はどのように異なるかを調べる．

▶ **着眼点** ◀ (1), (2), (3) は x に関係する項と y に関係する項とに分離できる．

○**解法**○

手順 0 初期条件を設定する．　[例]「$x = x_0$ のとき $y = y_0$」[点 $(0, y_0)$ を通る]

◀ y_0 は a/b でない正の定数とする．

(1)

手順 1 変数分離する．分母を払って

$$\underbrace{dy}_{y\text{ だけ}} = \underbrace{a dx}_{x\text{ だけ}} \qquad [\text{問 } 1.13 \, (1)]$$

に書き換える．

手順 2 左辺を $y = y_0$ (初期値) から $y = t$ (t はどんな値でもいい) まで積分し，右辺を $x = x_0$ (初期値) から $x = s$ (s はどんな値でもいい) まで積分する．

$$\int_{y_0}^{t} dy = a\int_{x_0}^{s} dx.$$
$$t - y_0 = a(s - x_0).$$
$$t = as + y_0 - ax_0.$$

手順 3 $x = s, y = t$ の場合 (s, t はどんな値でもいい) に成り立つから，y と x との対応の規則 (関数) は，$c = y_0 - ax_0$ (初期条件で決まる定数) とおくと，関数値が

$$y = ax + c \qquad (-\infty < x < \infty)$$

をみたす1次関数である．

◀ 補足 2 の図 1.12 で (2) の指数関数と比べよ．

(2)

手順 1 $\underbrace{\dfrac{dy}{y}}_{y\text{ だけ}} = \underbrace{a dx}_{x\text{ だけ}}$

に書き換える．

◀ 例題 1.2, 問 1.13 (3).

手順 2 左辺を $y = y_0$ (初期値) から $y = t$ (t はどんな値でもいい) まで積分し，右辺を $x = x_0$ (初期値) から $x = s$ (s はどんな値でもいい) まで積分する．

$$\int_{y_0}^{t} \dfrac{dy}{y} = a\int_{x_0}^{s} dx.$$

$$\int_{\log_e(y_0)}^{\log_e(t)} d\{\log_e(y)\} = a(s - x_0).$$

y	$y_0 \to t$
$\log_e(y)$	$\log_e(y_0) \to \log_e(t)$

◀ $\log_e(t) - \log_e(y_0)$ を $\left[\log_e(y)\right]_{y_0}^{t}$ と表してもいい．

$\log_e\left(\dfrac{t}{y_0}\right) = a(s - x_0).$

$\dfrac{t}{y_0} = e^{a(s-x_0)}.$

探 究 演 習

$$\log_e(t) - \log_e(y_0) = as - ax_0$$
$$t = e^{a(s-x_0)}y_0$$

手順 3 $x = s, y = t$ の場合 (s, t はどんな値でもいい) に成り立つから，y と x との対応の規則 (関数) は，$c = e^{-ax_0}y_0$ (初期条件で決まる定数) とおくと，関数値が

$$y = e^{ax}c \quad (-\infty < x < \infty)$$

をみたす指数関数である．

◀ 補足 2 の図 1.12 で (1) の 1 次関数と比べよ．
◀ 6.4 節を考慮して，ce^x ではなく $e^x c$ と書いた．

(3) (2) の定数 a が y の 1 次関数 $a - by$ に変わった形である．$y \neq b/a, y \neq 0$ [関数値が b/a ($y = b/a$) と 0 ($y = 0$) とのどちらの定数関数でもない] の場合

◀ $a - by = a\left(1 - \dfrac{b}{a}y\right)$．

手順 1 $\underbrace{\dfrac{dy}{\left(1 - \dfrac{b}{a}y\right)y}}_{y\text{ だけ}} = \underbrace{adx}_{x\text{ だけ}}$

◀ $y \neq b/a, y \neq 0$ のとき $\dfrac{1}{\left(1 - \dfrac{b}{a}y\right)y}$ の分母は 0 でない．

に書き換える．

$$\dfrac{1}{\left(1 - \dfrac{b}{a}y\right)y} = \dfrac{A}{1 - \dfrac{b}{a}y} + \dfrac{B}{y} \quad (A, B \text{ は未定係数})$$

とおく (**部分分数展開**)．

$$\dfrac{1}{\left(1 - \dfrac{b}{a}y\right)y} = \dfrac{\left(A - \dfrac{b}{a}B\right)y + B}{\left(1 - \dfrac{b}{a}y\right)y}$$

の左辺と右辺とを比べると $B = 1$ とわかるから，$A = \dfrac{b}{a}$ である．

$$\underbrace{\dfrac{\dfrac{b}{a}dy}{1 - \dfrac{b}{a}y}}_{(2) \text{ に加わった項}} + \dfrac{dy}{y} = adx.$$

手順 2 左辺を $y = y_0$ (初期値) から $y = t$ (t はどんな値でもいい) まで積分し，右辺を $x = x_0$ (初期値) から $x = s$ (s はどんな値でもいい) まで積分する．

$$\dfrac{b}{a}\int_{y_0}^{t} \dfrac{dy}{1 - \dfrac{b}{a}y} + \int_{y_0}^{t} \dfrac{dy}{y} = a\int_{x_0}^{s} dx.$$

左辺第 1 項 $\int_{y_0}^{t} \dfrac{dy}{1 - \dfrac{b}{a}y} = \int_{y_0}^{t} \dfrac{dy}{-\dfrac{b}{a}\left(y - \dfrac{a}{b}\right)}$

$$= -\dfrac{a}{b}\int_{y_0 - a/b}^{t - a/b} \dfrac{dv}{v}.$$

y	$y_0 \to t$
v	$y_0 - a/b \to t - a/b$

◀ $v = y - \dfrac{a}{b}$ とおく．$\dfrac{dv}{dy} = 1$ の分母を払うと $dv = dy$．

$$\dfrac{b}{a} \cdot \left(-\dfrac{a}{b}\right)\int_{\log_e(y_0 - a/b)}^{\log_e(t - a/b)} d\{\log_e(v)\} + \int_{\log_e(y_0)}^{\log_e(t)} d\{\log_e(y)\} = a(s - x_0).$$

◀ 左辺の積分の計算方法は (2) と同様．

$$-\left\{\log_e\left(t - \dfrac{a}{b}\right) - \log_e\left(y_0 - \dfrac{a}{b}\right)\right\} + \log_e(t) - \log_e(y_0) = a(s - x_0).$$

$$\log_e\left\{\dfrac{\left(y_0 - \dfrac{a}{b}\right)t}{y_0\left(t - \dfrac{a}{b}\right)}\right\} = a(s - x_0).$$

$$\left(y_0 - \dfrac{a}{b}\right)t = e^{a(s-x_0)}y_0\left(t - \dfrac{a}{b}\right).$$

$$t = \frac{-\dfrac{a}{b}e^{a(s-x_0)}y_0}{\underbrace{(1-e^{as})y_0 - \dfrac{a}{b}}_{(2)\text{とのちがい}}} \qquad \blacktriangleleft \text{分子・分母を} -\frac{a}{b}e^{a(s-x_0)}y_0 \text{ で割る。}$$

$$= \frac{1}{e^{-a(s-x_0)}\left(\dfrac{1}{y_0} - \dfrac{b}{a}\right) + \dfrac{b}{a}}. \qquad \blacktriangleleft \text{グラフが描きやすい形}$$

手順3 $x = s, y = t$ の場合 (s, t はどんな値でもいい) に成り立つから、y と x との対応の規則 (関数) は、$c = e^{ax_0}\left(\dfrac{1}{y_0} - \dfrac{b}{a}\right)$ (初期条件で決まる定数) とおくと、関数値が

$$y = \frac{1}{e^{-ax}c + (b/a)} \qquad (-\infty < x < \infty)$$

をみたすロジスティック関数 (グラフは S 字型の曲線) である (図 1.11)。

◀ **ロジスティック曲線**
(S 字型) 兵站学 (ロジスティクス) の教官 Verhulst (フェルフルスト) が人口増加を説明するモデル (個体群成長モデル) として、カオス理論の出発点となった。
小林幸夫:『現場で出会う微積分・線型代数』(現代数学社、2011) 3.3.2 項。

グラフの描き方
$e^{-ax}c + (b/a)$ のグラフを描いて、この逆数のグラフに書き換える。
手順1 $e^{-ax}c$ のグラフを描く。$x \to \infty$ のとき $e^{-ax} \to 0$。
手順2 このグラフを上下方向に b/a だけ平行移動する。
手順3 逆数のグラフに書き換える。

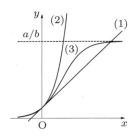

図 1.11 解の特徴の比較 例：$x_0 = 0, y_0 = 1, a = 1.5, b = 0.2$

補足1 $y_0 > 0$ だから、計算練習【1.3】と同じ理由で、関数値が 0 ($y = 0$) と b/a ($y = b/a$) とのどちらの定数関数も解ではない。

補足2 1 次関数・指数関数の値の変化

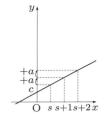 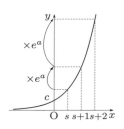

(a) 1 次関数 $\{a(s+1)+c\} - (as+c)$
$= a$ (一様な差)

(b) 指数関数 $\dfrac{e^{a(s+1)}c}{e^{as}c}$
$= e^a$ (一様な倍率)

図 1.12 一様な差と一様な倍率 $y = ax + c, y = e^{ax}c$。例：$c = 1, a = 1.5$

■ **モデル** ■ 時刻 t における人口を n とする。

問 人口の変化率はどのように表せるか？ (式に翻訳)

解 dn/dt

問 Multhus (マルサス) の法則によると、時刻 t のときの人口の変化率は、その時刻の人口に比例する (人口が多いほど出生数、死亡数が多い)。しかし、この法則のとおりであると、時間とともに人口が増加しつづける。このため、増加率を抑えるモデルが提案されている。ある時刻を $t = 0$ 年、この時刻における人口を n_0 (一定量) として、本問の (1), (2), (3) で y を人口 n、x を時刻 t におきかえた微分方程式を書け。

解 (1) Multhus よりも単純なモデル $\dfrac{dn}{dt} = a$ (a は負でない一定量)。

(2) Multhus の法則のモデル $\dfrac{dn}{dt} = an$ (a は負でない一定量)。

◀「容器内でバクテリアが繁殖する速度 dn/dt (n は現在の多さ) は、バクテリアの多さと空間を利用していないバクテリアの多さ $a - n$ (a は容器をみたしたときの多さ) とに比例する」というモデルもある [遠山啓:『微分と積分』(日本評論社、1970)]。

◀ (1) のモデルでは、人口は時々刻々同じ割合で変化する。

(3) Malthus のモデルの修正 $\frac{dn}{dt} = (a-bn)n$ (a, b は負でない一定量).
の順にモデルを修正した. (1), (2), (3) の人口の変化は図 1.11 で表せる.

◀ (2) のモデルでは, 類題 (図 1.13) のように接線をつなぎ合わせて時間の経過とともに人口の変化を求める.

●**類題**● 常微分方程式 $\frac{dy}{dx} = y$ の解曲線の求め方について, つぎの問に答えよ.
この解曲線は, 点 $P_0(x_0, y_0)$ を通る. x_0, y_0 は正の定数である.
(1) (x_0, y_0) を通って傾きが y_0 の直線を考え, この直線上を少し動いて P_1 に移る.
P_1 のヨコ座標を $x_0 + h$ とする. タテ座標を, y_0 と h で表せ.
(2) P_1 の座標を (x_1, y_1) と表す. (x_1, y_1) を通って傾きが y_1 の直線を考え, この直線上を少し動いて P_2 に移る. P_2 のヨコ座標を $x_1 + h$ とする. P_2 のタテ座標を, y_1 と h とで表せ.

◀ (3) $-bn^2$ の効果によって人口の増加を抑える.

(3) P_n の座標を (x_n, y_n) と表す. ヨコ座標は $x_n = x_0 + nh$ のように x_0 と h とで表せる. タテ座標 y_n を, y_0 と h とで表せ.
(4) 刻み幅 h を 0 に近づけるために分割数 n を限りなく大きくする.

◀ (1), (2) の操作をくりかえす.

(a) x_n の値を x とすると,
$$\lim_{n \to \infty} y_n = \lim_{n \to \infty} \text{①} \left(\text{②} + \frac{x-x_0}{\text{③}} \right)^{\text{④}}$$
である. ①, ②, ③, ④ にあてはまる数値または文字を答えよ.
(b) $\lim_{h \to 0} \frac{e^h - 1}{h}$ の値を答えよ.
(c) h が限りなく 0 に近いとき, e を h で表せ.
(d) $\lim_{n \to \infty} y_n$ を e で表せ.

▶ **着眼点** ◀ 0.4 節 (図 0.18), 例題 0.6 の方法で数値計算の考え方を理解する.
【解説】高さ = 傾き × 幅 (図 1.13) で, ヨコ座標と傾きとから, タテ座標を求める.

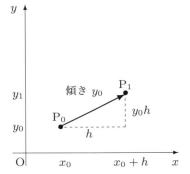 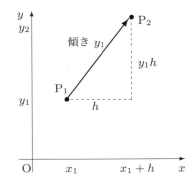

図 **1.13** 高さ = 傾き × 幅

(1) $y_0 + y_0 h$
(2) $y_1 + y_1 h$
(3) y_n を y_{n-1} で表し, y_{n-1} を y_{n-2} で表す. この操作をくりかえす.

$$\begin{aligned} y_n &= y_{n-1} + y_{n-1}h \\ &= y_{n-1}(1+h) \\ &= (y_{n-2} + y_{n-2}h)(1+h) \\ &= y_{n-2}(1+h)^2 \\ &= \cdots \\ &= y_0(1+h)^n. \end{aligned}$$

◀ x_n の値を x とすると $x_n = x_0 + nh$ は $x = x_0 + nh$ だから $h = \frac{x-x_0}{n}$.

(4) (a) $\lim_{n \to \infty} y_n = \lim_{n \to \infty} y_0 \left(1 + \frac{x-x_0}{n} \right)$.
(b) 1
(c) $e \fallingdotseq (1+h)^{\frac{1}{h}}$.

◀ 問 1.8.

(d) $x - x_0 = nh$ だから $\dfrac{x-x_0}{h} = n$ である.
$$\lim_{n\to\infty}\left(1 + \dfrac{x-x_0}{n}\right)^n = \lim_{h\to 0}(1+h)^{\frac{x-x_0}{h}}$$
だから，(a) は
$$\lim_{n\to\infty} y_n = e^{x-x_0} y_0$$
である.

◀ (c) の $e \fallingdotseq (1+h)^{\frac{1}{h}}$ を使うと $(1+h)^{\frac{x-x_0}{h}} \fallingdotseq e^{x-x_0}$.

【1.6】 **微分方程式の幾何的意味** xy 平面内の $x > 0$ の領域の曲線 C は，直線 $y = x$ に関して対称であり，この曲線上の点 P (x, y) の直線 $y = x$ に関する対称点 P′ と原点 O とを結んだ線分は，点 P における接線と直交する.
(1) 点 P′ の座標を答えよ.
(2) 「線分 OP′ が点 P における接線と直交する」という内容を，微分方程式で表せ (式に翻訳).
(3) このような曲線のうち，点 (1, 1) を通る曲線を xy 平面に描け．こういう特徴を持つ曲線は何本あるか？

◀ C：curve (曲線)

◀ (3) では，(2) の内容のとおりであることがわかるように曲線を描くこと.

★ 背景 ★ 問 0.3, 図 0.11, 例題 0.5, 図 0.21, 問 1.13 (4)
▶ 着眼点 ◀ 探求演習【0.11】と同様に「2 直線が直交する」という内容を内積で表す.
○解法○
(1) (y, x) (図 **1.14**)

◀ 図 1.14 を見ると計算しなくてもわかる.

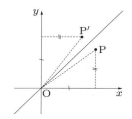

図 **1.14** 対称点

(2) (OP′の傾き) × (点 P における接線の傾き) $= -1$ だから $\dfrac{x}{y} \cdot \dfrac{dy}{dx} = -1$ である.

◀ 探究演習【0.11】.

補足 $\overrightarrow{OP'} \perp d\vec{r}$ (図 **1.15**) だから，$\overrightarrow{OP'}$ と $d\vec{r}$ との内積は $\begin{pmatrix} y \\ x \end{pmatrix} \cdot \begin{pmatrix} dx \\ dy \end{pmatrix} = 0$ と表せる. $y\,dx + x\,dy = 0$ だから $\dfrac{x}{y} \cdot \dfrac{dy}{dx} = -1$ である.

◀ 座標軸の名前 dx, dy と軸上の座標 (数値) dx, dy とを区別すること (図 0.11, 例題 0.1 の相談室を参照).

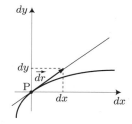

図 **1.15** 接線の傾き

(3) $y \neq 0$ [関数値が 0 ($y = 0$) の関数でない] の場合
$$\underbrace{\dfrac{dy}{y}}_{y\ \text{だけ}} = -\underbrace{\dfrac{dx}{x}}_{x\ \text{だけ}}.$$

$$\int_1^t \dfrac{dy}{y} = -\int_1^s \dfrac{dx}{x} \quad (s, t \text{ はどんな値でもいい}).$$

◀ $\dfrac{d(\log_e(y))}{dy} = \dfrac{1}{y}$ の分母を払うと $d\{\log_e(y)\} = \dfrac{dy}{y}$ になる.

探究演習

$$\int_{\log_e(1)}^{\log_e(t)} d\{\log_e(y)\} = -\int_{\log_e(1)}^{\log_e(s)} d\{\log_e(x)\}.$$

y	1 $\to$ t
$\log_e(y)$	$\log_e(1) \to \log_e(t)$

◀ $\log_e(1) = 0.$

$$\log_e(t) - \log_e(1) = -\{\log_e(s) - \log_e(1)\}.$$
$$\log_e(s) + \log_e(t) = 0.$$
$$\log_e(st) = 0.$$
$$st = 1.$$

$x = s, y = t$ の場合に成り立つから，y と x との関係は $xy = 1$ $(x > 0)$ と表せる (図 1.16 左図)．点 $(1,1)$ を通る曲線は 1 本だけである．

◀ 例題 0.5.

▶ 注意　P の座標は任意の値 (どんな値でもいい) だから，曲線上のどの点でも，$y = x$ に関する対称点と原点 $(0,0)$ とを結んだ線分は，接線と直交する．

◀ $xy \neq 0$ だから，x 軸と交わらず ($y \neq 0$)，y 軸とも交わらない ($x \neq 0$)．

図 1.16　解曲線　右図の曲線 (円) は，P の y 座標が 0 の点 $(s, 0)$ でないと「P′ と原点 $(0,0)$ とを結んだ線分は，点 P における接線と直交する」という特徴を示さないから，本問の解ではない．

◀ 計算練習【1.2】の双曲線と比べよ．

補足　関数値が 0 $(y = 0)$ の定数関数の場合
$\dfrac{dy}{dx} = 0$ (x で微分しても，x の値に関係なく，関数値が 0 の定数関数) であり，$x > 0$ のとき $-\dfrac{y}{x} = 0$ (x の値に関係なく，関数値が 0 の定数関数) だから $\dfrac{dy}{dx} = -\dfrac{y}{x}$ であるが，直線 $y = 0$ は点 $(1,1)$ を通らないから，初期条件をみたさない．したがって，関数値が 0 $(y = 0)$ の定数関数は解ではない．

◀ $\dfrac{d0}{dx} = 0.$

【1.7】　指数関数・ベキ関数の微分　a が実定数のとき，$\dfrac{d(a^x)}{dx}$ と $\dfrac{d(x^a)}{dx}$ とを比べよ．

★ 背景 ★　x^n (n は正の整数) の場合 (0.2 節) を拡張する．問 1.13 の観点から問 1.6 を考察する．

▶ 着眼点 ◀　a^x, x^a はどちらも e の「対数乗」で表せる．

◀ 問 1.9.

○解法○　$\log_e(a^x) = x \log_e(a)$ だから，$a^x = e^{x \log_e(a)}$ と表せる．
$u = x \log_e(a)$ とおくと $a^x = e^u$ となる．

$$\frac{d(a^x)}{dx} = \frac{d(e^u)}{du}\frac{du}{dx}$$
$$= e^u \frac{d\{x \log_e(a)\}}{dx}$$
$$= a^x \log_e(a).$$

◀ $\dfrac{d(e^u)}{du} = e^u.$
◀ $\dfrac{dx}{dx} = 1.$
$y = a^x$ とおくと $\dfrac{dy}{dx} = \{\log_e(a)\} y.$

$\log_e(x^a) = a \log_e(x)$ だから，$x^a = e^{a \log_e(x)}$ と表せる．$v = a \log_e(x)$ とおくと，$x^a = e^v$ となる．

$$\frac{d(x^a)}{dx} = \frac{d(e^v)}{dv}\frac{dv}{dx}$$
$$= e^v \frac{d\{a \log_e(x)\}}{dx}$$
$$= e^v \cdot a\, \frac{d\{\log_e(x)\}}{dx}$$
$$= x^a \cdot \frac{a}{x}$$
$$= a x^{a-1}.$$

◀ $\dfrac{d(e^v)}{dv} = e^v.$
◀ $\dfrac{d(\log_e(x))}{dx} = \dfrac{1}{x}.$

◀ $x^{a-1} = \dfrac{x^a}{x}$ だから．$y = x^a$ とおくと $x^{a-1} = \dfrac{y}{x}.$

Stop!　問 1.13 の観点から比べると，つぎのちがいが見つかる．

$\boxed{\dfrac{dy}{dx} = cy \text{ の型}}$ $\dfrac{d(a^x)}{dx} = \{\log_e(a)\}a^x.$ $\boxed{\dfrac{dy}{dx} = c\dfrac{y}{x} \text{ の型}}$ $\dfrac{d(x^a)}{dx} = ax^{a-1}.$

◀ $y = a^x$.
$y = x^a$.
$x \neq 0$ のとき
$x^{a-1} = \dfrac{x^a}{x}.$

―― ノート：対数の二つの顔 ――――

① 問 1.6 と比べると
$$\log_e(a) = \lim_{h \to 0} \dfrac{a^h - 1}{h}$$
であることがわかる.

② 例題 1.1 を思い出すと
$$\log_e(a) = \int_1^a \dfrac{dx}{x}$$
であることがわかる.

$\log_e(a)$ の値は，プログラミングによって $\displaystyle\int_1^a \dfrac{dx}{x}$ を数値計算すると求まる.

●類題●

$$\int_1^t x^a dx = \dfrac{1}{a+1}(t^{a+1} - 1) \qquad (a \text{ は実数}, a \neq -1),$$

$$\int_1^t x^{-1} dx = \log_e(t)$$

◀ $\dfrac{1}{a+1}(t^{a+1} - 1)$
$= \dfrac{t^{a+1} - 1}{a+1}.$

だから，$a = -1$ のときは $a \neq -1$ のときと異なる形である．$a = -1$ のときだけ特別なのか？どのように理解すればいいかを説明せよ．

【解説】上記のノート ① に着目すると，

$$\log_e(t) = \lim_{h \to 0} \dfrac{t^h - 1}{h}$$

と表せる．h を $a+1$ におきかえると，$h \to 0$ は $a \to -1$ となるから，

◀ $a + 1 \to 0$ のとき $a \to -1$.

$$\log_e(t) = \lim_{a \to -1} \dfrac{t^{a+1} - 1}{a+1}$$

である．したがって，$a = -1$ のときだけが特別であるわけではない．

 パズル つぎの式の書き換えは正しいか？
$$\begin{aligned}1 &= 1^{\frac{1}{2}} \\ &= \{(-1)^2\}^{\frac{1}{2}} \\ &= (-1)^1 \\ &= -1.\end{aligned}$$

◀ 指数関数の定義を軽視していると，このパズルは解けない．
◀ $1 = (-1)^2$.
◀ 指数 $\dfrac{1}{2} \times 2 = 1$.

【1.8】 対数関数の微分

$\displaystyle\lim_{h \to 0}(1+h)^{\frac{1}{h}}$ を e と表すことを既知として，$\dfrac{d(\log_a x)}{dx}$ (a は正の実数) を求めよ．

◀ 問 1.12.

★ 背景 ★ 図 1.4 を使って逆関数から求める方法とちがって，極限操作に基づいて求める．
▶ 着眼点 ◀ 差に関する対数の性質を活用する．
○解法○

$$\begin{aligned}\lim_{k \to 0} \dfrac{\log_a(x+k) - \log_a x}{k} &= \lim_{k \to 0}\left(\dfrac{1}{k}\log_a \dfrac{x+k}{x}\right) \\ &= \lim_{k \to 0}\left\{\dfrac{1}{k}\log_a\left(1 + \dfrac{k}{x}\right)\right\}.\end{aligned}$$

◀ $\dfrac{d(\log_a x)}{dx}$
$= \displaystyle\lim_{k \to 0} \dfrac{1}{k}\{\log_a(x+k) - \log_a x\}.$

$h = \dfrac{k}{x}$ おくと，$k \to 0$ のとき $h \to 0$ である．$k = hx$ だから

$$\begin{aligned}\dfrac{d(\log_a x)}{dx} &= \lim_{h \to 0}\left\{\dfrac{1}{hx}\log_a(1+h)\right\} \\ &= \dfrac{1}{x}\lim_{h \to 0}\left\{\log_a(1+h)^{\frac{1}{h}}\right\} \\ &= \dfrac{1}{x}\log_a e.\end{aligned}$$

◀ 式が文末の場合，ピリオドが必要である．
◀ 底が $a = e$ の場合，$\log_e e = 1$.

補足 $c = \frac{1}{\log_e(a)}$ とおく。　　　　　　　　　　　　　　　◀ 問 1.2.

$$\log_e(a) = \frac{1}{c}$$

だから

$$a = e^{\frac{1}{c}}$$

となる．

$$\log_a(a) = \log_a\left(e^{\frac{1}{c}}\right)$$

だから

$$1 = \frac{1}{c}\log_a(e)$$

となり，

$$c = \log_a(e)$$

である．

●類題● つぎの考え方は正しいか？

$$\lim_{h \to 0} \frac{e^h - 1}{h} = \lim_{h \to 0} \frac{\dfrac{d(e^h - 1)}{dh}}{\dfrac{dh}{dh}}$$
$$= \lim_{h \to 0} e^h$$
$$= 1.$$

【解説】$\dfrac{d(e^h - 1)}{dh} = e^h$ の証明に $\displaystyle\lim_{h \to 0} \frac{e^h - 1}{h} = 1$ を使うから循環論法である．

第 1 講の自己評価 (到達度確認)
① 指数関数・対数関数の微積分を理解したか？
② 変数分離型の解法の手順を理解したか？

第2講　同次型 — 接線の傾きのタイプⅡ

> **第2講の問題点**
> ① 同次型常微分方程式を変数分離型に帰着させて解く方法を理解すること．
> ② 微分方程式の表す幾何的意味と解の振舞との関係を理解すること．
> 【キーワード】　同次型, 変数分離

第1講では，曲線上の各点での接線の傾きを手がかりにして，その曲線の方程式を求める方法を考えた．求め方の手順は，つぎのとおりである．

　　　1　傾きを表す式を
　　　　　　$(y$ だけの関数$) \times dy = (x$ だけの関数$) \times dx$
　　　　の形に変数分離する (1.1 節)．
　　　2　この形に書き換えてから，初期条件のもとで各辺を積分する．

第2講では，新しい問題に進む．
　① どんな曲線でも，接線の傾きを表す式は変数分離できるのか？
　② 変数分離できない場合，どのようにして曲線の方程式が求まるのか？

もとの微分方程式が変数分離できなくても，式を書き直すと変数分離できる型がある．変数分離型に帰着する微分方程式には，どのような特徴があるのかを調べると，図形の相似の概念と結びつく．微積分の世界と幾何の世界との出会いを探ってみる．

2.1　初期条件による解曲線のちがい

変数分離型は $p(x)dx + q(y)dy = 0$ の形の常微分方程式である (1.1 節)．変数分離型には，初期条件がちがっても，解が同じ図形で表せる例がある (例題 0.5, 問 0.9, 図 0.22)．この例は $dy = 2xdx$ だから $q(y) = -1$ (定数関数) という簡単な場合である．$q(y)$ が y によらない (dy/dx は y に関係ない) から，初期条件がちがっても，解曲線どうしで x 座標が同じ点では y 座標によらず，接線の傾きは同じである．$q(y)$ が定数関数でない場合でも，初期条件のちがいによらず，解曲線に共通の特徴が見つかる例はあるだろうか？　初期条件を変えると，同じ微分方程式の解がどのように異なるかを調べることから始める．

◂ $p : x$ だけの関数
$q : y$ だけの関数

変数分離型　$\displaystyle dy = a\frac{dx}{x}, \ \frac{dy}{y} = adx$　[問 1.13 (2), (3)]

問 2.1　xy 平面内の $x > 0$ の領域で定義した常微分方程式 $\displaystyle \frac{dy}{dx} = \frac{1}{x}$ を初期条件：「$x = x_0 \ (>0)$ のとき $y = y_0$」[点 (x_0, y_0) を通る] のもとで解き，「$x = 1$ のとき $y = 0$」[点 $(1, 0)$ を通る] のもとで求めた解 (例題 1.1) と比べよ．

【解説】例題 1.1 の計算過程を参照すると

$$y - y_0 = \log_e(x) - \log_e(x_0)$$

◂ $x > 0$ または $x < 0$ の領域で $1/x$ は連続である．

◂ 例題 1.1 で
$1 \to x_0$,
$0 \to y_0$ とおきかえる．

であることがわかる．例題 1.1 と比べやすくするために，$c = y_0 - \log_e(x_0)$ とおくと

$$y = \log_e(x) + c \qquad (x > 0)$$

になる．

◎**何がわかったか** 初期条件 (必ず通る特定の点) がちがっても，すべての解曲線は上下方向に平行移動すると完全に重なる (図 2.1).

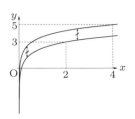

◀ 初期条件の決め方は無数にあるから，初期条件ごとに解曲線も無数にある.

図 2.1 初期条件の異なる解 「$x=2$ のとき $y=3$」と「$x=4$ のとき $y=5$」とのそれぞれの初期条件のもとで得た解曲線を比べる. x の値に関係なく，y の値は $\{5-\log_e(4)\}-\{3-\log_e(2)\}$ だけ差がある.

◀ $x_0=2, y_0=3$ だから $c=3-\log_e(2)$. $x_0=4, y_0=5$ だから $c=5-\log_e(4)$.

問 2.2 全平面で定義した常微分方程式 $\dfrac{dy}{dx}=y$ を初期条件：「$x=x_0$ のとき $y=y_0(>0)$」[点 (x_0,y_0) を通る] のもとで解き，「$x=0$ のとき $y=1$」[点 $(0,1)$ を通る] のもとで求めた解 (例題 1.2) と比べよ.

【解説】 例題 1.2 を参照すると $y=e^{x-x_0}y_0 \ (-\infty<x<\infty)$ であることがわかる.

◀ 例題 1.2 で $a=1$ の場合を考える.

◎**何がわかったか** 初期条件 (必ず通る特定の点) がちがっても，すべての解曲線は左右方向に平行移動すると完全に重なる [図 2.2 (a)].

Stop! $y=e^{x-x_0}y_0$ のグラフと $y=e^x$ のグラフとが同じ形であることを示せ. $y_0=e^{-c}$ と表す [$c=-\log_e(y_0)$ とする] と，$y=e^{x-x_0}y_0$ は $y=e^{x-(x_0+c)}$ と書き換えることができる．$X=x-(x_0+c)$ とおくと，$y=e^X$ となる．「$X=x-(x_0+c)$ とおく」とは，「よこ軸の原点を変えて，$x=x_0+c$ を 0 とする [$X=x-(x_0+c)=0$]」という意味である [図 2.2 (b)].

◀ $y_0=e^{-c}$ だから
$\log_e(y_0)$
$=\log_e(e^{-c})$ である.
$\log_e(e^{-c})=-c$
に注意すると
$-c=\log_e(y_0)$
となるように c を選んだことになる.
$y=e^{x-x_0}y_0$
$=e^x e^{-x_0} y_0$
$=e^x e^{-x_0} e^{-c}$
$=e^{x-(x_0+c)}$
$x-(x_0+c)=0$ のとき $y=1$.
$x=x_0+c$
$=x_0-\log_e(y_0)$.

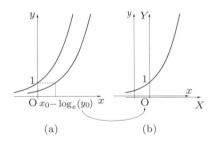

図 2.2 初期条件の異なる解 (a) 初期条件「$x=0$ のとき $y=1$」のもとで求めた解 $y=e^x$，「$x=x_0-\log_e(y_0)$ のとき $y=1$」のもとで求めた解 $y=e^{x-x_0}y_0$ (b) 点 $(x_0-\log_e(y_0),0)$ を新しい原点とすると $y=e^{x-x_0}y_0$ は $Y=e^X$ と表せる.

補足 $\dfrac{dy}{dx}$ が x によらないから，初期条件がちがっても，解曲線どうしで y 座標が同じ点では，x 座標に関係なく，接線の傾きは同じである．$y=e^x$ は「$x=0$ のとき $y=1$」，$y=e^{x-x_0}y_0$ は「$x=x_0-\log_e(y_0)$ のとき $y=1$」だから，$y=e^x$ のグラフを水平右向きに $\log_e(e^{x_0}/y_0)$ だけ平行移動すると [図 2.2 (a)]，$y=e^{x-x_0}y_0$ のグラフに完全に重なる．微分方程式 $\dfrac{dy}{dx}=y$ は「曲線上のどの点でも接線の傾きと y 座標とは等しい」という意味を表す．0.4 節の方法で，各点での接線の傾きを手がかりに曲線を描く (図 0.18). P_0 を $(0,1)$ と $(x_0-\log_e(y_0),1)$ とのどちらとしても，P_0 で接線の傾きは 1 だから，P_1 の y 座標も同じであり，同じ形の曲線が求まる.

変数分離型 $\dfrac{dy}{y}=a\dfrac{dx}{x}, \ ydy=axdx$ [問 1.13 (4), (5)]

問 2.3 xy 平面内の $x>0$ の領域で定義した常微分方程式 $\dfrac{dy}{dx}=\dfrac{y}{x}$ を初期条件：「$x=x_0(>0)$ のとき $y=y_0$」[点 (x_0,y_0) を通る] のもとで解き，「$x=5$ のとき $y=3$」

[点 $(5,3)$ を通る] のもとで解いた結果 (計算練習【1.3】) と比べよ．
【解説】計算練習【1.3】の計算過程を参照して「$x = 5$ のとき $y = 3$」のもとで解くと
$$y = \frac{3}{5}x \qquad (x > 0)$$
となる．「$x = x_0$ のとき $y = y_0$」のもとで解くと
$$y = \frac{y_0}{x_0}x \qquad (x > 0)$$
となる．$c = \dfrac{y_0}{x_0}$ (初期条件で決まる定数) とおくと $y = cx$ である．

補足 1 　解曲線上で $y = 0$ の場合 (解曲線というが，本問では直線である)
$0 = \dfrac{y_0}{x_0}x$ から $x = 0$ であるが，点 $(0, 0)$ は $x > 0$ の領域の解曲線上にない．

補足 2 　関数値が 0 ($y = 0$) の定数関数の場合
$x > 0$ の領域で $\dfrac{dy}{dx} = 0$ (x で微分しても，x の値に関係なく，関数値が 0 の定数関数)，$\dfrac{y}{x} = 0$ (x の値に関係なく，関数値が 0 の定数関数) だから $\dfrac{dy}{dx} = \dfrac{y}{x}$ をみたす．
$c \neq 0$ のとき (初期条件を $y_0 \neq 0$ としたとき) 直線 $y = 0$ は点 (x_0, y_0) を通らないから，初期条件をみたさない．$c = 0$ のとき (初期条件を $y_0 = 0$ としたとき) 直線 $y = 0$ は点 (x_0, y_0) を通るから，関数値が 0 ($y = 0$) の定数関数は解である．

◎何がわかったか　初期条件 (必ず通る特定の点) によって傾きは異なる ($x_0 > 0$ だから，$y_0 > 0$ のとき正の傾き，$y_0 = 0$ のとき水平，$y_0 < 0$ のとき負の傾き) が，どの解も原点を含まず，一端が原点の半直線 (一方に端があり，他方が無限に伸びている直線) で表せる (図 2.4)．

検算　$y = \dfrac{y_0}{x_0}x_0 = y_0$ だから $x = x_0$ のとき $y = y_0$．

$$\frac{dy}{dx} = \frac{d\left(\dfrac{y_0}{x_0}x\right)}{dx}$$
$$= \frac{y_0}{x_0}$$
$$= \frac{y}{x}. \qquad \blacktriangleleft y = \frac{y_0}{x_0}x \text{ だから } \frac{y_0}{x_0} = \frac{y}{x}.$$

●類題● 　xy 平面内の $x < 0$ の領域で定義した常微分方程式 $\dfrac{dy}{dx} = \dfrac{y}{x}$ を「$x = x_0\ (< 0)$ のとき $y = y_0$」[点 (x_0, y_0) を通る] のもとで解け．

【解説】$y = \dfrac{y_0}{x_0}x \qquad (x < 0)$

$x_0 < 0$ だから，$y_0 > 0$ のとき負の傾き，$y_0 = 0$ のとき水平，$y_0 < 0$ のとき正の傾きであるが，どの解も原点を含まず，一端が原点の半直線で表せる．

問 2.4 　xy 平面内の $y < 0$ の領域で定義した常微分方程式 $\dfrac{dy}{dx} = -\dfrac{3}{2}\dfrac{x}{y}$ を初期条件：「$x = x_0$ のとき $y = y_0 (\neq 0)$」[点 (x_0, y_0) を通る] のもとで解き，「$x = 1$ のとき $y = -1$」[点 $(1, -1)$ を通る] のもとで解いた結果 (計算練習【1.1】) と比べよ．

【解説】計算練習【1.1】の計算過程を参照すると
$$\frac{3}{2}x^2 + y^2 = \frac{3}{2}x_0{}^2 + y_0{}^2$$
であることがわかる．計算練習【1.1】の結果と比べやすくするために，
$$\frac{5}{2}\lambda^2 = \frac{3}{2}x_0{}^2 + y_0{}^2 \quad (\lambda \text{ は } 0 \text{ でない実定数})$$
とおくと
$$\text{楕円の方程式：} \frac{x^2}{(a\lambda)^2} + \frac{y^2}{(b\lambda)^2} = 1$$

◀ 計算練習【1.3】で
$$\frac{dy}{y} = \frac{du}{u}$$
を解く過程がある．$u \to x$ とおきかえると本問になる．
計算練習【1.3】で $y = t$, $u = s^2 + 1$ だから
$$t = \frac{3}{5}(s^2 + 1)$$
は $y = \dfrac{3}{5}u$ である．
$3 \to y_0$,
$5 \to x_0$
とおきかえる．

◀ $\dfrac{d0}{dx} = 0.$

─ イメージを描け ─
常微分方程式 $\dfrac{dy}{dx} = \dfrac{y}{x}$ は「解曲線上のどの点でも，原点とその点とを結ぶ線分の傾きは接線の傾きと等しい」という意味を表す．解曲線が原点を一端とする半直線であることは，微分方程式を解かなくてもわかる (図 2.4)．

◀ 計算練習【1.1】で
$1 \to x_0$,
$-1 \to y_0$
とおきかえる．

[Stop]
文字の使い方の工夫
$(3/2)x_0{}^2 + y_0{}^2$ の値が正だから λ を 2 乗して正の値であることを表す．計算練習【1.1】は $\lambda = 1$ の場合である．

$(-a\lambda \leq x \leq a\lambda,\ -b\lambda \leq y < b\lambda)$

になる．簡単のために，$a = \sqrt{5/3},\ b = \sqrt{5/2}$（$a, b$ の値は初期条件で異なる）とおいた（計算練習【1.1】）．

◎何がわかったか　初期条件（必ず通る特定の点）がちがうと，長径 $a\lambda$ と短径 $b\lambda$ との λ の値が異なるので，解曲線は相似な楕円である（図 2.3）．

補足　$\dfrac{dy}{dx} = -\dfrac{x}{y}$ の解曲線は円である（探究演習【0.11】）．円は楕円の特別な場合（長径と短径とが等しい）だから，初期条件がちがうと半径の大きさが異なる．

◂ 計算練習【1.1】の 補足 1.

◂ 問 2.4 の 補足.

相談室

S　初期条件がちがうと，必ず解曲線も異なるのでしょうか？

P　$\dfrac{dy}{dx} = -\dfrac{x}{y}$ の解曲線の円周には無数の点があります．たとえば「$x = 1$ のとき $y = 1$」と「$x = -1$ のとき $y = 1$」とのどちらの初期条件（必ず通る特定の点）のもとで解いても解曲線は同じ円 $x^2 + y^2 = (\sqrt{2})^2$ です（計算練習【1.1】）．

このように，初期条件を選び変えて常微分方程式 $\dfrac{dy}{dx} = c\dfrac{x}{y}$（$c$ は実定数）を解くと，相似な曲線の集合が求まる．解曲線どうしが相似であるのはなぜか？この理由を考えるために，接線の傾きを表す式の特徴を調べてみる．

$\dfrac{dy}{dx} = -\dfrac{3}{2}\dfrac{1}{\frac{y}{x}}$　◂ 曲線上の点で接する直線の傾き ＝ 定数 × $\dfrac{1}{\text{その点と原点とを結ぶ線分の傾き}}$

の x, y に $\lambda\ (\neq 0)$ を掛けても，

$$\frac{d(\lambda y)}{d(\lambda x)} = \frac{dy}{dx},\qquad -\frac{3}{2}\frac{1}{\frac{\lambda y}{\lambda x}} = -\frac{3}{2}\frac{1}{\frac{y}{x}}$$

だから，まったく同じ微分方程式になる．初期条件がちがうと，長径・短径の大きさは異なるが，解曲線が楕円であることに変わりはない（図 2.3）．

◂ 問 1.13 (5).

◂ 問 2.4.

関数族（曲線族）
初期条件で決まる λ の値ごとに楕円は異なるが，図 2.3 の曲線族（共通の性質を持つ曲線の家族と思えばよい）に属する楕円は，同じ微分方程式 $\dfrac{dy}{dx} = \dfrac{3}{2}\dfrac{x}{y}$ をみたす．

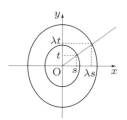

図 2.3　異なる初期条件で求めた解曲線　小さい楕円上の点 (s, t) と原点とを通る直線上に，大きい楕円上の点 $(\lambda s, \lambda t)$ がある．$\dfrac{t}{s} = \dfrac{\lambda t}{\lambda s}$ であることに注意する．

2.2　同次型 ── 変数分離型に帰着する型

問 2.3, 問 2.4 の微分方程式は変数分離型であるが，どちらの微分方程式も，初期条件によらず解曲線は相似である．この理由は，

　　曲線上のどの点でも

　　　ヨコ座標 $x \to \lambda x$,　タテ座標 $y \to \lambda y$　（λ は 0 でない実数）

　のように λ 倍しても，点 $(\lambda x, \lambda y)$ で接線の傾きは変わらない

という特徴にある．傾きがどのような関数（x, y で決まる規則）のとき，座標に λ を掛けても傾きが変わらないのかを調べる．

◂ 相似変換

第2講 同次型 — 接線の傾きのタイプⅡ

問 2.5 曲線上の各点での接線の傾きを $\dfrac{dy}{dx} = g(x,y)$ と表す．つぎの中で，$g(x,y) = g(\lambda x, \lambda y)$ をみたす $g(x,y)$ を選べ．

(1) $\dfrac{x+y^2}{3y}$．　(2) $\dfrac{x^3+y^2}{xy}$．　(3) $\dfrac{x^2+y^2}{2xy}$．　(4) $\dfrac{x^3+y^3}{x^2y}$．　(5) $\dfrac{x^2+y^2+4}{3xy+5}$．

【解説】

(1) $\underbrace{\dfrac{\lambda x + (\lambda y)^2}{3\lambda y}}_{g(\lambda x, \lambda y)} = \dfrac{x+\lambda y^2}{3y} \neq \underbrace{\dfrac{x+y^2}{3y}}_{g(x,y)}$．　(2) $\underbrace{\dfrac{(\lambda x)^3+(\lambda y)^2}{\lambda x \cdot \lambda y}}_{g(\lambda x, \lambda y)} = \dfrac{\lambda x^3+y^2}{xy} \neq \underbrace{\dfrac{x^3+y^2}{xy}}_{g(x,y)}$．

(3) $\underbrace{\dfrac{(\lambda x)^2+(\lambda y)^2}{2\lambda x \cdot \lambda y}}_{g(\lambda x, \lambda y)} = \underbrace{\dfrac{x^2+y^2}{2xy}}_{g(x,y)}$．　(4) $\underbrace{\dfrac{(\lambda x)^3+(\lambda y)^3}{(\lambda x)^2 \lambda y}}_{g(\lambda x, \lambda y)} = \underbrace{\dfrac{x^3+y^3}{x^2y}}_{g(x,y)}$．

(5) $\underbrace{\dfrac{(\lambda x)^2+(\lambda y)^2+4}{3\lambda x \cdot \lambda y + 5}}_{g(\lambda x, \lambda y)} \neq \underbrace{\dfrac{x^2+y^2+4}{3xy+5}}_{g(x,y)}$．

◀ (1) 分子・分母を λ で割る．
(2) 分子・分母を λ^2 で割る．
◀ (3) 分子・分母を λ^2 で割る．
(4) 分子・分母を λ^3 で割る．

▶ **注意** 関数 g が定義できて連続である領域
(1), (2), (3), (4) xy 平面から原点を除いた領域　(5) 全平面

問 2.5 の関数で接線の傾きを表した常微分方程式 $\dfrac{dy}{dx} = g(x,y)$ は，変数分離できない．このため，第 1 講の方法が使える形に書き換えることができないかどうかを考える．準備として，同次式の特徴を整理する．

同次 項の次数がすべて同じ [問 2.5 (3), (4)]　　**同次式** 各項の次数が同じ式 x, y の値を入力すると同次式の値を出力する関数 f の特徴を調べてみる．

次数	項	同次式の例	x, y の代わりに $\lambda x, \lambda y$	$g(\lambda x, \lambda y)$ と $g(x,y)$ との関係
1 次	x^1, y^1	$x+y$	λ^1 でくくれる．	$\lambda x + \lambda y = \lambda^1(x+y)$
2 次	x^2, y^2, x^1y^1	$x^2+2xy+y^2$	λ^2 でくくれる．	$(\lambda x)^2 + 2\lambda x \lambda y + (\lambda y)^2 = \lambda^2(x^2+2xy+y^2)$
n 次	$x^n, y^n, x^\ell y^m$ ($\ell + m = n$)	$x^n + x^\ell y^m + y^n$	λ^n でくくれる．	$(\lambda x)^n + (\lambda x)^\ell(\lambda y)^m + (\lambda y)^n = \lambda^n(x^n + x^\ell y^m + y^n)$

◎**何がわかったか** 関数値が n 次の同次式で求まる関数 f は

$$g(\lambda x, \lambda y) = \lambda^n g(x,y)$$

をみたす．

◀ 関数，関数値について，0.3 節，問 0.6 参照．

ノート：0 次の同次式の特徴

2 変数関数 g の値 $g(x,y)$ と 1 変数関数 f の値 $f(y/x)$ との間に $g(x,y) = f(y/x)$ が成り立つ．

例 問 2.5 (3)　$\dfrac{x^2+y^2}{2xy} = \dfrac{1+(y/x)^2}{2(y/x)}$．　分子・分母を x^2 で割った形

例 問 2.5 (4)　$\dfrac{x^3+y^3}{x^2y} = \dfrac{1+(y/x)^3}{y/x}$．　分子・分母を x^3 で割った形

◀ 0 次の同次式の値を出力する関数は
$g(\lambda x, \lambda y) = \lambda^0 g(x,y)$
をみたす．
$\lambda^0 = 1$．
◀ 問 2.5 (3), (4) は 0 次の同次式である．

Stop! 2 変数関数 $g(\ ,\ )$ は x, y の値を入力したとき関数値 $g(x,y)$ を出力する．

1 変数関数 $f(\ )$ は，問 2.5 (3) では $\dfrac{1+(\ )^2}{2(\ )}$ と表せ，$\dfrac{y}{x}$ の値を入力したとき関数値 $\dfrac{1+(y/x)^2}{2(y/x)}$ を出力する．

◀ 関数，関数値について，0.3 節，問 0.6 参照．

2.2 同次型 — 変数分離型に帰着する型

> xy 平面内の $x>0$ または $x<0$ の領域で定義した常微分方程式
> $$\frac{dy}{dx} = g(x,y)$$
> で
> $$g(\lambda x, \lambda y) = g(x,y) \quad [g(x,y) \text{ は } 0 \text{ 次の同次式}]$$
> をみたすとき，この常微分方程式を**同次型常微分方程式**といい，
> $$\frac{dy}{dx} = f\left(\frac{y}{x}\right)$$
> と表せる．

◀ $\dfrac{1}{x}$ は $x=0$ で定義できない．

◀ $\dfrac{dy}{dx} = f\left(\dfrac{y}{x}\right)$ の右辺の $f(\ )$ は $\dfrac{y}{x}$ の関数である．

Stop! xy 平面内の $y>0$ または $y<0$ の領域で定義した常微分方程式
$$\frac{dy}{dx} = g(x,y)$$
で
$$g(\lambda x, \lambda y) = g(x,y) \quad [g(x,y) \text{ は } 0 \text{ 次の同次式}]$$
をみたすとき，この常微分方程式を**同次型常微分方程式**といい，
$$\frac{dy}{dx} = h\left(\frac{x}{y}\right)$$
とも表せる．

◀ $\dfrac{dy}{dx} = h\left(\dfrac{x}{y}\right)$ の右辺の $h(\ )$ は $\dfrac{x}{y}$ の関数である．

--- ノート：同次型常微分方程式の解法 ---

手順1 $\dfrac{dy}{dx} = g(x,y)$ が同次型かどうかを確かめる． ▶ 問 2.5．

手順2 $g(x,y) = f\left(\dfrac{y}{x}\right)$ のとき $u = \dfrac{y}{x}$ とおく．

$\left[g(x,y) = h\left(\dfrac{x}{y}\right) \text{ のとき } v = \dfrac{x}{y} \text{ とおく．}\right]$

手順3 変数分離型に帰着させて，y を求める代わりに u を求める（v を求める）．
▶「求める」とは「x で表す」という意味．

手順4 u から y を求める（v から y を求める）．

◀ (例)
$$\frac{x^2+y^2}{2xy} = \frac{1+(y/x)^2}{2(y/x)}.$$
$$\frac{x^2+y^2}{2xy} = \frac{(x/y)^2+1}{2(x/y)}.$$

例題 2.1 同次型常微分方程式の解の意味

xy 平面内の $x>0$ の領域で定義した常微分方程式 $\dfrac{dy}{dx} = \dfrac{y}{x}$ (問 2.3) が同次型であることを利用して解け．

(発想) 問 2.3 の結果を参照すると，直線 $y = \dfrac{y_0}{x_0}x$ 上には，点 (s,t) と点 $(\lambda s, \lambda t)$ とがある．s は正の任意の値（どんな正の値でもいい）である．

【解説】

手順0 初期条件を設定する． 「$x = x_0(>0)$ のとき $y = y_0$」［点 (x_0, y_0) を通る］

手順1 同次型かどうかを確かめる．

$\dfrac{d(\lambda y)}{d(\lambda x)} = \underbrace{\dfrac{\lambda}{\lambda}}_{1} \cdot \dfrac{dy}{dx}$, $\dfrac{\lambda y}{\lambda x} = \dfrac{y}{x}$ だから，この常微分方程式は同次型である．

手順2 $u = \dfrac{y}{x}$ とおく．

$$\frac{dy}{dx} = \frac{d(ux)}{dx}$$

◀ $x \neq 0$ ($x>0$ の領域）だから $\dfrac{y}{x}$ の分母は 0 でない．

◀ $y = ux$.

$$= \frac{du}{dx}x + u\frac{dx}{dx}$$
$$= \frac{du}{dx}x + u$$

◀ 積の微分 (問 3.2).

◀ $\underbrace{\frac{du}{dx}x + u}_{dy/dx} = \underbrace{u}_{y/x}$.

だから，常微分方程式
$$\frac{dy}{dx} = \frac{y}{x}$$
は
$$\frac{du}{dx}x = 0$$
となる．

手順3 $x > 0$ だから
$$\frac{du}{dx} = 0$$
であり，u は x によらない．

手順4 u から y を求める．u は定数関数だから，初期条件に注意して

◀ $u = c$ (定数関数の値).

$$\frac{y}{x} = \frac{y_0}{x_0}$$

となる．したがって，y と x との対応の規則 (関数) で決まる関数値は $c = y_0/x_0$ (初期条件で決まる定数) とおくと

$$\text{直線の方程式：} y = cx \qquad (x > 0)$$

である (図 2.4).

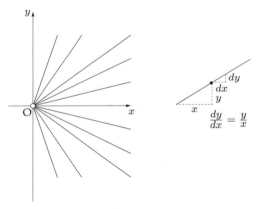

◀ dx, dy は点 (x, y) を原点として測った座標である．どの点でも，解を表す直線の傾き $\frac{y}{x}$ は $\frac{dy}{dx}$ と等しい．

◀ 常微分方程式 $\frac{dy}{dx} = \frac{y}{x}$ を $x < 0$ の領域で定義すると，解は $x < 0$ の領域で原点を一端とする半直線で表せる．$y_0 = 0$ のとき直線の方程式は $y = 0$ (x 軸の負の側) である．

◀ $cx_0 = \frac{y_0}{x_0}x_0 = y_0$.

図 2.4 異なる初期条件で求めた直線 初期条件によって傾き (x_0, y_0 の値) は異なるが，どの直線も原点を含まず，原点を一端とする半直線である．原点では y/x の値が 1 通りに定まらない．$y_0 = 0$ のとき直線の方程式は $y = 0$ (x 軸の正の側) である．

◎**何がわかったか** 変数分離法 (計算練習【1.3】) と比べて，手順 2 に手間がかかる．しかし，u が定数関数であることが簡単にわかり，解は直線 (傾き dy/dx が一定) で表せることが理解しやすい．

検算 $y = cx$ の両辺を x で微分して，$c = \dfrac{y}{x}$ に注意すると

$$\frac{dy}{dx} = c$$
$$= \frac{y}{x}$$

となる．$x = x_0$ のとき $y = cx_0 = y_0$．

■**モデル**■ $\dfrac{dy}{dx} = n\dfrac{y}{x}$ (n は正の実数) の解は $y = cx^n$ である (本問は $n = 1$ の場合).

問 感覚は刺激に対する反応である．Steven は「刺激 S に対する反応 R の変化率は刺激に反比例し，反応に比例する」と考えた．このモデルを微分方程式で表し，その意味を読み取れ (式の読解)．

解 $\dfrac{dR}{dS} = K\dfrac{R}{S}$ (K は比例定数)

例 手にのせるおもりを 10 g だけ重くしても (刺激の変化 dS)，もとの質量 (刺激 S) が大きいと，質量が変化したという感覚 (反応の変化 dR) は小さい．
手が重いという感覚 (反応 R) が強いとき，手がもっと重いと感じる (反応の変化 dR) のは，おもりの質量を大きく変えたときである (刺激の変化 dS)．

◀ 小林幸夫：『現場で出会う微積分・線型代数』(現代数学社，2011) p. 217.

◀ 質量の増加が 10 g の場合の $\dfrac{dS}{S}$
100 g → 110 g
50 g → 60 g
100 g に対する 10 g の変化は
$\dfrac{10 \text{ g}}{100 \text{ g}} = 0.1$．
50 g に対する 10 g の変化は
$\dfrac{10 \text{ g}}{50 \text{ g}} = 0.2$．

例題 2.2 同次型常微分方程式の解の意味

xy 平面内の $y < 0$ の領域で定義した常微分方程式 $\dfrac{dy}{dx} = -\dfrac{3}{2}\dfrac{x}{y}$ (計算練習 1.1, 問 2.4) が同次型であることを利用して解け．

発想 図 2.3 を参照すると，点 (x_0, y_0) を通る楕円に対する相似比が λ の楕円は，初期条件「$x = \lambda x_0$ のとき $y = \lambda y_0$」のもとで解いた解を表す．

◀ $x = 0, y \neq 0$ のとき接線は y 軸に垂直 (x 軸に平行) と考える．

【解説 1】
手順 0 初期条件を設定する． 「$x = x_0$ のとき $y = y_0 (\neq 0)$」[点 (x_0, y_0) を通る]
手順 1 同次型かどうかを確かめる．
$\dfrac{d(\lambda y)}{d(\lambda x)} = \underbrace{\dfrac{\lambda}{\lambda}}_{1} \cdot \dfrac{dy}{dx}$, $-\dfrac{3}{2}\dfrac{\lambda x}{\lambda y} = -\dfrac{3}{2}\dfrac{x}{y}$ だから，この常微分方程式は同次型である．

手順 2 $u = \dfrac{y}{x}$ とおく．$x \neq 0$ [関数値が 0 ($x = 0$) の定数関数でない] の場合，例題 2.1 と同様に，常微分方程式
$$\dfrac{dy}{dx} = -\dfrac{3}{2}\dfrac{x}{y}$$
は
$$\dfrac{du}{dx}x = -\left(\dfrac{3}{2u} + u\right)$$

◀ $\dfrac{du}{dx}x + u = -\dfrac{3}{2u}$.

になる．
手順 3 変数分離する．
$$\underbrace{\dfrac{2u\,du}{2u^2 + 3}}_{u\text{ だけ}} = \underbrace{-\dfrac{dx}{x}}_{x\text{ だけ}}.$$

◀ 分母 $2u^2 + 3 > 0$．

$$\dfrac{1}{2}\dfrac{d(2u^2 + 3)}{2u^2 + 3} = -\dfrac{dx}{x}$$

に書き換える．

x	x_0	→	s
y	y_0	→	t

x	x_0	→	s
$2u^2 + 3$	$2(y_0/x_0)^2 + 3$	→	$2(t/s)^2 + 3$

手順 4 左辺を $2u^2 + 3 = 2(y_0/x_0)^2 + 3$ (初期値) から $2u^2 + 3 = 2(t/s)^2 + 3$ (s, t はどんな値でもいい) まで積分し，右辺を $x = x_0$ (初期値) から任意の値 $x = s$ まで積分する．

$$\dfrac{1}{2}\int_{w_0}^{w} \dfrac{d(2u^2 + 3)}{2u^2 + 3} = -\int_{x_0}^{s} \dfrac{dx}{x}.$$

右辺の積分を計算するために，
$$\dfrac{d\{\log_e(x)\}}{dx} = \dfrac{1}{x}$$
の分母を払うと
$$d\{\log_e(x)\} = \dfrac{dx}{x}$$

◀ イメージを描け — 式には表情がある．左辺の形を観察せよ．分母 $2u^2 + 3$ を u で微分すると，分子 $2u\,du$ と似た形が浮かび上がる．
$\dfrac{d(2u^2 + 3)}{du} = 4u$
の分母を払って $\dfrac{1}{2}$ を掛けると
$\dfrac{1}{2}d(2u^2 + 3)$
$= 2u\,du$
になるから
$\dfrac{2u\,du}{2u^2 + 3}$
$= \dfrac{1}{2}\dfrac{d(2u^2 + 3)}{2u^2 + 3}$.

◀ 簡単のために $w_0 = 2(y_0/x_0)^2 + 3$, $w = 2(t/s)^2 + 3$ とおく．

になる．左辺を計算するために，$z = 2u^2 + 3$ とおき，
$$\frac{d\{\log_e(z)\}}{dz} = \frac{1}{z}$$
の分母を払うと
$$d\{\log_e(z)\} = \frac{dz}{z}$$
になる．

定積分の基本 $\int_{\heartsuit}^{\diamondsuit} d\square = \diamondsuit - \heartsuit$ の形に書き換える． ◀ $\int$ と d とが隣り合った形

$$\frac{1}{2}\int_{\log_e(w_0)}^{\log_e(w)} d\{\log_e(z)\} = -\int_{\log_e(x_0)}^{\log_e(s)} d\{\log_e(x)\}.$$

$$\frac{1}{2}\{\log_e(w) - \log_e(w_0)\} = -\{\log_e(s) - \log_e(x_0)\}.$$

$$\frac{1}{2}\log_e\left(\frac{w}{w_0}\right) = -\log_e\left(\frac{s}{x_0}\right).$$

$$\log_e\left(\frac{w}{w_0}\right)^{\frac{1}{2}} + \log_e\left(\frac{s}{x_0}\right) = 0.$$

$$\log_e\left\{\left(\frac{w}{w_0}\right)^{\frac{1}{2}}\left(\frac{s}{x_0}\right)\right\} = 0.$$

$$\left(\frac{w}{w_0}\right)^{\frac{1}{2}}\left(\frac{s}{x_0}\right) = e^0. \quad \blacktriangleleft e^0 = 1.$$

$$w^{\frac{1}{2}}s = w_0^{\frac{1}{2}}x_0.$$

$$\left\{2\left(\frac{t}{s}\right)^2 + 3\right\}^{\frac{1}{2}} s = \left\{2\left(\frac{y_0}{x_0}\right)^2 + 3\right\}^{\frac{1}{2}} x_0. \quad \blacktriangleleft \{\cdots\} \text{ は正．}$$

$$\frac{3}{2}s^2 + t^2 = \frac{3}{2}x_0{}^2 + y_0{}^2. \quad \blacktriangleleft \text{ 各辺の 2 乗を整理した形．}$$

手順 5 $x = s, y = t$ の場合 (s, t はどんな値でもいい) に成り立つから，x と y との関係式は
$$\frac{3}{2}x^2 + y^2 = \frac{3}{2}x_0{}^2 + y_0{}^2$$
であり，両辺を $\frac{5}{2}\lambda^2$ (λ は問 2.4 と同じ) で割って整理すると

楕円の方程式： $\dfrac{x^2}{(a\lambda)^2} + \dfrac{y^2}{(b\lambda)^2} = 1 \quad (-a\lambda \leq x \leq a\lambda, \; -b\lambda \leq y \leq b\lambda)$

と表せる．簡単のために，$a = \sqrt{5/3}, b = \sqrt{5/2}$ とおいた (計算練習【1.1】)．

◀ 接線の傾きを $y < 0$ の領域で定義したから
$y = -\dfrac{b}{a}\sqrt{(a\lambda)^2 - x^2}$
であるが，計算練習【1.1】の補足 1 のように，楕円を解曲線と考える．

補足 1 関数値が 0 ($y = 0$) の定数関数の場合
$\dfrac{dy}{dx} = 0$ (x で微分しても，x の値に関係なく，関数値が 0 の定数関数) であるが，$-\dfrac{3}{2}\dfrac{x}{y}$ は $x \neq 0$ のとき 0 ではない．したがって，関数値が 0 ($y = 0$) の定数関数は解ではない．

◀ $\dfrac{d0}{dx} = 0$ $x = 0, y = 0$ のとき x/y が不定だから，原点を含まない領域を考えている．

補足 2 解曲線上で $x = 0$ の場合
$x = 0$ のとき $y = \pm b$ (図 1.7) である．接線の傾きは $\dfrac{dy}{dx} = -\dfrac{3}{2}\dfrac{x}{y}$ であり，$x = 0, y = \pm b$ のとき $-\dfrac{3}{2}\dfrac{x}{y} = 0$ だから $\dfrac{dy}{dx} = 0$ となり，接線は水平である．

◀ 解曲線上で $y = 0$ の場合について，計算練習【1.1】参照．

補足 3 $x = 0$ [$x = 0$ (y 軸) は直線 $y = ax$ で $a \to \infty$ の極限の場合]
$\dfrac{dy}{dx} = -\dfrac{3}{2}\dfrac{x}{y}$ の分母を払うと $dy = -\dfrac{3}{2}\dfrac{x}{y}dx$ となるから，$x \neq 0$ のとき $dx = -\dfrac{2}{3}\dfrac{y}{x}dy$ である．

◀ $\dfrac{dx}{dy} = \dfrac{1}{\dfrac{dy}{dx}}$
(逆関数の微分法) を確かめたことになる．

2.2 同次型 — 変数分離型に帰着する型

$$\frac{dx}{dy} = -\frac{2}{3}\frac{y}{x}$$

で, $x=0$ のとき y の値に関係なく $\frac{dx}{dy} = 0$ であるが, $-\frac{2}{3}\frac{y}{x}$ は $x=0, y\neq 0$ のとき 0 でない. したがって, $x=0$ は解ではない.

◀ 対応の規則：
$dx \mapsto dy$
は
$dy = -\frac{3}{2}\frac{x}{y}dx.$
$dy \mapsto dx$
は
$dx = -\frac{2}{3}\frac{y}{x}dy.$

◎何がわかったか 変数分離法 (計算練習【1.1】) と比べて, 手順 2, 手順 3 が厄介である. しかし, 計算過程を見ると, 楕円になる理由がわかる. $w^{\frac{1}{2}}s$ が定数だから, $2\left\{\left(\frac{y}{x}\right)^2 + 3\right\}^{\frac{1}{2}}x$ の 2 乗を整理した $3x^2 + 2y^2$ が定数である. 楕円の方程式は (正の定数) $\times x^2$ + (正の定数) $\times y^2$ = 正の定数 の形だから, $3x^2 + 2y^2$ = 正の定数 は楕円を表す.

検算 この楕円の方程式の両辺を x で微分すると

$$\frac{2x}{(\sqrt{5/3}\,\lambda)^2} + \frac{2y}{(\sqrt{5/2}\,\lambda)^2}\frac{dy}{dx} = 0$$

◀ 計算練習【0.4】.

だから, 式を整理すると

$$\frac{dy}{dx} = -\frac{3}{2}\frac{x}{y}$$

となる. $\frac{5}{2}\lambda^2 = \frac{3}{2}x_0{}^2 + y_0{}^2$ (問 2.4) だから $x=x_0, y=y_0$ のとき

$$\frac{x_0{}^2}{(\sqrt{5/3}\,\lambda)^2} + \frac{y_0{}^2}{(\sqrt{5/2}\,\lambda)^2} = 1$$

である.

【解説 2】 手順 1 は【解説 1】と同じ.

手順 2 $v = \dfrac{x}{y}$ とおく.

$$\begin{aligned}\frac{dx}{dy} &= \frac{d(vy)}{dy} \\ &= \frac{dv}{dy}y + v\frac{dy}{dy} \\ &= \frac{dv}{dy}y + v\end{aligned}$$

◀ $y \neq 0$ ($y < 0$ の領域) だから分母は 0 でない.
◀ $x = vy$.
◀ 積の微分 (問 3.3).

である. $v \neq 0$ [関数値が 0 ($v=0$) の定数関数でない] の場合, 微分方程式

$$\frac{dx}{dy} = -\frac{2}{3}\frac{y}{x}$$

◀ $y \neq 0$ ($y < 0$ の領域) だから $v = 0$ のとき $x = 0$.

は

$$\frac{dv}{dy}y = -\left(\frac{2}{3v} + v\right)$$

◀ $\dfrac{dv}{dy}y + v = -\dfrac{2}{3v}.$

となる.

手順 3 変数分離する.

$$\underbrace{\frac{3vdv}{3v^2+2}}_{v\,\text{だけ}} = -\underbrace{\frac{dy}{y}}_{y\,\text{だけ}}$$

◀ 分母 $3v^2 + 2 > 0$, 分母 $y \neq 0$ ($y < 0$ の領域).

となる.【解説 1】の手順 3 と同じ考え方で

$$\frac{1}{2}\frac{d(3v^2+2)}{3v^2+2} = -\frac{dy}{y}$$

に書き換えてから積分すると

$$3s^2 + 2t^2 = 3(x_0)^2 + 2(y_0)^2$$

を得る.

手順 4 【解説 1】の手順 4 と同じ.

> **ノート：解曲線の相似変換**
>
> 例題 2.1 と例題 2.2 とを比べると，曲線族の特徴にちがいがある．
> - 例題 2.1 の同次型微分方程式では，解は原点を通る直線で表せるから，相似変換で自分自身にうつる．
> - 例題 2.2 の同次型微分方程式では，初期条件がちがっても，解曲線どうしは相似変換 ($x \to \lambda x, y \to \lambda y$) でうつり合う (図 2.3)．
>
> 理由：$\dfrac{du}{dx} x = 0$ (例題 2.1) と $\dfrac{du}{dx} x \neq 0$ (例題 2.2) とのちがいがあるから．
> 例題 2.1 の微分方程式の解はすべて原点を通る直線で表せる．

◀ 例題 2.1.
$u = \dfrac{y}{x}$.
(i) y は x の関数である．
(ii) $\dfrac{du}{dx} = 0$ だから u は x によらない．
(i), (ii) から u は定数関数である．
$u = C$ (定数関数の値) とおくと，解は原点を通る直線 $y = Cx$ で表せる．

計算練習

【2.1】 同次式 底辺の長さが x，高さが y の平行四辺形の面積は，x と y との関数だから，面積を $g(x, y)$ と表す．g は同次関数であることを示せ．

【解説】 x, y を λ 倍 ($\lambda \neq 0$) すると，面積は $\lambda x \cdot \lambda y = \lambda^2 xy$ になるから，

$$f(\lambda x, \lambda y) = \lambda^2 f(x, y)$$

が成り立つ．g は 2 次の同次関数 (2 次の同次式で表せる関数) である．

◀ $g(x, y) = xy$.

参考 フラクタル図形
線分を 3 等分した中央部分と同じ長さの線分を辺とする正三角形を描き，底辺 (3 等分した中央部分) を削除する．この操作をくり返すと，全体と部分とが自己相似になる (図 2.5)．同次式で表せる関数は $g(x, y) = g(\lambda x, \lambda y)$ をみたす．x, y を λ 倍しても関数値が変わらないという特徴は，図形の自己相似に似ている．

◀ 自分自身が自分自身の相似形から構成されている．

図 2.5 コッホ曲線

【2.2】 同次型 xy 平面内の $x > 1$ の領域で定義した常微分方程式 $\dfrac{dy}{dx} = \dfrac{y+3}{x-1}$ を解いて，解曲線の特徴を調べよ．

◀ 例題 2.1 を発展させた問題である．

【解説】
手順 0 初期条件を設定する． 「$x = x_0$ (> 1) のとき $y = y_0$」 [点 (x_0, y_0) を通る]
手順 1 同次型かどうかを確かめる．
$$\dfrac{d(\lambda y)}{d(\lambda x)} = \underbrace{\dfrac{\lambda}{\lambda}}_{1} \cdot \dfrac{dy}{dx}, \quad \dfrac{\lambda y + 3}{\lambda x - 1} \neq \dfrac{y+3}{x-1} \quad (\lambda \text{ は 0 でない実数})$$
であるが，$X = x - 1, Y = y + 3$ とおくと，$dX = dx, dY = dy$ だから，同次型
$$\dfrac{dY}{dX} = \dfrac{Y}{X}$$
になる．
手順 2 $U = \dfrac{Y}{X}$ とおく．
$$\dfrac{dY}{dX} = \dfrac{d(UX)}{dX}$$

◀ $(1, -3)$ を原点とする座標を (dx, dy) と表す．$x = 1$ のとき $X = 0, y = -3$ のとき $Y = 0$ だから，(dX, dY) も同じ点を原点とする座標を表す．したがって，$dX = dx, dY = dy$ である．

◀ $Y = UX$.

◀ $X > 0$ だから $\dfrac{Y}{X}$ の分母は 0 でない．

$$= \frac{dU}{dX}X + U\frac{dX}{dX}$$
$$= \frac{dU}{dX}X + U$$

であり，常微分方程式
$$\frac{dY}{dX} = \frac{Y}{X}$$
は
$$\frac{dU}{dX}X = 0$$
になる．$X > 0$ だから
$$\frac{dU}{dX} = 0$$
であり，U は X によらないから定数関数である．

手順 3 U から Y を求める．U は定数関数だから，初期条件に注意して
$$\frac{Y}{X} = \frac{y_0 + 3}{x_0 - 1}$$
になる．したがって，
$$y + 3 = \frac{y_0 + 3}{x_0 - 1}(x - 1).$$

手順 4 y と x との対応の規則 (関数) で決まる関数値は $c = \dfrac{y_0 + 3}{x_0 - 1}$ (初期条件で決まる定数) とおくと
$$y = cx - (c + 3) \qquad (x > 1)$$
をみたす．

◎ **何がわかったか** $X_0 = x_0 - 1, Y_0 = y_0 + 3$ とおくと，本問の解は $Y = \dfrac{Y_0}{X_0}X$ であり，例題 2.1 の解 $y = \dfrac{y_0}{x_0}x$ と同じ形である．本問では，xy 平面の点 $(1, -3)$ が原点の役割を果たす．

検算 $y = \dfrac{y_0 + 3}{x_0 - 1}x - \dfrac{y_0 + 3}{x_0 - 1}$ の両辺を x で微分すると $\dfrac{dy}{dx} = \dfrac{y_0 + 3}{x_0 - 1}$ となる．$y + 3 = \dfrac{y_0 + 3}{x_0 - 1}(x - 1)$ から $\dfrac{y_0 + 3}{x_0 - 1} = \dfrac{y + 3}{x - 1}$ であり，$\dfrac{dy}{dx} = \dfrac{y + 3}{x - 1}$ となる．$x = x_0$ のとき $y = \dfrac{y_0 + 3}{x_0 - 1}x_0 - \dfrac{y_0 + 3}{x_0 - 1} = y_0$.

●**類題**● つぎの常微分方程式は同次型に帰着するか？
(1) $\dfrac{dy}{dx} = \dfrac{5x - 2y + 3}{4x + 2y - 6}$. (2) $\dfrac{dy}{dx} = \dfrac{3x + 3y + 4}{x + y}$.

【解説】
(1) $x = X + a, y = Y + b$ (a, b は定数) とおくと $dx = dX, dy = dY$ である．
$$\frac{5x - 2y + 3}{4x + 2y - 6} = \frac{5X - 2Y + 5a - 2b + 3}{4X + 2Y + 4a + 2b - 6}$$
だから
$$\begin{cases} 5a - 2b + 3 = 0, \\ 4a + 2b - 6 = 0 \end{cases}$$
となるように a, b の値を決める．Cramer の方法で

$$a = \frac{\begin{vmatrix} -3 & -2 \\ 6 & 2 \end{vmatrix}}{\begin{vmatrix} 5 & -2 \\ 4 & 2 \end{vmatrix}} \qquad b = \frac{\begin{vmatrix} 5 & -3 \\ 4 & 6 \end{vmatrix}}{\begin{vmatrix} 5 & -2 \\ 4 & 2 \end{vmatrix}}$$
$$= \frac{1}{3}, \qquad\qquad\qquad = \frac{7}{3}$$

◀ 積の微分 (問 3.3).

◀ $\underbrace{\dfrac{dU}{dX}X + U}_{dY/dX} = \underbrace{\dfrac{U}{Y/X}}$
だから $\dfrac{dU}{dX}X = 0$.

◀ $x > 1$ だから $x - 1 > 0$ となり，$X > 0$ である．

◀ $U = \dfrac{Y}{X} = \dfrac{y + 3}{x - 1}$ が定数関数とは？
U の値は初期値 $\dfrac{y_0 + 3}{x_0 - 1}$ のまま一定である．

◀ 傾き $c = \dfrac{y_0 + 3}{x_0 - 1}$, 切片 $-(c + 3) = -\dfrac{y_0 + 3}{x_0 - 1}$ の直線で表せる 1 次関数．

◀ 小林幸夫：『線型代数の発想』(現代数学社, 2008) 1.6 節のように，Cramer の方法で，a, b についての 2 元連立 1 次方程式
$$\begin{cases} 5a - 2b = -3, \\ 4a + 2b = 6 \end{cases}$$
を解く．

を得る．$x = X + \dfrac{1}{3}, y = Y + \dfrac{7}{3}$ とおくと，

$$\frac{dY}{dX} = \frac{5X - 2Y}{4X + 2Y},$$

$$\frac{5\lambda X - 2\lambda Y}{4\lambda X + 2\lambda Y} = \frac{5X - 2Y}{4X + 2Y} \quad (\lambda \neq 0)$$

だから同次型である．

(2) (1) と同じ考え方で

$$\begin{cases} 3a + 3b + 4 = 0, \\ 1a + 1b = 0 \end{cases}$$

となるように a, b の値を決める．しかし，Cramer の方法で $a = -4/0, b = 4/0$ となるから，a, b の値を決めることができない．したがって，同次型にならない．

◀ $\begin{cases} 3a + 3b = -4, \\ 1a + 1b = 0 \end{cases}$
を Cramer の方法で解くと，

$$a = \frac{\begin{vmatrix} -4 & 3 \\ 0 & 1 \end{vmatrix}}{\begin{vmatrix} 3 & 3 \\ 1 & b \end{vmatrix}},$$

$$b = \frac{\begin{vmatrix} 3 & -4 \\ 1 & 0 \end{vmatrix}}{\begin{vmatrix} 3 & 3 \\ 1 & b \end{vmatrix}}.$$

[補足] 微分方程式を

$$\frac{dy}{dx} = \frac{3(x+y) + 4}{x + y}$$

に書き換えて，$v = x + y$ とおくと

$$\frac{dv}{dx} = \underbrace{\frac{dx}{dx}}_{1} + \frac{dy}{dx}$$

だから

$$\frac{dv}{dx} - 1 = \frac{3v + 4}{v}$$

◀ $\dfrac{dy}{dx} = \dfrac{dv}{dx} - 1$．

である．変数分離型

$$\frac{dv}{dx} = \frac{4v + 4}{v}$$

になるから，1.2 節の方法で解ける．

探究演習

【2.3】 変数分離型に帰着させる方法 xy 平面内の $x > 0, y > 0$ の領域で定義した常微分方程式 $\dfrac{dy}{dx} = \dfrac{x^2 + y^2}{2xy}$ を解いて，解曲線の特徴を調べよ．

★ **背景** ★ 計算練習【1.1】，問 2.3，問 2.5 (3)，例題 2.1

▶ **着眼点** この常微分方程式は変数分離型ではない．x^2, y^2, xy の次数はすべて 2 だから，同次型であることに着目する．

◯解法◯

$\dfrac{dy}{dx} = \dfrac{x^2 + y^2}{2xy}$ [問 2.5 (3)]

手順 0 初期条件を設定する． 例 「$x = 1$ のとき $y = \dfrac{1}{2}$」[点 $(1, 1/2)$ を通る]

手順 1 分子・分母を x^2 で割って

$$\frac{dy}{dx} = \frac{1 + \left(\dfrac{y}{x}\right)^2}{2\dfrac{y}{x}}$$

に書き換える．

手順 2 $u = \dfrac{y}{x}$ とおく．

$$\frac{dy}{dx} = \frac{d(ux)}{dx}$$
$$= u\frac{dx}{dx} + \frac{du}{dx}x$$

◀ $\dfrac{x^2 + y^2}{2xy}$
$= \dfrac{1}{2}\left(\dfrac{x}{y} + \dfrac{y}{x}\right)$．
（計算練習【1.1】，問 2.3，例題 2.1）x/y は xy 平面から原点を除いた領域で定義できて連続．y/x は xy 平面内の $x > 0$ または $x < 0$ の領域で定義できて連続．このため，xy 平面内の $x > 0$, $y > 0$ の領域で定義する．$x > 0$, $y < 0$ の領域などでもよい．

◀ $xy \neq 0$ ($x > 0$, $y > 0$ の領域）だから $\dfrac{x^2 + y^2}{2xy}$ の分母は 0 でない．

◀ 左辺も u で表す．
◀ $\dfrac{dx}{dx} = 1$ だから
$\dfrac{du}{dx}x = \dfrac{1 + u^2}{2u} - u$．
$\dfrac{du}{dx}x = \dfrac{1 - u^2}{2u}$．

だから
$$u\frac{dx}{dx} + \frac{du}{dx}x = \frac{1+u^2}{2u}$$
になる。

◀ 積の微分 (問 3.3).

手順 3 変数分離する．
$1-u^2 \neq 0$ の場合，
$$\underbrace{\frac{2u}{1-u^2}du}_{u\,\text{だけ}} = \underbrace{\frac{dx}{x}}_{x\,\text{だけ}}$$
になる．
$s(\neq 0), t$ を任意の値とする．

x	$1 \to s$
y	$1/2 \to t$

y	$1/2 \to t$
u	$1/2 \to t/s$

手順 4 左辺を $u=1/2$ (初期値) から $u=t/s$ (s,t はどんな値でもいい) まで積分し，右辺を $x=1$ (初期値) から $x=s$ まで積分する．
$$\int_{1/2}^{t/s} \frac{2u}{1-u^2}du = \int_1^s \frac{dx}{x}.$$

左辺で $\frac{d(1-u^2)}{du} = -2u$ の分母を払って $d(1-u^2) = -2u\,du$ に書き換える．

右辺で $\frac{d\{\log_e(x)\}}{dx} = \frac{1}{x}$ の分母を払って $d\{\log_e(x)\} = \frac{1}{x}dx$ に書き換える．

$v = 1-u^2, w = \log_e(x)$ とおく．

u	$1/2 \to t/s$
v	$1-(1/2)^2 \to 1-(t/s)^2$

x	$1 \to s$
w	$\log_e(1) \to \log_e(s)$

◀ $\log_e(1) = 0$

─ イメージを描け ─
式には表情がある．
$\dfrac{2u}{1-u^2}$ の分子の顔と分母の顔とを見比べると，分母は「私を u で微分してほしい」と訴えているようだ．分母 $1-u^2$ を u で微分すると分子 $2u$ に似た顔に変わる．

$$\int_{3/4}^{1-(t/s)^2} \frac{-d\overbrace{(1-u^2)}^{v}}{\underbrace{1-u^2}_{v}} = \int_0^{\log_e(s)} d\overbrace{\{\log_e(x)\}}^{w}.$$

$$-\int_{\log_e(3/4)}^{\log_e\{1-(t/s)^2\}} d\{\log_e(v)\} = \log_e(s) - 0.$$

$$-\log_e\left\{1-\left(\frac{t}{s}\right)^2\right\} + \log_e\left(\frac{3}{4}\right) = \log_e(s).$$

$$\left(s - \frac{3}{8}\right)^2 - t^2 = \left(\frac{3}{8}\right)^2.$$

◀ $\log_e(s) + \log_e\left\{1 - \left(\frac{t}{s}\right)^2\right\} = \log_e\left(\frac{3}{4}\right).$
$\log_e\left[s\left\{1 - \left(\frac{t}{s}\right)^2\right\}\right] = \log_e\left(\frac{3}{4}\right).$
$\frac{s^2 - t^2}{s} = \frac{3}{4}.$
$s^2 - \frac{3}{4}s - t^2 = 0.$

手順 5 $x=s, y=t$ の場合 (s,t はどんな値でもいい) に成り立つから，y と x との関係式は
$$\left(x - \frac{3}{8}\right)^2 - y^2 = \left(\frac{3}{8}\right)^2$$
である．両辺を $\left(\frac{3}{8}\right)^2$ で割って整理すると

双曲線の方程式： $\dfrac{(x-c)^2}{c^2} - \dfrac{y^2}{c^2} = 1 \quad (x \geq 2c, \ x \leq 0)$

と表せる．$c = \dfrac{3}{8}$ (初期条件で決まる定数) とおいた．初期条件をみたす [点 $(1, 1/2)$ を通る] とき，y と x との対応の規則 (関数) で決まる関数値は
$$y = \sqrt{(x-c)^2 - c^2} \quad (x \geq 2c > 0)$$
である (図 2.6)．

◀ 計算練習【1.2】と比べよ．

─ イメージを描け ─
式には表情がある．
y は「u の役目が済んだら，私を生き返らせること」という遺言を残して消える．一度死んだ変数が生き返るのは数学の魔術である．

▶ **注意 1** $y = \pm\sqrt{(x-c)^2 - c^2}$ であるが，$y > 0$ だから $y = \sqrt{(x-c)^2 - c^2}$．

▶ **注意 2** $1 - u^2 \neq 0$ だから，解曲線上に $y = \pm x$ をみたす点はない．

◀ $1 - u^2 \neq 0$
$(1-u)(1+u) \neq 0$
$u \neq \pm 1$, $u = y/x$
だから $y \neq \pm x$.

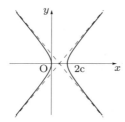

図 2.6 解の振舞 (解曲線) 初期条件をみたす関数のグラフ (第 1 象限) は $y = \sqrt{(x-c)^2 - c^2}$ $(x \geq 2c)$ と表せる $(c = 3/8)$.

> **ノート：関数の表し方**
> **陽関数** $y = f(x)$ のように，関数値を直接，従属変数 y を独立変数 x で表した関数.
> **陰関数** x と y との間の関係を表す間接的な方程式 $g(x,y) = c$ (c は定数) で決まる関数.
> 双曲線は x と y との関係式で表し，漸近線は $y = f(x)$ の形が便利である.

◀ 解曲線の相似変換
初期条件によって c の値は異なるが，解は直角双曲線 (漸近線が直交) で表せる.

◀ 4.1 節.
石谷茂：『Max と Min に泣く』(現代数学社, 2007) p. 5.

漸近線 $X = x - \dfrac{3}{8}$ とおく.

$$y = \pm\sqrt{X^2 - \left(\dfrac{3}{8}\right)^2}$$
$$= \pm\sqrt{X^2\left\{1 - \left(\dfrac{3}{8X}\right)^2\right\}}$$
$$\xrightarrow{X \to \pm\infty} \pm X$$

だから，漸近線は $y = \pm\left(x - \dfrac{3}{8}\right)$ である.

◀ 漸近線は図 2.6 を描くために必要.
◀ 例題 1.2 と同様. 根号内が負でないから
$X^2 - \left(\dfrac{3}{8}\right)^2 \geq 0$.
$X \geq \dfrac{3}{8},\ X \leq -\dfrac{3}{8}$
だから
$x \geq \dfrac{3}{4},\ x \leq 0$.

◀ $X^2 \geq 0$,
$1 - \left(\dfrac{3}{8X}\right)^2 \geq 0$.

補足 $1 - u^2 = 0$ (定数関数の値が 0) の場合
$(1+u)(1-u) = 0$ だから $u = \pm 1$ である. $u = \dfrac{y}{x} = \pm 1$ から $y = \pm x$ も $\dfrac{dy}{dx} = \dfrac{x^2 + y^2}{2xy}$ をみたす. 計算しなくても，$\dfrac{dy}{dx} = \dfrac{x^2 + y^2}{2xy}$ をよく見ると，$y = \pm x$ がこの微分方程式をみたすことがわかる. しかし，$x = 1$ のとき $y = \dfrac{1}{2}$ でないから，初期条件をみたさない. $c = 0$ とおくと $y = \pm x$ だから，$y = \pm\sqrt{(x-c)^2 - c^2}$ は直線で表せる解 $y = \pm x$ も含む.

◀ 本問は $x > 0$ の領域で考えているから，$\dfrac{y}{x} = \pm 1$ の分母は 0 でない.

検算 この双曲線の方程式の両辺を x で微分すると

$$\dfrac{2\left(x - \dfrac{3}{8}\right)}{\left(\dfrac{3}{8}\right)^2} - \dfrac{2y}{\left(\dfrac{3}{8}\right)^2}\dfrac{dy}{dx} = 0$$

だから，式を整理すると

$$\dfrac{dy}{dx} = \dfrac{x - \dfrac{3}{8}}{y}$$

になる.

$$\left(x - \dfrac{3}{8}\right)^2 - y^2 = \left(\dfrac{3}{8}\right)^2$$

から

$$y^2 = x^2 - \dfrac{3}{4}x$$

◀ 暗算でも，$y = \pm x$ のとき $\dfrac{dy}{dx} = \pm 1$,
$\dfrac{x^2 + y^2}{2xy} = \pm\dfrac{x^2 + x^2}{2x^2}$
$= \pm 1$ だから
$\dfrac{dy}{dx} = \dfrac{x^2 + y^2}{2xy}$ で
あることが見通せる.

になり，
$$\frac{x^2+y^2}{2xy} = \frac{x-\frac{3}{8}}{y}$$
である．したがって，
$$\frac{dy}{dx} = \frac{x^2+y^2}{2xy}.$$
$x=1, y=\frac{1}{2}$ のとき，$\dfrac{\left(1-\frac{3}{8}\right)^2}{\left(\frac{3}{8}\right)^2} - \dfrac{\left(\frac{1}{2}\right)^2}{\left(\frac{3}{8}\right)^2} = 1.$

◀ $\dfrac{x^2+y^2}{2xy}$
$= \dfrac{2x^2 - \frac{3}{4}x}{2xy}$
$= \dfrac{2\left(x^2 - \frac{3}{8}x\right)}{2xy}$
$= \dfrac{x - \frac{3}{8}}{y}.$

参考 第 1 象限 ($x>0, y>0$) で，$\dfrac{x^2+y^2}{2xy}$ は x^2 と y^2 の相加平均と相乗平均との比であり，$\dfrac{x^2+y^2}{2} \geq \sqrt{x^2y^2}$ だから 1 よりも大きい．

【2.4】 同次型で表せる幾何的条件 曲線上の任意の点 P で接する直線と x 軸との交点を Q とする．つぎの手順で，PQ = OQ となる曲線は，原点を通り，x 軸に接する円であることを示せ．

◀「曲線上の任意の点」とは「曲線上のどの点でもよい」という意味である．

(1) 点 P の座標を (s,t)，点 P で接する直線の傾きを $\left.\dfrac{dy}{dx}\right|_{x=s}$ とする．点 Q の x 座標を $s, t, \left.\dfrac{dy}{dx}\right|_{x=s}$ で表せ．

(2) $\mathrm{PQ}^2 = \mathrm{OQ}^2$ の関係を $s, t, \left.\dfrac{dy}{dx}\right|_{x=s}$ で表し，この曲線の点 P で傾きを求めよ．

(3) (2) の傾きの表式は，同次型常微分方程式であることを示せ．

(4) つぎのそれぞれの場合について，(3) の常微分方程式を解け．
　(a) 曲線が点 $(1,1)$ を通る．　(b) 曲線が点 $(3,4)$ を通る．

(5) 初期条件「$x = \lambda x_0$ のとき $y = \lambda y_0$ (x_0, y_0 は同時に 0 でない実数)」で選ぶ λ の値 (λ は 0 でない実数) が異なると，(4) の図形はどのように変わるか？

(6) x と y とのどちらも λ 倍して，$X = \lambda x, Y = \lambda y$ とおく．X と Y との間の関係式を求めよ．

(7) X と Y との関係式は，x と y との関係式を求めるとき，どのように初期値を選んだ場合にあたるか？

★ **背景** ★ 探究演習【0.11】のパズル

▶ **着眼点** ◀ 接点を原点とする座標軸で接線の傾きを表す (図 0.7)．

○**解法**○
(1) 点 Q の座標を $(q,0)$ とすると，PQ の傾きは
$$\left.\frac{dy}{dx}\right|_{x=s} = \frac{0-t}{q-s}$$
だから
$$X = s - \frac{t}{\left.\dfrac{dy}{dx}\right|_{x=s}}$$
である．

(2) $\mathrm{PQ}^2 = (q-s)^2 + t^2$, $\mathrm{OQ}^2 = X^2$ だから，$\mathrm{PQ}^2 = \mathrm{OQ}^2$ の関係は
$$(q-s)^2 + t^2 = q^2$$
と表せ，
$$q = \frac{s^2+t^2}{2s}$$
になる．したがって，(1) から
$$\left.\frac{dy}{dx}\right|_{x=s} = \frac{2st}{s^2-t^2}$$

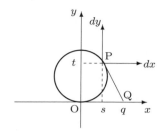

図 2.7 円と接線

である (図 2.7).

(3) $x=s, y=t$ の場合 (s,t はどんな値でもいい) に成り立つから，傾きは微分方程式

$$\frac{dy}{dx} = \frac{2xy}{x^2-y^2}$$

をみたす．

$$\frac{d(\lambda y)}{d(\lambda x)} = \underbrace{\frac{\lambda}{\lambda}}_{1} \cdot \frac{dy}{dx},$$

$$\frac{2(\lambda x)(\lambda y)}{(\lambda x)^2-(\lambda y)^2} = \frac{2xy}{x^2-y^2} \quad (\lambda \text{ は } 0 \text{ でない実数})$$

だから同次型である．

(4)

手順 0 初期条件を設定する．　「$x=x_0$ のとき $y=y_0$」[点 (x_0,y_0) を通る]　　◂ (a), (b) をまとめて扱う．
手順 1 分子・分母を $x^2(\neq 0)$ で割って
(a) $x_0=1, y_0=1$.
(b) $x_0=3, y_0=4$.

$$\frac{dy}{dx} = \frac{\dfrac{2y}{x}}{1-\left(\dfrac{y}{x}\right)^2}$$

に書き換える．
手順 2 $u = \dfrac{y}{x}$ とおく．

探究演習【2.3】と同じ方法で，$1-u^2 \neq 0$ の場合，

$$u\frac{dx}{dx} + \frac{du}{dx}x = \frac{2u}{1-u^2}$$

◂ $u + \dfrac{du}{dx}x = \dfrac{2u}{1-u^2}$.
$\dfrac{du}{dx}x = \dfrac{u+u^3}{1-u^2}$.
$\dfrac{1-u^2}{u^3+u}du = \dfrac{dx}{x}$.

になる．
手順 3 変数分離する．$u \neq 0$（関数値が 0 の定数関数でない）の場合，

$$\underbrace{\frac{1-u^2}{u^3+u}du}_{u \text{ だけ}} = \underbrace{\frac{dx}{x}}_{x \text{ だけ}}. \quad \blacktriangleleft s\,(\neq 0),\ t\,(\neq 0) \text{ を任意の値とする．}$$

x	$x_0 \to s$
y	$y_0 \to t$

y	$y_0 \to t$
u	$y_0/x_0 \to t/s$

手順 4 左辺を $u = y_0/x_0$ (初期値) から $u = t/s$ (s,t はどんな値でもいい) まで積分し，右辺を $x = x_0$ (初期値) から $x = s$ まで積分する．

$$\int_{y_0/x_0}^{t/s} \frac{1-u^2}{u^3+u}du = \int_{x_0}^{s} \frac{dx}{x}.$$

◂ 右辺の積分は探究演習【2.3】と同じ方法で求まる．

左辺で

$$\frac{1-u^2}{u^3+u} = \frac{3u^2+1-4u^2}{u^3+u}$$

$$= \frac{3u^2+1}{u^3+u} - \frac{2 \times 2u}{u^2+1}$$

である.

$\dfrac{d(u^3+u)}{du} = 3u^2+1$ の分母を払うと $d(u^3+u) = (3u^2+1)du$,

$\dfrac{d(u^2+1)}{du} = 2u$ の分母を払うと $d(u^2+1) = 2udu$ になる.

$v = u^3+u, w = u^2+1$ とおく.

u	$y_0/x_0 \to t/s$
v	$(y_0/x_0)^3 + y_0/x_0 \to (t/s)^3 + t/s$

u	$y_0/x_0 \to t/s$
w	$(y_0/x_0)^2 + 1 \to (t/s)^2 + 1$

◂ $\dfrac{1-u^2}{u^3+u} du$
$= \dfrac{(3u^2+1)du}{u^3+u}$
$\quad -2 \times \dfrac{2u\,du}{u^2+1}$
$= \dfrac{d(u^3+u)}{u^3+u}$
$\quad -2 \times \dfrac{d(u^2+1)}{u^2+1}$
$= \dfrac{dv}{v} - 2\dfrac{dw}{w}.$

$$\int_{(y_0/x_0)^3+y_0/x_0}^{(t/s)^3+t/s} \frac{dv}{v} - 2\int_{(y_0/x_0)^2+1}^{(t/s)^2+1} \frac{dw}{w} = \int_{\log_e(x_0)}^{\log_e(s)} d\{\log_e(x)\}.$$

$$\int_{\log_e\{(y_0/x_0)^3+y_0/x_0\}}^{\log_e\{(t/s)^3+t/s\}} d\{\log_e(v)\} - 2\int_{\log_e\{(y_0/x_0)^2+1\}}^{\log_e\{(t/s)^2+1\}} d\{\log_e(w)\} = \log_e(s) - \log_e(x_0).$$

◂ 左辺の積分は探究演習【2.3】と同じ方法で求まる.

$\log_e\{(t/s)^3+t/s\} - \log_e\{(y_0/x_0)^3+y_0/x_0\} - 2[\log_e\{(t/s)^2+1\} - \log_e\{(y_0/x_0)^2+1\}]$
$= \log_e\left(\dfrac{s}{x_0}\right).$

$$\log_e\left\{\frac{(t/s)^3+t/s}{(y_0/x_0)^3+y_0/x_0}\right\} - 2\log_e\left\{\frac{(t/s)^2+1}{(y_0/x_0)^2+1}\right\} = \log_e\left(\frac{s}{x_0}\right).$$

$$\log_e\left\{\frac{(t/s)^3+t/s}{(y_0/x_0)^3+y_0/x_0}\right\} + \log_e\left\{\frac{(y_0/x_0)^2+1}{(t/s)^2+1}\right\}^2 = \log_e\left(\frac{s}{x_0}\right).$$

$$\log_e\left[\frac{(t/s)\{(t/s)^2+1\}}{(y_0/x_0)\{(y_0/x_0)^2+1\}} \cdot \left\{\frac{(y_0/x_0)^2+1}{(t/s)^2+1}\right\}^2\right] = \log_e\left(\frac{s}{x_0}\right)$$

◂ 対数 $-2\log_e\left\{\dfrac{(t/s)^2+1}{(y_0/x_0)^2+1}\right\}$ は
$\log_e\left\{\dfrac{(t/s)^2+1}{(y_0/x_0)^2+1}\right\}^{-2}$
だから
$\log_e\left\{\dfrac{(y_0/x_0)^2+1}{(t/s)^2+1}\right\}^2$
である.

だから

$$\frac{s\{(t/s)^2+1\}}{t/s} = \frac{x_0\{(y_0/x_0)^2+1\}}{y_0/x_0}$$

であり, 式を整理すると

$$s^2 + t^2 - \frac{x_0{}^2 + y_0{}^2}{y_0} t = 0$$

となる.

手順 5 $x = s, y = t$ の場合 (s, t はどんな値でもいい) に成り立つから, y と x との対応の規則 (関数) で決まる関数値は

$$2c = \frac{x_0{}^2 + y_0{}^2}{y_0} \quad \text{(c は初期条件で決まる定数)}$$

とおくと,

$$\text{円の方程式}: x^2 + (y-c)^2 = c^2$$

をみたす. この円は原点を通り, 中心の y 座標と半径とが同じ大きさだから x 軸に接することがわかる.

(a) $x^2+y^2-2y=0$ だから $x^2+(y-1)^2 = 1$ [半径 1, 中心 $(0,1)$].
(b) $x^2+y^2-\dfrac{25}{4}y = 0$ だから $x^2 + \left(y-\dfrac{25}{8}\right)^2 = \left(\dfrac{25}{8}\right)^2$ [半径 $\dfrac{25}{8}$, 中心 $\left(0,\dfrac{8}{25}\right)$].

◂ $x^2+y^2-2cy=0$ の y^2-2cy を平方完成すると,
$x^2+(y-c)^2 = c^2$
となる.
$x=0, y=0$ のとき
$x^2+(y-c)^2 = c^2$
をみたすから, 原点を通る.

補足 1 解曲線上で $x = 0$ の場合
点 $(0,0), (0,2c)$ で $\dfrac{dy}{dx} = \dfrac{2xy}{x^2-y^2} = 0$ だから, 接線は水平である.

補足 2 $u = 0, x \neq 0$ の場合

関数値が 0 $(y=0)$ の定数関数は曲線で表せない.

補足 3　$1-u^2=0$ (関数値が 0 の定数関数) の場合

$u=\pm 1$ の場合, $y=\pm x$ $(x\neq 0)$ であるが, これらのグラフは曲線ではなく直線である.

検算　この円の方程式 $x^2+y^2-2cy=0$ の両辺を x で微分すると

$$2x+2y\frac{dy}{dx}-2c\frac{dy}{dx}=0$$

だから, 式を整理すると

$$\frac{dy}{dx}=\frac{2x}{2c-2y}$$

となる. 右辺の分子・分母に y $(\neq 0)$ を掛けて

$$\frac{dy}{dx}=\frac{2xy}{2cy-2y^2}$$

に書き直し, $2cy=x^2+y^2$ に注意すると

$$\frac{dy}{dx}=\frac{2xy}{x^2-y^2}$$

になる. $x=x_0$ のとき

$$x_0{}^2+y_0{}^2-\underbrace{\frac{x_0{}^2+y_0{}^2}{y_0}}_{2c}y_0=0$$

である.

◀ $x^2+(y-c)^2=c^2$ の左辺を展開すると x で微分しやすい.

◀ 計算練習【0.4】.

(5)　この関係式で

$$\frac{\lambda x_0{}^2+\lambda y_0{}^2}{\lambda y_0}=2\lambda c$$

だから c を λc におきかえて, 円の方程式は

$$x^2+(y-\lambda c)^2=(\lambda c)^2$$

になる. 原点で x 軸に接する円であるが, 中心の高さは λc である.

(6)　$x=\dfrac{X}{\lambda}$, $y=\dfrac{Y}{\lambda}$ だから

$$\left(\frac{X}{\lambda}\right)^2+\left(\frac{Y}{\lambda}-c\right)^2=c^2$$

であり, この式を整理すると

$$X^2+(Y-\lambda c)^2=(\lambda c)^2$$

になる.

(7)　「$X=\lambda x_0$ のとき $Y=\lambda y_0$」

◎ **何がわかったか**　(7) で (3) の同次型の幾何的意味を探究したことになる.

◀ λ の値によって円の中心の高さが異なる.

◀ **別法**　x と y との関係式
$x^2+(y-c)^2=c^2$
を λ^2 倍すると
$(\lambda x)^2+\{\lambda(y-c)\}^2$
$=(\lambda c)^2$ だから
$X^2+(Y-\lambda c)^2$
$=(\lambda c)^2$ になる.
　$\lambda(y-c)$
　$=\lambda y-\lambda c$
　$=Y-\lambda c$
に注意.

パズル　図 2.8 のように線分 OQ の一端 Q で線分 OQ に接する円を描き, O からこの円に接線を引いて接点を P とする. この円の半径を変えると, P はどのような軌跡を描くか？

◀ 中学数学の範囲このパズルでは点 Q を固定する.
仲田紀夫:『数学頭脳』(ごま書房, 1978) p. 106 も参考になる.

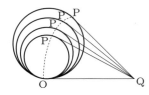

図 2.8　円の半径を変えたときの接点の軌跡

【答】点 Q を中心として QO を半径とする円

第2講の自己評価（到達度確認）
① 同次型の特徴を理解したか？
② 同次型かどうかを判断する方法を理解したか？
③ 同次型の解法の手順を理解したか？

第3講　線型1階常微分方程式 — 接線の傾きのタイプⅢ

> **第3講の問題点**
> ① 斉次方程式，非斉次方程式の意味と斉次解と非斉次方程式の解との関係を理解すること．
> ② 線型1階常微分方程式を定数変化法で解く方法を理解すること．
> 【キーワード】　線型1階，斉次方程式，非斉次方程式，定数変化法

　基本の変数分離型 (i) $\dfrac{dy}{dx}=\dfrac{a}{x}$, (ii) $\dfrac{dy}{dx}=ay$, (iii) $\dfrac{dy}{dx}=a\dfrac{y}{x}$, (iv) $\dfrac{dy}{dx}=a\dfrac{x}{y}$ を比べると，(ii) と (iii) との間に，つぎの共通の性質が見つかる．これらの微分方程式を $\left(\dfrac{d}{dx}-a\right)y=0$, $\left(\dfrac{d}{dx}-\dfrac{a}{x}\right)y=0$ と表すと「（　　）の操作を y に実行する」という新しい見方ができる．$\left(\dfrac{d}{dx}+p(x)\right)y=0$ [$p(x)$ は x の関数] のように表せる常微分方程式に着目する．

　第3講では，$\left(\dfrac{d}{dx}+p(x)\right)y=q(x)$ [$q(x)$ は x の関数] の型の特徴を調べて，解の求め方を考える．自然現象，社会現象のモデルには，この型で表現できる例が見つかる．解法の手続きは，第Ⅱ部で高階常微分方程式の求積法に結びつく．

3.1　線型常微分方程式 — 斉次方程式と非斉次方程式

　第3講でも，曲線上の各点での接線の傾きを手がかりにして，その曲線の方程式を求める方法を考える．曲線 $y=f(x)$ 上の各点での接線の傾き $\dfrac{dy}{dx}$ がみたす常微分方程式は，曲線によって異なる．このため，常微分方程式の解法を工夫することが問題になる．常微分方程式の基本は変数分離型である．どのように変数をおきかえると，変数分離できるかを考えることから始まる．第2講の同次型は変数分離型に帰着させて，第1講の方法で扱うことができた．接線の傾きが

$$\dfrac{dy}{dx}=-p(x)y+q(x)$$

のときはどのようにして解けるだろうか？　この型の特徴を整理する．

$$\left(\dfrac{d}{dx}-a\right)y=0$$
$$\searrow$$
$$\left(\dfrac{d}{dx}+p(x)\right)y=0 \longrightarrow \left(\dfrac{d}{dx}+p(x)\right)y=q(x)$$
$$\nearrow$$
$$\left(\dfrac{d}{dx}-\dfrac{a}{x}\right)y=0$$

> 　xy 平面内の関数 p, q が連続である領域で定義した1次 (0.5節) の微分方程式で，$y, \dfrac{dy}{dx}, \dfrac{d^2y}{dx^2}, \dots, \dfrac{d^ny}{dx^n}$ について1次式で表した型を**線型常微分方程式**という．
> 　　　線型1階常微分方程式：$\dfrac{dy}{dx}+p(x)y=q(x)$
> 　　　線型2階常微分方程式：$\dfrac{d^2y}{dx^2}+p(x)\dfrac{dy}{dx}+q(x)y=r(x)$
> $p(x), q(x), r(x)$ は x の関数である．

◀ 2.1 節．

$\dfrac{d}{dx}$ を微分演算子という (問 5.5).
記号 $\dfrac{d}{dx}$ の代わりに D を使って $Df=f'$ と書くと，左辺の D は関数 f から導関数 f' をつくる操作，右辺は関数 f に D を施して得た導関数 f' を表す．
導関数 f' について 0.3 節参照．0.3 節のノート：微分，微分係数，微分商，微分する のとおりで，$\dfrac{dy}{dx}$ は微分商 $dy \div dx$ を表す．
$\dfrac{dy}{dx}=f'(x)$ の左辺は微分商，右辺は導関数 f' の値を表す．
$\dfrac{d}{dx}y$ は $dy \div dx$ の微分商ではなく，$y=f(x)$ だから，関数 f に微分演算子 $\dfrac{d}{dx}$ を施して導関数 f' の値 y' を求める操作を表す．
D は数ではない．微分演算子は 5.2 節で定数係数高階斉次線型微分方程式の解法を考えるときにも役立つ．

◀ 右辺は定数関数の値が 0 であることを表す．

◀ 左辺を $y:0$ 階 $\dfrac{dy}{dx}:1$ 階, $\dfrac{d^2y}{dx^2}:2$ 階 $\dots \dfrac{d^ny}{dx^n}:n$ 階 について1次式で表した形

問 3.1 つぎの常微分方程式は線型常微分方程式か？

(1) $y^3 - x\left(\dfrac{dy}{dx}\right)^2 + x^2 \dfrac{dy}{dx} - 2\left(\dfrac{d^2y}{dx^2}\right)^4 = 0.$

(2) $y^2 - x\dfrac{dy}{dx} + x^2\left(\dfrac{dy}{dx}\right)^2 - 5\dfrac{d^4y}{dx^4} = 0.$ (3) $\dfrac{dy}{dx} = 3y(2-5y).$

【解説】n 階 r 次常微分方程式：常微分方程式の含む導関数の最高階が n 階，その次数が r 次 (r 乗).

(1) y について 3 次，$\dfrac{dy}{dx}$ について 2 次，$\dfrac{d^2y}{dx^2}$ について 4 次だから線型常微分方程式ではない．

(2) y について 2 次，$\dfrac{dy}{dx}$ について 2 次だから線型常微分方程式ではない．

(3) y について 2 次だから線型常微分方程式ではない．

◀ 0.5 節.

「線型」と「線形」「典型」を「典形」と書かないから，正比例を表す 1 次式に成り立つ性質を規範と考えると「線形」ではなく「線型」である．線の語源は「直線（正比例のグラフ）」である．小島順：『線型代数』（日本放送出版協会，1976）p.18 に「線型を線形と書く人がいるが，漢字の感覚からいうと，形（かたち）でなく型（かた）でなければならない」という記述がある．

第 3 講では，

曲線上の各点での接線の傾き $\dfrac{dy}{dx}$ が y について 1 次式 (y の係数は x の関数) で表せる線型 1 階常微分方程式

$$\dfrac{dy}{dx} = -p(x)y + q(x) \qquad \text{接線の傾き} = \underbrace{(x\text{の関数})y + (x\text{の関数})}_{y\text{の 1 次式}}$$

を考える．

> 線型 1 階常微分方程式を
> $$\dfrac{dy}{dx} + p(x)y = q(x)$$
> の形に書き，
> $q(x) = 0$ のとき**斉次方程式**，
> $q(x) \neq 0$ のとき**非斉次方程式**
> という．

たとえば，$\dfrac{dy}{dx} + y = a$ (a は 0 でない実定数) の解の関数形は，$\dfrac{dy}{dx} + y = 0$ の解の関数形と完全に異なるのだろうか？

◀「せいじ」と読む．

◀ 斉次方程式を同次方程式ということもあるが，同次式（第 2 講）と混同するおそれがあるので，ここでは斉次という．

◀ $q(x) = 0$ は定数関数 q の値が 0 であることを表す．

◀ 斉次方程式は $a = 0$ の場合である．

◀ $\dfrac{dy}{dx} = -(y-a).$

例題 3.1 斉次解と特解

全平面で定義した常微分方程式 $\dfrac{dy}{dx} = -y$ と $\dfrac{dy}{dx} = -y + a$ (a は実定数) とを解いて，解を比べよ．

(発想) それぞれは，斉次方程式 $\dfrac{dy}{dx} + y = 0$，非斉次方程式 $\dfrac{dy}{dx} + y = a$ である．

【解説】

手順 0 初期条件を設定する．「$x = x_0$ のとき $y = y_0$」[点 (x_0, y_0) を通る]

手順 1 変数分離する．

$y - a \neq 0$ の場合

$$\underbrace{\dfrac{dy}{y-a}}_{y\text{だけ}} = \underbrace{-dx}_{x\text{だけ}}$$

を

$$\dfrac{d(y-a)}{y-a} = -dx$$

に書き換える．

―イメージを描け―
式には表情がある．左辺の形を観察せよ．分母 $y-a$ を y で微分すると，分子 dy が浮かび上がる．
$$\dfrac{d(y-a)}{dy} = 1$$
の分母を払うと
$$d(y-a) = dy$$
となるから
$$\dfrac{dy}{y-a} = \dfrac{d(y-a)}{y-a}.$$

x	x_0	$\to$	s
y	y_0	$\to$	t

y	y_0	$\to$	t
$y-a$	y_0-a	$\to$	$t-a$

手順 4 左辺を $y - a = y_0 - a$ (初期値) から $y - a = t - a$ (t はどんな値でもいい) まで積

分し，右辺を $x = x_0$ (初期値) から $x = s$ (s はどんな値でもいい) まで積分する．

$$\int_{y_0-a}^{t-a} \frac{d(y-a)}{y-a} = -\int_{x_0}^{s} dx.$$

$z = y - a$ とおく．

$$\int_{z_0}^{u} \frac{dz}{z} = -\int_{x_0}^{s} dx$$

$y-a$	y_0-a	$\to$	$t-a$
z	z_0	$\to$	u

$z_0 = y_0 - a,$
$u = t - a.$

◀ $\int$ と d とが隣り合った形

◀ どんな関数を z で微分すると $1/z$ になるかを思い出す．$\log_e(z)$ を z で微分すると
$$\frac{d\{\log_e(z)\}}{dz} = \frac{1}{z}$$
だから分母を払って
$d\{\log_e(z)\} = \dfrac{dz}{z}$
に書き換える．

左辺を 定積分の基本 $\int_\heartsuit^\diamondsuit d\square = \diamondsuit - \heartsuit$ の形に書き換える．

$$\int_{\log_e(z_0)}^{\log_e(u)} d\{\log_e(z)\} = -\int_{x_0}^{s} dx.$$

z	z_0	$\to$	u
$\log_e(z)$	$\log_e(z_0)$	$\to$	$\log_e(u)$

$$\log_e(u) - \log_e(z_0) = -(s - x_0).$$
$$\log_e\left(\frac{u}{z_0}\right) = -s + x_0.$$
$$\frac{u}{z_0} = e^{-s+x_0}.$$

◀ $v = \log_e(z),$
$v_0 = \log_e(z_0),$
$w = \log_e(u)$
とおくと
$\int_w^{v_0} dv = w - v_0.$

$z_0 = y_0 - a, u = t - a$ だから

$$t = e^{-s}(y_0 - a)e^{x_0} + a.$$

◀ $y - a \neq 0$ の場合，$y_0 - a \neq 0$ だから $c \neq 0$．$a = 0$ のとき $c = c_0$．

手順5 $x = s, y = t$ の場合 (s, t はどんな値でもいい) に成り立つから，y と x との対応の規則 (関数) で決まる関数値は $c = (y_0 - a)e^{x_0}$ (初期条件で決まる定数) とおくと

$$y = e^{-x}c + a \qquad (-\infty < x < \infty)$$

をみたす．斉次方程式 ($a = 0$) の解は $y = e^{-x}c_0$ ($c_0 = y_0e^{x_0}$) である (図 3.1)．

◀ 6.4 節を考慮して，ce^{-x}, c_0e^{-x} ではなく $e^{-x}c, e^{-x}c_0$ と書いた．

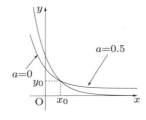

図 3.1 解の振舞 (解曲線) 初期条件「$x_0 = 1$ のとき $y_0 = 1$」

補足 関数値が a ($y = a$) の定数関数の場合
$\dfrac{da}{dx} + a = a$ だから $y = a$ は解である．
0.4 節の図 0.18 の方法でイメージを描くことができる．タテ座標が a の点 (x_0 はどんな値でもいいが，$y_0 = a$) を通るように，接線の傾きを手がかりにして，つぎつぎに点を見つけてつなぎ合わせる．タテ座標が a の点では，ヨコ座標の値に関係なく $\dfrac{dy}{dx} + a = a$ だから，接線の傾き $\dfrac{dy}{dx}$ は 0 である．$\dfrac{dy}{dx} = -y + a$ のように，傾きはタテ座標 (y の値) だけで決まる (ヨコ座標の値によらない)．どの点でも傾きは 0 だから，同じ高さの点をつなぎ合わせた水平な直線になる．
$c = 0$ のとき (初期条件を $y_0 = a$ としたとき) $y = a$ だから，$y = e^{-x}c + a$ は定数関数で表せる解 $y = a$ も含む．

◀ $\dfrac{da}{dx} = 0.$

◀ 斉次方程式の場合，$a = 0$ だから $y = 0$．

◀ $\dfrac{dy}{dx} + y = a$ で $y = a$ のとき $\dfrac{dy}{dx} + a = a$．

検算 $x = x_0$ のとき $y = e^{-x_0}\underbrace{(y_0 - a)e^{x_0}}_{c} + a = y_0$.

$$\frac{d(\overbrace{e^{-x}c + a}^{y})}{dx} + (\overbrace{e^{-x}c + a}^{y}) = -e^{-x}c + e^{-x}c + a = a$$

◀ $\dfrac{d(e^{-x}c)}{dx}$
$= \dfrac{d(e^{-x}c)}{d(-x)}\dfrac{d(-x)}{dx}$
$= \dfrac{d(e^v c)}{dv}(-1)$
$= -e^v c = -e^{-x}c$
$v = -x$ とおいた．

3.1 線型常微分方程式 — 斉次方程式と非斉次方程式

◎ **何がわかったか** 斉次方程式の解と非斉次方程式の解との比較

$$y = \underbrace{e^{-x}c}_{\text{斉次解}} + \overbrace{a}^{\text{非斉次方程式の解}}$$

と表せることがわかる．第1項は**斉次解**(斉次方程式の解)だから，第2項が**特解**(非斉次方程式に固有の解)である．

■ **モデル** ■ 鉛直上向きを正の向きとする座標軸で雨滴の運動を観測する．

問 空気中で質量 m の雨滴の落下する速度 v は，どのように変化するか？

解 雨滴の運動量(質量×速度)という勢いが変化するのは，時間をかけて力が雨滴にはたらくからである．この因果律(原因と結果との関係)は $d(mv) = (-mg - kv)dt$ と表せる．g は重力場，kv は空気抵抗(k は正の一定量)である．この式を整理すると，線型1階微分方程式 $\frac{dv}{dt} + kv = -mg$ になる．変数分離すると $\frac{dv}{v+(mg/k)} = -kdt$ になるから，$x \to kt$, $y \to v$, $-a \to mg/k$ のようにおきかえて $v = e^{-kt}c - mg/k$ となる．$t \to \infty$ のとき $e^{-kt} \to 0$ だから一定の速度 $-mg/k$ に近づく [図 3.1 で $(0, v_0)$ を通り(v_0 の値は負)，漸近線が x 軸ではなく $v = -mg/k$]．

◀ $e^{-x}c$ と $e^{-x}c_0$ とのちがいは，c と c_0 だけだから，$e^{-x}c_0$ も斉次方程式をみたす．
◀ 斉次解を 余関数 (auxiliary function) ということもある．
◀ 小林幸夫：『力学ステーション』(森北出版, 2002) p. 132.
$-mg$ の負号は負の向きを表す．
雨滴は落下しているから速度 v の値は負であり，$-kv$ は正の向きにはたらき，雨滴の落下を妨げる力である．
−(正の一定量)×(負の速度) は正の向きの力を表す．
k は一定量だから $kdt = d(kt)$.
◀ 重力場とは，地球上の空間の歪みであり，この歪みの程度は 1 kg の物体を引く力で表す．

例題 3.1 以外の線型 1 階常微分方程式でも，つぎに示すように

> 非斉次線型常微分方程式の解
> = (斉次線型常微分方程式の解) + (非斉次線型常微分方程式の特解)

の成り立つことがわかる．

y_p (p は particular の頭文字) を $\frac{dy}{dx} + p(x)y = q(x)$ の特解，y_h (h は homogeneous の頭文字) を $\frac{dy}{dx} + p(x)y = 0$ の斉次解とする．このとき

$$
\begin{array}{rccccc}
& \dfrac{dy_\text{h}}{dx} & + & p(x)y_\text{h} & = & 0 \\
+) & \dfrac{dy_\text{p}}{dx} & + & p(x)y_\text{p} & = & q(x) \\
\hline
& \dfrac{d(y_\text{h}+y_\text{p})}{dx} & + & p(x)(y_\text{h}+y_\text{p}) & = & q(x)
\end{array}
$$

だから，$y_\text{h} + y_\text{p}$ も $\frac{dy}{dx} + p(x)y = q(x)$ の解である．

「(斉次方程式の解) + (非斉次方程式の解) も非斉次方程式の解である」とは $y_\text{h} + y_\text{p}$ も $\frac{d\Box}{dx} + p(x)\Box = q(x)$ の □ にあてはまる．

Stop! このしくみからわかるように，2 階以上の線型常微分方程式にもあてはまる．非線型項 (y, dy/dx について 1 次でない項) を含むと，非斉次方程式の解は (斉次方程式の解) + (非斉次方程式の特解) で表せない．

◀ 非線型について，問 3.1 参照．
◀ 探究演習【5.10】．

ノート：同次式と同次方程式

斉次方程式を同次方程式ということもあるので，同次式(第2講)の意味を確かめる．

同次式：各項の次数が等しい式 **例** 1 次 $x+y$, 2 次 $x^2+2xy+y^2$ (2.2 節) x, y の代わりに $\lambda x, \lambda y$ (λ は 0 でない実数) とすると，$\lambda(x+y)$, $\lambda^2(x^2+2xy+y^2)$ のように λ^n (n は次数) でくくれる．

同次方程式：未知関数とその導関数を λ 倍すると，もとの方程式の全体が λ 倍になる方程式 (問 3.2)

◀ 2 次の項を含む常微分方程式では
$\left(\dfrac{dy_\text{h}}{dx}\right)^2 + \left(\dfrac{dy_\text{p}}{dx}\right)^2 \neq \left\{\dfrac{d(y_\text{h}+y_\text{p})}{dx}\right\}^2$,
${y_\text{h}}^2 + {y_\text{p}}^2 \neq (y_\text{h}+y_\text{p})^2$
である．

問 3.2 つぎの常微分方程式は同次方程式か？

(1) $\dfrac{dy}{dx}+y=0$. (2) $\dfrac{dy}{dx}+y=a$ (a は 0 でない実定数). (3) $\left(\dfrac{dy}{dx}\right)^3+y^2\dfrac{d^2y}{dx^2}=0$.

◂ 右辺は定数関数の値が 0, a であることを表す.

【解説】同次は，線型，階数 (0.5 節) とは関係ない．
(1) $\dfrac{d(\lambda y)}{dx}+\lambda y=\lambda\left(\dfrac{dy}{dx}+y\right)=0$ のように，方程式の全体が λ^1 倍になるから 1 次の同次方程式である．
(2) (1) のように左辺は全体が λ 倍になるが，右辺は λ 倍にならないから，同次方程式ではない．

◂ 同次方程式でないのは，a を含むからである．a を非同次項という．

(3) $\left\{\dfrac{d(\lambda y)}{dx}\right\}^3+(\lambda y)^2\dfrac{d^2(\lambda y)}{dx^2}=\lambda^3\left\{\left(\dfrac{dy}{dx}\right)^3+y^2\dfrac{d^2y}{dx^2}\right\}=0$ のように，方程式の全体が λ^3 倍になるから 3 次の同次方程式である．

3.2 定数変化法の発想

例題 3.1 とちがって，変数分離できない線型 1 階常微分方程式に進める．3.1 節のとおりで，非斉次方程式の解には斉次解の部分があるから，斉次方程式を補助方程式とすればよさそうである．

例題 3.1 を発展させる．斉次方程式 $\dfrac{dy}{dx}+y=0$ の初期値問題の解は $y=e^{-x}c_0$ (c_0 は初期条件で決まる定数) である．斉次解と同じ関数 (関数値は e^{-x}) を含む非斉次方程式 $\dfrac{dy}{dx}+y=ae^{-x}$ (a は 0 でない実定数) の解はどのような関数だろうか？
問題は $y=e^{-x}c_0+z$ (z は特解) の z の求め方である．

◂ 非斉次方程式の解 = (斉次方程式の解) + (非斉次方程式の特解).

初期値問題
(Cauchy 問題)「初期条件をみたす解が存在するかどうか」Augustin Louis Cauchy (オーギュスタン・ルイ・コーシー) はフランスの数学者.

$$\dfrac{dy}{dx}+y=\underbrace{\dfrac{d(e^{-x}c_0)}{dx}+e_0^{-x}c_0}+\dfrac{dz}{dx}+z$$

◂ $\dfrac{dy}{dx}+y=ae^{-x}$ は変数分離できないことを確かめよ.

だから $\dfrac{dz}{dx}+z=ae^{-x}$ をみたす z を見つける．$\dfrac{d(e^{-x})}{dx}=-e^{-x}$ に注意すると，z と dz/dx とのどちらも e^{-x} を含むことがわかる．

◂ 候補 1
$\dfrac{d(e^{-x}c_0)}{dx}+e^{-x}c_0$
$=-e^{-x}c_0+e^{-x}c_0=0$

- 候補 1：$z=e^{-x}\times$ 定数とすると，斉次解と同じ形だから
$$\dfrac{dz}{dx}+z=(-e^{-x})\times \text{定数}+e^{-x}\times \text{定数}=0\neq ae^{-x}.$$

◂ 候補 2
$\dfrac{d(e^{-x}x)}{dx}=\dfrac{d(e^{-x})}{dx}x$
$+e^{-x}\dfrac{dx}{dx}$ (問 3.3)

- 候補 2：$z=e^{-x}x$ とすると，
$$\dfrac{dz}{dx}+z=\dfrac{d(e^{-x})}{dx}x+e^{-x}\dfrac{dx}{dx}+\underbrace{e^{-x}x}_{z}=e^{-x}$$

$\dfrac{d(e^{-x})}{dx}$
$=\dfrac{d(e^{-x})}{d(-x)}\dfrac{d(-x)}{dx}$
$=\dfrac{d(e^v)}{dv}(-1)=-e^v$
$=-e^{-x}$
$v=-x$ とおいた.

だから $a=1$ の場合には特解になるが，$a\neq 1$ の場合には特解でない．

- 候補 3：候補 2 を手がかりにして，$z=e^{-x}ax$ は特解であることがわかる．しかし，$y=e^{-x}c_0+e^{-x}ax$ (斉次解 + 特解) は初期条件 ($x=x_0$ のとき $y=y_0$) をみたさない．

◂ 候補 3
$y=e^{-x}c_0+e^{-x}ax$
$=e^{-x}(c_0+ax)$
$c_0=e^{x_0}y_0$ だから
$x=x_0$ のとき
$y=e^{-x_0}(e^{x_0}y_0+ax_0)$
$\neq y_0$.

- 候補 4：$x=x_0$ のとき $y=y_0$ であるが，$e^{-x_0}c_0=e^{-x_0}y_0e^{x_0}=y_0$ だから，$x=x_0$ のとき $z=0$ であるように，$z=e^{-x}a(x-x_0)$ とすると，つぎのように z は特解であることがわかる．

◂ 候補 4
斉次解 $y=e^{-x}c_0$
$y_0=e^{-x_0}c_0$
だから
$c_0=e^{x_0}y_0$.

$$\dfrac{dz}{dx}+z=\dfrac{d(e^{-x})}{dx}a(x-x_0)+e^{-x}\underbrace{\dfrac{d\{a(x-x_0)\}}{dx}}_{a}+\underbrace{e^{-x}a(x-x_0)}_{z}=ae^{-x}$$

3.2 定数変化法の発想

非斉次方程式 $\dfrac{dy}{dx}+y=ae^{-x}$ の初期値問題の解は $y=e^{-x}c_0+e^{-x}a(x-x_0)$ である．$y=e^{-x}\{c_0+a(x-x_0)\}$ と書き換えて，斉次解と比べてみる．

斉次方程式 $\dfrac{dy}{dx}+y=0$ の解　　　$y=e^{-x}c_0$

非斉次方程式 $\dfrac{dy}{dx}+y=ae^{-x}$ の解　$y=e^{-x}\{c_0+a(x-x_0)\}$

◀ 6.4 節を考慮して，c_0e^{-x}，$\{c_0+a(x-x_0)\}e^{-x}$ ではなく $e^{-x}c_0$，$e^{-x}\{c_0+a(x-x_0)\}$ と書いた．

ここまでの考察から，斉次解の定数 c_0 を変化させて (x の関数として) $c(x)$ [ここでは，$c_0+a(x-x_0)$] を見つければ，非斉次方程式の解が求まりそうである．

◀ 問 3.4 で確かめる.

> 微分方程式の解を
> 　　未知関数 × 斉次解
> とおいて，微分方程式の解を求める方法を**定数変化法**という．

未知関数を c，斉次解を y_h (3.1 節) とすると，解を求める過程で，積 $c(x)y_h$ を $\dfrac{d\{c(x)y_h\}}{dx}$ のように x で微分する操作が必要である (図 **3.2**)．

─ イメージを描け ─

$f(x)g(x)$ を x で微分する操作 (隣辺の長さが限りなく小さく変化したときの面積の変化)

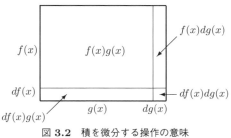

図 **3.2**　積を微分する操作の意味

◀ 式は数学の文法で書いた文だから，問 3.3 で図 3.2 を式で表現してみる．

問 3.3　f, g を x の関数とする．$\dfrac{d\{f(x)g(x)\}}{dx}=\dfrac{d\{f(x)\}}{dx}g(x)+f(x)\dfrac{d\{g(x)\}}{dx}$ を示せ．

【解説】

$$\begin{aligned}
\dfrac{d\{f(x)g(x)\}}{dx} &= \lim_{h\to 0}\dfrac{f(x+h)g(x+h)-f(x)g(x)}{h} \\
&= \lim_{h\to 0}\dfrac{f(x+h)g(x+h)-f(x)g(x+h)+f(x)g(x+h)-f(x)g(x)}{h} \\
&= \lim_{h\to 0}\dfrac{f(x+h)g(x+h)-f(x)g(x+h)}{h}+\lim_{h\to 0}\dfrac{f(x)g(x+h)-f(x)g(x)}{h} \\
&= \dfrac{d\{f(x)\}}{dx}g(x)+f(x)\dfrac{d\{g(x)\}}{dx}.
\end{aligned}$$

例　$\dfrac{d(xe^{-x})}{dx}=\dfrac{dx}{dx}e^{-x}+x\dfrac{d(e^{-x})}{dx}$．

◀ $f(x)=x$, $g(x)=e^{-x}$．

問 3.4　全平面で定義した常微分方程式 $\dfrac{dy}{dx}=-y+ae^{-x}$ (a は 0 でない実定数) を定数変化法で解いて，解曲線の特徴を調べよ．

【解説】本問のねらいは，$y=e^{-x}\{c_0+a(x-x_0)\}$ が非斉次方程式 $\dfrac{dy}{dx}+y=ae^{-x}$ の解であることを確かめることである．

手順 0　初期条件を設定する．　「$x=x_0$ のとき $y=y_0$」 [点 (x_0, y_0) を通る]

◀ この常微分方程式は定数分離型ではない．

◀ 6.4 節を考慮して，$\{c_0+a(x-x_0)\}e^{-x}$ ではなく $e^{-x}\{c_0+a(x-x_0)\}$ と書いた．

手順1 斉次解 $y_h = e^{-x}c_0$ の定数 c_0 を x の関数の値 $c(x)$ でおきかえる.
非斉次方程式の解を $y = e^{-x}c(x)$ とする.

手順2 $\dfrac{dy}{dx} + y = ae^{-x}$ をみたすように $c(x)$ を決める.

$$\underbrace{\dfrac{d\{e^{-x}c(x)\}}{dx}}_{y} + \underbrace{e^{-x}c(x)}_{y} = e^{-x}\dfrac{d\{c(x)\}}{dx} + \dfrac{d(e^{-x})}{dx}c(x) + e^{-x}c(x)$$
$$= e^{-x}\dfrac{d\{c(x)\}}{dx} - e^{-x}c(x) + e^{-x}c(x)$$
$$= e^{-x}\dfrac{d\{c(x)\}}{dx}.$$

◀ 積の微分 (問 3.3).

◀ $e^{-x}\dfrac{d\{c(x)\}}{dx} = e^{-x}a$.

$\dfrac{d\{c(x)\}}{dx} = a$ を解く.

◀ 分母を払って $d\{c(x)\} = adx$ に書き換える.

x	x_0	→	s
$c(x)$	$c(x_0)$	→	$c(s)$

$y_0 = e^{-x_0}c(x_0)$ だから
$c(x_0) = e^{x_0}y_0$.

変数分離して,左辺を $c(x) = c(x_0)$ (初期値) から $c(x) = c(s)$ (s はどんな値でもいい) まで積分し,右辺を $x = x_0$ (初期値) から $x = s$ まで積分する.

$$\int_{c(x_0)}^{c(s)} d\{c(x)\} = a\int_{x_0}^{s} dx.$$
$$c(s) - c(x_0) = a(s - x_0).$$
$$c(s) = c(x_0) + a(s - x_0).$$

$x = s, c(x) = c(s)$ の場合 (s はどんな値でもいい) に成り立つから,$c(x)$ と x との対応の規則 (関数) で決まる関数値は

$$c(x) = e^{x_0}y_0 + a(x - x_0)$$

である.

手順3 $c(x)$ の具体的な関数形を $y = e^{-x}c(x)$ に代入する.
y と x との対応の規則 (関数) で決まる関数値は $A = c(x_0) - ax_0$ (初期条件で決まる定数) とおくと

$$y = e^{-x}(ax + A) \qquad (-\infty < x < \infty)$$

をみたす (図 3.3).

◀ $c_0 = e^{x_0}y_0$,
$c(x_0) = e^{x_0}y_0$
だから
$y = e^{-x}\{c_0 + a(x - x_0)\}$
である.

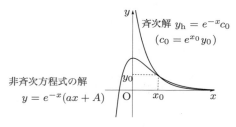

図 3.3 解の振舞 (解曲線) $a = 2.5$, 初期条件「$x_0 = 2$ のとき $y_0 = 1$」

┌─ イメージを描け ─
│ $x \to \infty$ のとき
│ $\dfrac{dy}{dx} + y = ae^{-x}$ の
│ 非同次項 (問 3.2) は
│ $ae^{-x} \to 0$ だから,
│ x が大きくなると斉次解との差が小さくなる.
└─

◎ **何がわかったか** 斉次方程式の解と非斉次方程式の解との比較

$$y = \underbrace{\underbrace{e^{-x}A}_{斉次解} + e^{-x}ax}_{非斉次方程式の解}$$

と表せることがわかる.第1項は**斉次解** (斉次方程式の解) だから,$e^{-x}ax$ が**特解** (非斉次方程式に固有の解) である.

◀ $e^{-x}A$ と $e^{-x}c_0$ とのちがいは,A と c_0 だけだから,$e^{-x}A$ も斉次方程式をみたす.

検算 $x = x_0$ のとき

$$y = e^{-x_0}(ax_0 + \underbrace{e^{x_0}y_0 - ax_0}_{A}) = y_0,$$

ここで $C(x_0) = e^{x_0}y_0 - ax_0$.

$$\frac{d\{e^{-x}(ax+A)\}}{dx} + y = e^{-x}\frac{d(ax+A)}{dx} + \frac{d(e^{-x})}{dx}(ax+A) + e^{-x}(ax+A)$$
$$= e^{-x}a + (-e^{-x})(ax+A) + e^{-x}(ax+A)$$
$$= e^{-x}a.$$

◀ 積の微分 (問 3.3).

●**類題**● 全平面で定義した常微分方程式 $\dfrac{dy}{dx} = by + ae^{bx}$ (a, b は 0 でない実定数) を解け.

【解説】 問 3.4 の結果を手がかりにして, $y_p = e^{bx}ax$ (y_p の意味について, 3.1 節参照) が特解であるかどうかを確かめる.

$$\frac{dy_p}{dx} = e^{bx}\frac{d(ax)}{dx} + \frac{d(e^{bx})}{dx}ax$$
$$= e^{bx}a\frac{dx}{dx} + \frac{d(e^{bx})}{d(bx)}\frac{d(bx)}{dx}ax$$
$$= e^{bx}a + e^{bx}bax$$
$$= e^{bx}a(1+bx)$$

$$by_p + ae^{bx} = e^{bx}abx + ae^{bx}$$
$$= e^{bx}a(1+bx)$$

◀ 問 3.4 は $b = -1$ の場合である. 問 3.4 の解を知らなければ, 問 3.4 と同じ方法で解く.

◀ 三土修平:『初歩からの経済数学 第 2 版』(日本評論社, 1996) p. 244.

◀ $\dfrac{dy_p}{dx} = \dfrac{d(axe^{bx})}{dx}$ だから, 分子は積の微分 (問 3.3 参照).

◀ $u = bx$ とおくと $\dfrac{d(e^u)}{du} = e^u$.

だから

$$\frac{dy_p}{dx} = by_p + ae^{bx}$$

である. 斉次方程式 $\dfrac{dy_h}{dx} - by_h = 0$ の解は

$$y_h = e^{bx}y_0e^{-bx_0}$$

◀ 例題 1.2.

◀ 6.4 節を考慮して, $y_0e^{-bx_0}e^{bx}$ ではなく $e^{bx}y_0e^{-bx_0}$ と書いた.

非斉次方程式

$$\frac{dy}{dx} - by = ae^{bx}$$

の解は

$$y = y_h + y_p$$

である. 初期条件「$x = x_0$ のとき $y = y_0$」をみたすように $y_h = e^{bx}A$ とおき, $y_0 = e^{bx_0}A + e^{bx_0}ax_0$ となる A を決めると $A = e^{-bx_0}y_0 - ax_0$ だから

$$y = e^{bx}A + e^{bx}ax = e^{bx}(ax + A) \quad (-\infty < x < \infty).$$

◀ $e^{bx}y_0e^{-bx_0}$ と $e^{bx}A$ とのちがいは, $y_0e^{-bx_0}$ と A だけだから, $e^{bx}A$ も斉次方程式をみたす. $A = e^{-bx_0}y_0 - ax_0$ で $b = -1$ とすると, 問 3.4 の A と一致する.

未知関数 c を求める過程で, $\displaystyle\int_a^b \frac{df(x)}{dx}g(x)dx$ の型の積分計算が必要な場合がある (例題 3.2). 積の微分 (問 3.3) の書き換えによって, この型の積分が求まる (問 3.5).

問 3.5 区間 $[a, b]$ で二つの任意の微分可能な連続関数 f, g に対して,

$$\int_a^b \frac{d\{f(x)\}}{dx}g(x)dx = \Big[f(x)g(x)\Big]_a^b - \int_a^b f(x)\frac{d\{g(x)\}}{dx}dx$$

を示せ. ここで, a, b は実定数である.

【解説】 積の微分 (問 3.3)

$$\frac{d\{f(x)g(x)\}}{dx} = \frac{d\{f(x)\}}{dx}g(x) + f(x)\frac{d\{g(x)\}}{dx}$$

この積分法を**部分積分法**という.

を
$$\frac{d\{f(x)\}}{dx}g(x) = \frac{d\{f(x)g(x)\}}{dx} - f(x)\frac{d\{g(x)\}}{dx}$$
に書き換え，両辺に dx を掛けて，$x=a$ から $x=b$ まで積分する．
$$\int_a^b \frac{d\{f(x)\}}{dx}g(x)dx = \int_{f(a)g(a)}^{f(b)g(b)} d\{f(x)g(x)\} - \int_a^b f(x)\frac{d\{g(x)\}}{dx}dx.$$

◀ $\int$ と d とが隣り合った形
$\int_{f(a)g(a)}^{f(b)g(b)} d\{f(x)g(x)\}$
$= f(b)g(b) - f(a)g(a)$
右辺第 1 項
$f(b)g(b) - f(a)g(a)$
を $\Big[f(x)g(x)\Big]_a^b$ と略記する．

[例] $\int_a^b e^x x\, dx = \Big[e^x x\Big]_a^b - \int_a^b e^x dx$

【解説】$\dfrac{d(e^x)}{dx} = e^x$ を思い出して，
$$\frac{d(e^x x)}{dx} = \underbrace{\frac{d(e^x)}{dx}}_{e^x} x + e^x \underbrace{\frac{dx}{dx}}_{1}$$

を考える．この式を
$$e^x x = \frac{d(e^x x)}{dx} - e^x$$
に書き換え，両辺に dx を掛けて，$x=a$ から $x=b$ まで積分する．

$$\int_a^b e^x x\, dx = \int_{e^a a}^{e^b b} d(e^x x) - \int_a^b e^x dx$$
$$= e^b b - e^a a - \int_a^b e^x dx.$$

◀ $u = e^x x$ とおくと $du = d(e^x x)$.

x	a	$\to$	b
u	$e^a a$	$\to$	$e^b b$

$\left[\dfrac{d\{f(x)\}}{dx} = e^x, g(x) = x \text{ とおくと } f(x) = e^x, \dfrac{d\{g(x)\}}{dx} = 1.\right]$

従来の練習法
部分積分が「積の微分」の書き換えであることを理解しないで，「$f'g$ の $'$ を f と g とで入れ換えた積 fg' を fg から引く」と暗記して，$f'g = fg - fg'$ と書くように練習したかもしれない．

のぞましい練習法
式の形を覚えていなくても，積の微分から部分積分の式がつくれるように練習する．

[Stop!]
$\dfrac{d\{f(x)\}}{dx} = x$,
$g(x) = e^x$ とおくと
$f(x) = \dfrac{1}{2}x^2$ となるから積分が簡単にならない．

ノート：線型1階常微分方程式の解法

手順 1 補助方程式 $\dfrac{dy}{dx} + (x \text{ の関数}) y = 0$ (右辺が 0 だから斉次方程式) を変数分離して解く．

斉次方程式の解は $y = $ 定数 $\times (x \text{ の関数})$ の形で表せる．

手順 2 斉次解の定数を x の関数 $c(x)$ とおいて，もとの非斉次方程式 (右辺は 0 でない) をみたす $c(x)$ を求める．

解は $y = c(x) \times (x \text{ の関数})$ である．

例題 3.2 定数変化法

全平面で定義した常微分方程式 $\dfrac{dy}{dx} = -y + x$ を解いて，解曲線の特徴を調べよ．

[発想] 非斉次方程式 $\dfrac{dy}{dx} + y = x$ は変数分離できないから，問 3.4 と同じ方法で解く．

【解説】
手順 0 初期条件を設定する．「$x = x_0$ のとき $y = y_0$」[点 (x_0, y_0) を通る]

手順 1 斉次解 $y_\mathrm{h} = e^{-x} c_0$ の定数 c_0 を x の関数の値 $c(x)$ でおきかえる．
非斉次方程式の解を $y = e^{-x} c(x)$ とする．

手順 2 $\dfrac{dy}{dx} + y = x$ をみたすように $c(x)$ を決める．

$$\underbrace{\frac{d\{e^{-x}c(x)\}}{dx}}_{y} + \underbrace{e^{-x}c(x)}_{y} = e^{-x}\frac{d\{c(x)\}}{dx} + \frac{d(e^{-x})}{dx}c(x) + e^{-x}c(x)$$
$$= e^{-x}\frac{d\{c(x)\}}{dx}.$$

◀ 解曲線上の各点で接線の傾きが (ヨコ座標) − (タテ座標) と表せる．

◀ 例題 3.1
斉次解が求まっていない場合は，斉次方程式を解く．

◀ $\dfrac{d(e^{-x})}{dx} = -e^{-x}$.

◀ $\dfrac{dy}{dx} + y = x$ は
$e^{-x}\dfrac{d\{c(x)\}}{dx} = x$
だから
$\dfrac{d\{c(x)\}}{dx} = e^x x$.

$\dfrac{d\{c(x)\}}{dx} = e^x x$ を解く.

x	x_0	$\to$	s
$c(x)$	$c(x_0)$	$\to$	$c(s)$

$y_0 = c(x_0)e^{-x_0}$ だから
$c(x_0) = y_0 e^{x_0}$.

◀ 分母を払って
$d\{c(x)\} = e^x x dx$ に書き換える.
◀ どんな関数を x で微分すると e^x になるかを思い出す.
e^x を x で微分すると
$\dfrac{d(e^x)}{dx} = e^x$
だから，分母を払って
$d(e^x) = e^x dx$
に書き換える.

変数分離して，左辺を $c(x) = c(x_0)$ (初期値) から $c(x) = c(s)$ (s はどんな値でもいい) まで積分し，右辺を $x = x_0$ (初期値) から $x = s$ まで積分する.

$$\int_{c(x_0)}^{c(s)} d\{c(x)\} = \int_{x_0}^{s} e^x x dx.$$

$$c(s) - c(x_0) = \left[e^x x\right]_{x_0}^{s} - \int_{x_0}^{s} e^x dx.$$

◀ 問 3.5.

$\int_{x_0}^{s} e^x dx = \int_{e^{x_0}}^{e^s} d(e^x).$

◀ $\int$ と d とが隣り合った形
$\int_{e^{x_0}}^{e^s} d(e^x)$
$= e^s - e^{x_0}$
この右辺を $\left[e^x\right]_{x_0}^{s}$ と表してもいい.

右辺第 2 項を 定積分の基本 $\int_\heartsuit^\diamondsuit d\square = \diamondsuit - \heartsuit$ の形に書き換える.

$$c(s) = c(x_0) - e^{x_0}(x_0 - 1) + e^s(s - 1).$$

$x = s$, $c(x) = c(s)$ の場合 (s はどんな値でもいい) に成り立つから，$c(x)$ と x との対応の規則 (関数) で決まる関数値は $A = c(x_0) - e^{x_0}(x_0 - 1)$ (初期条件で決まる定数) とおくと

$$c(x) = A + e^x(x - 1)$$

$c(s) = c(x_0)$
$\quad - e^{x_0}(x_0 - 1)$
$\quad + e^s(s - 1)$.
◀ 6.4 節を考慮して，Ae^{-x} ではなく $e^{-x}A$ と書いた.

である.

手順 3 $c(x)$ の具体的な関数形を $y = e^{-x}c(x)$ に代入する.
y と x との対応の規則 (関数) で決まる関数値は

$$y = e^{-x}A + x - 1 \quad (-\infty < x < \infty)$$

をみたす.

◎ **何がわかったか** 斉次方程式の解と非斉次方程式の解との比較

$$y = \underbrace{Ae^{-x}}_{\text{斉次解}} + x - 1$$

（Ae^{-x} の上に「非斉次方程式の解」）

┌ イメージを描け ┐
$x = 0$ のとき非斉次方程式と斉次方程式とは一致し，$\dfrac{dy}{dx} = -y$ だから，$|y|$ の大きいほうが $\left|\dfrac{dy}{dx}\right|$ も大きい (図 3.4 でグラフと y 軸との交点で傾きを比べよ).

と表せることがわかる (図 3.4). 第 1 項は **斉次解** (斉次方程式の解) だから，$x - 1$ が **特解** (非斉次方程式に固有の解) である.

◀ $e^{-x}A$ と $e^{-x}c_0$ とのちがいは，A と c_0 だけだから，$e^{-x}A$ も斉次方程式をみたす.

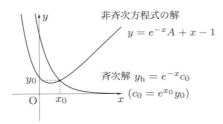

図 3.4 解の振舞 (解曲線) 初期条件「$x_0 = 1.5$ のとき $y_0 = 1$」

検算 $x = x_0$ のとき
$y = \{e^{x_0}y_0 - e^{x_0}(x_0 - 1)\}e^{-x_0} + x_0 - 1 = y_0$,

$$\dfrac{d(e^{-x}A + x - 1)}{dx} + e^{-x}A + x - 1$$
$$= \dfrac{d(e^{-x})}{dx}A + \dfrac{dx}{dx} - \dfrac{d1}{dx} + e^{-x}A + x - 1$$
$$= (-e^{-x})A + 1 - 0 + e^{-x}A + x - 1$$
$$= x.$$

計算練習

【3.1】 定数変化法 xy 平面内の $x>0$ の領域で定義した常微分方程式 $\dfrac{dy}{dx}=\dfrac{y}{x}+1$ を解いて，解曲線の特徴を調べよ．

【解説】 移項すると，線型 1 階微分方程式 $\dfrac{dy}{dx}+\left(-\dfrac{1}{x}\right)y=1$ であることがわかる．

手順 0 初期条件を設定する．「$x=x_0$ のとき $y=y_0$」[点 (x_0,y_0) を通る]

手順 1 斉次解 $y_\mathrm{h}=cx$ (問 2.3) の定数 c を x の関数の値 $c(x)$ でおきかえる．

非斉次方程式の解を $y=c(x)x$ とする．

手順 2 $\dfrac{dy}{dx}-\dfrac{y}{x}=1$ をみたすように $c(x)$ を決める．

$$\dfrac{d\overbrace{\{c(x)x\}}^{y}}{dx}-\dfrac{\overbrace{c(x)x}^{y}}{x}=\dfrac{d\{c(x)\}}{dx}x+c(x)\dfrac{dx}{dx}-c(x)$$
$$=\dfrac{d\{c(x)\}}{dx}x.$$

$\dfrac{d\{c(x)\}}{dx}x=1$ を解く．

x	x_0	$\to$	s
$c(x)$	$c(x_0)$	$\to$	$c(s)$

$y_0=c(x_0)x_0$ だから $c(x_0)=\dfrac{y_0}{x_0}$．

変数分離して，左辺を $c(x)=c(x_0)$ (初期値) から $c(x)=c(s)$ (s はどんな値でもいい) まで積分し，右辺を $x=x_0$ (初期値) から $x=s$ まで積分する．

$$\int_{c(x_0)}^{c(s)}d\{c(x)\}=\int_{x_0}^{s}\dfrac{dx}{x}.$$

右辺第 2 項を $\boxed{\text{定積分の基本 } \int_{\heartsuit}^{\diamondsuit} d\square = \diamondsuit - \heartsuit}$ の形に書き換える．

$$c(s)-c(x_0)=\int_{\log_e(x_0)}^{\log_e(s)}d\{\log_e(x)\}.$$
$$c(s)=c(x_0)+\log_e(s)-\log_e(x_0).$$

$x=s,c(x)=c(s)$ の場合 (s はどんな値でもいい) に成り立つから，$c(x)$ と x との対応の規則 (関数) で決まる関数値は $A=c(x_0)-\log_e(x_0)$ (初期条件で決まる定数) とおくと

$$c(x)=A+\log_e(x)$$

である．

手順 3 $c(x)$ の具体的な関数形を $y=c(x)x$ に代入する．y と x との対応の規則 (関数) で決まる関数値は

$$y=\{A+\log_e(x)\}x \qquad (x>0)$$

をみたす．

◎ **何がわかったか** 斉次方程式の解と非斉次方程式の解との比較

$$y=\underbrace{\overbrace{Ax}^{\text{非斉次方程式の解}}+x\log_e(x)}_{\text{斉次解}}$$

と表せることがわかる (図 **3.5**)．第 1 項は**斉次解** (斉次方程式の解) だから，$x\log_e(x)$ が**特解** (非斉次方程式に固有の解) である．

▶ イメージを描け —
式には表情がある．移項しないと同次型の顔に見える．移項すると線型 1 階微分方程式の顔に見える．

◀ 斉次方程式
$\dfrac{dy}{dx}+\left(-\dfrac{y}{x}\right)=0$
とちがって変数分離できない．計算練習【6.1】で整級数展開によって解く．

◀ 分母を払って
$d\{c(x)\}=\dfrac{dx}{x}$ に書き換える．

◀ 積の微分 (問 3.3)．

◀ どんな関数を x で微分すると $\dfrac{1}{x}$ になるかを思い出す．
$\log_e(x)$ を x で微分すると
$\dfrac{d\{\log_e(x)\}}{dx}=\dfrac{1}{x}$
だから分母を払って
$d\{\log_e(x)\}=\dfrac{dx}{x}$
に書き換える．

◀ $\int$ と d とが隣り合った形
例題 3.1 と同様に，
$\int_{\log_e(x_0)}^{\log_e(s)}d\{\log_e(x)\}$
$=\log_e(s)-\log_e(x_0)$．
この右辺を
$\left[\log_e(x)\right]_{x_0}^{s}$
と表してもいい．

◀ Ax と cx とのちがいは，A と c だけだから，Ax も斉次方程式をみたす．

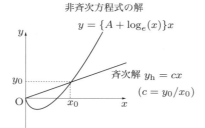

図 3.5 解の振舞 (解曲線) 初期条件「$x_0 = e$ のとき $y_0 = 1$」

検算 $A = c(x_0) - \log_e(x_0)$, $c(x_0) = \dfrac{y_0}{x_0}$ だから，$x = x_0$ のとき
$y = \{c(x_0) - \log_e(x_0) + \log_e(x_0)\} x_0 = y_0$,

$$\begin{aligned}
\frac{d\{Ax + x\log_e(x)\}}{dx} - \frac{y}{x} &= \frac{d(Ax)}{dx} + \frac{d\{x\log_e(x)\}}{dx} - \frac{Ax + x\log_e(x)}{x} \\
&= A\frac{dx}{dx} + \frac{dx}{dx}\log_e(x) + x\frac{d\{\log_e(x)\}}{dx} - A - \log_e(x) \\
&= A + \log_e(x) + x \cdot \frac{1}{x} - A - \log_e(x) \\
&= 1.
\end{aligned}$$

◀ $\dfrac{d\{x\log_e(x)\}}{dx}$ の計算の方法について，問 3.3.

別法 同次型であることを利用して解く．

手順 1 同次型であることを確かめる．
$\dfrac{d(\lambda y)}{d(\lambda x)} = \dfrac{dy}{dx}$, $\dfrac{\lambda y}{\lambda x} + 1 = \dfrac{y}{x} + 1$ だから，同次型である．

手順 2 $u = \dfrac{y}{x}$ とおく．例題 2.1 と同様に，微分方程式は
$$\frac{du}{dx}x = 1$$
になる．

◀ $\dfrac{dy}{dx} = \dfrac{y}{x} + 1$ は $\dfrac{du}{dx}x + u = u + 1$ になる．

手順 3 変数分離する．$x \neq 0$ だから，
$$du = \frac{dx}{x}$$
に書き換えることができる．

x	x_0	$\to$	s
y	y_0	$\to$	t

x	x_0	$\to$	s
u	y_0/x_0	$\to$	t/s

手順 4 左辺を $u = y_0/x_0$ (初期値) から $u = t/s$ (s, t はどんな値でもいい) まで積分し，右辺を $x = x_0$ (初期値) から $x = s$ まで積分する．

$$\int_{y_0/x_0}^{t/s} du = \int_{x_0}^{s} \frac{dx}{x}.$$
$$\frac{t}{s} - \frac{y_0}{x_0} = \log_e(s) - \log_e(x_0).$$
$$t = \{A + \log_e(s)\} s.$$

◀ $c(x_0) = \dfrac{y_0}{x_0}$, $A = c(x_0) - \log_e(x_0)$.

手順 5 $x = s, y = t$ の場合 (s, t はどんな値でもいい) に成り立つから，x と y との関係式は
$$y = \{A + \log_e(x)\} x \qquad (x > 0)$$
である．

補足 定数変化法との関係
$y = u(x)x$ と $y = c(x)x$ とを比べるとわかるように，本問の場合は $c(x)$ を求める問題と $u(x)$ を求める問題とは同じである．

【3.2】 定数変化法 全平面で定義した常微分方程式 $\dfrac{dy}{dx} = y + x + 2$ を解いて，解曲線の特徴を調べよ．

【解説】 例題 3.2 で $-y, x$ のそれぞれを $y, x+2$ におきかえた微分方程式

手順 0 初期条件を設定する．「$x = x_0$ のとき $y = y_0$」[点 (x_0, y_0) を通る]

手順 1 斉次解 $y_h = e^x c_\circ$ の定数 $c_\circ$ を x の関数 $c(x)$ におきかえる．
非斉次方程式の解を $y = e^x c(x)$ とする．

手順 2 $\dfrac{dy}{dx} - y = x + 2$ をみたすように $c(x)$ を決める．

例題 3.2 の手順 2 と同じ方法で計算を進める．$\dfrac{d\{c(x)\}}{dx} = e^{-x}(x+2)$ を解く．

変数分離して，左辺を $c(x) = c(x_0)$ (初期値) から $c(x) = c(s)$ (s はどんな値でもいい) まで積分し，右辺を $x = x_0$ (初期値) から任意の値 $x = s$ まで積分する．

$$\int_{c(x_0)}^{c(s)} d\{c(x)\} = \int_{x_0}^{s} e^{-x}(x+2) dx.$$

右辺の積分を求めるために

$$\frac{d\{e^{-x}(x+2)\}}{dx} = \frac{d(e^{-x})}{dx}(x+2) + e^{-x}\frac{d(x+2)}{dx}$$
$$= -e^{-x}(x+2) + e^{-x}$$

を考えると

$$e^{-x}(x+2) = -\frac{d\{e^{-x}(x+2)\}}{dx} + e^{-x}$$

だから，

$$e^{-x}(x+2) dx = -d\{e^{-x}(x+2)\} + e^{-x} dx$$

である．$u = e^{-x}(x+2)$ とおく．

$$\int_{x_0}^{s} e^{-x}(x+2) dx = -\int_{e^{-x_0}(x_0+2)}^{e^{-s}(s+2)} du + \int_{x_0}^{s} e^{-x} dx.$$

x	x_0	$\to$	s
u	$e^{-x_0}(x_0+2)$	$\to$	$e^{-s}(s+2)$

右辺第 1 項を 定積分の基本 $\int_{\heartsuit}^{\diamondsuit} d\square = \diamondsuit - \heartsuit$ の形に書き換える．

$$c(s) - c(x_0) = -\{e^{-s}(s+2) - e^{-x_0}(x_0+2)\} - (e^{-s} - e^{-x_0}).$$
$$c(s) = c(x_0) + e^{-x_0}(x_0+3) - e^{-s}(s+3).$$

$x = s, c(x) = c(s)$ の場合 (s はどんな値でもいい) に成り立つから，$c(x)$ と x との対応の規則 (関数) で決まる関数値は $A = c(x_0) + e^{-x_0}(x_0+3)$ (初期条件で決まる定数) とおくと

$$c(x) = A - e^{-x}(x+3)$$

である．

手順 3 $c(x)$ の具体的な関数形を $y = e^x c(x)$ に代入する．
y と x との対応の規則 (関数) で決まる関数値は

$$y = e^x A - x - 3 \quad (-\infty < x < \infty)$$

をみたす (図 **3.6**).

◀ 解曲線上の各点で接線の傾きが (タテ座標) + (ヨコ座標) + 2 と表せる．

◀ 斉次方程式 $\dfrac{dy}{dx} - y = 0$ を例題 3.1 の斉次方程式 $\dfrac{dy}{dx} + y = 0$ と比べると，斉次解は e^{-x} の代わりに e^x とすればいいことがわかる．斉次解が求まっていない場合は，斉次方程式を解く．

◀ 分母を払って $d\{c(x)\} = e^{-x}(x+2) dx$ に書き換える．

◀ 問 3.5

◀ どんな関数を x で微分すると e^{-x} になるかを思い出す．
e^x を x で微分すると $\dfrac{d(e^{-x})}{dx} = -e^{-x}$ だから，分母を払って $d(e^{-x}) = -e^{-x} dx$ に書き換え，$e^{-x} dx = -d(e^{-x})$ を積分すると，

$$\int_{x_0}^{s} e^{-x} dx = -\int_{e^{-x_0}}^{e^{-s}} d(e^{-x}).$$

◀ $\int$ と d とが隣り合った形

$$\int_{e^{-x_0}}^{e^{-s}} d(e^{-x})$$
$$= e^{-s} - e^{-x_0}$$

この右辺を $\left[e^{-x}\right]_{x_0}^{s}$ と表してもいい．

◀ 6.4 節を考慮して，Ae^x ではなく $e^x A$ と書いた．

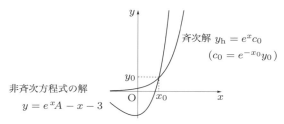

図 3.6 解の振舞 (解曲線) 初期条件「$x_0 = 1.5$ のとき $y_0 = 1$」
$x > 0$：指数関数の値 Ae^x が支配 ($x \to \infty$ のとき $e^x \to \infty$).
$x < 0$：1 次関数の値 $-x - 3$ が支配 ($x \to -\infty$ のとき $e^x \to 0$).

◀ 非斉次方程式の解：$x < 0$ の領域で $-x$ が支配するから接線の傾きが負 (右下がり) になる.

◎ 何がわかったか　斉次方程式の解と非斉次方程式の解との比較

$$y = \underbrace{e^x A}_{\text{斉次解}} + \overbrace{(-x - 3)}^{\text{非斉次方程式の解}}$$

と表せることがわかる．第 1 項は**斉次解** (斉次方程式の解) だから，$-x - 3$ が**特解** (非斉次方程式に固有の解) である．

◀ $e^x A$ と $e^x c_0$ とのちがいは，A と c_0 だけだから，$e^x A$ も斉次方程式をみたす．

◀ $y = e^x c(x)$ だから
$y_0 = e^{x_0} c(x_0)$
となり，
$c(x_0) = e^{-x_0} y_0$.

検算　$x = x_0$ のとき $y = e^{x_0}\{\underbrace{e^{-x_0} y_0 + e^{-x_0}(x_0 + 3)}_{c(x_0)}\} - x_0 - 3 = y_0$,

$$\frac{d(\overbrace{e^x A - x - 3}^{y})}{dx} - (\overbrace{e^x A - x - 3}^{y}) = e^x A - 1 - e^x A + x + 3$$
$$= x + 2.$$

◀ 斉次方程式 $\dfrac{dy}{dx} - 2y = 0$ を例題 3.1 の斉次方程式 $\dfrac{dy}{dx} + y = 0$ と比べると，斉次解は e^{-x} の代わりに e^{2x} とすればいいことがわかる．斉次解が求まっていない場合は，斉次方程式を解く．

●**類題**●　全平面で定義した常微分方程式 $\dfrac{dy}{dx} = 2y + 5x$ を解け．

【解説】例題 3.2 で $-y, x$ を $2y, 5x$ におきかえた常微分方程式
手順 0　初期条件を設定する．　「$x = x_0$ のとき $y = y_0$」[点 (x_0, y_0) を通る]
手順 1　斉次解 $y_\mathrm{h} = e^{2x} c_0$ の定数 c_0 を x の関数 $c(x)$ におきかえる．
　非斉次方程式の解を $y = e^{2x} c(x)$ とする．
手順 2　$\dfrac{dy}{dx} - 2y = 5x$ をみたすように $c(x)$ を決める．

例題 3.2 の手順 2 と同じ方法で計算を進めて，$\dfrac{d\{c(x)\}}{dx} = 5xe^{-2x}$ を解いて，$c(x)$ を求める．

$x = s, c(x) = c(s)$ の場合 (s はどんな値でもいい) に成り立つから，$c(x)$ と x との対応の規則 (関数) で決まる関数値は $A = c(x_0) + \dfrac{5}{2} e^{-2x_0} x_0 + \dfrac{5}{4} e^{-2x_0}$ (初期条件で決まる定数) とおくと

$$c(x) = A - \frac{5}{2} e^{-2x} x - \frac{5}{4} e^{-2x}$$

である．
手順 3　$c(x)$ の具体的な関数形を $y = e^x c(x)$ に代入する．
　y と x との対応の規則 (関数) で決まる関数値は

$$y = e^{2x} A - \frac{5}{2} \left(x + \frac{1}{2} \right) \qquad (-\infty < x < \infty)$$

をみたす．

◀ $\displaystyle\int_{x_0}^{s} e^{-2x} x\, dx$ の求め方 (問 3.5)
$\dfrac{d(e^{-2x} x)}{dx}$
$= \dfrac{d(e^{-2x})}{dx} x + e^{-2x} \dfrac{dx}{dx}$
$= -2 e^{-2x} x + e^{-2x}$
を考えると
$e^{-2x} x$
$= -\dfrac{1}{2} \dfrac{d(e^{-2x})}{dx} + \dfrac{1}{2} e^{-2x}$
だから
$e^{-2x} x\, dx$
$= -\dfrac{1}{2} d(e^{-2x}) + \dfrac{1}{2} e^{-2x} dx$
である．ここから計算練習【3.2】と同じ方法で積分する．
$\dfrac{d(e^{-2x})}{dx} = -2e^{-2x}$
の分母を払うと
$e^{-2x} dx = -\dfrac{1}{2} d(e^{-2x})$.
$u = e^{-2x}$ とおくと
$\displaystyle\int_{x_0}^{s} e^{-2x} dx$
$= -\dfrac{1}{2} \displaystyle\int_{e^{-2x_0}}^{e^{-2s}} du$
$= -\dfrac{1}{2} (e^{-2s} - e^{-2x_0})$.

|補足|　$\dfrac{dy}{dx} = 2y + 5x$ の意味：各点で接線の傾きが y 座標の 2 倍と x 座標の 5 倍との和である．

【3.3】　**定数変化法**　xy 平面内の $x > 0$ の領域で定義した常微分方程式 $\dfrac{dy}{dx} = \dfrac{y}{x} + x^2$ を解いて，解曲線の特徴を調べよ．

【解説】計算練習【3.1】で非同次項 (問 3.2) 1 を x^2 におきかえた常微分方程式

手順 0 初期条件を設定する. 「$x = x_0$ のとき $y = y_0$」[点 (x_0, y_0) を通る]

手順 1 斉次解 $y_h = c_o x$ (計算練習【3.1】) の定数 c_0 を x の関数 $c(x)$ におきかえる.
非斉次方程式の解を $y = c(x)x$ とする.

手順 2 $\dfrac{dy}{dx} - \dfrac{y}{x} = x^2$ をみたすように $c(x)$ を決める.

$\dfrac{d\{c(x)\}}{dx} x = x^2$ を解く.

◀ 分母を払って $d\{c(x)\} = xdx$ に書き換える.

x	x_0	$\to$	s
$c(x)$	$c(x_0)$	$\to$	$c(s)$

$y_0 = c(x_0) x_0$ だから
$c(x_0) = \dfrac{y_0}{x_0}$.

変数分離して，左辺を $c(x) = c(x_0)$ (初期値) から $c(x) = c(s)$ (s はどんな値でもいい) まで積分し，右辺を $x = x_0$ (初期値) から $x = s$ まで積分する.

$$\int_{c(x_0)}^{c(s)} d\{c(x)\} = \int_{x_0}^{s} x dx.$$

右辺を 定積分の基本 $\int_{\heartsuit}^{\diamondsuit} d\square = \diamondsuit - \heartsuit$ の形に書き換える.

◀ $\dfrac{d(x^2)}{dx} = 2x$ の分母を払うと $2xdx = d(x^2)$ だから $xdx = \dfrac{1}{2}d(x^2)$.

$$c(s) - c(x_0) = \dfrac{1}{2} \int_{x_0^2}^{s^2} d(x^2).$$

$$c(s) = c(x_0) + \dfrac{1}{2}(s^2 - x_0^2).$$

$x = s, c(x) = c(s)$ の場合 (s はどんな値でもいい) に成り立つから，$c(x)$ と x との対応の規則 (関数) で決まる関数値は $A = c(x_0) - \dfrac{1}{2}x_0^2$ (初期条件で決まる定数) とおくと

$$c(x) = A + \dfrac{1}{2}x^2$$

である.

手順 3 $c(x)$ の具体的な関数形を $y = c(x)x$ に代入する.

y と x との対応の規則 (関数) で決まる関数値は

$$y = Ax + \dfrac{1}{2}x^3 \qquad (x > 0)$$

をみたす (図 **3.7**. 接線の傾きは斉次解では一定，非斉次方程式の解では x の値とともに大きくなる).

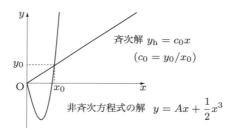

図 **3.7** 解の振舞 (解曲線) 初期条件「$x_0 = 3$ のとき $y_0 = 2$」

◎ **何がわかったか** 斉次方程式の解と非斉次方程式の解との比較

$$y = \underbrace{Ax}_{\text{斉次解}} + \overbrace{\dfrac{1}{2}x^3}^{\text{非斉次方程式の解}}$$

◀ Ax と $c_0 x$ とのちがいは，A と c_0 だけだから，Ax も斉次方程式をみたす.

と表せることがわかる．第 1 項は**斉次解** (斉次方程式の解) だから，$\frac{1}{2}x^3$ が**特解** (非斉次方程式に固有の解) である．

検算 $x = x_0$ のとき
$$y = \left(\frac{y_0}{x_0} - \frac{1}{2}x_0{}^2\right)x_0 + \frac{1}{2}x_0{}^3 = y_0,$$

$$\frac{d(\overbrace{Ax + \frac{1}{2}x^3}^{y})}{dx} - \frac{\overbrace{Ax + \frac{1}{2}x^3}^{y}}{x} = A + \frac{3}{2}x^2 - A - \frac{1}{2}x^2 = x^2.$$

◀ $y = c(x)x$ だから $y_0 = c(x_0)x_0$. $c(x_0) = y_0/x_0$. $x > 0$ の領域で分母は $x_0 \neq 0$.

探究演習

【3.4】 ベルヌーイ（Bernoulli）の微分方程式　n が定数のとき，xy 平面内の $y > 0$ の領域で定義した常微分方程式 $\frac{dy}{dx} = -p(x)y + q(x)y^n$ の変数をおきかえて，線型 1 階常微分方程式に書き換えよ．つぎの場合の解曲線の特徴を調べよ．
- (a) $p(x) = \frac{1}{x}$ $(x > 0)$, $q(x) = 1$, $n = 2$.
- (b) $p(x) = \alpha$, $q(x) = \beta$, $n = 2/3$ (α, β は正の実定数).

★ **背景** ★　例題 3.1 $\frac{dy}{dx} + x^0 y = 0$ は α, β を $\alpha + \beta = 1$ ($\alpha = 0.3, \beta = 0.7$ など) のように選ぶと $\frac{dy}{dx} + \alpha x^0 y = -\beta x^0 y$ $(n = 1)$ と表せる．

例題 3.1 $\frac{dy}{dx} + x^0 y = ax^0 y^0$ $(n = 0)$,　　例題 3.2 $\frac{dy}{dx} + x^0 y = xy^0$ $(n = 0)$,

計算練習【3.1】 $\frac{dy}{dx} + \left(-\frac{1}{x}\right)y = x^0 y^0$ $(n = 0)$,

計算練習【3.3】 $\frac{dy}{dx} + \left(-\frac{1}{x}\right)y = x^2 y^0$ $(n = 0)$.

▶ **着眼点**　$n = 1$ のとき，例題 3.1 のように変数分離型である．$n = 0$ のとき，線型 1 階常微分方程式である．本問では，$n \neq 1$ の場合を考える．

○**解法**○

手順 1 $\frac{dy}{dx} = -p(x)y + q(x)y^n$ の両辺を y^n で割る．
$$y^{-n}\frac{dy}{dx} = -p(x)y^{1-n} + q(x).$$

手順 2 $z = y^{1-n}$ とおく．
$$\frac{dz}{dx} = (1-n)y^{-n}\frac{dy}{dx}$$
だから
$$y^{-n}\frac{dy}{dx} = \frac{1}{1-n}\frac{dz}{dx}$$
である．したがって，
$$\frac{1}{1-n}\frac{dz}{dx} = -p(x)z + q(x)$$
になる．z についての線型 1 階常微分方程式
$$\frac{dz}{dx} + \underbrace{(1-n)p(x)}_{P(x)}z = \underbrace{(1-n)q(x)}_{Q(x)} \qquad (z > 0)$$
を得る．

(a) $\frac{dy}{dx} = -\frac{y}{x} + y^2$

手順 0 初期条件を設定する．「$x = x_0$ のとき $y = y_0$」[点 (x_0, y_0) を通る]
手順 1 y についての常微分方程式の両辺を y^2 で割る．
$$y^{-2}\frac{dy}{dx} = -\frac{1}{x}y^{-1} + 1.$$

発想 $\frac{dy}{dx}$ をつくるために z を x で微分する．
$$\frac{d(y^{1-n})}{dx}$$
$$= \frac{d(y^{1-n})}{dy}\frac{dy}{dx}$$
$$= (1-n)y^{-n}\frac{dy}{dx}.$$
◀ $y > 0$ だから $z > 0$.

◀ $y^{-2}\frac{dy}{dx} = -\frac{1}{x}y^{-1} + 1$ は $-\frac{dz}{dx} = -\frac{1}{x}z + 1$ になる．

手順2 $z = y^{-1}$ とおく．
$$\frac{dz}{dx} = -y^{-2}\frac{dy}{dx}$$
だから
$$\frac{dz}{dx} = \frac{z}{x} - 1$$
である．

手順3 定数変化法で z について解く．
計算練習【3.1】と同様に，$A = \dfrac{z_0}{x_0} + \log_e(x_0)$ とおくと
$$z = \{A - \log_e(x)\}x$$
になる．

手順4 もとの変数 y にもどす．
$y = z^{-1}$ だから $y > 0$ のとき $z > 0$．$x > 0$ だから $z > 0$ のとき $A - \log_e(x) > 0$ であり，$x < e^A$．したがって，
$$y = \frac{1}{\{A - \log_e(x)\}x} \qquad (0 < x < e^A)$$
となる (図 3.8)．

◀計算練習【3.1】で y の代わりに z として，非同次項 (問 3.2) が 1 ではなく -1 である．$z_0 = \dfrac{1}{y_0}$ に注意する．

◀ $x > 0$ で $x = e^A$ のとき分母は $\{A - \log_e(x)\}x = 0$．

◀図 3.8 で，$x_0 = e$，$z_0 = y_0^{-1} = 1$ だから，
$$A = \frac{z_0}{x_0} + \log_e(x_0)$$
$$= \frac{1}{e} + \log_e(e)$$
$$= \frac{1}{e} + 1.$$

別の考え方
$x = x_0$, $y = y_0$ のとき
$$y_0 = \frac{1}{\{A - \log_e(x_0)\}x_0}$$
だから，$x_0 = e$，$y_0 = 1$ を代入して，整理すると
$$A = \frac{1}{e} + 1$$
である．

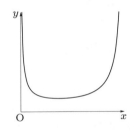

図 3.8 解の振舞 (解曲線) 初期条件「$x_0 = e$ のとき $y_0 = 1$」漸近線は $x = e^A$．

Stop! z についての常微分方程式は線型1階常微分方程式だから，
$$z = \underbrace{Ax}_{\text{斉次解}} + \overbrace{\{-\log_e(x)\}x}^{\text{非斉次方程式の解}}$$
と表せる．第1項は**斉次解** (斉次方程式の解)，第2項 $\{-\log_e(x)\}x$ は**特解** (非斉次方程式に固有の解) である．

y についての常微分方程式は y^2 を含むから線型1階常微分方程式ではない．したがって，y は 斉次解＋特解 の形ではない．

検算 $x = x_0$ のとき
$$\frac{1}{\left\{\dfrac{z_0}{x_0} + \log_e(x_0) - \log_e(x_0)\right\}x_0} = \frac{1}{z_0}$$
$$= y_0.$$

$y^{-1} = \{A - \log_e(x)\}x$ だから
$$-\frac{1}{x}y^{-1} = A - \log_e(x),$$
$$\frac{d(y^{-1})}{dx} = \frac{d(Ax)}{dx} - \frac{d[\{\log_e(x)\}x]}{dx}$$
$$= A\frac{dx}{dx} - \left\{\frac{d\{\log_e(x)\}}{dx}x + \log_e(x)\frac{dx}{dx}\right\}$$
$$= A - 1 - \log_e(x).$$

◀ { } の中は積の微分 (問 3.3)．
$$\frac{d\{\log_e(x)\}}{dx} = \frac{1}{x}$$
(1.1 節)．

探　究　演　習

$$\frac{d(y^{-1})}{dx} = \frac{d(y^{-1})}{dy}\frac{dy}{dx}$$
$$= -y^{-2}\frac{dy}{dx}$$

だから
$$y^{-2}\frac{dy}{dx} = -\frac{1}{x}y^{-1} + 1.$$

(b) $\dfrac{dy}{dx} = -\alpha y + \beta y^{2/3}$

手順 0 初期条件を設定する．　「$x = x_0$ のとき $y = y_0$」[点 (x_0, y_0) を通る]

手順 1 y についての常微分方程式の両辺を $y^{2/3}$ で割る．

$$y^{-2/3}\frac{dy}{dx} = -\alpha y^{1/3} + \beta.$$

手順 2 $z = y^{1/3}$ とおく．

$$\frac{dz}{dx} = \frac{1}{3}y^{-2/3}\frac{dy}{dx}$$

だから
$$\frac{dz}{dx} = -\frac{1}{3}\alpha z + \frac{1}{3}\beta$$

である．

◀ $z^3 = y$ を x で微分すると，
$3z^2\dfrac{dz}{dx} = \dfrac{dy}{dx}$.
$\dfrac{dz}{dx} = \dfrac{1}{3}z^{-2}\dfrac{dy}{dx}$
$= \dfrac{1}{3}y^{-2/3}\dfrac{dy}{dx}$.

手順 3 定数変化法で z について解く．
例題 3.2 と同様に，$A = y_0^{1/3}e^{\alpha x_0/3} - \dfrac{\beta}{\alpha}e^{\alpha x_0/3}$ とおくと
$$z = \left(A + \frac{\beta}{\alpha}e^{\alpha x/3}\right)e^{-\alpha x/3}$$

になる．

◀ 例題 3.2 で y の代わりに z として，非同次項 (問 3.2) が x ではなく $\dfrac{1}{3}\beta$ である．$z_0 = y_0^{1/3}$ に注意する．

手順 4 もとの変数 y にもどす．

$$y = \left(Ae^{-\alpha x/3} + \frac{\beta}{\alpha}\right)^3.$$

グラフを描きやすくするために，この式を整理して
$$y = \left(\frac{\beta}{\alpha}\right)^3\left(1 + \frac{A\alpha}{\beta}e^{-\alpha x/3}\right)^3$$

に書き換える (図 3.9)．

◀ 斉次方程式
$\dfrac{dz}{dx} + \dfrac{1}{3}\alpha z = 0$
の解．
$z_\mathrm{h} = z_0$
　$\times e^{\alpha x_0/3}e^{-\alpha x/3}$.
$z_0 = c(x_0)$
　$\times e^{-\alpha x_0/3}$
だから
$c(x_0) = z_0 e^{\alpha x_0/3}$.

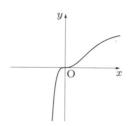

図 3.9 解の振舞 (解曲線)　$\alpha = 2, \beta = 3$, 初期条件「$x_0 = 0$ のとき $y_0 = 0$」

◀ グラフを描くとき注意する．

問 原点で接線が水平である理由を答えよ．

答 $y = 0$ のとき $\dfrac{dy}{dx} = 0$．

検算 $x = x_0$ のとき $y = \left\{\left(y_0^{1/3}e^{\alpha x_0/3} - \dfrac{\beta}{\alpha}e^{\alpha x_0/3}\right)e^{-\alpha x_0/3} + \dfrac{\beta}{\alpha}\right\}^3 = y_0$．

$$\frac{dy}{dx} = 3\left(Ae^{-\alpha x/3} + \frac{\beta}{\alpha}\right)^2\left(-\frac{\alpha}{3}Ae^{-\alpha x/3}\right)$$

$$= -\alpha \left(Ae^{-\alpha x/3} + \frac{\beta}{\alpha}\right)^2 \left\{\left(Ae^{-\alpha x/3} + \frac{\beta}{\alpha}\right) - \frac{\beta}{\alpha}\right\}$$

$$= -\alpha \left(Ae^{-\alpha x/3} + \frac{\beta}{\alpha}\right)^3 + \beta \left(Ae^{-\alpha x/3} + \frac{\beta}{\alpha}\right)^2$$

$$= -\alpha y + \beta y^{2/3}.$$

◀ $u = Ae^{-\alpha x/3} + \frac{\beta}{\alpha}$, $v = e^{-\alpha x/3}$ とおく。
$\frac{dy}{dx} = \frac{d(u^3)}{dx}$
$= \frac{d(u^3)}{du}\frac{du}{dx}$
$= 3u^2 \frac{du}{dv}\frac{dv}{dx}$.
$\frac{d(Av + \beta/\alpha)}{dv} = A$.
$w = -\alpha x/3$ とおく。
$\frac{dv}{dx} = \frac{d(e^{-\alpha x/3})}{dx}$
$= \frac{d(e^w)}{dw}\frac{dw}{dx}$
$= e^w \left(-\frac{\alpha}{3}\right)$.

■モデル■ 魚の成長過程を表すために，w を魚の体重 (weight)，t を時間として，栄養分による体重の増加を $\alpha w^{2/3}$，呼吸による体重の減少を βw（体重に比例）と表す．
問 体重の時間変化は，どのような微分方程式で表せるか？その解の特徴を答えよ．
解 $\frac{dw}{dt} = \alpha w^{2/3} - \beta w$ （α, β は正の一定量）
このモデルでは，体重が指数関数にしたがって図 3.9 の第 1 象限 ($w > 0$ kg, $t > 0$ d) のように変化する [D. Burghes and M. Borrie: *Modelling with Differential Equations*, (Ellis Horwood Limited, 1990)].

◀ d：日 (day)

Stop! 線型常微分方程式でなくても定数変化法で解ける例がある．
問 探究演習【1.5】(3) を定数変化法で解け．

◀ 小林幸夫：『現場で出会う微積分・線型代数』(現代数学社, 2011) pp. 209–215.

【3.5】 **一般のリッカチ (Riccati) の微分方程式** 何らかの方法で，常微分方程式 $\frac{dy}{dx} = -p(x)y + q(x)y^2 + r(x)$ の一つの解 y_1 がわかっているとき，点 (x_0, y_0) を通る解を求めよ．つぎの場合の解曲線の特徴を調べよ．

$$p(x) = 2x, \ q(x) = 1, \ r(x) = x^2 + 1.$$

★ 背景 ★ $\frac{dy}{dx} = -p(x)y + q(x)y^2 + r(x)$ は一般には解けない．「解けない」とは，「求積法（四則，微分する操作，積分する操作，変数のおきかえなどをくりかえす方法）で解を表す式を求めることができない」という意味であって，数値計算で解の振舞を見出すことはできる．

この常微分方程式は，a, b, n が実定数のとき xy 平面内の $x > 0, y > 0$ の領域で定義した Riccati の微分方程式 $\frac{dy}{dx} = ay^2 + by^n$ を一般化した常微分方程式である．

◀ J. Liouville は，四則，微分する操作，積分する操作，変数のおきかえなどをくりかえしても解を表す式を求めることができないことを証明した [佐藤恒雄：『初歩から学べる微分方程式』(培風館, 2002)].

$q(x) = 0$ のとき　　線型 1 階常微分方程式 $\frac{dy}{dx} + p(x)y = r(x)$．

$r(x) = 0$ のとき　　Bernoulli の微分方程式 $\frac{dy}{dx} = -p(x)y + q(x)y^2$．

▶ **着眼点** 幸運にも $y_1|_{x=x_0} = y_0$ をみたしているとき，y_1 が解であるから，どのように解くかを考える手間が省けたことになる．

○解法○
$y_1|_{x=x_0} \neq y_0$ の場合
手順 1 $y = y_1 + u$ （u は未知関数）とおく．

$$\frac{dy}{dx} = \frac{dy_1}{dx} + \frac{du}{dx}$$

だから，微分方程式は

$$\frac{dy_1}{dx} + \frac{du}{dx} = -p(x)y_1 - p(x)u + q(x)(y_1 + u)^2 + r(x)$$

であり，この式を整理すると

$$\left\{\frac{dy_1}{dx} + p(x)y_1 - q(x)y_1^2 - r(x)\right\} + \frac{du}{dx} + \{p(x) - 2q(x)\}u - q(x)u^2 = 0$$

になる．
手順 2 u についての常微分方程式をつくる．

◀ y, y_1, u は x の関数である．
0.4 節のノート：方程式と微分方程式とのちがいを参照．

y_1 は $\dfrac{dy_1}{dx} + p(x)y_1 - q(x)y_1{}^2 - r(x) = 0$ の解だから，Bernoulli の微分方程式

$$\frac{du}{dx} + \{p(x) - 2q(x)\}u - q(x)u^2 = 0$$

を得る.

手順 3 u についての常微分方程式の両辺を u^2 で割る．

$$u^{-2}\frac{du}{dx} = -\{p(x) - 2q(x)\}u^{-1} + q(x).$$

手順 4 $z = u^{-1}$ とおく．

$$\frac{dz}{dx} = -u^{-2}\frac{du}{dx}$$

だから

$$\frac{dz}{dx} = \{p(x) - 2q(x)\}z - q(x)$$

である．

手順 5 定数変化法で z について解く．

手順 6 もとの変数 u にもどす．

◀ 探究演習【3.4】(a).
◀ 計算練習【0.2】．

(例)「何らかの方法で y_1 がわかっているとき」とは，どんなときか？

$$\frac{dy}{dx} = -2xy + y^2 + x^2 + 1.$$

視察によって (暗算で), $y_1 = x$ であることがわかる．右辺は $-2x^2 + x^2 + x^2 + 1 = 1$, 左辺は $\dfrac{dx}{dx} = 1$ だから一致する．

手順 1 $y = x + u$ (u は未知関数) とおく．

微分方程式は

$$\frac{dx}{dx} + \frac{du}{dx} = -2x^2 - 2xu + (x+u)^2 + x^2 + 1$$

であり，整理すると

$$\left\{\frac{dx}{dx} + 2x^2 - x^2 - (x^2+1)\right\} + \frac{du}{dx} = u^2$$

になる．

◀ $y = y_1 + u$, $y_1 = x$．
◀ $-2x(x+u)$ $+(x+u)^2$ $+x^2+1$．
◀ $\dfrac{dx}{dx} + 2x^2$ $-x^2 - (x^2+1)$ $= 0$．

手順 2 u についての常微分方程式をつくる．

$$\frac{du}{dx} = u^2.$$

手順 3 u について解く．

変数分離して，左辺を $u = u_0$ (初期値) から $u = w$ ($= t - s$, s, t はどんな値でもいい) まで積分し，右辺を $x = x_0$ (初期値) から $x = s$ まで積分する．

$$\int_{u_0}^{w} u^{-2} du = \int_{x_0}^{s} dx.$$

左辺を 定積分の基本 $\int_{\heartsuit}^{\diamondsuit} d\square = \diamondsuit - \heartsuit$ の形に書き換える．

$$-\int_{u_0{}^{-1}}^{w^{-1}} d(u^{-1}) = s - x_0.$$

u	u_0	$\to$	w
u^{-1}	$u_0{}^{-1}$	$\to$	w^{-1}

$u_0 = y_0 - x_0$
$w = t - s$

$$-(w^{-1} - u_0{}^{-1}) = s - x_0.$$

$$w = -\frac{1}{s - \left(x_0 + \dfrac{1}{u_0}\right)}$$

◀ 微分方程式の両辺を u^2 で割り，分母を払って $u^{-2}du = dx$ に書き換える．

◀ $u = 0$ (定数関数) とすると $y = x + u = x$ となり, $y = x$ でない解を求めることにならないから $u \neq 0$ である．$1/u^2$ の分母 u^2 は 0 でない．

◀ どんな関数を u で微分すると u^{-2} になるかを思い出す．
$\dfrac{d(u^{-1})}{du} = -u^{-2}$ の分母を払うと
$u^{-2}du = -d(u^{-1})$．

$$= -\frac{1}{s - \left(x_0 + \dfrac{1}{y_0 - x_0}\right)}.$$

◀ $y = x + u$ とおいたから，$u = y - x$, $u_0 = y_0 - x_0$.

$x = s, u = w$ の場合 (s, w はどんな値でもいい) に成り立つから，u と x との対応の規則 (関数) で決まる関数値は $c = -\left(x_0 + \dfrac{1}{y_0 - x_0}\right)$ (初期条件で決まる定数) とおくと

$$u = -\frac{1}{x + c} \qquad (x < -c \text{ または } x > -c)$$

◀ $w = -\dfrac{1}{s + c}$.

である．

手順 4 $y = x + u$ を求める．

y と x との対応の規則 (関数) で決まる関数値は

$$y = x - \frac{1}{x + c} \qquad (x < -c \text{ または } x > -c)$$

をみたす (図 **3.10**)．

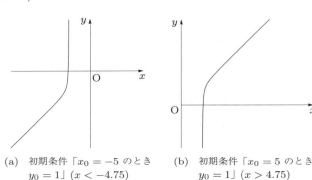

(a) 初期条件「$x_0 = -5$ のとき $y_0 = 1$」($x < -4.75$)
(b) 初期条件「$x_0 = 5$ のとき $y_0 = 1$」($x > 4.75$)

図 **3.10** 解の振舞 (解曲線)

検算 $x = x_0$ のとき $y = x_0 - \dfrac{1}{x_0 - \left(x_0 + \dfrac{1}{y_0 - x_0}\right)} = y_0$.

$$\begin{aligned}
\frac{dy}{dx} &= \frac{dx}{dx} - \frac{d\{(x+c)^{-1}\}}{dx} \\
&= 1 - \frac{d\{(x+c)^{-1}\}}{d(x+c)} \frac{d(x+c)}{dx} \\
&= 1 - \{-(x+c)^{-2}\}\left(\frac{dx}{dx} + \frac{dc}{dx}\right) \\
&= 1 + \frac{1}{(x+c)^2} \\
&= 1 + (y-x)^2 \\
&= -2xy + y^2 + x^2 + 1.
\end{aligned}$$

◀ $X = x + c$ とおく．
$\dfrac{d\{(x+c)^{-1}\}}{d(x+c)}$
$= \dfrac{d(X^{-1})}{dX}$
$= -X^{-2}$
$= -(x+c)^{-2}.$

◀ $y = x - \dfrac{1}{x+c}$ から
$y - x = -\dfrac{1}{x+c}.$

休憩室　林真理子：『下流の宴』(毎日新聞社，2010)
　この頃はテレビを見ていても，拍手の音が方程式や二次関数に聞こえてくる．パチパチパチは $(x-1)$ の 3 乗，これに声がかぶさってくると，$a(x-p)^2 + q$ となっていく．

第 3 講の自己評価 (到達度確認)
① 斉次方程式の解と非斉次方程式の解との関係を理解したか？
② 定数変化法で線型 1 階常微分方程式を解くことができるか？

第4講 完全微分型 —— 接平面の傾き

> **第4講の問題点**
> ① 完全微分方程式をみたす関数の意味と求め方とを理解すること．
> ② 線積分の概念を理解して，積分路に沿う積分が計算できること．
> ③ 積分因子で完全微分型をつくる方法を理解すること．
> 【キーワード】 偏微分，完全微分型，積分因子

第1講，第2講，第3講では，曲線上の各点での接線の傾き (局所的変動) がわかっているとき，曲線全体の振舞 (大域的変動) を知る方法を考えた．ある点で接する直線 (接線)，その点の隣りの点で接する直線 (接線)，…を，なめらかにつなぎ合わせて曲線を求めた．

◀ はしがき．

◀ 0.1 節．

数学の世界には「概念を拡張して発展する」という特徴がある．第4講では，曲線上の各点での接線から発展して，曲面内の各点での接平面に着目する．ある点で接する平面 (接平面)，その点の隣りの点で接する平面 (接平面)，…を，なめらかに貼り合わせて曲面を求める方法を考える．

空間内で曲面を表すとき，曲面内の各点の高さに着目する．住居表示の「何番何号の位置の高さ」のように，曲面は 2 変数関数 (何番と何号との 2 変数の値がわかると，その位置の高さがわかる) の方程式で表す．各点での接平面の方程式は，接点を原点とする座標軸で表すと扱いやすい．この発想は，平面内で曲線上の各点での接線の方程式を表すとき，接点を原点とする座標軸を設定した事情 (0.2 節) と同じである．この座標軸で，接線は比例を表す直線と考えることができる．接平面を表すときの発想も，比例の概念の拡張である．

◀ 接点を原点とする座標軸を選ぶと，接線は原点 (接点) を通る直線である (0.2 節)．

4.1 接平面の表し方 —— 接線の表し方の拡張

数学では「概念を拡張する」という発想が重要である．接線の表し方 (0.2 節) と比べながら，接平面の表し方を考える．点の位置を表すために，図 4.1 の座標軸を設定する．

◀ 量 (長さ，質量，時間など) は単位量 (m, kg, s など) の何倍かで表す．
例 $3\,\mathrm{m} = 3 \times \mathrm{m}$
座標は，長さという量を単位長さで割った数値である．座標を x, y, z と表すと
$$x = \frac{3\,\mathrm{m}}{\mathrm{m}} = 3,$$
$$y = \frac{4\,\mathrm{m}}{\mathrm{m}} = 4,$$
$$z = \frac{5\,\mathrm{m}}{\mathrm{m}} = 5.$$
小林幸夫：『現場で出会う微積分・線型代数』(現代数学社，2011) 0.4 節．

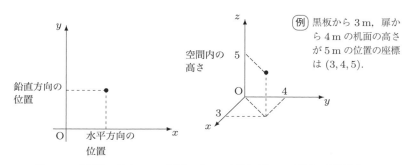

図 4.1 座標軸　教室で xy 平面に床，yz 平面に扉，zx 平面に黒板がある．

問 4.1 曲線 $y = \log_e(x)$ 上の点 $(c, \log_e(c))$ を原点とする dx 軸，dy 軸で，この点で接線 [曲線 $y = \log_e(x)$ の代わりになる直線] の方程式を表せ．

【解説】点 $(c, \log_e(c))$ で接線の傾きは $\dfrac{1}{c}$ だから，接線の方程式は

◀ 関数 $\log_e(\ )$ の定義域は $x > 0$ だから $c > 0$ である．

$$(dy)_c = \frac{1}{c}(dx)_c \quad (\text{高さ} = \text{傾き} \times \text{幅})$$

であり (図 4.2), 正比例関数を表す (ノート：式の読解を参照).

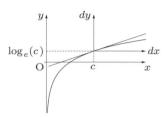

図 4.2 曲線 $y = \log_e(x)$ と接線 $dy = \frac{1}{c}dx$

◀ 問 0.3, 図 0.20 と同じ考え方
◀ $\dfrac{d\{\log_e(x)\}}{dx} = \dfrac{1}{x}$
(1.1 節, 例題 1.1)
◀ 特定の値 c を指定しないで x の任意の正の値 (どんな値でもいい) におきかえると $dy = \dfrac{1}{x}dx$ と表せる.
◀ 図 4.2 は $c = 2$ の場合を描いてある.

<u>補足</u> 首を傾けて dx 軸で高さ, dy 軸で幅を測ると, 高さ = 傾き×幅 は $(dx)_c = c\,(dy)_c$ と表せる.

接線の方程式が表す関数は, 3 通りの見方ができる.

> **ノート：式の読解**
> 1. $dy = \dfrac{1}{c}dx$：dx を独立変数, dy を従属変数として, dy は dx に比例する.
> 2. $dx = c\,dy$：dy を独立変数, dx を従属変数として, dx は dy に比例する.
> 3. $\dfrac{1}{c}dx + (-1)dy = 0$ ($dx - c\,dy = 0$ とも表せる)：dx, dy を対等な変数として扱うと, 平面内で接線上の点全体は $\dfrac{1}{c}dx + (-1)dy = 0$ ($dx - c\,dy = 0$ とも表せる) をみたす点全体の集合である.

◀ 関数の概念について, 0.3 節参照.
◀ 接線は $dy = \dfrac{1}{c}dx$, $dx = c\,dy$ のどちらでも表せることからわかるように, dx と dy とを対等な変数とみなすことができる.

これらの特徴は, 陽関数・陰関数の観点から理解することができる (表 4.1).

関　数	独立変数と従属変数との間の対応の規則
陽関数	左辺に従属変数だけを置いて独立変数で表した関数 (ノート：式の読解 1, 2)
陰関数	独立変数と従属変数とを混ぜて関係を表した方程式で決まる関数 (ノート：式の読解 3)

◀ 陰関数・陽関数の例は探究演習【2.3】にもある.
◀ 陰関数の経済学への応用例は, 三土修平：『初歩の経済数学 第 2 版』(日本評論社, 1996) 第 12 章にくわしい.
◀ x と y とが $y = 5x - 2$ の規則で対応するとき, くわしくいうと「y は x の陽関数」である.

表 4.1 陽関数と陰関数

関　数	関数記号	関数値	例
陽関数	$f(\ )$	$y = f(x)$ の形で表せる.	$y = 5x - 2$ (直線) $y = \pm\dfrac{b}{a}\sqrt{a^2 - x^2}$ (楕円)
陰関数	$F(\ ,\ )$	$F(x, y) = 0$ の形で表せる.	$5x - y - 2 = 0$ (直線) $\dfrac{x^2}{a^2} + \dfrac{y^2}{b^2} - 1 = 0$ (楕円)

<u>問 4.2</u> つぎの陽関数を陰関数で表せ.
(1) $y = 4x^3 + 7x - 2$. (2) $y = -\sqrt{2x - 6}$.

【解説】 $y = f(x)$ の y を移項して $f(x) - y = 0$ の形に書き換える.
(1) $4x^3 + 7x - 2 - y = 0$ ($y - 4x^3 - 7x + 2 = 0$ でもよい).
(2) $-\sqrt{2x - 6} - y = 0$ ($\sqrt{2x - 6} + y = 0$ でもよい).

◀ 陽関数表示を陰関数表示に翻訳する方法

<u>問 4.3</u> つぎの陰関数を陽関数で表せ.
(1) $4x^3 + 7x - 2 - y = 0$. (2) $2x - 6 - y^2 = 0$. (3) $3y + 2x\cos(5xy) = 0$.

◀ 陰関数表示を陽関数表示に翻訳する方法

4.1 接平面の表し方 — 接線の表し方の拡張

【解説】 陰関数を表す関係式 $F(x,y)=0$ を方程式と見ると，x, y は勝手な値は取れない．(1) の方程式に $x=1, y=2$ を代入すると $4x^3+7x-2-y=9\neq 0$ になる．方程式 $F(x,y)=0$ を y について解くと，陽関数 $y=(x$ の式$)$ を得る．x について解くと，陽関数 $x=(y$ の式$)$ が求まる例もある．

(1) 左辺の y を移項すると $y=4x^3+7x-2$ を得る．
(2) $2x-6-y^2=0$ を $y^2=2x-6$ に書き換えて，y について解くと $y=\pm\sqrt{2x-6}$ を得る．
(3) 方程式 $3y+2x\cos(5xy)=0$ は，既知の関数を使って，y と x とのどちらについても解くことができない．

【注意1】 陽関数を $x=(y$ の式$)$ で表すほうが簡単な例がある．(2) $x=\dfrac{1}{2}(y^2+6)$

【注意2】 関数とは，独立変数の値を入力すると，従属変数の値を一つだけ出力する規則 (0.3 節) である．x の値を一つ決めると，(2) の陰関数で $y=\sqrt{2x-6}$ と $y=-\sqrt{2x-6}$ との二つの値が決まるから，1 対 1 と多対 1 とのどちらでもなく，関数といえない．しかし，$2x-6-y^2=0$ のように表せる対応の規則を二価関数とよび，1 対 1 対応の規則を一価関数という．単に「関数」というとき，一価関数を指す．関係式を $y>0, y<0$ のように一部分に限ると「関数」といえる．

【注意3】 陰関数で決まる関数値 $2x-6-y^2=0$ は，陽関数で決まる関数値 $y=\sqrt{2x-6}$, $y=-\sqrt{2x-6}$ をまとめて表している．

【注意4】 多くの陰関数は，(3) と同様に，式の書き換えで陽に開くことができない．このような関数は陰関数表示する．

相談室

S 陰関数は陽関数に書き換えないといけないのでしょうか？

P 陽関数表示よりも陰関数表示のほうが便利な場合があります．原点を中心とする半径 a の円を描くとき，陽関数表示 $y=\sqrt{a^2-x^2}$ (上半分)，$y=-\sqrt{a^2-x^2}$ (下半分) よりも，三平方の定理を表す陰関数表示 $x^2+y^2=a^2$ のほうが図形の特徴を把握しやすいでしょう．平面内の直線を描くとき，陰関数表示 $2x+5y=3$ を陽関数表示 $y=-\dfrac{2}{5}x+\dfrac{3}{5}$ に書き換えないほうが便利です．$2x+5y=3$ の $2x$ を手で覆うと $5y=3$ から $y=3/5$，$5y$ を手で覆うと $2x=3$ から $x=3/2$ となることが暗算でわかります．2 点を通る直線は 1 本だけ存在するので，x 軸との交点 $(3/2, 0)$，y 軸との交点 $(0, 3/5)$ を通るように直線を引けば簡単です．このように，$2x+5y=3$ の式を無傷のまま扱えます．楕円の周上の各点で接線の傾きを求めるときも陰関数表示のほうが便利です (計算練習【4.1】)．

微分方程式は未知関数を求める式だから，1 変数関数から 2 変数関数に進む．xy 平面内の各点で関数値が

$$z=\sqrt{1-x^2-y^2}$$

で表せる関数は，原点を中心とする半径 1 の円の周上と内部とで定義できる．この領域の点 (x,y) の座標を入力すると z の値を出力するから，

$$F(\ ,\ )=\sqrt{1-(\ )^2-(\ )^2}$$

は 2 入力 1 出力の関数であり，関数値は $z=F(x,y)$ である．

イメージを描け

教室の机面で一つの位置 (x,y) を選ぶと，その高さの値 z は一つだけである (図 4.1)．地図は，地形の高低を平面で表した図であり，z 軸を設定する代わりに，等高線または色で高さを区別する．

　　　　北緯○○度，東経○○度，標高○○ m

◀ (1), (2), (3) は表 4.1 の $F(x,y)$ の例である．

◀ (1) 問 4.2 (1).

◀「既知の関数」とは指数関数，対数関数，円関数 (三角関数ともいう)，累乗関数 (べき関数ともいい，関数値は x^n など．

◀ 陰関数について，青木利夫，吉原健一：『改訂微分積分学要論』(培風館，1986) p.111.
高瀬正仁：『dx と dy の解析学』(日本評論社，2000) p.27.

┌─ 用語を理解せよ ─
陽に (explicitly)
「はっきりと」「明示して」「直接に」陰に (implicitly)
「おもてに出さないで」「明示しないで」「間接に」
└─

◀ 小林幸夫：『線型代数の発想』(現代数学社，2008) p. 54, p. 143.
小林幸夫：『現場で出会う微積分・線型代数』(現代数学社，2011) p. 364.

◀ 0.4 節のノート：方程式と微分方程式とのちがいを参照．

◀『スミルノフ 高等数学教程 I 巻 [第 1 分冊]』(共立出版，1958) p.147.

◀ $F(\ ,\ )$
　　↑↑
　　$x\ y$
関数，関数値について，0.3 節，問 0.6.

◀ $1-x^2-y^2$
$=1-(x^2+y^2)$
円周上では
$x^2+y^2=1$
だから
$1-(x^2+y^2)=0$
となり，根号内は 0 である．

第4講 完全微分型 — 接平面の傾き

┌─ ノート：**1 変数関数, 2 変数関数, 多変数関数** ─────────┐
│ 1 変数関数 (1 入力 1 出力) 2 変数関数 (2 入力 1 出力) 多変数関数 (多入力 1 出力) │
│ 出力する値が一つだけ決まるから関数である． │
└──────────────────────────────────────┘

- 1 変数関数

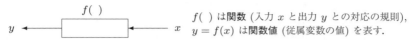

$f(\ )$ は**関数** (入力 x と出力 y との対応の規則)，
$y = f(x)$ は**関数値** (従属変数の値) を表す．

- 2 変数関数

$F(\ ,\ )$ は**関数** (入力 x, y と出力 z との対応の規則)，
$z = F(x, y)$ は**関数値** (従属変数の値) を表す．

- 合成関数 (関数の関数)

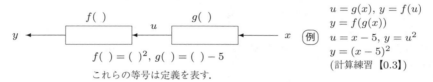

$$u = g(x),\ y = f(u)$$
$$y = f(g(x))$$
例 $u = x - 5,\ y = u^2$
$$y = (x - 5)^2$$
(計算練習【0.3】)

$f(\ ) = (\ )^2,\ g(\ ) = (\ ) - 5$
これらの等号は定義を表す．

xy 平面内の各点で座標 (x, y) が異なるから，z はあらゆる正の値を取る．z を x と y との陽関数で表すと，関数値が $z = \sqrt{1 - x^2 - y^2}$ となる点全体の集合がどのような図形であるかがわかりにくい．z を x と y との陰関数で表すと，$z \geq 0$ の領域で $x^2 + y^2 + z^2 = 1^2$ となる．図 4.3 のように，図 4.1 の座標軸の原点を中心とする半径 1 の球面 (上半分) の姿が見えてくる．

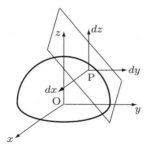

図 4.3 球面 (上半分) 球面内の点 P で接する平面 (透明のガラス板) に接点を原点として座標軸 (局所座標) を設定する．接平面内の各点の位置は，この座標軸で測る．

接線をつなぎ合わせて曲線を描く方法 (図 0.23) を拡張して，接平面を貼り合わせて曲面をつくる方法に進める．

平面 (図 0.18)
特定の点 $\left\{\begin{array}{l}\text{の座標} \\ \text{で接する直線の傾き}\end{array}\right\}$ から，曲線上の**各点** $\left\{\begin{array}{l}\text{の座標} \\ \text{で接する直線の傾き}\end{array}\right\}$
を**予測**して (求めて) 曲線の方程式を求める．

⇓ 拡張

空間
特定の点 $\left\{\begin{array}{l}\text{の座標} \\ \text{で接する平面の傾き}\end{array}\right\}$ から，曲面内の**各点** $\left\{\begin{array}{l}\text{の座標} \\ \text{で接する平面の傾き}\end{array}\right\}$
を**予測**して (求めて) 曲面の方程式を求める．

円の外部では
$$x^2 + y^2 > 1$$
だから
$$1 - (x^2 + y^2) < 0$$
となり，根号内は負である．
$$z = \sqrt{1 - x^2 - y^2} \geq 0.$$

◂ 0.3 節，計算練習【0.4】，【1.1】参照．
小林幸夫：『現場で出会う微積分・線型代数』(現代数学社，2011) pp.166–174．

◂ 同じ記号 y が関数 f の値 [関数値 $y = f(u)$] と関数 $f \circ g$ の値 [関数値 $y = f(g(x))$] の異なる意味を表す．$f \circ g$ は g, f の順 (順序に注意) に施す合成関数である．
この重要な注意は，小寺平治：『超入門微分積分』(講談社，2007) p.53 に見つかる．

「球面とは，中心からの距離が一定の点の集合」
↓
球面内のすべての点がみたす方程式に**翻訳する**
↓
$x^2 + y^2 + z^2 = 1^2$

◂ 曲面と接平面とで一致する点は接点だけである．
接点 P で $dx = 0$, $dy = 0$, $dz = 0$．
[Stop!] 図 4.2
↓ 拡張
図 4.3

接点を原点とする座標軸 (図 4.2) で接線の方程式を表したように，接点を原点とする座標軸 (図 4.3, 図 4.4) で接平面の方程式を表す方法を考える (図 4.5)．偏微分の概念が必要であるが，小学算数，中学数学，大学数学の順に積み上げ学習の方法で理解することができる．

> 接平面の表し方を理解するための三つの**基本**
> 小学算数　高さ＝高さ＋高さ
> 中学数学　高さ＝傾き×幅
> 大学数学　傾きを偏微分で表す方法

図 4.4　座標軸の設定　図 4.1 は (a) の見方で描いてあるが，接平面の表し方を理解するときには (b) のほうがわかりやすい．

◀ 小林幸夫：『現場で出会う微積分・線型代数』(現代数学社，2011) pp.167–169, p.325.

■ 接平面の表し方

手順 1　小学算数　高さ＝高さ＋高さ

図 4.5 を見ると，T は QR の中点，PS の中点であることがわかるから

$$\mathrm{TT'} = \frac{\mathrm{QQ'} + \mathrm{RR'}}{2} = \frac{\mathrm{SS'}}{2}$$

であり，

$$\mathrm{SS'} = \mathrm{QQ'} + \mathrm{RR'}$$

の関係がある．

◀ 4 点 P, Q, R, S のちがい　P, Q, R は特定の点だから，接平面内の任意の点 (特定の点以外) S の高さを考える．
P：高さ $dz = 0$,
Q：$dy = 0$,
R：$dx = 0$.

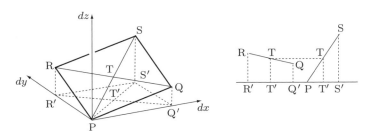

図 4.5　接平面　接点 P を原点とする座標軸で測った各点の高さ

◎何がわかったか　後方の高さ SS′ は前方の高さ QQ′ と RR′ との和である．

手順 2　中学数学　高さ＝傾き×幅

図 4.6 を見ると

$$QQ' = (PQ の傾き) \times PQ', \quad RR' = (PR の傾き) \times PR'$$

と表せることがわかる．

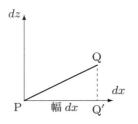
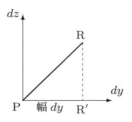

図 4.6　接平面の傾き　dx 軸上では $dy = 0$, dy 軸上では $dx = 0$. 変数名 (座標軸の名称) と幅 (数値) を同じ記号 dx, dy で表している．

手順 3　大学数学　傾きを偏微分で表す．

図 4.3, 図 4.5 を見ると

dx 軸上では，y の値を一定に保って x だけが変化し，

dy 軸上では，x の値を一定に保って y だけが変化する

ことがわかる．もとの座標軸 (x 軸, y 軸, z 軸) で接点 P の座標を (a, b, c) と表し，PQ の傾きと PR の傾きとの表し方を工夫する．

- PQ の傾きを表すとき，2 変数関数 $F(\ ,\ )$ の y には b を入力すると，x だけの関数 $F(\ , b)$ になる．

- PR の傾きを表すとき，2 変数関数 $F(\ ,\ )$ の x には a を入力すると，y だけの関数 $F(a,\ )$ になる．

図 4.6 で PQ の傾きは x 軸方向の z の変化を表すから

$$\left(\frac{\partial z}{\partial x}\right)_{(a,b)}, \quad \frac{\partial F}{\partial x}(a, b), \quad \left.\frac{d\{F(x,b)\}}{dx}\right|_{x=a}$$

と表し，点 (a, b) で「x に関する**偏微分係数**」という．

図 4.6 で PR の傾きは y 軸方向の z の変化を表すから

$$\left(\frac{\partial z}{\partial y}\right)_{(a,b)}, \quad \frac{\partial F}{\partial y}(a, b), \quad \left.\frac{d\{F(a,y)\}}{dy}\right|_{y=b}$$

と表し，点 (a, b) で「y に関する**偏微分係数**」という．

偏微分係数を点ごとに考え，x と y との 2 変数関数を定義して
$$\frac{\partial F}{\partial x}(\ ,\ ) \text{ を「} x \text{ に関する\textbf{偏導関数}」}$$
$$\frac{\partial F}{\partial y}(\ ,\ ) \text{ を「} y \text{ に関する\textbf{偏導関数}」}$$
という．「**偏微分する**」とは「**偏導関数を求める**」という意味である．

$F(\ ,\ )$
↑ ↑
x y

$\frac{\partial F}{\partial x}(\ ,\ )$
↑ ↑
x y

を x, y の 2 変数関数と考えて偏導関数という．$\frac{\partial F}{\partial y}(\ ,\ )$ も同様である．

$F, \frac{\partial F}{\partial x}, \frac{\partial F}{\partial y}$ は関数記号 (関数の名称) である．

たとえば，円関数は F ではなく sin, cos, tan のように具体的な記号で表す．0.3 節のノート：記号 (関数の名称) の見方を参照．

Stop! $dz \div dx$ は $dy = 0$ という条件のもとでないと意味がない．
$dz \div dy$ は $dx = 0$ という条件のもとでないと意味がない．

◀ 微分 dx, dy の係数だから偏微分係数という．

記号の読み方
ラウンド・ディー・ゼット・ラウンド・ディー・エックス

ラウンド・ディー・ゼット・ラウンド・ディー・ワイ

4.1 接平面の表し方 — 接線の表し方の拡張

手順4 接平面内の任意の点の高さを微分で表す.

dx 軸で測った PQ' を dx (図 4.6), dy 軸で測った PR' を dy (図 4.6), dz 軸で測った SS' (図 4.5) を dz と表して,高さ＝高さ＋高さ を式に翻訳する.

◀「任意の」とは？dx 軸上の点,dy 軸上の点ではない.

$$SS' = \underbrace{(PQ \text{ の傾き}) \times PQ'}_{QQ'} + \underbrace{(PR \text{ の傾き}) \times PR'}_{RR'}$$

$$\underbrace{(dz)_{(a,b)}}_{\text{高さ}} = \underbrace{\left(\frac{\partial z}{\partial x}\right)_{(a,b)}}_{PQ \text{ の傾き}} \underbrace{dx}_{\text{幅}} + \underbrace{\left(\frac{\partial z}{\partial x}\right)_{(a,b)}}_{PR \text{ の傾き}} \underbrace{dy}_{\text{幅}}$$

◀ a, b を指定しないで a, b を任意の値 (どんな値でもいい) の x, y におきかえ,点 (a, b) を省略して
$dz = \frac{\partial z}{\partial x} dx + \frac{\partial z}{\partial x} dy$
と表すこともある.

(x, y) で関数値が $z = F(x, y)$ と表せる関数について,(a, b) で

$\left(\frac{\partial z}{\partial x}\right)_{(a,b)} dx$ を「x に関する**偏微分**」

$\left(\frac{\partial z}{\partial y}\right)_{(a,b)} dy$ を「y に関する**偏微分**」

これらの2項の和を「関数 F の**微分**」

という.

2 項の和
偏微分　偏微分
$\underbrace{\frac{\partial z}{\partial x} dx + \frac{\partial z}{\partial x} dy}_{\text{全微分}}$
を全微分という教科書もある.

◎ 何がわかったか

① 接点の位置だけで曲面と接平面とは一致する (接点では,曲面と接平面との間で,ヨコ座標,タテ座標は同じ).

接点では,曲面の代わりに平面 (接平面) の方程式で表せる.

◀ 曲面内の任意の点 (どの点でもいい) の座標を (s, t, u) とする. s, t, u は任意の値 (どんな値でもいい) である.

② 接点を原点とする座標軸 (dx 軸, dy 軸, dz 軸) で表すと,接平面の**方程式は dx, dy の線型結合** (2変数の1次関数) である.

線型近似　曲面内の任意の点 (s, t, u) で接する平面の方程式

$$dz = \frac{\partial z}{\partial x} dx + \frac{\partial z}{\partial x} dy$$

◀ $x - s$ を dx, $y - t$ を dy, $z - u$ を dz とおいた形.

◀ 例題 0.2, 例題 0.3 の拡張と考える.

─ ノート：原点を通る平面の方程式 ─

$$dz = \frac{\partial z}{\partial x} dx + \frac{\partial z}{\partial x} dy$$

の左辺を移項して

$$\frac{\partial z}{\partial x} dx + \frac{\partial z}{\partial x} dy + (-1) dz = 0$$

に書き換えると,ベクトルの内積

$$\begin{pmatrix} \frac{\partial z}{\partial x} \\ \frac{\partial z}{\partial y} \\ -1 \end{pmatrix} \cdot \begin{pmatrix} dx \\ dy \\ dz \end{pmatrix} = 0$$

で表せる.原点 ($dx = 0, dy = 0, dz = 0$) も,この関係をみたす.

式の読解　内積がゼロだから,二つの幾何ベクトルが直交することを表す.

(i) 数ベクトル $\begin{pmatrix} dx \\ dy \\ dz \end{pmatrix}$ は,接平面内の点 (接平面内のどの点でもよく,接点とは限らない) を接点から見た位置ベクトル $d\vec{r}$ を表す.

線型結合
簡単にいうと「dx, dy のスカラー倍と足し合わせ」である.スカラーとは「何倍かを表す数」であり,ここでは $\frac{\partial z}{\partial x}, \frac{\partial z}{\partial y}$ を指す.

◀ 探求演習【0.11】.
◀ 平面の方程式について,小林幸夫:『線型代数の発想』(現代数学社, 2008) pp.160-162, 小林幸夫:『現場で出会う微積分・線型代数』(現代数学社, 2011) pp.519-520.

(ii) 数ベクトル $\begin{pmatrix} \dfrac{\partial z}{\partial x} \\ \dfrac{\partial z}{\partial y} \\ -1 \end{pmatrix}$ で表せる幾何ベクトル $\vec{n}$ は,接平面内のどの点の位置ベクトル $d\vec{r}$ にも垂直である.面に垂直な幾何ベクトルを法線ベクトルという(図4.7).接平面は,幾何ベクトル $\vec{n}$ に垂直な位置ベクトル $d\vec{r}$ で表せる点の集まり(集合)である.

▶ **注意** x 軸,y 軸,z 軸で表すと,接平面は接点 (s, t, u) を通る.

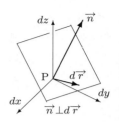

図 4.7 位置ベクトルと法線ベクトル 点 P で接する平面を透明なガラス板で表してある.

ノート:接線の方程式と接平面の方程式との比較

曲線 $y = f(x)$ 上の点 $(c, f(c))$ で接する直線

接点 $(c, f(c))$ を原点とする座標軸で
$$\underbrace{(dy)_c}_{\text{高さ}} = \underbrace{\left(\dfrac{dy}{dx}\right)_c}_{\text{傾き}} \underbrace{dx}_{\text{幅}}$$
と表せる(問0.2,問0.3).

$(dy)_c = f'(c)\, dx$ とも表せる.

0.3 節のノート:微分,微分係数,微分商,微分するを参照.

曲面 $z = F(x, y)$ 上の点 $(a, b, F(a, b))$ で接する平面

接点を原点とする座標軸で
$$\underbrace{(dz)_{(a,b)}}_{\text{高さ}}$$
$$= \underbrace{\left(\dfrac{\partial z}{\partial x}\right)_{(a,b)}}_{x\,\text{軸方向で測った傾き}} \underbrace{dx}_{\text{幅}}$$
$$+ \underbrace{\left(\dfrac{\partial z}{\partial x}\right)_{(a,b)}}_{y\,\text{軸方向で測った傾き}} \underbrace{dy}_{\text{幅}}$$
と表せる.

dx 軸方向 $(dy = 0)$ で
$$\underbrace{(dz)_{(a,b)}}_{\text{高さ}} = \underbrace{\left(\dfrac{\partial z}{\partial x}\right)_{(a,b)}}_{x\,\text{軸方向で測った傾き}} \underbrace{dx}_{\text{幅}}.$$

dy 軸方向 $(dx = 0)$ で
$$\underbrace{(dz)_{(a,b)}}_{\text{高さ}} = \underbrace{\left(\dfrac{\partial z}{\partial y}\right)_{(a,b)}}_{y\,\text{軸方向で測った傾き}} \underbrace{dy}_{\text{幅}}.$$

Stop! dx 軸,dy 軸は平面内で接線の傾きを測る座標軸(図4.2).
dx 軸,dy 軸,dz 軸は空間内で接平面の傾きを測る座標軸(図4.6).

曲線から接線の方程式(例題0.2,例題0.3)を求めたように,曲面から接平面の方程式を求める.

◀ 第4講の目標は,接平面を貼り合わせて曲面をつくる方法を考えることである.
◀ $z > 0$ だから $c > 0$.
◀ $x^2 + y^2 < 1$.
◀ 幾何ベクトルと数ベクトルについて,小林幸夫:『線型代数の発想』(現代数学社,2008) pp.26–27.

問 4.4 曲面 $z = \sqrt{1 - x^2 - y^2}$ 内の点 (a, b, c) で接する平面を考える.
(1) 接点を原点とする座標軸 (dx 軸,dy 軸,dz 軸)で接平面内の点の座標を測って,接平面の方程式を dx, dy, dz で表せ.
(2) x 軸,y 軸,z 軸で接平面内の点の座標を測って,接平面の方程式を x, y, z で表せ.
(3) 接平面に垂直な方向の幾何ベクトル(矢印)を数ベクトル(数の組)で表せ.

【解説】x, y は平面内の位置,z はその位置の高さを表す(図4.1).
(1) $F(x, y) = \sqrt{1 - x^2 - y^2}$ と表す.

$$\dfrac{\partial F}{\partial x}(a, b) = \left.\dfrac{d\{F(x, b)\}}{dx}\right|_{x=a}$$
$$= \left.\dfrac{d\{(1 - x^2 - b^2)^{\frac{1}{2}}\}}{dx}\right|_{x=a}$$

◀ 合成関数の微分法(計算練習【0.3】) $u = 1 - x^2 - b^2$ とおく.

4.1 接平面の表し方 — 接線の表し方の拡張

$$= \frac{1}{2}(1-a^2-b^2)^{-\frac{1}{2}}(-2a)$$
$$= -\frac{a}{\sqrt{1-a^2-b^2}}.$$

$z = F(x,y)$ の変数 y に b を代入すると，$F(x,b)$ を表す変数は x だけになる．$F(\ ,b)$ は 1 変数関数である．同様に，

$$\frac{\partial F}{\partial y}(a,b) = \left.\frac{d\{F(a,y)\}}{dy}\right|_{y=b}$$
$$= -\frac{b}{\sqrt{1-a^2-b^2}}.$$

点 (a,b,c) で接する平面の方程式は

$$(dz)_{(a,b)} = -\frac{a}{\sqrt{1-a^2-b^2}}dx - \frac{b}{\sqrt{1-a^2-b^2}}dy$$

である．

補足 dz を移項して式を整理すると，dz を dx と dy との陰関数

$$-\frac{a}{\sqrt{1-a^2-b^2}}\,dx - \frac{b}{\sqrt{1-a^2-b^2}}\,dy - (dz)_{(a,b)} = 0$$

で表すこともできる．

(2) $dx = x-a, dy = y-b, dz = z-c$ だから

$$z-c = -\frac{a}{\sqrt{1-a^2-b^2}}(x-a) - \frac{b}{\sqrt{1-a^2-b^2}}(y-b)$$

と表せる．

補足 $z-c$ を移項して式を整理すると，z を x と y との陰関数

$$-\frac{a}{\sqrt{1-a^2-b^2}}\,(x-a) - \frac{b}{\sqrt{1-a^2-b^2}}\,(y-b) - (z-c) = 0$$

で表すこともできる．

(3) (1) の陰関数表示を内積

$$\begin{pmatrix} -\dfrac{a}{\sqrt{1-a^2-b^2}} \\ -\dfrac{b}{\sqrt{1-a^2-b^2}} \\ -1 \end{pmatrix} \cdot \begin{pmatrix} dx \\ dy \\ dz \end{pmatrix} = 0$$

に書き換えると，接平面に垂直な方向の幾何ベクトルは数ベクトル

$$\begin{pmatrix} -\dfrac{a}{\sqrt{1-a^2-b^2}} \\ -\dfrac{b}{\sqrt{1-a^2-b^2}} \\ -1 \end{pmatrix}$$

で表せることがわかる．

●**類題**● 曲面 $z = xy^2 + x^2y$ 内の点 (a,b,c) で接する平面の方程式を求めよ．

【解説】 $F(x,y) = xy^2 + x^2y$ と表す．

$$\frac{\partial F}{\partial x}(a,b) = \left.\frac{d\{F(x,b)\}}{dx}\right|_{x=a}$$
$$= \left.\frac{d(xb^2 + x^2b)}{dx}\right|_{x=a}$$
$$= \left.\frac{dx}{dx}\right|_{x=a}b^2 + \left.\frac{d(x^2)}{dx}\right|_{x=a}b$$

◀ $\dfrac{d(u^{\frac{1}{2}})}{dx}$
$= \dfrac{d(u^{\frac{1}{2}})}{du}\dfrac{du}{dx}$
$= \dfrac{1}{2}u^{-\frac{1}{2}}$
$\quad \times \dfrac{d(1-x^2-b^2)}{dx}$
$= \dfrac{1}{2}u^{-\frac{1}{2}}(-2x).$

◀ $F(\ ,b)$ は関数，$F(x,b)$ は関数値である．

◀ dz を dx と dy との陽関数で
$(dz)_{(a,b)}$
$= \dfrac{\partial F}{\partial x}(a,b)\,dx$
$\quad + \dfrac{\partial F}{\partial y}(a,b)\,dy$
と表す．

◀ 本節のノート：原点を通る平面の方程式を参照．
$\dfrac{\partial F}{\partial x}(a,b)\,dx$
$\quad + \dfrac{\partial F}{\partial y}(a,b)\,dy$
$\quad + (-1)(dz)_{(a,b)}$
$= 0$

$\dfrac{\partial F}{\partial x}(a,b)\,(x-a)$
$\quad + \dfrac{\partial F}{\partial y}(a,b)\,(y-b)$
$\quad + (-1)(z-c) = 0$
は，点 (a,b,c) を通り，数ベクトル
$\begin{pmatrix} -\dfrac{a}{\sqrt{1-a^2-b^2}} \\ -\dfrac{b}{\sqrt{1-a^2-b^2}} \\ -1 \end{pmatrix}$
で表せる幾何ベクトルに垂直な平面の方程式である．

小林幸夫：『線型代数の発想』(現代数学社，2008) pp.160−162.

◀ $\left.\dfrac{dx}{dx}\right|_{x=a} = 1$

$\left.\dfrac{d(x^2)}{dx}\right|_{x=a}$
$= 2x|_{x=a}$
$= 2a.$

$$= b^2 + 2ab.$$

同様に，

$$\frac{\partial F}{\partial y}(a,b) = \left.\frac{d\{F(a,y)\}}{dy}\right|_{y=b}$$
$$= 2ab + a^2.$$

接点を原点とする座標軸 (dx 軸, dy 軸, dz 軸) で接平面内の点の座標を測ると，点 (a,b,c) で接する平面の方程式は

$$(dz)_{(a,b)} = (b^2 + 2ab)\, dx + (2ab + a^2)\, dy$$

である．x 軸，y 軸，z 軸で接平面内の点の座標を測ると，この接平面の方程式は

$$z - c = (b^2 + 2ab)(x - a) + (2ab + a^2)(y - b)$$

である．

参考 入力と出力との対応の規則
表 4.2 に関数 (写像) とそのグラフとの関係を示す．

◀ 0.3 節．
森毅：『現代の古典解析』
(日本評論社, 1985)
pp.37–50.

表 4.2 関 数

関数 (写像)	関数のグラフ
$f : x \mapsto y = f(x)$	独立変数 x 軸 (よこ軸), 従属変数 y 軸 (たて軸)
$f' : x \mapsto y' = f'(x)$	独立変数 x 軸 (よこ軸), 従属変数 y' 軸 (たて軸)
$df : dx \mapsto dy = f'(c)\, dx$ [$f'(c)$ は正比例関数の比例定数]	独立変数 dx 軸 (よこ軸), 従属変数 dy 軸 (たて軸)
$dF : \begin{pmatrix} dx \\ dy \end{pmatrix} \mapsto dz = \begin{pmatrix} \frac{\partial F}{\partial x}(a,b) & \frac{\partial F}{\partial y}(a,b) \end{pmatrix} \begin{pmatrix} dx \\ dy \end{pmatrix}$	独立変数 dx 軸, dy 軸　従属変数 dz 軸

$$dy = f'(c)dx$$
比例定数の拡張 ↙　↘ 拡張

スカラー積 $dz = \underbrace{\begin{pmatrix} \frac{\partial F}{\partial x}(a,b) & \frac{\partial F}{\partial y}(a,b) \end{pmatrix}}_{\text{ヨコベクトル}} \underbrace{\begin{pmatrix} dx \\ dy \end{pmatrix}}_{\text{タテベクトル}} = \underbrace{\frac{\partial F}{\partial x}(a,b)\, dx}_{\text{成分どうしの積}} + \underbrace{\frac{\partial F}{\partial y}(a,b)\, dy}_{\text{成分どうしの積}}$

◀ スカラー積と内積とのちがいについて，
小林幸夫：『線型代数の発想』(現代数学社, 2008) 1.2 節．

曲線 $y = f(x)$ 上の点 (x, y) ごとに比例定数 $f'(x)$ は異なる．
点 $(c, f(c))$ で接線の方程式は $dy = f'(c)\, dx$ である．

関数	関数値
$f(\ ) = \log_e(\ )$	$y = \log_e(x)$ (定義域 $x > 0$)
$f'(\ ) = \dfrac{1}{(\ )}$	$y' = \dfrac{1}{x}$ (定義域 $x > 0$)

◀ 問 4.1, 図 4.2

ヨコベクトルを $\dfrac{\partial F}{\partial \boldsymbol{x}}(a,b)$, タテベクトルを $d\boldsymbol{x}$ と表して，
$dz = \dfrac{\partial F}{\partial \boldsymbol{x}}(a,b)\, d\boldsymbol{x}$
と書くと
　$dy = f'(c)\, dx$
と同じ比例の形であることがわかりやすい．
$\boldsymbol{x}$ はベクトル記号 (ボールド体) である (pp.ix–x 数学の書式を参照)．

◀ (例) 問 4.1 の図 4.2 では
$f(x) = \log_e(x)$,
$g(x,y) = \log_e(x) - y$.

■ 陰関数で表した接線と接平面

(1) 接　線

　平面で
$$g(x, y) = f(x) - y$$

とおくと，曲線の方程式は 2 変数関数 g の値が

$$g(x, y) = 0$$

である点の集合を表す．

$$\frac{\partial g}{\partial x}(x,y) = \frac{d\{f(x)\}}{dx}, \quad \frac{\partial g}{\partial y}(x,y) = -\frac{dy}{dy} = -1$$

だから，陰関数で表した接線の方程式

$$\frac{d\{f(x)\}}{dx}dx + (-1)dy = 0$$

は

$$\frac{\partial g}{\partial x}(x,y)\,dx + \frac{\partial g}{\partial y}(x,y)\,dy = 0$$

とも表せる．

参考 直線の二つの見方

① $y = f(x)$ だから y は x だけの 1 変数関数 $f(\ )$ の値である．2 本の座標軸 (図 4.1 の x 軸，y 軸) を使うと，ヨコ座標 x に対応するタテ座標 y を表せる．

接線の方程式は $dy = f'(x)dx$ [例] 問 4.1 $dy = (1/x)\,dx$] である．

② $z = g(x,y)$ とおくと，z は x, y の 2 変数関数 $g(\ ,\ )$ の値である．3 本の座標軸 (図 4.1 の x 軸，y 軸，z 軸) を使うと，平面内の点 (x,y) の高さで z を表すことができる．接線上のどの点も z 座標は 0 [$g(x,y) = 0$] である．

式の読解 接線は xy 平面 ($z = 0$) 内の直線である．

関数 g の全微分は $dz = \frac{\partial g}{\partial x}(x,y)\,dx + \frac{\partial g}{\partial y}(x,y)\,dy$ だから，接線の方程式は $dz = 0$ と表せる．

式の読解 高さ z が一定 ($dz = 0$) だから，接線上のすべての点は xy 平面内にある．

② では，空間の世界から平面の世界を見るので，必要な座標軸が 1 本増える．$\frac{\partial g}{\partial x}(x,y)\,dx + \frac{\partial g}{\partial y}(x,y)\,dy + (-1)dz = 0$ と $dz = 0$ ($0\,dx + 0\,dy + 1\,dz = 0$) とのどちらも平面を表す (ノート：原点を通る平面の方程式を参照)．直線 $\frac{\partial g}{\partial x}(x,y)\,dx + \frac{\partial g}{\partial y}(x,y)\,dy = 0$ は，これらの平面の交わり (共通部分) だから交線である．

(2) 接平面

空間で

$$h(x,y,z) = g(x,y) - z$$

とおくと，曲面の方程式は 3 変数関数 h の値が

$$h(x,y,z) = 0$$

である点の集合を表す．

$$\frac{\partial h}{\partial x}(x,y,z) = \frac{\partial g}{\partial x}(x,y), \quad \frac{\partial h}{\partial y}(x,y,z) = \frac{\partial g}{\partial y}(x,y), \quad \frac{\partial h}{\partial z}(x,y,z) = -1$$

だから，接平面の方程式

$$\frac{\partial g}{\partial x}(x,y)\,dx + \frac{\partial g}{\partial y}(x,y)\,dy + (-1)dz = 0$$

は

$$\frac{\partial h}{\partial x}(x,y,z)\,dx + \frac{\partial h}{\partial y}(x,y,z)\,dy + \frac{\partial h}{\partial z}(x,y,z)\,dz = 0$$

とも表せる．

◀ (例) 問 4.1
特定の値 c を指定しないで，c を任意の値 x におきかえると
$$\frac{1}{x}dx + (-1)dy = 0$$
であり，
$$\frac{d\{f(x)\}}{dx} = \frac{1}{x}$$
だから
$$\frac{d\{f(x)\}}{dx}dx + (-1)dy = 0$$
と表せる．

◀ $z = g(x,y)$ で x, y は独立変数，z は従属変数である．

◀ 本節のノート：原点を通る平面の方程式を参照．
$z = 0$ を
$0x + 0y + 1z = 0$
と表すと，内積
$$\begin{pmatrix} 0 \\ 0 \\ 1 \end{pmatrix} \cdot \begin{pmatrix} x \\ y \\ z \end{pmatrix} = 0$$
に書き換えることができる．
原点 $(0,0,0)$ を通り，数ベクトル $\begin{pmatrix} 0 \\ 0 \\ 1 \end{pmatrix}$ で表せる幾何ベクトル (z 軸方向の基本ベクトル) に垂直な点 $\begin{pmatrix} x \\ y \\ z \end{pmatrix}$ の集合は xy 平面である．
同様に，$dz = 0$ も $0\,dx + 0\,dy + 1\,dz = 0$ と表せ，接点 ($dx = 0, dy = 0, dz = 0$) を通り，$\begin{pmatrix} 0 \\ 0 \\ 1 \end{pmatrix}$ で表せる幾何ベクトル (dz 軸方向の基本ベクトル) に垂直な点 $\begin{pmatrix} dx \\ dy \\ dz \end{pmatrix}$ の集合だから xy 平面に平行な平面である．

▶ 注意 「$h(x,y,z) = 0$ だから $\frac{\partial h}{\partial x}(x,y,z) = 0, \frac{\partial h}{\partial y}(x,y,z) = 0, \frac{\partial h}{\partial z}(x,y,z) = 0$」と考えてはいけない．関数 $h(\ ,\ ,\ )$ の値 (関数値) $\sqrt{1-x^2-y^2} - z$ は，入力する x, y, z の値によって 0 とは限らない．$h(x,y,z) = 0$ は「空間内のあらゆる点のうち $\sqrt{1-x^2-y^2} - z = 0$ をみたす点だけを集めると，どんな曲面になるか」を表す．$\frac{\partial h}{\partial x}(a,b,c), \frac{\partial h}{\partial y}(a,b,c), \frac{\partial h}{\partial z}(a,b,c)$ は，h の偏導関数 $\frac{\partial h}{\partial x}(\ ,\ ,\ ), \frac{\partial h}{\partial y}(\ ,\ ,\ ), \frac{\partial h}{\partial z}(\ ,\ ,\ )$ を求めて，a, b, c を入力したときの関数値であり，これらの値は 0 とは限らない．

◀ 関数，関数値について，0.3 節，問 0.6.

参考 **平面の二つの見方**

① $z = g(x,y)$ だから z は x, y の 2 変数関数 $g(\ ,\ )$ の値である．3 本の座標軸 (図 4.1 の x 軸，y 軸，z 軸) を使うと，平面内の点 (x,y) の高さで z を表すことができる．接平面の方程式は $dz = \frac{\partial g}{\partial x}(x,y)\,dx + \frac{\partial g}{\partial y}(x,y)\,dy$ である．$dz = 0$ (z は一定) のとき，接点と同じ高さの直線 (曲面の等高線に接する) を表し，接平面は接点を通る直線 (接線) を含む (図 4.8, 図 4.10)．
② $v = h(x,y,z)$ とおくと，v は x, y, z の 3 変数関数 $h(\ ,\ ,\ )$ の値である．接平面内のどの点も v 座標は 0 [$h(x,y,z) = 0$] である．4 本の座標軸 (x 軸，y 軸，z 軸，v 軸) を使うと，点 (x,y,z) に対応する v を表すことができるが，実際には 4 本の座標軸は書けない．① は ② とちがって，図を描けるという利点がある．

◀ (例) 問 4.4 の類題 特定の値 a, b を指定しないで，a, b を任意の値 x, y におきかえると
$dz = (y^2 + 2xy)dx$
$+ (2xy + x^2)dy$
である．

4.2 曲線を求める問題と曲面を求める問題

導関数 (0.3 節) を偏導関数 (4.1 節) に拡張して接平面の表し方を理解したので，接平面の傾きを手がかりにして，積分 (0.4 節) でもとの曲面を探る方法に進める．

◀ 概念の拡張
0.3 節 →4.1 節
0.4 節 →4.2 節

「もとの曲面を探る」とは「曲面の方程式を求める」

という意味だから

「独立変数 x, y の値がいくらのとき，従属変数 z の値がいくら」を決める関数

を見出す．

◀ 幾何の見方では，平面内の位置 (x,y) に対応する高さ z を求める．

手がかり (何がわかっているか)
(i) 空間内の各点での接平面の傾き
(ii) 曲面が通る特定の点 P_0

図 0.18 と同じ考え方で，図 4.8 のように P_0 に隣り合う点を見つけてつなぎ合

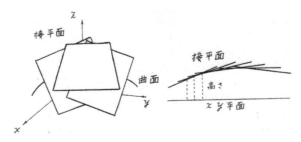

図 4.8 接平面の貼り合わせ　曲面の断面は曲線，接平面の断面は接線 (接平面は接点を通る直線を含む) だから，接平面を貼り合わせて曲面を求める問題は，接線をつなぎ合わせて曲線を求める問題と同じである．つぎつぎに，隣り合う点の高さ (z 座標) を求めて並べると曲面になる．

わせる．曲線とちがって，曲面では P_0 に隣り合う点全体はあらゆる方向から P_0 を取り囲んでいる．

4.1 節で考えたように，曲線に接する直線を表す**微分方程式**は

平面内 (dx 軸，dy 軸) で
$$dy = f'(x)dx \quad \left[\frac{dy}{dx} = f'(x) \text{ とも表せる}\right],$$

空間内 (dx 軸，dy 軸，dz 軸) で
$$dz = 0 \quad \left[\frac{\partial z}{\partial x}dx + \frac{\partial z}{\partial y}dy = 0 \text{ とも表せる}\right]$$

である．

「微分方程式を解く」とは

局所座標 (dx, dy), (dx, dy, dz) ということばで書いた**微分方程式**という文
 (局所的振舞：曲線上または曲面内の点の近傍で曲線または曲面を
  代用できる接線の方程式)
を
座標 (x, y), (x, y, z) ということばで書いた方程式という文
 (**大域的振舞**：曲線上または曲面内のあらゆる点がみたす
  曲線または曲面の方程式)
に**翻訳**する．   (「はしがき」の目標)

問 4.1 の接線の傾きを表す微分方程式 $\dfrac{dy}{dx} = \dfrac{1}{x}$ は，例題 1.1 の方法で解ける．この例題の接線を取り上げるが，平面内の曲線に接する直線と見るのではなく，空間内の曲面の切り口 (曲線) に接する直線と見る．空間の世界から平面の世界を眺望するので，座標軸 (物差) を 2 本 (x 軸，y 軸) から 3 本 (x 軸，y 軸，z 軸) に増やす．今度は，微分方程式 $dy = f'(x)\,dx$ を解いて曲線の方程式 $y = f(x)$ を求めるのではない．曲面内の点で接する平面 (接点の近傍で曲面は接平面で代用できる) と $z = C$ (C は定数) の平面 (高さは一定だから xy 平面に平行) との交線と見て，どんな曲面の等高線に沿った直線かを調べる．このために，微分方程式 $dz = 0$ を解いて曲面の方程式 $z = g(x, y)$ を求める．

休憩室 『ど根性ガエル』(吉沢やすみの漫画) のピョン吉は，ひろしのシャツに張り付いている．ピョン吉は，シャツの平面の世界でしか身動きが取れない．しかし，ひろしが走り回っているとき，ピョン吉もいっしょに走っている．ピョン吉は空間内の平面から飛び出さないが，空間の世界にいる状態にはちがいない．ピョン吉を「平面の世界に限定して眺めるか」「空間の世界から眺めるか」という二つの見方がある．

1 変数関数の見方 例題 1.1 では，微分方程式 $\dfrac{dy}{dx} = \dfrac{1}{x}$ を変数分離して
$$dy = \frac{1}{x}dx$$
をみたす関数 f を求めた．$y = f(x)$ が xy 平面内の曲線の方程式である．

2 変数関数の見方 $\dfrac{dy}{dx} = \dfrac{1}{x}$ と同じ意味であるが，
$$\frac{1}{x}dx + (-1)dy = 0$$

◀ $y = f(x)$ だから $\dfrac{d\{f(x)\}}{dx}$ は $\dfrac{dy}{dx}$ と表すこともできる．$\dfrac{dy}{dx} = f'(x)$ の分母を払うと
$$dy = f'(x)dx$$
になる．
$z = g(x, y)$ だから
$$\dfrac{\partial g}{\partial x}(x, y), \quad \dfrac{\partial g}{\partial y}(x, y)$$
を $\dfrac{\partial z}{\partial x}, \dfrac{\partial z}{\partial y}$ と表すと
$$\dfrac{\partial g}{\partial x}(x, y)\,dx + \dfrac{\partial g}{\partial y}(x, y)\,dy = 0$$
は
$$\dfrac{\partial z}{\partial x}dx + \dfrac{\partial z}{\partial y}dy = 0$$
になる．

例 問 4.1
$dy = f'(x)dx$ は
$$dy = \frac{1}{x}dx,$$
$\dfrac{\partial z}{\partial x}dx + \dfrac{\partial z}{\partial y}dy = 0$ は
$$\frac{1}{x}dx + (-1)dy = 0.$$

◀ 接点の近傍について，4.1 節参照．

◀ 等高線は曲線の方程式 $g(x, y) = C$ で表せる．$g(x, y) - C = 0$ は陰関数表示である．

◀ 2015 年 7 月 11 日から 9 月 19 日までテレビドラマ化．

◀ 次元の概念．
小林幸夫：『線型代数の発想』(現代数学社, 2008) pp.128–129.

に書き直し，左辺 $\frac{1}{x}dx + (-1)dy$ が x, y の2変数関数 g の全微分に等しいと考えて，

$$dz = \frac{1}{x}dx + (-1)dy$$

をみたす関数 g を求める．$z = g(x, y)$ が空間内の曲面の方程式である．

式の読解 $z = C$ (C は定数) は等高線 (曲線) の方程式である．$dz = 0$ は「高さが一定 (z の値が変化しない)」という意味を表す．

◎何がわかったか $\frac{\partial z}{\partial x}dx + \frac{\partial z}{\partial y}dy = 0$ は，曲面の等高線 (曲線) 上の各点で接する直線を表す．

◂ $z = g(x, y)$ とおくと，dz は $d\{g(x,y)\}$ と表すこともできる．

◂ 例
$\underbrace{\frac{1}{x}dx + (-1)dy}_{dz} = 0.$

> **シナリオ**
> 同じ高さ (z の値は一定) で，各点の接線をつなぎ合わせると等高線が求まる．
> 高さ (z 座標) ごとに等高線を描くと，等高線の全体 (集まり) が曲面である．

◂ 曲面を xy 平面に平行な面で微小に分割して，再び積み重ねて曲面に戻したと考える．ここに，微積分の発想を活かした (例題 4.1)．

例題 4.1 等高線の意味

xy 平面内の $x > 0$ の領域で定義した微分方程式 $\frac{1}{x}dx + (-1)dy = 0$ (例題 1.1) を解いて，解曲線の特徴を調べよ．

発想 接点 P (x_0, y_0, z_0) から測って，接平面内で y 座標を変えないで，微小な高さ $dz = \frac{1}{x_0}dx + (-1)dy$ の点 P'$(x_{P'}, y_0, z_{P'})$ の位置を求める．この位置を接点とする接平面内で，微小な高さ $dz = \frac{1}{x_{P'}}dx + (-1)dy$ の点の位置を求める．点 U (s, y_0, z_U) の高さ z_U になるまで，この操作をつづける．接点 U (s, y_0, z_U) から測って，接平面内で x 座標を変えないで，微小な高さ $dz = \frac{1}{s}dx + (-1)dy$ の点 U'$(s, y_{U'}, z_{U'})$ の位置を求める．この位置を接点とする接平面内で，微小な高さ $dz = \frac{1}{s}dx + (-1)dy$ の点の位置を求める．点 V (s, t, u) の高さ u になるまで，この操作をつづける．すべての点の z 座標のみたす方程式が曲面を表す．

◂ $x \neq 0$ のとき，$\frac{1}{x}$ の分母は 0 でない．

◂ 実際には，$dz = 0$ だから，同じ高さ (z 座標) の点を求める操作であり，P と V とは同じ高さである．手順 3 で等高線の方程式が求まる．

◂ s, t, u は任意の値 (どんな値でもいい) である．

【解説】
手順 0 初期条件を設定する．「$x = x_0, y = y_0$ のとき $z = z_0$」[点 (x_0, y_0, z_0) を通る]
方法 1 線積分 経路 P → U → V (図 4.9) に沿って積分する．

図 4.9	P	→	U	→	V
	$x = x_0,$		$x = s,$	$x : 一定$	$x = s,$
	$y = y_0.$	$y : 一定$	$y = y_0.$		$y = t.$

> イメージを描け
> 坂道に沿って P から U まで歩き，坂道に沿って U から V まで歩く．

$\int_{x_0}^{s} \frac{1}{x} dx$ は $\frac{1}{x} \times dx$ (傾き × 幅) の合計を表す．図 4.9 のように，x 軸方向に $\frac{1}{x} \times dx$

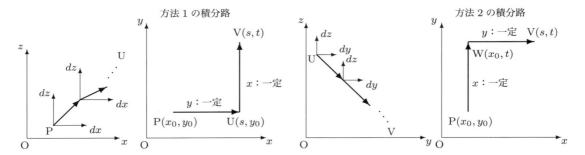

図 4.9 積分路の射影と点のつなぎ合わせ x_0, y_0 は初期値，s, t は任意の値．xz 平面は曲面の y 座標が一定の断面，yz 平面は x 座標が一定の断面である．

4.2 曲線を求める問題と曲面を求める問題

を小刻みに足し合わせ，y 軸方向に $(-1) \times dy$ を小刻みに足し合わせると，曲面内で任意の点の高さが求まる．図 0.20，図 0.23 と同じ考え方で小刻みに足すのは，傾き $\frac{1}{x}$ が x の値によって変化するからである．階段を一段ずつ登る過程と似ている．図 4.8 のように，接平面を小刻みに貼り合わせたことになる．

手順 1 $dz = \frac{1}{x}dx + (-1)dy$ の左辺を $z = z_0$ (初期値) から $z = u$ (u はどんな値でもいい) まで積分する．右辺第 1 項を $x = x_0$ (初期値) から $x = s$ (s はどんな値でもいい) まで積分し，第 2 項を $y = y_0$ (初期値) から $y = t$ (t はどんな値でもいい) まで積分する．

$$\int_{z_0}^{u} dz = \underbrace{\int_{x_0}^{s} \frac{1}{x}dx}_{\text{PU (図 4.9)}} + \underbrace{\int_{y_0}^{t} (-1)dy}_{\text{UV (図 4.9)}}.$$

図 0.20 と同じ考え方

◀ $\underbrace{\frac{1}{x}}_{\text{傾き}} \underbrace{dx}_{\text{幅}}$.

$\underbrace{(-1)}_{\text{傾き}} \underbrace{dy}_{\text{幅}}$.

Stop! 式の書き方の工夫 項ごとに (上限) − (下限) を改行して書く．

	上限	下限
左辺	u	$-$ z_0
右辺 =	$\log_e(s)$	$-$ $\log_e(x_0)$
+ (-1)	$(t$	$-$ $y_0)$.

上限の列 $u = \log_e(s) - t$.
下限の列 $z_0 = \log_e(x_0) - y_0$.

◀ 下限は上限で
$u \to z_0$
$s \to x_0$
$t \to y_0$
におきかえた式である．

$u - z_0$
$= \{\log_e(s) - t\}$
$-\{\log_e(x_0) - y_0\}$.

手順 2 $x = s, y = t, z = u$ の場合 (s, t, u はどんな値でもいい) に成り立つから，z と x, y との対応の規則 (関数) で決まる関数値は，つぎのように表せる．

曲面の方程式：$z = \underbrace{\log_e(x) - y}_{g(x,y)}$

手順 3 $dz = 0$ (z の値は一定) だから曲面の等高線を $z = C$ (C は定数) と表す．$C = z_0$ だから，解曲線は

$$\underbrace{\log_e(x) - y}_{g(x,y)} = z_0 \quad \text{(等高線の方程式)}$$

をみたす (図 4.10)．

◀ z の値が変化しないから
$z = z_0 \ (z - z_0 = 0)$
である．
$z_0 = \log_e(x_0) - y_0$
だから
$\underbrace{\log_e(x) - y}_{z} = \underbrace{\log_e(x_0) - y_0}_{z_0}$
と表すこともできる．

◀ 等高線は，曲面内のあらゆる点のうち同じ高さの点だけをつなぎ合わせた曲線である．図 4.10 で C の値ごとに等高線は異なる．曲面は，あらゆる等高線の集まりである．

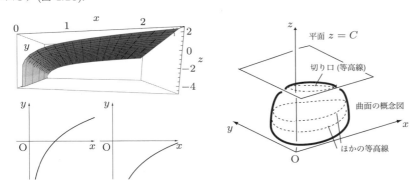

図 4.10 曲面 $z = \log_e(x) - y$ 平面 $z = 0$ との交線と平面 $z = 1$ との交線

◎何がわかったか 曲面内の各点で，z 座標の値は x 座標，y 座標の陽関数の値 $z = \log_e(x) - y$ [z は曲面内の点 (x, y) の高さ] である．等高線 (一定の高さ z_0) は曲線の方程式 $\log_e(x) - y = z_0$ で表せる (表 4.3)．

表 4.3 曲面の方程式と等高線の方程式とのちがい

図形	方程式	変数の個数	必要な座標軸の本数
曲面	$z = \log_e(x) - y$.	x, y, z の 3 変数	x 軸，y 軸，z 軸を設定して空間内で描ける．
等高線	$\log_e(x) - y = z_0$.	x, y の 2 変数	x 軸，y 軸を設定して xy 平面内で描ける．

z_0 は曲面 $z = g(x,y)$ の特定の点で測った高さだから，特定の点の選び方 (初期条件のちがい) で等高線の方程式 $g(x,y) = z_0$ はちがう．

	陰関数表示	陽関数表示
z_0 の値	$g(x,y) - z_0 = 0.$	$y = f(x).$
$z_0 = 0.$	$\log_e(x) - y = 0.$	$y = \log_e(x).$
$z_0 = 1.$	$\log_e(x) - y - 1 = 0.$	$y = \log_e(x) - 1.$

◀ $g(x,y) = \log_e(x) - y$
とおくと，曲面は $z = g(x,y)$ と表せる．
$F(x,y) = g(x,y) - z_0$ とおくと，等高線の陰関数表示は
  $F(x,y) = 0$
である．
$z_0 = 0$ のとき
$F(x,y) = g(x,y)$．

方法2　線積分　経路 $P \to W \to V$ (図 4.9) に沿って積分する．

図 4.9	P	$\longrightarrow$	W	$\longrightarrow$	V
	$x = x_0,$	$x :$ 一定	$x = x_0,$		$x = s,$
	$y = y_0.$		$y = t.$	$y :$ 一定	$y = t.$

┌─ イメージを描け ─┐
│ 坂道に沿って P から │
│ R まで歩き，坂道に │
│ 沿って R から S ま │
│ で歩く． │
└─────────────┘

手順 1　左辺を $z = z_0$ (初期値) から $z = u$ (u はどんな値でもいい) まで積分し，右辺第 1 項を $x = x_0$ から $x = s$ まで積分し，第 2 項を $y = y_0$ から $y = t$ まで積分する．

$$\int_{z_0}^{u} dz = \underbrace{\int_{x_0}^{s} \frac{1}{x} dx}_{\text{PW (図 4.9)}} + \underbrace{\int_{y_0}^{t} (-1) dy}_{\text{WV (図 4.9)}}.$$

図 0.20 と同じ考え方

◀ $\underbrace{\frac{1}{x}}_{\text{傾き}} \underbrace{dx}_{\text{幅}}$．

$\underbrace{(-1)}_{\text{傾き}} \underbrace{dy}_{\text{幅}}$

手順 2, 手順 3　方法 1 と同じ．

4.3　完全微分方程式 ── 接平面の傾きから曲面を探る方法

4.2 節で，曲面の等高線 (曲線) に接する直線 (接線) の方程式から曲面の方程式を求めた．問題の本質を理解するために，接線の方程式

$$\frac{\partial g}{\partial x}(x,y)dx + \frac{\partial g}{\partial y}(x,y)dy = 0$$

で $\frac{\partial g}{\partial x}$ は x だけで決まり，$\frac{\partial g}{\partial y}$ は定数という簡単な場合を考えた．4.3 節では，これらの偏導関数が x, y で決まる場合に進める．

◀ $z = g(x,y)$．

全微分
$dz = \frac{\partial g}{\partial x}(x,y)dx$
  $+ \frac{\partial g}{\partial y}(x,y)dy.$

┌─────────────────────────────┐
│ xy 平面の領域で定義した微分方程式 │
│ $$p(x,y)dx + q(x,y)dy = 0$$ │
│ の左辺が x, y の関数 g の全微分 dz に等しく，関係式 │
│ $$p(x,y)dx + q(x,y)dy = \frac{\partial g}{\partial x}(x,y)dx + \frac{\partial g}{\partial y}(x,y)dy$$ │
│ が成り立つとき，この微分方程式を**完全微分方程式**または**完全微分型** │
│ という． │
│ ▶ **注意**　$p(x,y)dx + q(x,y)dy = 0$ の形でも完全微分型とは限らない． │
│ 問 4.5 で完全微分型の条件を確かめる． │
└─────────────────────────────┘

例題 4.2　完全微分型の解の意味 ─────────────
xy 平面から原点を除いた領域で定義した微分方程式 $(y^2 + 2xy)dx + (2xy + x^2)dy = 0$ (問 4.4 の類題) を解いて，解曲線の特徴を調べよ．

◀ 問 4.4 とちがって，特定の値 a, b を指定しないで，a, b を任意の値 x, y におきかえた．

4.3 完全微分方程式 — 接平面の傾きから曲面を探る方法

発想 図 4.5, 図 4.6 を見て $dz = (y^2 + 2xy)dx + (2xy + x^2)dy$ の規則で，図 4.9 の積分路に沿って積分する．曲面 $z = xy^2 + x^2y$ の等高線が求まることを確かめる．

【解説】
手順 0 初期条件を設定する．「$x = x_0, y = y_0$ のとき $z = z_0$」[点 (x_0, y_0, z_0) を通る]
方法 1　線積分 経路 P → U → V (図 4.9) に沿って積分する．
手順 1 $dz = (y^2 + 2xy)dx + (2xy + x^2)dy$ の左辺を $z = z_0$ (初期値) から $z = u$ (u はどんな値でもいい) まで積分し，右辺第 1 項を $x = x_0$ (初期値) から $x = s$ (s はどんな値でもいい) まで積分し，第 2 項を $y = y_0$ (初期値) から $y = t$ (t はどんな値でもいい) まで積分する．

$$\int_{z_0}^{u} dz = \int_{x_0}^{s} \underbrace{(y_0{}^2 + 2xy_0)dx}_{\text{PU (図 4.9)}} + \int_{y_0}^{t} \underbrace{(2sy + s^2)dy}_{\text{UV (図 4.9)}}.$$

▶ **注意** P → U では $y = y_0$ (定数)，U → V では $x = s$ (一定)．

Stop!　式の書き方の工夫 項ごとに (上限) − (下限) を改行して書く．

	上限		下限
左辺	u	−	z_0
右辺 =	$(sy_0{}^2 + s^2y_0)$	−	$(x_0y_0{}^2 + x_0{}^2y_0)$
+	$(st^2 + s^2t)$	−	$(sy_0{}^2 + s^2y_0)$.

上限の列　$u = st^2 + s^2t$．
下限の列　$z_0 = x_0y_0{}^2 + x_0{}^2y_0$．

手順 2 $x = s, y = t, z = u$ の場合 (s, t, u はどんな値でもいい) に成り立つから，z と x, y との対応の規則 (関数) で決まる関数値は，つぎのように表せる (図 4.11)．

$$\text{曲面の方程式：} z = \underbrace{xy^2 + x^2y}_{g(x,y)}$$

手順 3 $dz = 0$ (z の値は一定) だから曲面の等高線を $z = C$ (C は定数) と表す．

▶ $\dfrac{d(x^2)}{dx} = 2x$ の分母を払って $2xdx = d(x^2)$ の各辺を積分すると
$$\int_{x_0}^{s} 2xdx = \int_{x_0{}^2}^{s^2} d(x^2) = s^2 - x_0{}^2$$
になる．

x	$x_0 \to s$
x^2	$x_0{}^2 \to s^2$

◀ 下限は上限で
$u \to z_0$
$s \to x_0$
$t \to y_0$
におきかえた式である．

◀ z の値が変化しないから
$z = z_0$ ($z - z_0 = 0$) である．
$z_0 = x_0y_0{}^2 + x_0{}^2y_0$ だから
$$\overbrace{xy^2 + x^2y}^{z} = \underbrace{x_0y_0{}^2 + x_0{}^2y_0}_{z_0}$$
と表すこともできる．

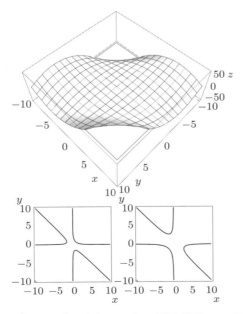

図 4.11　曲面 $z = x^2y + xy^2$　平面 $z = 1$ との交線と平面 $z = -5$ との交線．これらの等高線で x の値を一つ決めると y の値が二つ決まる．

$C = z_0$ だから，解曲線は

等高線の方程式：$\underbrace{xy^2 + x^2y}_{g(x,y)} = z_0$

をみたす．

◎何がわかったか　曲面内の各点で，z 座標の値は x 座標，y 座標の陽関数の値 $z = xy^2 + x^2y$ [z は曲面内の点 (x, y) の高さ] である．等高線 (一定の高さ z_0) は曲線の方程式 $xy^2 + x^2y = z_0$ で表せる．

◀ $g(x, y) = xy^2 + x^2y$
とおくと，曲面は $z = g(x, y)$ と表せる．
　$F(x, y) = g(x, y) - z_0$
とおくと，等高線の陰関数表示は $F(x, y) = 0$ である．
$z_0 = 0$ のとき $F(x, y) = g(x, y)$．

方法 2　線積分　経路 $P \to W \to V$ (図 4.9) に沿って積分する．

手順 1　$dz = (y^2 + 2xy)dx + (2xy + y^2)dy$ の左辺を $z = z_0$ (初期値) から $z = u$ まで積分し，右辺第 1 項を $x = x_0$ から $x = s$ まで積分し，第 2 項を $y = y_0$ から $y = t$ まで積分する．

$$\int_{z_0}^{u} dz = \int_{x_0}^{s} \underbrace{(t^2 + 2xt)dx}_{\text{WV (図 4.9)}} + \int_{y_0}^{t} \underbrace{(2x_0 y + x_0^2)dy}_{\text{PW (図 4.9)}}.$$

▶ **注意**　$W \to V$ では $y = t$ (一定)，$P \to W$ では $x = x_0$ (定数)．

Stop!　式の書き方の工夫　項ごとに (上限) $-$ (下限) を改行して書く．

	上限		下限
左辺	u	$-$	z_0
右辺 $=$	$(st^2 + s^2 t)$	$-$	$\cancel{(x_0 t^2 + x_0^2 t)}$
$+$	$\cancel{(x_0 t^2 + x_0^2 t)}$	$-$	$(x_0 y_0^2 + x_0^2 y_0)$.

上限の列　$u = st^2 + s^2 t$．
下限の列　$z_0 = x_0 y_0^2 + x_0^2 y_0$．

◀ 下限は上限で
　$u \to z_0$
　$s \to x_0$
　$t \to y_0$
におきかえた式である．

手順 2, 手順 3　方法 1 と同じ．

◎何がわかったか　方法 1 と方法 2 とのどちらの経路に沿って積分しても，同じ等高線が求まる．

問 4.5　xy 平面から原点を除いた領域で定義した微分方程式

$$(y^2 + xy)dx + (xy + x^2)dy = 0$$

を解いて，解曲線の特徴を調べよ．

◀ 例題 4.2 で
　$y^2 + 2xy \to y^2 + xy$
　$2xy + x^2 \to xy + x^2$
のようにおきかえた．

【解説】問題にだまされないこと．

手順 0　初期条件を設定する．　**例**「$x = 1$ のとき $y = 1$」[点 $(1, 1)$ を通る]

方法　線積分　経路 $P \to U \to V$ (図 4.9) に沿って積分する．

手順 1　$dz = (y^2 + xy)dx + (xy + x^2)dy$ の左辺を $z = z_0$ (初期値) から $z = u$ (u はどんな値でもいい) まで積分し，右辺第 1 項を $x = x_0$ (初期値) から $x = s$ (s はどんな値でもいい) まで積分し，第 2 項を $y = y_0$ (初期値) から $y = t$ (t はどんな値でもいい) まで積分する．

$$\int_{z_0}^{u} dz = \int_{x_0}^{s} \underbrace{(1^2 + x)dx}_{\text{PU (図 4.9)}} + \int_{y_0}^{t} \underbrace{(sy + s^2)dy}_{\text{UV (図 4.9)}}.$$

◀ **注意**　$P \to U$ では $y = 1$ (定数)，$U \to V$ では $x = s$ (一定)．

Stop!　式の書き方の工夫　項ごとに (上限) $-$ (下限) を改行して書く．

	上限		下限
左辺	u	$-$	z_0
右辺 $=$	$\left(s + \dfrac{1}{2}s^2\right)$	$-$	$\left(1 + \dfrac{1}{2} \cdot 1^2\right)$
$+$	$\left(\dfrac{1}{2}st^2 + s^2 t\right)$	$-$	$\left(\dfrac{1}{2}s \cdot 1^2 + s^2 \cdot 1\right)$

4.3 完全微分方程式 — 接平面の傾きから曲面を探る方法

$$u - z_0 = \frac{1}{2}s - \frac{1}{2}s^2 + \frac{1}{2}st^2 + s^2t - \frac{3}{2}.$$

◀ $x=1, y=1$ のとき
$$z = \frac{3}{2} = z_0.$$

手順 2 $x=s, y=t, z=u$ の場合 (s, t, u はどんな値でもいい) に成り立つから，z と x, y との対応の規則 (関数) で決まる関数値は

$$\text{曲面の方程式：} z = \underbrace{\frac{1}{2}x - \frac{1}{2}x^2 + \frac{1}{2}xy^2 + x^2y}_{g(x,y)}$$

と表せる．

◀ $\frac{\partial g}{\partial x}(x,y)$ を求めるとき，x だけを変数とみなして，1 変数関数を微分する．
$\frac{\partial g}{\partial y}(x,y)$ を求めるとき，y だけを変数とみなして，1 変数関数を微分する．

検算 $g(x,y) = \frac{1}{2}x - \frac{1}{2}x^2 + \frac{1}{2}xy^2 + x^2y$ とおく．

$$\frac{\partial g}{\partial x}(x,y) = \frac{1}{2} - x + \frac{1}{2}y^2 + 2xy \neq y^2 + xy, \quad \frac{\partial g}{\partial y}(x,y) = xy + x^2 \neq xy + x^2.$$

◀ $\frac{\partial}{\partial y}\left(\frac{\partial g}{\partial x}\right)$ を $\frac{\partial^2 g}{\partial y \partial x}$, $\frac{\partial}{\partial x}\left(\frac{\partial g}{\partial y}\right)$ を $\frac{\partial^2 g}{\partial x \partial y}$ とも表す．

Stop! $z = \frac{1}{2}x - \frac{1}{2}x^2 + \frac{1}{2}xy^2 + x^2y$ は解ではない．なぜか？何がいけないのか？

ノート：完全微分型であるための必要十分条件

$p(x,y)dx+q(x,y)dy=0$ は完全微分型

- $\overbrace{\frac{\partial g}{\partial x}(x,y) = p(x,y), \frac{\partial g}{\partial y}(x,y) = q(x,y)}$ をみたすとき $\overbrace{\frac{\partial p}{\partial y}(x,y) = \frac{\partial q}{\partial x}(x,y)}^{\text{必要条件}}$．

なぜ？

$$\frac{\partial p}{\partial y}(x,y) = \frac{\partial}{\partial y}\left(\frac{\partial g}{\partial x}\right)(x,y) = \frac{\partial}{\partial x}\left(\frac{\partial g}{\partial y}\right)(x,y) = \frac{\partial q}{\partial x}(x,y).$$

◀ 関数を表す記号
$\frac{\partial}{\partial y}\left(\frac{\partial g}{\partial x}\right)(\ ,\ )$
$\frac{\partial^2 g}{\partial y \partial x}(\ ,\ )$
関数値
$\frac{\partial}{\partial y}\left(\frac{\partial g}{\partial x}\right)(x,y)$
$\frac{\partial^2 g}{\partial y \partial x}(x,y)$

$\frac{\partial g}{\partial x}(x,y), \frac{\partial g}{\partial y}(x,y)$ が存在して連続のとき g は**全微分可能** (接平面の傾きが 1 通りに決まり，接平面が描ける) である．

$\frac{\partial^2 g}{\partial y \partial x}(x,y), \frac{\partial^2 g}{\partial x \partial y}(x,y)$ が存在して連続のとき $\frac{\partial^2 g}{\partial y \partial x}(x,y) = \frac{\partial^2 g}{\partial x \partial y}(x,y)$．

◀ 接線が引ける条件 (問 0.4) を接平面が描ける条件に拡張する．

十分条件　　　　　　　　　　　　$p(x,y)dx+q(x,y)dy=0$ は完全微分型

- $\overbrace{\frac{\partial p}{\partial y}(x,y) = \frac{\partial q}{\partial x}(x,y)}$ が成り立つとき $\overbrace{\frac{\partial g}{\partial x}(x,y) = p(x,y), \frac{\partial g}{\partial y}(x,y) = q(x,y)}$．

なぜ？

$\frac{\partial p}{\partial y}(x,y), \frac{\partial q}{\partial x}(x,y)$ が連続である領域に特定の点 (x_0, y_0) と任意の (どこでもいい) 点 (s,t) を選ぶ．

$$g(s,t) = \int_{x_0}^{s} p(x, y_0)dx + \int_{y_0}^{t} q(s,y)dy \quad \blacktriangleleft \text{図 4.9}$$

◀ 例題 4.2 は
$$\int_{x_0}^{s} p(x, y_0)dx + \int_{y_0}^{t} q(s,y)dy$$
の具体例であり，この証明は完全微分型の解法を示している．

とおく．t はどんな値でもいいから変数として扱うと，関数 g から偏導関数 $\frac{\partial g}{\partial t}$ を求めることができ，$\frac{\partial g}{\partial t}(s,t) = q(s,t)$ である．$x=s, y=t$ に対して成り立つから

$$\frac{\partial g}{\partial y}(x,y) = q(x,y).$$

◀ 簡単にいうと，$q(s,y)$ を y について積分して y で微分すると $q(s,y)$ に戻る．

s はどんな値でもいいから変数として扱うと，関数 g から偏導関数 $\frac{\partial g}{\partial s}$ を求めることができ，

◀ $q, \frac{\partial q}{\partial x}$ が連続関数だから微分する操作と積分する操作との順序を交換することができる．

$$\frac{\partial g}{\partial s}(s,y) = p(s, y_0) + \int_{y_0}^{t} \frac{\partial q}{\partial s}(s,y)dy$$
$$= p(s, y_0) + \int_{y_0}^{t} \frac{\partial p}{\partial y}(s,y)dy \quad \blacktriangleleft \frac{\partial p}{\partial y}(x,y) = \frac{\partial q}{\partial x}(x,y)$$
$$= p(s,t) \quad \blacktriangleleft p(s, y_0) + \{p(s,t) - p(s, y_0)\}$$

◀ 西本勝之：『大学課程微分方程式演習』(昭晃堂，1969) p.61 にならって
$$\int_{y_0}^{t} \frac{\partial p}{\partial y}(s,y) \partial y$$
と書くと
$$p(s,t) - p(s,y_0)$$
となる計算の意味がわかりやすい．

となる. $x = s, y = t$ に対して成り立つから
$$\frac{\partial g}{\partial x}(x,y) = p(x,y).$$

$\frac{\partial p}{\partial y}(x,y) = \frac{\partial q}{\partial x}(x,y)$ が成り立つとき，$\frac{\partial g}{\partial x}(x,y) = p(x,y)$, $\frac{\partial g}{\partial y}(x,y) = q(x,y)$ をみたす g が存在する．

問 4.6 つぎの微分方程式は完全微分型か？
(1) $\frac{1}{x}dx + (-1)dy = 0$ (例題 4.1)． (2) $(y^2 + 2xy)dx + (2xy + x^2)dy = 0$ (例題 4.2)．
(3) $(y^2 + xy)dx + (xy + x^2)dy = 0$ (問 4.5)．

【解説】(1), (2) は完全微分型であるが，(3) は完全微分型ではない．
(1) $p(x) = \frac{1}{x}, q(x) = -1$ とおく．
$\frac{\partial(1/x)}{\partial y} = 0, \frac{\partial(-1)}{\partial x} = 0$ だから $\frac{\partial p}{\partial y}(x,y) = \frac{\partial q}{\partial x}(x,y)$．
(2) $p(x) = y^2 + 2xy, q(x) = 2xy + x^2$ とおく．
$\frac{\partial(y^2 + 2xy)}{\partial y} = 2y + 2x, \frac{\partial(2xy + x^2)}{\partial x} = 2y + 2x$ だから $\frac{\partial p}{\partial y}(x,y) = \frac{\partial q}{\partial x}(x,y)$．
(3) $p(x) = y^2 + xy, q(x) = xy + x^2$ とおく．
$\frac{\partial(y^2 + xy)}{\partial y} = 2y + x, \frac{\partial(xy + x^2)}{\partial x} = y + 2x$ だから $\frac{\partial p}{\partial y}(x,y) \neq \frac{\partial q}{\partial x}(x,y)$．

◎何がわかったか 単に積分するだけでは，問 4.5 の微分方程式の解が求まらなかったのは，完全微分型でないからである．

> **イメージを描け**
> ある点に隣り合う点全体は，あらゆる方向からこの点を取り囲んでいる (4.2 節図 4.8)．問 4.5 は，接平面を貼り合わせるとき，次第にねじれて全体がなめらかにつながらなくなることを示している．
> 一松信：『ベクトル解析入門』(森北出版，1997) p.126．

問 4.7 変数分離型の微分方程式 $p(x)dx + q(y)dy = 0$ は完全微分型であることを示せ．
【解説】$\frac{\partial p}{\partial y}(x,y) = 0, \frac{\partial q}{\partial x}(x,y) = 0$ だから $\frac{\partial p}{\partial y}(x,y) = \frac{\partial q}{\partial x}(x,y)$．

◀ 1.1 節では，
$q(y) = -\frac{1}{r(y)}$
とおいた．

ノート：$xdx + ydy = 0$ の三面相

xy 平面から原点を除いた領域で，解曲線が (x_0, y_0) を通る微分方程式
$$xdx + ydy = 0 \quad (x_0 > 0, y_0 > 0 \text{ とする}).$$

① 変数分離型 (例題 1.1, 探究演習【1.1】の類題)
② 同次型 (例題 2.2)
③ 完全微分型

▶ 注意 $-\frac{xdx}{\sqrt{1-x^2-y^2}} - \frac{ydy}{\sqrt{1-x^2-y^2}} = 0$ の解は，$x^2 + y^2 < 1$ で定義する (問 4.4)．

視察で直接解く方法 $z = x^2 + y^2$ の全微分を活用する．
$d(x^2 + y^2) = \frac{\partial z}{\partial x}dx + \frac{\partial z}{\partial y}dy$ ◀ 第 1 項：y を定数と考えて z を x で微分する．
$ = 2xdx + 2ydy,$ 第 2 項：x を定数と考えて z を y で微分する．

$xdx + ydy = 0$ だから $d(x^2 + y^2) = 0$ [$x^2 + y^2$ の値は一定 (式の読解)] となり，
$$\text{等高線の方程式：} x^2 + y^2 = x_0{}^2 + y_0{}^2.$$

$x_0 = 1, y_0 = 1$ を選ぶと $x^2 + y^2 = (\sqrt{2})^2$ (解曲線は原点を中心とする半径 $\sqrt{2}$ の円)．

◀ $z = g(x,y)$．
◀ $z = x^2 + y^2 + C$
(C は定数) を考えてもいいが，
$d(x^2 + y^2 + C) = 0$
から $x^2 + y^2 + C$
の値が一定となり，
$x^2 + y^2 + C$
$= x_0{}^2 + y_0{}^2 + C$
を得る．結局，
$x^2 + y^2 = x_0{}^2 + y_0{}^2$
である．

4.3 完全微分方程式 — 接平面の傾きから曲面を探る方法

問 4.8 つぎの微分方程式を視察で直接解くとき，どのような全微分の形を活用するといいか？

(1) $ydx + xdy = 0.$ (2) $\dfrac{xdy - ydx}{x^2} = 0.$ (3) $\dfrac{-ydx + xdy}{xy} = 0.$

(4) $\dfrac{ydx + xdy}{xy} = 0.$ (5) $\dfrac{2ydx - 2xdy}{x^2 - y^2} = 0.$ (6) $\dfrac{xdx + ydy}{x^2 + y^2} = 0.$

(7) $\dfrac{-2ydx + 2xdy}{(x-y)^2} = 0.$ (8) $\dfrac{2ydx - 2xdy}{(x+y)^2} = 0.$ (9) $\dfrac{xdx + ydy}{\sqrt{x^2+y^2}} = 0.$

(10) $\dfrac{xdx - ydy}{\sqrt{x^2 - y^2}} = 0.$

【解説】$z = g(x, y)$ について，$\dfrac{\partial z}{\partial x}$ は y を定数と考えて z を x で微分し，$\dfrac{\partial z}{\partial y}$ は x を定数と考えて z を y で微分して，$dz = \dfrac{\partial z}{\partial x}dx + \dfrac{\partial z}{\partial y}dy$ を求める．

(1) $z = xy.$
$$d(xy) = ydx + xdy.$$

(2) $z = \dfrac{y}{x}.$
$$d\left(\dfrac{y}{x}\right) = \dfrac{-y}{x^2}dx + \dfrac{1}{x}dy$$
$$= \dfrac{-ydx + xdy}{x^2}.$$

(3) $z = \log_e\left(\dfrac{y}{x}\right).$
$$d\left\{\log_e\left(\dfrac{y}{x}\right)\right\} = \dfrac{x}{y}\left(-\dfrac{y}{x^2}\right)dx + \dfrac{x}{y}\cdot\dfrac{1}{x}dy$$
$$= \dfrac{-ydx + xdy}{xy}.$$

(4) $z = \log_e(xy).$
$$d\{\log_e(xy)\} = \dfrac{1}{xy}ydx + \dfrac{1}{xy}xdy$$
$$= \dfrac{ydx + xdy}{xy}.$$

(5) $z = \log_e\left(\dfrac{x-y}{x+y}\right).$
$$d\left\{\log_e\left(\dfrac{x-y}{x+y}\right)\right\}$$
$$= d\{\log_e(x-y) - \log_e(x+y)\}$$
$$= \left\{\dfrac{1}{x-y}dx + \dfrac{1}{x-y}(-1)dy\right\}$$
$$- \left(\dfrac{1}{x+y}dx + \dfrac{1}{x+y}dy\right)$$
$$= \dfrac{2ydx - 2xdy}{x^2 - y^2}.$$

(6) $z = \dfrac{1}{2}\log_e(x^2 + y^2).$
$$d\left\{\dfrac{1}{2}\log_e(x^2 + y^2)\right\}$$
$$= \dfrac{1}{2}\left(\dfrac{1}{x^2+y^2}\cdot 2xdx\right.$$
$$\left.+\dfrac{1}{x^2+y^2}\cdot 2ydy\right)$$
$$= \dfrac{xdx + ydy}{x^2 + y^2}.$$

(7) $z = \dfrac{x+y}{x-y}.$
$$d\left(\dfrac{x+y}{x-y}\right)$$
$$= d\{(x+y)(x-y)^{-1}\}$$
$$= \dfrac{-2ydx + 2xdy}{(x-y)^2}.$$

(8) $z = \dfrac{x-y}{x+y}.$
$$d\left(\dfrac{x-y}{x+y}\right)$$
$$= d\{(x-y)(x+y)^{-1}\}$$
$$= \dfrac{2ydx - 2xdy}{(x+y)^2}.$$

(9) $z = \sqrt{x^2 + y^2}.$
$$d(\sqrt{x^2 + y^2})$$
$$= d\{(x^2 + y^2)^{\frac{1}{2}}\}$$
$$= \dfrac{1}{2}(x^2 + y^2)^{-\frac{1}{2}}2xdx$$

(10) $z = \sqrt{x^2 - y^2}.$
$$d(\sqrt{x^2 - y^2})$$
$$= d\{(x^2 - y^2)^{\frac{1}{2}}\}$$
$$= \dfrac{1}{2}(x^2 - y^2)^{-\frac{1}{2}}2xdx$$

◀ (2) $\dfrac{d}{dx}\left(\dfrac{1}{x}\right)$
$= \dfrac{d(x^{-1})}{dx}$
$= -1x^{-2}.$

◀ (3)
$u = \dfrac{y}{x} = x^{-1}y$
とおく．
$\dfrac{\partial z}{\partial x} = \dfrac{dz}{du}\dfrac{\partial u}{\partial x}$
$= \dfrac{d\{\log_e(u)\}}{du}$
$\times(-1x^{-2}y)$
$= \dfrac{1}{u}\left(-\dfrac{y}{x^2}\right)$
$= \dfrac{x}{y}\left(-\dfrac{y}{x^2}\right).$
$\dfrac{\partial z}{\partial y} = \dfrac{dz}{du}\dfrac{\partial u}{\partial y}$
$= \dfrac{d\{\log_e(u)\}}{du}\dfrac{1}{x}$
$= \dfrac{1}{u}\cdot\dfrac{1}{x} = \dfrac{x}{y}\cdot\dfrac{1}{x}.$

◀ (4) は (3) と同じ計算法で求まる．

◀ (5)
$u = \log_e(x-y)$,
$v = x - y$ とおく．
$\dfrac{\partial u}{\partial x} = \dfrac{du}{dv}\dfrac{\partial v}{\partial x}$
$= \dfrac{d\{\log_e(v)\}}{dv}\cdot 1$
$= \dfrac{1}{v} = \dfrac{1}{x-y}.$

◀ (6)
$u = \log_e(x^2 + y^2)$,
$v = x^2 + y^2$ とおく．
$\dfrac{\partial u}{\partial x} = \dfrac{du}{dv}\dfrac{\partial v}{\partial x}$
$= \dfrac{d\{\log_e(v)\}}{dv}\cdot 2x$
$= \dfrac{1}{v}\cdot 2x = \dfrac{2x}{x^2+y^2}.$

◀ (7)
$\{(x-y)^{-1} + (x+y)$
$\times(-1)(x-y)^{-2}\}dx$
$+\{(x-y)^{-1}$
$+(x+y)\times(-1)(x-y)^{-2}\times(-1)\}dy.$

◀ (8) は (7) で
$y \to -y,$
$dy \to -dy$
とおきかえてもいい．

◀ (9) $u = \sqrt{x^2 + y^2}$,
$v = x^2 + y^2$ とおく．
$\dfrac{\partial u}{\partial x} = \dfrac{du}{dv}\dfrac{\partial v}{\partial x}$
$= \dfrac{d\{v^{\frac{1}{2}}\}}{dv}2x$
$= \dfrac{1}{2}v^{-\frac{1}{2}}2x$
$= \dfrac{x}{\sqrt{x^2+y^2}}.$

$$+ \frac{1}{2}(x^2+y^2)^{-\frac{1}{2}} 2y dy \qquad\qquad +\frac{1}{2}(x^2-y^2)^{-\frac{1}{2}}(-2y)dy$$
$$=\frac{xdx+ydy}{\sqrt{x^2+y^2}}. \qquad\qquad =\frac{xdx-ydy}{\sqrt{x^2-y^2}}.$$

通常の場合には，$xdx+ydy=0$ (本節のノート：$\boldsymbol{xdx+ydy=0}$ の三面相を参照) とちがって，視察で簡単に関数 g が見つかるとは限らないので，

(i) 完全微分型である場合に，g を見つける方法はあるか？(例題 4.2)

(ii) 完全微分形でない全微分方程式を変形して完全微分形に直す方法はあるか？(計算練習【4.2】，【4.3】，【4.4】)

の 2 点が課題になる．

> 微分方程式
> $$p(x,y)dx+q(x,y)dy=0$$
> で
> $$\frac{\partial p}{\partial y}(x,y) \neq \frac{\partial q}{\partial x}(x,y)$$
> のとき完全微分型ではないが，この微分方程式に x,y の関数 λ を掛けると完全微分型になることがある．このとき $\lambda(x,y)$ を**積分因数**または**積分因子**という．　　(計算練習【4.2】，【4.3】，【4.4】)

計算練習

【4.1】 陰関数の導関数　xy 平面から原点を除いた領域で定義した
$$\frac{x^2}{a^2}+\frac{y^2}{b^2}=1 \qquad (a>0, b>0)$$
を x で微分せよ．　　◀ 楕円の方程式

(1) $\dfrac{x^2}{a^2}$, $\dfrac{y^2}{b^2}$, -1 (関数値が -1 の定数関数) の各項を x で微分して $\dfrac{dy}{dx}$ を求めよ．　　◀ 計算練習【0.4】，【1.1】．

(2) 陽関数表示 $y=\pm\dfrac{b}{a}\sqrt{a^2-x^2}$ から $\dfrac{dy}{dx}$ を求めよ．　　◀『スミルノフ 高等数学教程 I 巻 [第 1 分冊]』(共立出版, 1958) p.151.

(3) $z=\dfrac{x^2}{a^2}+\dfrac{y^2}{b^2}-1$ の全微分から $\dfrac{dy}{dx}$ を求めよ．

【解説】$\dfrac{x^2}{a^2}+\dfrac{y^2}{b^2}=1$ は y を x の陰関数で表した形である．

(1) $\dfrac{x^2}{a^2}+\dfrac{y^2}{b^2}=1$ の右辺を左辺に移項して，各項を x で微分すると

◀ $\dfrac{x^2}{a^2}+\dfrac{y^2}{b^2}-1=0$ の 0 (定数関数の値) は x の間接の関数であり，x^2 で直接 x に従属するだけでなく，$y=\pm\dfrac{b}{a}\sqrt{a^2-x^2}$ で間接にも x に従属するから
$$\frac{d(y^2)}{dx}=\underbrace{\frac{d(y^2)}{dy}}_{2y}\frac{dy}{dx}$$
に注意する．

$$\frac{1}{a^2}\frac{d(x^2)}{dx}+\frac{1}{b^2}\frac{d(y^2)}{dx}-\frac{d1}{dx}=\frac{d0}{dx}$$

となり，
$$\frac{2x}{a^2}+\frac{2y}{b^2}\frac{dy}{dx}-0=0$$

を整理すると
$$\frac{dy}{dx}=-\frac{b^2}{a^2}\frac{x}{y}$$

を得る．

(2) $u=a^2-x^2$ とおく．

◀ 計算練習【1.1】の補足 1.

(i)　下半分 $(-a \leq x \leq a, -b \leq y \leq 0)$：$y = -\dfrac{b}{a}\sqrt{a^2 - x^2}$.

$$\begin{aligned}\dfrac{dy}{dx} &= -\dfrac{b}{a}\dfrac{d(u^{\frac{1}{2}})}{dx} \\ &= -\dfrac{b}{a}\dfrac{d(u^{\frac{1}{2}})}{du}\dfrac{du}{dx} \\ &= -\dfrac{b}{a}\cdot\dfrac{1}{2}u^{-\frac{1}{2}}\dfrac{d(a^2 - x^2)}{dx} \\ &= -\dfrac{b}{2a}(a^2 - x^2)^{-\frac{1}{2}}(-2x) \\ &= -\dfrac{b}{a}\dfrac{x}{\sqrt{a^2 - x^2}} \\ &= -\dfrac{b^2}{a^2}\dfrac{x}{y}.\end{aligned}$$

◀ $x^2 = a^2 - \dfrac{y^2}{b^2}$
$x = \pm\dfrac{a}{b}\sqrt{b^2 - y^2}$
の根号内は
$b^2 - y - 2 \geq 0$
だから
$-b \leq y \leq b$.

◀ $\dfrac{1}{y} = -\dfrac{a}{b\sqrt{a^2 - x^2}}$

(ii)　右半分 $(0 \leq x \leq a, -b \leq y \leq b)$：$x = \dfrac{a}{b}\sqrt{b^2 - y^2}$, (iii) 上半分 $(-a \leq x \leq a, 0 \leq y \leq b)$：$y = \dfrac{b}{a}\sqrt{a^2 - x^2}$, (iv) 左半分 $(-a \leq x \leq 0, -b \leq y \leq b)$：$x = -\dfrac{a}{b}\sqrt{b^2 - y^2}$ も同様．

◀ (ii), (iv) では，
$\dfrac{dy}{dx} = \dfrac{1}{\frac{dx}{dy}}$ を
計算する．
問 1.12 と同じ
計算方法．

▶ 注意　陰関数は二つの陽関数をまとめて表した形であるが，それぞれの陽関数は (i), (ii), (iii), (iv) のどれかを表すから，各点で接線の傾きが二つ求まるわけではない．

(3)　$\dfrac{x^2}{a^2} + \dfrac{y^2}{b^2} = 1$ は $z = 0$ (定数関数の値) の場合を表すから $dz = 0$ (z は一定) である．

$$\begin{aligned}d\left(\dfrac{x^2}{a^2} + \dfrac{y^2}{b^2} - 1\right) &= \dfrac{\partial z}{\partial x}dx + \dfrac{\partial z}{\partial y}dy \\ &= \dfrac{2x}{a^2}dx + \dfrac{2y}{b^2}dy.\end{aligned}$$

◀ 第 1 項：y を定数と考えて z を x で微分する．
第 2 項：x を定数と考えて z を y で微分する．

$dz = 0$ だから

$$\dfrac{2x}{a^2}dx + \dfrac{2y}{b^2}dy = 0$$

を整理すると

$$\dfrac{dy}{dx} = -\dfrac{b^2}{a^2}\dfrac{x}{y}$$

を得る．

◀ (1) の
$\dfrac{2x}{a^2} + \dfrac{2y}{b^2}\dfrac{dy}{dx} - 0 = 0$
と同じ．

【4.2】 **積分因数が x だけで決まる関数値の場合**　xy 平面から原点を除いた領域で定義した微分方程式 $-ydx + (x + 3x^2y^2)dy = 0$ の解曲線の特徴を調べよ．

【解説 1】
手順 0　初期条件を設定する．「$x = x_0, y = y_0$ のとき $z = z_0$」[点 (x_0, y_0, z_0) を通る]
手順 1　完全微分型かどうかを確かめる．
$p(x, y) = -y, q(x, y) = x + 3x^2y^2$ とおく．

$$\dfrac{\partial p}{\partial y}(x, y) = -1, \quad \dfrac{\partial q}{\partial x}(x, y) = 1 + 6xy^2$$

だから

$$\dfrac{\partial p}{\partial y}(x, y) \neq \dfrac{\partial q}{\partial x}(x, y)$$

であり，完全微分型ではない．
手順 2　x だけで決まる**積分因数** $\lambda(x)$ を期待して，微分方程式に掛けると

$$\lambda(x)p(x, y)dx + \lambda(x)q(x, y)dy = 0$$

となる．

$$\dfrac{\partial(\lambda p)}{\partial y}(x, y) = \dfrac{\partial(\lambda q)}{\partial x}(x, y)$$

◀ x を定数と考えて p を y で微分すると -1 になる．
y を定数と考えて q を x で微分すると $1 + 6xy^2$ になる．

◀ λ は x の関数だから
$\dfrac{\partial \lambda}{\partial y}(x, y) = 0$,
$\dfrac{\partial \lambda}{\partial x}(x, y) = \dfrac{d\{\lambda(x)\}}{dx}$.

をみたす $\lambda(x)$ が求まるかどうかを調べる．

$$\frac{\partial(\lambda p)}{\partial y}(x,y) = \frac{\partial \lambda}{\partial y}(x,y)p(x,y) + \lambda(x)\frac{\partial p}{\partial y}(x,y)$$
$$= -\lambda(x),$$

$$\frac{\partial(\lambda q)}{\partial x}(x,y) = \frac{d\{\lambda(x)\}}{dx}q(x,y) + \lambda(x)\frac{\partial q}{\partial x}(x,y)$$
$$= \frac{d\{\lambda(x)\}}{dx}(x + 3x^2y^2) + \lambda(x)(1 + 6xy^2)$$

だから

$$-\lambda(x) = \frac{d\{\lambda(x)\}}{dx}(x + 3x^2y^2) + \lambda(x)(1 + 6xy^2)$$

を整理すると

$$\frac{1}{\lambda(x)}\frac{d\{\lambda(x)\}}{dx} = -\frac{2}{x}$$

となり，x だけで決まる積分因数 $\lambda(x)$ が存在する．

λ に関する微分方程式を変数分離して，各辺を初期値から任意の値まで積分すると

$$\int_{\lambda(x_0)}^{\lambda(s)} \frac{d\{\lambda(x)\}}{\lambda(x)} = -2\int_{x_0}^{s}\frac{dx}{x}$$

◀ 計算練習【1.2】の手順 2 と同じ方法．

x	$x_0 \to s$
$\lambda(x)$	$\lambda(x_0) \to \lambda(s)$

s は任意の値（どんな値でもいい）である．

から

$$\lambda(s) = \frac{\lambda(x_0) \, x_0{}^2}{s^2}$$

を得る．$x = s$（s はどんな値でもいい）に対して成り立つから，x だけで決まる積分因数は

$$\lambda(x) = \frac{\lambda(x_0) \, x_0{}^2}{x^2}$$

である．

$$\lambda(x)p(x,y)dx + \lambda(x)q(x,y)dy = 0$$

は

$$-\frac{\lambda(x_0) \, x_0{}^2}{x^2}ydx + \frac{\lambda(x_0) \, x_0{}^2}{x^2}(x + 3x^2y^2)dy = 0$$

になり，両辺を $\lambda(x_0) \, x_0{}^2$ で割って

$$-\frac{y}{x^2}dx + \left(\frac{1}{x} + 3y^2\right)dy = 0$$

を解く．

改めて $p(x,y) = -\dfrac{y}{x^2}$, $q(x,y) = \dfrac{1}{x} + 3y^2$ とおく．

$$\frac{\partial p}{\partial y}(x,y) = -\frac{1}{x^2}, \quad \frac{\partial q}{\partial x}(x,y) = -\frac{1}{x^2}$$

◀ x を定数と考えて p を y で微分すると $-\dfrac{1}{x^2}$ になる．
y を定数と考えて q を x で微分すると $-\dfrac{1}{x^2}$ になる．

だから

$$\frac{\partial p}{\partial y}(x,y) = \frac{\partial q}{\partial x}(x,y)$$

であり，完全微分型である．

手順 3 視察で直接解く．

$$\frac{\partial g}{\partial x}(x,y) = -\frac{y}{x^2}, \quad \frac{\partial g}{\partial y}(x,y) = \frac{1}{x} + 3y^2$$

をみたす関数 g を求めるために，$z = \dfrac{y}{x} + y^3$ の全微分を活用する．

◀ $z = g(x,y)$．

発想 y を定数と考えて z を x で微分すると $-\dfrac{y}{x^2}$ になり，x を定数と考えて z を y で微分すると $\dfrac{1}{x} + 3y^2$ になるような $g(x,y)$ はどのような式で表せるかを考える．

◀ $\dfrac{1}{x}$ を x で微分すると $-\dfrac{1}{x^2}$，y^3 を y で微分すると $3y^2$ になることを思い出す．

$$d\left(\frac{y}{x}+y^3\right) = \frac{\partial z}{\partial x}dx + \frac{\partial z}{\partial y}dy$$

◂ 第 1 項：y を定数と考えて z を x で微分する．
第 2 項：x を定数と考えて z を y で微分する．

$$= -\frac{y}{x^2}dx + \left(\frac{1}{x}+3y^2\right)dy$$

と微分方程式

$$-\frac{y}{x^2}dx + \left(\frac{1}{x}+3y^2\right)dy = 0$$

とを比べると

$$d\left(\frac{y}{x}+y^3\right) = 0 \quad \left[\frac{y}{x}+y^3\text{の値は一定 (式の{\bf 読解})}\right]$$

であることがわかる．z と x, y との対応の規則 (関数) で決まる関数値は

$$\text{曲面の方程式}: z = \underbrace{\frac{y}{x}+y^3}_{g(x,y)}$$

と表せる．$A = \dfrac{y_0}{x_0}+y_0{}^3$ (初期条件で決まる定数) とおくと，解曲線は

$$\text{等高線の方程式}: \frac{y}{x}+y^3 = A$$

とみたす (図 **4.12**).

◂ $z = \dfrac{y}{x}+y^3+C$
(C は定数) を考えて
もいいが，
$d\left(\dfrac{y}{x}+y^3+C\right)=0$
から $\dfrac{y}{x}+y^3+C$
の値が一定となり，
$\dfrac{y}{x}+y^3+C$
$= \dfrac{y_0}{x_0}+y_0{}^3+C$
を得る．結局，
$\dfrac{y}{x}+y^3 = \dfrac{y_0}{x_0}+y_0{}^3$
である．

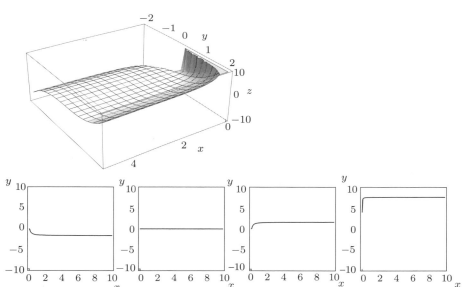

図 **4.12** 曲面 $z = \dfrac{y}{x}+y^3$　平面 $z=-5, z=0, z=5, z=500$ との交線.

【解説 2】例題 4.2 の解法で積分する．

$$\int_{z_0}^u dz = \int_{x_0}^s \underbrace{\left(-\frac{y_0}{x^2}\right)dx}_{\text{PU (図 4.9)}} + \int_{y_0}^t \underbrace{\left(\frac{1}{s}+3y^2\right)dy}_{\text{UV (図 4.9)}}$$

または

$$\int_{z_0}^u dz = \int_{x_0}^s \underbrace{\left(-\frac{t}{x^2}\right)dx}_{\text{WV (図 4.9)}} + \int_{y_0}^t \underbrace{\left(\frac{1}{x_0}+3y^2\right)dy}_{\text{PW (図 4.9)}}.$$

◂ 注意
P → U では $y=y_0$
(定数)，U → V では
$x=s$ (一定).

◂ 注意
W → V では $y=t$
(一定)，P → W では
$x=x_0$ (定数).

【4.3】 積分因数が y だけで決まる関数値の場合　xy 平面から原点を除いた領域で定義した微分方程式 $(y+3x^2y^2)dx - xdy = 0$ の解曲線の特徴を調べよ．

【解説 1】

手順 0　初期条件を設定する．「$x=x_0, y=y_0$ のとき $z=z_0$」[点 (x_0, y_0, z_0) を通る]

手順 1　完全微分型かどうかを確かめる．
$p(x,y) = y+3x^2y^2, q(x,y) = -x$ とおく．

$$\frac{\partial p}{\partial y}(x,y) = 1+6x^2y, \quad \frac{\partial q}{\partial x}(x,y) = -1$$

だから

$$\frac{\partial p}{\partial y}(x,y) \ne \frac{\partial q}{\partial x}(x,y)$$

であり，完全微分型ではない．

◀ 計算練習【4.2】で x と y とを入れ換えた微分方程式だから解曲線は曲面
$$z = \frac{x}{y} + x^3$$
の等高線であることが予想できる．
西本勝之：『大学課程微分方程式演習』(昭晃堂, 1969) p.72.

◀ x を定数と考えて p を y で微分すると $1+6x^2y$ になる．
y を定数と考えて q を x で微分すると -1 になる．

手順 2　x だけで決まる**積分因数** $\lambda(x)$ を期待して，微分方程式に掛けると

$$\lambda(x)p(x,y)dx + \lambda(x)q(x,y)dy = 0$$

となる．

$$\frac{\partial(\lambda p)}{\partial y}(x,y) = \frac{\partial(\lambda q)}{\partial x}(x,y)$$

をみたす $\lambda(x)$ が求まるかどうかを調べる．

$$\frac{\partial(\lambda p)}{\partial y}(x,y) = \frac{\partial \lambda}{\partial y}(x,y)p(x,y) + \lambda(x)\frac{\partial p}{\partial y}(x,y)$$
$$= \lambda(x)(1+6x^2y),$$

$$\frac{\partial(\lambda q)}{\partial x}(x,y) = \frac{d\{\lambda(x)\}}{dx}q(x,y) + \lambda(x)\frac{\partial q}{\partial x}(x,y)$$
$$= \frac{d\{\lambda(x)\}}{dx}(-x) + \lambda(x)(-1)$$

◀ λ は x の関数だから
$$\frac{\partial \lambda}{\partial y}(x,y) = 0,$$
$$\frac{\partial \lambda}{\partial x}(x,y) = \frac{d\{\lambda(x)\}}{dx}.$$

だから

$$\lambda(x)(1+6x^2y) = \frac{d\{\lambda(x)\}}{dx}(-x) + \lambda(x)(-1)$$

を整理すると

$$\frac{1}{\lambda(x)}\frac{d\{\lambda(x)\}}{dx} = \frac{2(1+3x^2y)}{-x}$$

となり，x だけで決まる積分因数 $\lambda(x)$ は存在しない．

手順 3　y だけで決まる**積分因数** $\lambda(y)$ を期待して，微分方程式に掛けると

$$\lambda(y)p(x,y)dx + \lambda(y)q(x,y)dy = 0$$

となる．

$$\frac{\partial(\lambda p)}{\partial y}(x,y) = \frac{\partial(\lambda q)}{\partial x}(x,y)$$

をみたす $\lambda(y)$ が求まるかどうかを調べる．

$$\frac{\partial(\lambda p)}{\partial y}(x,y) = \frac{d\{\lambda(y)\}}{dy}p(x,y) + \lambda(y)\frac{\partial p}{\partial y}(x,y)$$
$$= \frac{d\{\lambda(y)\}}{dy}(y+3x^2y^2) + \lambda(y)(1+6x^2y),$$

$$\frac{\partial(\lambda q)}{\partial x}(x,y) = \frac{\partial \lambda}{\partial x}(x,y)q(x,y) + \lambda(y)\frac{\partial q}{\partial x}(x,y)$$
$$= \lambda(y)(-1)$$

◀ λ は y の関数だから
$$\frac{\partial \lambda}{\partial x}(x,y) = 0,$$
$$\frac{\partial \lambda}{\partial y}(x,y) = \frac{d\{\lambda(y)\}}{dy}.$$

だから

$$\frac{d\{\lambda(y)\}}{dy}(y+3x^2y^2) + \lambda(y)(1+6x^2y) = \lambda(y)(-1)$$

を整理すると
$$\frac{1}{\lambda(y)}\frac{d\{\lambda(y)\}}{dy} = -\frac{2}{y}$$
となり，y だけで決まる積分因数 $\lambda(y)$ が存在する．

λ に関する微分方程式を変数分離して，各辺を初期値から任意の値まで積分すると
$$\int_{\lambda(y_0)}^{\lambda(t)} \frac{d\{\lambda(y)\}}{\lambda(y)} = -2\int_{y_0}^{t} \frac{dy}{y}$$
から
$$\lambda(t) = \frac{\lambda(y_0)\, y_0{}^2}{t^2}$$

◀ 計算練習【1.2】の手順 2 と同じ方法．

y	$y_0 \to t$
$\lambda(y)$	$\lambda(y_0) \to \lambda(t)$

t は任意の値（どんな値でもいい）である．

を得る．$y = t$（t はどんな値でもいい）に対して成り立つから，y だけで決まる積分因数は
$$\lambda(y) = \frac{\lambda(y_0)\, y_0{}^2}{y^2}$$
である．
$$\lambda(y)p(x,y)dx + \lambda(y)q(x,y)dy = 0$$
は
$$\frac{\lambda(y_0)\, y_0{}^2}{y^2}(y+3x^2y^2)dx - \frac{\lambda(y_0)\, y_0{}^2}{y^2}xdy = 0$$
になり，両辺を $\lambda(y_0)\, y_0{}^2$ で割って
$$\left(\frac{1}{y}+3x^2\right)dx - \frac{x}{y^2}dy = 0$$
を解く．

改めて $p(x,y) = \frac{1}{y}+3x^2,\ q(x,y) = -\frac{x}{y^2}$ とおく．
$$\frac{\partial p}{\partial y}(x,y) = -\frac{1}{y^2}, \quad \frac{\partial q}{\partial x}(x,y) = -\frac{1}{y^2}$$
だから
$$\frac{\partial p}{\partial y}(x,y) = \frac{\partial q}{\partial x}(x,y)$$
であり，完全微分型である．

◀ x を定数と考えて p を y で微分すると $-\frac{1}{y^2}$ になる．
y を定数と考えて q を x で微分すると $-\frac{1}{y^2}$ になる．

手順 4 視察で直接解く．
$$\frac{\partial g}{\partial x}(x,y) = \frac{1}{y}+3x^2, \quad \frac{\partial g}{\partial y}(x,y) = -\frac{x}{y^2}$$
をみたす関数 g を求めるために，$z = \frac{x}{y}+x^3$ の全微分を活用する．

◀ $z = g(x,y)$．

(発想) y を定数と考えて z を x で微分すると $\frac{1}{y}+3x^2$ になり，x を定数と考えて z を y で微分すると $-\frac{x}{y^2}$ になるような $g(x,y)$ はどのような式で表せるかを考える．

$$d\left(\frac{x}{y}+x^3\right) = \frac{\partial z}{\partial x}dx + \frac{\partial z}{\partial y}dy$$
◀ 第 1 項：y を定数と考えて z を x で微分する．
第 2 項：x を定数と考えて z を y で微分する．
$$= \left(\frac{1}{y}+3x^2\right)dx - \frac{x}{y^2}dy$$
と微分方程式
$$\left(\frac{1}{y}+3x^2\right)dx - \frac{x}{y^2}dy = 0$$
とを比べると
$$d\left(\frac{x}{y}+x^3\right) = 0 \qquad \left[\frac{x}{y}+x^3 \text{の値は一定 (式の読解)}\right]$$

◀ $\frac{1}{y}$ を y で微分すると $-\frac{1}{y^2}$，x^3 を x で微分すると $3x^2$ になることを思い出す．

◀ $z = \frac{x}{y}+x^3+C$（C は定数）を考えてもいいが，
$$d\left(\frac{x}{y}+x^3+C\right) = 0$$
から $\frac{x}{y}+x^3+C$ の値が一定となり，

であることがわかる．z と x,y との対応の規則 (関数) で決まる関数値は

$$\text{曲面の方程式：} z = \underbrace{\frac{x}{y} + x^3}_{g(x,y)}$$

と表せる．$A = \dfrac{x_0}{y_0} + x_0{}^3$ (初期条件で決まる定数) とおくと，解曲線は

$$\text{等高線の方程式：} \frac{x}{y} + x^3 = A$$

をみたす．図 4.12 で x 軸と y 軸とを交換すると，曲面 $z = \dfrac{x}{y} + x^3$ を表す．

【解説 2】 例題 4.2 の解法で積分する．

$$\int_{z_0}^{u} dz = \underbrace{\int_{x_0}^{s}\left(\frac{1}{y_0} + 3x^2\right)dx}_{\text{PU (図 4.9)}} + \underbrace{\int_{y_0}^{t}\left(-\frac{s}{y^2}\right)dy}_{\text{UV (図 4.9)}}$$

または

$$\int_{z_0}^{u} dz = \underbrace{\int_{x_0}^{s}\left(\frac{1}{t} + 3x^2\right)dx}_{\text{WV (図 4.9)}} + \underbrace{\int_{y_0}^{t}\left(-\frac{x_0}{y^2}\right)dy}_{\text{PW (図 4.9)}}.$$

【4.4】 積分因数が $x^m y^n$ の場合 xy 平面から原点を除いた領域で定義した微分方程式 $-(2y^4 + xy)dx + (2xy^3 - x^2)dy = 0$ の解曲線の特徴を調べよ．

【解説 1】

手順 0 初期条件を設定する．「$x = x_0,\ y = y_0$ のとき $z = z_0$」[点 (x_0, y_0, z_0) を通る]

手順 1 完全微分型かどうかを確かめる．
$p(x,y) = -(2y^4 + xy),\ q(x,y) = 2xy^3 - x^2$ とおく．

$$\frac{\partial p}{\partial y}(x,y) = -(8y^3 + x), \quad \frac{\partial q}{\partial x}(x,y) = 2y^3 - 2x$$

だから

$$\frac{\partial p}{\partial y}(x,y) \neq \frac{\partial q}{\partial x}(x,y)$$

であり，完全微分型ではない．

手順 2 x だけで決まる積分因数 $\lambda(x)$ を期待して，微分方程式に掛けると

$$\lambda(x)p(x,y)dx + \lambda(x)q(x,y)dy = 0$$

となる．

$$\frac{\partial(\lambda p)}{\partial y}(x,y) = \frac{\partial(\lambda q)}{\partial x}(x,y)$$

をみたす $\lambda(x)$ が求まるかどうかを調べる．

$$\frac{\partial(\lambda p)}{\partial y}(x,y) = \frac{\partial \lambda}{\partial y}(x,y)p(x,y) + \lambda(x)\frac{\partial p}{\partial y}(x,y)$$
$$= \lambda(x)(-8y^3 - x),$$

$$\frac{\partial(\lambda q)}{\partial x}(x,y) = \frac{d\{\lambda(x)\}}{dx}q(x,y) + \lambda(x)\frac{\partial q}{\partial x}(x,y)$$
$$= \frac{d\{\lambda(x)\}}{dx}(2xy^3 - x^2) + \lambda(x)(2y^3 - 2x)$$

だから

$$\lambda(x)(-8y^3 - x) = \frac{d\{\lambda(x)\}}{dx}(2xy^3 - x^2) + \lambda(x)(2y^3 - 2x)$$

$\dfrac{x}{y} + x^3 + C$
$= \dfrac{x_0}{y_0} + x_0{}^3 + C$
を得る．結局，
$\dfrac{x}{y} + x^3 = \dfrac{x_0}{y_0} + x_0{}^3$
である．

◀ 注意
$\mathrm{P} \to \mathrm{U}$ では $y = y_0$ (定数)，$\mathrm{U} \to \mathrm{V}$ では $x = s$ (一定)．
$\mathrm{W} \to \mathrm{V}$ では $y = t$ (一定)，$\mathrm{P} \to \mathrm{W}$ では $x = x_0$ (定数)．
例題 4.2 の式の書き方の工夫のとおりに上限と下限とを書き並べると，
$z = \dfrac{x}{y} + x^3,$
$z_0 = \dfrac{x_0}{y_0} + x_0{}^3$
であることがわかりやすい．

◀ x を定数と考えて p を y で微分すると $-(8y^3 + x)$ になる．
y を定数と考えて q を x で微分すると -1 になる．

◀ λ は x の関数だから
$\dfrac{\partial \lambda}{\partial y}(x,y) = 0,$
$\dfrac{\partial \lambda}{\partial x}(x,y)$
$= \dfrac{d\{\lambda(x)\}}{dx}.$

を整理すると
$$\frac{1}{\lambda(x)}\frac{d\{\lambda(x)\}}{dx} = \frac{x-10y^3}{2xy^3-x^2}$$
となり，x だけで決まる積分因数 $\lambda(x)$ は存在しない．

手順3 y だけで決まる**積分因数** $\lambda(y)$ を期待して，微分方程式に掛けると
$$\lambda(y)p(x,y)dx + \lambda(y)q(x,y)dy = 0$$
となる．
$$\frac{\partial(\lambda p)}{\partial y}(x,y) = \frac{\partial(\lambda q)}{\partial x}(x,y)$$
をみたす $\lambda(y)$ が求まるかどうかを調べる．

$$\frac{\partial(\lambda p)}{\partial y}(x,y) = \frac{d\{\lambda(y)\}}{dy}p(x,y) + \lambda(y)\frac{\partial p}{\partial y}(x,y)$$
$$= \frac{d\{\lambda(y)\}}{dy}(-2y^4-xy) + \lambda(y)(-8y^3-x),$$

$$\frac{\partial(\lambda q)}{\partial x}(x,y) = \frac{\partial \lambda}{\partial x}(x,y)q(x,y) + \lambda(y)\frac{\partial q}{\partial x}(x,y)$$
$$= \lambda(y)(2y^3-2x)$$

◀ λ は y の関数だから
$\frac{\partial \lambda}{\partial x}(x,y) = 0$,
$\frac{\partial \lambda}{\partial y}(x,y) = \frac{d\{\lambda(y)\}}{dy}$.

だから
$$\frac{d\{\lambda(y)\}}{dy}(-2y^4-xy) + \lambda(y)(-8y^3-x) = \lambda(y)(2y^3-2x)$$
を整理すると
$$\frac{1}{\lambda(y)}\frac{d\{\lambda(y)\}}{dy} = \frac{-x+10y^3}{-2y^4-xy}$$
となり，y だけで決まる積分因数 $\lambda(y)$ は存在しない．

手順4 積分因数 $\lambda(x,y) = x^m y^n$ を期待して，微分方程式に掛けると
$$\lambda(x,y)p(x,y)dx + \lambda(x,y)q(x,y)dy = 0$$
となる．
$$\frac{\partial(\lambda p)}{\partial y}(x,y) = \frac{\partial(\lambda q)}{\partial x}(x,y)$$
をみたす $\lambda(x,y)$ が求まるかどうかを調べる．

◀ $\lambda(x,y)p(x,y)$
$= -2x^m y^{n+4}$
$\quad -x^{m+1}y^{n+1}$.
$\lambda(x,y)q(x,y)$
$= 2x^{m+1}y^{n+3}$
$\quad -x^{m+2}y^n$.

$$\frac{\partial(\lambda p)}{\partial y}(x,y) = -2(n+4)x^m y^{n+3} - (n+1)x^{m+1}y^n,$$
$$\frac{\partial(\lambda q)}{\partial x}(x,y) = 2(m+1)x^m y^{n+3} - (m+2)x^{m+1}y^n$$

だから
$$-2(n+4)x^m y^{n+3} - (n+1)x^{m+1}y^n = 2(m+1)x^m y^{n+3} - (m+2)x^{m+1}y^n$$
を整理すると
$$2(m+n+5)y^3 = (m-n+1)x$$
となる．x,y の値に関係なく，この関係式が成り立つ（恒等的に成立）ように
$$\begin{cases} m+n+5=0, \\ m-n+1=0 \end{cases}$$
をみたす m,n の値を求めると
$$m=-3,\ n=-2$$

を得るから，積分因数は
$$\lambda(x,y) = x^{-3}y^{-2}$$
である．
$$\lambda(x,y)p(x,y)dx + \lambda(x,y)q(x,y)dy = 0$$
は
$$\left(\frac{2y^2}{x^3} + \frac{1}{x^2 y}\right)dx + \left(\frac{-2y}{x^2} + \frac{1}{xy^2}\right)dy = 0$$

◂ $(2x^{-3}y^2 + x^{-2}y^{-1})dx + (-2x^{-2}y + x^{-1}y^{-2})dy = 0.$

になる．

改めて $p(x,y) = \dfrac{2y^2}{x^3} + \dfrac{1}{x^2 y},\ q(x,y) = \dfrac{-2y}{x^2} + \dfrac{1}{xy^2}$ とおく．

$$\frac{\partial p}{\partial y}(x,y) = \frac{4y}{x^3} - \frac{1}{x^2 y^2},\quad \frac{\partial q}{\partial x}(x,y) = \frac{4y}{x^3} - \frac{1}{x^2 y^2}$$

だから
$$\frac{\partial p}{\partial y}(x,y) = \frac{\partial q}{\partial x}(x,y)$$

◂ x を定数と考えて p を y で微分すると $\dfrac{4y}{x^3} - \dfrac{1}{x^2y^2}$ になる．y を定数と考えて q を x で微分すると $\dfrac{4y}{x^3} - \dfrac{1}{x^2y^2}$ になる．

であり，完全微分型である．

手順5 視察で直接解く．
$$\frac{\partial g}{\partial x}(x,y) = \frac{2y^2}{x^3} + \frac{1}{x^2 y},\quad \frac{\partial g}{\partial y}(x,y) = \frac{-2y}{x^2} + \frac{1}{xy^2}$$

をみたす関数 g を求めるために，$z = \dfrac{x^2}{y^2} + \dfrac{1}{xy}$ の全微分を活用する．

◂ $z = g(x,y).$

(発想) y を定数と考えて z を x で微分すると $\dfrac{2y^2}{x^3} + \dfrac{1}{x^2 y}$ になり，x を定数と考えて z を y で微分すると $\dfrac{-2y}{x^2} + \dfrac{1}{xy^2}$ になるような $g(x,y)$ はどのような式で表せるかを考える．

$$d\left(\frac{y^2}{x^2} + \frac{1}{xy}\right) = \frac{\partial z}{\partial x}dx + \frac{\partial z}{\partial y}dy$$

◂ 第1項：y を定数と考えて z を x で微分する．
第2項：x を定数と考えて z を y で微分する．

$$= -\left(\frac{2y^2}{x^3} + \frac{1}{x^2 y}\right)dx - \left(\frac{-2y}{x^2} + \frac{1}{xy^2}\right)dy$$

◂ $\dfrac{1}{x^2}$ を x で微分すると $-\dfrac{1}{x^3}$，$\dfrac{1}{y}$ を y で微分すると $-\dfrac{1}{y^2}$ になることを思い出す．

と微分方程式
$$\left(\frac{2y^2}{x^3} + \frac{1}{x^2 y}\right)dx + \left(\frac{-2y}{x^2} + \frac{1}{xy^2}\right)dy = 0$$

とを比べると
$$d\left(\frac{y^2}{x^2} + \frac{1}{xy}\right) = 0 \quad \left[\frac{y^2}{x^2} + \frac{1}{xy}\text{ の値は一定 (式の読解)}\right]$$

◂ $z = \dfrac{y^2}{x^2} + \dfrac{1}{xy} + C$ (C は定数) を考えてもいいが，
$d\left(\dfrac{y^2}{x^2} + \dfrac{1}{xy} + C\right) = 0$
から $\dfrac{y^2}{x^2} + \dfrac{1}{xy} + C$ の値が一定となり，
$\dfrac{y^2}{x^2} + \dfrac{1}{xy} + C$
$= \dfrac{{y_0}^2}{{x_0}^2} + \dfrac{1}{x_0 y_0} + C$
を得る．結局，
$\dfrac{y^2}{x^2} + \dfrac{1}{xy}$
$= \dfrac{{y_0}^2}{{x_0}^2} + \dfrac{1}{x_0 y_0}$
である．

であることがわかる．z と x, y との対応の規則 (関数) で決まる関数値は
$$\text{曲面の方程式}: z = \underbrace{\frac{y^2}{x^2} + \frac{1}{xy}}_{g(x,y)}$$

と表せる．$A = \dfrac{{y_0}^2}{{x_0}^2} + \dfrac{1}{x_0 y_0}$ (初期条件で決まる定数) とおくと，解曲線は

$$\text{等高線の方程式}: \frac{y^2}{x^2} + \frac{1}{xy} = A$$

をみたす (図 **4.13**)．

【解説 2】 例題 4.2 の解法で積分する．

$$\int_{z_0}^{u} dz = \int_{x_0}^{s} \underbrace{\left(\frac{2{y_0}^2}{x^3} + \frac{1}{x^2 y_0}\right)dx}_{\text{PU (図 4.9)}} + \int_{y_0}^{t} \underbrace{\left(\frac{-2y}{s^2} + \frac{1}{sy^2}\right)dy}_{\text{UV (図 4.9)}}$$

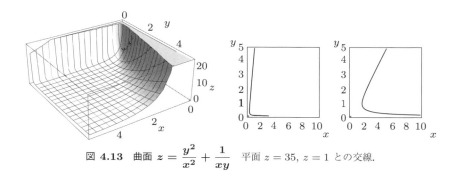

図 4.13　曲面 $z = \dfrac{y^2}{x^2} + \dfrac{1}{xy}$　平面 $z = 35, z = 1$ との交線.

または

$$\int_{z_0}^{u} dz = \underbrace{\int_{x_0}^{s} \left(\dfrac{2t^2}{x^3} + \dfrac{1}{x^2 t} \right) dx}_{\text{WV (図 4.9)}} + \underbrace{\int_{y_0}^{t} \left(\dfrac{-2y}{x_0{}^2} + \dfrac{1}{x_0 y^2} \right) dy}_{\text{PW (図 4.9)}}.$$

◀ 注意

$P \to U$ では $y = y_0$（定数）, $U \to V$ では $x = s$（一定）.
$W \to V$ では $y = t$（一定）, $P \to W$ では $x = x_0$（定数）.
例題 4.2 の式の書き方の工夫のとおりに上限と下限とを書き並べると，

$$z = \dfrac{y^2}{x^2} + \dfrac{1}{xy},$$
$$z_0 = \dfrac{y_0{}^2}{x_0{}^2} + \dfrac{1}{x_0 y_0}$$

であることがわかりやすい.

ノート：積分因数を見出す手順

積分因数を見出す確実な方法はない.

　x だけで決まる積分因数を期待して，完全微分型になるかどうかを調べる（計算練習【4.2】）．

　↓ この方法で見出せないとき

　y だけで決まる積分因数を期待して，完全微分型になるかどうかを調べる（計算練習【4.3】）．

　↓ この方法で見出せないとき

　$x^m y^n$ を期待して，完全微分型になるかどうかを調べる（計算練習【4.4】）．

$(y^2 + xy)dx + (xy + x^2)dy = 0$（問 4.5）の積分因数は，これらの方法で見出せない.

探究演習

【4.5】 完全微分方程式をつくる　$g(x, y) = \dfrac{1}{3}x^3 - xy$ を解に持つ完全微分型は，どのような微分方程式か？

★ 背景 ★　完全微分型の意味を確認する.
▶ 着眼点 ◀　関数 g の全微分を求める.
○解法○

$$\dfrac{\partial g}{\partial x}(x, y) = x^2 - y, \quad \dfrac{\partial g}{\partial y}(x, y) = -x$$

だから，$g(x, y) = \dfrac{1}{3}x^3 - xy$ を解に持つ完全微分型は

$$(x^2 - y)dx + (-x)dy = 0$$

である.

【4.6】 等ポテンシャル曲線　xy 平面から原点を除いた領域で定義した微分方程式

$$-\dfrac{x}{r^3}dx - \dfrac{y}{r^3}dy = 0$$

の解曲線の特徴を調べよ. ここで，$r = \sqrt{x^2 + y^2}$ である.
★ 背景 ★　問 4.8 の発展

► **着眼点** ◄　完全微分型かどうかを確かめる計算が解法にも活かせる.

○解法 1 ○

手順 0　初期条件を設定する．　　例 「$x=1$ のとき $y=1$」[点 $(1,1)$ を通る]

手順 1　完全微分型かどうかを確かめる．

$p(x,y)=-\dfrac{x}{r^3},\ q(x,y)=-\dfrac{y}{r^3}$ とおく．

$$\begin{aligned}\dfrac{\partial p}{\partial y}(x,y)&=-x\dfrac{d(r^{-3})}{dr}\dfrac{\partial r}{\partial y}(x,y)\\&=-x\cdot(-3r^{-4})\dfrac{d(u^{\frac12})}{du}\dfrac{\partial u}{\partial y}(x,y)\\&=3xr^{-4}\left(\dfrac12 u^{-\frac12}\right)2y\\&=\dfrac{3xy}{r^5},\end{aligned}$$

◄ x を定数と考えて $-xr^{-3}$ を y で微分すると $\dfrac{3xy}{r^5}$ になる．
y を定数と考えて $-yr^{-3}$ を x で微分すると $\dfrac{3xy}{r^5}$ になる．

◄ $u=x^2+y^2$ とおくと $r=u^{\frac12}$．

◄ $\dfrac{\partial r}{\partial y}(x,y)=\dfrac{y}{r}$ であることがわかる．

◄ $u^{-\frac12}=(x^2+y^2)^{-\frac12}=\{(x^2+y^2)^{\frac12}\}^{-1}=r^{-1}$．

$$\begin{aligned}\dfrac{\partial q}{\partial x}(x,y)&=-y\dfrac{d(r^{-3})}{dr}\dfrac{\partial r}{\partial x}(x,y)\\&=-y\cdot(-3r^{-4})\dfrac{d(u^{\frac12})}{du}\dfrac{\partial u}{\partial x}(x,y)\\&=3yr^{-4}\left(\dfrac12 u^{-\frac12}\right)2x\\&=\dfrac{3xy}{r^5}\end{aligned}$$

◄ $u=x^2+y^2$ とおくと $r=u^{\frac12}$．

◄ $\dfrac{\partial r}{\partial x}(x,y)=\dfrac{x}{r}$ であることがわかる．

◄ $u^{-\frac12}=(x^2+y^2)^{-\frac12}=\{(x^2+y^2)^{\frac12}\}^{-1}=r^{-1}$．

だから
$$\dfrac{\partial p}{\partial y}(x,y)=\dfrac{\partial q}{\partial x}(x,y)$$
であり，完全微分型である．

手順 2　視察で直接解く．
$$\dfrac{\partial g}{\partial x}(x,y)=\dfrac{-x}{r^3},\quad \dfrac{\partial g}{\partial y}(x,y)=\dfrac{-y}{r^3}$$

をみたす関数 g を求めるために，$z=\dfrac{1}{r}$ の全微分を活用する．

◄ $z=g(x,y)$．

発想　手順 1 で $\dfrac{\partial r}{\partial x}(x,y)=\dfrac{x}{r},\ \dfrac{\partial r}{\partial y}(x,y)=\dfrac{y}{r}$ を求めたから，分子が $x,\ y$ の項をつくることができる．$\dfrac{d(r^{-1})}{dr}=-r^{-2}$ を思い出すと，$\dfrac{d(r^{-1})}{dr}\dfrac{\partial r}{\partial x}(x,y)=-\dfrac{x}{r^3}$, $\dfrac{d(r^{-1})}{dr}\dfrac{\partial r}{\partial x}(x,y)=-\dfrac{y}{r^3}$ に気づく．

$$\begin{aligned}d\left(\dfrac{1}{r}\right)&=\dfrac{\partial z}{\partial x}dx+\dfrac{\partial z}{\partial y}dy\\&=\dfrac{dz}{dr}\dfrac{\partial r}{\partial x}dx+\dfrac{dz}{dr}\dfrac{\partial r}{\partial y}dy\\&=-r^{-2}\dfrac{x}{r}dx-r^{-2}\dfrac{y}{r}dy\\&=-\dfrac{x}{r^3}dx-\dfrac{y}{r^3}dy\end{aligned}$$

◄ 第 1 項：y を定数と考えて z を x で微分する．
　第 2 項：x を定数と考えて z を y で微分する．

◄ $z=r^{-1}$．

◄ $\dfrac{d(r^{-1})}{dr}=(-1)r^{-2}$．

と微分方程式
$$-\dfrac{x}{r^3}dx-\dfrac{y}{r^3}dy=0$$
とを比べると
$$d\left(\dfrac{1}{r}\right)=0\quad \left[\dfrac{1}{r}\text{の値は一定 (式の読解)}\right]$$

であることがわかる．解曲線は

◄ $x^2+y^2=1^2+1^2=2$
だから $r=\sqrt{2}$．

$$\text{等高線の方程式}: \frac{1}{r} = \frac{1}{\sqrt{2}}$$

をみたす.

○解法 2 ○

例題 4.2 の解法で $dz = -\dfrac{x}{(x^2+y^2)^{\frac{3}{2}}}dx - \dfrac{y}{(x^2+y^2)^{\frac{3}{2}}}dx$ を積分する.

◀ $\dfrac{1}{r^3} = \dfrac{1}{(x^2+y^2)^{\frac{3}{2}}}$.

$$\int_{z_0}^{u} dz = -\underbrace{\int_{1}^{s} \frac{x}{(x^2+1^2)^{\frac{3}{2}}}dx}_{\text{PU (図 4.9)}} - \underbrace{\int_{1}^{t} \frac{y}{(s^2+y^2)^{\frac{3}{2}}}dy}_{\text{UV (図 4.9)}}.$$

▶ 注意　P → U では $y=1$ (定数), U → V では $x=s$ (一定).

$v = x^2$ とおくと $\dfrac{dv}{dx} = 2x$ だから $xdx = \dfrac{1}{2}dv$ になる.

$$-\int_{1}^{s}\frac{xdx}{(x^2+1^2)^{\frac{3}{2}}} = -\frac{1}{2}\int_{1^2}^{s^2}\frac{dv}{(v+1^2)^{\frac{3}{2}}}$$

x	$1 \to s$
v	$1^2 \to s^2$

$w = v + 1^2$ とおく.

$$= -\frac{1}{2}(-2)\int_{2^{-\frac{1}{2}}}^{(s^2+1^2)^{-\frac{1}{2}}} d(w^{-\frac{1}{2}})$$

v	$1^2 \to s^2$
$w^{-\frac{1}{2}}$	$(1^2+1^2)^{-\frac{1}{2}}$ $\to (s^2+1^2)^{-\frac{1}{2}}$

$$= (s^2+1^2)^{-\frac{1}{2}} - 2^{-\frac{1}{2}}$$
$$= \frac{1}{\sqrt{s^2+1^2}} - \frac{1}{\sqrt{2}}.$$

◀ $\dfrac{dw}{dv} = 1$ の分母を払うと $dw = dv$.
$\dfrac{dv}{(v+1^2)^{\frac{3}{2}}} = w^{-\frac{3}{2}}dw$.
指数が $-\dfrac{3}{2}$ よりも 1 大きい $w^{-\frac{1}{2}}$ を w で微分して
$$\frac{d(w^{-\frac{1}{2}})}{dw} = -\frac{1}{2}w^{-\frac{3}{2}}$$
の分母を払って整理すると
$$-2d(w^{-\frac{1}{2}}) = w^{-\frac{3}{2}}dw$$
になる.

◀ 下限は上限で
$u \to z_0$
$s \to 1$
$t \to 1$
におきかえた式である.

同様に

$$-\int_{1}^{t}\frac{ydy}{\sqrt{s^2+y^2}} = \frac{1}{\sqrt{s^2+t^2}} - \frac{1}{\sqrt{s^2+1^2}}.$$

[Stop!] **式の書き方の工夫**　項ごとに (上限) − (下限) を改行して書く.

	上限		下限
左辺	u	−	z_0
右辺 =	$\cancel{\dfrac{1}{\sqrt{s^2+1^2}}}$	−	$\dfrac{1}{\sqrt{2}}$
+	$\dfrac{1}{\sqrt{s^2+t^2}}$	−	$\cancel{\dfrac{1}{\sqrt{s^2+1^2}}}$

◀ $\dfrac{1}{\sqrt{s^2+1^2}}$ が打ち消し合う.

上限の列　$u = \dfrac{1}{\sqrt{s^2+1^2}}$.

下限の列　$z_0 = \dfrac{1}{\sqrt{2}}$.

$x = s, y = t, z = u$ の場合 (s, t, u はどんな値でもいい) に成り立つから, z と x, y との対応の規則 (関数) で決まる関数値は

$$z = \underbrace{\frac{1}{\sqrt{x^2+y^2}}}_{g(x,y)} \quad \text{(曲面の方程式)}$$

である. $dz = 0$ (z の値は一定) から曲面の等高線を $z = \dfrac{1}{\sqrt{2}}$ と表す (図 **4.14**).

[補足]　つぎの積分路を選ぶこともできる.

$$\int_{z_0}^{u} dz = -\underbrace{\int_{1}^{s}\frac{x}{(x^2+t^2)^{\frac{3}{2}}}dx}_{\text{WV (図 4.9)}} - \underbrace{\int_{1}^{t}\frac{y}{(1^2+y^2)^{\frac{3}{2}}}dy}_{\text{PW (図 4.9)}}$$

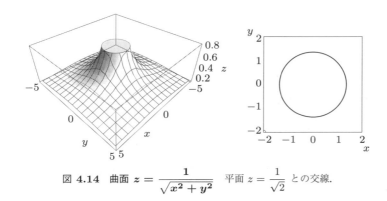

図 4.14 曲面 $z = \dfrac{1}{\sqrt{x^2+y^2}}$　平面 $z = \dfrac{1}{\sqrt{2}}$ との交線.

▶ **注意**　W → V では $y = t$ (一定), P → W では $x = 1$ (定数).

○解法 3 ○

$$dr = \frac{\partial r}{\partial x}dx + \frac{\partial r}{\partial y}dy$$
$$= \frac{x}{r}dx + \frac{y}{r}dy \quad \blacktriangleleft 解法 1 の手順 1.$$

だから，微分方程式

$$-\frac{x}{r^3}dx - \frac{y}{r^3}dy = 0$$

は

$$-\frac{dr}{r^2} = 0$$

になる．

◀ $\dfrac{d(r^{-1})}{dr} = -r^{-2}$ の分母を払うと $d(r^{-1}) = -r^{-2}dr$ になる．

◀ 解法 2 の手順 2 と比べよ．
$\dfrac{\partial g}{\partial x}(x,y) = -\dfrac{x}{r^3}$,
$\dfrac{\partial g}{\partial y}(x,y) = -\dfrac{y}{r^3}$ をみたす関数 g を求める．$z = g(x,y)$ とおくと，
$dz = \dfrac{\partial z}{\partial x}dx + \dfrac{\partial z}{\partial y}dy$
は $dz = -r^{-2}dr$ になる．

$$\int_{z_0}^{u} dz = -\int_{\sqrt{1^2+1^2}}^{\sqrt{s^2+t^2}} r^{-2}dr.$$

x	$1 \to s$
y	$1 \to t$
r^{-1}	$\dfrac{1}{\sqrt{1^2+1^2}} \to \dfrac{1}{\sqrt{s^2+t^2}}$

$$u - z_0 = \int_{\frac{1}{\sqrt{1^2+1^2}}}^{\frac{1}{\sqrt{s^2+t^2}}} d(r^{-1}).$$

	上限	下限
左辺	u	z_0
右辺 =	$\dfrac{1}{\sqrt{s^2+t^2}}$	$\dfrac{1}{\sqrt{2}}$.

解法 2 と同じ結果を得る．

■**モデル**■　等ポテンシャル曲線

　質量 M の地球から距離 r だけ離れた質量 m の人工衛星に，地球のつくる万有引力場から力がはたらく．この位置で万有引力場の蓄えている勢い (万有引力場のポテンシャル U) は，この位置から基準点までに万有引力が人工衛星にすることができる仕事で測る．地球を原点とする座標軸 (図 4.15) で人工衛星の位置を (x,y) として，簡単のために xy 平面内で仕事を表すと，この仕事が等しい位置をつなぎ合わせた等ポテンシャル曲線は

$$\overbrace{\underbrace{-G\frac{Mm}{r^3}x}_{万有引力の\,x\,成分}\underbrace{dx}_{変位の\,x\,成分}\underbrace{-G\frac{Mm}{r^3}y}_{万有引力の\,y\,成分}\underbrace{dy}_{変位の\,y\,成分}}^{dU} = 0\,\text{J}\quad(\text{J は仕事の単位で「ジュール」と読む})$$

の解曲線である．ここで，G は万有引力定数である．質量 M, m を電気量 Q, q におきかえ，G の代わりに k (比例定数で表す一定量) とすると，等電位線が求まる．

$\cos\theta = x/r$,
$\sin\theta = y/r$.

図 4.15　人工衛星の位置　座標は地球を原点として測る．

◀ 小林幸夫：『力学ステーション』(森北出版, 2002) pp.191–193.

◀ 力が物体にする仕事は力と物体の変位との内積で表す．
　(力の x 成分)
　×(変位の x 成分)
　+(力の y 成分)
　×(変位の y 成分)
力と変位はベクトル量，仕事はスカラー量である．

万有引力の大きさは $G\dfrac{Mm}{r^2}$ だから

$$\text{万有引力の } x \text{ 成分} = -G\dfrac{Mm}{r^2}\underbrace{\dfrac{x}{r}}_{\cos\theta} \quad \text{(負号は負の向きを表す)},$$

$$\text{万有引力の } y \text{ 成分} = -G\dfrac{Mm}{r^2}\underbrace{\dfrac{y}{r}}_{\sin\theta} \quad \text{(負号は負の向きを表す)}.$$

【4.7】 積分因数を掛ける方法の線型 1 階微分方程式への応用 全平面で定義した微分方程式 $\dfrac{dy}{dx} = -y + ae^{-x}$ (a は 0 でない実定数) に積分因数を掛けて解き, 解曲線の特徴を調べよ.

★ **背景** ★ 定数変化法 (問 3.4) と比べる.

▶ **着眼点** ◀ 変数分離できないが, $p(x,y)dx + q(x,y)dy = 0$ に書き換える.

○ **解法 1** ○

手順 0 初期条件を設定する. 「$x = x_0$ のとき $y = y_0$」 [点 (x_0, y_0) を通る]

手順 1 完全微分型かどうかを確かめる.

$$\dfrac{dy}{dx} = -y + ae^{-x}$$

の分母を払って整理すると

$$(y - ae^{-x})dx + dy = 0$$

になる.

$p(x,y) = y - ae^{-x}$, $q(x,y) = 1$ とおく.

$$\dfrac{\partial p}{\partial y}(x,y) = 1, \quad \dfrac{\partial q}{\partial x}(x,y) = 0$$

◀ x を定数と考えて $y - ae^{-x}$ を y で微分すると 1 になる.
1 を x で微分すると 0 になる.

だから

$$\dfrac{\partial p}{\partial y}(x,y) \neq \dfrac{\partial q}{\partial x}(x,y)$$

であり, 完全微分型ではない.

手順 2 x だけで決まる**積分因数** $\lambda(x)$ を期待して, 微分方程式に掛けると

$$\lambda(x)p(x,y)dx + \lambda(x)q(x,y)dy = 0$$

となる.

$$\dfrac{\partial(\lambda p)}{\partial y}(x,y) = \dfrac{\partial(\lambda q)}{\partial x}(x,y)$$

をみたす $\lambda(x)$ が求まるかどうかを調べる.

$$\dfrac{\partial(\lambda p)}{\partial y}(x,y) = \dfrac{\partial \lambda}{\partial y}(x,y)p(x,y) + \lambda(x)\dfrac{\partial p}{\partial y}(x,y)$$
$$= \lambda(x),$$

$$\dfrac{\partial(\lambda q)}{\partial x}(x,y) = \dfrac{d\{\lambda(x)\}}{dx}q(x,y) + \lambda(x)\dfrac{\partial q}{\partial x}(x,y)$$
$$= \dfrac{d\{\lambda(x)\}}{dx}$$

◀ λ は x の関数だから
$\dfrac{\partial \lambda}{\partial y}(x,y) = 0$,
$\dfrac{\partial \lambda}{\partial x}(x,y) = \dfrac{d\{\lambda(x)\}}{dx}$.

だから

$$\lambda(x) = \dfrac{d\{\lambda(x)\}}{dx}$$

を整理すると

$$\dfrac{1}{\lambda(x)}\dfrac{d\{\lambda(x)\}}{dx} = 1$$

となり, x だけで決まる積分因数 $\lambda(x)$ が存在する.

λ に関する微分方程式を変数分離して，各辺を初期値から任意の値まで積分すると

$$\int_{\lambda(x_0)}^{\lambda(s)} \frac{d\{\lambda(x)\}}{\lambda(x)} = \int_{x_0}^{s} dx$$

から

$$\lambda(s) = \lambda(x_0) e^{-x_0 + s}$$

を得る．$x = s$ (s はどんな値でもいい) に対して成り立つから，x だけで決まる積分因数は

$$\lambda(x) = \lambda(x_0) e^{-x_0} e^{x}$$

である．

$$\lambda(x) p(x,y) dx + \lambda(x) q(x,y) dy = 0$$

は

$$\lambda(x_0) e^{-x_0} e^{x} (y - ae^{-x}) dx + \lambda(x_0) e^{-x_0} e^{x} dy = 0$$

になり，両辺を $\lambda(x_0) e^{-x_0}$ で割って

$$(e^{x} y - a) dx + e^{x} dy = 0$$

を解く．

改めて $p(x,y) = e^{x} y - a, q(x,y) = e^{x}$ とおく．

$$\frac{\partial p}{\partial y}(x,y) = e^{x}, \quad \frac{\partial q}{\partial x}(x,y) = e^{x}$$

だから

$$\frac{\partial p}{\partial y}(x,y) = \frac{\partial q}{\partial x}(x,y)$$

であり，完全微分型である．

手順3 視察で直接解く．

$$\frac{\partial g}{\partial x}(x,y) = e^{x} y - a, \quad \frac{\partial g}{\partial y}(x,y) = e^{x}$$

をみたす関数 g を求めるために，$z = e^{x} y - ax$ の全微分を活用する．

発想 y を定数と考えて z を x で微分すると $e^{x} y - a$ になり，x を定数と考えて z を y で微分すると e^{x} になるような $g(x,y)$ はどのような式で表せるかを考える．

$$d(e^{x} y - ax) = \frac{\partial z}{\partial x} dx + \frac{\partial z}{\partial y} dy$$
$$= (e^{x} y - a) dx + e^{x} dy$$

と微分方程式

$$(e^{x} y - a) dx + e^{x} dy = 0$$

とを比べると

$$d(e^{x} y - ax) = 0 \quad [\, e^{x} y - ax \text{ の値は一定 (式の読解)} \,]$$

である．z と x, y との対応の規則 (関数) で決まる関数値は

$$\text{曲面の方程式}: z = \underbrace{e^{x} y - ax}_{g(x,y)}$$

と表せる．$A = e^{x_0} y_0 - a x_0$ (初期条件で決まる定数) とおくと，解曲線は

$$\text{等高線の方程式}: e^{x} y - ax = A$$

をみたす．y について解くと

$$y = (ax + A) e^{-x}$$

◀ 計算練習【1.2】の手順2と同じ方法．

x	$x_0 \to s$
$\lambda(x)$	$\lambda(x_0) \to \lambda(s)$

s は任意の値 (どんな値でもいい) である．

◀ x を定数と考えて p を y で微分すると e^{x} になる．
y を定数と考えて q を x で微分すると e^{x} になる．

◀ $z = g(x,y)$

◀ $z = e^{x} y - ax + C$ (C は定数) を考えてもいいが，
$$d(e^{x} y - ax + C) = 0$$
から $e^{x} y - ax + C$ の値が一定となり，
$$e^{x} y - ax + C = e^{x_0} y_0 - a x_0 + C$$
を得る．結局，
$$e^{x} y - ax = e^{x_0} y_0 - a x_0$$
である．

◀ $e^{x} y - ax = A$ は y を x の陰関数で表した形である．

◀ $y = (ax + A) e^{-x}$ は y を x の陽関数で表した形である．

を得る．

○**解法 2** ○ 例題 4.2 の解法で $dz = (e^x y - a)dx + e^x dy$ を積分する．

$$\int_{z_0}^{u} dz = \int_{x_0}^{s} \underbrace{(e^x y - a)dx}_{\text{PU (図 4.9)}} + \int_{y_0}^{t} \underbrace{e^x dy}_{\text{UV (図 4.9)}}$$

または

$$\int_{z_0}^{u} dz = \int_{x_0}^{s} \underbrace{(e^x y - a)dx}_{\text{WV (図 4.9)}} + \int_{y_0}^{t} \underbrace{e^x dy}_{\text{PW (図 4.9)}} .$$

◀ 注意
P → U では $y = y_0$ (定数)，U → V では $x = s$ (一定)．

◀ 注意
W → V では $y = t$ (一定)，P → W では $x = x_0$ (定数)．

◀ 岡部恒治：『マンガ幾何入門』(講談社, 1996) p.130．

---**ノート：曲線の二つの見方**---

同じ曲線を「平面の世界に限定して表すか」「空間の世界で表すか」という二つの見方がある (4.2 節)．

問 3.4　1 変数関数の観点から，平面内の曲線 $y = f(x)$ を求めた．
本問　2 変数関数の観点から，空間内の曲面 $z = g(x, y)$ の等高線 $g(x, y) = A$ を求めた．
　　　同じ曲線の表し方には，陽関数表示 $y = f(x)$ と陰関数表示 $g(x, y) = A$ とがある．

平面図形を立体図形の立場で見る典型例は，円錐曲線である．平面で円錐を切ると，切り方によって切り口に円，楕円，放物線，双曲線が現れる．

第 4 講の自己評価 (到達度確認)

① 偏微分・全微分の幾何のイメージを描きながら完全微分型の表す意味を理解したか？
② 完全微分型の解法を理解したか？
③ 積分因数の意味と求め方とを理解したか？

第 II 部　高階常微分方程式の求積法

第 5 講　連立常微分方程式

> **第 5 講の問題点**
> ① 斉次定数係数高階常微分方程式の解法に習熟すること．
> ② 非斉次定数係数高階常微分方程式の特殊解の求め方に習熟すること．
> ③ 線型性に基づいて重ね合わせの原理を理解すること．
> ④ 指数関数と円関数との密接な関係を理解すること．
> ⑤ 初期値問題, 境界値問題の意味と解法を理解すること．
> 【キーワード】 基本解, 基底, 重ね合わせの原理, 微分演算子

関数のグラフを見ると関数値の増減がわかる．独立変数 x をよこ軸 (右向きを正の向き), 従属変数 y をたて軸 (上向きを正の向き) で表すと, グラフ上の点で接線の傾き y' が正のとき接線は右上がりで y は増加し, 負のとき右下がりで y は減少する．傾き y' が大きくなるのか, 小さくなるのかを表すためには, y' をたて軸に選んでグラフを作成すればいい．このグラフ上の点で接線の傾きを y'' と表すと, y'' が正のとき y' は増加し, 負のとき減少する．

y'' の正負で y' の増減が決まり, y' の正負で y の増減が決まる．このように, y'' の正負から順にたどると y の増減がわかる．$y' = \dfrac{dy}{dx}, y'' = \dfrac{dy'}{dx}$ だから, たとえば「二つの 1 階常微分方程式 $\dfrac{dy'}{dx} = 2, \dfrac{dy}{dx} = 2x$ (図 0.16 の場合) を同時にみたす y を求める」という問題を考えることができる．$\dfrac{dy'}{dx} = 2$ を解くとき, 初期条件として x–y' グラフ (よこ軸 x, たて軸 y') が通る特定の点を指定しないと, 解は 1 通りに決まらない．同様に, $\dfrac{dy}{dx} = 2x$ を解くとき, 初期条件として x–y グラフ (よこ軸 x, たて軸 y) が通る特定の点を指定する．

◀ 初期条件について 0.4 節参照．

◀ 例題 0.5 参照．

同時に成り立つ常微分方程式の組を **連立常微分方程式** という．第 5 講では, 連立常微分方程式の解法に進む．$y' = \dfrac{dy}{dx}$ だから $y'' = \dfrac{dy'}{dx}$ は $y'' = \dfrac{d^2y}{dx^2}$ と表せる．連立常微分方程式は, 一つの高階常微分方程式 (2 階常微分方程式, 3 階常微分方程式, ...) に帰着する．第 I 部の 1 階常微分方程式から発展して, 高階常微分方程式に進んでも, 第 1 講と同じように指数関数が活躍する．

第 I 部
1 階常微分方程式
　↓ (発展)
第 II 部
1 階常微分方程式の組

5.1　連立常微分方程式と高階常微分方程式との関係

0.4 節で調べたとおりで, 解曲線が特定の点を通るという **初期条件** を課すと, 解を表す関数は一つに決まる．連立常微分方程式では, どのように初期条件を課すのかを考えてみる．

例題 5.1　連立 1 階常微分方程式と 2 階常微分方程式に課す初期条件 ────────
数直線 $\boldsymbol{R}$ 上の各点 x で定義した連立 1 階常微分方程式

$$\begin{cases} \dfrac{dy}{dx} = y', \\ \dfrac{dy'}{dx} = 2 \end{cases}$$

5.1 連立常微分方程式と高階常微分方程式との関係

を解いて，解曲線の特徴を調べよ．この連立 1 階常微分方程式は，一つの 2 階常微分方程式に帰着することを示せ．

発想 連立常微分方程式の第 2 式から求めた y' を第 1 式に代入する．

【解説】 独立変数は x，未知関数の値 (従属変数) は y, y' である．

第 2 式

手順 0 初期条件を設定する．「$x=1$ のとき $y'=2$」 [x–y' グラフは点 $(1,2)$ を通る]

手順 1 $\dfrac{dy'}{dx} = 2$ を変数分離する．分母を払って $dy' = 2dx$ に書き換える．

手順 2 左辺を $y'=2$ から $y'=u$ (u はどんな値でもいい) まで積分し，右辺を $x=1$ から $x=s$ (s はどんな値でもいい) まで積分する．

$$\int_2^u dy' = 2\int_1^s dx.$$

x	$1 \to s$
y'	$2 \to u$

$$u - 2 = 2(s-1)$$

を整理して

$$u = 2s$$

となる．$x=s, y'=u$ の場合 (s, u はどんな値でもいい) に成り立つから，y' と x との対応の規則 (関数) で決まる関数値は

$$y' = 2x \quad (-\infty < x < \infty)$$

◀ 図 0.16.

をみたす．

第 1 式

手順 0 初期条件を設定する．「$x=1$ のとき $y=1$」 [x–y グラフは点 $(1,1)$ を通る]

手順 1 $\dfrac{dy}{dx} = \underbrace{2x}_{y'}$ を変数分離する．分母を払って $dy = 2xdx$ に書き換える．

手順 2 左辺を $y=1$ (初期値) から $y=t$ (t はどんな値でもいい) まで積分し，右辺を $x=1$ (初期値) から $x=s$ (s はどんな値でもいい) まで積分する．

$$\int_1^t dy = 2\int_1^s xdx.$$

x	$1 \to s$
y	$1 \to t$

$$t - 1 = 2\left(\frac{1}{2}s^2 - \frac{1}{2}1^2\right)$$

を整理して

$$t = s^2$$

となる．$x=s, y=t$ の場合 (s, t はどんな値でもいい) に成り立つから，y と x との対応の規則 (関数) で決まる関数値は

$$y = x^2 \quad (-\infty < x < \infty)$$

◀ 図 0.16.

をみたす．

第 2 式 $\dfrac{dy'}{dx} = 2$ の左辺の y' に第 1 式の左辺を代入すると

$$\frac{d^2y}{dx^2} = 2 \quad \text{(定数係数 2 階非斉次線型常微分方程式)}$$

となる．このように，二つの常微分方程式から一つの 2 階常微分方程式を得る．

手順 0 この 2 階常微分方程式を解くときも同じ初期条件「$x=1$ のとき $y=1$」「$x=1$ のとき $y'=2$」(「$x=1$ のとき $y=1, y'=2$」と表せる) を課す．

手順 1 $\dfrac{d\left(\dfrac{dy}{dx}\right)}{dx} = 2$ の分母を払って

$$dy' = 2dx$$

◀ $\dfrac{d^2y}{dx^2} + p\dfrac{dy}{dx} + qy = r(x)$ (p, q は定数) を定数係数 2 階線型常微分方程式という．$r(x) = 0$ とした式は斉次方程式，$r(x) \neq 0$ とした式は非斉次方程式である．

◀ $\dfrac{d^2y}{dx^2} = \dfrac{d\left(\dfrac{dy}{dx}\right)}{dx}$
$= \dfrac{dy'}{dx}$.

に書き換える．

このあとの計算は，連立常微分方程式の第2式の解法と同じである．ここに，初期条件「$x=1$ のとき $y'=2$」を使う．

手順2 $\dfrac{dy}{dx}=2x$ の分母を払って $dy=2xdx$ に書き換える．

このあとの計算は，連立常微分方程式の第1式の解法と同じである．ここに，初期条件「$x=1$ のとき $y=1$」を使う．

■ **モデル** ■ 時刻 $0\,\mathrm{s}$ のとき，初速度 v_0 で質量 m のボールを鉛直上向きに投げ上げた．鉛直上向きを正の向きとする z 軸を設定し，初期位置 (ボールを手放した位置) を z_0 とする．

問 時刻 t のときのボールの位置 z，速度 v を求めよ．

解 ボールには $-mg$ [(ボールの質量) $\times$ (重力場から $1\,\mathrm{kg}$ の物体にはたらく力)] で表せる力が重力場からはたらく．ボールの運動量 (質量 $\times$ 速度) という勢いが次第に減少するのは，時間をかけて力がボールにはたらくからである．この因果律 (原因と結果との間の関係) は

$$d(mv)=-mgdt$$

と表せる．速度 v は単位時間当りの位置 z の変化分だから

$$v=\frac{dz}{dt}$$

である．これらの常微分方程式の組 (連立常微分方程式) を解く．

第1式の両辺を m で割って，初期条件「$t=0\,\mathrm{s}$ のとき $v=v_0$」のもとで

$$dv=-gdt$$

の左辺を $v=v_0$ から $v=V$ (V はどんな値でもいい) まで積分し，右辺を $t=0\,\mathrm{s}$ から $t=T$ (T はどんな値でもいい) まで積分する．

$$\int_{v_0}^{V}dv=-g\int_{0\mathrm{s}}^{T}dt.$$

t	$0\,\mathrm{s}\to T$
v	$v_0\to V$

$$V-v_0=-g(T-0\,\mathrm{s})$$

を整理して

$$V=v_0-gT$$

を得る．$t=T, v=V$ の場合 (T, V はどんな値でもいい) に成り立つから，v と t との対応の規則 (関数) で決まる関数値は

$$v=v_0-gt$$

をみたす．

第2式の v に第1式の解を代入すると

$$\frac{dz}{dt}=v_0-gt$$

となる．分母を払って

$$dz=(v_0-gt)dt$$

に書き換える．左辺を $z=z_0$ から $z=Z$ (Z はどんな値でもいい) まで積分し，右辺を $t=0\,\mathrm{s}$ から $t=T$ (T はどんな値でもいい) まで積分する．

$$\int_{z_0}^{Z}dz=\int_{0\mathrm{s}}^{T}(v_0-gt)dt$$

t	$0\,\mathrm{s}\to T$
z	$z_0\to Z$

$$Z-z_0=v_0(T-0\,\mathrm{s})-\frac{1}{2}g\left\{T^2-(0\,\mathrm{s})^2\right\}$$

を整理して

$$Z=z_0+v_0T-\frac{1}{2}gT^2$$

◀ 小林幸夫：『力学ステーション』(森北出版，2002) pp.125−128.

◀ $-mg$ の負号 (負の符号) は力が鉛直下向き (負の向き) にはたらくことを表す．

◀ 質量 mass の頭文字
時間 time の頭文字
速度 velocity の頭文字

$\dfrac{dz}{dt}$ (t は時間) を $\dot{z}$ と表して「ゼット・ドット」と読む．

◀ $dv=-gdt$ は変数分離型．

◀ 初速度は上向きだから $v_0>0\,\mathrm{m/s}$ である．時刻 t のとき v_0 よりも gt だけ遅い．

◀ $\int_{0\mathrm{s}}^{T}dt=T-0\,\mathrm{s}$
◀ $dz=(v_0-gt)dt$ は変数分離型．
◀ 頭の中で t の指数 1 よりも 1 大きい t^2 を t で微分すると，$\dfrac{d(t^2)}{dt}=2t$ となる．両辺を 2 で割ると
$$\frac{d\left(\frac{1}{2}t^2\right)}{dt}=t$$
だから，分母を払って
$$d\left(\frac{1}{2}t^2\right)=tdt$$
に書き換える．
$$\int_{0\mathrm{s}}^{T}tdt$$
$$=\frac{1}{2}\int_{(0\mathrm{s})^2}^{T^2}d\left(t^2\right).$$
$\int$ と d とが隣り合った形

を得る. $t=T, z=Z$ の場合 (T, Z はどんな値でもいい) に成り立つから，z と t との対応の規則 (関数) で決まる関数値は

$$z = z_0 + v_0 t - \frac{1}{2}gt^2$$

をみたす.

別の見方 第1式の両辺を mdt で割ると

$$\frac{dv}{dt} = -g$$

になる. 左辺の v に第2式を代入すると，一つの2階常微分方程式

$$\frac{d^2 z}{dt^2} = -g$$

を得る.

式の読解 運動学のことばに翻訳すると，$\dfrac{d^2 z}{dt^2}$ は加速度を表す. $-g$ は一定量だから，この2階常微分方程式から「ボールは等加速度運動する」と読み取る (図 5.1).

◀ $\dfrac{d}{dt}\overbrace{\left(\dfrac{dz}{dt}\right)}^{v} = \dfrac{d^2 z}{dt^2}$

$d(dz)$ を d^2z, $(dt)^2$ を dt^2 と書く.

◀ 0.3 節.

◀ 量は単位量の何倍かで表す.
数直線の目盛は数値を表すから，$z/{\rm m}$ のように

倍を表す数値
＝量÷単位量

を書く.

◀ 図 5.1 の v–t グラフから「時刻 t でどれだけの速度 v か」，図 5.2 の z–v グラフから「位置 z でどれだけの速度 v か」がわかる.

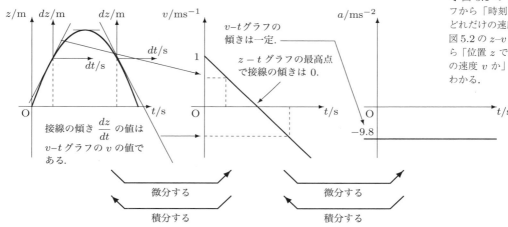

図 5.1　解の振舞 (解曲線)　初期条件「$t/{\rm s} = 0$ のとき $z/{\rm m} = 0$, $v/{\rm ms}^{-1} = 1$」加速度 (acceleration) を $a = \dfrac{d^2 z}{dt^2}$ と表す. 地球上の空間で加速度の値は 9.8 である. 図 0.16 と比べよ.

問　v が t の関数であることに注意して，v^2 を t で微分せよ. 第1式と第2式とを辺々掛けて，v と z との間の関係を見出せ.

解　$vd(mv) = -mgdt\dfrac{dz}{dt}$

の左辺の vdv に着目すると $\dfrac{d(v^2)}{dv} = 2v$ が思い出せる. 分母 dv を払って $\dfrac{1}{2}$ を掛けると

$$\frac{1}{2}d(v^2) = vdv$$

になるから

$$d\left(\frac{1}{2}mv^2\right) = -mgdz$$

と書き換えることができる. 両辺を $\dfrac{1}{2}m$ で割って

$$d(v^2) = -2gdz$$

の左辺を $v^2 = v_0{}^2$ から $v = V$ (V はどんな値でもいい) まで積分し，右辺を $z = z_0$ から $z = Z$ (Z はどんな値でもいい) まで積分する.

$$\int_{v_0{}^2}^{V^2} d(v^2) = -2g\int_{z_0}^{Z} dz.$$

v^2	$v_0{}^2 \to V^2$
z	$z_0 \to Z$

◀「辺々掛ける」とは「左辺どうし，右辺どうしを掛ける」という意味である.

◀ 計算練習【0.3】.

◀ $dt\dfrac{dz}{dt} = dz$.

を整理して
$$V^2 - v_0^2 = -2g(Z - z_0)$$
$$V = \pm\sqrt{v_0^2 - 2g(Z - z_0)}$$
を得る. $z = Z, v = V$ の場合 (Z, V はどんな値でもいい) に成り立つから, v と z との対応の規則 (関数) で決まる関数値は
$$v = \pm\sqrt{v_0^2 - 2g(z - z_0)}$$
をみたす (図 5.2).

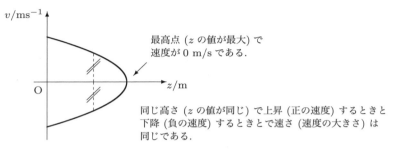

図 5.2 位相軌道 初期条件「$z = 0$ m のとき $v = 3$ m/s」
「位」は位置 z, 「相」は運動状態の意味で速度 v を表す. $v = \pm\sqrt{v_0^2 - 2g(z - z_0)}$ の正号は $v > 0$ m/s の場合だからグラフの上半分, 負号は $v < 0$ m/s の場合だから下半分で表してある.

式の読解 $d\left(\frac{1}{2}mv^2\right) = -mgdz$ を物理のことばに翻訳すると「ボールの運動エネルギー $\frac{1}{2}mv^2$ が変化する (結果) のは, 重力場からボールにはたらく力 $-mg$ がボールに $-mgdz$ だけ仕事をするから (原因) である」と読み取ることができる.

参考 自然界の多くの法則は, 関数で表せる. 自然界で, 未知の法則を見出す研究は, 未知関数の探究である.

相談室
S 2階微分方程式で表すと方程式が 1 個だから簡単なのに, 常微分方程式の組を考える利点があるのでしょうか?
P 2 階常微分方程式と連立常微分方程式とのそれぞれから, 解の特徴について異なる情報を得ることができます. ボールの投げ上げの例で考えてみましょう. 自然現象を探究するとき, 時間で追跡する方法と空間で追跡する方法との二つの見方があります. 2 階常微分方程式を解くと, 速度 v が時間 t のどのような関数で表せるかがわかりました. 2 階常微分方程式は, 図 5.1 のように「いつ (どの時刻で) どのくらいの速度で運動するか」を予言することができます. 常微分方程式の組から, 速度 v が位置 z のどのような関数で表せるかがわかりました. 連立常微分方程式は, 図 5.2 のように「どこで (どの位置で) どのくらいの速度で運動するか」を予言することができます.

5.2 高階斉次線型常微分方程式

数学には, 概念を拡張するという特徴がある. 自然数の集合は, 実数の集合の中で見ると部分集合だから, 実数の中の特別な数だけを集めた集合とみなせる. 例題 5.1 の連立常微分方程式は単純な形だから, 一般の形の特別な場合とみなせないだろうか?

◀ **位相軌道の描き方**
2 次関数のグラフ (放物線) は描きやすいから, つぎの手順が簡単である.
手順 1
よこ軸 (右向きが正の向き) を v/ms^{-1}, たて軸 (上向きが正の向き) を z/m として
$$z = z_0 - \frac{1}{2g}(v^2 - v_0^2)$$
のグラフ (上に凸の放物線) を描く.

手順 2
グラフ, よこ軸, たて軸を時計の針と同じ向きに 90° まわす. よこ軸 (右向きが正の向き) が z/m, たて軸 (下向きが正の向き) が v/ms^{-1} になり, グラフは右に凸である.

手順 3
たて軸を上向きに変えると, 上向きが正の向きになる. グラフは右に凸のままであり, 図 5.2 を得る.

◀ 遠山啓:『基礎からわかる数学入門』(ソフトバンククリエイティブ, 2013) p.22.

◀ 小林幸夫:『力学ステーション』(森北出版, 2002) p. 20.
Y. Kobayashi: *Physics Education* (IAPT) **28** (2012) Article Number: 6.

第 2 式：$\dfrac{dy'}{dx} = 2$ の右辺を見直してみる．

2 は定数関数だから，一般に x の関数 $[2x, 8x^2, \sin(x), \ldots]$ の特別な場合と考えることができる．第 1 式のように，y' も含めるという発想が浮かぶ．

第 1 式：$\dfrac{dy}{dx} = y'$ の右辺を見直してみる．

第 2 式にならって，x の関数，y, y' も含めるという発想が浮かぶ．

◀ 定数関数について問 0.6 参照．

◀ 小林幸夫：『現場で出会う微積分・線型代数』(現代数学社，2011) 3.4.2 項．

これらの発想で，3.1 節の線型常微分方程式の形が思い出せる．5.2 節では，線型常微分方程式の組を考える問題に進める．自然科学，人文科学，社会科学には，つぎの連立線型常微分方程式で数理モデルを表す実例がある．

◀ 例題 5.1 で $y \to y_1, y' \to y_2$ におきかえた形をつくる．
$y_2 = \dfrac{dy_1}{dx}$ とは限らず，y_2 は x の関数である．

> 関数 $p_{11}, p_{12}, p_{21}, p_{22}$ は連続であるとする．
> $$\begin{cases} \dfrac{dy_1}{dx} = p_{11}(x)y_1 + p_{12}(x)y_2 + q_1(x), \\ \dfrac{dy_2}{dx} = p_{21}(x)y_1 + p_{22}(x)y_2 + q_2(x) \end{cases}$$
> を，y_1, y_2 に関する**非斉次連立線型常微分方程式**という．
> $$\begin{cases} \dfrac{dy_1}{dx} = p_{11}(x)y_1 + p_{12}(x)y_2, \\ \dfrac{dy_2}{dx} = p_{21}(x)y_1 + p_{22}(x)y_2 \end{cases}$$
> を，y_1, y_2 に関する**斉次連立線型常微分方程式**という．
> **初期条件**は「$x = x_0$ のとき $y_1 = y_{01}, y_2 = y_{02}$ (x_0, y_{01}, y_{02} は定数)」と表せる．

◀ 斉次は「せいじ」と読む．
同次型，非同次型ともいう．

◀ 線型とよぶ理由は，ノート：解空間で理解する．

1.1 節で，微分しても変わらない関数を求める問題を考えた．微分方程式のことばでは

「1 階常微分方程式 $\dfrac{dy}{dx} = y$ の解は，**定数倍を除いて一意に決まり**，
$y = e^x$ である」

といい表せる．問 1.7 で確かめたように，「解は $y = ce^x$ (c は定数) だから，c がどんな値であっても (「定数倍を除いて」の意味)，この解を表す関数の本質は指数関数 e^x だけ (「一意的」の意味) である」という意味である．この 1 階常微分方程式は $\dfrac{dy_1}{dx} = p_{11}(x)y_1 + p_{12}(x)y_2 + q_1(x)$ で $p_{11}(x) = 1$ (定数関数)，$p_{12}(x) = 0$ (定数関数)，$q_1(x) = 0$ (定数関数) の特別の場合とみなせる．

◀ 数学に特有の表現に慣れること．
佐藤文広：『これだけは知っておきたい 数学ビギナーズマニュアル』(日本評論社，1994) p. 38．

5.1 節で調べたように，連立常微分方程式 (常微分方程式の組) は一つの高階常微分方程式に帰着する．高階常微分方程式を考えるために，何回も微分する操作をくり返したとき，関数が変わらない例があるかどうかを調べてみる．

(1) 0.3 節 (図 0.16)，例題 5.1

$$y = x^2 \xrightarrow{x \text{ で微分する}} \dfrac{dy}{dx} = 2x \xrightarrow{x \text{ で微分する}} \dfrac{d^2y}{dx^2} = 2$$

だから，x で微分すると 2 次関数，正比例関数，定数関数のように関数が変わる．

(2) 例題 1.2

$$y = e^{ax}c \xrightarrow{(x \text{ で微分する})} \frac{dy}{dx} = ae^{ax}c \xrightarrow{(x \text{ で微分する})} \frac{d^2y}{dx^2} = a^2e^{ax}c$$

だから，x で微分する操作をくり返しても指数関数のままである．$y = e^{ax}c$ は 1 階常微分方程式 $\frac{dy}{dx} = ay$, 2 階常微分方程式 $\frac{d^2y}{dx^2} = a^2y$ をみたす.

◀ $\frac{dy}{dx} = ae^{ax}c = ay,$
$\frac{d^2y}{dx^2} = a^2e^{ax}c = a^2y.$

◎何がわかったか　e^{ax} を x で n 階微分すると a^n 倍になる．この特徴は

「$y = e^{ax}$ は

n 階常微分方程式　$\frac{d^ny}{dx^n} = a^ny$

の解である」

といえる．$a = 1$ のとき $\frac{d^ny}{dx^n} = y$ だから，x で微分する操作をくり返しても関数は変わらない．

◀ 1.1 節では，曲線 $y = a^x$ の点 $(0,1)$ で接する直線の傾きが 1 になるような a の値を e と定義した.

> 微分方程式の立場では，
> 指数関数 $e^{(\ )}$ は関数値 $y = e^x$ が初期条件「$x = 0$ のとき $y = 1$」のもとで
> $\frac{dy}{dx} = y$ をみたす関数である
> と定義することができる．

◀ $e^{(\ )}$ の $(\ )$ に x を入力すると y を出力する (0.3 節).

x で微分する操作をくり返したとき関数が変わるかどうかを考えているので，x を $i\theta$ (i は虚数単位，θ は実変数) におきかえて

$$\frac{d(e^{ax})}{dx} = ae^{ax}$$

を

$$\frac{d(e^{ia\theta})}{d(i\theta)} = ae^{ia\theta}$$

として，両辺に i を掛けると

$$\frac{d(e^{ia\theta})}{d\theta} = iae^{ia\theta}$$

◀ あとで複素数平面を考えるとき，$x = \cos\theta$, $y = \sin\theta$ と表す．複素数平面をみこして，実変数を θ と書いた.

になる．まだ「e の虚数乗とは何か」を決めていないが，変数を x の代わりに θ と書いたこと以外は，実変数のときと同様に

$$\frac{d(e^{ia\theta})}{d\theta} = \frac{d(e^{ia\theta})}{d(i\theta)}\frac{d(i\theta)}{d\theta}$$
$$= iae^{ia\theta}$$

と考えてよさそうである．$a = 1$ のとき

◀ $\varphi = ia\theta$ とおくと
$\frac{d(e^{ia\theta})}{d(i\theta)}\frac{d(i\theta)}{d\theta}$
$= \frac{d(e^{\varphi})}{d\varphi} \cdot ia\frac{d\theta}{d\theta}$
$= e^{\varphi} \cdot ia$
$= iae^{ia\theta}.$

$$z = e^{i\theta} \xrightarrow{(\theta \text{ で微分する})} \frac{dz}{d\theta} = ie^{i\theta}(=iz) \xrightarrow{(\theta \text{ で微分する})} \frac{d^2z}{d\theta^2} = i^2e^{i\theta}(=-z)$$

$$\xrightarrow{(\theta \text{ で微分する})} \frac{d^3z}{d\theta^3} = i^3e^{i\theta}(=-iz) \xrightarrow{(\theta \text{ で微分する})} \frac{d^4z}{d\theta^4} = i^4e^{i\theta}(=z)$$

◀ $i^2 = -1$, $i^3 = -i$, $i^4 = 1$.

だから，θ で微分する操作を 4 回くり返すと，$z = e^{i\theta}$ は

$$\frac{d^4z}{d\theta^4} = z$$

をみたすことがわかる．5回，6回，7回，．．．くり返すと，

$$i^4 e^{i\theta} \xrightarrow{5 回} i e^{i\theta} \xrightarrow{6 回} i^2 e^{i\theta} \xrightarrow{7 回} \cdots$$

のように循環する．$e^{i\theta}$ の手品のような特徴は，高階常微分方程式の解を求めるときに役立つから，$e^{i\theta}$ の定義を決める．

◀ $i^5 = i^4 \times i$
$= 1 \times i$
$= i$.
$i^6 = i^5 \times i$
$= i \times i$
$= i^2$.

問 5.1 $e^{i\theta}$ は実数と純虚数とのどちらでも表せないことを確かめよ．

【解説】$e^{i\theta}$ が実数であると仮定すると，$\dfrac{d(e^{i\theta})}{d\theta}$ は実数であるが，$ie^{i\theta}$ は純虚数である．

$e^{i\theta}$ が純虚数であると仮定すると，$\dfrac{d(e^{i\theta})}{d\theta}$ は純虚数であるが，$ie^{i\theta}$ は実数である．

どちらであっても，$\dfrac{d(e^{i\theta})}{d\theta} = ie^{i\theta}$ は成り立たない．

相談室

S $e^{i\theta}$ は複素数で表すと応用しやすいというのは，どういう意味でしょうか？

P 複素数 $e^{i\theta}$ に i を掛けると 90° 回転するから，θ を実軸の正の側から測った角と決めると，角が $\theta \to \theta + \dfrac{\pi}{2}$ のように変化し，$i \times e^{i\theta} = e^{i(\theta + \frac{\pi}{2})}$ と表せて便利です．$e^{i\theta}$ が実数と純虚数とのどちらでもないと考えるのは，$e^{i\theta}$ は $d(e^{i\theta})/d\theta = ie^{i\theta}$ をみたす関数と決めたからです．$e^{i\theta}$ が実数とすると，左辺が実数，右辺が純虚数となります．同様に，$e^{i\theta}$ が純虚数とすると，左辺が純虚数，右辺が実数となります．したがって，$e^{i\theta}$ を複素数と考えなければなりません．

◀ 素（もと）が二つあるから，複素数と命名した．
遠山啓：『基礎からわかる数学入門』（ソフトバンク クリエイティブ，2013）p. 49.

複素数のイメージを描くために，複素数平面内の点を $e^{i\theta}$ に対応させる．複素数平面の x 軸，y 軸は，それぞれ実軸，虚軸という．実軸上の点は実数，虚軸上の原点以外の点は純虚数を表す．複素数どうしの加法・実数倍を図形で表すために，複素数 0 の表す原点から複素数 $x + iy$ (x, y は実数) の点までの矢印 (幾何ベクトル) を考える．

◀ 小林幸夫：『線型代数の発想』（現代数学社，2008）p. 27.

問 5.2 複素数に i を掛ける演算は，複素数平面ではどのような操作を表すか？

【解説】時計の針の進む向きを正の向きとして，複素数に対応する幾何ベクトルを，原点のまわりに 90° 回転させる操作を表す．図 5.3 で確かめることができるように，複素数 $x + iy$ に i を掛けると

$$i(x + iy) = -y + ix$$

になる．

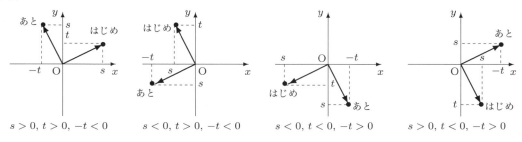

$s > 0, t > 0, -t < 0$　　$s < 0, t > 0, -t < 0$　　$s < 0, t < 0, -t > 0$　　$s > 0, t < 0, -t > 0$

図 5.3 複素数平面で原点のまわりに 90° 回転させる操作　i を掛けるまえの複素数 $s + it$ がどの象限の点でも，複素数 $-t + is$ にうつる．実軸，虚軸，2 本の破線で囲んだ長方形が 90° 回転することがわかる．

◎何がわかったか　$\dfrac{d(e^{i\theta})}{d\theta} = ie^{i\theta}$ の意味

$e^{i\theta}$ を θ で微分する演算　$\dfrac{d(e^{i\theta})}{d\theta}$
は

◀ $\dfrac{d(e^{i\theta})}{d\theta} = ie^{i\theta}$ で，複素数と微積分とが結びついた．数学では，分野間を横断すると新しい道が開ける．

複素数平面内で $e^{i\theta}$ に対応する幾何ベクトルを原点のまわりに 90° 回転させる操作 (i を掛ける) を表す.

複素数 $e^{i\theta}$ を $x+iy$ と表し，θ の表す意味を決める.

1. $\theta = 0$ のとき $e^0 = 1$ だから，実軸上で原点からの距離が 1 の点である.
2. $\dfrac{d(e^{i\theta})}{d\theta} = ie^{i\theta}$ を $\dfrac{dx}{d\theta} + i\dfrac{dy}{d\theta} = i(x+iy)$ と表すと，複素数平面内で $\begin{pmatrix} dx \\ dy \end{pmatrix}, \begin{pmatrix} x \\ y \end{pmatrix}$ のそれぞれに対応する幾何ベクトルどうしが直交する.

強引な表現であるが，$\begin{pmatrix} dx \\ dy \end{pmatrix}$ を $d\theta$ で割った $\begin{pmatrix} \dfrac{dx}{d\theta} \\ \dfrac{dy}{d\theta} \end{pmatrix}$ に対応する幾何ベクトルの方向は，$\begin{pmatrix} dx \\ dy \end{pmatrix}$ に対応する幾何ベクトルと同じである.

計算練習【0.11】の xy 平面 (図 0.26) の代わりに複素数平面を考えるが，どちらでも 2 個の実数 x, y で平面内の点を表すから本質は同じである.

- 実変数 θ は x 軸 (実軸) の正の側から測る角を表すと決めると (図 5.4)，$d\theta$ は θ の変化分である.
- 複素数平面内で原点から $e^{i\theta}$ に対応する点までの距離は θ の値に関係なく (図 5.4) 1 と決めると，図 0.26 のように，複素数 $e^{i\theta}$ は単位円の周上の点で表せる.

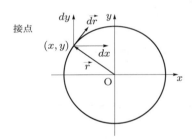

図 0.26 (再掲) 図 5.3 と比べると，i を掛ける演算は，単位円の周上で 90° 回転させる操作を表す. 角 θ の値は，x 軸の正の側から $\vec{r}$ まで時計の針の進む向きに測るとき正と決める.

単位円の周上で $x = \cos\theta, y = \sin\theta$ だから

$$\boxed{e^{i\theta} = \cos\theta + i\sin\theta}$$

と表し，**Euler**（オイラー）**の関係式**という. θ の代わりに $-\theta$ におきかえると，$e^{-i\theta} = \cos\theta - i\sin\theta$ だから，

$$\boxed{\cos\theta = \dfrac{e^{i\theta} + e^{-i\theta}}{2}, \quad \sin\theta = \dfrac{e^{i\theta} - e^{-i\theta}}{2i}}$$

の関係も成り立つ. 数の集合を実数から複素数に拡張すると，指数関数と円関数 (三角関数) とは，この関係式で密接に結びつく.

Stop! $\theta = \pi$ のとき，$\cos\pi = -1, \sin\pi = 0$ だから

$$e^{i\pi} = -1$$

◀ $x+iy$ に対応する幾何ベクトルを原点のまわりに 90° 回転させると $i(x+iy)$ になる (問 5.2). $\dfrac{dx}{d\theta} + i\dfrac{dy}{d\theta} = i(x+iy)$ である. したがって，$\dfrac{dx}{d\theta} + i\dfrac{dy}{d\theta}$ に対応する幾何ベクトルは $x+iy$ に対応する幾何ベクトルに直交する.

◀ 長岡亮介：『総合的研究 数学 III』(旺文社, 2014) p. 82.

◀ 1811 年頃，ドイツの数学者 Gauss が導入したので，複素数平面をガウス平面 (Gaussian plane) ともいう. 1806 年に Argand も同じ図を使ったので，アルガン図 (Argand Diagram) ともいう. D. S. Sivia：*Elementary Scattering Theory For X-ray and Neutron Users*, (Oxford University Press, 2011), 竹中章郎・藤井保彦訳：『X線・中性子の散乱理論入門』(森北出版, 2014) では，Argand Diagram という用語を使っている.

◀ 問 6.11.

◀ $e^{i(-\theta)}$
$= \cos(-\theta) + i\sin(-\theta)$
$= \cos\theta - i\sin\theta$.

◀ 通常の教科書では，$e^{i\theta} = \cos\theta + i\sin\theta$ を整級数展開で導入する. $\sum_{k=0}^{\infty} a_k x^k$
$= a_0 + a_1 x + a_2 x^2 + \cdots$
を整級数という. 6.3 節で，e^{ix} ($i = \sqrt{-1}$) を整級数展開して Euler の関係式を求める.

である．無理数 e, π, 虚数 i で簡単な実数 -1 を表せることがわかる．

問 5.2 で考えたとおりで，$i(x+iy) = -y + ix$ だから
$$\frac{dx}{d\theta} + i\frac{dy}{d\theta} = i(x+iy)$$

◀ $\frac{d(e^{i\theta})}{d\theta} = ie^{i\theta}$ を x, y で表した形

は
$$\frac{dx}{d\theta} + i\frac{dy}{d\theta} = -y + ix$$

と表せる．実数部分どうし，虚数部分どうしを比べると
$$\frac{dx}{d\theta} = -y, \quad \frac{dy}{d\theta} = x$$

の成り立つことがわかる．$x = \cos\theta, y = \sin\theta$ だから

$$\boxed{\frac{d(\cos\theta)}{d\theta} = -\sin\theta, \quad \frac{d(\sin\theta)}{d\theta} = \cos\theta}$$

である．

◎何がわかったか　連立微分方程式
$$\begin{cases} \dfrac{dx}{d\theta} = -y, \\ \dfrac{dy}{d\theta} = x \end{cases}$$

の解は
$$\begin{cases} x = \cos\theta, \\ y = \sin\theta \end{cases}$$

である．

問 5.3 複素数平面 (図 5.3) で
$$\frac{d(\cos\theta)}{d\theta} = -\sin\theta, \quad \frac{d(\sin\theta)}{d\theta} = \cos\theta$$
が成り立つことを確かめよ．

【解説】 $e^{i\theta} = \cos\theta + i\sin\theta$ の表す意味は
「複素数 $e^{i\theta}$ の実数部分 (実軸上の値) は $\cos\theta$，虚数部分 (虚軸上の値) は $\sin\theta$」
である．

θ の値が $d\theta$ だけ変化するとき，
$\dfrac{d(\cos\theta)}{d\theta}$ は実数部分 x の変化率 $\dfrac{dx}{d\theta}$ [$\cos\theta$ の変化分 $d(\cos\theta)$ を θ の変化分 $d\theta$ で割った値]，
$\dfrac{d(\sin\theta)}{d\theta}$ は虚数部分 y の変化率 $\dfrac{dy}{d\theta}$ [$\sin\theta$ の変化分 $d(\sin\theta)$ を θ の変化分 $d\theta$ で割った値]
を表す．

どの象限でも，s, t の正負に注意すると，図 5.4 の破線の直角三角形のように
$$\frac{dx}{d\theta} = -\frac{t}{1} \text{ (t は点 P のタテ座標)}, \quad \frac{dy}{d\theta} = \frac{s}{1} \text{ (s は点 P のヨコ座標)}$$
である．$s = \cos\theta, t = \sin\theta$ だから，つぎのように表せる．
$$\frac{d(\cos\theta)}{d\theta} = -\sin\theta, \quad \frac{d(\sin\theta)}{d\theta} = \cos\theta$$

◀ 虚数 (imaginary number) は想像数という意味で，虚数単位 i は imaginary の頭文字である．
田村三郎：『方程式に強くなる』(講談社, 1987).

―感覚をつかめ―
$\cos\theta, \sin\theta$ を θ で微分すると，なぜ $\cos$ が $\sin$ になり，$\sin$ が $\cos$ になるのか？ なぜ $-\sin\theta$ の負号 (負の符号) が現れるのか？

◀ 図 5.3 のとおりで，$i(x+iy) = -y + ix$ は角 θ の値に関係ないから，$\dfrac{d(\cos\theta)}{d\theta} = -\sin\theta, \dfrac{d(\sin\theta)}{d\theta} = \cos\theta$ も角 θ に関係なく成り立つ．
問 6.10 参照．

◀ 初期条件「$\theta = 0$ のとき $x = 1, y = 0$」をみたす．

◀ $x = \cos\theta$,
$dx = d(\cos\theta)$.
$y = \sin\theta$,
$dy = d(\sin\theta)$.

―用語を理解せよ―
角は開き方の程度を表す量である．円弧の大きさで角を表すといいが，同じ開き方でも半径が大きいと円弧も大きいから，円弧の大きさ s を半径 r で割った値を角と決める．
$\dfrac{s_{大}}{r_{大}} = \dfrac{s_{小}}{r_{小}}$
角 $= \dfrac{\text{円弧の大きさ}}{\text{半径}}$
角の単位は $\dfrac{\text{m}}{\text{m}}, \dfrac{\text{cm}}{\text{cm}}$ などだから 1 である．角であることを明記するとき角の単位を rad と書く．

rad = 1

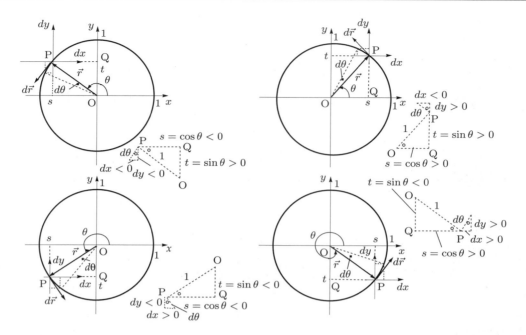

図 5.4 単位円の円周上で点の座標の変化分を測る方法 $\vec{r} \perp d\vec{r}$（半径と接線とは垂直）.
円弧が線分とみなせるほど $d\theta$ が微小のとき，長さ（正負を含む）が $dx, dy, d\theta$ の 3 本の線分で囲まれた図形を直角三角形と考える．dx 軸で dx の正負，dy 軸で dy の正負を判断する．

問 5.4 角 θ は，度を単位として θ' と表せる．たとえば，$\theta = \dfrac{\pi}{3}$ rad は $\theta' = 60°$ である．$\dfrac{d(\cos\theta')}{d\theta'}$ と $\dfrac{d(\sin\theta')}{d\theta'}$ とを求めよ．

【解説】 $\theta = \dfrac{\pi}{180°}\theta'$ だから $d\theta' = \dfrac{180°}{\pi}d\theta$ である．

$$\begin{aligned}
\frac{d(\cos\theta')}{d\theta'} &= \frac{d(\cos\theta)}{\frac{180°}{\pi}d\theta} & &\blacktriangleleft \cos\theta = \cos\theta' \\
&= -\frac{\pi}{180°}\sin\theta & &\blacktriangleleft \frac{d(\cos\theta)}{d\theta} = -\sin\theta \\
&= -\frac{\pi}{180°}\sin\theta'. & &\blacktriangleleft \sin\theta = \sin\theta' \\
\frac{d(\sin\theta')}{d\theta'} &= \frac{d(\sin\theta)}{\frac{180°}{\pi}d\theta} & &\blacktriangleleft \sin\theta = \sin\theta' \\
&= \frac{\pi}{180°}\cos\theta & &\blacktriangleleft \frac{d(\sin\theta)}{d\theta} = \cos\theta \\
&= \frac{\pi}{180°}\cos\theta'. & &\blacktriangleleft \cos\theta = \cos\theta'
\end{aligned}$$

◂ (例) $\theta' = 60°$ のとき
$$\frac{\pi}{180°}60° = \frac{\pi}{3}.$$

◂ (例) $\theta' = 60°$, $\theta = \dfrac{\pi}{3}$ のとき
$$\cos 60° = \cos\frac{\pi}{3},$$
$$\sin 60° = \sin\frac{\pi}{3}.$$

◂ 問 1.9 の指数関数，対数関数と同じように，括弧を略して書く流儀もある（問 1.4）．
$x = \cos\theta,$
$y = \sin\theta.$

◎何がわかったか 角を度数法で測ると，微分するとき $\dfrac{\pi}{180°}$ が現れて不便である．微積分では，弧度法を使って，角を rad $(= 1)$ で測ると便利である．

── ノート：指数関数と円関数との類似点 ──

円関数 始線（ヨコ軸の正の側）から単位円（半径 1 の円）上の点の動径までの角を測る（図 5.4）．角 θ を点のヨコ座標 x に対応させる関数を cos, タテ座標 y に対応させる

5.2 高階斉次線型常微分方程式

関数を sin と表す．関数値は $x = \cos(\theta), y = \sin(\theta)$ である．

$$\sin : \theta \mapsto x, \quad \cos : \theta \mapsto y$$

◀ 三角関数は三角比を拡張した名称であるが，単位円上の点は第 1 象限に限らないから，三角関数よりも円関数というほうがいい．

指数関数との比較

$\dfrac{d(a^x)}{dx} = a^x \lim\limits_{h \to 0} \dfrac{a^h - 1}{h}$. $\qquad \dfrac{d(\cos \theta')}{d\theta'} = -\dfrac{\pi}{180°} \sin \theta' \quad$ (θ' は度数法で測った角)．

 1 でない極限値が現れる． $\qquad\qquad -\dfrac{\pi}{180°}$ が現れる．

$\dfrac{d(e^x)}{dx} = e^x$. $\qquad\qquad\qquad \dfrac{d(\cos \theta)}{d\theta} = -\sin \theta \quad$ (θ は弧度法で測った角)．

● 微積分では指数関数の底を e とする． ● 微積分では弧度法で円関数を表す．

1.1 節で示したように，連立線型常微分方程式は高階線型常微分方程式に帰着する．高階線型常微分方程式を解くときの手がかりは，指数関数の導関数の性質である．例題で高階線型常微分方程式の解法を整理する．

◀ 線型とよぶ理由は，ノート：解空間で理解する．

> 数直線上 (独立変数 x は実数に限るから $x \in \boldsymbol{R}$) で定義した関数 p_i ($i = 1, 2, \ldots, n$) は連続であるとする．独立変数 x, 未知関数の値 y, その n 階までの導関数の値 $\dfrac{dy}{dx}$, $\dfrac{d^2 y}{dx^2}, \ldots, \dfrac{d^n y}{dx^n}$ の間に
>
> $$\frac{d^n y}{dx^n} + p_1(x) \frac{d^{n-1} y}{dx^{n-1}} + \cdots + p_n(x) y = r(x)$$
>
> の関係が成り立つとき，$y, \dfrac{dy}{dx}, \dfrac{d^2 y}{dx^2}, \ldots, \dfrac{d^n y}{dx^n}$ に関して **線型 (1 次)** であり，**n 階線型常微分方程式**という．
>
> $$r(x) = 0 \text{ のとき斉次}, \quad r(x) \neq 0 \text{ のとき非斉次という．}$$
>
> 連立線型常微分方程式で表すとわかるように，n 個の**初期条件**を課さなければならないので，「$x = x_0$ のとき $y = y_{01}, \dfrac{dy}{dx} = y_{02}, \ldots, \dfrac{d^{n-1} y}{dx^{n-1}} = y_{0n}$ ($x_0, y_{01}, y_{02}, \ldots, y_{0n}$ は定数)」とする．

◀ $\boldsymbol{R}$ は実数の集合を表す．

◀「斉次」は「せいじ」と読む．

補足 数直線 ($x \in \boldsymbol{R}$) 上で定義した関数 p, q は連続であるとする．独立変数 x, 未知関数の値 y, その導関数の値 $\dfrac{dy}{dx}$, 2 階導関数の値 $\dfrac{d^2 y}{dx^2}$ の間に

$$\frac{d^2 y}{dx^2} + p(x) \frac{dy}{dx} + q(x) y = r(x)$$

の関係が成り立つとき，$y, \dfrac{dy}{dx}, \dfrac{d^2 y}{dx^2}$ に関して **線型 (1 次)** であり，**2 階線型常微分方程式**という．

$$\frac{d^2 y}{dx^2} + qy = 0 \quad (q \text{ は定数})$$

を**標準型** (1 階微分項を含まない) という (例題 5.2)．

 2 個の初期条件を課さなければならないので，「$x = x_0$ のとき $y = y_{01}, \dfrac{dy}{dx} = y_{02}$ (x_0, y_{01}, y_{02} は定数)」とする

◀ $\boldsymbol{R}$ は実数の集合を表す．

◀ 第 I 部で理解したように，1 階常微分方程式は，関数のグラフ上の各点で接線の傾きを表す．
$\dfrac{dy_1}{dx} = y_2$ は $x - y_1$ グラフ，$\dfrac{dy_2}{dx} = y_3$ は $x - y_2$ グラフ，$\cdots\cdots$ 上の各点で接線の傾きを表す．

─ ノート：連立 1 階線型常微分方程式と高階斉次線型常微分方程式との関係 ─

n 階斉次線型常微分方程式 [独立変数 x, 未知関数の値 (従属変数) y]

$$\frac{d^n y}{dx^n} + p_1(x) \frac{d^{n-1} y}{dx^{n-1}} + \cdots + p_n(x) y = r(x)$$

と n 個の初期条件「$x = x_0$ のとき $y = y_{01}$, $\dfrac{dy}{dx} = y_{02}$, ..., $\dfrac{d^{n-1}y}{dx^{n-1}} = y_{0n}$ (x_0, y_{01}, y_{02}, ..., y_{0n} は定数)」は, $y_1 = y$, $y_2 = \dfrac{dy_1}{dx}$, $y_3 = \dfrac{dy_2}{dx}$, ..., $y_n = \dfrac{dy_{n-1}}{dx}$ とおくと,

連立 1 階線型常微分方程式 [独立変数 x, 未知関数の値 (従属変数) y_1, y_2, ..., y_n]

$$\begin{cases} \dfrac{dy_1}{dx} = y_2, \\ \dfrac{dy_2}{dx} = y_3, \\ \cdots\cdots\cdots\cdots \\ \dfrac{dy_{n-1}}{dx} = y_n, \\ \dfrac{dy_n}{dx} = -p_n(x)y_1 - \cdots - p_1(x)y_n + r(x) \end{cases}$$

と n 個の初期条件「$x = x_0$ のとき $y_1 = y_{01}$, $y_2 = y_{02}$, ..., $y_n = y_{0n}$」のように表せる (例題 5.1 の一般化).

ノート：定数係数高階斉次線型常微分方程式の解法

$\dfrac{d^n y}{dx^n} + p_1 \dfrac{d^{n-1}y}{dx^{n-1}} + p_2 \dfrac{d^{n-2}y}{dx^{n-2}} + \cdots + p_{n-1} \dfrac{dy}{dx} + p_n y = 0$ (一般に定数 p_1, p_2, ..., p_n と関数の値とは複素数の範囲)

手順 1 $y = e^{\lambda x}$ (指数関数) とおく.
λ (実数と限らず複素数の範囲) がみたす

特性方程式 $\lambda^n + p_1 \lambda^{n-1} + p_2 \lambda^{n-2} + \cdots + p_{n-1}\lambda + a_n = 0$

を解いて**解の基底**を求める (例題 5.2 では 2 次方程式, λ は純虚数).

手順 2 基本解の線型結合で任意の解を表す.

例題 5.2 斉次連立線型常微分方程式 (2 階斉次線型常微分方程式)

数直線 $\boldsymbol{R}$ 上の各点 x で定義した斉次連立 1 階常微分方程式

$$\begin{cases} \dfrac{dy_1}{dx} = y_2, \\ \dfrac{dy_2}{dx} = -y_1 \end{cases}$$

を, 1 従属変数の 2 階常微分方程式に書き換えて解を求め, 相平面内で y_1, y_2 の変化を調べよ.

◀ 独立変数 x は実数に限るから $x \in \boldsymbol{R}$. $\boldsymbol{R}$ は実数の集合を表す.

◀「1 従属変数の 2 階常微分方程式」とは, y_1 だけを未知関数の値とする 2 階微分方程式である.

◀ 相平面の例：図 5.2

(発想) 連立方程式を解くとき, 複数の未知数を順に消去して, 未知数を 1 個だけ含む方程式を導く消去法がある. この解法と同じ考え方で, 未知関数を 1 個だけ含む微分方程式を導く.

【解説】独立変数は x, 未知関数の値 (従属変数) は y_1, y_2 である.
第 1 式を x で微分して, 第 1 式の右辺を第 2 式の右辺で置き換える.

◀ $\dfrac{dy_1}{dx} = y_2$ だから $y_{10}{'} = y_{20}$ である.

定数係数 2 階斉次線型常微分方程式：$\dfrac{d^2 y_1}{dx^2} = -y_1$.

手順 0 初期条件を設定する.「$x = 0$ のとき $y_1 = 1$, $y_2 = 0$」[x–y_1 グラフは点 $(0, 1)$ を通り, x–y_2 グラフは点 $(0, 0)$ を通る]

◀「解の基底」「解の基本集合」という用語は, 稲葉三男：『常微分方程式』(共立出版, 1973) にならった.

手順 1 解の基底 (解の基本集合) を求める.
$y_1 = e^{\lambda x}$ (指数関数) と仮定する.
$\dfrac{d^2 y_1}{dx^2} = -y_1$ に $\dfrac{d^2(e^{\lambda x})}{dx^2} = \lambda^2 e^{\lambda x}$ を使うと

5.2 高階斉次線型常微分方程式

$$\lambda^2 e^{\lambda x} = -e^{\lambda x}$$

となる．右辺を左辺に移項すると

$$(\lambda^2 + 1)e^{\lambda x} = 0$$

となり，$e^{\lambda x} \neq 0$ だから

特性方程式：$\lambda^2 + 1 = 0$

を λ について解く．$(\lambda+i)(\lambda-i) = 0$ の解は $\lambda = \pm i$ だから，**解の基底**は $< e^{ix}, e^{-ix} >$ である．

◀ $e^{\lambda x}$ を x で n 階微分すると λ^n 倍になるから，$y = e^{\lambda x}$ は $\dfrac{d^n y}{dx^n} = \lambda^n y$ の解である．

$y_1 = e^{\lambda x} c$ (c は定数) と仮定してもいいが，両辺を c で割ると $\lambda^2 e^{\lambda x} = -e^{\lambda x}$ になる．

◀ e^{ix}, e^{-ix} を**基本解**という．

◀ e^{ix} と e^{-ix} とのどちらも $\dfrac{d^2 y_1}{dx^2} = -y_1$ をみたす．

検算
$$\frac{d(e^{\pm ix})}{dx} = \frac{d(e^{\pm ix})}{d(\pm ix)} \frac{d(\pm ix)}{dx} = \pm i e^{\pm ix}. \quad \text{（複号同順）}$$

$$\frac{d^2(e^{\pm ix})}{dx^2} = \frac{d\left\{\dfrac{d(e^{\pm ix})}{dx}\right\}}{dx} = \frac{d(\pm i e^{\pm ix})}{dx} = \pm i \frac{d(e^{\pm ix})}{dx} = (\pm i)^2 e^{\pm ix} = -e^{\pm ix}.$$

手順2 任意の解を基本解の線型結合で表す．

基本解に適当な定数 c_1, c_2 を掛けて加え合わせると

$$y_1 = e^{ix} c_1 + e^{-ix} c_2 \quad \text{（基本解の線型結合）},$$

$$y_2 = \frac{dy_1}{dx}$$

$$= \frac{d(e^{ix})}{dx} c_1 + \frac{d(e^{-ix})}{dx} c_2$$

$$= \frac{d(e^{ix})}{d(ix)} \frac{d(ix)}{dx} c_1 + \frac{d(e^{-ix})}{d(-ix)} \frac{d(-ix)}{dx} c_2$$

$$= i(e^{ix} c_1 - e^{-ix} c_2).$$

◀ 本節のノート：線型結合を参照．

◀ $\dfrac{d(e^{ix})}{d(ix)} = e^{ix}$, $\dfrac{d(ix)}{dx} = i$, $\dfrac{d(e^{-ix})}{d(-ix)} = e^{-ix}$, $\dfrac{d(-ix)}{dx} = -i$.

発想 重ね合わせの原理

$$\frac{d(e^{\pm ix} c_\ell)}{dx} = e^{\pm ix} \underbrace{\frac{dc_\ell}{dx}}_{0} + \frac{d(e^{\pm ix})}{dx} c_\ell = \pm i e^{\pm ix} c_\ell \quad \text{（複号同順）}$$

だから

$$\frac{d^2(e^{\pm ix} c_\ell)}{dx^2} = -e^{\pm ix} c_\ell,$$

$$\frac{d^2(e^{ix} c_1 + e^{-ix} c_2)}{dx^2} = \frac{d^2(e^{ix} c_1)}{dx^2} + \frac{d^2(e^{-ix} c_2)}{dx^2}$$

$$= -(e^{ix} c_1 + e^{-ix} c_2)$$

◀ $\dfrac{d^2(e^{\pm ix})}{dx^2}$
$= \dfrac{d\left\{\dfrac{d(e^{\pm ix})}{dx}\right\}}{dx}$
$= \dfrac{d(\pm i e^{\pm ix})}{dx}$
$= \pm i \dfrac{d(e^{\pm ix})}{dx}$
$= \pm i \times (\pm i e^{\pm ix})$
$= -e^{\pm ix}$
（複号同順）．

となり，$y_1 = e^{ix} c_1 + e^{-ix} c_2$ も $\dfrac{d^2 y_1}{dx^2} = -y_1$ をみたす．

手順3 初期条件で定数の値を決めて，手順2の無数の解から一つの解を選ぶ．

$$\begin{cases} 1 = e^{i0} c_1 + e^{-i0} c_2 \\ 0 = i(e^{i0} c_1 - e^{-i0} c_2) \end{cases}$$

◀ $y_1|_{x=0} = 1$.
◀ $y_2|_{x=0} = 0$.

◀ 初期条件の意味について，例題0.5参照．

Stop!
未知数の値を決める方程式の個数は，未知数の個数と等しい．2個の未定係数 c_1, c_2 の値を決めるために，2個の初期条件 $y_1|_{x=0} = 1$, $y_2|_{x=0} = 0$ を課す．

だから

$$\begin{cases} c_1 + c_2 = 1, \\ c_1 - c_2 = 0 \end{cases}$$

を c_1, c_2 について解くと $c_1 = \dfrac{1}{2}, c_2 = \dfrac{1}{2}$ を得る．Euler の関係式を使うと

$$y_1 = \frac{e^{ix} + e^{-ix}}{2}$$

$$
\begin{aligned}
&= \cos(x), \\
y_2 &= \frac{i(e^{ix} - e^{-ix})}{2} \\
&= -\sin(x)
\end{aligned}
$$

となる (図 5.5). したがって,

$$\text{円の方程式}: y_1{}^2 + y_2{}^2 = 1$$

である (図 5.6).

◀ 計算しなくても式を見ただけで c_1, c_2 の値は求まる. c_1 から c_2 を引いて 0 だから c_1 と c_2 の値は等しく, c_1 と c_2 とを足して 1 だから $\frac{1}{2}$.

◀ $e^{ix} = \cos(x) + i\sin(x)$,
$e^{-ix} = \cos(x) - i\sin(x)$
だから
$e^{ix} + e^{-ix} = 2\cos(x)$,
$e^{ix} - e^{-ix} = 2i\sin(x)$.

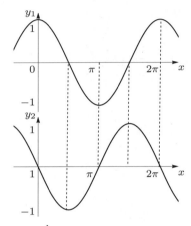

図 5.5 解の振舞 (解曲線) $y_2 = \dfrac{dy_1}{dx}$ だから, x–y_2 グラフ $[y_2 = -\sin(x)]$ は, x–y_1 グラフ $[y_1 = \cos(x)]$ の接線の傾きが x の値によってどのように変化するかを表す. x–y_1 グラフは点 $(0, 1)$ を通り, x–y_2 グラフは点 $(0, 0)$ を通るから, 初期条件をみたしていることが確認できる.

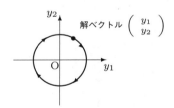

◀ 解ベクトル (解のベクトル表示)
小林幸夫:『線型代数の発想』(現代数学社, 2008) p. 154.

不等号
日本では $≧, ≦$ を使うが, 世界では $\geq, \leq$ を使う.

図 5.6 位相軌道 図 5.5 と比べると, 第 4 象限 $\left(0 \leq x \leq \dfrac{1}{2}\pi\right)$, 第 3 象限 $\left(\dfrac{1}{2}\pi \leq x \leq \pi\right)$, 第 2 象限 $\left(\pi \leq x \leq \dfrac{3}{2}\pi\right)$, 第 1 象限 $\left(\dfrac{3}{2}\pi \leq x \leq 2\pi\right)$. x が増加すると, 解は初期位置 $(1, 0)$ から出発して, 円周上で時計の針が回る向きに変化する. 例題 5.1 の図 5.2 の位相軌道は, 例題 5.2 では放物線である.

◀『岩波理化学辞典 第 5 版』(岩波書店, 1998) に「数学ではトポロジーの意味の位相との混乱を避けるため相軌道の語を使う」という記述がある.

● **類題** ● 数直線 $\boldsymbol{R}$ 上の各点 x で定義した斉次連立 1 階常微分方程式

$$\begin{cases} \dfrac{dy_1}{dx} = y_2, \\ \dfrac{dy_2}{dx} = y_1 \end{cases}$$

を, 1 従属変数の 2 階常微分方程式に書き換えて解を求め, 相平面内で y_1, y_2 の変化を調べよ.

【解説】 初期条件「$x = 0$ のとき $y_1 = 1$, $y_2 = 0$」[相平面の点 $(1, 0)$ を通る] を課して

$$\frac{d^2 y_1}{dx^2} = y_1$$

◀ 相平面
よこ軸: y_1
たて軸: y_2

◀ $y = e^{\lambda x} c$ (c は定数) と仮定してもいいが, $\dfrac{d^2(e^{\lambda x} c)}{dx^2} = e^{\lambda x} c$ の両辺を c で割ると $\dfrac{d^2(e^{\lambda x})}{dx^2} = e^{\lambda x}$ になる.

を解く．$y_1 = e^{\lambda x}$ と仮定すると，解の基底 $<e^x, e^{-x}>$ が求まる．任意の解は

$$y_1 = e^x c_1 + e^{-x} c_2,$$
$$y_2 = e^x c_1 - e^{-x} c_2$$

である．初期条件で定数の値を決めると，$c_1 = \frac{1}{2}, c_2 = \frac{1}{2}$ を得るから，

$$y_1 = \frac{e^x + e^{-x}}{2}$$
$$= \cosh(x),$$
$$y_2 = \frac{e^x - e^{-x}}{2}$$
$$= \sinh(x)$$

◀ $c_1 + c_2 = 1,$
$c_1 - c_2 = 0.$

となる（図 5.7）．したがって，

$$\text{双曲線の方程式}: y_1{}^2 - y_2{}^2 = 1$$

である（図 5.8）．

◀ x を消去して y_1 と y_2 との関係式を求める．
$y_1 + y_2 = e^x,$
$y_1 - y_2 = e^{-x}$
を辺々掛けると
$(y_1 + y_2)(y_1 - y_2)$
$= e^x e^{-x}$
となる．

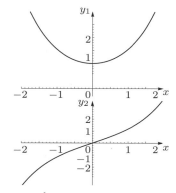

図 5.7 解の振舞（解曲線） $y_2 = \frac{dy_1}{dx}$ だから，x–y_2 グラフ $[y_2 = \sinh(x)]$ は，x–y_1 グラフ $[y_1 = \cosh(x)]$ の接線の傾きが x の値によってどのように変化するかを表す．x–y_1 グラフは点 $(0, 1)$ を通り，x–y_2 グラフは点 $(0, 0)$ を通るから，初期条件をみたしていることが確認できる．

Stop!
x–y_1 平面で点 $(0, 1)$ を通るが，この点からどの方向に向かうかを決めないと，点 $(0, 1)$ につなぐ点が無数にあり得る．この方向は，接線の傾き $\frac{dy_1}{dx}$ の値で表す．
点 $(0, 1)$ を通る曲線は無数に存在するから，1 本を選ぶために初期条件を課す（例題 0.5）．
図 5.7 から，x の値ごとに点 (y_1, y_2) が決まるから，図 5.8 の位相軌道は 1 本である．
藤田広一：『非線形問題』（コロナ社，1978）．

◀ x の値が正のとき，x–y_1 グラフの各点で接線は右上がりだから，$y_2 > 0$ である．
x の値が負のとき，x–y_1 グラフの各点で接線は右下がりだから，$y_2 < 0$ である．

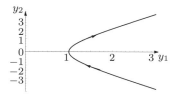

図 5.8 位相軌道 図 5.7 と比べると，y_2 はつねに増加するが，$x < 0$ の範囲で y_1 は減少し，$0 \leq x$ の範囲で y_1 は増加する．解は初期位置 $(1, 0)$ を通り，双曲線上で矢印の向きに変化する．

◀ 本節のノート：円関数と双曲線関数を参照．

Stop! $\cosh(x) = \dfrac{e^x + e^{-x}}{2}$, $\sinh(x) = \dfrac{e^x - e^{-x}}{2}$ を双曲線関数といい，

$$\{\cosh(x)\}^2 - \{\sinh(x)\}^2 = 1$$

である．$\cosh$ をハイパボリックコサイン，$\sinh$ をハイパボリックサインと読む．
$\cos(x) = \dfrac{e^{ix} + e^{-ix}}{2}$, $\sin(x) = \dfrac{e^{ix} - e^{-ix}}{2i}$ を円関数といい，

$$\{\cos(x)\}^2 + \{\sin(x)\}^2 = 1$$

である．

◀ $\sin(\ )$ は関数 $f(\ )$ で f が $\sin$ の場合を表す．他も同様．土屋善文：『x の x 乗のはなし』（日本評論社，2002) p.44 によると，括弧を略して書く流儀もある．

■ モデル ■ 図 5.9 のようになめらかな水平面上で 1 本のばねに質量 m のおもりを付けて，水平方向にばねを振動させる．x 軸の正の向きは水平右向きであり，ばねが自然長のときのおもりの位置を原点とする．時刻 $t = 0$ s のとき，おもりの位置は $x = x_0$，速度は $v = v_0$ である．

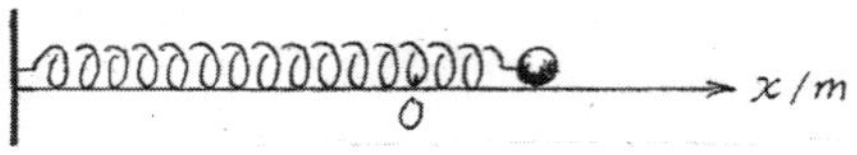

図 5.9　ばねによる振動

(問) 時刻 t のときのおもりの位置 x，速度 v と周期 T を求めよ．

(解) おもりには水平方向に $-kx$ [(ばね定数)×(自然長からのおもりの変位)] で表せる力がばねからはたらく．おもりの運動量 (質量×速度) という勢いが次第に変化するのは，時間をかけて力がおもりにはたらくからである．この因果律 (原因と結果との間の関係) は

$$d(mv) = -kx\,dt$$

と表せる．速度 v は単位時間当りの位置 x の変化分だから

$$v = \frac{dx}{dt}$$

である．これらの常微分方程式の組 (連立常微分方程式) を解く．

第 1 式の両辺を dt で割ると

$$\text{運動方程式}: m\frac{dv}{dt} = -kx$$

となる．第 2 式の両辺を t で微分すると

$$\frac{dv}{dt} = \frac{d^2x}{dt^2}$$

だから，第 1 式は

$$\text{運動方程式}: m\frac{d^2x}{dt^2} = -kx$$

となり，$\omega^2 = \dfrac{k}{m}$ (正の一定量) とおくと，定数係数 2 階斉次線型常微分方程式

$$\frac{d^2x}{dt^2} = -\omega^2 x$$

を得る．$x = e^{\lambda t}x_0$ (x_0 の単位量は m) と仮定すると，この微分方程式は

$$\lambda^2 e^{\lambda t}x_0 = -\omega^2 e^{\lambda t}x_0$$

となるから，両辺を x_0 で割って

$$(\lambda^2 + \omega^2)e^{\lambda t} = 0 \text{ s}^{-2}$$

をみたす λ を求める．$e^{\lambda t} \neq 0$ だから $(\lambda + i\omega)(\lambda - i\omega) = 0$ s^{-2} を解くと

$$\lambda_1 = i\omega, \quad \lambda_2 = -i\omega$$

を得る．$e^{i\omega t}, e^{-i\omega t}$ は，この微分方程式の解である．これらの解の線型結合は

$$x = e^{i\omega t}c_1 + e^{-i\omega t}c_2,$$
$$v = i\omega(e^{i\omega t}c_1 - e^{-i\omega t}c_2)$$

である．

◀ 小林幸夫:『力学ステーション』(森北出版, 2002) pp.156–159.

◀ 周期：1 周する時間 (往復時間)

◀ $k > 0$ N/m だから $x > 0$ m のとき $-kx < 0$ N (負の向きの力)，$x < 0$ m のとき $-kx > 0$ N (正の向きの力)．

◀ 速度の定義

◀ 運動方程式
質量×加速度＝力
　左辺：結果
　右辺：原因
外界から物体に力がはたらいたから (原因)，物体の速度が変化する (結果)．加速度は速度の単位時間当りの変化分である．

$\dfrac{dx}{dt}$ (t は時間) を $\dot{x}$ と表して「エックス・ドット」と読む．
$\dfrac{d^2x}{dt^2}$ (t は時間) を $\ddot{x}$ と表して「エックス・ツー・ドット」と読む．

◀ $\dfrac{d^2x}{dt^2} = -\omega^2 x$ だから，$\lambda^2 x, \omega^2 x$ の単位は加速度 $\dfrac{d^2x}{dt^2}$ の単位 m s^{-2}，λ^2, ω^2 の単位は s^{-2} である．$x = x_0 e^{\lambda t}$ の x, x_0 の単位は m，e^λ の単位は x/x_0 の単位だから m/m($=1$) である．

おもりの質量を 0.001 kg、ばね定数を 40 N/m とすると $\omega = \sqrt{\dfrac{k}{m}} = 2 \times 10^2 \text{ s}^{-1}$ である。初期条件で c_1, c_2 の値を決める。ばねを自然長から 0.04 m 伸ばして、おもりを静かに手放す場合、$x_0 = 0.04$ m、$v_0 = 0$ m/s である。

$$\begin{cases} c_1 + c_2 = 0.04 \text{ m}, \\ c_1 - c_2 = 0 \text{ m} \end{cases}$$

を解くと、$c_1 = 0.02$ m、$c_2 = 0.02$ m を得る。Euler の関係式を使って整理すると

$$\begin{aligned}
x &= 0.02 \text{ m } (e^{i\omega t} + e^{-i\omega t}) \\
&= 0.02 \text{ m} \times 2\cos(\omega t) \\
&= \{4 \times 10^{-2} \ \cos(2 \times 10^2 \text{ s}^{-1} \ t)\} \text{ m}, \\
v &= \frac{d\{4 \times 10^{-2} \text{ m } \cos(2 \times 10^2 \text{ s}^{-1} \ t)\}}{dt} \\
&= 4 \times 10^{-2} \text{ m } \frac{d\{\cos(2 \times 10^2 \text{ s}^{-1} \ t)\}}{d(2 \times 10^2 \text{ s}^{-1} \ t)} \frac{d(2 \times 10^2 \text{ s}^{-1} \ t)}{dt} \\
&= \{-8 \ \sin(2 \times 10^2 \text{ s}^{-1} \ t)\} \text{ m/s}
\end{aligned}$$

になる (図 **5.10**)。1 周する時間は、$\omega T = 2\pi$ から $T = \dfrac{2\pi}{\omega} = 3.14 \times 10^{-2}$ s である。

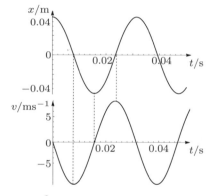

図 5.10 解の振舞 (解曲線) $\dfrac{d^2x}{dt^2} = -\omega^2 x$ の解曲線は x–t グラフで表せる。伸び (縮み) が最大のとき、おもりが折り返すから速度は 0 m/s である。おもりが原点を通るとき、速度が最大である。

基本解の選び方 Euler の関係式を使うと、$a = c_1 + c_2$、$b = i(c_1 - c_2)$ とおいて

$$\begin{aligned}
x &= \{\cos(\omega t) + i\sin(\omega t)\}c_1 + \{\cos(\omega t) - i\sin(\omega t)\}c_2 \\
&= \{\cos(\omega t)\}a + \{\sin(\omega t)\}b, \\
v &= \frac{d[\{\cos(\omega t)\}a + \{\sin(\omega t)\}b]}{dt} \\
&= -\omega[\{\sin(\omega t)\}a - \{\cos(\omega t)\}b]
\end{aligned}$$

と表せるから、基本解は $e^{i\omega t}$、$e^{-i\omega t}$ の代わりに $\cos(\omega t)$、$\sin(\omega t)$ を選んでもいい。

a, b の値は、c_1, c_2 の値よりも簡単に求まる。$t = 0$ s のとき $x = a$ だから $a = 0.04$ m、$v = 0$ m/s だから $\omega b = 0$ m/s。$\omega \neq 0$ s^{-1} だから $b = 0$ m。$\omega = 2 \times 10^2$ s^{-1}、$\omega a = -8$ m/s だから

$$\begin{aligned}
x &= \{4 \times 10^{-2} \cos(2 \times 10^2 \text{ s}^{-1} \ t)\} \text{ m}, \\
v &= \{-8 \ \sin(2 \times 10^2 \text{ s}^{-1} \ t)\} \text{ m/s}.
\end{aligned}$$

別の見方 $mdv = -kx dt$ と $v = \dfrac{dx}{dt}$ とを辺々掛けると

$$mvdv = -kxdt\frac{dx}{dt}$$

◀ $xdt\dfrac{dx}{dt} = xdx$.

になる．vdv, xdx に着目すると $\dfrac{d(v^2)}{dv} = 2v$, $\dfrac{d(x^2)}{dx} = 2x$ が思い出せる．分母 dv, dx を払って $\dfrac{1}{2}$ を掛けると

$$\frac{1}{2}d(v^2) = vdv, \quad \frac{1}{2}d(x^2) = xdx$$

になるから

$$d\left(\frac{1}{2}mv^2\right) = -d\left(\frac{1}{2}kx^2\right)$$

に書き換えることができる．右辺を左辺に移項すると

$$d\left(\frac{1}{2}mv^2 + \frac{1}{2}kx^2\right) = 0 \text{ J}.$$

◀ kx^2 の単位
$$\underbrace{\frac{\text{N}}{\text{m}}}_{k}\underbrace{\text{m}^2}_{x^2} = \text{N m}$$
$$= \text{J}.$$

式の読解 $d\left(\dfrac{1}{2}mv^2\right) = -d\left(\dfrac{1}{2}kx^2\right)$ を物理のことばに翻訳すると「おもりの運動エネルギー $\dfrac{1}{2}mv^2$ が変化する (結果) のは，ばねからおもりにはたらく力 $-kx$ がおもりに $-kxdx$ だけ仕事をするから (原因) である 」という因果律を読み取ることができる．

$d\left(\dfrac{1}{2}mv^2 + \dfrac{1}{2}kx^2\right) = 0$ J は「おもりの運動エネルギー (おもりの運動の勢い) $\dfrac{1}{2}mv^2$ とばねのポテンシャル (ばねが貯えている勢い) $\dfrac{1}{2}kx^2$ との合計が一定である」という力学的エネルギー保存則を表す．$E = \dfrac{1}{2}mv_0{}^2 + \dfrac{1}{2}kx_0{}^2$ (正の一定量) とおくと，

$$\frac{1}{2}mv^2 + \frac{1}{2}kx^2 = E \quad (\text{初期条件「} x = x_0 \text{ のとき } v = v_0 \text{」})$$

◀ ばねのポテンシャルは，おもりがばねから取り出せる勢いだから，おもりの位置エネルギーということもある．
小林幸夫：『力学ステーション』(森北出版, 2002) p. 160.

である．したがって，

$$\text{円の方程式}: \left(\sqrt{\frac{m}{2}}v\right)^2 + \left(\sqrt{\frac{k}{2}}x\right)^2 = (\sqrt{E})^2.$$

$$\int_{\frac{1}{2}mv_0{}^2}^{\frac{1}{2}mV^2} d\left(\frac{1}{2}mv^2\right) = -\int_{\frac{1}{2}kx_0{}^2}^{\frac{1}{2}kX^2} d\left(\frac{1}{2}kx^2\right)$$

$\frac{1}{2}kx^2$	$\frac{1}{2}kx_0{}^2 \to \frac{1}{2}kX^2$
$\frac{1}{2}mv^2$	$\frac{1}{2}mv_0{}^2 \to \frac{1}{2}mV^2$

◀ $\dfrac{v^2}{\left(\sqrt{\dfrac{2E}{m}}\right)^2} + \dfrac{x^2}{\left(\sqrt{\dfrac{2E}{k}}\right)^2}$
$= 1$ (楕円の方程式) と表すこともできる．

のように積分した式を書き換えても $\dfrac{1}{2}mv^2 + \dfrac{1}{2}kx^2 = E$ [円 (楕円) の方程式] を得る (図 5.11)．

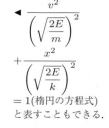

図 5.11 位相軌道 $v > 0$ m/s (おもりが水平右向きに運動) の場合，グラフの上半分．$v < 0$ m/s (おもりが水平左向きに運動) の場合，下半分．$x = \sqrt{E}$ で静かに ($v = 0$ m/s) おもりを手放すと，おもりは負の向き ($v < 0$ m/s) に運動し，$x = -\sqrt{E}$ に達してから正の向き ($v > 0$ m/s) に運動するから，解は位相軌道に沿って時計の針と同じ向きに動く．$x = -\sqrt{E}$ で静かにおもりを手放すと，解は時計の針と同じ向きに動く．たて軸，よこ軸に数値を記入しないので，単位を省いてある．

◀ 例題 5.1 (モデル) と同じ考え方

◀ 計算練習【1.1】．

参考 「位」は位置 x，「相」は運動状態の意味で速度 v を表す．齋藤利弥：『力学系入門』(朝倉書店，1972) に「位相空間という言葉は，数学用語では topology space の意味に使われるのが慣例であるので，混同を防ぐために，最近ではもっぱら相空間という言葉の

ほうが使われている」という記述がある．江沢洋：『よくわかる力学』(東京図書，1991) p. 143 では「位相という言葉は，数学でいうトポロジーのためにとっておきたい」と注意している．

ノート：円関数と双曲線関数

円関数 $\cos x = \underbrace{\dfrac{e^{ix} + e^{-ix}}{2}}_{\text{偶関数}}$, $\sin x = \underbrace{\dfrac{e^{ix} - e^{-ix}}{2i}}_{\text{奇関数}}$． (例題 5.2)

$X = \cos x, Y = \sin x$ とおくと $X^2 + Y^2 = 1$ (円の方程式)．

双曲線関数 $\cosh x = \underbrace{\dfrac{e^{x} + e^{-x}}{2}}_{\text{偶関数}}$, $\sinh x = \underbrace{\dfrac{e^{x} - e^{-x}}{2}}_{\text{奇関数}}$． (例題 5.2 の類題)

$X = \cosh x, Y = \sinh x$ とおくと $X^2 - Y^2 = 1$ (双曲線の方程式)．

$e^{\pm ix} = \underbrace{\cos x}_{\text{偶関数}} \pm i\underbrace{\sin x}_{\text{奇関数}}$ (複号同順)，$e^{\pm x} = \underbrace{\cosh x}_{\text{偶関数}} \pm \underbrace{\sinh x}_{\text{奇関数}}$ (複号同順)．

$\cos x = \cosh(ix),\ i\sin x = \sinh(ix),\ \cos(ix) = \cosh x,\ \sin(ix) = i\sinh x$

からわかるように，双曲線関数は実質的に円関数である．

$$\begin{aligned}\dfrac{d(\cos x)}{dx} &= \dfrac{1}{2}\left\{\dfrac{d(e^{ix})}{dx} + \dfrac{d(e^{-ix})}{dx}\right\} \\ &= \dfrac{ie^{ix} - ie^{-ix}}{2} \\ &= \dfrac{i^2(e^{ix} - e^{-ix})}{2i} \\ &= -\sin x \ (\text{負号が付く}).\end{aligned}$$

$$\begin{aligned}\dfrac{d(\sin x)}{dx} &= \dfrac{1}{2i}\left\{\dfrac{d(e^{ix})}{dx} - \dfrac{d(e^{-ix})}{dx}\right\} \\ &= \dfrac{ie^{ix} - (-1)e^{-ix}}{2i} \\ &= \dfrac{e^{ix} + e^{-ix}}{2} \\ &= \cos x \ (\text{負号は付かない}).\end{aligned}$$

$$\begin{aligned}\dfrac{d(\cosh x)}{dx} &= \dfrac{1}{2}\left\{\dfrac{d(e^{x})}{dx} + \dfrac{d(e^{-x})}{dx}\right\} \\ &= \dfrac{e^{x} - e^{-x}}{2} \\ &= \sinh x \ (\text{負号は付かない}).\end{aligned}$$

$$\begin{aligned}\dfrac{d(\sinh x)}{dx} &= \dfrac{1}{2}\left\{\dfrac{d(e^{x})}{dx} - \dfrac{d(e^{-x})}{dx}\right\} \\ &= \dfrac{e^{x} + e^{-x}}{2} \\ &= \cosh x \ (\text{負号は付かない}).\end{aligned}$$

◀ (例)
$\cos i = \dfrac{e + e^{-1}}{2}$
$\sin i = i\dfrac{e - e^{-1}}{2}$

◀ 読み方
cosh
　ハイパボリック
　コサイン
sinh
　ハイパボリック
　サイン

ノート：線型結合（線型代数との結びつき 1）

● 線型代数で，線型結合を「ベクトルのスカラー倍の和」として理解した．図 **5.12** のように，x_1 軸，x_2 軸方向の基本ベクトル (特定の幾何ベクトル) の組 $<\vec{e_1}, \vec{e_2}>$ を基底として選ぶと，x_1x_2 平面内の任意の位置 $\vec{c}$ は線型結合 $\vec{e_1}c_1 + \vec{e_2}c_2$ で表せる．
● 微分方程式では，線型結合は「関数 (基本解を表す) のスカラー倍の和」である．任意の解は基本解 (特定の関数) の線型結合で表せ，基本解の集合を**基底**という．

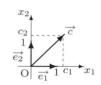

図 **5.12** 幾何ベクトル $\vec{e_1}$ は $\vec{e_2}$ と方向が異なるので，$\vec{e_2}$ を何倍しても $\vec{e_1}$ にならない．$\vec{e_1}$ と $\vec{e_2}$ とは線型独立である．

ノート：線型独立・線型従属（線型代数との結びつき 2）

線型独立：関数が $\varphi_n = \varphi_1 s_1 + \varphi_2 s_2 + \cdots + \varphi_{n-1} s_{n-1}$ と表せないとき「関数 $\varphi_1, \varphi_2, \ldots, \varphi_n$ は線型独立である」という．

$\varphi_1 s_1 + \varphi_2 s_2 + \cdots + \varphi_n s_n = 0$ のとき $s_1 = s_2 = \cdots = s_n = 0$．

(例) $\varphi_1 = \sin(\ ), \varphi_2 = \cos(\ )$ は $\varphi_1 = \varphi_2 s$ (s は定数) をみたさない．

線型従属：関数が $\varphi_n = \varphi_1 s_1 + \varphi_2 s_2 + \cdots + \varphi_{n-1} s_{n-1}$ と表せるとき「関数 $\varphi_1, \varphi_2, \ldots, \varphi_n$ は線型従属である」という．

$\varphi_1 s_1 + \varphi_2 s_2 + \cdots + \varphi_n s_n = 0$ をみたし，同時に 0 でない $s_1, s_2, \ldots, s_n$ の組が存在する．

例 $\varphi_1 = e^{i(\ )}$, $\varphi_2 = e^{-i(\ )}$, $\varphi_3 = \cos(\ )$ は $\cos(\ ) = \dfrac{e^{i(\ )} + e^{-i(\ )}}{2}$ をみたす．$\cos(\ )$ は $e^{i(\ )}$ と $e^{-i(\ )}$ とで表せるから，関数 $\varphi_1, \varphi_2, \varphi_3$ は線型独立ではない．

◀ 小林幸夫：『線型代数の発想』(現代数学社，2008) p.27, p.62, p.66, pp.202–205. 図 5.2 で $\vec{c}, \vec{e_1}, \vec{e_2}$ は線型従属である．$\vec{c}, \vec{e_1}$ は線型独立, $\vec{c}, \vec{e_2}$ は線型独立, $\vec{e_2}, \vec{e_1}$ は線型独立である．

ノート：解空間 (線型代数との結びつき 3)

● 3元1次方程式 $1x_1 + 1x_2 + 1x_3 = 0$ の任意の解は，線型独立な数ベクトルの線型結合で $\begin{pmatrix} x_1 \\ x_2 \\ x_3 \end{pmatrix} = \begin{pmatrix} -1 \\ 1 \\ 0 \end{pmatrix} t_1 + \begin{pmatrix} -1 \\ 0 \\ 1 \end{pmatrix} t_2$ (ベクトル記号 $\boldsymbol{x} = \boldsymbol{d}_1 t_1 + \boldsymbol{d}_2 t_2$) のように表せる ($t_1, t_2$ はどんな値の実数でもいい)．

線型性
(i) 解どうしの和も解である：
$(\boldsymbol{d}_1 a_1 + \boldsymbol{d}_2 a_2) + (\boldsymbol{d}_1 b_1 + \boldsymbol{d}_2 b_2) = \boldsymbol{d}_1(a_1 + b_1) + \boldsymbol{d}_2(a_2 + b_2)$.
(ii) 解のスカラー倍も解である：$(\boldsymbol{d}_1 a_1 + \boldsymbol{d}_2 a_2)c = \boldsymbol{d}_1 a_1 c + \boldsymbol{d}_2 a_2 c$.

$1x_1 + 1x_2 + 1x_3 = 0$ の解の全体からできる集合 (解空間) は $<\boldsymbol{d}_1, \boldsymbol{d}_2>$ を基底とする **2次元線型空間** (加法とスカラー倍とが自由にできる集合) である．
次元は，基底 (線型独立な数ベクトル) の個数 (座標は t_1, t_2 の2個) を表す．

● 定数係数2階斉次線型常微分方程式 $\dfrac{d^2 x}{dt^2} + \omega^2 x = 0$ の任意の解は，線型独立な解の線型結合で $x = e^{i\omega t} c_1 + e^{-i\omega t} c_2$ $[x = \{\cos(\omega t)\}a + \{\sin(\omega t)\}b]$ と表せる．

線型性 [(i), (ii) と同じ性質]

重ね合わせの原理 (例題 5.2) が成り立つから，$\dfrac{d^2 x}{dt^2} + \omega^2 x = 0$ の解の全体からできる集合 (解空間) は $<e^{i\omega t}, e^{-i\omega t}>$ または $<\cos(\omega t), \sin(\omega t)>$ を基底とする **2次元線型空間**である．

◀ $\varphi_n = \varphi_1 s_1 + \varphi_2 s_2 + \cdots + \varphi_{n-1} s_{n-1}$ を $\varphi_1 s_1 + \varphi_2 s_2 + \cdots + \varphi_{n-1} s_{n-1} + \varphi_n(-1) = 0$ に書き換えると，$s_n = -1 \neq 0$ であることがわかる．

◀ 1次結合, 1次独立, 1次従属ともいうが, n 次結合, n 次独立, n 次従属という用語はない.

◀ 小林幸夫：『線型代数の発想』(現代数学社，2008) p.192, pp.215–221.

■ 微分演算子

定数係数高階斉次線型常微分方程式の線型独立な解を求める方法について，微分演算子 (3.1 節) の観点から整理すると理解しやすい．

数直線 $\boldsymbol{R}$ で n 階微分できて連続な関数 f に対して，関数から導関数をつくる操作 (はたらき) を表す記号 $\dfrac{d}{dx}$ の代わりに D を使う．n 階導関数をつくる操作を D^n と表し，$D^0, D^1, D^2, \ldots, D^n$ を

$$D^0 f = f, \ D^1 f = f', D^2 f = D(Df) = f'', \ldots, D^n f = f^{(n)}$$

と定義する．

$F(D) = D^n + p_1 D^{n-1} + p_2 D^{n-2} + \cdots + p_{n-1} D + p_n$ (一般に定数 $p_1, p_2, \ldots, p_n$ と関数の値とは複素数の範囲) のとき

$$\begin{aligned} F(D)e^{\lambda x} &= (D^n + p_1 D^{n-1} + p_2 D^{n-2} + \cdots + p_{n-1} D + p_n)e^{\lambda x} \\ &= D^n(e^{\lambda x}) + p_1 D^{n-1}(e^{\lambda x}) + p_2 D^{n-2}(e^{\lambda x}) + \cdots + p_{n-1} D(e^{\lambda x}) + p_n e^{\lambda x} \\ &= \lambda^n e^{\lambda x} + p_1 \lambda^{n-1} e^{\lambda x} + p_2 \lambda^{n-2} e^{\lambda x} + \cdots + p_{n-1} \lambda e^{\lambda x} + p_n e^{\lambda x} \\ &= (\lambda^n + p_1 \lambda^{n-1} + p_2 \lambda^{n-2} + \cdots + p_{n-1} \lambda + p_n) e^{\lambda x} \\ &= F(\lambda) e^{\lambda x} \end{aligned}$$

だから，D の多項式で表せる微分演算子 $F(D)$ は記号 D を変数 λ でおきかえると，特性方程式 (λ に関する n 次多項式) になる．λ を D でおきかえると，λ に関

◀ 問 5.6, 問 5.7.

◀ $\boldsymbol{R}$ は実数の集合を表す．

◀ $D^1 = D$ である．

◀ D^0 は書かないことが多いが, $D^0 = 1$ だから 1 と書くこともある．

する多項式から微分演算子を得る.

微分演算子の間の加法・減法・乗法

和 $F(D)+G(D)$ の定義： $[F(D)+G(D)]f = F(D)f + G(D)f$
差 $F(D)-G(D)$ の定義： $[F(D)-G(D)]f = F(D)f - G(D)f$
積 $F(D)G(D)$ の定義： $[F(D)G(D)]f = F(D)[G(D)f]$

- D は変数ではないが，これらの演算に関して，多項式と同じように扱える.
  関数 f に二つの微分演算子をつづけて施すとき

$$F(D)G(D) = G(D)F(D)$$

のように順序に関係ない.

- $(D-\lambda)^n = (D-\lambda)(D-\lambda)\cdots(D-\lambda)$ とする.

2階線型微分演算子 ◂ 3.1節.

$$L = \frac{d^2}{dx^2} + p(x)\frac{d}{dx} + q(x)$$

◂ $\dfrac{d^2}{dx^2} = \dfrac{d}{dx}\dfrac{d}{dx}$ だから $\left(\dfrac{d}{dx}\right)^2$ と表すこともできる.

を2階線型微分演算子という.

$$\frac{d^2y}{dx^2} + p(x)\frac{dy}{dx} + q(x)y = 0$$

を $L(y) = 0$ のように簡単に表せる.

問 5.5 つぎの線型1階常微分方程式を微分演算子で表せ.
(1) $y = e^{\lambda x}$ がみたす $\dfrac{dy}{dx} = \lambda y$. (2) $y = xe^{\lambda x}$ がみたす $\dfrac{dy}{dx} = \lambda y + e^{\lambda x}$.

◂ $\dfrac{dy}{dx} = -p(x)y + q(x)$ (3.1節).
(1) $p(x) = -\lambda$, $q(x) = 0$.
(2) $p(x) = -\lambda$, $q(x) = e^{\lambda x}$.

【解説】 $\dfrac{d(e^{\lambda x})}{dx} = \lambda e^{\lambda x}$ だから $y = e^{\lambda x}$ は $\dfrac{dy}{dx} = \lambda y$ をみたす.

$$\frac{d(\overbrace{xe^{\lambda x}}^{y})}{dx} = x\frac{d(e^{\lambda x})}{dx} + \frac{dx}{dx}e^{\lambda x}$$ ◂ 積の微分 (3.2節, 問3.3).
$$= \lambda \underbrace{xe^{\lambda x}}_{y} + e^{\lambda x}$$ ◂ $\dfrac{d(e^{\lambda x})}{dx} = \lambda e^{\lambda x}, \dfrac{dx}{dx} = 1.$

だから $y = xe^{\lambda x}$ は $\dfrac{dy}{dx} = \lambda y + e^{\lambda x}$ をみたす.

(1) $(D-\lambda)y = 0$ (斉次方程式) (2) $(D-\lambda)y = e^{\lambda x}$ (非斉次方程式)

◎ 何がわかったか $\dfrac{d(xe^{\lambda x})}{dx} = x\dfrac{d(e^{\lambda x})}{dx} + e^{\lambda x}$ を微分演算子で

$$D(xe^{\lambda x}) = xD(e^{\lambda x}) + e^{\lambda x}Dx$$

と表し,

$$D(xe^{\lambda x}) = \lambda xe^{\lambda x} + e^{\lambda x}$$ ◂ $D(e^{\lambda x}) = \lambda e^{\lambda x}, Dx = 1.$

を整理すると

$$(D-\lambda)(xe^{\lambda x}) = e^{\lambda x}$$

となる.

問 5.6 つぎの定数係数 2 階斉次線型常微分方程式を微分演算子の 1 次因数の積の形で表せ.

(1) $\dfrac{d^2y}{dx^2} - 2\dfrac{dy}{dx} + 3y = 0.$ (2) $\dfrac{d^2y}{dx^2} - 4\dfrac{dy}{dx} + 4y = 0.$ (3) $\dfrac{d^2y}{dx^2} - 3\dfrac{dy}{dx} + 2y = 0.$

◀ 右辺は定数関数の値が 0 であることを表す. 曲線上の各点で接線の傾き $\dfrac{dy}{dx}$ の値を y', 傾きの変化の割合 $\dfrac{d^2y}{dx^2}$ を y'' と表す.
関数 $f: x \mapsto y$
導関数 $f': x \mapsto y'$
2 階導関数
$\qquad f'': x \mapsto y''$
関数値が 0 の定数関数を O と表す.
$(f'' - 2f' + 3f)(\ )$
$= O(\ )$
導関数について, 0.3 節.

【解説】微分演算子を $F(D) = (D - \lambda_1)(D - \lambda_2)\cdots(D - \lambda_n)$ の形に書く.
λ に関する多項式 (特性方程式) から微分演算子を得るから, $y = e^{\lambda x}$ を微分方程式に代入する.

(1) $(\lambda^2 - 2\lambda + 3)e^{\lambda x} = 0.$ $e^{\lambda x} \neq 0$ だから, 特性方程式 $\lambda^2 - 2\lambda + 3 = 0$ を解くと, $\lambda_1 = 1 + \sqrt{2}i$, $\lambda_2 = 1 - \sqrt{2}i$ (共役虚解) を得る. 特性方程式 $\{\lambda - (1 + \sqrt{2}i)\}\{\lambda - (1 - \sqrt{2}i)\} = 0$ の λ を D でおきかえた微分演算子を使うと

$$\{D - (1 + \sqrt{2}i)\}\{D - (1 - \sqrt{2}i)\}y = 0$$

となる.

(2) $(\lambda^2 - 4\lambda + 4)e^{\lambda x} = 0.$ $e^{\lambda x} \neq 0$ だから, 特性方程式 $(\lambda - 2)^2 = 0$ を解くと, $\lambda = 2$ (重解) を得る. 特性方程式の λ を D でおきかえた微分演算子を使うと

$$(D - 2)^2 y = 0$$

となる.

(3) $(\lambda^2 - 3\lambda + 2)e^{\lambda x}y = 0.$ $e^{\lambda x} \neq 0$ だから, 特性方程式 $\lambda^2 - 3\lambda + 2 = 0$ を解くと, $\lambda_1 = 1$, $\lambda_2 = 2$ (異なる実数解) を得る. 特性方程式 $(\lambda - 1)(\lambda - 2) = 0$ の λ を D でおきかえた微分演算子を使うと

$$(D - 1)(D - 2)y = 0$$

となる.

問 5.7 問 5.6 の定数係数 2 階斉次線型常微分方程式の解の基底と基本解の線型結合とを求めよ.

【解説】問 5.6 の特性方程式が互いに異なる解 λ_1, λ_2 を持つと, 微分方程式の互いに異なる解 $e^{\lambda_1 x}, e^{\lambda_2 x}$ を得る.
任意の解は基本解の線型結合 $e^{\lambda_1 x}c_1 + e^{\lambda_2 x}c_2$ である. 定数 c_1, c_2 の値は, 例題 5.2 の手順 3 と同様に 2 個の初期条件を課して決める.

(1) 解の組 $< e^{(1+\sqrt{2}i)x}, e^{(1-\sqrt{2}i)x} >$ が線型独立かどうかを確かめる. 定数 s_1, s_2 に対して, $e^{(1+\sqrt{2}i)x}s_1 + e^{(1-\sqrt{2}i)x}s_2 = 0$ $(x \in \boldsymbol{R})$ とする. $e^{(1+\sqrt{2}i)x} \neq 0$ だから, $s_1 + e^{-2\sqrt{2}ix}s_2 = 0$ である. 両辺を x で微分すると, $-2\sqrt{2}ie^{-2\sqrt{2}ix}s_2 = 0$ となる. $e^{-2\sqrt{2}ix} \neq 0$ だから $s_2 = 0$. したがって, $s_1 = 0$.
$e^{(1+\sqrt{2}i)x}s_1 + e^{(1-\sqrt{2}i)x}s_2 = 0$ のとき $s_1 = 0, s_2 = 0$ だから, 解の組は線型独立である.
　　解の基底 $< e^{(1+\sqrt{2}i)x}, e^{(1-\sqrt{2}i)x} >$,
　　基本解の線型結合 $y = e^{(1+\sqrt{2}i)x}c_1 + e^{(1-\sqrt{2}i)x}c_2$.

◀ $e^{(1+\sqrt{2}i)x}s_1 + e^{(1-\sqrt{2}i)x}s_2$
$= e^{(1+\sqrt{2}i)x} \times (s_1 + e^{-2\sqrt{2}ix}s_2).$

◀ 基本解
$e^{(1+\sqrt{2}i)x}$,
$e^{(1-\sqrt{2}i)x}$.

(2) $(D - 2)^2 e^{2x} = 0$ だから e^{2x} は $(D - 2)^2 y = 0$ をみたす.
問 5.5 (2) から $(D - 2)(xe^{2x}) = e^{2x}$, 問 5.5 (1) から $(D - 2)e^{2x} = 0$.

$$(D - 2)\overbrace{(D - 2)(xe^{2x})}^{e^{2x}} = (D - 2)e^{2x} = 0$$

だから xe^{2x} も $(D - 2)^2 y = 0$ をみたす.

5.2 高階斉次線型常微分方程式

解の組 $<e^{2x}, xe^{2x}>$ が線型独立かどうかを確かめる. 定数 s_1, s_2 に対して, $e^{2x}s_1 + xe^{2x}s_2 = 0$ ($x \in \mathbf{R}$) とする. $e^{2x} \neq 0$ だから, $s_1 + xs_2 = 0$ である. 両辺を x で微分すると, $s_2 = 0$ となる. したがって, $s_1 = 0$.

◂ $e^{2x}s_1 + xe^{2x}s_2$
$= e^{2x}(s_1 + xs_2)$.

$e^{2x}s_1 + xe^{2x}s_2 = 0$ のとき $s_1 = 0, s_2 = 0$ だから, 解の組は線型独立である.

解の基底 $<e^{2x}, xe^{2x}>$,

◂ 基本解
e^{2x}, xe^{2x}.

基本解の線型結合 $y = e^{2x}c_1 + xe^{2x}c_2$.

$\boxed{\text{Stop!}}$ 定数係数 2 階斉次線型常微分方程式 [独立変数 x, 未知関数の値 (従属変数) y] $\dfrac{d^2y}{dx^2} - 4\dfrac{dy}{dx} + 4y = 0$ は斉次連立 1 階線型常微分方程式 [独立変数 x, 未知関数の値 (従属変数) y, v]

$$\begin{cases} \dfrac{dy}{dx} = v, \\ \dfrac{dv}{dt} = 4v - 4y \end{cases}$$

に書き換えることができる. この連立常微分方程式を解くとき, 例題 5.1 と同様に, 二つの初期条件「$x = x_0$ のとき $y = y_{01}$」「$x = x_0$ のとき $v = y_{02}$」(x_0, y_{01}, y_{02} は定数) を課す. 定数係数 2 階斉次線型常微分方程式 $\dfrac{d^2y}{dx^2} - 4\dfrac{dy}{dx} + 4y = 0$ の任意の解を $y = e^{2x}c$ (c は定数) と表すと $v = e^{2x} \cdot 2c$ だから, 二つの初期条件 $y_{01} = e^{2x_0}c$, $y_{02} = e^{2x_0} \cdot 2c$ を同時にみたす c の値は $y_{02} = 2y_{01}$ の特別の場合でないと求まらない.

◂ $v = \dfrac{dy}{dx}$
$= \dfrac{d(e^{2x}c)}{dx}$
$= \underbrace{\dfrac{d(e^{2x})}{d(2x)}}_{e^{2x}} \underbrace{\dfrac{d(2x)}{dx}}_{2} c.$

(3) 解の組 $<e^x, e^{2x}>$ が線型独立かどうかを確かめる. 定数 s_1, s_2 に対して, $e^x s_1 + e^{2x}s_2 = 0$ ($x \in \mathbf{R}$) とする. $e^x \neq 0$ だから, $s_1 + e^x s_2 = 0$ である. 両辺を x で微分すると, $e^x s_2 = 0$ となる. $e^x \neq 0$ だから $s_2 = 0$. したがって, $s_1 = 0$.

◂ $e^x s_1 + e^{2x}s_2$
$= e^x \times (s_1 + e^x s_2)$.

$e^x s_1 + e^{2x}s_2 = 0$ のとき $s_1 = 0, s_2 = 0$ だから, 解の組は線型独立である.

解の基底 $<e^x, e^{2x}>$,

◂ 基本解 e^x, e^{2x}.

基本解の線型結合 $y = e^x c_1 + e^{2x}c_2$.

$\boxed{\text{Stop!}}$ 問 5.5 (2) から $(D-2)(xe^{2x}) = e^{2x}$ であるが, $(D-1)e^{2x} \neq 0$ だから $(D-1)(D-2)(xe^{2x}) \neq 0$ であり, (3) の解は (2) とちがって xe^{2x} ではない.

◂ $(D-1)e^{2x}$
$= 2e^{2x} + e^{2x}$
$= 3e^{2x} \neq 0$.

例題 5.2 の微分方程式は二面相であり, どちらの姿も線型代数と密接に結びついている. あとの筋書きでは, 行列式とマトリックスとが重要な役割を担う.

◂ 二面相とは,
図 5.10, 図 5.11 を指す.

(i) 2 階斉次線型常微分方程式 [独立変数 x, 未知関数の値 (従属変数) y]

$$\dfrac{d^2y}{dx^2} + y = 0$$

の姿から, 解の基底 (線型独立な解の組) が現れる. 重ね合わせの原理で任意の解 (線型独立な解の線型結合) を求めるとき, 線型独立な解の個数が 2 個であれば, 線型結合の係数の値は必ず決まるのか? この判定に行列式が役立つ.

◂ ノート:線型結合,
ノート:線型独立・線型従属,
ノート:解空間
を参照.

◂ 問 5.7 (2).

(ii) 連立 1 階線型常微分方程式 [$y_1 = y, y_2 = \dfrac{dy}{dx}$ とおく. 独立変数 x, 未知関数の値 (従属変数) y_1, y_2]

$$\begin{cases} \dfrac{dy_1}{dx} = y_2, \\ \dfrac{dy_2}{dx} = -y_1 \end{cases}$$

の姿から, 解のベクトル表示が現れる. 相平面 ($y_1 y_2$ 平面) で解ベクトルが特定の位置 (初期条件) からどのように運動するかという見方ができる. 特定の位置とうつり先との関係を, 線型写像の目で見ると, マトリックスが活躍する.

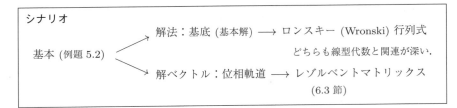

■ 斉次方程式の解の線型独立性と初期値解の一意性

関数 u_1, u_2 が連続で微分可能な x の領域で，2 階斉次線型常微分方程式

$$\frac{d^2 y}{dx^2} + p(x)\frac{dy}{dx} + q(x)y = 0$$

の解であるとき，u_1, u_2 の線型結合 $u = u_1 c_1 + u_2 c_2$ も解である．

$$u(x) = u_1(x)c_1 + u_2(x)c_2$$

を x で微分すると

$$u'(x) = \{u_1'(x)\}c_1 + \{u_2'(x)\}c_2$$

を得る．二つの解が線型独立でないと，解の重ね合わせ (線型結合) によって任意の解をつくることができない．このため，**解の線型独立性の判定法を考える**．数ベクトルにならって，これらの関係式をベクトル関数値 (関数値の組) で

$$\begin{pmatrix} u(x) \\ u'(x) \end{pmatrix} = \begin{pmatrix} u_1(x) \\ u_1'(x) \end{pmatrix} c_1 + \begin{pmatrix} u_2(x) \\ u_2'(x) \end{pmatrix} c_2$$

のように表すと見通しがよくなる (問 5.10)．ここで，二つの問題がある．

問題点は何か

x のあらゆる値に対して (x がどんな値でも)，
(1) $\begin{pmatrix} u_1(x) \\ u_1'(x) \end{pmatrix}$, $\begin{pmatrix} u_2(x) \\ u_2'(x) \end{pmatrix}$ は**線型独立**であるか？
(2) 同じ c_1, c_2 の値の組は**一意に決まる** (1 組だけ存在する) か？

例題 5.2 で，x がどんな値のときでも，同じ c_1, c_2 の値の組を使って，任意の解 (基本解の線型結合) を $y_1 = e^{ix}c_1 + e^{-ix}c_2$ (c_1, c_2 は定数) と表した．2 個の定数 c_1, c_2 の値を決めるために，2 個の初期条件「$x = 0$ のとき $y_1 = 1, \frac{dy_1}{dx} = 0$」を課した．例として，$x = 0$ を選んだだけにすぎない．初期条件で決まった c_1, c_2 の値は，$x \neq 0$ のときも $y_1 = e^{ix}c_1 + e^{-ix}c_2$ に使う．

準備 例題 5.2 のように，c_1, c_2 のみたす 2 元連立 1 次方程式が簡単なとき，視察で c_1, c_2 の値の組が求まる．簡単でない場合のほうが圧倒的に多いから，Cramer の方法 (2 元連立 1 次方程式の解法) を思い出してみる．

感覚をつかめ

式は数学のことばである．式の書き方を工夫すると，新しい見方ができる．
2 元連立 1 次方程式の解のベクトル表示は，点，直線を表し，代数と幾何とが結びつく．2 階斉次線型微分方程式の解 (関数値) のベクトル表示は，数の組を表し，微積分と線型代数とが結びつく．

初期値問題
初期条件をみたす解が存在するかどうかという問題

初期値解
初期値問題の解

解の一意性の問題
解が一つだけに限るかどうかという問題

◂ 「数直線の区間で定義する関数が微分可能」とは「グラフの各点で傾きが求まり，接線が引ける」という意味である (0.2 節)．

◂ $y_1 = y, y_2 = \frac{dy}{dx}$ とおくと，
$$\frac{dy_1}{dx} = y_2,$$
$$\frac{dy_2}{dx} = -q(x)y_1 - p(x)y_2$$
のように，y_1, y_2 についての連立線型常微分方程式で表せるから，$u(x)$ を x で微分したことによって y_2 を求めたことになる．
$$y_1 = u(x),$$
$$y_2 = u'(x).$$

◂ u', u_1', u_2' は，それぞれ関数 u, u_1, u_2 の導関数を表す．
$u(x), u_1'(x), u_2'(x)$ は関数値である (0.3 節)．
$$y = u(x),$$
$$\frac{dy}{dx} = u'(x).$$
連立線型常微分方程式では，$\begin{pmatrix} u(x) \\ u'(x) \end{pmatrix}$ は $\begin{pmatrix} y_1 \\ y_2 \end{pmatrix}$ である．

Stop!
未知数の値を決める方程式の個数は，未知数の個数と等しい．2 個の未定係数 c_1, c_2 の値を決めるために，2 個の初期条件
$$y_1|_{x=0} = 1,$$
$$y_1'|_{x=1} = 0$$
を課す．

5.2 高階斉次線型常微分方程式

問 5.8 つぎの 2 元連立 1 次方程式を，Cramer の方法で解いて，数ベクトルの線型独立性の観点から解の特徴のちがいを答えよ．

(1) $\begin{cases} 3c_1 + 5c_2 = 9, \\ 7c_1 + 2c_2 = -8. \end{cases}$ (2) $\begin{cases} 3c_1 + 9c_2 = 5, \\ 2c_1 + 6c_2 = \dfrac{10}{3}. \end{cases}$

【解説】解を分数で表すとき，分母は係数マトリックスの行列式，分子は定数項と係数とを並べたマトリックスの行列式である．

(1)
$$c_1 = \frac{\begin{vmatrix} 9 & 5 \\ -8 & 2 \end{vmatrix}}{\begin{vmatrix} 3 & 5 \\ 7 & 2 \end{vmatrix}} = -2.$$

$$c_2 = \frac{\begin{vmatrix} 3 & 9 \\ 7 & -8 \end{vmatrix}}{\begin{vmatrix} 3 & 5 \\ 7 & 2 \end{vmatrix}} = 3.$$

(2)
$$c_1 = \frac{\begin{vmatrix} 5 & 9 \\ \frac{10}{3} & 6 \end{vmatrix}}{\begin{vmatrix} 3 & 9 \\ 2 & 6 \end{vmatrix}}.$$ 分子 $=0$, 分母 $=0$ だから不定．

$$c_2 = \frac{\begin{vmatrix} 3 & 5 \\ 2 & \frac{10}{3} \end{vmatrix}}{\begin{vmatrix} 3 & 9 \\ 2 & 6 \end{vmatrix}}.$$ 分子 $=0$, 分母 $=0$ だから不定．

(1) $\begin{pmatrix} 3 \\ 7 \end{pmatrix} = \begin{pmatrix} 5 \\ 2 \end{pmatrix} s$ をみたす s は存在しない (一方が他方のスカラー倍で表せない) から，これらのタテベクトルは線型独立である．$\begin{pmatrix} 9 \\ -8 \end{pmatrix}$ は線型独立な 2 個のタテベクトルの線型結合で，$\begin{pmatrix} 3 \\ 7 \end{pmatrix} c_1 + \begin{pmatrix} 5 \\ 2 \end{pmatrix} c_2 = \begin{pmatrix} 9 \\ -8 \end{pmatrix}$ のように一意に表せる (表し方は 1 通り)．

(2) $\begin{pmatrix} 3 \\ 2 \end{pmatrix} 3 = \begin{pmatrix} 9 \\ 6 \end{pmatrix}$ だから，$\begin{pmatrix} 3 \\ 2 \end{pmatrix} (c_1 + 3c_2) = \begin{pmatrix} 5 \\ \frac{10}{3} \end{pmatrix}$ である．$c_1 + 3c_2 = \dfrac{5}{3}$ をみたす c_1, c_2 の値の組は 1 通りではない．

補足 Cramer の方法で $\begin{pmatrix} a_1 \\ a_2 \end{pmatrix} s_1 + \begin{pmatrix} b_1 \\ b_2 \end{pmatrix} s_2 = \begin{pmatrix} 0 \\ 0 \end{pmatrix}$ の s_1, s_2 の値を求めると，

$$s_1 = \frac{\begin{vmatrix} 0 & b_1 \\ 0 & b_2 \end{vmatrix}}{\begin{vmatrix} a_1 & b_1 \\ a_2 & b_2 \end{vmatrix}}, \quad s_2 = \frac{\begin{vmatrix} a_1 & 0 \\ a_2 & 0 \end{vmatrix}}{\begin{vmatrix} a_1 & b_1 \\ a_2 & b_2 \end{vmatrix}}$$

を得る．分母が

$$\begin{vmatrix} a_1 & b_1 \\ a_2 & b_2 \end{vmatrix} = 0$$

のとき s_1, s_2 は 0 とは限らない (不定) から，$\begin{pmatrix} a_1 \\ a_2 \end{pmatrix}, \begin{pmatrix} b_1 \\ b_2 \end{pmatrix}$ は線型従属である．$\begin{pmatrix} a_1 \\ a_2 \end{pmatrix}$ と $\begin{pmatrix} b_1 \\ b_2 \end{pmatrix}$ とが線型従属のとき，0 でない定数 s_1, s_2 に対して，

$$\begin{pmatrix} a_1 \\ a_2 \end{pmatrix} s_1 + \begin{pmatrix} b_1 \\ b_2 \end{pmatrix} s_2 = \begin{pmatrix} 0 \\ 0 \end{pmatrix} \quad \blacktriangleleft \begin{pmatrix} a_1 \\ a_2 \end{pmatrix} = \begin{pmatrix} b_1 \\ b_2 \end{pmatrix} \left(-\frac{s_2}{s_1} \right).$$

が成り立つ．これらの線型従属なタテベクトルを並べたマトリックスの行列式は

$$\begin{vmatrix} a_1 & b_1 \\ a_2 & b_2 \end{vmatrix} = \begin{vmatrix} b_1 \left(-\frac{s_2}{s_1} \right) & b_1 \\ b_2 \left(-\frac{s_2}{s_1} \right) & b_2 \end{vmatrix}$$

◀ 2 元連立 1 次方程式の解のベクトル表示について，小林幸夫：『線型代数の発想』(現代数学社, 2008) pp. 150–152.

◀ c_1, c_2 の値の組が求まるかどうかを判定するとき，Cramer の方法が役立つ．
小林幸夫：『線型代数の発想』(現代数学社, 2008) pp. 83–85.

◀ c_1 の分子
$= \begin{vmatrix} 定数項 & c_2 の係数 \end{vmatrix}$

c_2 の分子
$= \begin{vmatrix} c_1 の係数 & 定数項 \end{vmatrix}$.

$\begin{vmatrix} 9 & 5 \\ -8 & 2 \end{vmatrix}$
$= 9 \times 2 - 5 \times (-8)$
$= 58.$

$\begin{vmatrix} 3 & 5 \\ 7 & 2 \end{vmatrix}$
$= 3 \times 2 - 5 \times 7$
$= -29.$

$\begin{vmatrix} 3 & 9 \\ 7 & -8 \end{vmatrix}$
$= 3 \times (-8) - 9 \times 7$
$= -87.$

◀ $c_1 + 3c_2 = \dfrac{5}{3}$ をみたす c_1, c_2 の値の組
例
$c_1 = 0, c_2 = \dfrac{5}{9}$.
$c_1 = \dfrac{2}{3}, c_2 = \dfrac{1}{3}$.

◀ スカラー $-\dfrac{s_2}{s_1}$ は 1×1 マトリックス (1 行 1 列)，タテベクトルは 2×1 マトリックス (2 行 1 列) だから，マトリックスの乗法の規則にしたがって，タテベクトル × スカラーの形で表した．

Stop! (2) の場合
$\begin{vmatrix} 3 & 3 \times 3 \\ 2 & 2 \times 3 \end{vmatrix}$
$= 3 \begin{vmatrix} 3 & 3 \\ 2 & 2 \end{vmatrix} = 0.$

$$= \left(-\frac{s_2}{s_1}\right)\begin{vmatrix} b_1 & b_1 \\ b_2 & b_2 \end{vmatrix}$$
$$= 0$$

である．

◎ 何がわかったか

$\begin{pmatrix} a_1 \\ a_2 \end{pmatrix}, \begin{pmatrix} b_1 \\ b_2 \end{pmatrix}$ が線型従属であるための必要十分条件は $\begin{vmatrix} a_1 & b_1 \\ a_2 & b_2 \end{vmatrix} = 0$ である．

$\begin{pmatrix} a_1 \\ a_2 \end{pmatrix}, \begin{pmatrix} b_1 \\ b_2 \end{pmatrix}$ が線型独立であるための必要十分条件は $\begin{vmatrix} a_1 & b_1 \\ a_2 & b_2 \end{vmatrix} \neq 0$ である．

> **行列式の性質**
> 二つの列が一致しているマトリックスの行列式の値は 0 である．
> 線型従属なタテベクトルを並べたマトリックスの行列式の値は 0 である．
> 小林幸夫：『線型代数の発想』(現代数学社，2008) p. 99, p. 108.

問 5.9 2 階斉次線型常微分方程式 $\dfrac{d^2y}{dx^2} + p(x)\dfrac{dy}{dx} + q(x)y = 0$ の線型独立な解の組 $<u_1, u_2>$ が求まったとき (存在を前提する)，初期条件「$x = x_0$ のとき $y = y_{01}$, $\dfrac{dy}{dx} = y_{02}$」をみたす解 (u_1, u_2 の線型結合) を求めよ．

【解説】任意の解を $y = \{u_1(x)\}c_1 + \{u_2(x)\}c_2$ と表して，初期条件を課すと

$$\{u_1(x_0)\}c_1 + \{u_2(x_0)\}c_2 = y_{01},$$
$$\{u_1{}'(x_0)\}c_1 + \{u_2{}'(x_0)\}c_2 = y_{02}$$

となる．Cramer の方法で c_1, c_2 について解くと

$$c_1 = \frac{\begin{vmatrix} y_{01} & u_2(x_0) \\ y_{02} & u_2{}'(x_0) \end{vmatrix}}{\begin{vmatrix} u_1(x_0) & u_2(x_0) \\ u_1{}'(x_0) & u_2{}'(x_0) \end{vmatrix}}, \quad c_2 = \frac{\begin{vmatrix} u_1(x_0) & y_{01} \\ u_1{}'(x_0) & y_{02} \end{vmatrix}}{\begin{vmatrix} u_1(x_0) & u_2(x_0) \\ u_1{}'(x_0) & u_2{}'(x_0) \end{vmatrix}}$$

を得る．$<u_1, u_2>$ が x のあらゆる値に対して線型独立だから，$u_1(x) = \{u_2(x)\}s$ (s は 0 でない定数) と表せない．$x = x_0$ のとき，分母の係数行列式は

$$\begin{vmatrix} u_1(x_0) & u_2(x_0) \\ u_1{}'(x_0) & u_2{}'(x_0) \end{vmatrix} = u_1(x_0)u_2{}'(x_0) - u_2(x_0)u_1{}'(x_0)$$
$$\neq 0 \quad [u_1(x) = \{u_2(x)\}s \text{ のとき } 0]$$

だから，c_1, c_2 の値は 1 組に決まる．

◎ 何がわかったか　**斉次方程式の初期値解の一意性**
初期条件を課すと，斉次解 (斉次方程式の解) は一つだけに決まる．

●類題● 初期条件「$x = x_0$ のとき $y = 0, \dfrac{dy}{dx} = 0$」をみたす解 ($u_1, u_2$ の線型結合) を求めよ．

【解説】任意の解を $y = \{u_1(x)\}c_1 + \{u_2(x)\}c_2$ と表して，初期条件を課すと

$$\{u_1(x_0)\}c_1 + \{u_2(x_0)\}c_2 = 0,$$
$$\{u_1{}'(x_0)\}c_1 + \{u_2{}'(x_0)\}c_2 = 0$$

となる．Cramer の方法で c_1, c_2 について解くと

$$c_1 = \frac{\begin{vmatrix} 0 & u_2(x_0) \\ 0 & u_2{}'(x_0) \end{vmatrix}}{\begin{vmatrix} u_1(x_0) & u_2(x_0) \\ u_1{}'(x_0) & u_2{}'(x_0) \end{vmatrix}} = 0, \quad c_2 = \frac{\begin{vmatrix} u_1(x_0) & 0 \\ u_1{}'(x_0) & 0 \end{vmatrix}}{\begin{vmatrix} u_1(x_0) & u_2(x_0) \\ u_1{}'(x_0) & u_2{}'(x_0) \end{vmatrix}} = 0$$

を得る．初期条件をみたす解は $y = 0$ (関数値が 0 の定数関数) だけである．

補足 問 5.9 と類題との関係
(1) 問 5.9 の初期値問題の解が二つ存在すると仮定して，類題から問 5.9 を導く．

◀「x のあらゆる値に対して線型独立」とは

(例) $\cos\dfrac{\pi}{2} = 0$, $\sin\dfrac{\pi}{2} = 1$ だから
$\cos\dfrac{\pi}{2} = \left(\sin\dfrac{\pi}{2}\right)0$
であるが，x のあらゆる値に対して
$\cos x = (\sin x)0$
が成り立つのではない．

(例) $\cos\dfrac{\pi}{6} = \dfrac{\sqrt{3}}{2}$, $\sin\dfrac{\pi}{6} = \dfrac{1}{2}$ であるが，x のあらゆる値に対して
$\cos x = (\sin x)\sqrt{3}$
が成り立つのではない．

◀ 定数関数について問 0.6 参照．
x のあらゆる値に対して $y = 0$.
◀ $u(x)$
$= \{u_1(x)\}c_1$
$\quad + \{u_2(x)\}c_2$.

$\psi_1(x)$	:	初期条件「$x = x_0$ のとき $y = y_{01}, \dfrac{dy}{dx} = y_{02}$」をみたす解
$\psi_2(x)$	:	初期条件「$x = x_0$ のとき $y = y_{01}, \dfrac{dy}{dx} = y_{02}$」をみたす解
$\psi_1(x) - \psi_2(x)$	:	初期条件「$x = x_0$ のとき $y = 0, \dfrac{dy}{dx} = 0$」をみたす解

◀ 重ね合わせの原理で $\psi_1(x) \times 1 + \psi_2(x) \times (-1)$ も解であるが,初期値は
$y|_{x=x_0}$
$= y_{01} - y_{01} = 0,$
$\dfrac{dy}{dx}\bigg|_{x=x_0}$
$= y_{02} - y_{02} = 0.$

類題から,x のあらゆる値に対して,$\psi_1(x) - \psi_2(x) = 0$ である.$\psi_1(x) = \psi_2(x)$ は,初期条件「$x = x_0$ のとき $y = y_{01}, \dfrac{dy}{dx} = y_{02}$」をみたす解が一つだけに決まることを示している.

(2) 問 5.9 から類題を導く.

$\psi_1(x)$	:	初期条件「$x = x_0$ のとき $y = y_{01}, \dfrac{dy}{dx} = y_{02}$」をみたす解
$\psi_3(x)$	:	初期条件「$x = x_0$ のとき $y = 0, \dfrac{dy}{dx} = 0$」をみたす解
$\psi_1(x) + \psi_3(x)$	:	初期条件「$x = x_0$ のとき $y = y_{01}, \dfrac{dy}{dx} = y_{02}$」をみたす解

◀ 重ね合わせの原理で $\psi_1(x) \times 1 + \psi_3(x) \times 1$ も解であるが,初期値は
$y|_{x=x_0}$
$= y_{01} + 0 = y_{01},$
$\dfrac{dy}{dx}\bigg|_{x=x_0}$
$= y_{02} + 0 = y_{02}.$

問 5.9 から,初期条件「$x = x_0$ のとき $y = y_{01}, \dfrac{dy}{dx} = y_{02}$」をみたす解は一つだけに決まるから,$x$ のあらゆる値に対して,$\psi_1(x) + \psi_3(x) = \psi_1(x)$ である.したがって,初期条件「$x = x_0$ のとき $y = 0, \dfrac{dy}{dx} = 0$」をみたす解は $\psi_3(x) = 0$ である.

■ モデル ■ ばねによるおもりの振動 (図 5.7) で,初期条件「時刻 $t = 0$ s のとき位置 $x = 0$ m,速度 $v = 0$ m/s」を選ぶ.物理のことばでいい表すと,原点でおもりを静かに手放しても,おもりは原点で止まったまま動き出さない.

問 5.9 からわかるように,解の線型独立性を判定するとき,係数行列式

$$W[u_1, u_2](x) = \begin{vmatrix} u_1(x) & u_2(x) \\ u_1'(x) & u_2'(x) \end{vmatrix}$$

が重要な役割を果たす.

参考 関数 $\varphi_1, \varphi_2, \ldots, \varphi_n$ が連続で微分可能である x の領域で,関数の組 $<\varphi_1, \varphi_2, \ldots, \varphi_n>$ の

$$\boldsymbol{W}[\varphi_1, \varphi_2, \ldots, \varphi_n](x) = \begin{pmatrix} \varphi_1(x) & \varphi_2(x) & \cdots & \varphi_n(x) \\ \varphi_1'(x) & \varphi_2'(x) & \cdots & \varphi_n'(x) \\ \vdots & \vdots & \ddots & \vdots \\ \varphi_1^{(n-1)}(x) & \varphi_2^{(n-1)}(x) & \cdots & \varphi_n^{(n-1)}(x) \end{pmatrix}$$

をロンスキーマトリックスという.

◀ 関数 $W(\ )$,関数値 $W(x)$ (0.3 節).
多くの教科書では,$W(\varphi_1, \varphi_2)$ と表しているが,本書では竹之内脩:『常微分方程式』(秀潤社,1977) にならって $W[\varphi_1, \varphi_2]$ と表す.

◀ φ_k' は φ_k の導関数.
$\varphi_k^{(n-1)}$ は φ_k の $(n-1)$ 階導関数.

◀ マトリックスはタテベクトルの並びとみなせる.
一松信:『線形数学』(筑摩書房,1976) p. 20.

◀ G. Wronski ポーランドの数学者

ノート:ロンスキー行列式(線型代数との結びつき 4)

関数 $\varphi_1, \varphi_2, \ldots, \varphi_n$ が連続で微分可能である x の領域で,関数の組 $<\varphi_1, \varphi_2, \ldots, \varphi_n>$ の行列式

$$W[\varphi_1, \varphi_2, \ldots, \varphi_n](x) = \begin{vmatrix} \varphi_1(x) & \varphi_2(x) & \cdots & \varphi_n(x) \\ \varphi_1'(x) & \varphi_2'(x) & \cdots & \varphi_n'(x) \\ \vdots & \vdots & \ddots & \vdots \\ \varphi_1^{(n-1)}(x) & \varphi_2^{(n-1)}(x) & \cdots & \varphi_n^{(n-1)}(x) \end{vmatrix}$$

をロンスキー行列式またはロンスキアンという.

> 2階斉次線型常微分方程式 $\dfrac{d^2y}{dx^2}+p(x)\dfrac{dy}{dx}+q(x)y=0$ の解 $u_1(x),u_2(x)$ が
>
> 線型従属であるための必要十分条件は $\begin{vmatrix} u_1(x) & u_2(x) \\ u_1{}'(x) & u_2{}'(x) \end{vmatrix}=0$,
>
> 線型独立であるための必要十分条件は $\begin{vmatrix} u_1(x) & u_2(x) \\ u_1{}'(x) & u_2{}'(x) \end{vmatrix}\neq 0$
>
> である.これらの命題は,対偶の関係にある.

注意 2階斉次線型常微分方程式では,解 $u_1(x)$ は解 $u_2(x)$ のスカラー倍ではない.n 階斉次線型常微分方程式に拡張すると,一つの解はほかの解の線型結合ではない.

(1) $u_1(x),u_2(x)$ が線型従属のとき $\begin{vmatrix} u_1(x) & u_2(x) \\ u_1{}'(x) & u_2{}'(x) \end{vmatrix}=0$.

なぜ? x のあらゆる値に対して,$u_1(x)=u_2(x)s$ (s は定数) と表せるから,

$$\begin{vmatrix} u_1(x) & u_2(x) \\ u_1{}'(x) & u_2{}'(x) \end{vmatrix} = u_1(x)u_2{}'(x)-u_2(x)u_1{}'(x)$$
$$=0.$$

◀ 本節のノート:線型独立・線型従属を参照.

◀ 式が文末の場合,ピリオドが必要である.

(2) $\begin{vmatrix} u_1(x) & u_2(x) \\ u_1{}'(x) & u_2{}'(x) \end{vmatrix}=0$ のとき $u_1(x),u_2(x)$ は線型従属である.

なぜ? x のあらゆる値に対して,ベクトル関数値の線型結合

$$\begin{pmatrix} u_1(x) \\ u_1{}'(x) \end{pmatrix} s_1 + \begin{pmatrix} u_2(x) \\ u_2{}'(x) \end{pmatrix} s_2 = \begin{pmatrix} 0 \\ 0 \end{pmatrix}$$

をみたす定数 s_1,s_2 の組がすべて 0 のとき,ベクトル関数値の組は線型独立,そうでないとき線型従属である.Cramer の方法で,s_1,s_2 についての2元連立1次方程式を解くと

◀ 線型独立のとき $s_1=0,s_2=0$.

$$s_1=\dfrac{\begin{vmatrix} 0 & u_2(x) \\ 0 & u_2{}'(x) \end{vmatrix}}{\begin{vmatrix} u_1(x) & u_2(x) \\ u_1{}'(x) & u_2{}'(x) \end{vmatrix}}, \quad s_2=\dfrac{\begin{vmatrix} u_1(x) & 0 \\ u_1{}'(x) & 0 \end{vmatrix}}{\begin{vmatrix} u_1(x) & u_2(x) \\ u_1{}'(x) & u_2{}'(x) \end{vmatrix}}$$

を得る.

分母の係数行列式の値は x の値で決まる.$x=x_0$ のとき

$$\begin{vmatrix} u_1(x_0) & u_2(x_0) \\ u_1{}'(x_0) & u_2{}'(x_0) \end{vmatrix}=0$$

であると,s_1,s_2 の値の組は1通りでない (不定) が,同時に 0 でないような値の組が選べる.そのように選んだ s_1,s_2 の値の組 α_1,α_2 は,s_1,s_2 についての2元連立1次方程式の解だから

$$\begin{cases} \{u_1(x_0)\}\alpha_1+\{u_2(x_0)\}\alpha_2=0, \\ \{u_1{}'(x_0)\}\alpha_1+\{u_2{}'(x_0)\}\alpha_2=0 \end{cases}$$

をみたす.これらの関係式は,初期条件「$x=x_0$ のとき $y=0,\dfrac{dy}{dx}=0$」を表すとみなせる.問 5.9 の類題で考えたように,この初期条件をみたす解は,x のあらゆる値に対して,関数値が 0 の定数関数である.初期条件は

◀ 定数関数について問 0.6 参照.x のあらゆる値に対して $y=0$.

$$y = \{u_1(x)\}\alpha_1 + \{u_2(x)\}\alpha_2,$$
$$\frac{dy}{dx} = \{u_1{}'(x)\}\alpha_1 + \{u_2{}'(x)\}\alpha_2$$

で $x = x_0$, $y|_{x=x_0} = 0$, $\left.\dfrac{dy}{dx}\right|_{x=x_0} = 0$ とおいた式だから，解 $y = 0$ (定数関数の関数値) は

$$\{u_1(x)\}\alpha_1 + \{u_2(x)\}\alpha_2 = 0 \quad \blacktriangleleft \text{ベクトル関数値の線型結合の第 1 成分 (第 1 行)}$$

と表せる．x のあらゆる値に対して，同時に 0 でない α_1, α_2 で，この関係式をみたすから，関数 u_1, u_2 は線型従属である．

◀ 関数 u_1, u_2，関数値 $u_1(x), u_2(x)$ (0.3 節).

◎ **何がわかったか** 線型従属なタテベクトルを並べたロンスキーマトリックスの行列式は 0 である (線型独立なタテベクトルを並べたロンスキアンは 0 である)．

Stop! この証明の筋書きを整理すると，

数直線 $\boldsymbol{R}$ 上の特定の点 x_0 に対して，
$\{u_1(x_0)\}\alpha_1 + \{u_2(x_0)\}\alpha_2 = 0$, $\{u_1{}'(x_0)\}\alpha_1 + \{u_2{}'(x_0)\}\alpha_2 = 0$
のとき

◀ $\boldsymbol{R}$ は実数の集合を表す．

数直線 $\boldsymbol{R}$ 上のあらゆる点で
$\{u_1(x)\}\alpha_1 + \{u_2(x)\}\alpha_2 = 0$, $\{u_1{}'(x)\}\alpha_1 + \{u_2{}'(x)\}\alpha_2 = 0$ である

ということができる．だから，特定の点 x_0 に対して，ロンスキー行列式の値が 0 かどうかを調べると，解の線型独立性が判定できる．

---

x のあらゆる値に対して $W[u_1, u_2](x) \neq 0$ のとき，初期条件を課す点 x_0 の値が何であっても $W[u_1, u_2](x_0) \neq 0$ だから，どの点で初期条件を与えてもいい．

u_1, u_2 は線型独立 ｜ x のあらゆる値に対して $W[u_1, u_2](x) \neq 0$

どの点 x_0 で初期条件を与えても解は一つに決まる

問 5.10 例題 5.2 (モデル) の解 $\cos(\omega t), \sin(\omega t)$ の組が線型独立であることを示せ．

【解説】 $u_1(t) = \cos(\omega t)$, $u_2(t) = \sin(\omega t)$ とおく．

$$\frac{d\{\cos(\omega t)\}}{dt} = \frac{d\{\cos(\omega t)\}}{d(\omega t)}\frac{d(\omega t)}{dt}$$
$$= -\omega \sin(\omega t),$$
$$\frac{d\{\sin(\omega t)\}}{dt} = \frac{d\{\sin(\omega t)\}}{d(\omega t)}\frac{d(\omega t)}{dt}$$
$$= \omega \cos(\omega t)$$

◀ $\dfrac{d\{\cos(\omega t)\}}{d(\omega t)} = -\sin(\omega t)$.
$\dfrac{d\{\sin(\omega t)\}}{d(\omega t)} = \cos(\omega t)$
$\dfrac{d(\omega t)}{dt} = \omega \dfrac{dt}{dt}$
$= \omega$.

から $u_1{}'(t) = -\omega \sin(\omega t)$, $u_2{}'(t) = \omega \cos(\omega t)$ である．

$$\begin{vmatrix} u_1(t) & u_2(t) \\ u_1{}'(t) & u_2{}'(t) \end{vmatrix} = \cos(\omega t) \times \omega \cos(\omega t) - \sin(\omega t) \times \{-\omega \sin(\omega t)\}$$
$$= \omega[\{\cos(\omega t)\}^2 + \{\sin(\omega t)\}^2]$$
$$\neq 0$$

◀ $\{\cos(\omega t)\}^2 + \{\sin(\omega t)\}^2 = 1$.

となるから，$\cos(\omega t), \sin(\omega t)$ の組は線型独立である．

補足 問 5.7 では，$\begin{pmatrix} u_1(x) \\ u_1'(x) \end{pmatrix} s_1 + \begin{pmatrix} u_2(x) \\ u_2'(x) \end{pmatrix} s_2 = \begin{pmatrix} 0 \\ 0 \end{pmatrix}$ をみたす s_1, s_2 を計算して求めた．

問 5.11 問 5.7 の基本解の組が線型独立であることを確かめよ．
(1) $<e^{(1+\sqrt{2}i)x}, e^{(1-\sqrt{2}i)x}>$． (2) $<e^{2x}, xe^{2x}>$． (3) $<e^x, e^{2x}>$．

【解説】ロンスキー行列式の値が 0 でないことを示す．
(1) $u_1(x) = e^{(1+\sqrt{2}i)x}$, $u_2(x) = e^{(1-\sqrt{2}i)x}$, $u_1'(x) = (1+\sqrt{2}i)e^{(1+\sqrt{2}i)x}$, $u_2'(x) = (1-\sqrt{2}i)e^{(1-\sqrt{2}i)x}$.

$$\begin{vmatrix} e^{(1+\sqrt{2}i)x} & e^{(1-\sqrt{2}i)x} \\ (1+\sqrt{2}i)e^{(1+\sqrt{2}i)x} & (1-\sqrt{2}i)e^{(1-\sqrt{2}i)x} \end{vmatrix}$$
$$= e^{(1+\sqrt{2}i)x} \times (1-\sqrt{2}i)e^{(1-\sqrt{2}i)x} - e^{(1-\sqrt{2}i)x} \times (1+\sqrt{2}i)e^{(1+\sqrt{2}i)x}$$
$$= -2\sqrt{2}ie^{2x} \neq 0.$$

◀ $\dfrac{d(e^{(1\pm\sqrt{2}i)x})}{dx}$
$= \dfrac{d(e^{(1\pm\sqrt{2}i)x})}{d\{(1\pm\sqrt{2}i)x\}} \times \dfrac{d\{(1\pm\sqrt{2}i)x\}}{dx}$
$= e^{(1\pm\sqrt{2}i)x} \times (1\pm\sqrt{2}i)$
(複号同順)．

(2) $u_1(x) = e^{2x}$, $u_2(x) = xe^{2x}$, $u_1'(x) = 2e^{2x}$, $u_2'(x) = (1+2x)e^{2x}$.

$$\begin{vmatrix} e^{2x} & xe^{2x} \\ 2e^{2x} & (1+2x)e^{2x} \end{vmatrix} = e^{2x} \times (1+2x)e^{2x} - xe^{2x} \times 2e^{2x}$$
$$= e^{4x} \neq 0.$$

◀ 積の微分 (問 3.3)．
$\dfrac{d(xe^{2x})}{dx}$
$= \dfrac{dx}{dx}e^{2x} + x\dfrac{d(e^{2x})}{dx}$.

$\dfrac{d(e^{2x})}{dx}$
$= \dfrac{d(e^{2x})}{d(2x)}\dfrac{d(2x)}{dx}$
$= e^{2x} \times 2$.

(3) $u_1(x) = e^x$, $u_2(x) = e^{2x}$, $u_1'(x) = e^x$, $u_2'(x) = 2e^{2x}$.

$$\begin{vmatrix} e^x & e^{2x} \\ e^x & 2e^{2x} \end{vmatrix} = e^x \times 2e^{2x} - e^{2x} \times e^x$$
$$= e^{3x} \neq 0.$$

Stop! 2 階斉次線型常微分方程式の解 $u_1(x), u_2(x)$ が線型独立であるとき，x のあらゆる値に対して $W[u_1, u_2](x) \neq 0$ である．

2 階斉次線型常微分方程式の解 $u_1(x), u_2(x)$ について，x のあらゆる値に対して $W[u_1, u_2](x) \neq 0$ のとき，$u_1(x), u_2(x)$ は線型独立である．

一般の二つの関数 φ_1, φ_2 が線型独立であっても，$W[\varphi_1, \varphi_2](x) = 0$ になる例がある．

例 $\varphi_1(x) = x^3$, $\varphi_2(x) = |x|^3$.
$x \geq 0$ のとき $|x| = x$ だから

$$\begin{vmatrix} \varphi_1(x) & \varphi_2(x) \\ \varphi_1'(x) & \varphi_2'(x) \end{vmatrix} = \begin{vmatrix} x^3 & x^3 \\ 3x^2 & 3x^2 \end{vmatrix}$$
$$= x^3 \times 3x^2 - x^3 \times 3x^2$$
$$= 0.$$

$x < 0$ のとき $|x| = -x$ だから

$$\begin{vmatrix} \varphi_1(x) & \varphi_2(x) \\ \varphi_1'(x) & \varphi_2'(x) \end{vmatrix} = \begin{vmatrix} x^3 & -x^3 \\ 3x^2 & -3x^2 \end{vmatrix}$$
$$= x^3 \times (-3x^2) - (-x^3) \times 3x^2$$
$$= 0.$$

不等号
日本では $\geqq, \leqq$ を使うが，世界では $\geq, \leq$ を使う．

$\varphi_1(x) = x^3$, $\varphi_2(x) = |x|^3$ について「$\varphi_1(x), \varphi_2(x)$ が線型独立であるとき，x のあらゆる値に対して $W[\varphi_1, \varphi_2](x) \neq 0$ である」といえない (図 **5.13**)．

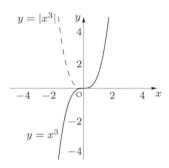

図 5.13 互いに線型独立な二つの関数 これらの二つの関数 $\varphi_1(x) = x^3$, $\varphi_2(x) = |x|^3$ では $W[\varphi_1, \varphi_2](x) = 0$ である．

n 階斉次線型微分方程式には，n 個の線型独立な解がある．問 5.9 では，2 階斉次線型常微分方程式の線型独立な解の組 (基本解) が存在すると考えて，初期条件をみたす解 (基本解の線型結合) を示した．例題 5.2 では，実際に基底 (線型独立な解の組) $< \cos(\omega t), \sin(\omega t) >$ を求めた．

▷ 線型独立な解は，微分方程式の階数の数だけある．

問 5.12 2 階斉次線型常微分方程式 $\dfrac{d^2 y}{dx^2} + y = 0$ の基本解 $\sin x, \cos x$ と基本解の線型結合とについて，つぎの問に答えよ．
(1) $u_1(x) = \cos x$ は，どのような初期条件をみたす解か？
(2) $u_2(x) = \sin x$ は，どのような初期条件をみたす解か？
(3) 同じ初期条件をみたす解は一つに決まるか？
(4) 基本解が一つしか求まらなかったとき，どのような初期条件を課しても初期値解は求まるか？

◀ 例題 5.2 の y_1 を y に書き換えた．

【解説】 任意の解は，基本解の線型結合 $y = (\cos x) c_1 + (\sin x) c_2$ で表せる．
(1) $u_1{}'(x) = -\sin x$．
$y = u_1(x)$ は初期条件：$y|_{x=0} = 1$, $\left.\dfrac{dy}{dx}\right|_{x=0} = 0$ をみたす解である．

◀ 初期条件の意味について，例題 0.3 参照．

▶ **注意** $x = 0$ の代わりに $x = x_0 (\neq 0)$ で初期条件を与えて，$y_{x=\pi/4} = \dfrac{1}{\sqrt{2}}$, $\left.\dfrac{dy}{dx}\right|_{x=\pi/4} = -\dfrac{1}{\sqrt{2}}$ でもいい．
(2) $u_2{}'(x) = \cos x$．
$y = u_2(x)$ は初期条件：$y|_{x=0} = 0$, $\left.\dfrac{dy}{dx}\right|_{x=0} = 1$ をみたす解である．

(3) **方針** $\psi_1(x), \psi_2(x)$ のどちらも $\dfrac{d^2 y}{dx^2} + y = 0$ の解であり，初期条件 $\psi_1(x_0) = \psi_2(x_0)$, $\psi_1{}'(x_0) = \psi_2{}'(x_0)$ をみたすとき，$\psi_1(x) = \psi_2(x)$ を示す．
$\psi_1(x), \psi_2(x)$ は解だから
$$\frac{d^2 \{\psi_2(x)\}}{dx^2} + \psi_2(x) = 0,$$
$$\frac{d^2 \{\psi_1(x)\}}{dx^2} + \psi_1(x) = 0$$
である．第 1 式の両辺に $\psi_1(x)$ を掛け，第 2 式の両辺に $\psi_2(x)$ を掛けて，辺々引くと，
$$\psi_1(x) \frac{d^2 \{\psi_2(x)\}}{dx^2} - \frac{d^2 \{\psi_1(x)\}}{dx^2} \psi_2(x) = 0$$
となる．左辺を書き換えて
$$\dfrac{d\left[\psi_1(x)\dfrac{d\{\psi_2(x)\}}{dx} - \dfrac{d\{\psi_1(x)\}}{dx}\psi_2(x)\right]}{dx} = 0 \quad \blacktriangleleft \ \dfrac{d\{\psi_1(x)\psi_2{}'(x) - \psi_1{}'(x)\psi_2(x)\}}{dx} = 0.$$

◀ 「辺々引く」とは「左辺どうし，右辺どうしで引き算を実行する」という意味である．

にする.
検算　　　　　　　　　　　　　　　◀ 積の微分 (問 3.3).

$$\frac{d\left[\psi_1(x)\dfrac{d\{\psi_2(x)\}}{dx} - \dfrac{d\{\psi_1(x)\}}{dx}\psi_2(x)\right]}{dx}$$

$$= \left[\psi_1(x)\frac{d^2\{\psi_2(x)\}}{dx^2} + \frac{d\{\psi_1(x)\}}{dx}\frac{d\{\psi_2(x)\}}{dx}\right]$$

$$\quad - \left[\frac{d^2\{\psi_1(x)\}}{dx^2}\psi_2(x) + \frac{d\{\psi_1(x)\}}{dx}\frac{d\{\psi_2(x)\}}{dx}\right]$$

$$= \psi_1(x)\frac{d^2\{\psi_2(x)\}}{dx^2} - \frac{d^2\{\psi_1(x)\}}{dx^2}\psi_2(x).$$

$$\frac{d\left[\psi_1(x)\dfrac{d\{\psi_2(x)\}}{dx} - \dfrac{d\{\psi_1(x)\}}{dx}\psi_2(x)\right]}{dx} = 0 \quad ◀ \frac{d\{\psi_1(x)\psi_2'(x) - \psi_1'(x)\psi_2(x)\}}{dx} = 0.$$

だから $\psi_1\psi_2' - \psi_1'\psi_2$ は定数関数であり,

$$\psi_1(x)\psi_2'(x) - \psi_1'(x)\psi_2(x)$$
$$= \psi_1(x_0)\psi_2'(x_0) - \psi_1'(x_0)\psi_2(x_0) \quad ◀ x \text{ の値に関係なく初期値.}$$
$$= 0 \quad\quad\quad\quad\quad\quad\quad\quad\quad ◀ \psi_1(x_0) = \psi_2(x_0),\ \psi_1'(x_0) = \psi_2'(x_0).$$

となる. したがって,

$$\psi_1(x)\frac{d\{\psi_2(x)\}}{dx} - \frac{d\{\psi_1(x)\}}{dx}\psi_2(x) = 0.$$

感覚をつかめ

$\psi_1(x)\dfrac{d\{\psi_2(x)\}}{dx} - \dfrac{d\{\psi_1(x)\}}{dx}\psi_2(x)$ を見たら, 積の微分 (問 3.3) を思い出す. 負号があるから, 関数の -1 乗を x で微分したことに気づく. 実際に $\dfrac{d\left[\{\psi_1(x)\}^{-1}\psi_2(x)\right]}{dx}$ を確かめてみる.

$$\frac{d\left[\{\psi_1(x)\}^{-1}\psi_2(x)\right]}{dx} = \frac{d\left[\{\psi_1(x)\}^{-1}\right]}{dx}\psi_2(x) + \{\psi_1(x)\}^{-1}\frac{d\{\psi_2(x)\}}{dx}$$

の右辺第 1 項で

$$\frac{d\left[\{\psi_1(x)\}^{-1}\right]}{dx} = \frac{d\left[\{\psi_1(x)\}^{-1}\right]}{d\{\psi_1(x)\}}\frac{d\{\psi_1(x)\}}{dx}$$
$$= (-1)\{\psi_1(x)\}^{-2}\frac{d\{\psi_1(x)\}}{dx}$$

だから

$$\frac{d\left\{\dfrac{\psi_2(x)}{\psi_1(x)}\right\}}{dx} = -\frac{\psi_2(x)}{\{\psi_1(x)\}^2}\frac{d\{\psi_1(x)\}}{dx} + \frac{1}{\psi_1(x)}\frac{d\{\psi_2(x)\}}{dx}$$

$$= \frac{\psi_1(x)\dfrac{d\{\psi_2(x)\}}{dx} - \dfrac{d\{\psi_1(x)\}}{dx}\psi_2(x)}{\{\psi_1(x)\}^2}$$

◀ $\{\psi_1(x)\}^{-1} = \dfrac{1}{\psi_1(x)}$.
$\{\psi_1(x)\}^{-2} = \dfrac{1}{\{\psi_1(x)\}^2}$.

となる. 最右辺の分子は $\psi_1(x)\dfrac{d\{\psi_2(x)\}}{dx} - \dfrac{d\{\psi_1(x)\}}{dx}\psi_2(x)$ であることがわかる.

$\dfrac{d\left\{\dfrac{\psi_2(x)}{\psi_1(x)}\right\}}{dx} = 0$ だから $\dfrac{\psi_2(x)}{\psi_1(x)} = c$ (c は定数) である. x のあらゆる値に対して定数だから, x に x_0 を代入して c の値を求めると,

$$c = \frac{\psi_2(x_0)}{\psi_1(x_0)} = 1 \quad ◀ \text{同じ初期条件と仮定したから, } \psi_1(x_0) = \psi_2(x_0).$$

◀ 問 5.9 類題の初期条件「$x = x_0$ のとき $y = 0,\ \dfrac{dy}{dx} = 0$」をみたす解は, 関数値が 0 の定数関数である. (3) で $\psi_k(x) = 0$ (定数関数) ではない.

5.2 高階斉次線型常微分方程式

であり，$\psi_1(x) = \psi_2(x)$ となる．

◎ **何がわかったか** 同じ初期条件をみたす 2 階斉次線型常微分方程式 (本問は例) の解は一つしか存在しない．

(4) $\cos x$ しか求まらないと，(1) 以外の初期条件をみたす解を求めることができない．同様に，$\sin x$ しか求まらないと，(2) 以外の初期条件をみたす解を求めることができない．

◀ (4) *The Feynman Lectures on Physics*, Vol. 1, (Addison-Wesley, 1963).
『ファインマン物理学 I』(岩波書店, 1967).

問 5.12 (3) から，

初期条件：$y|_{x=0} = 1, \left.\dfrac{dy}{dx}\right|_{x=0} = 0$ をみたす解 u_1，

初期条件：$y|_{x=0} = 0, \left.\dfrac{dy}{dx}\right|_{x=0} = 1$ をみたす解 u_2

は，一つずつ存在する．x_0 に対するロンスキー行列式は，$x_0 = 0$ のとき

$$W[u_1, u_2](0) = \begin{vmatrix} u_1(0) & u_2(0) \\ u_1'(0) & u_2'(0) \end{vmatrix}$$
$$= \begin{vmatrix} 1 & 0 \\ 0 & 1 \end{vmatrix}$$
$$\neq 0$$

◀ ロンスキーマトリックス (6.3 節で再論)
$$\boldsymbol{W}[u_1, u_2](0)$$
$$\begin{pmatrix} u_1(0) & u_2(0) \\ u_1'(0) & u_2'(0) \end{pmatrix}$$
$$= \begin{pmatrix} 1 & 0 \\ 0 & 1 \end{pmatrix}$$
は単位マトリックスに等しい．

◀ $u_1'(x) = -\sin x$, $u_2'(x) = \cos x$ だから
$u_1'(0) = 0$, $u_2'(0) = 1$.

だから，基本解の組 $<\cos x, \sin x>$ は線型独立である．基本解の線型結合 $u = u_1 c_1 + u_2 c_2$, $u' = u_1' c_1 + u_2' c_2$ の初期値をベクトル関数値 (関数値の組) で

$$\begin{pmatrix} u(0) \\ u'(0) \end{pmatrix} = \begin{pmatrix} 1 \\ 0 \end{pmatrix} c_1 + \begin{pmatrix} 0 \\ 1 \end{pmatrix} c_2$$

と表す．基本ベクトル $\begin{pmatrix} 1 \\ 0 \end{pmatrix}, \begin{pmatrix} 0 \\ 1 \end{pmatrix}$ は，それぞれの初期条件をみたす基本解の初期値である．

◀ $\begin{pmatrix} u(0) \\ u'(0) \end{pmatrix}$
$= \begin{pmatrix} u_1(0) \\ u_1'(0) \end{pmatrix} c_1$
$+ \begin{pmatrix} u_2(0) \\ u_2'(0) \end{pmatrix} c_2$.

◀ ノート：**線型結合** (図 5.12) と同じ発想である．

◀ 6.3 節で，解の基本系を並べてリゾルベントマトリックスをつくる．

> これらの初期条件を課したときの基本解の組を，x_0 (この例では $x_0 = 0$) に対する 2 階斉次線型常微分方程式 $\dfrac{d^2 y}{dx^2} + y = 0$ の**解の基本系**という．

問 5.13 2 階斉次線型常微分方程式 $\dfrac{d^2 y}{dx^2} + p(x)\dfrac{dy}{dx} + q(x)y = 0$ について，初期条件「$x = 0$ のとき $y = 1, \dfrac{dy}{dx} = 0$」をみたす解を $u_1(x)$，「$x = 0$ のとき $y = 0, \dfrac{dy}{dx} = 1$」をみたす解を $u_2(x)$ とする．「$x = 0$ のとき $y = y_{01}, \dfrac{dy}{dx} = y_{02}$」をみたす解を求めよ．

【解説】関数 u_1, u_2 は線型独立だから，定数 s_1, s_2 の値がどちらも 0 の場合 ($s_1 = 0$, $s_2 = 0$) だけ，x のあらゆる値に対して，$\{u_1(x)\}s_1 + \{u_2(x)\}s_2 = 0$ である．

初期条件「$x = 0$ のとき $y = y_{01}, \dfrac{dy}{dx} = y_{02}$」をみたす解を $y = \{u_1(x)\}c_1 + \{u_2(x)\}c_2$ と表すと，

◀ 微分方程式の右辺は定数関数の値が 0 であることを表す．
$y = 0$ は曲線上の点のタテ座標の値 $y|_{x=0} = 0, \dfrac{dy}{dx} = 0$ は接線の傾きの値 $\left.\dfrac{dy}{dx}\right|_{x=0} = 0$ を表す．

$$\{u_1(0)\}c_1 + \{u_2(0)\}c_2 = y_{01},$$
$$\{u_1'(0)\}c_1 + \{u_2'(0)\}c_2 = y_{02}$$

が成り立つ．$u_1(0) = 1$, $u_1'(0) = 0$, $u_2(0) = 0$, $u_2'(0) = 1$ だから，$c_1 = y_{01}$, $c_2 = y_{02}$ となる．したがって，

$$y = u_1(x)y_{01} + u_2(x)y_{02}$$

◀ 問 5.12 の $\cos x$, $\sin x$ は $u_1(x), u_2(x)$ の具体例である．

である．

▶ **注意** 問 5.9 では，$<u_1, u_2>$ が存在することを前提としていた．初期条件「$x = 0$

◀ 稲葉三男：『常微分方程式』(共立出版, 1973) p. 27.
竹之内脩：『常微分方程式』(秀潤社, 1977) p. 54.

のとき $y=1, \dfrac{dy}{dx}=0$」をみたす解 u_1, 初期条件「$x=0$ のとき $y=0, \dfrac{dy}{dx}=1$」を みたす解 u_2 は一つずつ存在する．本問では，実際に存在する具体的な $<u_1,u_2>$ で解を表した．

◎ **何がわかったか** 2階斉次線型常微分方程式の初期値解 y は $u_1(x), u_2(x)$ の線型結合で表せる．したがって，解集合は2次元線型空間である．

◀ ノート：解空間を参照．

5.3　高階非斉次線型常微分方程式

5.1節，5.2節で，高階常微分方程式は連立常微分方程式で表せる事情を理解したが，斉次方程式だけを取り上げた．5.3節で，非斉次方程式の求積法（四則，微分する操作，積分する操作，変数のおきかえをくりかえして解の表式を求める手続き）に進む．解法の手がかりとして，3元連立1次方程式にも斉次方程式と非斉次方程式とがあり，斉次解と非斉次解との間に密接な関係が見つかることを思い出す．

◀ 小林幸夫：『線型代数の発想』（現代数学社，2008) pp. 150–153, pp. 178–182．

問 5.14 つぎの3元連立1次方程式の解をベクトル表示せよ．

(1) $\begin{cases} 1x_1 + 0x_2 + 4x_3 = 0, \\ 0x_1 + 1x_2 - 5x_3 = 0. \end{cases}$ 　(2) $\begin{cases} 1x_1 + 0x_2 + 4x_3 = 3, \\ 0x_1 + 1x_2 - 5x_3 = -2. \end{cases}$

【解説】(1) 斉次方程式，(2) 非斉次方程式
(1), (2) で係数は同じであるが，定数項が異なる．
(1)　$x_3 = t$ (t は任意の実数) とおくと，第1式から $x_1 = -4t$，第2式から $x_2 = 5t$ である．解のベクトル表示は

$$\begin{pmatrix} x_1 \\ x_2 \\ x_3 \end{pmatrix} = \begin{pmatrix} -4 \\ 5 \\ 1 \end{pmatrix} t$$

◀「任意の実数」とは，「どんな値の実数でもいい」という意味である．

である．
(2)　$x_3 = t$ (t は任意の実数) とおくと，第1式から $x_1 = 3 - 4t$，第2式から $x_2 = -2 + 5t$ である．解のベクトル表示は

$$\begin{pmatrix} x_1 \\ x_2 \\ x_3 \end{pmatrix} = \begin{pmatrix} 3 \\ -2 \\ 0 \end{pmatrix} + \begin{pmatrix} -4 \\ 5 \\ 1 \end{pmatrix} t$$

◀ 右辺第2項は (1) の斉次方程式の解である．

である．
◎ **何がわかったか**
　非斉次方程式の任意の解 ＝ (非斉次方程式の一つの解) ＋ (斉次方程式の任意の解)

ノート：係数マトリックスと線型微分演算子（線型代数との結びつき 5）

3元連立1次方程式 $\begin{cases} 1x_1 + 0x_2 + 4x_3 = 3, \\ 0x_1 + 1x_2 - 5x_3 = -2 \end{cases}$ (問 5.14) と2階非斉次線型常微分方程式 $\dfrac{d^2 y}{dx^2} + p(x)\dfrac{dy}{dx} + q(x)y = r(x)$ とは，同じ形の方程式である．

$$\underbrace{\begin{pmatrix} 1 & 0 & 4 \\ 0 & 1 & -5 \end{pmatrix}}_{\text{係数マトリックス } A} \underbrace{\begin{pmatrix} x_1 \\ x_2 \\ x_3 \end{pmatrix}}_{\boldsymbol{x}} = \underbrace{\begin{pmatrix} 3 \\ -2 \end{pmatrix}}_{\boldsymbol{b}}. \qquad \underbrace{\left[\dfrac{d^2}{dx^2} + p(x)\dfrac{d}{dx} + q(x)\right]}_{\text{2階線型微分演算子 } L} y = r(x).$$

$$A\boldsymbol{x} = \boldsymbol{b} \qquad\qquad L(y) = r(x)$$

◀ 微分演算子について，問 5.6．

ノート：斉次解と非斉次解（線型代数との結びつき 6）

● 3 元連立 1 次方程式 (問 5.14)

$$\underbrace{\begin{pmatrix} 1 & 0 & 4 \\ 0 & 1 & -5 \end{pmatrix}}_{A} \underbrace{\left[\begin{pmatrix} 3 \\ -2 \\ 0 \end{pmatrix} + \begin{pmatrix} -4 \\ 5 \\ 1 \end{pmatrix} t\right]}_{\boldsymbol{x}}$$

$$= \begin{pmatrix} 1 & 0 & 4 \\ 0 & 1 & -5 \end{pmatrix} \underbrace{\begin{pmatrix} 3 \\ -2 \\ 0 \end{pmatrix}}_{\text{非斉次解 } \boldsymbol{x}_1} + \begin{pmatrix} 1 & 0 & 4 \\ 0 & 1 & -5 \end{pmatrix} \underbrace{\begin{pmatrix} -4 \\ 5 \\ 1 \end{pmatrix} t}_{\text{斉次解 } \boldsymbol{x}_0}$$

$$= \underbrace{\begin{pmatrix} 3 \\ -2 \end{pmatrix}}_{\boldsymbol{b}} + \underbrace{\begin{pmatrix} 0 \\ 0 \end{pmatrix}}_{\boldsymbol{0}}.$$

ベクトル記号

$$\begin{array}{rll}
A\boldsymbol{x}_1 &= \boldsymbol{b} & \text{非斉次方程式の任意の解} \\
+)\quad A\boldsymbol{x}_0 &= \boldsymbol{0} & = (\text{非斉次方程式の一つの解}) \\ \hline
A(\boldsymbol{x}_1 + \boldsymbol{x}_0) &= \boldsymbol{b} & +(\text{斉次方程式の任意の解})
\end{array}$$

◎ 何がわかったか　$A\boldsymbol{x} = \boldsymbol{b}$ の解は $\boldsymbol{x} = \boldsymbol{x}_1 + \boldsymbol{x}_0$ と表せる．

● 2 階非斉次線型常微分方程式　（ψ：斉次解，φ：非斉次解の一つ）

$$\begin{array}{rll}
\left[\dfrac{d^2}{dx^2} + p(x)\dfrac{d}{dx} + q(x)\right]\varphi(x) &= r(x) \\
+)\quad \left[\dfrac{d^2}{dx^2} + p(x)\dfrac{d}{dx} + q(x)\right]\psi(x) &= 0 \\ \hline
\left[\dfrac{d^2}{dx^2} + p(x)\dfrac{d}{dx} + q(x)\right][\varphi(x)+\psi(x)] &= r(x)
\end{array}$$

2 階線型微分演算子 L

$$\begin{array}{rll}
L[\varphi(x)] &= r(x) & \text{非斉次方程式の任意の解} \\
+)\quad L[\psi(x)] &= 0 & = (\text{非斉次方程式の一つの解}) \\ \hline
L[\varphi(x)+\psi(x)] &= r(x) & +(\text{斉次方程式の任意の解})
\end{array}$$

◎ 何がわかったか　$\dfrac{d^2y}{dx^2} + p(x)\dfrac{dy}{dx} + q(x)y = r(x)$ の解は $y = \varphi(x) + \psi(x)$ と表せる．

シナリオ　高階非斉次線型常微分方程式の求積法

1. 対応する (付随する) 斉次線型常微分方程式の任意の解 ψ を求める．
2. 非斉次線型常微分方程式の一つの解 φ を求める．
3. 非斉次線型常微分方程式の任意の解は $\Phi = \psi + \varphi$ と表せる．

◀ 関数 ψ, φ, Φ，関数値 $\psi(x), \varphi(x), \Phi(x)$ (0.3 節)．

◀ $y = \Phi(x)$
3.1 節の記号で
$y_{\mathrm{P}} = \varphi(x)$,
$y_{\mathrm{h}} = \psi(x)$
と表せる．

ノート：非斉次線型常微分方程式の一つの解の求め方

● 未定係数法

| 2 階非斉次線型常微分方程式の左辺の係数が定数，右辺が簡単な関数 (多項式関数，円関数，指数関数) の場合 | → | 非斉次線型常微分方程式の一つの解 φ を多項式関数の線型結合 (例題 5.3)，円関数の線型結合 (例題 5.4)，指数関数の線型結合 (例題 5.5) と考え，左辺と右辺とを比べて結合係数を決める． |

- **定数変化法**

  | 2階斉次線型常微分方程式の解の基底 $<u_1, u_2>$ が既知のとき | → | 斉次方程式の任意の解 $u = u_1 c_1 + u_2 c_2$ (c_1, c_2 は定数) の定数 c_1, c_2 を x の関数 φ_1, φ_2 におきかえた $\varphi = \varphi_1 c_1 + \varphi_2 c_2$ が非斉次方程式の解になるように φ_1, φ_2 を決める (例題5.3). |

- **階数低下法**

  | 斉次方程式の一つの解 ψ_1 が既知で, x のあらゆる値に対して, $\psi_1(x) > 0$ または $\psi_1(x) < 0$ のとき | → | 非斉次方程式の解を $\varphi = c\psi_1$ (c は未知関数) とおく (計算練習【5.7】). |

例題 5.3 2階非斉次線型常微分方程式の解法（多項式関数）

数直線 R 上の各点 x で定義した微分方程式 $\dfrac{d^2 y}{dx^2} - \dfrac{dy}{dx} - 2y = -x^2 + x$ を解いて, 解曲線の特徴を調べよ.　　　◀ 数直線は実数全体の集合 R を表す.

(発想) 右辺が多項式関数であることに着目する.

【解説】2階常微分方程式 [独立変数 x, 未知関数の値 (従属変数) y] $\dfrac{d^2 y}{dx^2} - \dfrac{dy}{dx} - 2y = -x^2 + x$ は, $y_1 = y$, $y_2 = \dfrac{dy}{dx}$ とおくと, 連立線型常微分方程式 [独立変数 x, 未知関数の値 (従属変数) y_1, y_2]

$$\begin{cases} \dfrac{dy_1}{dx} = y_2, \\ \dfrac{dy_2}{dx} = 2y_1 + y_2 - x^2 + x \end{cases}$$

で表せる.

◀ $\dfrac{dy_1}{dx} = \dfrac{dy}{dx} = y_2$.
$\dfrac{dy_2}{dx} = \dfrac{d^2 y}{dx^2}$.

手順 0　初期条件を設定する. (例)「$x = 0$ のとき $y = 6$, $\dfrac{dy}{dx} = 0$」[x–y_1 グラフは点 $(0, 6)$ を通り, x–y_2 グラフは点 $(0, 0)$ を通る]

◀ 初期条件第1式に「$x = 0$ のとき $y_1 = 6$」, 第2式に「$x = 0$ のとき $y_2 = 0$」を課す. これらの初期条件は「$y|_{x=0} = 6$, $y'|_{x=0} = 0$」と表せる.

手順 1　対応する (付随する) 斉次線型常微分方程式の任意の解 y_h を求める.

$$\dfrac{d^2 y_h}{dx^2} - \dfrac{dy_h}{dx} - 2y_h = 0.$$

◀ 相平面
よこ軸: $y (= y_1)$
たて軸: $y' (= y_2)$
相平面の点 $(6, 0)$ を通る.

手順 1a　解の基底 (解の基本集合) を求める.

$y_h = e^{\lambda x}$ (指数関数) と仮定する.

斉次方程式に

$$\dfrac{d(e^{\lambda x})}{dx} = \dfrac{d(e^{\lambda x})}{d(\lambda x)}\dfrac{d(\lambda x)}{dx} = \lambda e^{\lambda x},$$

$$\dfrac{d^2(e^{\lambda x})}{dx^2} = \dfrac{d\left\{\dfrac{d(e^{\lambda x})}{dx}\right\}}{dx} = \dfrac{d(\lambda e^{\lambda x})}{dx} = \lambda \dfrac{d(e^{\lambda x})}{dx} = \lambda^2 e^{\lambda x}$$

を使うと

$$(\lambda^2 - \lambda - 2)e^{\lambda x} = 0$$

となる. $e^{\lambda x} \neq 0$ だから

特性方程式: $\lambda^2 - \lambda - 2 = 0$

を λ について解く. $(\lambda - 2)(\lambda + 1) = 0$ の解は $\lambda_1 = 2$, $\lambda_2 = -1$ だから, **解の基底**は $<e^{2x}, e^{-x}>$ である.

◀ e^{2x}, e^{-x} を基本解という.

手順 1b　任意の斉次解を基本解の線型結合で表す.

基本解に適当な定数 c_1, c_2 を掛けて加え合わせると

$$y_h = e^{2x} c_1 + e^{-x} c_2 \quad (\text{基本解の線型結合}),$$

◀ e^{2x} と e^{-x} とのどちらも $\dfrac{d^2 y_h}{dx^2} - \dfrac{dy_h}{dx} - 2y_h = 0$ をみたす.

5.3 高階非斉次線型常微分方程式

$$\frac{dy_\text{h}}{dx} = \frac{d(e^{2x})}{dx}c_1 + \frac{d(e^{-x})}{dx}c_2$$
$$= \frac{d(e^{2x})}{d(2x)}\frac{d(2x)}{dx}c_1 + \frac{d(e^{-x})}{d(-x)}\frac{d(-x)}{dx}c_2$$
$$= 2e^{2x}c_1 - e^{-x}c_2.$$

方法 1 (未定係数法)
手順 2 一つの非斉次解を $\varphi(x) = ax^2 + bx + c$ (a, b, c は定数) とおく. $y = \varphi(x)$ として,

$$\frac{d\{\varphi(x)\}}{dx} = 2ax + b,$$
$$\frac{d^2\{\varphi(x)\}}{dx^2} = 2a$$

を非斉次方程式に代入して

$$2a - (2ax + b) - 2(ax^2 + bx + c) = -x^2 + x$$

の左辺を整理すると

$$-2ax^2 - 2(a+b)x + 2a - b - 2c = -x^2 + x$$

となる. この式が x の値に関係なく成り立つように係数を決めると

$$a = \frac{1}{2},\ b = -1,\ c = 1$$

だから

$$\varphi(x) = \frac{1}{2}x^2 - x + 1$$

である.

手順 3 非斉次方程式の任意の解を (非斉次方程式の一つの解) + (斉次方程式の解) のように表す.

$$y = \frac{1}{2}x^2 - x + 1 + e^{2x}c_1 + e^{-x}c_2,$$
$$\frac{dy}{dx} = x - 1 + 2e^{2x}c_1 - e^{-x}c_2.$$

手順 4 初期条件で定数の値を決めて, 手順 3 の無数の解から一つの解を選ぶ.

$$\begin{cases} 6 = 1 + c_1 + c_2, & \blacktriangleleft\ y|_{x=0} = 6. \\ 0 = -1 + 2c_1 - c_2 & \blacktriangleleft\ \dfrac{dy}{dx}\bigg|_{x=0} = 0. \end{cases}$$

を c_1, c_2 について解くと, $c_1 = 2, c_2 = 3$ を得る. 非斉次方程式の初期値解は

$$y = \frac{1}{2}x^2 - x + 1 + 2e^{2x} + 3e^{-x}$$

である.

検算

$$\begin{array}{rrrrrrr}
-2y & = & -x^2 & + 2x & - 2 & - 4e^{2x} & - 6e^{-x} \\
-\dfrac{dy}{dx} & = & & -x & + 1 & - 4e^{2x} & + 3e^{-x} \\
+)\ \dfrac{d^2y}{dx^2} & = & & & 1 & + 8e^{2x} & + 3e^{-x} \\
\hline
& & -x^2 & + x & & &
\end{array}$$

連立常微分方程式の初期値解は, つぎのように表される (図 5.14, 図 5.15).

$$\begin{cases} y_1 = \dfrac{1}{2}x^2 - x + 1 + 2e^{2x} + 3e^{-x}, \\ y_2 = x - 1 + 4e^{2x} - 3e^{-x} \end{cases}$$

◀ φ または $\varphi(\ )$ は関数, $\varphi(x)$ は関数値を表す (0.3 節).
$\varphi(\ ) = a(\ )^2 + b(\ ) + c$ の c は定数ではなく定数関数であるが, $\varphi(x) = ax^2 + bx + c$ の c は定数 (数値) である (問 0.6).

◀ $-2a = -1$,
$-2a - 2b = 1$,
$2a - b - 2c = 0$.

◀ $\dfrac{d(e^{2x})}{dx}$, $\dfrac{d(e^{-x})}{dx}$ の求め方は手順 1b に示してある.

◀ 初期条件の意味について, 例題 0.5 参照.

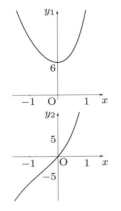
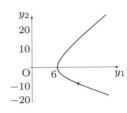

図 5.14　解の振舞（解曲線）　　図 5.15　位相軌道　解は特定の位置 $(6,0)$ を通り，矢印の向きに変化する．

◀ 図 5.14, 図 5.15 で $y' > 0$ のとき y は単調増加，$y' < 0$ のとき y は単調減少，$y' = 0$ のとき y は極値を取る．

方法 2（定数変化法）
手順 2　対応する斉次方程式の任意の解で，定数の代わりに適当な関数におきかえる．

◀ 定数変化法について，3.2 節参照．

$$y = e^{2x}\varphi_1(x) + e^{-x}\varphi_2(x)$$

とおいて，非斉次方程式の解になるように φ_1, φ_2 を決める．
　y を x で微分すると

$$\frac{dy}{dx} = 2e^{2x}\varphi_1(x) - e^{-x}\varphi_2(x) + e^{2x}\frac{d\{\varphi_1(x)\}}{dx} + e^{-x}\frac{d\{\varphi_2(x)\}}{dx}$$

となる．φ_1, φ_2 に対して，条件

$$e^{2x}\frac{d\{\varphi_1(x)\}}{dx} + e^{-x}\frac{d\{\varphi_2(x)\}}{dx} = 0$$

を付けると

$$\frac{dy}{dx} = 2e^{2x}\varphi_1(x) - e^{-x}\varphi_2(x)$$

◀ 積の微分 (問 3.3).
$\dfrac{d\{e^{2x}\varphi_1(x)\}}{dx}$
$= \dfrac{d(e^{2x})}{dx}\varphi_1(x)$
$+ e^{2x}\dfrac{d\{\varphi_1(x)\}}{dx}$,
$\dfrac{d\{e^{-x}\varphi_2(x)\}}{dx}$
$= \dfrac{d(e^{-x})}{dx}\varphi_2(x)$
$+ e^{-x}\dfrac{d\{\varphi_2(x)\}}{dx}$.

である．$\dfrac{dy}{dx}$ を x で微分すると，

$$\frac{d^2y}{dx^2} = 4e^{2x}\varphi_1(x) + e^{-x}\varphi_2(x) + 2e^{2x}\frac{d\{\varphi_1(x)\}}{dx} - e^{-x}\frac{d\{\varphi_2(x)\}}{dx}$$

となる．非斉次方程式は

$$\overbrace{4e^{2x}\varphi_1(x) + e^{-x}\varphi_2(x) + 2e^{2x}\frac{d\{\varphi_1(x)\}}{dx} - e^{-x}\frac{d\{\varphi_2(x)\}}{dx}}^{\frac{d^2y}{dx^2}} - \underbrace{\{2e^{2x}\varphi_1(x) - e^{-x}\varphi_2(x)\}}_{\frac{dy}{dx}} - 2\underbrace{\{e^{2x}\varphi_1(x) + e^{-x}\varphi_2(x)\}}_{y} = -x^2 + x$$

になり，左辺を整理すると

$$2e^{2x}\frac{d\{\varphi_1(x)\}}{dx} - e^{-x}\frac{d\{\varphi_2(x)\}}{dx} = -x^2 + x$$

と表せる．連立常微分方程式

$$\begin{cases} e^{2x}\dfrac{d\{\varphi_1(x)\}}{dx} + e^{-x}\dfrac{d\{\varphi_2(x)\}}{dx} = 0, \\ 2e^{2x}\dfrac{d\{\varphi_1(x)\}}{dx} - e^{-x}\dfrac{d\{\varphi_2(x)\}}{dx} = -x^2 + x \end{cases}$$

◀ φ_1, φ_2 に課した条件

◀ もとの微分方程式

を，$\dfrac{d\{\varphi_1(x)\}}{dx}$, $\dfrac{d\{\varphi_2(x)\}}{dx}$ について解くと，

$$\begin{cases} \dfrac{d\{\varphi_1(x)\}}{dx} = \dfrac{1}{3}e^{-2x}(-x^2+x), \\ \dfrac{d\{\varphi_2(x)\}}{dx} = \dfrac{1}{3}e^{x}(x^2-x) \end{cases}$$

◀ 第 1 式 + 第 2 式
$3e^{2x}\dfrac{d\{\varphi_1(x)\}}{dx}$
$= -x^2+x$,

第 1 式 × 2 − 第 2 式
$3e^{-x}\dfrac{d\{\varphi_2(x)\}}{dx}$
$= x^2-x$.

を得る．

手順 3 これらの常微分方程式は，変数分離型だから，分母を払って

$$\begin{cases} d\{\varphi_1(x)\} = \dfrac{1}{3}e^{-2x}(-x^2+x)dx, \\ d\{\varphi_2(x)\} = \dfrac{1}{3}e^{x}(x^2-x)dx \end{cases}$$

に書き換える．

手順 4 φ_1, φ_2 の初期値を求める．

$$\begin{cases} y|_{x=0} = e^{2\times 0}\varphi_1(0) + e^{-0}\varphi_2(0) = 6, \\ \left.\dfrac{dy}{dx}\right|_{x=0} = 2e^{2\times 0}\varphi_1(0) - e^{-0}\varphi_2(0) = 0 \end{cases}$$

◀ 手順 2 の式

を，$\varphi_1(0), \varphi_2(0)$ について解くと，

$$\varphi_1(0) = 2,$$
$$\varphi_2(0) = 4$$

◀ 第 1 式 + 第 2 式, 第 1 式 × 2 − 第 2 式.

を得る．

手順 5 手順 3 の第 1 式の左辺を $\varphi_1(x) = 2$ (初期値) から $\varphi_1(x) = \varphi_1(s)$ (s はどんな値でもいい) まで積分し，右辺を $x=0$ から $x=s$ まで積分する．

第 2 式の左辺を $\varphi_2(x) = 4$ (初期値) から $\varphi_2(x) = \varphi_2(s)$ (s はどんな値でもいい) まで積分し，右辺を $x=0$ から $x=s$ まで積分する．

$$\int_2^{\varphi_1(s)} d\{\varphi_1(x)\} = \int_0^s \dfrac{1}{3}e^{-2x}(-x^2+x)dx.$$

$$\varphi_1(s) - 2 = \dfrac{1}{6}e^{-2s}s^2.$$

$$\varphi_1(s) = \dfrac{1}{6}e^{-2s}s^2 + 2.$$

x	$0 \to s$
$\varphi_1(x)$	$2 \to \varphi_1(s)$

◀ 右辺の積分の計算過程を 補足 に示す．

$$\int_4^{\varphi_2(s)} d\{\varphi_2(x)\} = \int_0^s \dfrac{1}{3}e^{x}(x^2-x)dx.$$

$$\varphi_2(s) - 4 = \dfrac{1}{3}e^s(s^2-3s+3) - 1.$$

$$\varphi_2(s) = \dfrac{1}{3}e^s(s^2-3s+3) + 3.$$

x	$0 \to s$
$\varphi_2(x)$	$4 \to \varphi_2(s)$

$x=s, \varphi_1(x)=\varphi_1(s)$ の場合 (s はどんな値でもいい) に成り立つから，$\varphi_1(x)$ と x との対応の規則 (関数) で決まる関数値は $\varphi_1(x) = \dfrac{1}{6}e^{-2x}x^2 + 2$ である．同様に，$\varphi_2(x) = \dfrac{1}{3}e^x(x^2-3x+3) + 3$ である．

補足 $\dfrac{d(e^{-2x})}{dx} = \underbrace{\dfrac{d(e^{-2x})}{d(-2x)}}_{e^{-2x}} \underbrace{\dfrac{d(-2x)}{dx}}_{-2} = -2e^{-2x}$ を思い出して，

$$\dfrac{d\{e^{-2x}(-x^2+x)\}}{dx} = \underbrace{\dfrac{d(e^{-2x})}{dx}}_{-2e^{-2x}}(-x^2+x) + e^{-2x}\underbrace{\dfrac{d(-x^2+x)}{dx}}_{-2x+1}$$

を考える．

◀ 問 3.3, 問 3.5.

$$-2e^{-2x}(-x^2+x) = \frac{d\{e^{-2x}(-x^2+x)\}}{dx} - e^{-2x}(-2x+1)$$

に書き換え，両辺に dx を掛けて，両辺を積分する． ◀ 左辺を $x=0$ から $x=s$ まで積分し，右辺の各項を初期値から任意の値まで積分する．

$$-2\int_0^s e^{-2x}(-x^2+x)dx.$$

$$= \int_0^{e^{-2s}(-s^2+s)} d\{e^{-2x}(-x^2+x)\} - \int_0^s e^{-2x}(-2x+1)dx \quad \begin{aligned}v &= e^{-2x}(-x^2+x) \\ &\text{とおくと} \\ dv &= d\{e^{-2x}(-x^2+x)\}.\end{aligned}$$

◀ 第1項 $\int$ と d とが隣り合った形

$$= e^{-2s}(-s^2+s) - \int_0^s e^{-2x}(-2x+1)dx.$$

x	$0 \to s$
v	$0 \to e^{-2s}(-s^2+s)$

左辺第2項の積分を計算する．

$$\frac{d\{e^{-2x}(-2x+1)\}}{dx} = \underbrace{\frac{d(e^{-2x})}{dx}}_{-2e^{-2x}}(-2x+1) + e^{-2x}\underbrace{\frac{d(-2x+1)}{dx}}_{-2}$$

だから

$$-2e^{-2x}(-2x+1) = \frac{d\{e^{-2x}(-2x+1)\}}{dx} + 2e^{-2x}$$

に書き換え，両辺に dx を掛けて，両辺を積分する． ◀ 左辺を $x=0$ から $x=s$ まで積分し，右辺の各項を初期値から任意の値まで積分する．

$$-2\int_0^s e^{-2x}(-2x+1)dx \qquad \begin{aligned}w &= e^{-2x}(-2x+1) \\ &\text{とおくと} \\ dw &= d\{e^{-2x}(-2x+1)\}.\end{aligned}$$

$$= \int_1^{e^{-2s}(-2s+1)} d\{e^{-2x}(-2x+1)\} + \int_0^s 2e^{-2x}dx \quad \begin{array}{|c|c|} \hline x & 0\to s \\ \hline w & 1\to e^{-2s}(-2s+1) \\ \hline \end{array}$$

$$= e^{-2s}(-2s+1) - 1 + \{-e^{-2s} - (-1)\}$$
$$= -2se^{-2s}.$$

◀ $\int_0^s 2e^{-2x}dx$
$= \int_0^s \frac{d(-e^{-2x})}{dx}dx$
$= \int_{-1}^{-e^{-2s}} d(-e^{-2x})$
$= -e^{-2s} - (-1).$
$u = -e^{-2x}$ とおくと
$du = d(-e^{-2x}).$

x	$0\to s$
u	$-1 \to -e^{-2s}$

したがって，

$$-2\int_0^s e^{-2x}(-x^2+x) = e^{-2s}(-s^2+s) - \int_0^s e^{-2x}(-2x+1)dx$$
$$= e^{-2s}(-s^2+s) - se^{-2s}$$
$$= -s^2 e^{-2s}.$$

となり，

$$\frac{1}{3}\int_0^s e^{-2x}(-x^2+x) = \frac{1}{6}s^2 e^{-2s}. \qquad \blacktriangleleft \int_2^{\varphi_1(s)} d\{\varphi_1(x)\}$$

同様に， $\dfrac{1}{3}\int_0^s e^{x}(x^2-x)dx = \dfrac{1}{3}e^s(s^2-3s+3) - 1. \qquad \blacktriangleleft \int_4^{\varphi_2(s)} d\{\varphi_2(x)\}$

手順6 $y = e^{2x}\varphi_1(x) + e^{-x}\varphi_2(x)$ を求める．

$$y = e^{2x}\left(\frac{1}{6}e^{-2s}s^2 + 2\right) + e^{-x}\left\{\frac{1}{3}e^s(s^2-3s+3) + 3\right\}$$
$$= \frac{1}{2}x^2 - x + 1 + 2e^{2x} + 3e^{-x}.$$

◎ **何がわかったか** 定数変化法は未定係数法よりも計算が複雑である．

例題 5.4　2階非斉次線型常微分方程式の解法（円関数）

数直線 $\boldsymbol{R}$ 上の各点 x で定義した微分方程式 $\dfrac{d^2y}{dx^2} + p\dfrac{dy}{dx} + qy = \cos x$ （p, q は実定数） ◀ 数直線は実数全体の集合 $\boldsymbol{R}$ を表す．
を解いて，解曲線の特徴を調べよ．

(発想) 右辺が円関数であることに着目する．

5.3 高階非斉次線型常微分方程式

【解説】 2 階常微分方程式 [独立変数 x, 未知関数の値 (従属変数) y] $\dfrac{d^2y}{dx^2} + p\dfrac{dy}{dx} + qy = \cos x$ は, $y_1 = y$, $y_2 = \dfrac{dy}{dx}$ とおくと, 連立線型常微分方程式 [独立変数 x, 未知関数の値 (従属変数) y_1, y_2]

$$\begin{cases} \dfrac{dy_1}{dx} = y_2, \\ \dfrac{dy_2}{dx} = -qy_1 - py_2 + \cos x \end{cases}$$

で表せる.

◀ $\dfrac{dy_1}{dx} = \dfrac{dy}{dx} = y_2$. $\dfrac{dy_2}{dx} = \dfrac{d^2y}{dx^2}$.

手順 0 初期条件を設定する.「$x = 0$ のとき $y = 1$, $\dfrac{dy}{dx} = 0$」

◀ 初期条件第 1 式に「$x = 0$ のとき $y_1 = 1$」, 第 2 式に「$x = 0$ のとき $y_2 = 0$」を課す. これらの初期条件は「$y|_{x=0} = 1$, $y'|_{x=0} = 0$」と表せる.

手順 1 対応する (付随する) 斉次線型常微分方程式の任意の解 $y_{\rm h}$ を求める.

$$\dfrac{d^2 y_{\rm h}}{dx^2} + p\dfrac{dy_{\rm h}}{dx} + qy_{\rm h} = 0.$$

◀ x–y_1 グラフは点 $(0,1)$ を通り, x–y_2 グラフは点 $(0,0)$ を通る.

手順 1a 解の基底 (解の基本集合) を求める.

$y_{\rm h} = e^{\lambda x}$ (指数関数) と仮定する. 例題 5.3 と同様に,

特性方程式: $\lambda^2 + p\lambda + q = 0$

◀ 相平面
よこ軸: $y(= y_1)$
たて軸: $y'(= y_2)$
相平面の点 $(1,0)$ を通る.

を λ について解くと

$$\lambda_1 = \dfrac{-p + \sqrt{p^2 - 4q}}{2}, \quad \lambda_2 = \dfrac{-p - \sqrt{p^2 - 4q}}{2}$$

を得るから, 解の基底は $<e^{\lambda_1 x}, e^{\lambda_2 x}>$ である.

手順 1b 任意の斉次解を基本解の線型結合で表す.

(i) $p^2 - 4q < 0$ の場合: 例 問 5.6 (1) [問 5.7 (1)] $p = -2$, $q = 3$.

$$\dfrac{d^2 y_{\rm h}}{dx^2} - 2\dfrac{dy_{\rm h}}{dx} + 3y_{\rm h} = 0.$$

$y_{\rm h} = e^{(1+\sqrt{2}i)x} c_1 + e^{(1-\sqrt{2}i)x} c_2$ (基本解の**線型結合**), ◀ $\lambda_1 = 1 + \sqrt{2}i$, $\lambda_2 = 1 - \sqrt{2}i$.

$\dfrac{dy_{\rm h}}{dx} = (1 + \sqrt{2}i) e^{(1+\sqrt{2}i)x} c_1 + (1 - \sqrt{2}i) e^{(1-\sqrt{2}i)x} c_2$.

◀ 基本解に適当な定数 c_1, c_2 を掛けて加え合わせる.

◀ (i) Euler の関係式を使って, 指数関数を円関数に書き換えると, 手順 4 で初期条件を課して定数の値を決めるとき, 計算が簡単になる場合がある. 例題 5.2 の基本解の選び方を参照.

別の表し方

$y_{\rm h} = e^x (e^{i\sqrt{2}x} c_1 + e^{-i\sqrt{2}x} c_2)$
$= e^x [\{\cos(\sqrt{2}x)\}a + \{\sin(\sqrt{2})\}b],$

$\dfrac{dy_{\rm h}}{dx} = \dfrac{d(e^x)}{dx}[\{\cos(\sqrt{2}x)\}a + \{\sin(\sqrt{2}x)\}b] + e^x \dfrac{d[\{\cos(\sqrt{2}x)\}a + \{\sin(\sqrt{2})b]}{dx}$
$= e^x [\{\cos(\sqrt{2}x)\}a + \{\sin(\sqrt{2}x)\}b - \sqrt{2}\{\sin(\sqrt{2}x)\}a + \sqrt{2}\{\cos(\sqrt{2}x)\}b]$
$= e^x [\{\cos(\sqrt{2}x) - \sqrt{2}\sin(\sqrt{2}x)\}a + \{\sqrt{2}\cos(\sqrt{2}x) + \sin(\sqrt{2}x)\}b].$

◀ 積の微分 (問 3.3).

(ii) $p^2 - 4q = 0$ の場合: 例 問 5.6 (2) [問 5.7 (2)] $p = -4$, $q = 4$.

$$\dfrac{d^2 y_{\rm h}}{dx^2} - 4\dfrac{dy_{\rm h}}{dx} + 4y_{\rm h} = 0.$$

$y_{\rm h} = e^{2x} c_1 + e^{2x} x c_2$ ◀ $\lambda_1 = \lambda_2 = 2$.
$= e^{2x}(c_1 + x c_2),$

$\dfrac{dy_{\rm h}}{dx} = 2e^{2x} c_1 + e^{2x}(2x + 1) c_2$
$= e^{2x} \{2c_1 + (2x + 1) c_2\}.$

◀ $\dfrac{d(e^{2x} x)}{dx}$
$= \dfrac{d(e^{2x})}{dx} x + e^{2x} \dfrac{dx}{dx}$
$= 2e^{2x} x + e^{2x}$
$= e^{2x}(2x + 1).$

(iii) $p^2 - 4q > 0$ の場合: 例 問 5.6 (3) [問 5.7 (3)] $p = -3$, $q = 2$.

$$\dfrac{d^2 y_{\rm h}}{dx^2} - 3\dfrac{dy_{\rm h}}{dx} + 2y_{\rm h} = 0.$$

$$y_{\rm h} = e^x c_1 + e^{2x} c_2,$$
$$\frac{dy_{\rm h}}{dx} = e^x c_1 + 2e^{2x} c_2.$$

◀ $\lambda_1 = 1, \lambda_2 = 2$.

別の表し方

$$\begin{aligned}y_{\rm h} &= e^{\frac{3}{2}x}(e^{-\frac{x}{2}}c_1 + e^{\frac{x}{2}}c_2) \\ &= e^{\frac{3}{2}x}\left[\left\{\cosh\left(\frac{x}{2}\right)\right\}a + \left\{\sinh\left(\frac{x}{2}\right)\right\}b\right],\end{aligned}$$

$$\begin{aligned}\frac{dy_{\rm h}}{dx} &= \frac{d(e^{\frac{3}{2}x})}{dx}\left[\left\{\cosh\left(\frac{x}{2}\right)\right\}a + \left\{\sinh\left(\frac{x}{2}\right)\right\}b\right] \\ &\quad + e^{\frac{3}{2}x}\frac{d\left[\left\{\cosh\left(\frac{x}{2}\right)\right\}a + \left\{\sinh\left(\frac{x}{2}\right)\right\}b\right]}{dx} \\ &= e^{\frac{3}{2}x}\left[\left\{\cosh\left(\frac{x}{2}\right)\right\}\left(\frac{3}{2}a + \frac{1}{2}b\right) + \left\{\sinh\left(\frac{x}{2}\right)\right\}\left(\frac{1}{2}a + \frac{3}{2}b\right)\right].\end{aligned}$$

◀ ノート：円関数と双曲線関数を参照．

◀ (iii)
$e^{\frac{x}{2}} = \cosh\left(\frac{x}{2}\right) + \sinh\left(\frac{x}{2}\right),$
$e^{-\frac{x}{2}} = \cosh\left(\frac{x}{2}\right) - \sinh\left(\frac{x}{2}\right).$

◀ $\dfrac{d\{\cosh\left(\frac{x}{2}\right)\}}{dx}$
$= \dfrac{d\{\cosh\left(\frac{x}{2}\right)\}}{d\left(\frac{x}{2}\right)}$
$\quad \times \dfrac{d\left(\frac{x}{2}\right)}{dx}$
$= \sinh\left(\frac{x}{2}\right) \times \frac{1}{2}.$
同様に，
$\dfrac{d\{\sinh\left(\frac{x}{2}\right)\}}{dx}$
$= \cosh\left(\frac{x}{2}\right) \times \frac{1}{2}.$

未定係数法

手順 2 一つの非斉次解を $\varphi(x) = A\cos x + B\sin x$ (A, B は定数) とおく．$y = \varphi(x)$ として，

$$\frac{d\{\varphi(x)\}}{dx} = -A\sin x + B\cos x,$$
$$\frac{d^2\{\varphi(x)\}}{dx^2} = -A\cos x - B\sin x$$

を非斉次方程式に代入してから整理すると

$$\{(-1+q)A + pB\}\cos x + \{-pA + (-1+q)B\}\sin x = \cos x$$

となる．この式が x の値に関係なく成り立つように係数を決める．

$$\begin{cases}(-1+q)A + pB = 1, \\ -pA + (-1+q)B = 0\end{cases}$$

だから，Cramer の方法で A, B について解くと

$$A = \frac{\begin{vmatrix}1 & p \\ 0 & -1+q\end{vmatrix}}{\begin{vmatrix}-1+q & p \\ -p & -1+q\end{vmatrix}} = \frac{q-1}{p^2 + (q-1)^2},$$

$$B = \frac{\begin{vmatrix}-1+q & 1 \\ -p & 0\end{vmatrix}}{\begin{vmatrix}-1+q & p \\ -p & -1+q\end{vmatrix}} = \frac{p}{p^2 + (q-1)^2}$$

◀ 例題 5.3 の手順 2 とちがって，非斉次解は x の円関数で表せると予想できる．

◀ $\dfrac{d^2\{\varphi(x)\}}{dx^2}$
$+ p\dfrac{d\{\varphi(x)\}}{dx} + q\varphi(x)$
$= \cos x.$

◀ 分母
$(-1+q)^2 - p(-p)$
$= p^2 + (q-1)^2,$
A の分子
$1 \times (-1+q) - p \times 0$
$= q-1,$
B の分子
$(-1+q) \times 0$
$-1 \times (-p) = p.$

を得る．

(i) $p^2 - 4q < 0$ の場合：例 $p = -2, q = 3$ [問 5.7 (1)]．

$$\varphi(x) = \frac{1}{4}\cos x - \frac{1}{4}\sin x.$$

(ii) $p^2 - 4q = 0$ の場合：例 $p = -4, q = 4$ [問 5.7 (2)]．

$$\varphi(x) = \frac{3}{25}\cos x - \frac{4}{25}\sin x.$$

◀ (i) $A = \frac{1}{4}$,
$B = -\frac{1}{4}.$

◀ (ii) $A = \frac{3}{25}$,
$B = -\frac{4}{25}.$

(iii) $p^2 - 4q > 0$ の場合：⟨例⟩ $p = -3, q = 2$ [問 5.7 (3)].
$$\varphi(x) = \frac{1}{10}\cos x - \frac{3}{10}\sin x.$$

◀ (iii) $A = \frac{1}{10}$, $B = -\frac{3}{10}$.

手順 3 非斉次方程式の任意の解を (非斉次方程式の一つの解) + (斉次方程式の解) のように表す.

(i) $y = \frac{1}{4}(\cos x - \sin x) + e^x[\{\cos(\sqrt{2}x)\}a + \{\sin(\sqrt{2}x)\}b]$,
$\frac{dy}{dx} = -\frac{1}{4}(\sin x + \cos x)$
$\quad + e^x[\{\cos(\sqrt{2}x) - \sqrt{2}\sin(\sqrt{2}x)\}a + \{\sqrt{2}\cos(\sqrt{2}x) + \sin(\sqrt{2}x)\}b]$.

(ii) $y = \frac{3}{25}\cos x - \frac{4}{25}\sin x + e^{2x}(c_1 + c_2 x)$,
$\frac{dy}{dx} = -\frac{3}{25}\sin x - \frac{4}{25}\cos x + e^{2x}\{2c_1 + (2x+1)c_2\}$.

(iii) $y = \frac{1}{10}\cos x - \frac{3}{10}\sin x + e^{\frac{3}{2}x}\left[\left\{\cosh\left(\frac{x}{2}\right)\right\}a + \left\{\sinh\left(\frac{x}{2}\right)\right\}b\right]$,
$\frac{dy}{dx} = -\frac{1}{10}\sin x - \frac{3}{10}\cos x$
$\quad + e^{\frac{3}{2}x}\left[\left\{\cosh\left(\frac{x}{2}\right)\right\}\left(\frac{3}{2}a + \frac{1}{2}b\right) + \left\{\sinh\left(\frac{x}{2}\right)\right\}\left(\frac{1}{2}a + \frac{3}{2}b\right)\right]$.

Stop!
未定係数法ではなく, 定数変化法でも解を求めることができる. 例題 5.3 でわかったように, 定数変化法は未定係数法よりも計算が複雑である. 計算練習のために, 例題 5.4 も定数変化法で解いてみよ.

手順 4 初期条件で定数の値を決めて, 手順 3 の無数の解から一つの解を選ぶ.

◀ 初期条件の意味について, 例題 0.5 参照.

(i)
$$\begin{cases} 1 = \frac{1}{4} + a, \\ 0 = -\frac{1}{4} + a + \sqrt{2}b \end{cases} \begin{array}{l} \blacktriangleleft \ y|_{x=0} = 1. \\ \blacktriangleleft \ \left.\frac{dy}{dx}\right|_{x=0} = 0. \end{array}$$

を a, b について解くと, $a = \frac{3}{4}$, $b = -\frac{\sqrt{2}}{4}$ を得る. 非斉次方程式の初期値解は

$$y = \frac{1}{4}\left[\cos x - \sin x + e^x\left\{3\cos(\sqrt{2}x) - \sqrt{2}\sin(\sqrt{2}x)\right\}\right]$$

である.

(ii)
$$\begin{cases} 1 = \frac{3}{25} + c_1, \\ 0 = -\frac{4}{25} + 2c_1 + c_2 \end{cases} \begin{array}{l} \blacktriangleleft \ y|_{x=0} = 1. \\ \blacktriangleleft \ \left.\frac{dy}{dx}\right|_{x=0} = 0. \end{array}$$

を c_1, c_2 について解くと, $c_1 = \frac{22}{25}$, $c_2 = -\frac{8}{5}$ を得る. 非斉次方程式の初期値解は

$$y = \frac{3}{25}\cos x - \frac{4}{25}\sin x + e^{2x}\left(\frac{22}{25} - \frac{8}{5}x\right)$$

である.

(iii)
$$\begin{cases} 1 = \frac{1}{10} + a, \\ 0 = -\frac{3}{10} + \frac{3}{2}a + \frac{1}{2}b \end{cases} \begin{array}{l} \blacktriangleleft \ y|_{x=0} = 1. \\ \blacktriangleleft \ \left.\frac{dy}{dx}\right|_{x=0} = 0. \end{array}$$

を a, b について解くと, $a = \frac{9}{10}$, $b = -\frac{21}{10}$ を得る. 非斉次方程式の初期値解は

$$y = \frac{1}{10}\cos x - \frac{3}{10}\sin x + e^{\frac{3}{2}x}\left\{\frac{9}{10}\cosh\left(\frac{x}{2}\right) - \frac{21}{10}\sinh\left(\frac{x}{2}\right)\right\}$$

である.

■ **モデル** ■ 図 5.9 のように, ばねに取り付けたおもりが運動するとき, おもりに空気抵抗がはたらく.

◀ 例題 5.2 のモデルは, おもりにはたらく空気抵抗が無視できる場合の単振動である.

(問) 初期条件:「時刻 $t = 0$ s のとき,おもりの位置 $x = 1$ m,速度 $v = 0$ m/s」を課して,時刻 t のときの位置 x,速度 v を求めよ.

(解) 例題 5.2 (モデル) のおもりには,ばねからはたらく力のほかに,おもりの速度 v に比例する空気抵抗 $-\mu v$ (μ は正の一定量) がはたらく.おもりの運動量 (質量 × 速度) の変化は,力積 (力 × 時間) に等しいから

$$d(mv) = (-kx - \mu v)dt$$

と表せる.例題 5.2 (モデル) と同じ手順で,$\omega^2 = \dfrac{k}{m}$, $\alpha = \dfrac{\mu}{2m}$ とおくと,

$$\frac{d^2 x}{dt^2} = -\omega^2 x - 2\alpha \frac{dx}{dt}$$

を得る.p, q の値で手順 1a の λ_1, λ_2 を計算して,手順 1b の斉次解を求める (表 5.1, 図 5.16, 図 5.17).

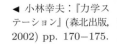

◀ 小林幸夫:『力学ステーション』(森北出版, 2002) pp. 170–175.

◀ α の分母を $2m$ とするのは,あとで式が簡単な形になるからである.

◀ 運動方程式
(質量 × 加速度 = 力)
$m\dfrac{d^2 x}{dt^2} = -kx - \mu \dfrac{dx}{dt}$
を立てたと考えてもいい.速度の定義は $v = \dfrac{dx}{dt}$ である.

表 5.1 3 通りの減衰振動 手順 1b の斉次解に初期条件を課す. $p = 2\alpha$, $q = \omega^2$.

$\alpha/\mathrm{s^{-1}}$	$\omega/\mathrm{s^{-1}}$	$p/\mathrm{s^{-1}}$	$q/\mathrm{s^{-2}}$	$(p^2-4q)/\mathrm{s^{-2}}$	x
1	5	2	25	負の値	$e^{-1\,\mathrm{s^{-1}}t}\left\{\cos(3\sqrt{6}\,\mathrm{s^{-1}}t) + \dfrac{\sqrt{6}}{18}\sin(3\sqrt{6}\,\mathrm{s^{-1}}t)\right\}$ m.
5	5	10	25	0	$e^{-5\,\mathrm{s^{-1}}t}\{1\,\mathrm{m} + (5\,\mathrm{m/s})\,t\}$.
20	5	40	25	正の値	$\dfrac{1}{30}e^{-20\,\mathrm{s^{-1}}t} \times \left\{e^{5\sqrt{15}\,\mathrm{s^{-1}}t}(4\sqrt{15}+15) - e^{-5\sqrt{15}\,\mathrm{s^{-1}}t}(4\sqrt{15}-15)\right\}$ m.

[Stop!]
量 = 数値 × 単位量
数値 = 量 / 単位量
$\dfrac{d^2 x}{dt^2}$ の単位量は m s^{-2}, $\dfrac{dx}{dt}$ の単位量は m s^{-1} だから, α の単位量は s^{-1} である.$\omega/\mathrm{s^{-1}} = 5$ の分母を払うと,$\omega = 5$ s^{-1}. $t = 2$ s は量であるが,指数は
$-1\,\mathrm{s^{-1}}t$
$= -1\,\mathrm{s^{-1}} \cdot \underbrace{2\,\mathrm{s}}_{t} = -2$
のように数値である.

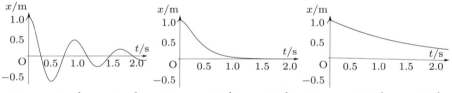

(a) $\alpha = 1$ s^{-1}, $\omega = 5$ s^{-1}. (b) $\alpha = 5$ s^{-1}, $\omega = 5$ s^{-1}. (c) $\alpha = 20$ s^{-1}, $\omega = 5$ s^{-1}.

図 5.16 解の振舞 (解曲線) 表 5.1 の 3 通りの減衰振動. $t = 0$ s のとき $v = 0$ m/s (接線の傾きがゼロだから水平) であることを確かめるために,t の負の側から曲線を描いてある.図 5.7 と比べよ.

◀ 図 5.16 の v–t グラフから「時刻 t でどれだけの速度 v か」,図 5.17 の x–v グラフから「位置 x でどれだけの速度 v か」がわかる.速さは速度の大きさである.

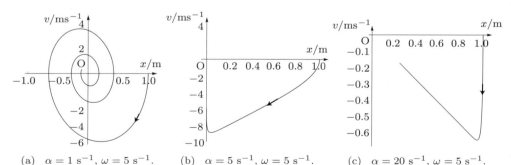

(a) $\alpha = 1$ s^{-1}, $\omega = 5$ s^{-1}. (b) $\alpha = 5$ s^{-1}, $\omega = 5$ s^{-1}. (c) $\alpha = 20$ s^{-1}, $\omega = 5$ s^{-1}.

図 5.17 位相軌道 表 5.1 の 3 通りの減衰振動. $v = dx/dt$ は速度を表す.図 5.8 と比べよ.

(問) 初期条件:「時刻 $t = 0$ s のとき,おもりの位置 $x = 1$ m,速度 $v = 0$ m/s」のもとで,時間とともに周期的に変化する力 $F\cos(\beta t)$ (F, β は $F/m = 1$ N/kg, $\beta = 1$ s^{-1} の一定量) も強制してはたらかせる.時刻 t のときのおもりの位置 x,速度 v を求めよ.

(解) 例として,減衰する場合の強制振動 ($p = 2$ s^{-1}, $q = 25$ s^{-2}) を調べる.

速度:-2 m/s
(負の向き)
速さ:$|-2|$ m/s
$= 2$ m/s.

p, q の値で手順 2 の A, B を計算して，非斉次解 $\varphi(t)$ を求める (手順 2 で x の代わりに t).
$$\varphi(t) = \frac{1}{290}\{6\cos(1\ \text{s}^{-1}t) + \sin(1\ \text{s}^{-1}t)\}\ \text{m}.$$

手順 3 で
$$x = \frac{1}{290}\{6\cos(1\ \text{s}^{-1}t) + \sin(1\ \text{s}^{-1}t)\}\ \text{m}$$
$$+ e^{-1\ \text{s}^{-1}t}[\{\cos(3\sqrt{6}\ \text{s}^{-1}t)\}a + \{\sin(3\sqrt{6}\ \text{s}^{-1}t)\}b]$$

と表す．

手順 4 で a, b を求めると
$$x = \frac{1}{290}\{6\cos(1\ \text{s}^{-1}t) + \sin(1\ \text{s}^{-1}t)\}\ \text{m}$$
$$+ \frac{1}{290}e^{-1\ \text{s}^{-1}t}\left\{284\cos(3\sqrt{6}\ \text{s}^{-1}t) + \frac{283\sqrt{6}}{18}\sin(3\sqrt{6}\ \text{s}^{-1}t)\right\}\ \text{m}$$

を得る (図 5.18)．

◀ $\dfrac{d^2x}{dt^2} = -\omega^2 x - 2\alpha\dfrac{dx}{dt} + \dfrac{F}{m}\cos(\beta t)$.

◀ 減衰しない場合の強制振動は，$\mu = 0$ N s/m だから $p = 0\ \text{s}^{-1}$ とする．

◀ $t \to \infty$ のとき $e^{-1\ \text{s}^{-1}t} \to 0$ だから，初期時刻から長い時間が経つと，$\varphi(t)$ の項だけが残る状態になる．このため，右辺を 0 とおいた補助方程式 (斉次方程式) の任意の解 $\dfrac{1}{290}e^{-1\ \text{s}^{-1}t}$ $\times[\{\cos(3\sqrt{6}\ \text{s}^{-1}t)\}a + \{\sin(3\sqrt{6}\ \text{s}^{-1}t)\}b]$ の項を「余関数」という．

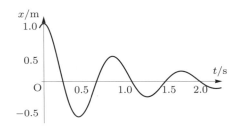

図 5.18 解の振舞 (解曲線) 減衰する場合の強制振動 ($\alpha = 1\ \text{s}^{-1}$, $\omega = 5\ \text{s}^{-1}$). $t = 0$ s のとき $v = 0$ m/s (接線の傾きがゼロだから水平) であることを確かめるために，t の負の側から曲線を描いてある．

ノート：円関数の合成

$a\cos\theta + b\sin\theta$ を $r\cos(\theta - \phi)$ のように，一つの円関数で表す方法を「円関数の合成」という．$a\cos\theta + b\sin\theta$ の式を見ていると，数ベクトルの内積 $\begin{pmatrix} a \\ b \end{pmatrix} \cdot \begin{pmatrix} \cos\theta \\ \sin\theta \end{pmatrix}$ の顔が浮かんでくる (図 5.19)．

[例] $3\cos\theta - \sqrt{2}\sin\theta = \begin{pmatrix} 3 \\ -\sqrt{2} \end{pmatrix} \cdot \begin{pmatrix} \cos\theta \\ \sin\theta \end{pmatrix}$ [例題 5.4 の手順 4 (i) で x の代わりに θ]

$$= \underbrace{\sqrt{3^2 + (-\sqrt{2})^2}}_{\text{大きさ (ノルム)}} \underbrace{\sqrt{(\cos\theta)^2 + (\sin\theta)^2}}_{\text{大きさ (ノルム)}} \cos\underbrace{(\theta - \phi)}_{\substack{\text{幾何ベクトル} \\ \text{どうしの間の角}}}$$

$$= \sqrt{11}\cos(\theta - \phi), \quad \cos\phi = \frac{3}{\sqrt{11}}, \quad \sin\phi = \frac{-\sqrt{2}}{\sqrt{11}}.$$

◀ ほかの方法でも，$a\cos\theta + b\sin\theta$ を一つの円関数で表すことができる．その方法では，幾何ベクトルの回転を考える．
小林幸夫：『現場で出会う微積分・線型代数』(現代数学社，2011) pp. 478–481.

◀ 例題 5.2 のモデルでおもりの位置が $x = \{4 \times 10^{-2}\cos(2 \times 10^2\ \text{s}^{-1}t)\}$ m のように，一つの円関数で表せる振動だから「単振動」という．単は「一つの」という意味である．

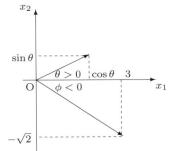

この例では，$\phi < 0$ だから，$\phi = -|\phi|$. 幾何ベクトルどうしの間の角は，$\theta - \phi = \theta + |\phi|$. $\sqrt{(\cos\theta)^2 + (\sin\theta)^2} = 1$ に注意する．

図 5.19 二つの幾何ベクトル

問 5.15 つぎの円関数を合成せよ.

(1) $6\cos\theta + \sin\theta$ (2) $284\cos\theta + \dfrac{283\sqrt{6}}{18}\sin\theta$ [例題 5.4 のモデル (強制振動)]

◂ $6\cos\theta + 1\sin\theta$ のように, 1 もいちいち書く.
$\sqrt{(\cos\theta)^2 + (\sin\theta)^2} = 1$ に注意.

【解説】二つの数ベクトルの内積と見て, それぞれの数ベクトルを幾何ベクトルで表す (図 5.20).

(1) $\begin{aligned}6\cos\theta + 1\sin\theta &= \begin{pmatrix} 6 \\ 1 \end{pmatrix} \cdot \begin{pmatrix} \cos\theta \\ \sin\theta \end{pmatrix} \\ &= \sqrt{6^2 + 1^2}\sqrt{(\cos\theta)^2 + (\sin\theta)^2}\cos(\theta - \phi) \\ &= \sqrt{37}\cos(\theta - \phi),\end{aligned}$
$$\cos\phi = \frac{1}{\sqrt{37}}, \quad \sin\phi = \frac{6}{\sqrt{37}}.$$

◂ 例題 5.4 のモデル (強制振動)
(1) $\theta = 1 \text{ s}^{-1} t$,
(2) $\theta = 3\sqrt{6} \text{ s}^{-1} t$.

(2) $\begin{aligned}284\cos\theta + \frac{283\sqrt{6}}{18}\sin\theta &= \begin{pmatrix} 284 \\ 283\sqrt{6}/18 \end{pmatrix} \cdot \begin{pmatrix} \cos\theta \\ \sin\theta \end{pmatrix} \\ &= \sqrt{284^2 + \left(\frac{283\sqrt{6}}{18}\right)^2}\sqrt{(\cos\theta)^2 + (\sin\theta)^2}\cos(\theta - \phi) \\ &= \frac{1}{3}\sqrt{\frac{4435513}{6}}\cos(\theta - \phi),\end{aligned}$
$$\cos\phi = \frac{284}{\sqrt{284^2 + (283\sqrt{6}/18)^2}}, \quad \sin\phi = \frac{283\sqrt{6}/18}{\sqrt{284^2 + (283\sqrt{6}/18)^2}}.$$

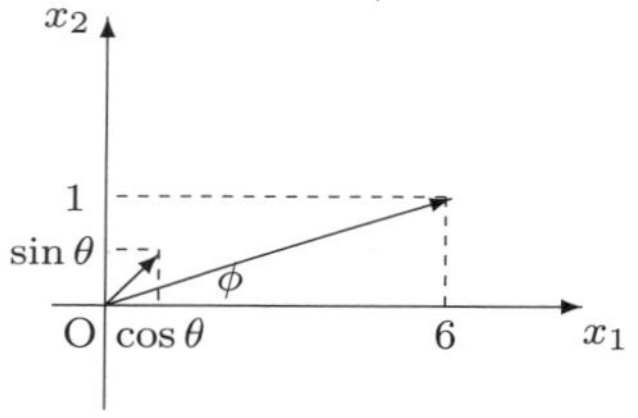

幾何ベクトルどうしの間の角は, $\theta - \phi$.
幾何ベクトルの大きさ (ノルム) は, それぞれ 1, $\sqrt{37}$.

図 5.20 二つの幾何ベクトル

参考 力学系の振動だけでなく, 電気系にも同じ形の常微分方程式が現れる. 図 5.21 のように, 交流電源に抵抗 R, 自己インダクタンス L の導線, 電気容量 C のコンデンサーを直列に接続した回路 (RLC 直列回路) で, 導線を通じてコンデンサーの放電を考える. R, L, C は時間 t に無関係であり, 正の値で表せる一定量である. 回路を流れる電流 i は, 時間 t の未知関数である. 回路の方程式は, 未知関数 i に関する 2 階常微分方程式

$$L\frac{d^2 i}{dt^2} + R\frac{di}{dt} + \frac{1}{C}i = \begin{cases} \omega E_0 \cos(\omega t), \\ 0 \text{ V} \quad (\text{交流起電圧がない場合}) \end{cases}$$

で表せる. E_0 は, 時間とともに変化する電流の最大である. ω は正の値で表す一定量であるが, 力学系で定義した k/m とはまったく関係なく, 角振動数という.

おもりの運動方程式を, 未知関数 x に関する 2 階常微分方程式

$$m\frac{d^2 x}{dt^2} + \mu\frac{dx}{dt} + kx = \begin{cases} F\cos(\beta t), \\ 0 \text{ N} \end{cases}$$

に書き換えると, 式の上では, 力学系と電気系との間に

$$x \leftrightarrow i, \quad m \leftrightarrow L, \quad \mu \leftrightarrow R, \quad k \leftrightarrow \frac{1}{C}$$

の対応関係が見出せる. 回路の方程式の解を求めるために, 例題 5.4 の手順 1a, 1b の斉次解で, $p(= 2\alpha)$ を R/L, q を $1/(LC)$ におきかえる.

◂ 未知関数について, 0.4 節のノート: 方程式と微分方程式とのちがいを参照.
◂ V は交流起電圧の単位量 (ボルト).
◂ ここで, i は電流を表す記号であり, 虚数単位ではない.
電気工学では電流の記号は i と決まっているので, まぎらわしさを避けるために, i のつぎの j で虚数を表す.

図 5.21 RLC 直列回路

ここまでの例題は，定数係数 2 階常微分方程式である．つぎに，変数係数高階常微分方程式の場合も考えてみる．

◀ R は実数の集合を表す．

> 数直線 R の $x > 0$ で定義し，n 階微分の係数が必ず x の n 乗を含む線型常微分方程式
> $$a_0 x^n \frac{d^n y}{dx^n} + a_1 x^{n-1} \frac{d^{n-1} y}{dx^{n-1}} + \cdots + a_{n-1} x \frac{dy}{dx} + a_n x = r(x)$$
> を，**Euler** 型（または **Cauchy**）の**線型微分方程式**という．ここで，$a_0, a_1,$ ..., a_n は定数である．

◀ Leonhard Euler（レオンハルト・オイラー）は，18 世紀の数学者・天文学者．Augustin Louis Cauchy（オーギュスタン・ルイ・コーシー）は，18 世紀の数学者．梶原壌二：『微分方程式入門』（森北出版，1984）．

問 5.16 数直線 R の $x > 0$ で定義した 2 階斉次線型常微分方程式

$$x^2 \frac{d^2 y}{dx^2} + a_1 x \frac{dy}{dx} + a_2 y = 0$$

は，変数 x の代わりに，$x = e^t$ で新しい変数 t を導入すると，定数係数 2 階斉次線型常微分方程式に帰着することを示せ．

◀ 斉次：$r(x)$ が関数値 0 の定数関数の場合である．

【解説】x で微分する操作 $\dfrac{dy}{dx}$ の代わりに，t で微分する操作 $\dfrac{dy}{dt}$ で表す．

$$\begin{aligned}\frac{dy}{dx} &= \frac{dy}{dt}\frac{dt}{dx} \\ &= \frac{dy}{dt}\bigg/\frac{dx}{dt} \\ &= x^{-1}\frac{dy}{dt}\end{aligned}$$

◀ $\dfrac{dx}{dt} = \dfrac{d(e^t)}{dt} = e^t = x$.

◀ 図 1.4 を見ると，$-\infty < t < \infty$ で $x = e^t$ の値は正であり，連続かつ単調増加だから，$x > 0$ の範囲で x の一つの値に t の一つの値が対応する．y は，x の代わりに，t を独立変数として表すことができる．

だから，もとの微分方程式の第 2 項で
$$x\frac{dy}{dx} = \frac{dy}{dt}$$
となる．

$$\begin{aligned}\frac{d^2 y}{dx^2} &= \frac{d\left(\dfrac{dy}{dx}\right)}{dx} = \frac{d\left(x^{-1}\dfrac{dy}{dt}\right)}{dx} \\ &= \frac{d(x^{-1})}{dx}\frac{dy}{dt} + x^{-1}\frac{d\left(\dfrac{dy}{dt}\right)}{dx} \\ &= -x^{-2}\frac{dy}{dt} + x^{-1}\frac{d\left(\dfrac{dy}{dt}\right)}{dt}\frac{dt}{dx} \\ &= -x^{-2}\frac{dy}{dt} + x^{-1}\frac{d^2 y}{dt^2}\bigg/\frac{dx}{dt} \\ &= -x^{-2}\left(\frac{dy}{dt} - \frac{d^2 y}{dt^2}\right)\end{aligned}$$

◀ 積の微分 (問 3.3)．

◀ $\dfrac{dx}{dt} = \dfrac{d(e^t)}{dt} = e^t = x$.

◀ $x^{-1}\dfrac{d^2 y}{dt^2}\bigg/\dfrac{dx}{dt} = x^{-1}\dfrac{d^2 y}{dt^2}\bigg/x = x^{-2}\dfrac{d^2 y}{dt^2}$

だから，もとの微分方程式の第1項は

$$x^2 \frac{d^2y}{dx^2} = \frac{d^2y}{dt^2} - \frac{dy}{dt}$$

となる．もとの微分方程式を

$$\underbrace{\frac{d^2y}{dt^2} - \frac{dy}{dt}}_{x^2 \frac{d^2y}{dx^2}} + a_1 \underbrace{\frac{dy}{dt}}_{x \frac{dy}{dx}} + a_2 y = 0$$

に書き換えて整理すると，定数係数2階斉次線型常微分方程式

$$\frac{d^2y}{dt^2} + (a_1 - 1)\frac{dy}{dt} + a_2 y = 0$$

になる．

◀ 例題 5.2, 例題 5.3, 例題 5.4 の解法が適用できる．

例題 5.5 Euler 型の線型常微分方程式

数直線 R の $x > 0$ で定義した変数係数2階非斉次線型常微分方程式

$$x^2 \frac{d^2y}{dx^2} - 2x\frac{dy}{dx} + 2y = x^3$$

を解いて，解曲線の特徴を調べよ．

◀ 探究演習【6.6】で級数展開による解析的解法を示す．

(発想) 問 5.16 と同じ方法で定数係数2階斉次線型常微分方程式に書き換える．

【解説】

手順0 初期条件を設定する．(例) 「$x = 1$ のとき $y = 0, \frac{dy}{dx} = -1$」

手順1 $x = e^t$ とおいて，x で微分する操作 $\frac{dy}{dx}$ の代わりに，t で微分する操作 $\frac{dy}{dt}$ で表す．

問 5.16 の方法で，定数係数2階非斉次線型常微分方程式

$$\frac{d^2y}{dt^2} - 3\frac{dy}{dt} + 2y = e^{3t}$$

になる．

◀ x–y グラフは点 $(1, 0)$ を通り，x–y' グラフは点 $(1, -1)$ を通る．
◀ 相平面
よこ軸：y
たて軸：y'
相平面の点 $(0, -1)$ を通る．
◀ $x^3 = (e^t)^3 = e^{3t}$.

手順2 対応する (付随する) 斉次線型常微分方程式の任意の解 y_h を求める．

$$\frac{d^2 y_h}{dt^2} - 3\frac{dy_h}{dt} + 2y_h = 0$$

手順2a 解の基底 (解の基本集合) を求める．

$y_h = e^{\lambda t}$ (指数関数) と仮定する．例題 5.3 と同様に，

特性方程式：$\lambda^2 - 3\lambda + 2 = 0$

◀ $(\lambda-1)(\lambda-2) = 0$.

を λ について解くと，

$$\lambda_1 = 1, \quad \lambda_2 = 2$$

を得るから，解の基底は $<e^t, e^{2t}>$ である．

◀ 基底を x で表すと，$<x, x^2>$ である．

手順2b 任意の斉次解を基本解の線型結合で表す．

基本解に適当な定数 c_1, c_2 を掛けると

$$y_h = e^t c_1 + e^{2t} c_2 \text{ (基本解の\textbf{線型結合})},$$
$$\frac{dy_h}{dt} = e^t c_1 + 2e^{2t} c_2.$$

5.3 高階非斉次線型常微分方程式

未定係数法

手順 3　一つの非斉次解を $\varphi(t) = Ae^{3t}$ (A は定数) とおく. $y = \varphi(t)$ として,

$$\frac{d\{\varphi(t)\}}{dt} = 3Ae^{3t},$$

$$\frac{d^2\{\varphi(t)\}}{dt^2} = 3^2 Ae^{3t}$$

を定数係数 2 階非斉次線型常微分方程式に代入してから整理すると

$$(3^2 - 3 \cdot 3 + 2)Ae^{3t} = e^{3t}$$

となる. $e^{3t} \neq 0$ だから,

$$(2A - 1)e^{3t} = 0$$

は,

$$A = \frac{1}{2}$$

のとき, t の値に関係なく成り立つ (恒等的に成立). したがって, 一つの非斉次解は

$$\varphi(t) = \frac{1}{2}e^{3t}$$

である.

◀ 本節のノート：非斉次線型常微分方程式の一つの解の求め方を参照.

―― 感覚をつかめ ――
式の計算を見ると, 非斉次線型常微分方程式の右辺が e^{3t} の場合, 一つの非斉次解が $\varphi(t) = Ae^{3t}$ (A は定数) であることがなっとくできる.

手順 4　定数係数非斉次方程式の任意の解を (定数係数非斉次方程式の一つの解)
+(定数係数斉次方程式の解) のように表す.

$$y = \frac{1}{2}e^{3t} + e^t c_1 + e^{2t} c_2,$$

$$\frac{dy}{dx} = \frac{3}{2}e^{3t} + e^t c_1 + 2e^{2t} c_2.$$

$x = e^t$ だから, 変数係数非斉次方程式の任意の解は

$$y = \frac{1}{2}x^3 + xc_1 + x^2 c_2,$$

$$\frac{dy}{dx} = \frac{3}{2}x^3 + xc_1 + 2x^2 c_2.$$

◀ $e^{2t} = (e^t)^2 = x^2$.
$e^{3t} = (e^t)^3 = x^3$.

手順 5　初期条件で定数の値を決めて, 手順 4 の無数の解から一つの解を選ぶ.

$$\begin{cases} 0 = \frac{1}{2} \times 1^3 + 1c_1 + 1^2 c_2, \\ -1 = \frac{3}{2} \times 1^3 + 1c_1 + 2 \times 1^2 c_2 \end{cases}$$

◀ $y|_{x=1} = 0$.

◀ $\left.\dfrac{dy}{dx}\right|_{x=1} = -1$.

を c_1, c_2 について解くと, $c_1 = \dfrac{3}{2}, c_2 = -2$ を得る. 変数係数非斉次方程式の初期値解は

$$y = \frac{1}{2}x^3 - 2x^2 + \frac{3}{2}x$$

である (図 **5.22**, 図 **5.23**).

検算

$$\begin{array}{rrrrrrr}
2y & = & x^3 & - & 4x^2 & + & 3x \\
-2x\dfrac{dy}{dx} & = & -3x^3 & + & 8x^2 & - & 3x \\
+)\quad x^2\dfrac{d^2y}{dx^2} & = & 3x^3 & - & 4x^2 & & \\
\hline
 & & x^3 & & & &
\end{array}$$

◀ $y = \dfrac{1}{2}x^3$
$+ \left(\dfrac{3}{2}x - 2x^2\right)$
を降べきの順に整理した.

◀ $\dfrac{dy}{dx} = \dfrac{3}{2}x^2 - 4x + \dfrac{3}{2}$.

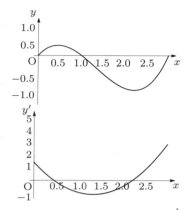

図 **5.22** 解の振舞（解曲線） $y' = \dfrac{dy}{dx}$ と表してある．

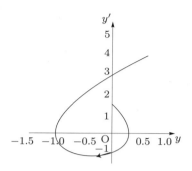

図 **5.23** 位相軌道　解は特定の位置 $(0, -1)$ を通り，矢印の向きに変化する．

[Stop!]
未定係数法ではなく，定数変化法でも解を求めることができる．例題 5.3 でわかったように，定数変化法は未定係数法よりも計算が複雑である．計算練習のために，例題 5.5 も定数変化法で解いてみよ．

●**類題**● 数直線 R の $x > 0$ で定義した変数係数 2 階斉次線型常微分方程式

$$x^2 \frac{d^2 y}{dx^2} - 2x \frac{dy}{dx} + 2y = x^2$$

を解け．

【**解説**】手順 1 の定数係数 2 階斉次線型常微分方程式は

$$\frac{d^2 y}{dt^2} - 3 \frac{dy}{dt} + 2y = e^{2t}$$

である．手順 2a の特性方程式は例題 5.5 と同じだから，斉次解の基底は $< e^t, e^{2t} >$ である．定数係数非斉次方程式の右辺の関数値 $e^{2t} (= x^2)$ が手順 2a の斉次解 $e^{2t} (= x^2)$ に一致するから，手順 3 で一つの非斉次解を $\varphi(t) = A e^{2t}$ (A は定数) とおき，$y = \varphi(t)$ として，

$$\frac{d\{\varphi(t)\}}{dt} = 2A e^{2t},$$

$$\frac{d^2\{\varphi(t)\}}{dt^2} = 2^2 A e^{2t}$$

を定数係数非斉次方程式に代入してから整理すると

$$(2^2 - 3 \cdot 2 + 2)A e^{2t} = 0 \neq e^{2t}$$

となり，$A e^{2t}$ は解でないことがわかる．

$\varphi(t) = At e^{2t}$ (A は定数) とおき，$y = \varphi(t)$ として，

$$\frac{d\{\varphi(t)\}}{dt} = A(1 + 2t)e^{2t},$$

$$\frac{d^2\{\varphi(t)\}}{dt^2} = 4A(1 + t)e^{2t}$$

を定数係数非斉次方程式に代入してから整理すると

$$\{4(1+t) - 3(1+2t) + 2t\} A e^{2t} = e^{2t}$$

となる．$e^{2t} \neq 0$ だから，この式は

$$A = 1$$

のとき，t の値に関係なく成り立つ（恒等的に成立）．したがって，一つの非斉次解は

$$\varphi(t) = t e^{2t}$$

である．

◀ te^{2t} を考える発想は，問 5.7 (2) と同じ．

◀ 積の微分 (問 3.3).
$\dfrac{d(te^{2t})}{dt}$
$= \dfrac{dt}{dt} e^{2t} + t \dfrac{d(e^{2t})}{dt}$
$= e^{2t} + t \cdot 2 e^{2t}$
$= (1 + 2t)e^{2t}$.

$\dfrac{d\{(1+2t)e^{2t}\}}{dt}$
$= \dfrac{d(1+2t)}{dt} e^{2t}$
$\quad + (1+2t) \dfrac{d(e^{2t})}{dt}$
$= 2e^{2t}$
$\quad + (1+2t) \cdot 2 e^{2t}$
$= 4(1+t)e^{2t}$.

手順 4 で，定数係数非斉次方程式の任意の解を
$$y = te^{2t} + e^t c_1 + e^{2t} c_2$$
のように表す．$x = e^t$ だから $t = \log_e x$, $e^{2t} = x^2$ であり，変数係数非斉次方程式の任意の解は，つぎのようになる．

◀ 1.1 節.

$$y = x^2 \log_e x + x c_1 + x^2 c_2$$
$$= (\log_e x + c_2) x^2 + x c_1$$

手順 5 で，初期条件を課して，定数 c_1, c_2 の値を決める．

ここまでの例題では，初期値をみたす解の求め方を考えた．例題 5.2, 5.4 のモデルのように，初期値問題には理工系 (力学など) の応用例が見つかる．理工系の研究でも，ほかの条件をみたす解が必要な応用例 (材料力学，量子力学など) もある．

```
┌─ ノート：初期値問題と境界値問題 ──────────────
```
初期条件：独立変数が一つの特定の値のときにみたす条件 (initial condition, I.C.)

例 例題 5.4「独立変数が $x = 0$ のとき，関数値は $y = 1$, 導関数の値は $\dfrac{dy}{dx} = 0$」(y は x の関数)

例 例題 5.4 のモデル「時刻が $t = 0$ s のとき，位置は $x = 1$ m, 速度は $v = 0$ m/s」(位置 x は時刻 t の関数で表せる量，速度 v はその導関数で表せる量)
  意味：いつ，どこで，どれだけの速度

初期値問題：「初期条件をみたす解が存在するかどうか」

境界条件：独立変数が二つの特定の値のとき (数直線上の区間の端点) にみたす条件 (boundary condition, B.C.)

例 例題 5.6「独立変数が $x = 0, x = 1$ のとき，関数値は $y = 0$」(y は x の関数)

例 例題 5.6 のモデル「棒の両端が $x = 0$ m, $x = l$ のとき，棒の湾曲は $y = 0$ m は」(y は x の関数で表せる量)
  意味：どこで，どれだけ湾曲しているか

境界値問題：「境界条件をみたす解が存在するかどうか」

数直線 $\boldsymbol{R}$ の $\alpha \leq x \leq \beta$ で定義した 2 階斉次線型常微分方程式
$$a_0(x) \frac{d^2 y}{dx^2} + a_1(x) \frac{dy}{dx} + a_2(x) y = y\lambda \quad (\lambda \text{ は定数})$$
は，境界条件「$x = \alpha, x = \beta$ で $y = 0$」をみたす解をもつか？ この問題の簡単な例を考えてみる．はじめに，計算しなくても，視察で解が見つかることに注意する．関数値が 0 の定数関数 (関数値 $y = 0$) は，
$$a_0(x) 0 + a_1(x) 0 + a_2(x) 0 = 0 \lambda$$
をみたすから，$y = 0$ は解である．

◎ **何が問題か** この定数関数のほかにも，境界条件をみたす解は存在するか？

問 5.17 数直線 $\boldsymbol{R}$ の $0 \leq x \leq 1$ で定義した 2 階斉次線型常微分方程式
$$\frac{d^2 y}{dx^2} = -y \quad (\text{例題 5.2 の微分方程式})$$

不等号
日本では $\geqq, \leqq$ を使うが，世界では $\geq, \leq$ を使う．

◀ λy でなく $y\lambda$ と書いた理由は，図 5.29 で注意する．

◀ $a_0(x) \dfrac{d^2 y}{dx^2}$
$+ a_1(x) \dfrac{dy}{dx}$
$+ \{a_2(x) - \lambda\} y = 0$
と書き換えることができるから，斉次方程式である．

◀ 関数値が 0 の定数関数 f の関数値 y を $f(x)$ と表す．
x のあらゆる値に対して，$f(x) = 0$ だから，x の値に関係なく $y = 0$.
$x - y$ グラフは水平だから，傾きの値が 0 であり，$\dfrac{d0}{dx} = 0$.
グラフは水平のままで，傾きは変化しないから，$\dfrac{d^2 0}{dx^2} = 0$.

は，境界条件「$x=0, x=1$ で $y=0$」をみたす解をもつか？

【解説】 $a_0(x)\dfrac{d^2y}{dx^2}+a_1(x)\dfrac{dy}{dx}+a_2(x)y=y\lambda$ で a_0, a_1, a_2 が定数関数の場合．$a_0(x)=1$, $a_1(x)=0$, $a_2(x)=0$, $\lambda=-1$.

◀ (i) 視察によって，$y=0$ が解であることがわかる．

(i) 関数値が 0 の定数関数は，境界条件「$x=0, x=1$ で $y=0$」をみたす．$y=0$ を微分方程式に代入すると，左辺 $=0$, 右辺 $=0$ だから，左辺 $=$ 右辺 となる．したがって，$y=0$ は解である．

(ii) この定数関数のほかにも解が存在するかどうかを考える．
例題 5.2 の手順 2 で求めた任意の解は，基本解 $<e^{ix}, e^{-ix}>$ で

$$y = e^{ix}c_1 + e^{-ix}c_2$$

と表せるが，係数の値を求める計算を簡単にするために，基本解 $<\cos(x), \sin(x)>$ で

$$y = \{\cos(x)\}a + \{\sin(x)\}b$$

と表す．境界条件は

$$y|_{x=0} = 0, \quad y|_{x=1} = 0$$

だから，

$$\begin{cases} \{\cos(0)\}a + \{\sin(0)\}b = 0, \\ \{\cos(1)\}a + \{\sin(1)\}b = 0 \end{cases}$$

を，a, b について解くと，$a=0, b=0$ を得る．したがって，境界条件をみたす解は

$$y = 0 \quad (0 \leq x \leq 1 \text{ のあらゆる値で関数値 } 0 \text{ の定数関数})$$

である．

Stop! 未知数の値を決める方程式の個数は，未知数の個数と等しい．2 個の未定係数 a, b の値を決めるために，2 個の境界条件 $y|_{x=0}=0$, $y|_{x=1}=0$ を課す．

◀ $\cos(0)=1$, $\sin(0)=0$, $\sin(1)\neq 0$.
第 1 式は $1a+0b=0$ だから $a=0$.
第 2 式は $\{\sin(1)\}b=0$ になるが，$\sin(1)\neq 0$ だから $b=0$.

◎何がわかったか $\dfrac{d^2y}{dx^2}=-y$ の境界条件「$x=0, x=1$ で $y=0$」をみたす解は $y=0$ しかない．

●**類題**● 数直線 $\boldsymbol{R}$ の $0 \leq x \leq 1$ で定義した 2 階斉次線型常微分方程式

$$\dfrac{d^2y}{dx^2} = -4\pi^2 y \quad (\text{例題 5.2 のモデル})$$

は，境界条件「$x=0, x=1$ で $y=0$」をみたす解をもつか？

【解説】 $a_0(x)\dfrac{d^2y}{dx^2}+a_1(x)\dfrac{dy}{dx}+a_2(x)y=\lambda y$ で $a_0(x)=1$, $a_1(x)=0$, $a_2(x)=0$, $\lambda=-4\pi^2$ の場合．

(i) 視察によって，$y=0$（関数値が 0 の定数関数）が解であることがわかる．

(ii) この定数関数のほかにも解が存在するかどうかを考える．
例題 5.2 の手順 2 で求めた任意の解は，基本解 $<e^{2\pi ix}, e^{-2\pi ix}>$ で

$$y = e^{2\pi ix}c_1 + e^{-2\pi ix}c_2$$

と表せるが，係数の値を求める計算を簡単にするために，基本解 $<\cos(2\pi x), \sin(2\pi x)>$ で

$$y = \{\cos(2\pi x)\}a + \{\sin(2\pi x)\}b$$

と表す．境界条件は

$$y|_{x=0} = 0, \quad y|_{x=1} = 0$$

だから，

$$\begin{cases} \{\cos(0)\}a + \{\sin(0)\}b = 0, \\ \{\cos(2\pi)\}a + \{\sin(2\pi)\}b = 0 \end{cases}$$

を，a, b について解くと，$a=0$, $\{\sin(2\pi)\}b=0$ を得る．b は任意の値が取れる（どんな値でもいい）から，$b=0$ を選ぶことができるが，(i) と同様に，解は $y=0$ である．$b \neq 0$ を選ぶと，この定数関数でない解

$$y = \{\sin(2\pi x)\}b \quad (b \neq 0)$$

◀ 例題 5.2 のモデルで $\lambda^2 = -4\pi^2$ の場合だから，$\lambda = \pm 2\pi i$.

◀ $\cos(0)=1$, $\sin(0)=0$, $\cos(2\pi)=1$, $\sin(2\pi)=0$.
第 1 式は $1a+0b=0$ だから $a=0$. 第 2 式は $\{\sin(2\pi)\}b=0$ になるが，$\sin(2\pi)=0$ だから b はどのような値も取れる．

5.3 高階非斉次線型常微分方程式

が求まる.

補足 b は, 0 以外の任意の値 (どんな値でもいい) であるが, 解を表す関数は $\sin\{2\pi(\ )\}$ である. b の値を決めるために, ほかの条件を課す.

例 曲線 $y = |\{\sin(2\pi x)\}b|$ と x 軸とで囲む図形の面積が特定の値であるように, b の値を選ぶ.

$$|b|\int_0^1 |\sin(2\pi x)|dx = 1. \quad \blacktriangleleft \text{特定の値が } 1 \text{ の場合}$$

図 5.24 から

$$2|b|\int_0^{1/2}\{\sin(2\pi x)\}dx = 1.$$

したがって, $|b| = \dfrac{\pi}{2}$ を得る.

$b > 0$ を選ぶと, $b = \dfrac{\pi}{2}$ だから, 解は $y = \dfrac{\pi}{2}\sin(2\pi x)$.

$b < 0$ を選ぶと, $b = -\dfrac{\pi}{2}$ だから, 解は $y = -\dfrac{\pi}{2}\sin(2\pi x)$.

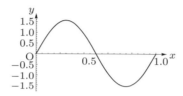

図 5.24 解の振舞 (解曲線) $\dfrac{1}{2} \le x \le 1$ で $y < 0$ だから, 曲線 $y = \dfrac{\pi}{2}\sin(2\pi x)$ を x 軸に関して反転すると, 曲線 $y = \dfrac{\pi}{2}|\sin(2\pi x)|$ になる.

◀ $\theta = 2\pi x$ とおく.
$$\dfrac{d\{\cos(2\pi x)\}}{dx}$$
$$= \dfrac{\cos(\theta)}{d\theta}\dfrac{d\theta}{dx}$$
$$= -\{-\sin(\theta)\}$$
$$\times \dfrac{d(2\pi x)}{dx}$$
$$= \{\sin(2\pi x)\} \cdot 2\pi.$$
分母を払うと
$$2\pi\{\sin(2\pi x)\}dx$$
$$= -d\{\cos(2\pi x)\}$$
だから
$$\int_0^{1/2}\{\sin(2\pi x)\}dx$$
$$= -\dfrac{1}{2\pi}$$
$$\times \int_1^{-1} d\{\cos(2\pi x)\}$$
$$= -\dfrac{1}{2\pi}\{(-1) - 1\}$$
$$= \dfrac{1}{\pi}.$$

x	$0 \to 1/2$
$\cos(2\pi x)$	$1 \to -1$

◎ **何がわかったか** $\dfrac{d^2y}{dx^2} = \lambda y$ の λ の値によって, $y = 0$ (関数値が 0 の定数関数) 以外の解が存在する場合 (**例** $\lambda = -4\pi^2$) とそうでない場合 (**例** $\lambda = -1$) とがある.

◀ 例題 6.5 と比べよ.

ここでは, $\dfrac{d^2y}{dx^2} = y\lambda$ (問 5.17) の簡単な型だけについて, 関数値が 0 の定数関数のほかにも解が存在するのは, どのような場合かを考える. 微分方程式の型が同じなのに, なぜ λ が特定の値の場合だけ定数関数でない解が存在するのか ?

例題 5.6 2 階非斉次線型常微分方程式の解法 (境界値問題)

数直線 R の $0 \le x \le 1$ で定義した 2 階斉次線型常微分方程式

$$\dfrac{d^2y}{dx^2} = -\omega^2 y \quad (\omega \text{ は正の実定数})$$

の境界条件「$x = 0$, $x = 1$ で $y = 0$」をみたす解を求めよ.

発想 例題 5.2 の 2 階斉次線型微分方程式を, 初期条件の代わりに, 境界条件のもとで解く. 任意の解を基本解の線型結合で表す手続きまでは, 課す条件 (初期条件, 境界条件) に関係なく, 同じである.

【解説】 $a_0(x)\dfrac{d^2y}{dx^2} + a_1(x)\dfrac{dy}{dx} + a_2(x)y = y\lambda$ で $a_0(x) = 1$, $a_1(x) = 0$, $a_2(x) = 0$, $\lambda = -\omega^2$ の場合.

(i) 視察によって, $y = 0$ (関数値が 0 の定数関数) が解であることがわかる.
(ii) この定数関数のほかにも解が存在するかどうかを考える.

問 5.17 と同様に, 例題 5.2 の手順 2 で求めた任意の解を

$$y = \{\cos(\omega x)\}a + \{\sin(\omega x)\}b$$

不等号
日本では $\geqq$, $\leqq$ を使うが, 世界では $\ge$, $\le$ を使う.

と表す．境界条件は
$$y|_{x=0} = 0, \quad y|_{x=1} = 0$$
だから，
$$\begin{cases} \{\cos(0)\}a + \{\sin(0)\}b = 0, \\ \{\cos(\omega)\}a + \{\sin(\omega)\}b = 0 \end{cases}$$
を，a, b について解くと，$a = 0, \{\sin(\omega)\}b = 0$ を得る．b は任意の値が取れる（どんな値でもいい）から，$b = 0$ を選ぶことができるが，(i) と同様に，解は $y = 0$ である．$b \neq 0$ を選ぶと，$\omega = n\pi$ (n は正の整数) のとき，この定数関数でない解
$$y = \{\sin(\omega x)\}b \qquad (b \neq 0)$$
が求まる．

◁ ω は正の実定数だから，n は正の整数である．

◁ $n = 0$ を選ぶと，解は $y = 0$ になるから，定数関数のほかの解ではない．

◎**何がわかったか** ω が特別の値の場合だけ，$y = 0$ (関数値が 0 の定数関数) 以外の解が存在する．このときの $\lambda (= -\omega^2)$ を，2 階斉次線型常微分方程式 $\dfrac{d^2y}{dx^2} = \lambda y$ の**固有値**，$y = 0$ 以外の解を**固有関数**という．

◁ 問 5.17 は $\omega \neq n\pi$ の場合．
類題は $\omega = 2\pi$ の場合．

■**モデル**■ 両端を固定した弾性棒の長さの方向 (x 方向) に力 F がはたらくとき，この棒は長さに垂直な方向 (y 方向) に曲がる．E を弾性率，I を慣性モーメントと表すと，弾性棒の彎曲を記述する方程式は $EI\dfrac{d^2y}{dx^2} = -Fy$ (2 階斉次線型常微分方程式) である (図 **5.26**)．

◁ 例題 6.5 と比べよ．

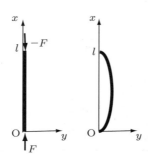

図 **5.26** 弾性棒の彎曲

(問) 境界条件は，どのように表せるか？
(答) 「$x = 0$ m, $x = \ell$ で $y = 0$ m」
(問) この方程式の解 $y = 0$ m は，棒のどのような状態を表すか？ (**式の読解**)
(答) 棒が直線の形を保っている．この解は関数値が 0 の定数関数で表した量．
(問) 棒が曲がるのは，どのような場合か？
(答) $q^2 = \dfrac{F}{EI}$ (正の一定量) とおき，この方程式を $\dfrac{d^2y}{dx^2} = -q^2 y$ に書き換える．
例題 5.6 の ω の代わりに q を考えると，境界条件 $\{\cos(\omega)\}a + \{\sin(\omega)\}b = 0$ は $\{\cos(q\ell)\}a + \{\sin(q\ell)\}b = 0$ m と表せる．$q\ell = n\pi$ (n は正の整数) のとき，$y = 0$ m 以外の解が存在する．実際に，棒が曲がるのは $\sqrt{\dfrac{F}{EI}} = \dfrac{n\pi}{\ell}$ をみたす場合である．

[Stop!]
初期値問題と境界値問題とのちがい

◁ スミルノフ：『高等数学教程 II 巻 [第 1 分冊]』(共立出版, 1958)．

◁ $q = \sqrt{\dfrac{F}{EI}}$

■**モデル**■ 図 **5.27** の直方体の箱に閉じ込めた質量 m の粒子は，壁で反射する．箱の各辺の方向に，粒子の影は等速往復運動する．一つの方向に x 軸を設定して，箱の x 方向の範囲を 0 m $\leq x \leq \ell$ とする．量子力学では，この粒子を波で表す．プランク定数を $\hbar$，粒子のエネルギーを E と表すと，波動関数 u の x 方向の Schrödinger (シュレディンガー) 方程式は
$$-\frac{\hbar^2}{2m}\frac{d^2u(x)}{dx^2} = Eu(x)$$
である．

◁ 小出昭一郎：『物理学 [三訂版]』(裳華房, 1997)．

◁ Schrödinger は，量子力学を定式化した理論物理学者の一人である．

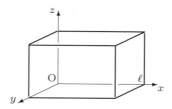

図 5.27 粒子を閉じ込めた箱　透明の箱を想定して描いてある．

◀ 図 5.27 で，座標軸 (数直線) は本来 x/m などのように書くが，この図のねらいが方向を示すことだけなので，x, y, z のように略記した．

問　粒子が箱から外に出ることができない．粒子を表す波が $0\,\mathrm{m} \leq x \leq \ell$ の範囲に限って存在する．箱の外では，$u(x) = 0$ である．x 方向の両端で，波の連続性の要請を式で表せ．

答　$u(0\,\mathrm{m}) = 0,\ u(\ell) = 0$

問　エネルギーの値がとびとび (離散的) であることを示せ．

答　Schrödinger 方程式を $\dfrac{d^2u(x)}{dx^2} = -\dfrac{2mE}{\hbar^2}u(x)$ に書き換える．例題 5.6 の ω の代わりに $\sqrt{2mE}/\hbar$ を考えると，境界条件 $\{\cos(\omega)\}a + \{\sin(\omega)\}b = 0$ は $\{\cos(\sqrt{2mE/\hbar^2}\,\ell)\}a + \{\sin(\sqrt{2mE/\hbar^2}\,\ell)\}b = 0$ と表せる．$\sqrt{\dfrac{2mE}{\hbar^2}}\,\ell = n\pi$ (n は正の整数) のとき，$u(x) = 0$ (関数値 0 の定数関数) 以外の解が存在する．取り得るエネルギー固有値は $E = \dfrac{\hbar^2}{2m}\left(\dfrac{n\pi}{\ell}\right)^2$ である．

◀ $\sqrt{\dfrac{2mE}{\hbar^2}}\,\ell = n\pi$ の両辺を 2 乗し，$\dfrac{2mE}{\hbar^2}\ell^2 = (n\pi)^2$ の分母を払って，$2m\ell^2$ で割ると $E = \dfrac{\hbar^2}{2m}\left(\dfrac{n\pi}{\ell}\right)^2$ を得る．

補足　波動関数 (固有関数という) $u(x) = \left\{\sin\left(\dfrac{n\pi}{\ell}x\right)\right\}a\ \ (n = 1, 2, 3, \ldots)$ の定数 a は，
$$\int_{0\,\mathrm{m}}^{\ell} \left|\left\{\sin\left(\dfrac{n\pi}{\ell}x\right)\right\}a\right|^2 dx = 1$$
から決まる (図 5.28)．

◀ $\sqrt{\dfrac{2mE}{\hbar^2}} = \dfrac{n\pi}{\ell}$.

◀ $\int_{0\,\mathrm{m}}^{\ell} |u(x)|^2 dx = 1$ は「粒子が $0\,\mathrm{m} \leq x \leq \ell$ に存在する確率が 1」という意味を表し，規格化条件という．

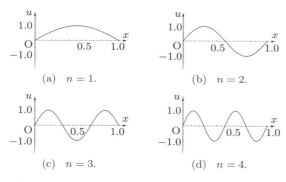

図 5.28 箱に閉じ込めた粒子の波動関数　a, ℓ の値が 1 の場合を描いてある．

◀ $n = 1, 2, 3, \ldots$ で交互に，波動関数は $x = \dfrac{1}{2}\ell$ (図 5.28 で $\ell/2$ の値は 0.5) を中心として，偶関数，奇関数になる．$u(0\,\mathrm{m}) = 0,\ u(\ell) = 0$ に注意．

ノート：固有値問題 (線型代数との結びつき 7)

- **線型代数の固有値問題**

対象の見方を変える操作を**変換**という．変換の規則をマトリックスで表して，ある幾何ベクトルを別の幾何ベクトルにうつす．変換しても方向が変わらない (同じ向きでも反対向きでもいい) 幾何ベクトルを見つける問題を，**固有値問題**という．

変換前の幾何ベクトルを数ベクトル $\boldsymbol{u}$ で表す．マトリックス A で数ベクトル $\boldsymbol{u}$ を変換する操作は，$A\boldsymbol{u}$ と表せる．変換しても方向が同じだから，拡大 (縮小) 率を λ とすると，変換後の幾何ベクトルは数ベクトルで $\boldsymbol{u}\lambda$ と表せる．ベクトル方程式

$$A\boldsymbol{u} = \boldsymbol{u}\lambda$$

◀ (変換を表すマトリックス)(解ベクトル) = (解ベクトル) 倍率

の解を表す数ベクトルを解ベクトルという．計算しなくても，零ベクトル $\boldsymbol{0}$ は $A\boldsymbol{0} = \boldsymbol{0}\lambda$ をみたすことがわかる．しかし，零ベクトルには方向がないから，変換しても方向が変わらない幾何ベクトルを見つける問題の解ではない．

零ベクトルでない解が存在するような λ を $A\boldsymbol{u} = \boldsymbol{u}\lambda$ の固有値，
その解 $\boldsymbol{u}$ を固有ベクトル

という．マトリックス A に固有の (特別な) 方向だけが変わらず，固有の (特別な) 倍率で拡大 (縮小) する (図 **5.29**)．

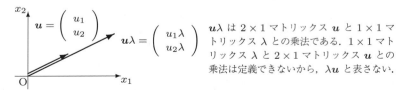

$\boldsymbol{u} = \begin{pmatrix} u_1 \\ u_2 \end{pmatrix}$, $\boldsymbol{u}\lambda = \begin{pmatrix} u_1 \lambda \\ u_2 \lambda \end{pmatrix}$ $\boldsymbol{u}\lambda$ は 2×1 マトリックス $\boldsymbol{u}$ と 1×1 マトリックス λ との乗法である．1×1 マトリックス λ と 2×1 マトリックス $\boldsymbol{u}$ との乗法は定義できないから，$\lambda \boldsymbol{u}$ と表さない．

図 5.29 変換で方向が変わらない幾何ベクトル

◀ 小林幸夫：『線型代数の発想』(現代数学社，2008) pp. 47–48.
小林幸夫：『現場で出会う微積分・線型代数』(現代数学社，2011) pp. 347–348.

● **斉次線型常微分方程式の固有値問題**

数直線の $\alpha \leq x \leq \beta$ で定義した 2 階斉次線型常微分方程式

$$a_0(x)\frac{d^2 y}{dx^2} + a_1(x)\frac{dy}{dx} + a_2(x)y = y\lambda \qquad (\lambda \text{ は定数})$$

の境界条件「$x = \alpha$, $x = \beta$ で $y = 0$」をみたす解を求める問題を，**固有値問題**という．

5.2 節で導入した 2 階線型微分演算子 $L = a_0(x)\dfrac{d^2}{dx^2} + a_1(x)\dfrac{d}{dx} + a_2(x)$ で，この微分方程式は

$$L(y) = y\lambda \qquad \blacktriangleleft \text{(2 階線型微分演算子) 解} = \text{解 倍率．}$$

と表せる．計算しなくても，$y = 0$ (関数値が 0 の定数関数) は $L(0) = 0\lambda$ をみたすことがわかる．

$y = 0$ 以外の解が存在するような λ を $L(y) = y\lambda$ の固有値，
その解 y を固有関数

という．定数 λ が固有の (特別な) の値のときだけ，微分演算子 L に固有の (特別な) 関数が境界条件をみたす．

計算練習

【**5.1**】 **連立 1 階常微分方程式と 2 階常微分方程式** 数直線 $\boldsymbol{R}$ 上の各点 x で定義した 2 階常微分方程式 $\dfrac{d^2 y}{dx^2} = 0$ を解いて，解曲線の特徴を調べよ．

【**解説**】 2 階常微分方程式 [独立変数 x, 未知関数の値 (従属変数) y] $\dfrac{d^2 y}{dx^2} = 0$ は，連立 1 階常微分方程式 [独立変数 x, 未知関数の値 (従属変数) y, y']

$$\begin{cases} \dfrac{dy}{dx} = y', \\ \dfrac{dy'}{dx} = 0 \end{cases}$$

に書き換えることができる．

手順 0 初期条件を設定する．**例**「$x = 1$ のとき $y = 2, y' = -1$」 [x–y グラフは点 $(1, 2)$ を通り，x–y' グラフは点 $(1, -1)$ を通る]

◀ 第 1 式で y' は x–y グラフ (よこ軸：x, たて軸：y) の接線の傾きを表す．
第 2 式の $\dfrac{dy'}{dx}$ は $\dfrac{d^2 y}{dx^2}$ だから，x–y' グラフ (よこ軸：x, たて軸：y') の接線の傾きを表す．

◀ 2 階常微分方程式 $\dfrac{d^2 y}{dx^2} = 0$ を解くとき，2 個の初期条件を課す．

Stop!
式は，単に計算過程を表す手段だけではない．手順 1 で式の意味を読解せよ．

手順 1 第 2 式を解く.

x のあらゆる値で，第 2 式 $\dfrac{dy'}{dx} = 0$ が成り立つから，x–y' グラフのすべての点で接線の傾きが 0 (接線は水平な直線) である．したがって，y' の値は一定だから，

$$y' = -1$$

を得る．

◀ $y'|_{x=1} = -1$ だけでなく，x のあらゆる値で $y' = -1$ (関数値が -1 の定数関数) である．

手順 2 第 1 式を解く.

手順 2a $\dfrac{dy}{dx} = -1$ を変数分離する．分母を払って $dy = -dx$ に書き換える．

手順 2b 左辺を $y = 2$ から $y = t$ (t はどんな値でもいい) まで積分し，右辺を $x = 1$ から $x = s$ (s はどんな値でもいい) まで積分する．

$$\int_2^t dy = -\int_1^s dx.$$

x	$1 \to s$
y	$2 \to t$

$$t - 2 = -(s - 1)$$

を整理して

$$t = -s + 3$$

となる．$x = s, y = t$ の場合 (s, t はどんな値でもいい) に成り立つから，y と x との対応の規則 (関数) で決まる関数値は

$$y = -x + 3 \quad (-\infty < x < \infty)$$

をみたす (図 5.30, 図 5.31).

日本語を式に翻訳
「x–y' グラフは水平な直線である」
x–y' グラフのすべての点で，接線の傾き $\dfrac{dy'}{dx} = 0$.

式を日本語に翻訳
x のすべての値で $\dfrac{dy'}{dx} = 0$.
「x–y' グラフのすべての点で，接線の傾きは 0 だから，x–y' グラフは水平な直線である」

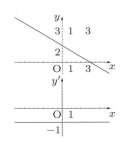

図 5.30 解の振舞 (解曲線)

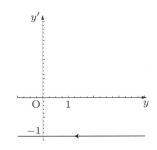

図 5.31 位相軌道 解は特定の点 $(2, -1)$ を通り，矢印の向きに変化する．

Stop!
x–y グラフのとおり y は減少関数である．
x–y' グラフで，y' は負の一定値を取ることがわかる．y–y' グラフで，y' が一定のまま y は減少する．

●**類題**● 数直線 R 上の各点 x で定義した 2 階常微分方程式 $\dfrac{d^2 y}{dx^2} = 5$ を解いて，解曲線の特徴を調べよ．

【解説】

手順 0 初期条件を設定する．斉次方程式 $\dfrac{d^2 y}{dx^2} = 0$ と比べるために，同じ初期条件のもとで非斉次方程式 $\dfrac{d^2 y}{dx^2} = C \, (\neq 0)$ の解を求める．

手順 1 第 2 式 $\dfrac{dy'}{dx} = 5$ を解く．

手順 1a $\dfrac{dy'}{dx} = 5$ を変数分離する．分母を払って $dy' = 5dx$ に書き換える．

手順 1b 左辺を $y' = -1$ から $y' = u$ (u はどんな値でもいい) まで積分し，右辺を $x = 1$ から $x = s$ (s はどんな値でもいい) まで積分する．

$$\int_{-1}^u dy' = 5 \int_1^s dx.$$

x	$1 \to s$
y'	$-1 \to u$

$$u - (-1) = 5(s - 1)$$

◀ 式の読解

x のあらゆる値で，第 2 式 $\dfrac{dy'}{dx} = 5$ が成り立つから，x–y' グラフのすべての点で接線の傾きが 5 (接線は右上がりの直線) である．したがって，y' は x の 1 次関数であることがわかる．

を整理して
$$u = 5s - 6$$
となる．$x = s, y' = u$ の場合 (s, u はどんな値でもいい) に成り立つから，y' と x との対応の規則 (関数) で決まる関数値は
$$y' = 5x - 6 \quad (-\infty < x < \infty)$$
をみたす．

手順2 第1式 $\dfrac{dy}{dx} = \overbrace{5x - 6}^{y'}$ を解く．

手順2a $\dfrac{dy}{dx} = 5x - 6$ を変数分離する．分母を払って $dy = (5x - 6)dx$ に書き換える．

手順2b 左辺を $y = 2$ から $y = t$ (t はどんな値でもいい) まで積分し，右辺を $x = 1$ から $x = s$ (s はどんな値でもいい) まで積分する．

$$\int_2^t dy = \int_1^s (5x - 6)dx.$$

x	$1 \to s$
y	$2 \to t$

$$t - 2 = 5 \cdot \frac{1}{2}\{s^2 - 1^2\} - 6(s - 1)$$

を整理して
$$t = \frac{5}{2}s^2 - 6s + \frac{11}{2}$$
となる．$x = s, y = t$ の場合 (s, t はどんな値でもいい) に成り立つから，y と x との対応の規則 (関数) で決まる関数値は
$$y = \frac{5}{2}x^2 - 6x + \frac{11}{2} \quad (-\infty < x < \infty)$$
をみたす (図 **5.32**，図 **5.33**)．

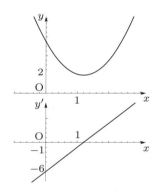

図 **5.32** 解の振舞 (解曲線)

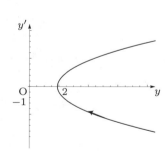

図 **5.33** 位相軌道 解は特定の点 $(2, -1)$ を通り，矢印の向きに変化する．

[Stop!] 図 5.32, 図 5.33 で $y' < 0$ のとき y は単調減少，$y' > 0$ のとき y は単調増加，$y' = 0$ のとき y は極値を取る．

◎何がわかったか 斉次方程式 $\dfrac{d^2y}{dx^2} = 0$ の解は x の1次関数，非斉次方程式 $\dfrac{d^2y}{dx^2} = C \ (\neq 0)$ の解は x の2次関数である．

■ モデル ■ 質量 m のボールを水平右向きに投げたときの運動と静かに手放したときの運動とを比べる．質量 m のボールに鉛直方向の光を当てて，ボールの水平方向の影の運動を調べる．水平右向きを正の向きとする x 軸を設定する．

問 それぞれの運動の初期条件は，どのように表せるか？

解 ボールを手放すとき，ボールの影の位置を $x = 0$ m とする．

右向きに投げるとき：例「$t = 0$ s のとき $x = 0$ m, $\dfrac{dx}{dt} = 2$ m/s」(図 **5.34**)

◀ 鉛直方向の光を当てる考え方について，小林幸夫：『力学ステーション』(森北出版, 2002) p. 29.

図 5.34 光を当てたボールの影の運動

静かに手放すとき:「$t = 0$ s のとき $x = 0$ m, $\dfrac{dx}{dt} = 0$ m/s」

問 それぞれの初期条件のもとで,時刻 t のときの影の位置と速度とを求めよ.

解 ボールには水平方向の力がはたらかないから,時間が dt だけ経過しても,水平方向にボールの運動量 (質量 × 速度) という勢いは変化しない.この因果律 (原因と結果との間の関係) は,影の速度を v_x とすると,

$$d(mv_x) = 0 \text{ N } dt$$

と表せる.両辺を m で割ると,時刻 t に関係なく (いつでも),$\dfrac{dv_x}{dt} = 0$ m/s^2 だから,速度 v_x は一定である.

右向きに投げるとき:$v_x = 2$ m/s,静かに手放すとき:$v_x = 0$ m/s.

速度 v_x は単位時間当りの位置 x の変化分 $v_x = \dfrac{dx}{dt}$ だから,分母を払って整理すると,

右向きに投げるとき:$dx = 2$ m/s dt,静かに手放すとき:$dx = 0$ m/s dt (影は進まない)

である.左辺を $x = 0$ m から $x = X$ (X はどんな値でもいい) まで積分し,右辺を $t = 0$ s から $t = T$ (T はどんな値でもいい) まで積分する.

$$\int_{0 \text{ m}}^{X} dx = 2 \text{ m/s} \int_{0 \text{ s}}^{T} dt$$

から

$$X = 2 \text{ m/s} \cdot T$$

を得る.$t = T$, $x = X$ の場合に成り立つから,右向きに投げるとき,x と t との対応の規則 (関数) で決まる関数値は

$$x = 2 \text{ m/s} \cdot t$$

をみたす (図 **5.35** (a)).静かに手放すとき,時間が経過しても

$$x = 0 \text{ m}$$

のまま動かない (図 (b)).

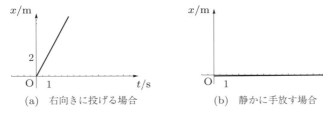

(a) 右向きに投げる場合　　(b) 静かに手放す場合

図 5.35 光を当てたボールの影の位置

◎**何がわかったか** 微分方程式が同じであっても,初期条件のちがいで解の振舞はまったく異なる.

休憩室 積分の概念は,紀元前 3 世紀に生まれていた [岡部恒治:『マンガ・微積分入門』(講談社,1994) p. 116].17 世紀に Newton (ニュートン), Leibniz (ライプニッツ) らが,この思想に辿り着くまでに,驚くほど長い年月がかかった.

◀ 落下運動の実験について,たとえば『新観察・実験大事典 [物理編] ① 力学/エネルギー』(東京書籍,2002) p. 83.

◀ 質量 mass の頭文字
時間 time の頭文字
速度 velocity の頭文字

◀ v_x の単位量が m/s,時間の単位量が s だから,dx/dt の単位量は m/s^2.

◀ $dx = 2$ m/s × dt は瞬間ごとに成り立つ.物理のことばでいい表すと,微分法は瞬間を捉えて表現する方法である.
「いまの位置 (場所)」
「いまの速度 (状態)」
が決まると「未来の位置 (場所)」が決まる.

◀ ボールの高さ z は例題 5.1 のモデルで求めてある.
10 m の高さでボールを手放したとすると,このときのボールの鉛直方向の速度は 0 m/s だから,
$z = 10$ m
$\quad + 0$ m/s $\cdot t - \dfrac{1}{2} gt^2$.

【5.2】 定数係数 2 階斉次線型常微分方程式の解を表す関数 数直線 R 上の各点 x で定義した 2 階常微分方程式 $\dfrac{d^2y}{dx^2}+qy=0$ (q は実定数) を, $q>0, q=0, q<0$ の場合について解き, 解曲線の特徴を比べよ.

【解説】 例題 5.2 と同じ解法. 例題 5.4 で $p=0$ の場合.

手順 0 初期条件を設定する.「$x=1$ のとき $y=1, y'=-1$」

手順 1 解の基底 (解の基本集合) を求める.
$y=e^{\lambda x}$ と仮定する.

特性方程式: $\lambda^2 + q = 0$

λ について解くと,
$$\lambda = \begin{cases} \pm i\sqrt{q} & (q>0), \\ \pm\sqrt{-q} & (q<0) \end{cases}$$

だから, **解の基底**は, つぎのようになる.

$<e^{i\sqrt{q}x}, e^{-i\sqrt{q}x}>$ または $<\cos(\sqrt{q}x), \sin(\sqrt{q}x)>$ ($q>0$ の場合),
$<e^{\sqrt{-q}x}, e^{-\sqrt{-q}x}>$ または $<\cosh(\sqrt{-q}x), \sinh(\sqrt{-q}x)>$ ($q<0$ の場合).

手順 2 任意の解を基本解の線型結合で表す.
基本解に適当な定数 a, b を掛けて加え合わせる.

(i) $q>0$ の場合 $y=\{\cos(\sqrt{q}x)\}a+\{\sin(\sqrt{q}x)\}b$ (円関数).
(ii) $q<0$ の場合 $y=\{\cosh(\sqrt{-q}x)\}a+\{\sinh(\sqrt{-q}x)\}b$ (双曲線関数).
(iii) $q=0$ の場合 $y=-x+1$ (1 次関数). ◀ 基本解の線型結合とは関係ない.

手順 3 初期条件で定数の値を決めて, 手順 2 の無数の解から一つの解を選ぶ.
(i) $q>0$ の場合

$$\begin{cases} 1 = \{\cos(\sqrt{q})\}a + \{\sin(\sqrt{q})\}b, \\ -1 = \{-\sqrt{q}\sin(\sqrt{q})\}a + \{\sqrt{q}\cos(\sqrt{q})\}b \end{cases}$$

◀ $y|_{x=1}=1$
◀ $y'|_{x=1}=-1$

を a, b について Cramer の方法で解くと

$$a = \frac{\begin{vmatrix} 1 & \sin(\sqrt{q}) \\ -1 & \sqrt{q}\cos(\sqrt{q}) \end{vmatrix}}{\begin{vmatrix} \cos(\sqrt{q}) & \sin(\sqrt{q}) \\ -\sqrt{q}\sin(\sqrt{q}) & \sqrt{q}\cos(\sqrt{q}) \end{vmatrix}} = \cos(\sqrt{q}) + \frac{\sin(\sqrt{q})}{\sqrt{q}},$$

$$b = \frac{\begin{vmatrix} \cos(\sqrt{q}) & 1 \\ -\sqrt{q}\sin(\sqrt{q}) & -1 \end{vmatrix}}{\begin{vmatrix} \cos(\sqrt{q}) & \sin(\sqrt{q}) \\ -\sqrt{q}\sin(\sqrt{q}) & \sqrt{q}\cos(\sqrt{q}) \end{vmatrix}} = -\frac{\cos(\sqrt{q})}{\sqrt{q}} + \sin(\sqrt{q})$$

を得る.

(ii) $q<0$ の場合
同様に,
$$a = \cosh(\sqrt{-q}) + \frac{\sin(\sqrt{-q})}{\sqrt{q}},$$
$$b = -\frac{\cosh(\sqrt{q})}{\sqrt{q}} - \sinh(\sqrt{-q})$$

を得る.

補足 (i), (ii), (iii) の解曲線のちがいは, 図 5.5, 図 5.7, 図 5.30 が参考になる.

●**類題**● 2 階斉次常微分方程式の解の特徴について, つぎの問に答えよ.

(1) $\dfrac{d^2y}{dx^2}+qy=0$ (q は実定数) の解が $y=\cos(2\sqrt{2}x)+\sin(2\sqrt{2}x)$ である. q の値を

◀ 問 5.1 は, 微分演算子 $L=\dfrac{d^2}{dx^2}+q$ (q は定数) で $q=0$ の場合. 微分演算子については, 5.1 節.

◀ x–y グラフは点 $(1,1)$ を通り, x–y' グラフは点 $(1,-1)$ を通る.

◀ $\dfrac{dy}{dx}=y'$.

◀ $q<0$ のとき, 根号内は $-q>0$.

◀ 円関数 cos, sin, 双曲線関数 cosh, sinh について, 例題 5.2 の**基本解の選び方**参照.

◀ $q=0$ の場合, 計算練習【5.1】の手順 2b で積分の下限を $x=0$, $y=1$ にする.

◀ 分母
$\cos(\sqrt{q})$
$\times \sqrt{q}\cos(\sqrt{q})$
$-\sin(\sqrt{q}x)$
$\times\{-\sqrt{q}\sin(\sqrt{q}x)\}$
$=\sqrt{q}[\{\cos(\sqrt{q})\}^2$
$+\{\sin(\sqrt{q})\}^2]$
$=\sqrt{q}.$

◀ 5.2 節のノート: 円関数と双曲線関数を参照.

◀ 工学系数学統一試験 2005 年度第 5 問 (改題)

求めよ．

(2) $\dfrac{d^2y}{dx^2} + qy = 0$ (q は実定数) の解が $y = e^{2\sqrt{2}x} + e^{-2\sqrt{2}x}$ である．q の値を求めよ．

◀ (1) $q > 0$,
(2) $q < 0$.

【解説】解を微分方程式に代入する．

(1) $\dfrac{dy}{dx} = -2\sqrt{2}\left\{\sin\left(2\sqrt{2}x\right) - \cos\left(2\sqrt{2}x\right)\right\}$

を x で微分すると，

$$\dfrac{d^2y}{dx^2} = -(2\sqrt{2})^2\{\cos(2\sqrt{2}x) + \sin(2\sqrt{2}x)\}$$
$$= -8y$$

だから，$\dfrac{d^2y}{dx^2} + 8y = 0$ となり，$q = 8$ である．

(2) $\dfrac{dy}{dx} = 2\sqrt{2}\left(e^{2\sqrt{2}x} - e^{-2\sqrt{2}x}\right)$

を x で微分すると，

◀ $e^{2\sqrt{2}x} + e^{-2\sqrt{2}x}$
$= \cosh(2\sqrt{2}x)$.

$$\dfrac{d^2y}{dx^2} = (2\sqrt{2})^2(e^{2\sqrt{2}x} + e^{-2\sqrt{2}x})$$
$$= 8y$$

だから，$\dfrac{d^2y}{dx^2} - 8y = 0$ となり，$q = -8$ である．

【5.3】 **定数係数 3 (高) 階斉次線型常微分方程式** 数直線 $\boldsymbol{R}$ 上の各点 x で定義した 3 階常微分方程式 $\dfrac{d^3y}{dx^3} + p_1\dfrac{d^2y}{dx^2} + p_2\dfrac{dy}{dx} + p_3y = 0$ (p_1, p_2, p_3 は実定数) を解いて，解曲線の特徴を調べよ．

(1) $p_1 = -2, p_2 = -5, p_3 = 6$.
(2) $p_1 = -7, p_2 = 15, p_3 = -9$.
(3) $p_1 = -9, p_2 = 27, p_3 = -27$.

【解説】

(1) $\dfrac{d^3y}{dx^3} - 2\dfrac{d^2y}{dx^2} - 5\dfrac{dy}{dx} + 6y = 0$.

$y_1 = y, y_2 = \dfrac{dy_1}{dx}, y_3 = \dfrac{dy_2}{dx}$ とおくと，3 階常微分方程式 [独立変数 x, 未知関数の値 (従属変数) y] は，連立 1 階常微分方程式 [独立変数 x, 未知関数の値 (従属変数) y_1, y_2, y_3]

◀ $\dfrac{dy_1}{dx} = \dfrac{dy}{dx}$,
$\dfrac{dy_2}{dx} = \dfrac{d}{dx}\left(\dfrac{dy}{dx}\right)$
$= \dfrac{d^2y}{dx^2}$,
$\dfrac{dy_3}{dx} = \dfrac{d}{dx}\left(\dfrac{d^2y}{dx^2}\right)$
$= \dfrac{d^3y}{dx^3}$.

$$\begin{cases} \dfrac{dy_1}{dx} = y_2, \\ \dfrac{dy_2}{dx} = y_3, \\ \dfrac{dy_3}{dx} = -6y_1 + 5y_2 + 2y_3 \end{cases}$$

に書き換えることができる．

手順 0 初期条件を設定する．3 個の 1 階常微分方程式に課す 3 個の初期条件

「$x = 1$ のとき $y_1 = -1, y_2 = 1, y_3 = 2$」

は，3 階常微分方程式に課す 3 個の初期条件

「$x = 1$ のとき $y = -1, \dfrac{dy}{dx} = 1, \dfrac{d^2y}{dx^2} = 2$」

のように表せる [x–y グラフは点 $(1, -1)$ を通り，x–y' グラフは点 $(1, 1)$ を通り，x–y'' グラフは点 $(1, 2)$ を通る]．

◀ 3 階常微分方程式には，3 個の初期条件を課す．
$y|_{x=1} = -1$,
$y'|_{x=1} = 1$,
$y''|_{x=1} = 2$.

手順 1 解の基底 (解の基本集合) を求める．

$y = e^{\lambda x}$ (指数関数) を仮定する．例題 5.2 と同様に，

特性方程式：$\lambda^3 - 2\lambda^2 - 5\lambda + 6 = 0$

Stop!
0,3 節参照.
y' は x–y グラフの各点で接線の傾きの値を表す．
y'' は x–y' グラフの各点で接線の傾きの値を表す．

を λ について解く．$(\lambda - 1)(\lambda + 2)(\lambda - 3) = 0$ の解は $\lambda_1 = 1, \lambda_2 = -2, \lambda_3 = 3$ (異なる実数解) だから，**解の基底**は $<e^x, e^{-2x}, e^{3x}>$ である．

検算　$\dfrac{d^3(e^{\lambda x})}{dx^3} - 2\dfrac{d^2(e^{\lambda x})}{dx^2} - 5\dfrac{d(e^{\lambda x})}{dx} + 6e^{\lambda x} = (\lambda^3 - 2\lambda^2 - 5\lambda + 6)e^{\lambda x}$.

　　　$\lambda_1 = 1$ のとき $(1^3 - 2 \cdot 1^2 - 5 \cdot 1 + 6)e^x = 0$.
　　　$\lambda_2 = -2$ のとき $\{(-2)^3 - 2 \cdot (-2)^2 - 5 \cdot (-2) + 6\}e^{-2x} = 0$.
　　　$\lambda_3 = 3$ のとき $(3^3 - 2 \cdot 3^2 - 5 \cdot 3 + 6)e^{3x} = 0$.

手順 2　任意の解を基本解の線型結合で表す.

基本解に適当な定数 c_1, c_2, c_3 を掛けて加え合わせると

$$y = e^x c_1 + e^{-2x} c_2 + e^{3x} c_3 \text{（基本解の線型結合）},$$
$$\dfrac{dy}{dx} = e^x c_1 - 2e^{-2x} c_2 + 3e^{3x} c_3,$$
$$\dfrac{d^2 y}{dx^2} = e^x c_1 + 4e^{-2x} c_2 + 9e^{3x} c_3.$$

◀ e^x, c_1 は実数だから可換である. e^{-2x}, c_2, e^{3x}, c_3 も同様. 手順 4 の連立方程式で c_1, c_2, c_3 が未知数だから, $c_1 e^x + c_2 e^{-2x} + c_3 e^{3x}$ ではなく, $e^x c_1 + e^{-2x} c_2 + e^{3x} c_3$ と書くほうが見やすい.

手順 3　初期条件で定数の値を決めて, 手順 2 の無数の解から一つの解を選ぶ.

$$\begin{cases} -1 = e c_1 + e^{-2} c_2 + e^3 c_3, & \blacktriangleleft y|_{x=1} = -1. \\ 1 = e c_1 - 2 e^{-2} c_2 + 3 e^3 c_3, & \blacktriangleleft y'|_{x=1} = 1. \\ 2 = e c_1 + 4 e^{-2} c_2 + 9 e^3 c_3, & \blacktriangleleft y''|_{x=1} = 2. \end{cases}$$

を c_1, c_2, c_3 について解くと, $c_1 = -\dfrac{7}{6} e^{-1}$, $c_2 = -\dfrac{1}{3} e^2$, $c_3 = \dfrac{1}{2} e^{-3}$ を得るから,

$$y = -\dfrac{7}{6} e^{x-1} - \dfrac{1}{3} e^{-2(x-1)} + \dfrac{1}{2} e^{3(x-1)} \quad (-\infty < x < \infty)$$

◀ $e^{-2x} c_2 = -\dfrac{1}{3} e^2 e^{-2x} = -\dfrac{1}{3} e^{2-2x}$. e^{2-2x} を $e^{-2(x-1)}$ と書くと, $x = 1$ のときの値が求めやすく, 検算に都合がいい. 同様に, e^{-1+x} を e^{x-1}, e^{-3+3x} を $e^{3(x-1)}$ と書く.

である (図 **5.36**, 図 **5.37**).

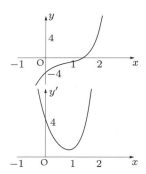

図 **5.36**　解の振舞 (解曲線)

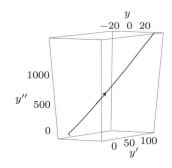

図 **5.37**　位相軌道　解は特定の点 $(-1, 1, 2)$ を通り, 矢印の向きに変化する.

◀ $x = 1$ のとき $y = -1$, $y' = 1$.

Stop!
x–y グラフのとおり y は増加関数である. x–y' グラフで, y' は単調減少してから単調増加に変わることがわかる. つねに $y' > 0$ だから, y は単調増加する. y–y' グラフで, y は増加しつづけるが, y' は単調減少してから単調増加に変わる.

検算

$$y = -\dfrac{7}{6} e^{x-1} - \dfrac{1}{3} e^{-2(x-1)} + \dfrac{1}{2} e^{3(x-1)}. \qquad y|_{x=1} = -\dfrac{7}{6} - \dfrac{1}{3} + \dfrac{1}{2} = -1.$$
$$\dfrac{dy}{dx} = -\dfrac{7}{6} e^{x-1} + \dfrac{2}{3} e^{-2(x-1)} + \dfrac{3}{2} e^{3(x-1)}. \qquad y'|_{x=1} = -\dfrac{7}{6} + \dfrac{2}{3} + \dfrac{3}{2} = 1.$$
$$\dfrac{d^2 y}{dx^2} = -\dfrac{7}{6} e^{x-1} - \dfrac{4}{3} e^{-2(x-1)} + \dfrac{9}{2} e^{3(x-1)}. \qquad y''|_{x=1} = -\dfrac{7}{6} - \dfrac{4}{3} + \dfrac{9}{2} = 2.$$

(2) $\dfrac{d^3 y}{dx^3} - 7 \dfrac{d^2 y}{dx^2} + 15 \dfrac{dy}{dx} - 9y = 0$.

手順 0　初期条件を設定する. (1) と同じ初期条件を課す.
手順 1　解の基底 (解の基本集合) を求める.

　　　特性方程式：$\lambda^3 - 7\lambda^2 + 15\lambda - 9 = 0$

◀ (1) と同様.

を λ について解く. $(\lambda - 1)(\lambda - 3)^2 = 0$ の解は $\lambda_1 = 1$, $\lambda_2 = 3$ (重解) だから, **解の基底**は $< e^x, e^{3x}, xe^{3x} >$ である.

◀ 問 5.7.

検算 $\dfrac{d^3(e^{\lambda x})}{dx^3} - 7\dfrac{d^2(e^{\lambda x})}{dx^2} + 15\dfrac{d(e^{\lambda x})}{dx} - 9e^{\lambda x} = (\lambda^3 - 7\lambda^2 + 15\lambda - 9)e^{\lambda x}$

$\lambda_1 = 1$ のとき $(1^3 - 7\cdot 1^2 + 15\cdot 1 - 9)e^x = 0$,

$\lambda_2 = 3$ のとき $(3^3 - 7\cdot 3^2 + 15\cdot 3 - 9)e^{3x} = 0$

だから,e^x, e^{3x} は微分方程式をみたす.

$$\begin{aligned}\dfrac{d(xe^{3x})}{dx} &= \dfrac{dx}{dx}e^{3x} + x\dfrac{d(e^{3x})}{dx} \\ &= e^{3x} + 3xe^{3x},\end{aligned}$$

◀ 積の微分 (問 3.3).

◀ $\dfrac{d(e^{3x})}{dx}$
$= \dfrac{d(e^{3x})}{d(3x)}\dfrac{d(3x)}{dx}$
$= e^{3x}\cdot 3$.

$$\begin{aligned}\dfrac{d^2(xe^{3x})}{dx^2} &= \dfrac{d(e^{3x})}{dx} + 3\dfrac{d(xe^{3x})}{dx} \\ &= 3e^{3x} + 3(e^{3x} + 3xe^{3x}) \\ &= 6e^{3x} + 9xe^{3x},\end{aligned}$$

◀ $\dfrac{d(xe^{3x})}{dx}$ はすでに求めてある.

$$\begin{aligned}\dfrac{d^3(xe^{3x})}{dx^3} &= 6\dfrac{d(e^{3x})}{dx} + 9\dfrac{d(xe^{3x})}{dx} \\ &= 18e^{3x} + 9(e^{3x} + 3xe^{3x}) \\ &= 27e^{3x} + 27xe^{3x}\end{aligned}$$

◀ $\dfrac{d(xe^{3x})}{dx}$ はすでに求めてある.

◀ $\dfrac{d^3(xe^{3x})}{dx^3}$
$= \dfrac{d}{dx}\left\{\dfrac{d^2(xe^{3x})}{dx^2}\right\}$
$= \dfrac{d(6e^{3x} + 9xe^{3x})}{dx}$.

だから

$$\begin{array}{rccc}\dfrac{d^3(xe^{3x})}{dx^3} &=& 27e^{3x} &+& 27xe^{3x} \\ -7\dfrac{d^2(xe^{3x})}{dx^2} &=& -42e^{3x} &-& 63xe^{3x} \\ 15\dfrac{d(xe^{3x})}{dx} &=& 15e^{3x} &+& 45xe^{3x} \\ +)\quad -9xe^{3x} &=& &-& 9xe^{3x} \\ \hline & & 0e^{3x} &+& 0xe^{3x}\end{array}$$

であり,xe^{3x} も微分方程式をみたす.

手順 2 任意の解を基本解の線型結合で表す.

基本解に適当な定数 c_1, c_2, c_3 を掛けて加え合わせると

$$\begin{aligned}y &= e^x c_1 + e^{3x}c_2 + xe^{3x}c_3 \quad \text{(基本解の\textbf{線型結合})} \\ &= e^x c_1 + e^{3x}(c_2 + xc_3), \\ \dfrac{dy}{dx} &= e^x c_1 + 3e^{3x}c_2 + (e^{3x} + 3xe^{3x})c_3 \\ &= e^x c_1 + e^{3x}\{(3c_2 + c_3) + 3xc_3\}, \\ \dfrac{d^2 y}{dx^2} &= e^x c_1 + e^{3x}(9c_2 + 3c_3) + 3(e^{3x} + 3xe^{3x})c_3 \\ &= e^x c_1 + e^{3x}\{(9c_2 + 6c_3) + 9xc_3\}.\end{aligned}$$

◀ $\dfrac{dy}{dx}$ を計算するとき,
$y = e^x c_1 + e^{3x}c_2$
$\quad + xe^{3x}c_3$
の右辺の各項を x で
微分する.
$\dfrac{d(xe^{3x})}{dx}$ の計算過程
は上記の検算と同じ.

◀ $\dfrac{d^2 y}{dx^2}$ を計算する
とき,
$\dfrac{dy}{dx} = e^x c_1 + 3e^{3x}c_2$
$\quad + (e^{3x} + 3xe^{3x})c_3$
の右辺の各項を x で
微分する.

手順 3 初期条件で定数の値を決めて,手順 2 の無数の解から一つの解を選ぶ.

(1) と同様に,

$$\begin{cases}-1 = ec_1 + e^3 c_2 + e^3 c_3, & \blacktriangleleft\ y|_{x=1} = -1. \\ 1 = ec_1 + 3e^3 c_2 + 4e^3 c_3, & \blacktriangleleft\ y'|_{x=1} = 1. \\ 2 = ec_1 + 9e^3 c_2 + 15e^3 c_3, & \blacktriangleleft\ y''|_{x=1} = 2.\end{cases}$$

を c_1, c_2, c_3 について解くと,$c_1 = -\dfrac{13}{4}e^{-1}, c_2 = \dfrac{19}{4}e^{-3}, c_3 = -\dfrac{5}{2}e^{-3}$ を得るから,

$$\begin{aligned}y &= -\dfrac{13}{4}e^{x-1} + \dfrac{19}{4}e^{3(x-1)} - \dfrac{5}{2}xe^{3(x-1)} \\ &= -\dfrac{13}{4}e^{x-1} + \left(\dfrac{19}{4} - \dfrac{5}{2}x\right)e^{3(x-1)} \quad (-\infty < x < \infty)\end{aligned}$$

◀ $e^{3x}c_2$
$= \dfrac{19}{4}e^{-3}e^{3x}$
$= \dfrac{19}{4}e^{-3+3x}$
で e^{-3+3x} を $e^{3(x-1)}$
と書くと,$x = 1$ の
ときの値が求めやすく,
検算に都合がいい.同
様に,e^{-1+x} を e^{x-1}
と書く.

である (図 **5.38**,図 **5.39**).

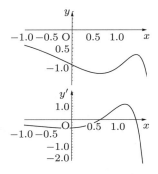

図 5.38 解の振舞（解曲線）

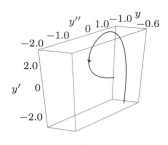

図 5.39 位相軌道 解は特定の点 $(-1, 1, 2)$ を通り，矢印の向きに変化する．

Stop! 図 5.38, 図 5.39 で $y' > 0$ のとき y は単調増加，$y' < 0$ のとき y は単調減少，$y' = 0$ のとき y は極値を取る．

検算
$$y = -\frac{13}{4}e^{x-1} + \frac{19}{4}e^{3(x-1)} - \frac{5}{2}xe^{3(x-1)}. \qquad y|_{x=1} = -\frac{13}{4} + \frac{19}{4} - \frac{5}{2} = -1.$$
$$\frac{dy}{dx} = -\frac{13}{4}e^{x-1} + \frac{47}{4}e^{3(x-1)} - \frac{15}{2}xe^{3(x-1)}. \qquad y'|_{x=1} = -\frac{13}{4} + \frac{47}{4} - \frac{15}{2} = 1.$$
$$\frac{d^2y}{dx^2} = -\frac{13}{4}e^{x-1} + \frac{111}{4}e^{3(x-1)} - \frac{45}{2}xe^{3(x-1)}. \qquad y''|_{x=1} = -\frac{13}{4} + \frac{111}{4} - \frac{45}{2} = 2.$$

(3) $\dfrac{d^3y}{dx^3} - 9\dfrac{d^2y}{dx^2} + 27\dfrac{dy}{dx} - 27y = 0.$

手順 0 初期条件を設定する．(1) と同じ初期条件を課す．
手順 1 解の基底（解の基本集合）を求める．

$$\text{特性方程式：} \lambda^3 - 9\lambda^2 + 27\lambda - 27 = 0$$

を λ について解く．$(\lambda - 3)^3 = 0$ の解は $\lambda = 3$ (3 重解) だから，解の基底は $<e^{3x}, xe^{3x}, x^2e^{3x}>$ である．

検算 (1) と同様に，
$$\frac{d^3(e^{3x})}{dx^3} - 9\frac{d^2(e^{3x})}{dx^2} + 27\frac{d(e^{3x})}{dx} - 27e^{3x}$$
$$= (3^3 - 9 \cdot 3^2 + 27 \cdot 3 - 27)e^{3x}$$
$$= 0.$$

◀ 問 5.5 のように，$(D-3)^3 y = 0$ と表せる．
問 5.7 の考え方で，$(D-\lambda)^n(x^r e^{\lambda x}) = 0 \ (r < n).$
$\lambda = 3$ だから
$(D-3)^3(x^0 e^{3x}) = 0,$
$(D-3)^3(x^1 e^{3x}) = 0,$
$(D-3)^3(x^2 e^{3x}) = 0.$

(2) と同様に，

$$\begin{array}{rcrcr}
\dfrac{d^3(xe^{3x})}{dx^3} &=& 27e^{3x} &+& 27xe^{3x} \\
-9\dfrac{d^2(xe^{3x})}{dx^2} &=& -54e^{3x} &-& 81xe^{3x} \\
27\dfrac{d(xe^{3x})}{dx} &=& 27e^{3x} &+& 81xe^{3x} \\
+)\quad -27xe^{3x} &=& & -& 27xe^{3x} \\
\hline
 & & 0e^{3x} &+& 0xe^{3x}
\end{array}$$

◀ $\dfrac{d(e^{3x})}{dx} = \dfrac{d(e^{3x})}{d(3x)}\dfrac{d(3x)}{dx} = e^{3x} \cdot 3.$

であり，xe^{3x} も微分方程式をみたす．

$$\frac{d(x^2 e^{3x})}{dx} = \frac{d(x^2)}{dx}e^{3x} + x^2\frac{d(e^{3x})}{dx}$$
$$= 2xe^{3x} + 3x^2 e^{3x},$$

◀ 積の微分 (問 3.3)．

$$\frac{d^2(x^2 e^{3x})}{dx^2} = 2\frac{d(xe^{3x})}{dx} + 3\frac{d(x^2 e^{3x})}{dx}$$
$$= 2(e^{3x} + 3xe^{3x}) + 3(2xe^{3x} + 3x^2 e^{3x})$$
$$= 2e^{3x} + 12xe^{3x} + 9x^2 e^{3x},$$

◀ $\dfrac{d(xe^{3x})}{dx}, \dfrac{d(x^2 e^{3x})}{dx}$ はすでに求めてある．

$$\frac{d^3(xe^{3x})}{dx^3} = 2\frac{d(e^{3x})}{dx} + 12\frac{d(xe^{3x})}{dx} + 9\frac{d(x^2e^{3x})}{dx}$$

◀ $\dfrac{d(xe^{3x})}{dx}, \dfrac{d(x^2e^{3x})}{dx}$ はすでに求めてある.

$$= 2 \cdot 3e^{3x} + 12(e^{3x} + 3xe^{3x}) + 9(2xe^{3x} + 3x^2e^{3x})$$
$$= 18e^{3x} + 54xe^{3x} + 27x^2e^{3x}$$

だから

$$\begin{array}{rcrcrcr}
\dfrac{d^3(x^2e^{3x})}{dx^3} & = & 18e^{3x} & + & 54xe^{3x} & + & 27x^2e^{3x} \\
-9\dfrac{d^2(x^2e^{3x})}{dx^2} & = & -18e^{3x} & - & 108xe^{3x} & - & 81x^2e^{3x} \\
27\dfrac{d(x^2e^{3x})}{dx} & = & & & 54xe^{3x} & + & 81x^2e^{3x} \\
+)\quad -27x^2e^{3x} & = & & & & - & 27x^2e^{3x} \\
\hline
& & 0e^{3x} & + & 0xe^{3x} & + & 0x^2e^{3x}
\end{array}$$

であり, x^2e^{3x} も微分方程式をみたす.

手順2 任意の解を基本解の線型結合で表す.

基本解に適当な定数 c_1, c_2, c_3 を掛けて加え合わせると

$$y = e^{3x}c_1 + xe^{3x}c_2 + x^2e^{3x}c_3 \text{ (基本解の線型結合)}$$
$$= e^{3x}(c_1 + xc_2 + x^2c_3),$$
$$\frac{dy}{dx} = 3e^{3x}c_1 + (e^{3x} + 3xe^{3x})c_2 + (2xe^{3x} + 3x^2e^{3x})c_3$$
$$= e^{3x}\{3c_1 + (1+3x)c_2 + (2x+3x^2)c_3\},$$
$$\frac{d^2y}{dx^2} = 9e^{3x}c_1 + \{3e^{3x} + 3(e^{3x} + 3xe^{3x})\}c_2 + \{2(e^{3x} + 3xe^{3x}) + 3(2xe^{3x} + 3x^2e^{3x})\}c_3$$
$$= e^{3x}\{(9c_1 + 6c_2 + 2c_3) + x(9c_2 + 12c_3) + 9x^2c_3\}.$$

手順3 初期条件で定数の値を決めて, 手順2の無数の解から一つの解を選ぶ.

(1) と同様に,

$$\begin{cases} -1 = e^3c_1 + e^3c_2 + e^3c_3, & \blacktriangleleft\ y|_{x=1} = -1. \\ 1 = 3e^3c_1 + 4e^3c_2 + 5e^3c_3, & \blacktriangleleft\ y'|_{x=1} = 1. \\ 2 = 9e^3c_1 + 15e^3c_2 + 23e^3c_3, & \blacktriangleleft\ y''|_{x=1} = 2. \end{cases}$$

を c_1, c_2, c_3 について解くと, $c_1 = -\dfrac{23}{2}e^{-3},\ c_2 = 17e^{-3},\ c_3 = -\dfrac{13}{2}e^{-3}$ を得るから,

$$y = -\frac{23}{2}e^{3(x-1)} + 17xe^{3(x-1)} - \frac{13}{2}x^2e^{3(x-1)}$$
$$= e^{3(x-1)}\left(-\frac{23}{2} + 17x - \frac{13}{2}x^2\right) \quad (-\infty < x < \infty)$$

である (図 **5.40**, 図 **5.41**).

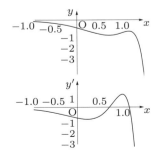

図 **5.40** 解の振舞 (解曲線)

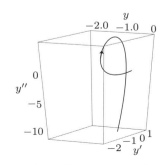

図 **5.41** 位相軌道 解は特定の点 $(-1, 1, 2)$ を通り, 矢印の向きに変化する.

◀ $\dfrac{dy}{dx}$ を計算するとき,
$y = e^{3x}c_1 + xe^{3x}c_2 + x^2e^{3x}c_3$
の右辺の各項を x で微分する.
$\dfrac{d(x^2e^{3x})}{dx}$ の計算過程は上記の検算と同じ.

◀ $\dfrac{d^2y}{dx^2}$ を計算するとき,
$\dfrac{dy}{dx} = 3e^{3x}c_1 + (e^{3x} + 3xe^{3x})c_2 + (2xe^{3x} + 3x^2e^{3x})c_3$
の右辺の各項を x で微分する.

Stop!

$\dfrac{dy}{dx} = e^{3x}\{3c_1 + (1+3x)c_2 + (2x+3x^2)c_3\}$ だから $x \to -\infty$ のとき $y' \to 0$ であることを図 5.40 で確かめることができる. $x \to -\infty$ のとき $x-y$ グラフの接線は水平に近づく.

Stop!

図 5.40, 図 5.41 で $y' > 0$ のとき y は単調増加, $y' < 0$ のとき y は単調減少, $y' = 0$ のとき y は極値を取る.

検算

$$y = -\frac{23}{2}e^{3(x-1)} + 17xe^{3(x-1)} - \frac{13}{2}x^2 e^{3(x-1)}. \qquad y|_{x=1} = -\frac{23}{2} + 17 - \frac{13}{2} = -1.$$

$$\frac{dy}{dx} = -\frac{35}{2}e^{3(x-1)} + 38xe^{3(x-1)} - \frac{39}{2}x^2 e^{3(x-1)}. \qquad y'|_{x=1} = -\frac{35}{2} + 38 - \frac{39}{2} = 1.$$

$$\frac{d^2y}{dx^2} = -\frac{29}{2}e^{3(x-1)} + 75xe^{3(x-1)} - \frac{117}{2}x^2 e^{3(x-1)}. \qquad y''|_{x=1} = -\frac{29}{2} + 75 - \frac{117}{2} = 2.$$

【5.4】 2階非斉次線型常微分方程式の解法　数直線 R 上の各点 x で定義した2階常微分方程式 $\frac{d^2y}{dx^2} - 9y = \sin(2x) + 5e^{-x}$ を解いて，解曲線の特徴を調べよ． ◂ 計算練習【5.1】と同じ考え方．

【解説】 例題 5.2, 例題 5.3 と同じ解法．例題 5.4 で $p=0$ の場合．

手順 0 初期条件を設定する．「$x=0$ のとき $y=2, y'=-1$」[x–y グラフは点 $(0,2)$ を通り，x–y' グラフは点 $(0,-1)$ を通る]

◂ 相平面
よこ軸：y
たて軸：y'
相平面の点 $(2,-1)$ を通る．

手順 1 対応する (付随する) 斉次線型常微分方程式の任意の解 y_h を求める．

$$\frac{d^2 y_\mathrm{h}}{dx^2} - 9y_\mathrm{h} = 0.$$

◂ 例題 5.3.

手順 1a 解の基底 (解の基本集合) を求める．

$y_\mathrm{h} = e^{\lambda x}$ (指数関数) と仮定する．

$$\text{特性方程式：} \lambda^2 - 9\lambda = 0$$

を λ について解く．$(\lambda+3)(\lambda-3) = 0$ の解は $\lambda_1 = -3, \lambda_2 = 3$ だから，**解の基底は** $< e^{-3x}, e^{3x} >$ である．

手順 1b 任意の斉次解を基本解の線型結合で表す．

基本解に適当な定数 c_1, c_2 を掛けて加え合わせると

$$y_\mathrm{h} = e^{-3x}c_1 + e^{3x}c_2 \text{ (基本解の線型結合)},$$

$$\frac{dy_\mathrm{h}}{dx} = \frac{d(e^{-3x})}{dx}c_1 + \frac{d(e^{3x})}{dx}c_2$$

$$= \frac{d(e^{-3x})}{d(-3x)}\frac{d(-3x)}{dx}c_1 + \frac{d(e^{3x})}{d(3x)}\frac{d(3x)}{dx}c_2$$

$$= -3e^{-3x}c_1 + 3e^{3x}c_2.$$

未定係数法

手順 2 一つの非斉次解を $\varphi(x) = \{\cos(2x)\}A + \{\sin(2x)\}B + e^{-x}C$ (A, B, C は定数) とおく．$y = \varphi(x)$ として，

$$\frac{d\{\varphi(x)\}}{dx} = \frac{d\{\cos(2x)\}}{dx}A + \frac{d\{\sin(2x)\}}{dx}B + \frac{d(e^{-x})}{dx}C$$

$$= \frac{d\{\cos(2x)\}}{d(2x)}\frac{d(2x)}{dx}A + \frac{d\{\sin(2x)\}}{d(2x)}\frac{d(2x)}{dx}B + \frac{d(e^{-x})}{d(-x)}\frac{d(-x)}{dx}C$$

$$= \{\sin(2x)\}(-2A) + \{\cos(2x)\} \cdot 2B - e^{-x}C,$$

$$\frac{d^2\{\varphi(x)\}}{dx^2} = \frac{d\{\sin(2x)\}}{dx}(-2A) + \frac{\{\cos(2x)\}}{dx} \cdot 2B - \frac{d(e^{-x})}{dx}C$$

$$= \{\cos(2x)\}(-4A) + \{\sin(2x)\}(-4B) + e^{-x}C$$

◂ $\frac{d\cos\theta}{d\theta} = -\sin\theta$,
$\frac{d\sin\theta}{d\theta} = \cos\theta$
で $\theta = 2x$ とおくと，
$\frac{d\{\cos(2x)\}}{d(2x)} = -\sin(2x),$
$\frac{d\{\sin(2x)\}}{d(2x)} = \cos(2x).$
$\frac{d(e^{-x})}{d(-x)} = e^{-x}.$

を非斉次方程式に代入してから整理すると

$$-13\{\cos(2x)\}A + \{\sin(2x)\}B - 8e^{-x}C = \sin(2x) + 5e^{-x}$$

となる．この式が x の値に関係なく成り立つように係数を決めると

$$A = 0, \ B = -\frac{1}{13}, \ C = -\frac{5}{8}$$

だから

$$\varphi(x) = -\frac{1}{13}\sin(2x) - \frac{5}{8}e^{-x}$$

Stop!
未定係数法ではなく，定数変化法でも解を求めることができる．例題 5.3 でわかったように，定数変化法は未定係数法よりも計算が複雑である．計算練習のために，計算練習【5.4】も定数変化法で解いてみよ．

である.

手順3 非斉次方程式の任意の解を (非斉次方程式の一つの解) + (斉次方程式の解) のように表す.

$$y = -\frac{1}{13}\sin(2x) - \frac{5}{8}e^{-x} + e^{-3x}c_1 + e^{3x}c_2,$$
$$\frac{dy}{dx} = -\frac{2}{13}\cos(2x) + \frac{5}{8}e^{-x} - 3e^{-3x}c_1 + 3e^{3x}c_2.$$

手順4 初期条件で定数の値を決めて, 手順3の無数の解から一つの解を選ぶ.

$$\begin{cases} 2 = -\dfrac{5}{8} + c_1 + c_2, & \blacktriangleleft \; y|_{x=0} = 2. \\ -1 = -\dfrac{2}{13} + \dfrac{5}{8} - 3c_1 + 3c_2, & \blacktriangleleft \; y'|_{x=0} = -1. \end{cases}$$

を c_1, c_2 について解くと, $c_1 = \dfrac{81}{52}, c_2 = \dfrac{111}{104}$ を得る. 非斉次方程式の初期値解は

$$y = -\frac{1}{13}\sin(2x) - \frac{5}{8}e^{-x} + \frac{81}{52}e^{-3x} + \frac{111}{104}e^{3x} \quad (-\infty < x < \infty)$$

である (図 **5.42**, 図 **5.43**).

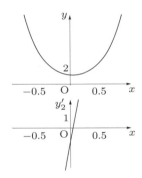

図 **5.42** 解の振舞 (解曲線)

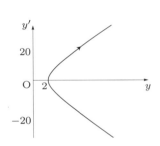

図 **5.43** 位相軌道　解は特定の点 $(2, -1)$ を通り, 矢印の向きに変化する.

Stop!
図 5.42, 図 5.43 で $y' > 0$ のとき y は単調増加, $y' < 0$ のとき y は単調減少, $y' = 0$ のとき y は極値を取る.

検算

$$\begin{array}{rlll} -9y = & \dfrac{9}{13}\sin(2x) & + \dfrac{45}{8}e^{-x} & - \dfrac{729}{52}e^{-3x} & - \dfrac{999}{104}e^{3x} \\ +)\; \dfrac{d^2y}{dx^2} = & \dfrac{4}{13}\sin(2x) & - \dfrac{5}{8}e^{-x} & + \dfrac{729}{52}e^{-3x} & + \dfrac{999}{104}e^{3x} \\ \hline & \sin(2x) & + 5e^{-x} & & \end{array}$$

補足 一つの非斉次解を $\{\cos(2x)\}A + \{\sin(2x)\}B + e^{-x}C$ と仮定する理由は, 探究演習【5.11】で重ね合わせの原理に基づいて理解する.

●**類題**● $\dfrac{d^2y}{dx^2} - 9y = 5e^{-3x}$ の非斉次解の形を推測せよ.

【**解説**】e^{-3x} は $\dfrac{d^2y}{dx^2} - 9y = 0$ の解 (斉次解) だから, $\dfrac{d^2y}{dx^2} - 9y = 5e^{-3x}$ をみたさないことは明らかである. 一つの非斉次解を $\varphi(x) = xe^{-3x}C$ (C は定数) とおく.

$$\begin{aligned} -9\varphi(x) &= -9xe^{-3x}C, \\ \frac{d^2\{\varphi(x)\}}{dx^2} &= -6e^{-3x}C + 9xe^{-3x}C \\ -6e^{-3x}C &= 5e^{-3x} \end{aligned}$$

から $C = -\dfrac{5}{6}$ となり, $\varphi(x) = -\dfrac{5}{6}xe^{-3x}$ である.

◀ 問 5.5 (2) と同じ考え方.
3.2 節の発想が参考になる.

◀ $\dfrac{d^2\{\varphi(x)\}}{dx^2} - 9\varphi(x)$
$= -6e^{-3x}C.$

◀ $e^{-3x} \neq 0$ だから, $C = -\dfrac{5}{6}$ のとき, x の値に関係なく成り立つ (恒等的に成立).

【5.5】 3階非斉次常微分方程式（従属変数を含まない）の解法（階数低下法） 数直線 R の $x > 0$ で定義した変数係数3階非斉次常微分方程式 $x\dfrac{d^3y}{dx^3} + \dfrac{d^2y}{dx^2} = 5x$ を解いて，解曲線の特徴を調べよ．

◀ 微分方程式の名称について，0.5節参照．

[Stop!] 計算練習【5.4】にならって，斉次方程式の解を $y_{\mathrm{h}} = e^{\lambda x}$（指数関数）と仮定すると，$\dfrac{dy_\mathrm{h}}{dx} = \lambda e^{\lambda x}$, $\dfrac{d^2 y_\mathrm{h}}{dx^2} = \lambda^2 e^{\lambda x}$, $\dfrac{d^3 y_\mathrm{h}}{dx^3} = \lambda^3 e^{\lambda x}$ だから，$x\dfrac{d^3 y}{dx^3} + \dfrac{d^2 y}{dx^2} = \lambda^2(\lambda x + 1)e^{\lambda x}$ となる．$\lambda = 0$ のとき，あらゆる x の値で $\lambda^2(\lambda x + 1)e^{\lambda x} = 0$ だから，$y_\mathrm{h} = 1$ である．線型独立な3個の基本解が求まらないから，ほかの解法を工夫する必要がある．

◀ 5.2節の問 5.6，問 5.7．

【解説】 この微分方程式は，$\dfrac{d^2y}{dx^2}$, $\dfrac{d^3y}{dx^3}$, x を含むが，従属変数 y を含まない．

$y_1 = y$, $y_2 = \dfrac{dy_1}{dx}$, $y_3 = \dfrac{dy_2}{dx}$ とおくと，3階常微分方程式 [独立変数 x, 未知関数の値（従属変数）y] は，連立1階常微分方程式 [独立変数 x, 未知関数の値（従属変数）y_1, y_2, y_3]

$$\begin{cases} \dfrac{dy_1}{dx} = y_2, \\ \dfrac{dy_2}{dx} = y_3, \\ \dfrac{dy_3}{dx} = -x^{-1}y_3 + 5 \end{cases}$$

◀ $\dfrac{dy_1}{dx} = \dfrac{dy}{dx}$,
$\dfrac{dy_2}{dx} = \dfrac{d}{dx}\left(\dfrac{dy}{dx}\right)$
$= \dfrac{d^2y}{dx^2}$,
$\dfrac{dy_3}{dx} = \dfrac{d}{dx}\left(\dfrac{d^2y}{dx^2}\right)$
$= \dfrac{d^3y}{dx^3}$.

に書き換えることができる．

手順0 初期条件を設定する．3個の1階微分方程式に課す3個の初期条件

「$x = 1$ のとき $y_1 = 3, y_2 = 2, y_3 = -1$」

は，3階常微分方程式に課す3個の初期条件

「$x = 1$ のとき $y = 3, y' = 2, y'' = -1$」[x–y グラフは点 $(1,3)$ を通り，x–y' グラフは点 $(1,2)$ を通り，x–y'' グラフは点 $(1,-1)$ を通る]

◀ $\dfrac{dy}{dx} = y'$,
$\dfrac{d^2y}{dx^2} = y''$.

のように表せる．

手順1 微分方程式の階数を下げる．

$\dfrac{d^2y}{dx^2} = p$ とおくと，$\dfrac{d^3y}{dx^3} = \dfrac{dp}{dx}$ だから，2階非斉次常微分方程式 $x\dfrac{d^3y}{dx^3} + \dfrac{d^2y}{dx^2} = 5x$ は1階非斉次常微分方程式

$$x\dfrac{dp}{dx} + p = 5x$$

◀ $y_3 = p$.

[Stop!]
$x\dfrac{dp}{dx} + p$
が
$x\dfrac{dp}{dx} + \dfrac{dx}{dx}p$
に見えると，積の微分
$\dfrac{d(xp)}{dx}$
に気づく．

になる．

手順2 階数を下げた微分方程式を解く．

$$\dfrac{d(xp)}{dx} = 5x$$

の分母を払って，$d(xp) = 5xdx$ に書き換える．左辺を $xp = -1$（初期値）から su（s, u はどんな値でもいい）まで積分し，右辺を $x = 1$（初期値）から s まで積分する．

$$\int_{-1}^{su} d(xp) = 5\int_1^s xdx.$$

x	1	$\to$	s
xp	$1 \times (-1)$	$\to$	su

$$su - (-1) = \dfrac{5}{2}(s^2 - 1^2).$$

$$su = \dfrac{5}{2}s^2 - \dfrac{7}{2}.$$

◀ $\dfrac{d(x^2)}{dx} = 2x$
の分母を払って2で割ると
$d\left(\dfrac{1}{2}x^2\right) = xdx.$

x	$1 \to s$
x^2	$1^2 \to s^2$

$\int_1^s xdx$
$= \dfrac{1}{2}\int_{1^2}^{s^2} d(x^2)$
$= \dfrac{1}{2}(s^2 - 1^2).$

$x = s$, $p = u$ の場合（s, u はどんな値でもいい）に成り立つから，xp と x との対応の規則（関数）で決まる関数値は

$$xp = \dfrac{5}{2}x^2 - \dfrac{7}{2}$$

であり，

$$p = \dfrac{5}{2}x - \dfrac{7}{2}x^{-1}$$

を得る．

$$\dfrac{d(y')}{dx} = \dfrac{5}{2}x - \dfrac{7}{2}x^{-1}$$

◀ $p = \dfrac{d^2y}{dx^2}$
$= \dfrac{d\left(\dfrac{dy}{dx}\right)}{dx}$.
$\dfrac{dy}{dx} = y'$.

の分母を払って，左辺を $y' = 2$ (初期値) から $y' = v$ (v はどんな値でもいい) まで積分し，右辺を $x = 1$ (初期値) から $x = s$ (s はどんな値でもいい) まで積分する．

$$\int_2^v d(y') = \int_1^s \left(\frac{5}{2}x - \frac{7}{2}x^{-1}\right) dx.$$

$$v - 2 = \frac{5}{4}(s^2 - 1^2) - \frac{7}{2}\log_e(s).$$

$$v = \frac{5}{4}s^2 - \frac{7}{2}\log_e(s) + \frac{3}{4}.$$

◀ $\dfrac{d\{\log_e(x)\}}{dx} = x^{-1}$
の分母を払うと
$d\{\log_e(x)\} = x^{-1} dx.$

x	$1 \to s$
$\log_e(x)$	$0 \to \log_e(s)$

$\int_1^s x^{-1} dx = \int_0^{\log_e(s)} d\{\log_e(x)\}.$

$x = s, y' = v$ の場合 (s, v はどんな値でもいい) に成り立つから，y' と x との対応の規則 (関数) で決まる関数値は

$$y' = \frac{5}{4}x^2 - \frac{7}{2}\log_e(x) + \frac{3}{4}$$

である．

$$\frac{dy}{dx} = \frac{5}{4}x^2 - \frac{7}{2}\log_e(x) + \frac{3}{4}$$

の分母を払って，

$$dy = \left\{\frac{5}{4}x^2 - \frac{7}{2}\log_e(x) + \frac{3}{4}\right\} dx$$

の左辺を $y = 3$ (初期値) から $y = t$ (t はどんな値でもいい) まで積分し，右辺を $x = 1$ (初期値) から $x = s$ (s はどんな値でもいい) まで積分する．

$$\int_3^t dy = \int_1^s \left\{\frac{5}{4}x^2 - \frac{7}{2}\log_e(x) + \frac{3}{4}\right\} dx.$$

$$t - 3 = \frac{5}{4} \cdot \frac{1}{3} \int_{1^3}^{s^3} d\left(x^3\right) - \frac{7}{2} \int_{1\log_e(1)-1}^{s\log_e(s)-s} d\{x\log_e(x) - x\} + \frac{3}{4} \int_1^s dx.$$

$\log_e(x) = 1 \times \log_e(x)$
$\qquad = \dfrac{dx}{dx} \log_e(x)$
$\qquad = \dfrac{d\{x\log_e(x)\}}{dx} - x\dfrac{d\{\log_e(x)\}}{dx}$
$\qquad = \dfrac{d\{x\log_e(x)\}}{dx} - x \cdot x^{-1}$
$\qquad = \dfrac{d\{x\log_e(x) - x\}}{dx}.$

◀ 積 $x\log_e(x)$ の微分 (問 3.3)．

$\dfrac{d\{x\log_e(x)\}}{dx} = \dfrac{dx}{dx}\log_e(x) + x\dfrac{d\{\log_e(x)\}}{dx}$

◀ $x \cdot x^{-1} = 1 = \dfrac{dx}{dx}$

分母 dx を払うと

$$\{\log_e(x)\} dx = d\{x\log_e(x) - x\}$$

になる．

$$t = 3 + \frac{5}{12}(s^3 - 1^3) - \frac{7}{2}\{s\log_e(s) - s\} + \frac{7}{2}\{1\log_e(1) - 1\} + \frac{3}{4}(s - 1)$$

$$= \frac{5}{12}s^3 + \frac{3}{4}s - \frac{7}{2}\{s\log_e(s) - s\} - \frac{5}{3}.$$

$x = s, y = t$ の場合 (s, t はどんな値でもいい) に成り立つから，x と y との対応の規則 (関数) で決まる関数値は

$$y = \frac{5}{12}x^3 + \frac{3}{4}x - \frac{7}{2}\{x\log_e(x) - x\} - \frac{5}{3} \qquad (x > 0)$$

である (図 5.44, 図 5.45)．

◀ $\dfrac{dy}{dx} = \dfrac{5}{4}x^2 + \dfrac{3}{4} - \dfrac{7}{2}\log_e x.$

検算

$$\begin{array}{rrcr} \dfrac{d^2y}{dx^2} &=& \dfrac{5}{2}x &- \dfrac{7}{2}x^{-1} \\ +) \quad x\dfrac{d^3y}{dx^3} &=& \dfrac{5}{2}x &+ \dfrac{7}{2}x^{-1} \\ \hline & & 5x & \end{array}$$

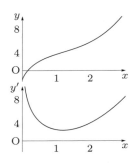

図 5.44 解の振舞（解曲線）

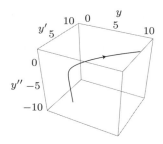

図 5.45 位相軌道　解は特定の点 $(3, 2, -1)$ を通り，矢印の向きに変化する．

[Stop!]
図 5.44，図 5.45 で x–y グラフのとおり y は増加関数である．
x–y' グラフで，y' は単調減少してから単調増加に変わることがわかる．つねに $y' > 0$ だから，y は単調増加する．
y–y' グラフで，y は増加しつづけるが，y' は単調減少してから単調増加に変わる．

[補足] 従属変数を含まない 2 階非斉次常微分方程式の類例

(1) $x\dfrac{d^3y}{dx^3} + 2\dfrac{d^2y}{dx^2} = 0 \; (p \neq 0)$ の解法：手順 1 で階数を下げた微分方程式 $x\dfrac{dp}{dx} + 2p = 0$ は，$\dfrac{dp}{p} = -\dfrac{2dx}{x}$ のように変数分離できる．

(2) $x\dfrac{d^3y}{dx^3} + 2\dfrac{d^2y}{dx^2} = 5x$ の解法：手順 1 で階数を下げた微分方程式は，$\dfrac{dp}{dx} + \dfrac{2}{x}p = 5$ になり，計算練習【3.1】と同じように，定数変化法で解ける．

【5.6】 **2 階常微分方程式（独立変数を含まない）の解法（階数低下法）**　半平面 $-\infty < x < \infty$, $y > 0$ の領域で定義した変数係数 2 階微分方程式 $y\dfrac{d^2y}{dx^2} = \left(\dfrac{dy}{dx}\right)^2$ を解いて，解曲線の特徴を調べよ．$\dfrac{dy}{dx} \neq 0$ とする．

◀ $\left(\dfrac{dy}{dx}\right)^2$ を含むから，非線型常微分方程式である．

[Stop!]　計算練習【5.4】にならって，$y = e^{\lambda x}$（指数関数）と仮定すると，$\dfrac{dy}{dx} = \lambda e^{\lambda x}$, $\dfrac{d^2y}{dx^2} = \lambda^2 e^{\lambda x}$ だから，$y\dfrac{d^2y}{dx^2} = \lambda^2 e^{2\lambda x}$, $\left(\dfrac{dy}{dx}\right)^2 = \lambda^2 e^{2\lambda x}$ となり，λ の値を決めることができない．ほかの解法を工夫する必要がある．

【解説 1】この微分方程式は，$\dfrac{dy}{dx}, \dfrac{d^2y}{dx^2}, y$ を含むが，独立変数 x を含まない．

$y_1 = y, y_2 = \dfrac{dy_1}{dx}$ とおくと，2 階常微分方程式 [独立変数 x, 未知関数の値（従属変数）y] は，連立 1 階常微分方程式 [独立変数 x, 未知関数の値（従属変数）y_1, y_2]

$$\begin{cases} \dfrac{dy_1}{dx} = y_2, \\ \dfrac{dy_2}{dx} = y_1^{-1}y_2^2 \end{cases}$$

に書き換えることができる．独立変数は x, 未知関数の値（従属変数）は y_1, y_2 である．

◀ $\dfrac{dy_1}{dx} = \dfrac{dy}{dx}$,
$\dfrac{dy_2}{dx} = \dfrac{d}{dx}\left(\dfrac{dy}{dx}\right)$
$= \dfrac{d^2y}{dx^2}$.

手順 0　初期条件を設定する．2 個の 1 階常微分方程式に課す 2 個の初期条件

「$x = 1$ のとき $y_1 = 3, y_2 = 2$」

は，2 階常微分方程式に課す 2 個の初期条件

「$x = 1$ のとき $y = 3, y' = 2$」[x–y グラフは点 $(1, 3)$ を通り，x–y' グラフは点 $(1, 2)$ を通る]

のように表せる．

◀ $\dfrac{dy}{dx} = y'$,
$\dfrac{d^2y}{dx^2} = y''$.

手順 1　微分方程式の階数を下げる．
$\dfrac{dy}{dx} = p$ とおくと，

$$\dfrac{d^2y}{dx^2} = \dfrac{d\left(\dfrac{dy}{dx}\right)}{dx} = \dfrac{dp}{dy}p$$

◀ $\dfrac{dy}{dx} = p$ だから
$\dfrac{d}{dx}\left(\dfrac{dy}{dx}\right) = \dfrac{dp}{dx}$ と表せる．
$\dfrac{dp}{dx} = \dfrac{dp}{dy}\dfrac{dy}{dx}$.

だから，2 階非斉次常微分方程式 $y\dfrac{d^2y}{dx^2} = \left(\dfrac{dy}{dx}\right)^2$ は

$$yp\dfrac{dp}{dy} - p^2 = 0$$

になり，

$$p\left(y\dfrac{dp}{dy} - p\right) = 0$$

と書き換えることができる．$\dfrac{dy}{dx} = p \neq 0$ のとき，1 階常微分方程式

$$y\dfrac{dp}{dy} - p = 0$$

◀ $p = 0$ は，関数値が 0 の定数関数．

である．

手順 2 階数を下げた微分方程式を解く．
$\dfrac{dp}{dx} = \dfrac{p}{y}$ を変数分離して，左辺を $p = 2$ (初期値) から $p = u$ (u はどんな値でもいい) まで積分し，右辺を $y = 3$ (初期値) から $y = t$ (t はどんな値でもいい) まで積分する．

$$\int_2^u \dfrac{dp}{p} = \int_3^t \dfrac{dy}{y}.$$

$$\int_{\log_e u}^{\log_e 2} d(\log_e p) = \int_{\log_e t}^{\log_e 3} d(\log_e y).$$

$$\log_e u - \log_e 2 = \log_e t - \log_e 3.$$

$$\log_e\left(\dfrac{u}{2}\right) = \log_e\left(\dfrac{t}{3}\right).$$

$$\dfrac{u}{2} = \dfrac{t}{3}.$$

$y = t, p = u$ の場合 (t, u はどんな値でもいい) に成り立つから，p と y との対応の規則 (関数) で決まる関数値は

$$p = \dfrac{2}{3}y$$

◀ 定義域は $y > 0$ だから，分母は $y \neq 0$, 積分の上限は $t > 0$.

◀ $\dfrac{d(\log_e y)}{dy} = \dfrac{1}{y}$ の分母を払うと $d(\log_e y) = \dfrac{dy}{y}$.

y	$3 \to t$
$\log_e y$	$\log_e 3 \to \log_e t$

$d(\log_e p) = \dfrac{dp}{p}$ も同様．

である．

$$\dfrac{dy}{dx} = \dfrac{2}{3}y$$

◀ $\dfrac{dy}{dx} = p$.

を変数分離して，

$$\dfrac{dy}{y} = \dfrac{2}{3}dx$$

の左辺を $y = 3$ (初期値) から $y = t$ (t はどんな値でもいい) まで積分し，右辺を $x = 1$ (初期値) から $x = s$ (s はどんな値でもいい) まで積分する．

$$\int_3^t \dfrac{dy}{y} = \dfrac{2}{3}\int_1^s dx.$$

$$\log_e\left(\dfrac{t}{3}\right) = \dfrac{2}{3}(s - 1).$$

$x = s, y = t$ の場合 (s, t はどんな値でもいい) に成り立つから，x と y との対応の規則 (関数) で決まる関数値は

$$y = 3e^{\frac{2}{3}(x-1)} \qquad (y > 0)$$

である (図 **5.46**，図 **5.47**)．

検算

$$\left(\dfrac{dy}{dx}\right)^2 = \left(2e^{\frac{2}{3}(x-1)}\right)^2$$
$$= 4e^{\frac{4}{3}(x-1)}$$

◀ $\dfrac{d(\log_e y)}{dy} = \dfrac{1}{y}$ の分母を払うと $d(\log_e y) = \dfrac{dy}{y}$.

$\int_{\log_e 3}^{\log_e t} d(\log_e y)$
$= \int_3^t \dfrac{dy}{y}$.
$\log_e t - \log_e 3$
$= \log_e \dfrac{t}{3}$.

◀ $\dfrac{y}{3} = e^{\frac{2}{3}(x-1)}$.

◀ $\dfrac{d\{e^{\frac{2}{3}(x-1)}\}}{dx} =$
$\dfrac{d\{e^{\frac{2}{3}(x-1)}\}}{d\{\frac{2}{3}(x-1)\}}\dfrac{d\{\frac{2}{3}(x-1)\}}{dx}$
$= e^{\frac{2}{3}(x-1)} \cdot \dfrac{2}{3}$.

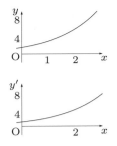
図 5.46 解の振舞（解曲線）

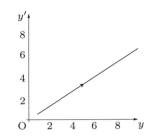
図 5.47 位相軌道 解は特定の点 $(3, 2)$ を通り，矢印の向きに変化する．

Stop!
図 5.46, 図 5.47 で，つねに $y' > 0$ だから，y は単調増加する．

$$y\frac{d^2y}{dx^2} = 3e^{\frac{2}{3}(x-1)} \cdot \frac{4}{3}e^{\frac{2}{3}(x-1)} = 4e^{\frac{4}{3}(x-1)}.$$

◀ $v = \frac{2}{3}(x-1)$ とおくと
$$\frac{d(e^v)}{dv} = e^v.$$

【解説 2】変数係数 2 階斉次常微分方程式 $y\frac{d^2y}{dx^2} = \left(\frac{dy}{dx}\right)^2$ は y, $\frac{dy}{dx}$, $\frac{d^2y}{dx^2}$ の同次式（各項の次数が同じ式）である．

◀ 同次式については，2.2 節参照．

手順 1 微分方程式の階数を下げる．

この微分方程式を y^2 で割ると，

$$\frac{1}{y}\frac{d^2y}{dx^2} = \left(\frac{1}{y}\frac{dy}{dx}\right)^2$$

◀ 定義域は $y > 0$ だから，分母は $y \neq 0$.

になる．$\frac{1}{y}\frac{dy}{dx} = z$ とおくと，

$$\begin{aligned}\frac{1}{y}\frac{d^2y}{dx^2} &= \frac{1}{y}\frac{d(yz)}{dx} \\ &= \frac{1}{y}\left(y\frac{dz}{dx} + \frac{dy}{dx}z\right) \\ &= \frac{dz}{dx} + z^2\end{aligned}$$

◀ $\frac{d^2y}{dx^2} = \frac{d\left(\frac{dy}{dx}\right)}{dx}$, $\frac{dy}{dx} = yz$.

◀ 積 yz の微分

だから，

$$\frac{dz}{dx} + z^2 = z^2$$

になり，簡単な 1 階常微分方程式

$$\frac{dz}{dx} = 0$$

である．

手順 2 階数を下げた微分方程式を解く．

x のあらゆる値で，$\frac{dz}{dx} = 0$ が成り立つから，x-z グラフのすべての点で接線の傾きが 0（接線は水平な直線）である．したがって，z の値は一定だから，

◀ 計算練習【5.1】の手順 1.

$$z = \frac{2}{3} \quad \text{（関数値が } \frac{2}{3} \text{ の定数関数）}$$

を得る．

$$\frac{1}{y}\frac{dy}{dx} = \frac{2}{3}$$

◀ $z = \frac{1}{y}\frac{dy}{dx}$
$z|_{x=1}$
$= \frac{1}{y}\bigg|_{x=1} \times \frac{dy}{dx}\bigg|_{x=1}$
$= \frac{1}{3} \times 2.$

を変数分離して，左辺を $y = 3$（初期値）から $y = t$（t はどんな値でもいい）まで積分し，右辺を $x = 1$（初期値）から $x = s$（s はどんな値でもいい）まで積分する．

$$\int_3^t \frac{dy}{y} = \frac{2}{3}\int_1^s dx$$

を計算するから，【解説 1】と同じである．

◀ 計算練習【5.6】とちがって，
$$y\frac{d^2y}{dx^2} = -\left(\frac{dy}{dx}\right)^2.$$

補足 【解説 2】の方法で

$$y\frac{d^2y}{dx^2} + \left(\frac{dy}{dx}\right)^2 = 0$$

を解くと，

$$\frac{dz}{dx} = -2z^2$$

になる．計算練習【5.6】とちがって，z は一定値で表せないが，この 1 階常微分方程式は変数分離できるから，簡単に解ける．

◀ $\dfrac{dy}{dx} \neq 0$ の場合，$z \neq 0$．

参考 $xy\dfrac{d^2y}{dx^2} + x\left(\dfrac{dy}{dx}\right)^2 = 5y\dfrac{dy}{dx}$

の各項で，$x = e^t$ とおくと，

$$\begin{aligned}\frac{dy}{dx} &= \frac{dy}{dt}\frac{dt}{dx}\\&= \frac{dy}{dt}e^{-t},\end{aligned}$$

◀ $\dfrac{dt}{dx} = \dfrac{1}{\frac{dx}{dt}} = \dfrac{1}{e^t}$

$$\begin{aligned}\frac{d^2y}{dx^2} &= \frac{d\left(\frac{dy}{dx}\right)}{dx}\\&= \frac{d\left(\frac{dy}{dt}e^{-t}\right)}{dt}\frac{dt}{dx}\\&= \left\{\frac{d^2y}{dt^2}e^{-t} + \frac{dy}{dt}\frac{d(e^{-t})}{dt}\right\}e^{-t}\\&= \left(\frac{d^2y}{dt^2} - \frac{dy}{dt}\right)e^{-2t}\end{aligned}$$

◀ $\dfrac{dy}{dx} = \dfrac{dy}{dt}e^{-t}$

◀ $\dfrac{dy}{dt}$ と e^{-t} との積の微分．

だから，

$$y\frac{d^2y}{dt^2} + \left(\frac{dy}{dt}\right)^2 = 6y\frac{dy}{dt}$$

になる．この変数係数 2 階斉次常微分方程式は，【解説 1】の方法で解ける．

┌ イメージを描け ┐
式には表情がある．
$xy\dfrac{d^2y}{dx^2} + x\left(\dfrac{dy}{dx}\right)^2$
$= 5y\dfrac{dy}{dx}$
は，気むずかしそうな表情に見える．
$y\dfrac{d^2y}{dt^2} + \left(\dfrac{dy}{dt}\right)^2$
$= 6y\dfrac{dy}{dt}$
に変装すると，近寄りやすくなる．
└─────────┘

【5.7】 2 階非斉次常微分方程式（斉次方程式の一つの解が既知）の解法（階数低下法）

数直線 $\mathbf{R}$ の $x > 0$ で定義した変数係数 2 階非斉次常微分方程式

$$x^2\frac{d^2y}{dx^2} - x\frac{dy}{dx} + y = 3x^2 + 4x$$

を解いて，解曲線の特徴を調べよ．

【解説】 この微分方程式に $y = x$ を代入すると，

$$x^2\frac{d^2x}{dx^2} - x\frac{dx}{dx} + x = 0$$

だから，視察で $y = x$ が斉次方程式

$$x^2\frac{d^2y}{dx^2} - x\frac{dy}{dx} + y = 0$$

の解であることがわかる．

手順 0 初期条件を設定する．「$x = 1$ のとき $y = 0, y' = 0$」[x-y グラフは点 $(1, 0)$ を通り，x-y' グラフは点 $(1, 0)$ を通る]

手順 1 非斉次方程式の解を $\varphi(x) = c(x)x$（x は斉次方程式の解）とおく．$y = \varphi(x)$，$z = c(x)$ として，

$$\begin{aligned}\frac{dy}{dx} &= \frac{dz}{dx}x + z\frac{dx}{dx}\\&= \frac{dz}{dx}x + z,\end{aligned}$$

$$\frac{d^2y}{dx^2} = \frac{d\left(\frac{dz}{dx}x + z\right)}{dx}$$

◀ $\dfrac{dx}{dx} = 1$．
関数値が 1 の定数関数．

$\dfrac{d^2x}{dx^2} = \dfrac{d\left(\frac{dx}{dx}\right)}{dx}$
$= \dfrac{d1}{dx} = 0$．
関数値が 0 の定数関数．

◀ 斉次方程式の解が既知のとき，定数変化法（3.2 節）を思い出すとよい．

◀ $y = \varphi(x)$
$= c(x)\,x = zx$．
積 zx を x で微分する．

◀ 積 $\dfrac{dz}{dx}x$ を x で微分する．

$$= \frac{d^2z}{dx^2}x + \frac{dz}{dx}\frac{dx}{dx} + \frac{dz}{dx}$$
$$= \frac{d^2z}{dx^2}x + 2\frac{dz}{dx}$$

を非斉次方程式に代入して

$$x^2\left(\frac{d^2z}{dx^2}x + 2\frac{dz}{dx}\right) - x\left(\frac{dz}{dx}x + z\right) + zx = 3x^2 + 4x$$

を整理すると，2 階非斉次常微分方程式

$$x\frac{d^2z}{dx^2} + \frac{dz}{dx} = 3 + \frac{4}{x}$$

になる．

手順 2 階数を下げた微分方程式を解く．
$\frac{dz}{dx} = p$ とおくと，$\frac{d^2z}{dx^2} = \frac{dp}{dx}$ だから，

$$x\frac{dp}{dx} + p = 3 + \frac{4}{x}$$

になり，

$$\frac{d(xp)}{dx} = 3 + \frac{4}{x}$$

の分母を払って $d(xp) = \left(3 + \frac{4}{x}\right)dx$ に書き換える．左辺を $xp = 1$ (初期値) から $xp = sv$ (s, v はどんな値でもいい) まで積分し，右辺を $x = 0$ (初期値) から $x = s$ (s はどんな値でもいい) まで積分する．

$$\int_0^{sv} d(xp) = \int_1^s \left(3 + \frac{4}{x}\right)dx.$$

x	1	$\to$	s
xp	1×0	$\to$	sv

$$sv - 0 = 3(s-1) + 4\{\log_e(s) - \log_e(1)\}.$$
$$sv = 3s + 4\log_e(s) - 3.$$

$x = s, p = v$ の場合 (s, v はどんな値でもいい) に成り立つから，xp と x との対応の規則 (関数) で決まる関数値は

$$xp = 3x + 4\log_e(x) - 3$$

である．$x > 0$ だから，両辺を x で割ると

$$p = 3 + \frac{4}{x}\log_e(x) - \frac{3}{x}$$

を得る．

$$\frac{dz}{dx} = 3 + \frac{4}{x}\log_e(x) - \frac{3}{x}$$

を変数分離して，左辺を $z = 0$ (初期値) から $z = u$ (u はどんな値でもいい) まで積分し，右辺を $x = 1$ (初期値) から $x = s$ (s はどんな値でもいい) まで積分する．

$$\int_0^u dz = 3\int_1^s dx + 4\int_1^s \frac{\log_e(x)}{x}dx - 3\int_1^s \frac{dx}{x}.$$

$$\frac{\log_e(x)}{x}dx = \{\log_e(x)\}\frac{dx}{x}$$
$$= \{\log_e(x)\}d\{\log_e(x)\}$$
$$= d\left[\frac{1}{2}\{\log_e(x)\}^2\right].$$

◀ 定義域は $x > 0$ だから，分母は $x \neq 0$, $x^2 \neq 0$.

◀ 計算練習【5.5】と同じ型であることに着目する．

◀ 積 xp を x で微分すると
$\frac{d(xp)}{dx} = x\frac{dp}{dx} + p.$
◀ 1 階非斉次常微分方程式
◀ $y = \varphi(x)$,
$\varphi(x) = zx$.
$y|_{x=1} = z|_{x=1} \cdot 1$.
$y|_{x=1} = 0$ だから
$z|_{x=1} = 0$.
$\frac{d\{\varphi(x)\}}{dx}$
$= \frac{dz}{dx}x + z.$
$\left.\frac{d\{\varphi(x)\}}{dx}\right|_{x=1}$
$= \left.\frac{dz}{dx}\right|_{x=1} \cdot 1$
$+ u|_{x=1}$
$= \left.\frac{dz}{dx}\right|_{x=1} + 0.$
$y' = \frac{d\{\varphi(x)\}}{dx}.$
$y'|_{x=1} = 0$,
$z|_{x=1} = 0$ だから
$p|_{x=1} = \left.\frac{dz}{dx}\right|_{x=1}$
$= 0.$
◀ $\frac{d\{\log_e(x)\}}{dx}$
$= x^{-1}$
の分母を払うと
$d\{\log_e(x)\}$
$= x^{-1}dx.$

x	$1 \to s$
$\log_e(x)$	$0 \to \log_e(s)$

$\int_1^s x^{-1}dx =$
$\int_0^{\log_e(s)} d\{\log_e(x)\}.$

◀ $\frac{d\{\log_e(x)\}}{dx} = \frac{1}{x}$ の分母を払うと $d\{\log_e(x)\} = \frac{dx}{x}$.

◀ $z = \log_e(x)$ とおく．

$\frac{d(z^2)}{dz} = 2z$ だから $d\left(\frac{1}{2}z^2\right) = zdz.$

$$\int_1^s \frac{\log_e(x)}{x}dx = \int_{\{\log_e(1)\}^2}^{\{\log_e(s)\}^2} \frac{1}{2}d\left[\{\log_e(x)\}^2\right]$$
$$= \frac{1}{2}[\{\log_e(s)\}^2 - \{\log_e(1)\}^2].$$
$$u - 0 = 3(s-1) + 2[\{\log_e(s)\}^2 - \{\log_e(1)\}^2] - 3\{\log_e(s) - \log_e(1)\}.$$
$$u = 3s + 2\{\log_e(s)\}^2 - 3\log_e(s) - 3.$$

$x = s, z = u$ の場合 (s, u はどんな値でもいい) に成り立つから，z と x との対応の規則 (関数) で決まる関数値は

$$z = 3x + 2\{\log_e(x)\}^2 - 3\log_e(x) - 3$$

である．したがって，

$$y = 3x^2 - 3x + 2x\{\log_e(x)\}^2 - 3x\log_e(x) \qquad (x > 0)$$

である (図 5.48, 図 5.49).

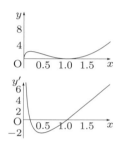

図 **5.48** 解の振舞 (解曲線)　　図 **5.49** 位相軌道　解は特定の点 $(0, 0)$ を通り，矢印の向きに変化する．

Stop!
図 5.48, 図 5.49 で $y' > 0$ のとき y は単調増加，$y' < 0$ のとき y は単調減少，$y' = 0$ のとき y は極値を取る．

検算
$$\frac{dy}{dx} = 3\frac{d(x^2)}{dx} - 3\frac{dx}{dx} + 2\frac{d[x\{\log_e(x)\}^2]}{dx} - 3\frac{d\{x\log_e(x)\}}{dx}$$
$$= 6x - 3 + 2\{\log_e(x)\}^2 + 4\log_e(x) - 3\log_e(x) - 3$$
$$= 6x - 6 + 2\{\log_e(x)\}^2 + \log_e(x).$$
$$\frac{d^2y}{dx^2} = 6 + \frac{4\log_e(x)}{x} + \frac{1}{x}.$$

$$\begin{array}{rrrrrrr}
y & = & 3x^2 & - & 3x & + & 2x\{\log_e(x)\}^2 & - & 3x\log_e(x) \\
-x\frac{dy}{dx} & = & -6x^2 & + & 6x & - & 2x\{\log_e(x)\}^2 & - & x\log_e(x) \\
+)\quad x^2\frac{d^2y}{dx^2} & = & 6x^2 & + & x & & & + & 4x\log_e(x) \\
\hline
& & 3x^2 & + & 4x
\end{array}$$

補足 この解法で，$y_h = x$ (h は homogeneous の頭文字) が斉次解であることを，どこに活かしたのか？
$\frac{dx}{dx} = 1, \frac{d^2x}{dx^2} = 0$ だから，この事情が見えにくい．非斉次方程式の解を $\varphi(x) = c(x)y_h$ とおいて，どのように斉次解を使うのかを確かめてみる．$y = \varphi(x), z = c(x)$ として，

$$\frac{dy}{dx} = \frac{dz}{dx}y_h + z\frac{dy_h}{dx},$$

$$\frac{d^2y}{dx^2} = \frac{d^2z}{dx^2}y_h + 2\frac{dz}{dx}\frac{dy_h}{dx} + z\frac{d^2y_h}{dx^2}$$

◀ 積の微分 (問 3.3).
$$\frac{d[x\{\log_e(x)\}^2]}{dx}$$
$$= \frac{dx}{dx}\{\log_e(x)\}^2$$
$$+ x\frac{d[\{\log_e(x)\}^2]}{dx}$$
$$= \{\log_e(x)\}^2$$
$$+ x \cdot 2\{\log_e(x)\} \cdot \frac{1}{x}.$$

$$\frac{d(\spadesuit^2)}{dx}$$
$$= \frac{d(\spadesuit^2)}{d\spadesuit}\frac{d\spadesuit}{dx}$$
$$= 2\spadesuit\frac{d\spadesuit}{dx}$$
と比べて，
$$\frac{d[\{\log_e(x)\}^2]}{dx}$$
$$= \frac{d[\{\log_e(x)\}^2]}{d\{\log_e(x)\}}$$
$$\times \frac{d\{\log_e(x)\}}{dx}$$
$$= 2\log_e(x) \cdot \frac{1}{x}.$$

◀ $y = \varphi(x)$
$= c(x)y_h = zy_h$.

◀ 積の微分 (問 3.3).

を
$$x^2 \frac{d^2y}{dx^2} - x\frac{dy}{dx} + y = 3x^2 + 4x$$
に代入して整理すると,
$$x^2\left(\frac{d^2z}{dx^2}y_h + 2\frac{dz}{dx}\frac{dy_h}{dx} - \frac{1}{x}\frac{dz}{dx}y_h\right) + z\left(x^2\frac{d^2y_h}{dx^2} - x\frac{dy_h}{dx} + y_h\right) = 3x^2 + 4x$$

◀ y_h は斉次解だから,
$x^2\dfrac{d^2y_h}{dx^2} - x\dfrac{dy_h}{dx}$
$+ y_h = 0.$

になる. y_h は斉次解だから
$$\frac{d^2z}{dx^2}y_h + 2\frac{dz}{dx}\frac{dy_h}{dx} - \frac{1}{x}\frac{dz}{dx}y_h = 3 + \frac{4}{x}$$

◀ 5.2 節の
$p_1(x)\dfrac{d^{n-1}y}{dx^{n-1}}$
$+ \cdots + p_n(x)y = r(x)$ の形に合わせるために, $x\dfrac{d^2z}{dx^2}$ と書いた.

となる. $y_h = x$ だから
$$x\frac{d^2z}{dx^2} + \frac{dz}{dx} = 3 + \frac{4}{x}$$
である.

参考 定数変化法で階数を下げる方法を d'Alembert (ダランベール) の階数低下法という.

◀ d'Alembert (ダランベール) は 18 世紀フランスの哲学者, 数学者, 物理学者.

【5.8】 4 階斉次線型常微分方程式（境界値問題） 数直線 $\mathbf{R}$ の $0 \leq x \leq 1$ で定義した 4 階斉次線型常微分方程式 $\dfrac{d^4y}{dx^4} = q^4y$ (q は正の実定数) の境界条件「$x=0$, $x=1$ で $y = 0$, $\dfrac{d^2y}{dx^2} = 0$」をみたす解を求めよ.

◀ 例題 5.2.

【解説】 問 5.17 の方法で解く.
(i) 視察によって, $y = 0$ (関数値が 0 の定数関数) が解であることがわかる.
(ii) この定数関数のほかに解が存在するかどうかを考える.
手順 1 解の基底（解の基本集合）を求める.
$y = e^{\lambda x}$ (指数関数) と仮定する. 例題 5.2 と同様に,

$$\text{特性方程式}: \lambda^4 - q^4 = 0$$

を λ について解くと
$$\lambda_1 = iq, \lambda_2 = -iq, \lambda_3 = q, \lambda_4 = -q$$
を得るから, 解の基底は $<e^{iqx}, e^{-iqx}, e^{qx}, e^{-qx}>$ である.
手順 2 任意の解を基本解の線型結合で表す.
基本解に適当な定数 c_1, c_2, c_3, c_4 を掛けて加え合わせる.
$$y = e^{iqx}c_1 + e^{-iqx}c_2 + e^{qx}c_3 + e^{-qx}c_4.$$

◀ $\dfrac{d(e^{\lambda x})}{dx} = \lambda e^{\lambda x}$
$\dfrac{d^2(e^{\lambda x})}{dx^2} = \lambda^2 e^{\lambda x}$
$\dfrac{d^3(e^{\lambda x})}{dx^3} = \lambda^3 e^{\lambda x}$
$\dfrac{d^4(e^{\lambda x})}{dx^4} = \lambda^4 e^{\lambda x}$
$\dfrac{d^4y}{dx^4} - q^4 y = 0$
に $y = e^{\lambda x}$ を代入すると
$(\lambda^4 - q^4)e^{\lambda x} = 0.$
$e^{\lambda x} \neq 0,$
$q^4 = (q^2)^2$
だから
$\lambda^4 - (q^2)^2 = 0.$
$(\lambda^2 + q^2)(\lambda^2 - q^2)$
$= (\lambda + iq)(\lambda - iq)$
$\times (\lambda + q)(\lambda - q)$
$= 0.$

手順 3 初期条件で定数の値を決めて, 手順 2 の無数の解から一つの解を選ぶ.
定数の値の計算を簡単にするために, 基本解を円関数で表す.
$$y = \{\cos(qx)\}a + \{\sin(qx)\}b + e^{qx}c + e^{-qx}d \text{ (基本解の線型結合)},$$
$$\frac{dy}{dx} = -q\{\sin(qx)\}a + q\{\cos(qx)\}b + qe^{qx}c + (-q)e^{-qx}d,$$
$$\frac{d^2y}{dx^2} = -q^2\{\cos(qx)\}a - q^2\{\sin(qx)\}b + q^2e^{qx}c + (-q)^2e^{-qx}d.$$

$$\begin{cases} a & + & c & + & d & = 0 \quad \blacktriangleleft\ y|_{x=0} = 0. \\ (\cos q)a & + (\sin q)b & + & e^q c & + & e^{-q}d & = 0 \quad \blacktriangleleft\ y|_{x=1} = 0. \\ -q^2 a & & + & q^2 c & + & q^2 d & = 0 \quad \blacktriangleleft\ \dfrac{d^2y}{dx^2}\Big|_{x=0} = 0. \\ -q^2(\cos q)a & - q^2(\sin q)b & + & q^2 e^q c & + & q^2 e^{-q}d & = 0 \quad \blacktriangleleft\ \dfrac{d^2y}{dx^2}\Big|_{x=1} = 0. \end{cases}$$

[Stop!]
未知数の値を決める方程式の個数は, 未知数の個数と等しい. 4 個の未定係数 c_1, c_2, c_3, c_4 または a, b, c, d の値を決めるために, 4 個の境界条件
$y|_{x=0} = 0$
$y|_{x=1} = 0,$
$y''|_{x=0} = 0,$
$y''|_{x=1} = 0$
を課す.

◀ 例題 5.4.

を a, b, c, d について解くと
$$a = 0,$$
$$c = -d,$$
$$c = 0$$

を得るから，
$$(\sin q)b = 0$$

となる．

$b = 0$ を選ぶと，$a = 0, c = 0, d = 0$ だから，解は $y = 0$（関数値が 0 の定数関数）である．

$b \neq 0$ を選ぶと，$\sin q = 0$ だから，$q = n\pi$ $(n = 1, 2, \ldots)$ であり，定数関数以外の解
$$y = \{\sin(qx)\}b \qquad (0 \leq x \leq 1)$$

が求まる．

◎何がわかったか　q が特別の値の場合だけ，$y = 0$（関数値が 0 の定数関数）以外の解が存在する．このときの q^4 を，4 階斉次線型常微分方程式 $\dfrac{d^4y}{dx^4} = q^4 y$ の**固有値**，$y = 0$ 以外の解を**固有関数**という．

■ モデル ■　心棒（コマの軸のような棒）が回転するとき，図 **5.50** のように，心棒を曲がった形で振動させることができる．心棒の両端 $x = 0$ m，$x = \ell$ で支えて，彎曲（わんきょく）しているときの y 方向の変位は，一定量 $\times \dfrac{d^4y}{dx^4} = $ 一定量 $\times y$ が成り立つ．境界条件は「$x = 0$ m，$x = \ell$ のとき $y = 0$ m，$y'' = 0$ m/s^2」である．

図 **5.50**　回転する心棒

探究演習

【**5.9**】　**2 階斉次線型常微分方程式の初期条件**　数直線 $\boldsymbol{R}$ で定義した $y = f(x)$ のグラフの概形を描くとき，関数値の増減と 凹凸 とを調べる．

x	………	0	………
$\dfrac{dy}{dx}$	………	-3	………
$\dfrac{d^2y}{dx^2}$	………	5	………
y		2	

x の値に関係なく，$y, \dfrac{dy}{dx}, \dfrac{d^2y}{dx^2}$ の間に
$$y = -\frac{1}{2}\frac{d^2y}{dx^2} - \frac{3}{2}\frac{dy}{dx}$$

という特別な関係が成り立ち，この増減表のように関数値が変化する f は，どのような関数か？

★ **背景** ★「2 階斉次線型常微分方程式の初期値解（初期値問題の解）を求めるとき，必要な初期条件は何か」を考える．2 階斉次線型常微分方程式を解くために，増減表から y, y' の初期値を読み取る．これらの値から，$\left.\dfrac{d^2y}{dx^2}\right|_{x=0} = -3\left.\dfrac{dy}{dx}\right|_{x=0} - 2\,y|_{x=0} = 5$ が求まる．したがって，y'' の初期値は，この微分方程式を解くために設定しなくていい．

あらゆるデータの中から目的に必要なデータを選び抜く．社会全体には，莫大な情報が溢れている．それらの中から，目的に必要な情報を見出すことが必要である．この意味では，学校・大学の試験では，データを取捨選択する力が伸びないかもしれない．問題文には，その問題を解くため必要なデータだけしか挙げていないからである．

▶ **着眼点** 例題 5.2 の方法で $\dfrac{d^2y}{dx^2} + 3\dfrac{dy}{dx} + 2y = 0$ を解く．

◯解法◯

2 階常微分方程式 [独立変数 x, 未知関数の値 (従属変数) y] $\dfrac{d^2y}{dx^2} + 3\dfrac{dy}{dx} + 2y = 0$ は，$y_1 = y$, $y_2 = \dfrac{dy_1}{dx}$ とおくと，連立 1 階常微分方程式 [独立変数 x, 未知関数の値 (従属変数) y_1, y_2]

$$\begin{cases} \dfrac{dy_1}{dx} = y_2, \\ \dfrac{dy_2}{dx} = -2y_1 - 3y_2 \end{cases}$$

に書き換えることができる．

手順 0 初期条件を設定する．「$x = 0$ のとき $y = 2$, $\dfrac{dy}{dx} = -3$」

手順 1 解の基底 (解の基本集合) を求める．

$y = e^{\lambda x}$ (指数関数) を仮定する．例題 5.2 と同様に，

$$\text{特性方程式}：\lambda^2 + 3\lambda + 2 = 0$$

を λ について解く．$(\lambda + 2)(\lambda + 1) = 0$ の解は $\lambda_1 = -2, \lambda_2 = -1$ だから，**解の基底**は $<e^{-2x}, e^{-x}>$ である．

手順 2 任意の解を基本解の線型結合で表す．

基本解に適当な定数 c_1, c_2 を掛けて加え合わせると

$$y = e^{-2x}c_1 + e^{-x}c_2 \ (\text{基本解の}\textbf{線型結合}),$$
$$\dfrac{dy}{dx} = -2e^{-2x}c_1 + (-1)e^{-x}c_2.$$

手順 3 初期条件で定数の値を決めて，手順 2 の無数の解から一つの解を選ぶ．

$$\begin{cases} c_1 + c_2 = 2, \\ -2c_1 - c_2 = -3 \end{cases}$$

を c_1, c_2 について解くと，

$$c_1 = \dfrac{\begin{vmatrix} 2 & 1 \\ -3 & -1 \end{vmatrix}}{\begin{vmatrix} 1 & 1 \\ -2 & -1 \end{vmatrix}} = 1, \ c_2 = \dfrac{\begin{vmatrix} 1 & 2 \\ -2 & -3 \end{vmatrix}}{\begin{vmatrix} 1 & 1 \\ -2 & -1 \end{vmatrix}} = 1$$

を得るから，初期値解は

$$y = e^{-2x} + e^{-x} \ (-\infty < x < \infty)$$

である (図 **5.51**, 図 **5.52**)．

◎ **何がわかったか** 関数値 y の増減，x–y グラフの各点で接線の傾き y' の増減がわかるから，$y = e^{-2x} + e^{-x}$ の解曲線が描ける．x のあらゆる値で

$$\dfrac{dy}{dx} = -2e^{-2x} + (-1)e^{-x} < 0,$$

[式の読解 x–y グラフのどの点でも，接線の傾きが負だから，x–y グラフは右下がり．]

$$\dfrac{d^2y}{dx^2} = (-2)^2 e^{-2x} + (-1)^2 e^{-x} > 0.$$

[式の読解 x の値が大きくなり，接点が x 軸の正の向きに行くにしたがって，接線の傾きが増加する (負の範囲で，..., -2, ..., -1, ... のように大きくなるから，傾き方は緩やかになる).]

◀ 本文の微分方程式 $\dfrac{d^2y}{dx^2} + 3\dfrac{dy}{dx} + 2y = 0$ を解くためには必要ない $y''|_{x=0} = 5$ を挙げている理由は，解を求めるために必要なデータを選ぶ力を養うことである．

◀ $\dfrac{dy_1}{dx} = \dfrac{dy}{dx}$,
$\dfrac{dy_2}{dx} = \dfrac{d}{dx}\left(\dfrac{dy}{dx}\right)$
$= \dfrac{d^2y}{dx^2}$,
$\dfrac{dy_3}{dx} = \dfrac{d}{dx}\left(\dfrac{d^2y}{dx^2}\right)$
$= \dfrac{d^3y}{dx^3}$.

◀ x–y グラフは点 $(0, 2)$ を通り，x–y' グラフは点 $(0, -3)$ を通る．

◀ 初期条件
第 1 式に
「$x = 0$ のとき $y_1 = 2$」,
第 2 式に
「$x = 0$ のとき $y_2 = -3$」を課す．
これらの初期条件は
「$y|_{x=0} = 2$,
$y'|_{x=0} = -3$」と表せる．

◀ e^{-2x}, c_1 は実数だから可換である．e^{-x}, c_2 も同様．
手順 4 の連立方程式で c_1, c_2 が未知数だから，$c_1 e^{-2x} + c_2 e^{-x}$ ではなく，$e^{-2x} c_1 + e^{-x} c_2$ と書いた．

◀ Cramer の方法
分母
$1 \times (-1) - 1 \times (-2)$
$= 1$.
c_1 の分子
$2 \times (-1) - 1 \times (-3)$
$= 1$.
c_2 の分子
$1 \times (-3) - 2 \times (-2)$
$= 1$.

◀ x のあらゆる値 $(-\infty < x < \infty)$ で $e^{-x} > 0, e^{-2x} > 0$.

$\underbrace{-e^{-x}}_{\text{正}} \underbrace{(2e^{-x} + 1)}_{\text{正}}$
負

◀ 傾きの大きさは $|-2| > |-1|$ などだから，傾き方は $|-1|$ のほうが $|-2|$ よりも緩やかである．

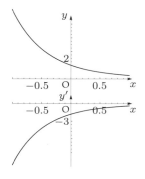

図 **5.51** 解の振舞 (解曲線)

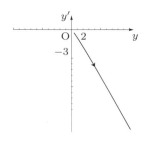

図 **5.52** 位相軌道 解は特定の点 $(2, -3)$ を通り,矢印の向きに変化する.

Stop!
図 5.51,図 5.52 でつねに $y' < 0$ だから,y は単調減少する.
y–y' グラフで,y は減少しつづける.

$x \to \infty$ のとき,$y' \to 0$,$y'' \to 0$ だから,x の値が大きくなるほど接線は水平に近づき,傾きはほとんど変化しなくなる.

【5.10】1 階線型常微分方程式と 2 階線型常微分方程式との比較 数直線 $\boldsymbol{R}$ で定義した 1 階線型常微分方程式 $\dfrac{dy}{dx} + y = a$ (例題 3.1) と 2 階線型常微分方程式 $\dfrac{d^2 y}{dx^2} + \dfrac{dy}{dx} + y = a$ とを,同じ方法で解いて,解曲線を比べよ.a は 0 でない実定数である.

$\dfrac{dy}{dx} + y = a$ に課す初期条件:「$x = x_0$ のとき $y = y_0$ (x_0, y_0 は実数)」

$\dfrac{d^2 y}{dx^2} + \dfrac{dy}{dx} + y = a$ に課す初期条件:「$x = x_0$ のとき $y = y_0$,$\dfrac{dy}{dx} = a - y_0$」

◀「同じ方法」について,
「▶着眼点」を参照.

★ **背景** ★ 例題 3.1 で,$\dfrac{dy}{dx} + y = a$ を変数分離して解を求め,

非斉次線型常微分方程式の解 = (斉次線型常微分方程式の解) + (非斉次線型常微分方程式の特解)

と表せることを理解した.5.3 節で,2 階非斉次線型常微分方程式の解も,このように表せることを確かめた.

▶ **着眼点** 本問では,1 階線型常微分方程式 $\dfrac{dy}{dx} + y = a$ の解と 2 階線型常微分方程式 $\dfrac{d^2 y}{dx^2} + \dfrac{dy}{dx} + y = a$ の解とを比べる.このねらいのために,どちらの微分方程式を解くときも,対応する斉次線型常微分方程式の解と非斉次線型常微分方程式の特解とを加える.1 階と 2 階とのどちらでも,斉次線型常微分方程式の任意の解を $y = e^{\lambda x}$ (λ は定数) と仮定する.

○**解法**○
1 階線型常微分方程式 $\dfrac{dy}{dx} + y = a$ [独立変数 x,未知関数の値 (従属変数) y]

手順 1 対応する (付随する) 斉次線型常微分方程式の任意の解 y_h を求める.

$$\frac{dy_\mathrm{h}}{dx} + y_\mathrm{h} = 0.$$

◀ 問 1.3,問 1.7.

手順 1a 解の基底 (解の基本集合) を求める.

$y_\mathrm{h} = e^{\lambda x}$ (指数関数) と仮定する.
斉次方程式に

$$\frac{d(e^{\lambda x})}{dx} = \frac{d(e^{\lambda x})}{d(\lambda x)} \frac{d(\lambda x)}{dx} = \lambda e^{\lambda x}$$

を使うと

$$(\lambda + 1) e^{\lambda x} = 0$$

となる.$e^{\lambda x} \neq 0$ だから

特性方程式:$\lambda + 1 = 0$

◀ 指数関数の性質 (1.1 節) を思い出す.

を λ について解く.$\lambda = -1$ を得るから,**解の基底**は $< e^{-x} >$ である.

手順 1b 任意の斉次解を基本解で表す.

基本解に適当な定数 c を掛けると
$$y_h = ce^{-x}.$$

手順 2 一つの非斉次解を求める．
視察で $\varphi(x) = a$ が求まる．

手順 3 非斉次方程式の解を (非斉次方程式の一つの解) + (斉次方程式の解) のように表す．
$$y = a + ce^{-x}.$$

◀ $\dfrac{da}{dx} = 0$ だから
$\dfrac{d\{\varphi(x)\}}{dx} + \varphi(x)$
$= \dfrac{da}{dx} + a = a.$

手順 4 初期条件で定数の値を決めて，手順 3 の無数の解から一つの解を選ぶ．
$$y_0 = a + ce^{-x_0}$$

を c について解くと，$c = (y_0 - a)e^{x_0}$ を得る．非斉次方程式の初期値解は，
$$y = a + (y_0 - a)e^{-(x-x_0)} \quad (-\infty < x < \infty)$$

◀ ce^{-x}
$= (y_0 - a)e^{x_0}e^{-x}.$

である．

▶ **注意** 例題 3.1 の解と一致する．

2 階線型常微分方程式 $\dfrac{d^2y}{dx^2} + \dfrac{dy}{dx} + y = a$ [独立変数 x, 未知関数の値 (従属変数) y]

手順 1 対応する (付随する) 斉次線型常微分方程式の任意の解 y_h を求める．
$$\dfrac{d^2y_h}{dx^2} + \dfrac{dy_h}{dx} + y_h = 0.$$

手順 1a 解の基底 (解の基本集合) を求める．
例題 5.4 で $p = 1, q = 1$ の場合だから，解の基底は $< e^{\frac{-1+i\sqrt{3}}{2}}, e^{\frac{-1-i\sqrt{3}}{2}} >$ である．

手順 1b 任意の斉次解を基本解の線型結合で表す．
基本解に適当な定数 c_1, c_2 を掛ける．
定数の値の計算に便利なように，基底を $< e^{-\frac{1}{2}x}\cos\left(\frac{\sqrt{3}}{2}\right), e^{-\frac{1}{2}x}\sin\left(\frac{\sqrt{3}}{2}\right) >$ にする．

$$y_h = \left\{e^{-\frac{1}{2}x}\cos\left(\frac{\sqrt{3}}{2}x\right)\right\}c_1 + \left\{e^{-\frac{1}{2}x}\sin\left(\frac{\sqrt{3}}{2}x\right)\right\}c_2$$
$$= e^{-\frac{1}{2}x}\left[\left\{\cos\left(\frac{\sqrt{3}}{2}\right)\right\}c_1 + \left\{\sin\left(\frac{\sqrt{3}}{2}\right)\right\}c_2\right],$$

◀ $e^{-\frac{1}{2}x}$ と
$\left[\left\{\cos\left(\frac{\sqrt{3}}{2}\right)\right\}c_1 \right.$
$\left. + \left\{\sin\left(\frac{\sqrt{3}}{2}\right)\right\}c_2\right]$
との積を x で微分する．

$$\frac{dy_h}{dx} = \frac{d(e^{-\frac{1}{2}x})}{dx}\left[\left\{\cos\left(\frac{\sqrt{3}}{2}x\right)\right\}c_1 + \left\{\sin\left(\frac{\sqrt{3}}{2}x\right)\right\}c_2\right]$$
$$+ e^{-\frac{1}{2}x} \cdot \frac{\sqrt{3}}{2}\left[\left\{-\sin\left(\frac{\sqrt{3}}{2}x\right)\right\}c_1 + \left\{\cos\left(\frac{\sqrt{3}}{2}x\right)\right\}c_2\right]$$
$$= \frac{1}{2}e^{-\frac{1}{2}x}\left[\left\{\cos\left(\frac{\sqrt{3}}{2}x\right)\right\}(-c_1 + \sqrt{3}c_2) - \left\{\sin\left(\frac{\sqrt{3}}{2}x\right)\right\}(\sqrt{3}c_1 + c_2)\right].$$

◀ $\dfrac{d(e^{-\frac{1}{2}x})}{dx}$ の計算
$\dfrac{d(e^{\spadesuit})}{d\spadesuit} = e^{\spadesuit}$ に注意．
$\spadesuit = -\dfrac{1}{2}x.$
$\dfrac{d(e^{-\frac{1}{2}x})}{d(-\frac{1}{2}x)} \dfrac{d(-\frac{1}{2}x)}{dx}$
$= e^{-\frac{1}{2}x}\left(-\dfrac{1}{2}\right).$

◀ $\dfrac{da}{dx} = 0,$
$\dfrac{d^2a}{dx^2} = 0$ だから
$\dfrac{d^2\{\varphi(x)\}}{dx^2}$
$+ \dfrac{d\{\varphi(x)\}}{dx} + \varphi(x)$
$= \dfrac{d^2a}{dx^2} + \dfrac{da}{dx} + a = a.$

手順 2 一つの非斉次解 φ を求める．
視察で $\varphi(x) = a$ が求まる．

手順 3 非斉次方程式の解を (非斉次方程式の一つの解) + (斉次方程式の解) のように表す．
$$y = a + e^{-\frac{1}{2}x}\left[\left\{\cos\left(\frac{\sqrt{3}}{2}x\right)\right\}c_1 + \left\{\sin\left(\frac{\sqrt{3}}{2}x\right)\right\}c_2\right].$$

手順 4 初期条件で定数の値を決めて，手順 3 の無数の解から一つの解を選ぶ．

$$\begin{cases} e^{\frac{1}{2}x_0}(y_0 - a) = \left\{\cos\left(\frac{\sqrt{3}}{2}x_0\right)\right\}c_1 + \left\{\sin\left(\frac{\sqrt{3}}{2}x_0\right)\right\}c_2 \\ 2e^{\frac{1}{2}x_0}(y_0 - a) = \left\{\cos\left(\frac{\sqrt{3}}{2}x_0\right) + \sqrt{3}\sin\left(\frac{\sqrt{3}}{2}x_0\right)\right\}c_1 \\ \qquad\qquad\qquad - \left\{\sqrt{3}\cos\left(\frac{\sqrt{3}}{2}x_0\right) - \sin\left(\frac{\sqrt{3}}{2}x_0\right)\right\}c_2 \end{cases}$$

◀ $y|_{x=x_0}.$

◀ $y'|_{x=x_0}.$

◀ $\dfrac{dy}{dx} = \dfrac{d(a+y_h)}{dx}$
$= \dfrac{dy_h}{dx}$
だから，手順 1 で
求めた $\dfrac{dy_h}{dx}$ の表式に
$x = x_0$ を代入する．

を Cramer の方法で c_1, c_2 について解くと

$$c_1 = \frac{\begin{vmatrix} e^{\frac{1}{2}x_0}(y_0 - a) & \sin\left(\frac{\sqrt{3}}{2}x_0\right) \\ 2e^{\frac{1}{2}x_0}(y_0 - a) & -\sqrt{3}\cos\left(\frac{\sqrt{3}}{2}x_0\right) + \sin\left(\frac{\sqrt{3}}{2}x_0\right) \end{vmatrix}}{\begin{vmatrix} \cos\left(\frac{\sqrt{3}}{2}x_0\right) & \sin\left(\frac{\sqrt{3}}{2}x_0\right) \\ \cos\left(\frac{\sqrt{3}}{2}x_0\right) + \sqrt{3}\sin\left(\frac{\sqrt{3}}{2}x_0\right) & -\sqrt{3}\cos\left(\frac{\sqrt{3}}{2}x_0\right) + \sin\left(\frac{\sqrt{3}}{2}x_0\right) \end{vmatrix}}$$

$$= e^{\frac{1}{2}x_0}(y_0 - a)\left\{\cos\left(\frac{\sqrt{3}}{2}x_0\right) + \frac{1}{\sqrt{3}}\sin\left(\frac{\sqrt{3}}{2}x_0\right)\right\},$$

$$c_2 = \frac{\begin{vmatrix} \cos\left(\frac{\sqrt{3}}{2}x_0\right) & e^{\frac{1}{2}x_0}(y_0 - a) \\ \cos\left(\frac{\sqrt{3}}{2}x_0\right) + \sqrt{3}\sin\left(\frac{\sqrt{3}}{2}x_0\right) & 2e^{\frac{1}{2}x_0}(y_0 - a) \end{vmatrix}}{\begin{vmatrix} \cos\left(\frac{\sqrt{3}}{2}x_0\right) & \sin\left(\frac{\sqrt{3}}{2}x_0\right) \\ \cos\left(\frac{\sqrt{3}}{2}x_0\right) + \sqrt{3}\sin\left(\frac{\sqrt{3}}{2}x_0\right) & -\sqrt{3}\cos\left(\frac{\sqrt{3}}{2}x_0\right) + \sin\left(\frac{\sqrt{3}}{2}x_0\right) \end{vmatrix}}$$

$$= e^{\frac{1}{2}x_0}(y_0 - a)\left\{-\frac{1}{\sqrt{3}}\cos\left(\frac{\sqrt{3}}{2}x_0\right) + \sin\left(\frac{\sqrt{3}}{2}x_0\right)\right\}$$

を得る.

$$y = e^{-\frac{1}{2}(x-x_0)}(y_0 - a)\left[\left\{\cos\left(\frac{\sqrt{3}}{2}x_0\right) + \frac{1}{\sqrt{3}}\sin\left(\frac{\sqrt{3}}{2}x_0\right)\right\}\cos\left(\frac{\sqrt{3}}{2}x\right)\right.$$
$$\left. + \left\{-\frac{1}{\sqrt{3}}\cos\left(\frac{\sqrt{3}}{2}x_0\right) + \sin\left(\frac{\sqrt{3}}{2}x_0\right)\right\}\sin\left(\frac{\sqrt{3}}{2}x\right)\right] + a.$$

◀ 1 階線型微分方程式
$\left.\frac{dy}{dx}\right|_{x=x_0} + y|_{x=x_0} = a,$
$y|_{x=x_0} = y_0$
だから
$\left.\frac{dy}{dx}\right|_{x=x_0} = a - y_0.$
2 階線型微分方程式の初期条件
$\left.\frac{dy}{dx}\right|_{x=x_0} = a - y_0.$

◎ **何がわかったか** どちらの微分方程式の解も, xy 平面内で同じ点 (x_0, y_0) を通り, この点で接線の傾きも同じである (図 **5.53**). しかし, x の変化とともに y の変化する特徴は異なるから, x と y との関係を表すグラフは一致しない.

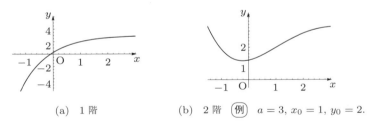

(a) 1 階 (b) 2 階 例 $a = 3, x_0 = 1, y_0 = 2.$

図 **5.53** 解曲線の比較

【**5.11**】 **2 階非斉次線型常微分方程式** 数直線 R で定義した 2 階非斉次線型常微分方程式 $\frac{d^2y}{dx^2} + p\frac{dy}{dx} + qy = \cos x + e^{3x}$ (p, q は実定数) を解いて, 解曲線の特徴を調べよ.

◀ 独立変数 x, 未知関数の値 (従属変数) y

★ **背景** ★ 例題 5.4 で $\frac{d^2y}{dx^2} + p\frac{dy}{dx} + qy = \cos x$ の初期値解, 例題 5.5 で $\frac{d^2y}{dt^2} + p\frac{dy}{dt} + qy = e^{3t}$ (t の代わりに x とすると, 本問と同じ) の初期値解を求めた. 数学では, 非斉次項が円関数, 指数関数のそれぞれの場合を調べたあとで, これらの関数を加え合わせた場合の解の特徴を調べるという発想が重要である. 本問では, 重ね合わせの原理に基づいて, 計算練習【**5.4**】の解法のしくみを理解する.

▶ **着眼点** $p = -3, q = 2$ のとき,
$\frac{d^2y}{dx^2} + p\frac{dy}{dx} + qy = \cos x$ の任意の解 $y = \frac{1}{10}\cos x - \frac{3}{10}\sin x + e^x c_1 + e^{2x} c_2,$
$\frac{d^2y}{dx^2} + p\frac{dy}{dx} + qy = e^{3x}$ の任意の解 $y = \frac{1}{2}e^{3x} + e^x c_1 + e^{2x} c_2.$

重ね合わせの原理 非斉次型微分方程式 $\frac{d^2y}{dx^2} + p\frac{dy}{dx} + qy = r_1(x) + r_2(x)$ の右辺が

二つの関数 r_1, r_2 の値の和で表せるとき,

$$\frac{d^2y}{dx^2} + p\frac{dy}{dx} + qy = r_1(x),$$
$$\frac{d^2y}{dx^2} + p\frac{dy}{dx} + qy = r_2(x)$$

の解を表す関数を, それぞれ φ_1, φ_2 とすると, これらの和 (「重ね合わせ」という) $\varphi = \varphi_1 + \varphi_2$ は, $\frac{d^2y}{dx^2} + p\frac{dy}{dx} + qy = r_1(x) + r_2(x)$ の解を表す関数である.

◀「重箱のように積み重ねる」という意味ではなく「加え合わせる」「足し合わせる」という意味.

$$\begin{array}{r} \dfrac{d^2\{\varphi_1(x)\}}{dx^2} + p\dfrac{d\{\varphi_1(x)\}}{dx} + q\varphi_1(x) = r_1(x) \\ +)\quad \dfrac{d^2\{\varphi_2(x)\}}{dx^2} + p\dfrac{d\{\varphi_2(x)\}}{dx} + q\varphi_2(x) = r_2(x) \\ \hline \dfrac{d^2\{\varphi_1(x)+\varphi_2(x)\}}{dx^2} + p\dfrac{d\{\varphi_1(x)+\varphi_2(x)\}}{dx} + q\{\varphi_1(x)+\varphi_2(x)\} = r_1(x)+r_2(x) \end{array}$$

○解法○

[例] $p = -3, q = 2$ のとき $\dfrac{d^2y}{dx^2} - 3\dfrac{dy}{dx} + 2y = \cos x + e^{3x}$.

手順0 初期条件を設定する. [例]「$x = 0$ のとき $y = 1, \dfrac{dy}{dx} = 0$」

手順1 対応する (付随する) 斉次線型常微分方程式の任意の解 y_h を求める.

◀ x-y グラフは点 $(0,1)$ を通り, x-y' グラフは点 $(0,0)$ を通る.

$$\frac{d^2y_\mathrm{h}}{dx^2} - 3\frac{dy_\mathrm{h}}{dx} + 2y_\mathrm{h} = 0.$$

手順1a 解の基底 (解の基本集合) を求める.

例題 5.4 で $p = -3, q = 2$ の場合だから, 解の基底は $<e^x, e^{2x}>$ である.

手順1b 任意の斉次解を基本解の線型結合で表す (基本解に適当な定数 c_1, c_2 を掛ける).

$$y_\mathrm{h} = e^x c_1 + e^{2x} c_2.$$

手順2 一つの非斉次解 φ を求める.

$\dfrac{d^2y}{dx^2} + p\dfrac{dy}{dx} + qy = \cos x$ の一つの非斉次解は $\varphi_1(x) = \dfrac{1}{10}\cos x - \dfrac{3}{10}\sin x$,

$\dfrac{d^2y}{dx^2} + p\dfrac{dy}{dx} + qy = e^{3x}$ の一つの非斉次解は $\varphi_2(x) = \dfrac{1}{2}e^{3x}$

だから,
$$\varphi(x) = \frac{1}{10}\cos x - \frac{3}{10}\sin x + \frac{1}{2}e^{3x}$$

◀ e^x, c_1 は実数だから可換である. e^{2x}, c_2 も同様.
手順4の連立方程式で c_1, c_2 が未知数だから, $c_1 e^x + c_2 e^{2x}$ ではなく, $e^x c_1 + e^{2x} c_2$ と書いた.

である.

手順3 非斉次方程式の任意の解を (非斉次方程式の一つの解) + (斉次方程式の解) のように表す.

$$y = \frac{1}{10}\cos x - \frac{3}{10}\sin x + \frac{1}{2}e^{3x} + e^x c_1 + e^{2x} c_2,$$
$$\frac{dy}{dx} = -\frac{1}{10}\sin x - \frac{3}{10}\cos x + \frac{3}{2}e^{3x} + e^x c_1 + 2e^{2x} c_2.$$

手順4 初期条件で定数の値を決めて, 手順3の無数の解から一つの解を選ぶ.

$$\begin{cases} 1 = \dfrac{1}{10} + \dfrac{1}{2} + c_1 + c_2 \\ 0 = -\dfrac{3}{10} + \dfrac{3}{2} + c_1 + 2c_2 \end{cases} \quad \begin{matrix} \blacktriangleleft\ y|_{x=0}. \\ \blacktriangleleft\ \left.\dfrac{dy}{dx}\right|_{x=0}. \end{matrix}$$

を c_1, c_2 について解くと, $c_1 = 2, c_2 = -\dfrac{8}{5}$ を得る. 非斉次方程式の初期値解は

$$y = \frac{1}{10}\cos x - \frac{3}{10}\sin x + \frac{1}{2}e^{3x} + 2e^x - \frac{8}{5}e^{2x}$$

である (図 **5.54**, 図 **5.55**).

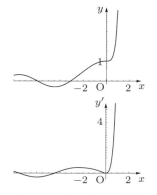

図 5.54 解の振舞（解曲線）

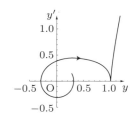

図 5.55 位相軌道　解は特定の点 $(1,0)$ を通り，矢印の向きに変化する．

Stop!
図 5.54, 図 5.55 で $y' > 0$ のとき y は単調増加, $y' < 0$ のとき y は単調減少, $y' = 0$ のとき y は極値を取る．

検算

$$\begin{array}{rlllllll}
2y & = & \dfrac{1}{5}\cos x & - & \dfrac{3}{5}\sin x & + & e^{3x} & + 4e^x - \dfrac{16}{5}e^{2x} \\
-3\dfrac{dy}{dx} & = & \dfrac{3}{10}\sin x & + & \dfrac{9}{10}\cos x & - & \dfrac{9}{5}e^{3x} & - 6e^x + \dfrac{48}{5}e^{2x} \\
+)\ \dfrac{d^2 y}{dx^2} & = & -\dfrac{1}{10}\cos x & + & \dfrac{3}{10}\sin x & + & \dfrac{9}{2}e^{3x} & + 2e^x - \dfrac{32}{5}e^{2x} \\
\hline
& & \cos x & & & + & e^{3x} &
\end{array}$$

【5.12】 階数低下法の幾何的意味　数直線 $\mathbf{R}$ $(-\infty < t < \infty$ と同じ意味$)$ で定義した 1 階 2 次常微分方程式 [独立変数 t, 未知関数の値 (従属変数) x]

$$\frac{1}{2}m\left(\frac{dx}{dt}\right)^2 + \frac{1}{2}kx^2 = E$$

を考える．m, k, E は正の実定数である．初期条件は「$t=0$ のとき $x=x_0$ (正の実定数), $\dfrac{dx}{dt}=0$」とする．

(1) この関係式を t で微分すると，どのような微分方程式を得るか？

(2) $v = \dfrac{dx}{dt}$ とおき，たて軸に $\sqrt{\dfrac{m}{2}}v$, よこ軸に $\sqrt{\dfrac{k}{2}}x$ を選んで，位相軌道を描け．

(3) よこ軸の正の側から測った角を θ として，$\sqrt{\dfrac{k}{2}}x, \sqrt{\dfrac{m}{2}}v$ を，E と θ とで表せ．

(4) $\sqrt{\dfrac{k}{2}}x$ の表式から $\sqrt{\dfrac{k}{2}}dx = \boxed{\text{ⓐ}}\ d\theta$ となる．$\sqrt{\dfrac{m}{2}}v$ の表式に注意すると，$dx = \boxed{\text{ⓑ}}\ vd\theta$ と表せる．$dx = vdt$ だから，$d\theta = \boxed{\text{ⓒ}}\ dt$ と書き換えることができる．ⓐ, ⓑ, ⓒ を求めよ．

(5) 簡単のために，ⓒ を $-\omega$ と書くと，$d\theta = -\omega dt$ と表せる．「$t=0$ のとき $\theta = 0$」のもとで，この微分方程式を解いて θ を t で表せ．

(6) (5) の結果を使って，x, v を表せ．

★ **背景** ★　例題 5.2 で単振動のモデルを考えたとき，おもりの運動方程式 $m\dfrac{dv}{dt} = -kx$ と $v = \dfrac{dx}{dt}$ とを辺々掛けてから積分し，$\dfrac{1}{2}mv^2 + \dfrac{1}{2}kx^2 = E$ に書き換えた．$v = \dfrac{dx}{dt}$ だから $\dfrac{dv}{dt} = \dfrac{d^2 x}{dt^2}$ であり，2 階 1 次常微分方程式 $m\dfrac{d^2 x}{dt^2} = -kx$ の階数が下がって，1 階 2 次常微分方程式 $\dfrac{1}{2}m\left(\dfrac{dx}{dt}\right)^2 + \dfrac{1}{2}kx^2 = E$ に帰着した．本問では，1 階 2 次常微分方程式を 2 階 1 次常微分方程式に書き換え，両者が同等であることを確かめる．

▶ **着眼点**　例題 5.2, 5.3, 5.5 で 2 階斉次線型常微分方程式の基本解を求めるとき，指数関数を仮定した．例題 5.2 で理解したように，基本解の選び方は 1 通りではない．指数関数ではなく，線型独立な円関数 $\cos, \sin$ の線型結合で表すこともできる．問 5.12 で確かめた

◀ Y. Kobayashi : Mathematical Gazette, **87** (2003) 163.

◀ 問 (2) 以下では, (1) の微分方程式の代わりに, 関係式 $\dfrac{1}{2}m\left(\dfrac{dx}{dt}\right)^2 + \dfrac{1}{2}kx^2 = E$ を扱う．

◀ $\dfrac{1}{2}m\left(\dfrac{dx}{dt}\right)^2 + \dfrac{1}{2}kx^2 = E$ のグラフ

◀ 高校数学の知識で描ける．

◀ 2 階 1 次, 1 階 2 次などの微分方程式の名称について, 0.5 節参照．

◀ 5.2 節のノート: 線型独立・線型従属 (線型代数との結びつき 2), 問 5.7.

とおりで，cos, sin の一方だけで基本解を表すと，初期条件をみたす解が求まらないことに注意する．本問では，たまたま x を表す関数は cos であるが，$x = (\cos\theta)c_1 + (\sin\theta)c_2$ の結合係数 c_2 が 0 の場合と考える．

○解法○

(1) 簡単のために，$v = \dfrac{dx}{dt}$ とおいて，
$$\frac{1}{2}mv^2 + \frac{1}{2}kx^2 = E$$
の両辺を t で微分すると
$$\frac{1}{2}m\frac{d(v^2)}{dt} + \frac{1}{2}k\frac{d(x^2)}{dt} = \frac{dE}{dt}$$
となる．
$$\frac{1}{2}m\frac{d(v^2)}{dv}\frac{dv}{dt} + \frac{1}{2}k\frac{d(x^2)}{dx}\frac{dx}{dt} = 0$$
だから
$$mv\frac{dv}{dt} + kx\frac{dx}{dt} = 0$$
であり，$v = \dfrac{dx}{dt}$, $\dfrac{dv}{dt} = \dfrac{d^2x}{dt^2}$ だから
$$\left(m\frac{d^2x}{dt^2} + kx\right)\frac{dx}{dt} = 0$$
を得る．

(i) 1 階 1 次常微分方程式 $\dfrac{dx}{dt} = 0$, 解 $x = C$ (C は定数)．
$\dfrac{1}{2}m\left(\dfrac{dx}{dt}\right)^2 + \dfrac{1}{2}kx^2 = E$ に $x = C$, $\dfrac{dx}{dt} = 0$ を代入すると
$$\frac{1}{2}kC^2 = E$$
だから
$$C = \pm\sqrt{\frac{2E}{k}}.$$
初期条件が $x = \sqrt{\dfrac{2E}{k}}$ と $x = -\sqrt{\dfrac{2E}{k}}$ とのどちらかのとき初期値解が存在する．

(ii) 2 階 1 次常微分方程式 $m\dfrac{d^2x}{dt^2} + kx = 0$ (例題 5.2 のモデル)
視察で $x = 0$ は，この微分方程式をみたすことがわかるが，初期条件 $x = x_0$ (x_0 は正の実定数) をみたさない．

(2) $\dfrac{1}{2}mv^2 + \dfrac{1}{2}kx^2 = E$ を
$$\text{円の方程式：}\left(\sqrt{\frac{m}{2}}v\right)^2 + \left(\sqrt{\frac{k}{2}}x\right)^2 = (\sqrt{E})^2$$
に書き換えることができる．

(3) 円関数 cos は，象限に関係なく，円周上の点のヨコ座標と始線 (よこ軸の正の側) から測った角との対応を表すから，
$$\sqrt{\frac{k}{2}}x = \sqrt{E}\cos\theta.$$
円関数 sin は，象限に関係なく，円周上の点のタテ座標と始線から測った角との対応を表すから，
$$\sqrt{\frac{m}{2}}v = \sqrt{E}\sin\theta.$$

(4) $\dfrac{d(\cos\theta)}{d\theta} = -\sin\theta$ の分母を払うと

◀ 計算練習【0.4】．

◀ E は定数だから $\dfrac{dE}{dt} = 0$．

◀ $\dfrac{d(v^2)}{dv} = 2v$,
$\dfrac{d(x^2)}{dx} = 2x$,
$\dfrac{dv}{dt} = \dfrac{d\left(\dfrac{dx}{dt}\right)}{dt} = \dfrac{d^2x}{dt^2}$．

◀ 計算練習【5.1】の $\dfrac{dy'}{dx} = 0$ と同じ型であることに着目する．

[Stop!]
初期条件
$\dfrac{dx}{dt}\bigg|_{t=0} = 0$ は，$t = 0$ のときに課す制約である．右辺の 0 は数値である．
1 階 1 次常微分方程式 $\dfrac{dx}{dt} = 0$ は，t のあらゆる値で成り立つ．右辺の 0 は定数関数の値が 0 であることを表す．

◀ $X = \sqrt{\dfrac{k}{2}}x$, $V = \sqrt{\dfrac{m}{2}}v$, $r = \sqrt{E}$ とおくと，$X^2 + V^2 = r^2$ は中心 $(0,0)$, 半径 r の円を表す．

◀ 力学的エネルギー保存則 (例題 5.2) は，相平面で円の方程式で表せる．よこ軸を x, たて軸を v にすると，楕円になる．

◀ 式が文末の場合，ピリオドが必要である．

◀ 5.2 節．

探 究 演 習   223

$$d(\cos\theta) = -\sin\theta d\theta$$

だから

$$\sqrt{\frac{k}{2}}dx = \sqrt{E}d(\cos\theta)$$

は

$$\sqrt{\frac{k}{2}}dx = -\sqrt{E}\sin\theta d\theta$$

と表せる.

(3) で $\sqrt{E}\sin\theta = \sqrt{\frac{m}{2}}v$ だから

$$\sqrt{\frac{k}{2}}dx = -\sqrt{\frac{m}{2}}vd\theta.$$

両辺に $\sqrt{\frac{2}{k}}$ を掛けると

$$dx = -\sqrt{\frac{m}{k}}vd\theta$$

となる.

$\dfrac{dx}{dt} = v$ の分母を払うと $dx = vdt$ となるから,

$$vdt = -\sqrt{\frac{m}{k}}vd\theta.$$

(1) から, $v \neq 0$ のときを考えて

$$d\theta = -\sqrt{\frac{k}{m}}dt$$

となる (図 5.56).

$$V = \sqrt{\frac{m}{2}}\frac{dx}{dt}$$
$$= \sqrt{\frac{m}{2}}\sqrt{\frac{2}{k}}\frac{dX}{dt}$$
$$= \sqrt{\frac{m}{k}}\frac{dX}{dt}.$$

◀ v は velocity (速度) の頭文字.
◀ 図 5.56 で, X, V は数値を表す. 目盛は数値を表すから, おもりの運動を考えるときには, 量 / 単位の形で, よこ軸に X/m, たて軸に V/ms^{-1} と書く.

Stop!
図 5.56 を見ると, x を表す関数が cos である理由がわかる.

◀ $\omega = \sqrt{\dfrac{k}{m}}$ とおく.

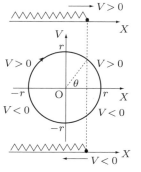

◀ 図 5.56 の 3 辺が dX, dV, $d\theta$ の三角形は $d\theta$ が微小のとき, 直角三角形とみなすと, dx, $d\theta$ の表す意味がわかる. $d\theta$ と dV とのなす角は θ である. $\dfrac{dX}{d\theta} = -r\sin\theta$ ($\sin\theta > 0$ のとき $-r\sin\theta < 0$) から $dX = -r\sin\theta d\theta$ となり, $\sqrt{\dfrac{k}{2}}dx = \sqrt{E}d(\cos\theta)$.

図 5.56 位相軌道 $X = \sqrt{\dfrac{k}{2}}x$, $Y = \sqrt{\dfrac{m}{2}}v$, $r = \sqrt{E}$. $V = \sqrt{\dfrac{m}{k}}\dfrac{dX}{dt}$ だから, X は $V > 0$ のとき増加, $V < 0$ のとき減少, $V = 0$ のとき極値を取る. ばねに取り付けたおもりの運動 (例題 5.2) と比べると, 折り返し点でおもりの速度はゼロである.

(5) 1 階 1 次常微分方程式

$$d\theta = -\omega dt$$

の左辺を $\theta = 0$ (初期値) から $\theta = \Theta$ (Θ はどんな値でもいい) まで積分し, 右辺を $t = 0$ (初期値) から $t = \tau$ (τ はどんな値でもいい) まで積分する.

$$\int_0^{\Theta} d\theta = -\omega^2 \int_0^{\tau} dt.$$

$$\Theta = -\omega\tau.$$

◀ Θ は「シータ」と読むギリシア文字の大文字.
τ は「タウ」と読むギリシア文字の小文字.

$\theta = \Theta$, $t = \tau$ の場合 (Θ, τ はどんな値でもいい) に成り立つから，θ と t との対応の規則 (関数) で決まる関数値は
$$\theta = -\omega t \quad (-\infty < t < \infty)$$
をみたす．

(6) (3) の x, v の表式に $\theta = -\omega t$ を代入すると
$$\sqrt{\frac{k}{2}}x = \sqrt{E}\cos(-\omega t),$$
$$\sqrt{\frac{m}{2}}v = \sqrt{E}\sin(-\omega t).$$
したがって，
$$x = \sqrt{\frac{2E}{k}}\cos(\omega t),$$
$$v = -\sqrt{\frac{2E}{m}}\sin(\omega t).$$

◀ $\sin(-\omega t)$
$= -\sin(\omega t)$.

●類題● $\left(\sqrt{\frac{m}{2}}v\right)^2 + \left(\sqrt{\frac{k}{2}}x\right)^2 = (\sqrt{E})^2$ を $\sqrt{\frac{m}{2}}v$ について解くと，変数分離型に帰着することを示せ．

【解説】左辺第 2 項を移項して
$$\left(\sqrt{\frac{m}{2}}v\right)^2 = E - \left(\sqrt{\frac{k}{2}}x\right)^2$$
に書き換えると
$$\sqrt{\frac{m}{2}}v = \pm\sqrt{E - \left(\sqrt{\frac{k}{2}}x\right)^2}$$
を得る．$v = \dfrac{dx}{dt}$ だから，分母を払うと
$$\sqrt{\frac{m}{2}}dx = \pm\sqrt{E - \left(\sqrt{\frac{k}{2}}x\right)^2}dt$$
となる．両辺に $\sqrt{\dfrac{k}{m}}$ を掛けて，変数分離すると
$$\frac{\sqrt{\dfrac{k}{2}}dx}{\sqrt{E - \left(\sqrt{\dfrac{k}{2}}x\right)^2}} = \pm\sqrt{\frac{k}{m}}dt$$
である．

◀ $v > 0$ のとき (図 5.56 の位相軌道の上半分) 正号，
$v < 0$ のとき (図 5.56 の位相軌道の下半分) 負号．

[Stop!] 図 5.56 のイメージを描いていると，$\sqrt{\dfrac{k}{2}}x = \sqrt{E}\cos\theta$ とおくとよさそうであることに気づきやすい．
$$\frac{\sqrt{E}d(\cos\theta)}{\sqrt{E - E(\cos\theta)^2}} = \pm\sqrt{\frac{k}{m}}dt$$
に書き換える．$E(1 - \cos^2\theta) = E(\sin\theta)^2$ から
$$\sqrt{E(\sin\theta)^2} = \begin{cases} \sqrt{E}\sin\theta & (0 < \theta \leq \pi), \\ -\sqrt{E}\sin\theta & (\pi < \theta \leq 2\pi). \end{cases}$$

◀ $0 < \theta \leq \pi$ のとき $v > 0, \sin\theta > 0$．
$\pi < \theta \leq 2\pi$ のとき $v < 0, \sin\theta < 0$．

$d(\cos\theta) = -\sin\theta d\theta$ だから，

$$\mp \frac{\sqrt{E}\sin\theta d\theta}{\sqrt{E}\sin\theta} = \pm\sqrt{\frac{k}{m}}dt \quad \text{(複号同順)}$$

となり，簡単な 1 階 1 次常微分方程式

$$d\theta = -\sqrt{\frac{k}{m}}dt$$

に帰着する.

●**類題**● 数直線 $\boldsymbol{R}$ で定義した 4 階斉次線型常微分方程式 $\dfrac{d^4y}{dx^4} - \dfrac{d^2y}{dx^2} = 0$ の両辺に $\dfrac{d^3y}{dx^3}$ を掛けて整理すると，変数分離型に帰着することを示せ．　　◀ $y = \varphi(x)$ と表すと，関数 φ は $\boldsymbol{R}$ で 4 回連続微分可能である．

【解説】独立変数 x，未知関数の値 (従属変数) y．

$$\frac{d\left\{\left(\dfrac{d^3y}{dx^3}\right)^2\right\}}{dx} = 2\frac{d^3y}{dx^3}\frac{d^4y}{dx^4}, \quad \frac{d\left\{\left(\dfrac{d^2y}{dx^2}\right)^2\right\}}{dx} = 2\frac{d^2y}{dx^2}\frac{d^3y}{dx^3}$$

◀ 簡単のために，$z = \dfrac{d^3y}{dx^3}$ とおくと，
$\dfrac{d(z^2)}{dx} = \dfrac{d(z^2)}{dz}\dfrac{dz}{dx}$
$= 2z\dfrac{d\left(\dfrac{d^3y}{dx^3}\right)}{dx}$
$= 2\dfrac{d^3y}{dx^3}\dfrac{d^4y}{dx^4}$.

だから，

$$\frac{d^3y}{dx^3}\frac{d^4y}{dx^4} - \frac{d^2y}{dx^2}\frac{d^3y}{dx^3} = 0$$

を

$$\frac{1}{2}\frac{d\left\{\left(\dfrac{d^3y}{dx^3}\right)^2\right\}}{dx} - \frac{1}{2}\frac{d\left\{\left(\dfrac{d^2y}{dx^2}\right)^2\right\}}{dx} = 0$$

に書き換えることができる．したがって，x のあらゆる値で

$$\left(\frac{d^3y}{dx^3}\right)^2 - \left(\frac{d^2y}{dx^2}\right)^2 = C \quad (C \text{ は実定数})$$

◀ 計算練習【5.1】の手順 1 と同じ考え方．

である．$z = \dfrac{d^2y}{dx^2}$ とおいて，階数を下げると

$$\left(\frac{dz}{dx}\right)^2 = C + z^2$$

◀ 階数低下法 (計算練習【5.6】).

になる．$\dfrac{dz}{dx}$ について解くと

$$\frac{dz}{dx} = \pm\sqrt{C + z^2}$$

だから，変数分離すると

$$\frac{dz}{\sqrt{C + z^2}} = \pm dx$$

◀ C が $C + z^2 \geq 0$ をみたす場合，x のあらゆる値で $\left(\dfrac{dz}{dx}\right)^2$ が定義できる．
$\dfrac{dz}{dx} = \sqrt{C + z^2}$
または
$\dfrac{dz}{dx} = -\sqrt{C + z^2}$.

に帰着する．

補足 半平面 $(-\infty < x < \infty, z > 0)$ で定義した常微分方程式 $\dfrac{dz}{dx} = \sqrt{z^2}$ の解法

手順 0 初期条件を設定する．

例「$x = 0$ のとき $y = 1, \dfrac{dy}{dx} = 0, \dfrac{d^2y}{dx^2} = 1, \dfrac{d^3y}{dx^3} = -1$」

　　「$x = 0$ のとき $z = 1, \dfrac{dz}{dx} = -1$」と表せる．

手順 1 y''', y'' の初期値で C の値を求める．

$$C = (-1)^2 - 1^2 = 0.$$

手順 2 $\dfrac{dz}{dx} = \sqrt{z^2}$ を変数分離して，左辺を $z = 1$ (初期値) から $z = u$ (u はどんな値でもいい) まで積分し，右辺を $x = 0$ (初期値) から $x = s$ (s はどんな値でもいい) まで積分する．$z > 0$ のとき $\sqrt{z^2} = z$ だから

$$\int_1^u \frac{dz}{z} = \int_0^s dx.$$

◀ $\dfrac{d^4y}{dx^4} - \dfrac{d^2y}{dx^2} = 0$ は y を未知関数とする 4 階微分方程式だから，計算練習【5.3】と同じ考え方で，4 個の初期条件を課す．

◀ 0.3 節のとおりで，y''' は $\dfrac{d^3y}{dx^3}$ の値，y'' は $\dfrac{d^2y}{dx^2}$ の値である．

◀ $z > 0$ だから $u > 0$.

$$\int_{\log_e 1}^{\log_e u} d(\log_e z) = s - 0.$$

z	$1 \to u$
$\log_e z$	$\log_e 1 \to \log_e u$

$$\log_e u - \log_e 1 = s$$

◀ $\dfrac{d(\log_e z)}{dz} = \dfrac{1}{z}$ の分母を払うと $d(\log_e z) = \dfrac{dz}{z}$.

から
$$u = e^s$$

◀ $\log_e 1 = 0$.

となる．$x = s, z = u$ の場合 (s, u はどんな値でもいい) に成り立つから，z と x との対応の規則 (関数) で決まる関数値は

$$z = e^x \quad (-\infty < x < \infty)$$

◀ $z = \dfrac{d^2 y}{dx^2}$.

をみたす．

手順3 $\dfrac{d^2 y}{dx^2} = e^x$ を解く．

手順3a $\dfrac{d\left(\dfrac{dy}{dx}\right)}{dx} = e^x$ の分母を払い，$y' = \dfrac{dy}{dx}$ とおいて

$$dy' = e^x dx$$

◀ $\dfrac{d^2 y}{dx^2} = \dfrac{d\left(\dfrac{dy}{dx}\right)}{dx} = \dfrac{dy'}{dx}$.

に書き換える．

◀ $\dfrac{d(e^x)}{dx} = e^x$ の分母を払うと $d(e^x) = e^x dx$.

手順3b 左辺を $y' = 0$ (初期値) から $y' = v$ (v はどんな値でもいい) まで積分し，右辺を $x = 0$ (初期値) から $x = s$ (s はどんな値でもいい) まで積分する．

$$\int_0^v dy' = \int_0^s e^x dx.$$

$$v - 0 = \int_{e^0}^{e^s} d(e^x)$$

x	$0 \to s$
e^x	$e^0 \to e^s$

から
$$v = e^s - 1$$

となる．$x = s, y' = v$ の場合 (s, v はどんな値でもいい) に成り立つから，y' と x との対応の規則 (関数) で決まる関数値は

$$y' = e^x - 1 \quad (-\infty < x < \infty)$$

◀ $y' = \dfrac{dy}{dx}$.

をみたす．

手順4 $\dfrac{dy}{dx} = e^x - 1$ を解く．

手順4a $\dfrac{dy}{dx} = e^x - 1$ の分母を払って

$$dy = (e^x - 1)dx$$

に書き換える．

手順4b 左辺を $y = 1$ (初期値) から $y = t$ (t はどんな値でもいい) まで積分し，右辺を $x = 0$ (初期値) から $x = s$ (s はどんな値でもいい) まで積分する．

$$\int_1^t dy = \int_0^s (e^x - 1)dx.$$

$$t - 1 = \int_{e^0}^{e^s} d(e^x) - \int_0^s dx \quad \text{◀ 右辺第1項の計算は手順2b と同じ．}$$

◀ $t - 1 = (e^s - 1) - (s - 0)$.

から
$$t = e^s - s$$

となる．$x = s, y = t$ の場合 (s, t はどんな値でもいい) に成り立つから，y と x との対応の規則 (関数) で決まる関数値は

$$y = e^x - x \quad (-\infty < x < \infty)$$

をみたす.

検算 $\frac{dy}{dx} = e^x - 1, \frac{d^2y}{dx^2} = e^x, \frac{d^3y}{dx^3} = e^x, \frac{d^4y}{dx^4} = e^x$ だから

$$\frac{d^4y}{dx^4} - \frac{d^2y}{dx^2} = 0.$$

◀ 式が文末の場合，ピリオドが必要である.

■ **モデル** ■ 例題 5.2 のモデルのように，おもりの質量を m, ばね定数を k, おもりの水平方向の位置を x とする. $\frac{dx}{dt}$ は，おもりの速度の定義だから，x' の代わりに v と表す. 図 5.56 の位相軌道は図 5.11 と同じである.

◀ velocity (速度) の頭文字

$$d(\overbrace{mv}^{運動量}) = \overbrace{(-kx)\,dt}^{力×時間}$$

は，「時間をかけて，ばねからおもりに力がはたらくと (原因), おもりの運動量という勢いが変化する (結果)」という因果律を表す.

$$\underbrace{\frac{1}{2}mv^2}_{おもりの運動エネルギー} + \underbrace{\frac{1}{2}kx^2}_{弾性力場のポテンシャル} = E \quad (一定量)$$

◀ 時間の観点と空間の観点について, 小林幸夫:『力学ステーション』(森北出版, 2002). 同じ現象に対する二つの異なる表現について, 大西弘: 物理と化学, 1979 年 5 月号, p. 6.

は，力学的エネルギー保存則を表す.

おもりの運動という一つの現象なのに，二つの方程式があるのはなぜか？
● 時間の観点から「何秒後 (時間 dt の経過) に，おもりの運動の勢い (mv) は，どれだけ変化しているか」を予言する方程式が $d(mv) = (-kx)dt$ である.
● 空間の観点から「どこ (位置 x) で，おもりは，どれだけの運動の勢い ($\frac{1}{2}mv^2$) で運動しているか」を予言する方程式が $\frac{1}{2}mv^2 + \frac{1}{2}kx^2 = E$ である.

同じ現象を，二つの異なる表現で記述することができる. 運動方程式

$$\underbrace{m\frac{d^2x}{dt^2}}_{質量×加速度} = \underbrace{-kx}_{力}$$

◀ $\frac{d^2x}{dt^2}$ は加速度を表す.「加速度が生じる」とは「速度が変化する」という意味である.

は，これらの二つの見方を橋渡しする. 運動方程式は「ばねからおもりに力がはたらくと (原因), おもりの速度が変化する (結果)」という因果律を表す.

◀ $\frac{dv}{dt} = \frac{d\left(\frac{dx}{dt}\right)}{dt} = \frac{d^2x}{dt^2}$ だから, $m\frac{d^2x}{dt^2} = m\frac{dv}{dt}$.

● 時間が経過しても，質量 m が変化しないとき，運動方程式を $\frac{d(mv)}{dt} = -kx$ に書き換えることができる. この式の分母を払うと $d(mv) = (-kx)dt$ になる.
● 例題 5.2 のモデルで示したように，運動方程式 $\frac{d(mv)}{dt} = -kx$ に速度 $v = \frac{dx}{dt}$ を掛けてから積分すると，力学的エネルギー保存則に書き換えることができる. この方法を**エネルギー積分**という.

$\frac{d(mv)}{dt}$ は運動量 mv の単位時間当りの変化分を表す.

問 図 5.56 で位相軌道の点が 1 周する間に，t はどれだけ変化するか？

解 $-\omega(t-0\,\mathrm{s}) = 0\,\mathrm{rad} - 2\pi\,\mathrm{rad}$ から $t = \frac{2\pi}{\omega}$. $\omega = \sqrt{\frac{k}{m}}$ だから, $t = 2\pi\sqrt{\frac{m}{k}}$.

◀ 周期を求める問題点は 1 周する間に $\theta = 2\pi\,\mathrm{rad}$ から $\theta = 0\,\mathrm{rad}$ まで進む. $\theta = -\omega t$ だから, θ の変化は $-\omega(t-0\,\mathrm{s})$ と表せる.

●**類題**● 例題 5.4 のモデルの運動方程式 $m\frac{dv}{dt} = -kx - \mu\frac{dx}{dt}$ と速度の定義 $v = \frac{dx}{dt}$ とを辺々掛けた式を読解せよ.

【解説】 $\frac{d(v^2)}{dt} = \underbrace{\frac{d(v^2)}{dv}}_{2v}\frac{dv}{dt}, \frac{d(x^2)}{dt} = \underbrace{\frac{d(x^2)}{dx}}_{2x}\frac{dx}{dt}$ を使って

$$mv\frac{dv}{dt} = -kx\frac{dx}{dt} - \mu\left(\frac{dx}{dt}\right)^2$$

を

$$\frac{1}{2}m\frac{d(v^2)}{dt} = -\frac{1}{2}k\frac{d(x^2)}{dt} - \mu\left(\frac{dx}{dt}\right)^2$$

に書き換えて移項し，$E_\mathrm{k} = \frac{1}{2}mv^2$, $E_\mathrm{p} = \frac{1}{2}kx^2$ とおくと

$$\frac{d(E_\mathrm{k} + E_\mathrm{p})}{dt} = -\mu\left(\frac{dx}{dt}\right)^2 < 0 \text{ J}$$

になる．

式の読解 力学的エネルギー (おもりの運動エネルギー + 弾性力場のポテンシャル) は時間が経つにつれて減少する．減衰振動の位相軌道 (図 5.17) は，楕円 (円は楕円の特別な場合) のような閉曲線にならない．

◀ k は kinetic energy (運動エネルギー) の頭文字．
p は potential (ポテンシャル) の頭文字．

◀ $dE_\mathrm{k} = d\left(\frac{1}{2}mv^2\right)$, $dE_\mathrm{p} = d\left(\frac{1}{2}kx^2\right)$.

【5.13】斉次方程式の標準型 p, q は数直線 $\boldsymbol{R}$ で定義した連続関数のとき，2 階斉次線型常微分方程式 $\frac{d^2y}{dx^2} + p(x)\frac{dy}{dx} + q(x)y = 0$ の $p(x) = 0$ の場合 (1 階微分項のない場合) を**標準型** (基準型) という．

(1) 定数係数の場合に，2 階斉次線型微分方程式を標準型に書き換えよ．
(2) 変数係数の場合に，2 階斉次線型微分方程式を標準型に書き換えよ．

★ **背景** ★ 微分方程式ではないが，2 次方程式 $x^2 + ax + b = 0$ (a, b は定数) を解くとき，平方完成して $\left(x + \frac{a}{2}\right)^2 + b - \frac{a^2}{2^2} = 0$ に書き直す．$z = x + \frac{a}{2}$ とおくと，z の 1 乗の項のない $z^2 + \left(b - \frac{a^2}{2^2}\right) = 0$ になる．このように，未知数の 1 乗の項を含まない 2 次方程式の解を求める．2 階常微分方程式も，同じ発想で理解できるかどうかを考える．

▶ **着眼点** 変数変換して，1 階微分項を含まない微分方程式に書き換える．

◯**解法**◯

(1) $p(x) = a$, $q(x) = b$ (a, b は定数) とする．

$$y = c(x)z$$

とおき，未知関数の値 y を求める問題の代わりに，未知関数の値 z を求める．

$$\frac{dy}{dx} = \frac{d\{c(x)z\}}{dx}$$
$$= c(x)\frac{dz}{dx} + \frac{d\{c(x)\}}{dx}z,$$

◀ (1) は $p(x), q(x)$ が定数の場合である．

◀ y, z は x の関数だから，
$y = \varphi(x)$,
$z = \psi(x)$
と表すと
$\varphi(x) = c(x)\psi(x)$.

◀ 積の微分 (問 3.3).

$$\frac{d^2y}{dx^2} = \frac{d\left(\frac{dy}{dx}\right)}{dx}$$
$$= \frac{d\{c(x)\}}{dx}\frac{dz}{dx} + c(x)\frac{d^2z}{dx^2} + \frac{d^2\{c(x)\}}{dx^2}z + \frac{d\{c(x)\}}{dx}\frac{dz}{dx}$$
$$= c(x)\frac{d^2z}{dx^2} + 2\frac{d\{c(x)\}}{dx}\frac{dz}{dx} + \frac{d^2\{c(x)\}}{dx^2}z$$

◀ 積の微分 (問 3.3).

を微分方程式に代入すると

$$c(x)\frac{d^2z}{dx^2} + 2\frac{d\{c(x)\}}{dx}\frac{dz}{dx} + \frac{d^2\{c(x)\}}{dx^2}z + ac(x)\frac{dz}{dx} + a\frac{d\{c(x)\}}{dx}z + bc(x)z = 0$$

になるから，式を整理すると

$$c(x)\frac{d^2z}{dx^2} + \left[2\frac{d\{c(x)\}}{dx} + ac(x)\right]\frac{dz}{dx} + \left[\frac{d^2\{c(x)\}}{dx^2} + a\frac{d\{c(x)\}}{dx} + bc(x)\right]z = 0$$

を得る．1 階微分項 $\frac{dz}{dx}$ が消えるような関数 c を選ぶ．

$$2\frac{d\{c(x)\}}{dx} + ac(x) = 0$$

を変数分離すると
$$\frac{d\{c(x)\}}{c(x)} = -\frac{a}{2}dx$$
になる. 左辺を $c(x) = c(x_0)$ (初期値) から $c(x) = c(s)$ (s はどんな値でもいい) まで積分し, 右辺を $x = x_0$ (初期値) から $x = s$ まで積分する.

$$\int_{c(x_0)}^{c(s)} \frac{d\{c(x)\}}{c(x)} = -\frac{a}{2}\int_{x_0}^{s} dx.$$

x	$x_0 \to s$
$c(x)$	$c(x_0) \to c(s)$

◁ 関数 c は関数値が 0 の定数関数ではないから, $c(x) \neq 0$. だから, 分母は 0 でない.

$$\int_{\log_e\{c(x_0)\}}^{\log_e\{c(s)\}} d[\log_e\{c(x)\}] = -\frac{a}{2}(s - x_0).$$

$$\log_e\left\{\frac{c(s)}{c(x_0)}\right\} = -\frac{a}{2}(s - x_0)$$

◁ $\dfrac{d[\log_e\{c(x)\}]}{d\{c(x)\}} = \dfrac{1}{c(x)}$
の分母を払うと
$\dfrac{d\{c(x)\}}{c(x)} = d[\log_e\{c(x)\}].$

だから
$$c(s) = c(x_0)e^{-\frac{a}{2}(s-x_0)}$$

となる. $x = s$ の場合 (s はどんな値でもいい) に成り立つから, $c(x)$ と x との対応の規則 (関数) で決まる関数値は

$$c(x) = c(x_0)e^{-\frac{a}{2}(x-x_0)}$$

$\log_e\{c(s)\} - \log_e\{c(x_0)\}$
$= \log_e\left\{\dfrac{c(s)}{c(x_0)}\right\}$
から
$\dfrac{c(s)}{c(x_0)} = e^{-\frac{p}{2}(s-x_0)}.$

をみたす.

$$\frac{d\{c(x)\}}{dx} = c(x_0)\frac{d\{e^{-\frac{a}{2}(x-x_0)}\}}{dx}$$
$$= c(x_0)\frac{d\{e^{-\frac{a}{2}(x-x_0)}\}}{d\{-\frac{a}{2}(x-x_0)\}}\frac{d\{-\frac{a}{2}(x-x_0)\}}{dx}$$
$$= -\frac{a}{2}c(x_0)e^{-\frac{a}{2}(x-x_0)},$$
$$\frac{d^2\{c(x)\}}{dx^2} = -\frac{a}{2}c(x_0)\frac{d\{e^{-\frac{a}{2}(x-x_0)}\}}{dx}$$
$$= \left(-\frac{a}{2}\right)^2 c(x_0)e^{-\frac{a}{2}(x-x_0)}$$

◁ $\dfrac{d(e^\spadesuit)}{d\spadesuit} = e^\spadesuit$,
$\dfrac{d\{-\frac{a}{2}(x-x_0)\}}{dx}$
$= -\dfrac{a}{2}\dfrac{d(x-x_0)}{dx}$
$= -\dfrac{a}{2}\left(\dfrac{dx}{dx} - \dfrac{dx_0}{dx}\right)$
$= -\dfrac{a}{2}(1 - 0).$

を

$$c(x)\frac{d^2z}{dx^2} + \left[\frac{d^2\{c(x)\}}{dx^2} + a\frac{d\{c(x)\}}{dx} + bc(x)\right]z = 0$$

に代入すると
$$c(x_0)e^{-\frac{a}{2}(x-x_0)}\left\{\frac{d^2z}{dx^2} + \left(b - \frac{a^2}{4}\right)z\right\} = 0$$

になる. $c(x_0)e^{-\frac{a}{2}(x-x_0)} \neq 0$ だから, $a \neq 0$ であっても,

$$標準型: \frac{d^2z}{dx^2} + \left(b - \frac{a^2}{4}\right)z = 0$$

◁ 2次方程式
$x^2 + ax + b = 0$
を平方完成して,
$z = x + \dfrac{a}{2}$
とおくと
$z^2 + \left(b - \dfrac{a^2}{4}\right) = 0$
になる. 微分方程式の標準型は, この式と似た形である.

を得る.

(2) $p(x)$, $q(x)$ は定数でないから,

$$\frac{d\{c(x)\}}{c(x)} = -\frac{p(x)}{2}dx$$

の左辺を $c(x) = c(x_0)$ (初期値) から $c(x) = c(s)$ (s はどんな値でもいい) まで積分し, 右辺を $x = x_0$ (初期値) から $x = s$ まで積分する.

$$\int_{c(x_0)}^{c(s)} \frac{d\{c(x)\}}{c(x)} = -\int_{x_0}^{s}\frac{p(x)}{2}dx.$$

$$\log_e\left\{\frac{c(s)}{c(x_0)}\right\} = -\frac{1}{2}\int_{x_0}^{s} p(x)dx$$

だから
$$c(s) = c(x_0) e^{-\frac{1}{2}\int_{x_0}^{s} p(x)dx}$$
となる．$x = s$ の場合 (s はどんな値でもいい) に成り立つから，$c(x)$ と x との対応の規則 (関数) で決まる関数値は
$$c(x) = c(x_0) e^{-\frac{1}{2}\int_{x_0}^{s} p(x)dx}$$
をみたす．
$$c(x)\frac{d^2 z}{dx^2} + \left[\frac{d^2\{c(x)\}}{dx^2} + p(x)\frac{d\{c(x)\}}{dx} + q(x)c(x)\right]z = 0$$

1 次微分項 $\dfrac{dz}{dx}$ が消えるように

$$\frac{d\{c(x)\}}{dx} = -\frac{p(x)}{2}c(x)$$

をみたす関数 c を選ぶと，

$$\begin{aligned}\frac{d^2\{c(x)\}}{dx^2} &= -\frac{1}{2}\frac{d\{p(x)\}}{dx}c(x) - \frac{1}{2}p(x)\frac{d\{c(x)\}}{dx} \\ &= -\frac{1}{2}\frac{d\{p(x)\}}{dx}c(x) + \frac{1}{4}\{p(x)\}^2 c(x)\end{aligned}$$

◂ 積 $-\dfrac{p(x)}{2}c(x)$ の微分

◂ $p(x)\dfrac{d\{c(x)\}}{dx} = -\dfrac{\{p(x)\}^2}{2}c(x)$．

◂ $\dfrac{dz}{dx}$ の係数 (1) と同様に，$\dfrac{d\{c(x)\}}{dx} + c(x) = 0$．$\dfrac{d(x)\{c(x)\}}{dx} = -\dfrac{p(x)}{2}c(x)$．

である．$c(x) = c(x_0)e^{-\frac{1}{2}\int_{x_0}^{s} p(x)dx} \neq 0$ だから，$p(x) \neq 0$ であっても，

$$\text{標準型}: \frac{d^2 z}{dx^2} + \left[-\frac{1}{4}\{p(x)\}^2 - \frac{1}{2}\frac{d\{p(x)\}}{dx} + q(x)\right]z = 0$$

◂ $p(x) \neq 0$ は「関数値が 0 の定数関数ではない」という意味．

を得る．

◎ **何がわかったか** 一般の 2 階斉次線型常微分方程式は標準型に書き直せるから，標準型が解ければいい．

第 5 講の自己評価（到達度確認）

① 連立常微分方程式と高階常微分方程式との関係を理解したか？
② 高階斉次常微分方程式の解法を理解したか？
③ 斉次方程式の解の線型独立性と初期値解の一意性とを理解したか？
④ 初期値問題の解の一意性を理解したか？
⑤ 高階非斉次常微分方程式の解法を理解したか？

第III部　常微分方程式論への入り口

第6講　エピローグ —— 常微分方程式の解の振舞

> **第6講の問題点**
> ① 1階高次微分方程式の解法に習熟すること.
> ② 微分方程式の解の存在と一意性を理解すること.
> ③ 力学系の挙動の特徴を理解すること.
> 【キーワード】　正規型, 非正規型, 存在定理, レゾルベントマトリックス

「数学の問題は答が一つに決まるからおもしろい」という考えがあるが，本当だろうか？　1元1次方程式 $0x = 0$ の解は1個かどうかを思い出してみる. x に 0 を入れても $0x = 0$, 1 を入れても $0x = 0$, π を入れても $0x = 0$, -987654321 を入れても $0x = 0$, $\sqrt{5}$ を入れても $0x = 0, \ldots$ である. 0 にどの数を掛けても 0 になるからである. この方程式の解は無数に存在する.「無数」というが「数が無い」のではなく「数がありすぎる」ことに注意する.

◀ x についての方程式
$ax = 0$
の解
$a = 0$ のとき
x は不定.
$a \neq 0$ のとき
$x = 0$.

常微分方程式でも，解が無数に存在する例が見つかるだろうか？　このような例があるとしたら，その微分方程式が無数の解を持つ理由は何か？　第6講は，この疑問から始める.

6.1　1階高次常微分方程式

第0講で，各点ごとの接線をなめらかにつなぎ合わせて，曲線 (関数のグラフ) を描く方法を考えた (例題 0.5). 例題 5.2 の記号を変えて，連立1階常微分方程式を

$$\begin{cases} \dfrac{dy}{dx} = y' \\ \dfrac{dy'}{dx} = -y \end{cases}$$

と書き直すと，第1式は x–y グラフの各点の接線の傾き，第2式は x–y' グラフの各点の接線の傾きを表す. この連立1階常微分方程式は，2階常微分方程式

$$\frac{d^2y}{dx^2} = -y$$

に書き換えることができる. これらの常微分方程式の特徴を，つぎのように整理する.

> **正規型**　最高階の導関数について解けた型の常微分方程式.
> 　1階常微分方程式　$\dfrac{dy}{dx} = q(x, y)$　（q は x, y の関数）
> 　n 階常微分方程式　$\dfrac{d^n y}{dx^n} = r(x, y, y', y'', \ldots, y^{(n-1)})$
> 　　　　　　　　　　（r は $x, y, y', y'', \ldots, y^{(n-1)}$ の関数）
> **非正規型**　最高階の導関数について解けていない型の常微分方程式.

◀ $y^{(n-1)}$ は $(n-1)$ 階導関数を表す.

◀ 問 6.1, 問 6.2.

非正規型の場合も，y' について解けば，接線をなめらかにつなぎ合わせて曲線を描くことはできるのか？　例題 6.1 で，この事情を調べてみる. その準備として，非正規型を正規型に帰着させる方法を確かめる.

[問 6.1] 領域 $-\infty < x < \infty$, $y \geq 0$ で定義した非正規型常微分方程式 $\left(\dfrac{dy}{dx}\right)^2 = y$ を $\dfrac{dy}{dx}$ について解け.

【解説】正規型常微分方程式
$$\frac{dy}{dx} = \pm\sqrt{y}$$
に帰着する.

◎ 何がわかったか $\left(\dfrac{dy}{dx}\right)^2 = y$ が $\dfrac{dy}{dx}$ の 2 次式だから, 領域 $y \geq 0$ の各点で, y' は二つの異なる値を取る. したがって, 解曲線上の同じ点で, 2 通りの接線の傾きが決まる. $\pm\sqrt{y}$ の複号に対応する二つの初期値解があり得る.

▶ 注意 1 階高次常微分方程式を y' について解くと, y' が一意に決まらない微分方程式がある.

◀ $y < 0$ では, 根号内が負になる.

◀ 0.3 節のとおりで, y' は $\dfrac{dy}{dx}$ の値を表す.

◀ 初期値問題の解を **初期値解** という.

◀ 1 階高次常微分方程式は y' について解けていない.

[Stop!] $\dfrac{d^2y}{dx^2} = -y$ (例題 5.2) は, 基本解 $\cos x$, $\sin x$ だけでも 2 個の解があり, ほかにも $\cos x$ と $\sin x$ との線型結合で表せる解が無数に存在する. 無数の解から一つの解を選ぶ問題を初期値問題という.「解が一意に決まるか」とは「初期条件をみたす解 (2 階常微分方程式の場合, 特定の点を通り, この点で接線が特定の傾きであるような解曲線) がただ一つに限るか」という問題である.

◀ 例題 0.5, 問 0.9.

◀ $y|_{x=x_0} = y_{01}$, $\dfrac{dy}{dx}\bigg|_{x=x_0} = y_{02}$

(x_0, y_{01}, y_{02} は特定の値.)

[問 6.2] 領域 $-\infty < x < \infty$, $y \geq 0$ で定義した非正規型常微分方程式 $\left(\dfrac{dy}{dx}\right)^{\frac{1}{2}} = y$ を $\dfrac{dy}{dx}$ について解け.

【解説】両辺を 2 乗すると, 正規型常微分方程式
$$\frac{dy}{dx} = y^2$$
に帰着する.

◎ 何がわかったか 1 階高次常微分方程式でも, 問 6.1 とちがって, y' が一意に決まる微分方程式もある.

◀ 0.3 節のとおりで, y' は $\dfrac{dy}{dx}$ の値を表す.

◀ $y < 0$ では, y' が実数にならない.

◀ $y = 0$ は定数関数の値が 0 であることを表す.

[問 6.3] xy 平面の y^α が定義できる領域で, 正規型常微分方程式 $\dfrac{dy}{dx} = ay^\alpha$ (a は 0 でない実定数, α は正の実定数) の右辺の関数が y^α になるように変数変換せよ.

【解説】$z = ax$ とおくと
$$\frac{dy}{dx} = \frac{dy}{dz}\frac{dz}{dx} = a\frac{dy}{dz}$$
だから
$$\frac{dy}{dz} = y^\alpha.$$

◎ 何がわかったか $\dfrac{dy}{dx} = ay^\alpha$ の代表として $\dfrac{dy}{dx} = y^\alpha$ を考える.

◀ 独立変数 x をほかの変数におきかえる.

◀ $\dfrac{dy}{dx} = ay^\alpha$ だから $a\dfrac{dy}{dz} = ay^\alpha$.

◀ 記号を改めて, $\dfrac{dy}{dz} = y^\alpha$ の z の代わりに x と書いた.

[問 6.4] xy 平面の領域 $y \geq 0$ で定義した常微分方程式 $\dfrac{dy}{dx} = y^{\frac{1}{2}}$ の初期条件「$x = 5$ のとき $y = 0$」をみたす解を調べる. 関数値が (1)–(6) のそれぞれで表せる関数は, この微分方程式の初期値解か?

◀ 初期値問題の解を **初期値解** という.

(1) $y = 0 \ (-\infty < x < \infty)$.

(2) $y = 2 \ (-\infty < x < \infty)$.

(3) $y = \dfrac{1}{4}(x-5)^2 \ (-\infty < x < \infty)$.

(4) $y = \begin{cases} 0 & (x \leq 3), \\ \dfrac{1}{4}(x-3)^2 & (x \geq 3). \end{cases}$

(5) $y = \begin{cases} 0 & (x \leq 5), \\ \dfrac{1}{4}(x-5)^2 & (x \geq 5). \end{cases}$

(6) $y = \begin{cases} 0 & (x \leq 7), \\ \dfrac{1}{4}(x-7)^2 & (x \geq 7). \end{cases}$

不等号
日本では $\geqq, \leqq$ を使うが,世界では $\geq, \leq$ を使う.

【解説】例題 6.1 では変数分離して解くが,本問では発見法で解を調べる.　　◀ 変数分離について,1.2 節参照.

(1) 関数値が 0 の定数関数〔図 **6.1**(a)〕は,xy 平面で水平な直線 (傾きの値は 0) だから $\dfrac{d0}{dx} = 0$. $0^{\frac{1}{2}} = 0$ と比べると,$\dfrac{dy}{dx} = y^{\frac{1}{2}}$ をみたすことがわかる.直線 $y = 0 \ (-\infty < x < \infty)$ は点 $(5, 0)$ を通る.したがって,$y = 0$ は初期値解である.

(2) 関数値が 2 の定数関数〔図 (b)〕は,xy 平面で水平な直線 (傾きの値は 0) だから $\dfrac{d2}{dx} = 0$. $2^{\frac{1}{2}} \neq 0$ と比べると,$\dfrac{dy}{dx} = y^{\frac{1}{2}}$ をみたさないことがわかる.

(3) 全領域 $-\infty < x < \infty$ で

$$\dfrac{dy}{dx} = \dfrac{d\left\{\dfrac{1}{4}(x-5)^2\right\}}{dx} = \dfrac{d\left\{\dfrac{1}{4}(x-5)^2\right\}}{d(x-5)}\dfrac{d(x-5)}{dx}$$

$$= \dfrac{1}{4} \cdot 2(x-5) \cdot 1$$

$$= \dfrac{1}{2}(x-5)$$

◀ 計算練習【0.3】同じ計算.

◀ 式が文末の場合,ピリオドが必要である.

を

$$y^{\frac{1}{2}} = \left\{\dfrac{1}{4}(x-5)\right\}^{\frac{1}{2}} = \begin{cases} -\dfrac{1}{2}(x-5) & (x \leq 5), \\ \dfrac{1}{2}(x-5) & (x \geq 5) \end{cases}$$

と比べると,関数 (3)〔図 (c)〕は,領域 $x \leq 5$ で $\dfrac{dy}{dx} = y^{\frac{1}{2}}$ をみたさないことがわかる.

(4) 関数 (4)〔図 (d)〕は,領域 $x \leq 3$ で,(1) と同様に,$\dfrac{dy}{dx} = y^{\frac{1}{2}}$ をみたす.領域 $x \geq 3$ で,　　◀ (3) と同じ計算.

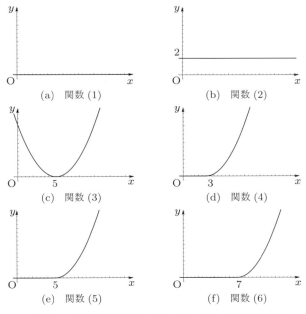

(a) 関数 (1)　　(b) 関数 (2)

(c) 関数 (3)　　(d) 関数 (4)

(e) 関数 (5)　　(f) 関数 (6)

図 **6.1** 関数 (1), (2), (3), (4), (5), (6) のグラフ

$$\frac{dy}{dx} = \frac{d\left\{\frac{1}{4}(x-3)^2\right\}}{dx} = \frac{1}{2}(x-3)$$
$$= \left\{\frac{1}{4}(x-3)^2\right\}^{\frac{1}{2}}$$
$$= y^{\frac{1}{2}}$$

◀ $x \geq 3$.

だから，$\frac{dy}{dx} = y^{\frac{1}{2}}$ をみたすが，放物線 $y = \frac{1}{4}(x-3)^2$ は点 $(5,0)$ を通らない．

(5) 関数 (5)〔図 (e)〕は，(4) と同様に，全領域 $-\infty < x < \infty$ で $\frac{dy}{dx} = y^{\frac{1}{2}}$ をみたす．直線 $y = 0$ $(x \leq 5)$ は点 $(5,0)$ を通る．したがって，$y = 0$ $(x \leq 5), y = \frac{1}{4}(x-5)^2$ $(x \geq 5)$ は初期値解である．

(6) 関数 (6)〔図 (f)〕は，(5) と同様に，$y = 0$ $(x \leq 7), y = \frac{1}{4}(x-7)^2$ $(x \geq 7)$ は初期値解である．

◎ 何がわかったか　(1), (5), (6) の関数を手がかりにして，全領域 $(-\infty < x < \infty)$ で初期条件をみたす解を見出せる．(1), (5), (6) だけでなく，図 **6.2** のように，$A \geq 5$ をみたす点 $(A, 0)$ で放物線 $y = \frac{1}{4}(x-A)^2$ と直線 $y = 0$ とをなめらかにつないだ曲線も点 $(5,0)$ を通り，全領域 $-\infty < x < \infty$ で $\frac{dy}{dx} = y^{\frac{1}{2}}$ をみたす．したがって，$A \geq 5$ のとき

◀ 探究演習【6.5】.

$$y = \begin{cases} 0 & (x \leq A), \\ \frac{1}{4}(x-A)^2 & (x \geq A) \end{cases}$$

は初期値解である．

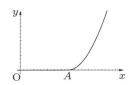

図 **6.2**　$y = \frac{1}{4}(x-A)^2$ と直線 $y = 0$ とをなめらかにつないだ曲線 $(A \geq 5)$

例題 6.1 で問 6.4 を発展させて，「初期条件を課すと，1 階常微分方程式の解は 1 通りに決まるのか」という問題を考える．

例題 6.1　1 階常微分方程式の初期値解の一意性

xy 平面の y^α $(\alpha > 0)$ が定義できる領域で，正規型常微分方程式

$$\frac{dy}{dx} = y^\alpha$$

に対し，(1), (2), (3) の場合に，初期条件の選び方による解曲線の特徴のちがいを調べよ．
　　　　(1) $\alpha = 2$．　　(2) $\alpha = 1$．　　(3) $\alpha = \frac{1}{2}$．

発想　$\frac{d0}{dx} = 0, 0^\alpha = 0$ だから，視察で $y = 0$ (関数値が 0 の定数関数) が $\frac{dy}{dx} = y^\alpha$ をみたすことがわかる．$\frac{dy}{dx} = ay$ (例題 1.2) の右辺の関数を y^α に変えただけだから，$y \neq 0$ [関数値が 0 $(y = 0)$ の定数関数でない] の場合，変数分離型常微分方程式の解法を適用する．

◀ $y = 0$ は**自明解** (計算しなくても求まる解) である．

佐野理：『キーポイント微分方程式』(岩波書店, 1993) p. 149.

【解説】 $\frac{dy}{dx} = y^\alpha$ は「解曲線上の各点で接線の傾きがタテ座標の α 乗」(**式の読解**) という特徴を表す．

初期条件の選び方 1　(解曲線を図 **6.3** に示す)

手順 0　初期条件を設定する．「$x = x_0, y = y_0$ (x_0, y_0 は正の定数)」[点 (x_0, y_0) を通る]

▶ **注意**　解曲線 $y = 0$ (実際は曲線ではなく直線) は点 (x_0, y_0) を通らないから，$y = 0$

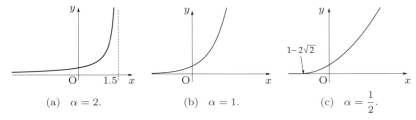

(a) $\alpha = 2$.   (b) $\alpha = 1$.   (c) $\alpha = \frac{1}{2}$.

図 6.3 初期条件 $y|_{x=x_0} = y_0$ （正の定数）を課した解 （例） $x_0 = 1, y_0 = 2$.

(関数値が 0 の定数関数) は初期条件 $y|_{x=x_0} = y_0$ をみたす解ではない.
$y \neq 0$ [関数値が 0 ($y = 0$) の定数関数でない] の場合

手順 1 変数分離する. 分母を払って $\dfrac{dy}{y^\alpha} = dx$ に書き換える.

手順 2 左辺を $y = y_0$ (初期値) から $y = t$ (t はどんな値でもいい) まで積分し, 右辺を $x = x_0$ (初期値) から $x = s$ (s はどんな値でもいい) まで積分する.

$$\int_{y_0}^{t} y^{-\alpha} dy = \int_{x_0}^{s} dx.$$

(1), (2), (3) を (i) $\alpha = 1$ の場合, (ii) $\alpha \neq 1$ の場合に分けて考える.

(i) $\alpha = 1$ の場合

例題 1.2 の解 $y = e^{a(x-x_0)} y_0$ で $a = 1$ の場合だから,

$$y = e^{x-x_0} y_0 \quad (-\infty < x < \infty).$$

(ii) $\alpha \neq 1$ の場合

$$\frac{1}{-\alpha+1} \int_{y_0^{-\alpha+1}}^{t^{-\alpha+1}} d(y^{-\alpha+1}) = s - x_0.$$

y	y_0	$\to$	t
$y^{-\alpha+1}$	$y_0^{-\alpha+1}$	$\to$	$t^{-\alpha+1}$

$$\frac{1}{-\alpha+1}(t^{-\alpha+1} - y_0^{-\alpha+1}) = s - x_0.$$

$x = s, y = t$ の場合 (s, t はどんな値でもいい) に成り立つから, x と y との対応の規則 (関数) で決まる関数値は

$$y^{-\alpha+1} = y_0^{-\alpha+1} + (-\alpha+1)(x - x_0)$$

である.

◀ $\dfrac{d(y^{-\alpha+1})}{dy} = (-\alpha+1)y^{-\alpha}$ の分母を払って整理すると, $\alpha \neq 1$ のとき, 両辺を $-\alpha+1 (\neq 0)$ で割ると $\dfrac{1}{-\alpha+1} d(y^{-\alpha+1})$ になる.

（例） $\alpha = 2$ の場合

$$y = \frac{1}{\frac{1}{y_0} - (x - x_0)} \quad \left(x > x_0 + \frac{1}{y_0}\right).$$

◀ $x < x_0 + \dfrac{1}{y_0}$ でもいい.

簡単のために, $c = \dfrac{1}{y_0}, X = x - x_0$ とおくと,

$$\text{直角双曲線の方程式：} y = \frac{1}{c - X}$$

と表せる.

漸近線 直線 $X = c$ $\left(x = x_0 + \dfrac{1}{y_0}\right.$ とも表せる$\left.\right)$, 直線 $y = 0$

（例） $\alpha = \dfrac{1}{2}$ の場合

$$y^{\frac{1}{2}} = y_0^{\frac{1}{2}} + \frac{1}{2}(x - x_0) \quad (y \geq 0).$$

両辺を 2 乗すると,

◀ 漸近線の求め方
$\underbrace{x - x_0}_{X} = \underbrace{\dfrac{1}{y_0}}_{c}$ $y \to \infty$ のとき $X \to c - 0$ (c に左側から限りなく近づく).
$y \to -\infty$ のとき $X \to c + 0$ (c に右側から限りなく近づく). $X \to \infty$ のとき $y \to -0$. $X \to -\infty$ のとき $y \to +0$.

第 6 講　エピローグ — 常微分方程式の解の振舞

$$\text{放物線の方程式}：y = \left\{ y_0^{\frac{1}{2}} + \frac{1}{2}(x - x_0) \right\}^2$$

$$= \frac{1}{4}\left\{ x - (x_0 - 2y_0^{\frac{1}{2}}) \right\}^2 \quad (x \geq x_0 - 2y_0^{\frac{1}{2}})$$

と表せる。

▶ **注意**　領域 $x < x_0 - 2y_0^{\frac{1}{2}}$ で解の振舞を調べる。放物線 $y = \frac{1}{4}\left\{ x - (x_0 - 2y_0^{\frac{1}{2}}) \right\}^2$ は下に凸だから、頂点 $(x_0 - 2y_0^{\frac{1}{2}}, 0)$ で直線 $y = 0$ (x 軸) に接する。$x \geq x_0 - 2y_0^{\frac{1}{2}}$ で描いた放物線は、頂点で直線 $y = 0$ となめらかにつながる。$y = 0$ は $-\infty < x < \infty$ で $\frac{dy}{dx} = y^{\frac{1}{2}}$ をみたすから、解曲線は

$$y = \begin{cases} 0 & (x \leq x_0 - 2y_0^{\frac{1}{2}}), \\ \frac{1}{4}\left\{ x - (x_0 - 2y_0^{\frac{1}{2}}) \right\}^2 & (x \geq x_0 - 2y_0^{\frac{1}{2}}) \end{cases}$$

と表せる。

初期条件の選び方 2　[(3) の解曲線の例は図 6.1 (d), (e), (f) のとおり]

手順 0　初期条件を設定する。「$x = x_0$ のとき $y = 0$ (x_0 は正の定数)」[点 $(x_0, 0)$ を通る]

手順 1　視察で関数値が 0 の定数関数を求める。

$$y = 0 \quad (-\infty < x < \infty).$$

補足 $\alpha = 1$ の場合

$y_0 \neq 0$ のとき、x のあらゆる値で $e^{x-x_0} y_0 \neq 0$ であり、$y = e^{x-x_0} y_0$ を表す解曲線は点 $(x_0, 0)$ を通らないから、$y = e^{x-x_0} y_0$ は初期条件「$x = x_0$ のとき $y = 0$」をみたす解ではない。

Stop!　$y = e^{x-x_0} y_0$ は、$y_0 = 0$ (y_0 の値が正ではなく 0) のとき、x の値に関係なく $y = 0$ である。x と y との関係式 $y = e^{x-x_0} y_0$ は、$y_0 \geq 0$ とすると、自明解 $y = 0$ も含む。

補足 $\alpha = 2$ の場合

x のあらゆる値で $(c - X)^{-1} \neq 0$ であり、$y = \dfrac{1}{c - X}$ を表す解曲線は点 $(x_0, 0)$ を通らないから、$y = \dfrac{1}{c - X}$ は初期条件「$x = x_0$ のとき $y = 0$」をみたす解ではない。

Stop!　$c \to \infty$ の極限の場合、$y \to 0$ である。x と y との関係式 $y = \dfrac{1}{c - X}$ は、解 $y = 0$ も含むと考える。

補足 $\alpha = \dfrac{1}{2}$ の場合

問 1.10 の図 1.4 と同じ発想で、図 6.1 (c) の x 軸をたて軸、y 軸をよこ軸と読み替えると、$x = 2\sqrt{y} + x_0$ のグラフと見ることができる。対称軸の左側は $x < x_0$ だから $x = -2\sqrt{y} + x_0$、右側は $x > x_0$ だから $x = 2\sqrt{y} + x_0$ である。

■ **ほかの解も見つかる**　図 6.2 のように、$A > x_0$ をみたす点 $(A, 0)$ で放物線 $y = \frac{1}{4}(x - A)^2$ と直線 $y = 0$ とをなめらかにつないだ曲線も点 $(x_0, 0)$ を通る。$x \geq A$ のとき

$$\frac{dy}{dx} = \frac{1}{2}(x - A)$$
$$= \left\{ \frac{1}{4}(x - A)^2 \right\}^{\frac{1}{2}}$$
$$= y^{\frac{1}{2}}$$

だから、$\dfrac{dy}{dx} = y^{\frac{1}{2}}$ をみたす。したがって、

$$y = \begin{cases} 0 & (x \leq A), \\ \frac{1}{4}(x - A)^2 & (x \geq A) \end{cases}$$

◀ 微分方程式 $\dfrac{dy}{dx} = y^{\frac{1}{2}}$ の定義域は $y \geq 0$ だから $y_0^{\frac{1}{2}} + \dfrac{1}{2}(x - x_0) \geq 0$. $\dfrac{1}{2}(x - x_0) \geq -y_0^{\frac{1}{2}}$ から $x - x_0 \geq -2y_0^{\frac{1}{2}}$.

不等号
日本では $\geqq, \leqq$ を使うが、世界では $\geq, \leq$ を使う.

◀ 問 5.9 のモデルで、$\dfrac{d^2 y}{dx^2} + p(x)\dfrac{dy}{dx} + q(x)y = 0$ の初期条件「$x = x_0$ のとき $y = 0, y' = 0$」をみたす解は $y = 0$ (関数値が 0 の定数関数) だけである.

◀ $y_0 = 0$ のとき $y = \left\{ y_0^{\frac{1}{2}} + \dfrac{1}{2}(x - x_0) \right\}^2$ は $y = \dfrac{1}{4}(x - x_0)^2$ である。この式を $x = \pm 2\sqrt{y} + x_0$ に書き換える.

◀ $\dfrac{1}{2}(x - A) \geq 0$

参考
現実の自然現象、工学系の諸問題では、ほとんどの場合、特異解は必要ない。
西本勝之：『大学課程微分方程式演習』（昭晃堂、1969) p. 134.

も初期値解である．

Stop! A の値をどのように選んでも，$y=0$ にならない．$y=\frac{1}{4}(x-A)^2$ は，解 $y=0$ を含まない．$y=0$ は，任意の解 (A はどんな値でもいい) の特別な場合 (A が特定の値の場合) ではないので，**特異解**という．

直線 $y=0$ は，点 $(A,0)$ で放物線 $y=\frac{1}{4}(x-A)^2$ と接する．A の取り得るすべての値に対して，$y=\frac{1}{4}(x-A)^2$ の全体 (集合) を放物線族という．直線 $y=0$ は，放物線族の包絡線である．

微分方程式 $\dfrac{dy}{dx}=\sqrt{y}$ は「曲線上の各点で接線の傾きは，タテ座標の平方根である」(式の読解) という特徴を表す．タテ座標が $y<0$ のとき，接線の傾きが実数で表せない．$y<0$ の領域では，解曲線は存在しない．「特異解 $y=0$ を表す直線があらゆる解曲線 $[y=(x-A)^2/4$ で A の値の選び方で無数の解が存在する$]$ の包絡線である」とは，解が存在する領域の境界が特異解であるという意味である．

◀ **包絡線** 曲線族と接線を共有する曲線．$y=0$ は直線だから曲線の特別な場合と考える．

◀ 矢嶋信男：『常微分方程式』(岩波書店，1989) p. 58 にくわしい解説がある．

◎**何が問題か** 初期値問題の解が一意に決まる条件があるのか？ **表 6.1** を見ると，微分方程式 $\dfrac{dy}{dx}=y^\alpha$ の初期値解が一意に決まるためには，α の値に制約がありそうである．

表 6.1 $\dfrac{dy}{dx}=y^\alpha$ の初期値解

α	微分方程式	定義域	初期条件 $y|_{x=x_0}=y_0$ (正の定数) を課した解	初期条件 $y|_{x=x_0}=0$ を課した解
2	$\dfrac{dy}{dx}=y^2$.	$x>x_0+\dfrac{1}{y_0}$ または $x<x_0+\dfrac{1}{y_0}$	$y=\dfrac{1}{\dfrac{1}{y_0}-(x-x_0)}$.	$y=0$.
1	$\dfrac{dy}{dx}=y$.	全平面	$y=y_0 e^{x-x_0}$.	$y=0$.
$\dfrac{1}{2}$	$\dfrac{dy}{dx}=y^{\frac{1}{2}}$.	$y\geq 0$	$y=\begin{cases}0 & (x\leq x_0-2y_0^{\frac{1}{2}}),\\ \dfrac{1}{4}\left\{x-(x_0-2y_0^{\frac{1}{2}})\right\}^2 & (x\geq x_0-2y_0^{\frac{1}{2}}).\end{cases}$	$y=\begin{cases}0 & (x\leq A),\\ \dfrac{1}{4}(x-A)^2 & (x\geq A).\end{cases}$ $A(\geq x_0)$ の値の選び方で無数に存在する．

6.2 解の存在と一意性

問 6.4, 例題 6.1 でわかったように，常微分方程式の初期条件をみたす解を求めるとき，重要な注意が必要である．

1. どのような条件のもとで，常微分方程式の解が**存在**するのか？
2. 解が存在するとき，その解は**一意**に決まるのか？

表 6.1 に整理したとおりで，一つの解曲線 (例題 6.1 では指数関数を表す曲線，直角双曲線，放物線) とほかの解曲線 (例題 6.1 では自明解を表す直線 $y=0$) とがなめらかにつながるとき，解は一意に決まる．

微分方程式 $\dfrac{dy}{dx}=y^\alpha$ は「解曲線上の各点で接線の傾き y' がタテ座標 y で決まる」(式の読解) という特徴を表す．

1. 直線 $y=0$ (水平だから傾きの値も 0) につながらない例：解曲線 (直角双曲線，指数関数を表す曲線) 上で高さ (タテ座標 y) が 0 に近づくと

き，接線が速く水平 (接線の傾きが 0) になるから，直線 $y=0$ に交わらない．

2. 直線 $y=0$ につながる例：解曲線 (放物線) 上で高さが 0 に近づくとき，接線が水平になるのが遅いので，直線 $y=0$ に平行にならないで交わる．

◁「接線が水平になるのが速い」とは「接線と直線 $y=0$ とは平行に近い状態がつづく」という意味である．

直線 $y=0$ への近づき方は，α の値で異なる．傾き y' とヨコ座標 x との関係 (y' が x によって，どのように変化するか) を表す $\dfrac{dy'}{dx}$ ではなく，
傾き y' とタテ座標 y との関係 (y' が y によって，どのように変化するか) を表す $\dfrac{dy'}{dy}$
に着目する．

◁ 解曲線上の高さが低くなって，直線 $y=0$ に近づくとき，解曲線が $y=0$ (x 軸) になめらかにつながるかどうかを考える．$\dfrac{dy}{dx} = y'$ と表し，$\dfrac{dy'}{dx}$ ではなく $\dfrac{dy'}{dy}$ を調べる．

問 6.5 例題 6.1 の常微分方程式 $\dfrac{dy}{dx} = y^{\alpha}$ $(\alpha > 0)$ の解曲線の各点で $\dfrac{dy'}{dy}$ を求めよ．

【解説】$y=0$ のとき，$\dfrac{dy}{dx} = 0$ だから，接線は水平になる．xy 平面の y^{α} が定義できる領域の y のあらゆる値で，

$$\begin{aligned}\dfrac{dy'}{dy} &= \dfrac{d(y^{\alpha})}{dy} \\ &= \alpha y^{\alpha-1} \\ &= \begin{cases} 2y & (\alpha = 2), \\ 1 & (\alpha = 1), \\ \dfrac{1}{2\sqrt{y}} & \left(\alpha = \dfrac{1}{2}\right). \end{cases}\end{aligned}$$

◁ $y' = \dfrac{dy}{dx}, \dfrac{dy}{dx} = y^{\alpha}$ から $\dfrac{dy'}{dy} = \dfrac{d(y^{\alpha})}{dy}$．

Stop!
$\dfrac{dy}{dx} = y'$ だから
$\dfrac{dy'}{dx} = \dfrac{d^2y}{dx^2}$ であるが，
$\dfrac{dy'}{dy} \neq \dfrac{d^2y}{dy^2}$ に注意．

$\dfrac{dy}{dx}$ は，xy 平面 (よこ軸 x, たて軸 y) で描いた x–y グラフの接線の傾きである．
$\dfrac{dy'}{dx}$ は，x の値が変化すると，x–y グラフの接線の傾きがどのように変化するかを表す．
$\dfrac{dy'}{dy}$ は，yy' 平面 (よこ軸 y, たて軸 y') で描いた y–y' グラフの接線の傾きである．

◎ **何がわかったか** α の値によって，$\dfrac{dy'}{dy}$ の特徴が 3 通りに分かれる．直線 $y=0$ となめらかにつながるかどうかを調べることがねらいだから，それぞれの場合に $y \to 0$ のときの $\dfrac{dy'}{dy}$ の振舞を確かめる．図 **6.4** を見ると，

$$\lim_{y \to 0} \dfrac{dy'}{dy} = \begin{cases} 0 & (\alpha = 2), \\ 1 & (\alpha = 1), \\ \infty & \left(\alpha = \dfrac{1}{2}\right). \end{cases}$$

のように，有限値と無限大とのちがいのあることがわかる．

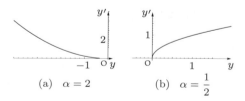

(a) $\alpha = 2$ (b) $\alpha = \dfrac{1}{2}$

図 **6.4** x–y グラフの接線の傾き y' とタテ座標 y との関係
$\dfrac{dy'}{dy}$ は，y–y' グラフの各点で接線の傾きを表す．

意味 解曲線上で y が 0 に近づくとき
- 図 6.3 (1) 接線が水平になるのが速いので，曲線は直線 $y=0$ につながらない．
- 図 6.3 (3) 接線の傾き y' が急激に変化するので，曲線は直線 $y=0$ につながる．

◁ 図 6.4 (a) と比べよ．
◁ 図 6.4 (b) と比べよ．

問 6.5 のように考えると，解の一意性をみたすかどうかを調べるときの判定条件がわかる．

6.2 解の存在と一意性

> **Lipschitz (リプシッツ) 条件**
> $$\left|\frac{dy'}{dy}\right| \leq L \quad (L\text{ は正の実定数})$$
> が成り立つとき，解は一意に決まる．

問 6.6 Lipschitz 条件の意味を，微分法の平均値の定理で説明せよ．

【解説】1 階常微分方程式
$$\frac{dy}{dx} = q(y)$$
を初期条件
$$y|_{x=x_0} = y_0$$
のもとで考える．平均値の定理は，図 6.5 のイメージで

「$q(y)$ は閉区間 $[y_1, y_2]$ で連続で，開区間 (y_1, y_2) で微分可能 (接線の傾きが定義できて接線が引ける) であるとき，曲線 $y' = q(y)$ 上の 2 点 A$(y_1, q(y_1))$，B$(y_2, q(y_2))$ を結ぶ弦に平行な接線が少なくとも 1 本引ける」

という意味を表す．**式に翻訳**すると，

「区間 $[y_1, y_2]$ に
$$q'(y_3) = \frac{q(y_2) - q(y_1)}{y_2 - y_1}$$
となる y_3 が少なくとも一つ存在する」

といい表せる．

◀ 0.3 節のとおりで，y' は $\frac{dy}{dx}$ の値である．未知関数を f とすると，解は $y = f(x)$，この微分方程式は $\frac{d\{f(x)\}}{dx} = q(y)$ と表せる．
よこ軸 (y 軸)，たて軸 (y' 軸) を設定して，曲線 $y' = q(y)$ を描く．点 A で $y = y_1$，$y' = q(y_1)$，点 B で $y = y_2$，$y' = q(y_2)$．

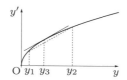

図 6.5 接線と弦 $y' = g(y)$ 〔例〕 $q(y) = y^{\frac{1}{2}}$．

$q'(y_3)$ は $y = y_3$ のときの $\left.\dfrac{d\{q(y)\}}{dy}\right|_{y=y_3}$ の値であり，$y' = q(y)$ だから $\left.\dfrac{dy'}{dy}\right|_{y=y_3}$ と表せる．平均値の定理によって，
$$q(y_2) - q(y_1) = (y_2 - y_1) \left.\frac{dy'}{dy}\right|_{y=y_3}$$
である．y_3 は y_1 と y_2 との間の実数である．Lipschitz 条件から
$$|q(y_2) - q(y_1)| \leq L\,|y_2 - y_1|$$
を得る．問 6.5 で，関数 q について，$y \to 0$ の振舞を調べるとき，Lipschitz 条件のもとで「関数 q が点 $(0,0)$ で連続である」とは，
$$|q(y) - 0| \leq L\,|y - 0|$$
となるような定数 $L > 0$ が取れるという意味を表す．

◀ $y' = \dfrac{dy}{dx}$ に注意すると，微分方程式 $\dfrac{dy}{dx} = q(y)$ から $y' = q(y)$ である．
よこ軸 (y 軸)，たて軸 (y' 軸) を設定する．問 6.5 で $y'|_{y=0} = 0$ だから $q(0) = 0$．$y = 0$，$y' = q(0)$ の点は $(0,0)$ と表せる．

問 6.7 xy 平面内の $y < 0$ の領域で定義した常微分方程式 $\dfrac{dy}{dx} = \dfrac{1}{2y}$ の解曲線を，全平面で意味を持つ 1 本の解曲線に拡張することができるか？ この微分方程式は Lipschitz 条件をみたすかどうかを調べよ．

【解説】計算練習【1.1】と同じ解法．
手順 0 初期条件を設定する．〔例〕「$x = 1$ のとき $y = -1$」[点 $(1, -1)$ を通る]
手順 1 変数分離する．

◀ 計算練習【1.1】の **補足 1**．

分母を払って

$$\underbrace{ydy}_{y\,だけ} = \underbrace{\frac{1}{2}dx}_{x\,だけ}$$

に書き換える.

手順 2 左辺を $y = -1$ (初期値) から $y = t$ (t はどんな値でもいい) まで積分し, 右辺を $x = 1$ (初期値) から $x = s$ (s はどんな値でもいい) まで積分する.

$$\int_{-1}^{t} y\,dy = \frac{1}{2}\int_{1}^{s} dx.$$

$$\frac{t^2}{2} - \frac{(-1)^2}{2} = \frac{1}{2}(s-1).$$

$$t^2 = s.$$

手順 3 $x = s, y = t$ の場合 (s, t はどんな値でもいい) に成り立つから, x と y との関係式は

$$放物線の方程式: y^2 = x$$

と表せる. 初期条件をみたす [点 $(1, -1)$ を通る] とき, y と x との対応の規則 (関数) で決まる関数値は

$$y = -\sqrt{x} \qquad (x > 0)$$

である.

▶ **注意** 関数値は $y = \pm\sqrt{x}$ であるが, 接線の傾きを $y < 0$ の領域で定義したから $y = -\sqrt{x}$ $(x > 0)$ である.

点 $(0, 0)$ で接線は直線 $x = 0$ と考えると, この接線は x 軸に垂直 (y 軸に平行) である. このように, 接線の意味を拡張すると,

$$y^2 = x \qquad (x \geq 0, -\infty < y < \infty)$$

は初期条件をみたす解曲線である. 図 **6.6** で, 解は連続で一意に決まることがわかる.

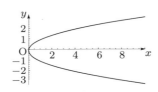

図 **6.6** 解の振舞 (解曲線) $y \geq 0$ で $y = \sqrt{x}$, $y < 0$ で $y = -\sqrt{x}$.

問 6.6 で, $q(y) = \dfrac{1}{2y}$ の場合, yy' 平面の点 $(0, q(0))$ の近傍で

$$|q(y_2) - q(y_1)| = \left|\frac{1}{2y_2} - \frac{1}{2y_1}\right|$$

$$= \frac{1}{2|y_2||y_1|}|y_1 - y_2|$$

の分母が小さいから, Lipschitz 条件をみたさない.

◎ **何がわかったか** Lipschitz 条件をみたすと, 解の一意性が成り立つ.
しかし, 解の一意性が成り立っても, Lipschitz 条件をみたすとは限らない.

◀ yy' 平面
よこ軸 (y 軸),
たて軸 (y' 軸)

◀ $\dfrac{|y_1 - y_2|}{2|y_2||y_1|}$
$\leq L|y_1 - y_2|$
が成り立たない.

常微分方程式の解が存在すると, 必ず一意に決まるのかという問題に辿り着いた. 第 5 講まで, いろいろな型の常微分方程式の解法を工夫して, 解の特徴を調べた. 0.1 節で, 常微分方程式の初期値問題とは,

局所的変動 (i) 通る特定の点, (ii) 各点での接線の傾き

から

6.2 解の存在と一意性

大域的変動 関数のグラフを求める問題であることを理解した．図 0.23 のように，初期値問題の基本は，

> 初期値を表す点から出発し，つぎの点を求めて，点どうしをつなぎ合わせる操作をくりかえして解曲線を得る

という方法である．同次型の解法 (第 2 講)，定数変化法 (第 3 講) などは，解を求めやすくするための工夫といえる．これらの解法は，点のつなぎ合わせを実行する代わりに，解曲線を表す方程式を得る方法である．

> 「解曲線の方程式が求まる」

とは，

> ある点を出発点として，その点からどの方向に進めば，つぎの点が見つかるかがわかる

という意味である．この事情を確かめる方法に進める．

初期値問題
$$\frac{dy}{dx} = q(x, y), \qquad y(x_0) = y_0$$
は，

> 初期値を表す点 (x_0, y_0) から，この微分方程式の示す規則にしたがって，つぎの点を求める問題

である．

◎**何が問題か** 点 (x_0, y_0) での傾き $\left.\dfrac{dy}{dx}\right|_{x=x_0}$ で決まる点 (s, t) が存在することを示せば，解の存在が保証できる．

数学で「存在を示す」とは，どういう意味だろうか？ 簡単な例として，2 次方程式 $\phi^2 - \phi - 1 = 0$ の解に着目する．「2 乗して 5 になる数」という日本語を記号で $\pm\sqrt{5}$ と表して，解を $\phi = \dfrac{1 \pm \sqrt{5}}{2}$ と書けば「既約分数で表せない数が存在し，解はその数で表せる」といえたことになるだろうか？ カレーライスという料理名を決めるだけでは，「カレーライスという料理が存在する」といえたことにならない．実際に材料から調理して，実物のカレーライスを見せればよい．2 次方程式 $x^2 = 2$ の解は既約分数ではないから，「2 乗して 2 になる数」を記号 $\pm\sqrt{2}$ で表すことに決めた．$\pm\sqrt{2}$, $\dfrac{1 \pm \sqrt{5}}{2}$ などのように「解を表す数が既約分数で表せない」というためには，その数が既約分数でない姿を示せばよい．

[Stop!]
$\phi^2 - \phi - 1 = 0$ の解が存在するかどうかは「$y = x^2 - x - 1$ のグラフと x 軸との交点が存在するかどうか」という問題といえる．この 2 次方程式の解は既約分数ではなく，$x = \dfrac{1 \pm \sqrt{5}}{2}$ と書き表す．

問 6.8 「2 次方程式 $\phi^2 - \phi - 1 = 0$ の解を表す無理数 $\dfrac{1 + \sqrt{5}}{2}$ が存在する」とは，「2 次方程式 $\phi^2 - \phi - 1 = 0$ の解を表す無限連分数が存在する」といい換えることができる．この意味を説明せよ．

◀ 簡単のために，$\dfrac{1 \pm \sqrt{5}}{2}$ の正の解だけを取り上げる．

【解説】はじめに，$\phi \neq 0$ であることに注意する．

手順 0 この 2 次方程式を
$$\phi^2 = \phi + 1$$
に書き換える．

手順 1 両辺を ϕ で割る．
$$\phi = 1 + \frac{1}{\phi} \qquad \text{◀ 近似分数 1}$$

◀ $0^2 - 0 - 1 = -1$ だから，$\phi^2 - \phi - 1 = 0$ をみたさない．
$\phi \neq 0$ だから，両辺を ϕ で割ることができる．

手順2 分母の ϕ を $1+\dfrac{1}{\phi}$ でおきかえる.

$$\phi = 1 + \cfrac{1}{1+\cfrac{1}{\phi}}$$

◀ 近似分数　$1+\dfrac{1}{1}=2$

手順3 分母の ϕ を $1+\dfrac{1}{\phi}$ でおきかえる.

$$\phi = 1 + \cfrac{1}{1+\cfrac{1}{1+\cfrac{1}{\phi}}}$$

◀ 近似分数　$1+\cfrac{1}{1+\cfrac{1}{1}}=\dfrac{3}{2}=1.5$

手順4 この操作をくりかえす.

$$\phi = 1 + \cfrac{1}{1+\cfrac{1}{1+\cfrac{1}{1+\cfrac{1}{\cdots}}}}$$

◀ 近似分数　$1+\cfrac{1}{1+\cfrac{1}{1+\cfrac{1}{\cdots}}}=1.618\cdots$

この操作が無限につづくから, ϕ は既約分数で表せない.

◎ **何がわかったか**　無理数 $\dfrac{1+\sqrt{5}}{2}$ は, 1 を同じ数で割りつづける無限連分数で組み立てることができる. この無理数の存在は, この連分数の存在と同じ意味である.

休憩室　問 6.8 で取り上げた $\phi^2-\phi-1=0$ の正の解 $\dfrac{1+\sqrt{5}}{2}$ を**黄金数**という. 線分の長さを 2 分割するとき, $a:b=b:(a+b)$ が成り立つようにしたときの比は $a:b=(1+\sqrt{5}):2$ で, 最も美しい比だそうである. 黄金数は, 美しい連分数で表せる.

2 次方程式の平方完成による解法は, 記号 $\sqrt{}$ で解を書き表す方法と見ることができる. 同様に, 第 2 講から第 5 講までで取り上げた常微分方程式の解法は, 関数の記号 exp, log, sin, cos などで解を書き表す方法と見ることができる.「解が存在する」とは, どのような意味かを考えるために, 2 次方程式と常微分方程式とを比べてみる.

　　既約分数で表せない数が**存在**して, その数で 2 次方程式
　　$\phi^2-\phi-1=0$ の解が表せる.

　　「曲線上の各点で接線の傾きがその点の高さに等しい」という
　　性質を持つ関数が**存在**して, その関数で常微分方程式 $\dfrac{dy}{dx}=y$
　　の解が表せる (問 1.3).

問 6.8 で, 無限連分数の姿を見せることで, 実際に無理数がつくれる (**存在する**) ことを示した. 各点で接線の傾きがその点の高さに等しい関数がつくれる (**存在する**) ことを示すには, どのような方法があるだろうか？　連分数表示にあたる方法を**逐次近似**という. ここでは, 厳密な証明の代わりに, 具体例を示す.

◀ 数学の厳密な理論について, 笠原皓司:『微分方程式の基礎』(朝倉書店, 1982), 寺沢寛一:『自然科学者のための数学概論(増訂版)』(岩波書店, 1983), 森毅:『存在定理』(共立出版, 1977) 参照.

例題 6.2　1階常微分方程式の初期値解の存在と一意性

全平面で定義した常微分方程式
$$\frac{dy}{dx} = y$$
の初期値解の存在と一意性とを示せ.

[発想]　連分数表示と似た発想で, 微分方程式の解の逐次近似を試みて, 解の存在を調べる.

【解説】　微分方程式を積分方程式で表すように工夫する. $\frac{dy}{dx} = q(y)$ で $q(y) = y$ の場合だから, $|q(y_2) - q(y_1)| = |y_2 - y_1|$ である. $L = 1$ とすると, Lipschitz 条件 $|q(y_2) - q(y_1)| \leq L|y_2 - y_1|$ (L は正の実定数) をみたす (問 6.6).

手順 0　初期条件を設定する.　「$x = 0$ のとき $y = y_0$」 (y_0 は 0 でない実定数)　◀ 例題 1.2.
◀ $y = y_0$ は関数値が y_0 の定数関数.

手順 1　第 1 近似

微分方程式の第 1 の近似解
直線 $y = y_0$ (y が一定だから x 軸に平行な直線) を採用する.
$\frac{dy_0}{dx} = 0, y_0 \neq 0$ だから, この近似解は $\frac{dy}{dx} = y$ の解ではない.

2 次方程式の第 1 の近似解 (問 6.8)
$\phi = 1$ を採用する.
$1^2 - 1 - 1 = -1 \neq 0$ だから, この近似解は $\phi^2 - \phi - 1 = 0$ の解ではない.

手順 2　第 2 近似

微分方程式の第 2 の近似解
解 y_1 を $\frac{dy}{dx} = y_0$ で決める.
$$\int_{y_0}^{y_1} dy = \int_0^s y_0 dx \quad (s\text{ は任意の値})$$
$y_1 - y_0 = (s - 0)y_0$ が $x = s$ の場合に成り立つから, x と y_1 との関係式は $y_1 = (1+x)y_0$ である.
$\frac{dy_1}{dx} = y_0, y_1 = (1+x)y_0$ だから, この近似解は $\frac{dy}{dx} = y$ の解ではない.

2 次方程式の第 2 の近似解 (問 6.8)
$1 + \frac{1}{\phi}$ の ϕ を $1 + \frac{1}{\phi}$ でおきかえる.
この近似解は 2.

◀ $y_1 = y_0 + y_0 x = y_0(1+x)$
◀「任意の値」とは「どんな値でもいい」という意味である.

◀ 積分方程式
$y_1 = y_0 + y_0 \int_0^s dx$
初期値 y_0 から点をつなぎ合わせる (図 0.23).

手順 3　第 3 近似

微分方程式の第 3 の近似解
解 y_2 を $\frac{dy}{dx} = y_1$ で決める.
$$\int_{y_0}^{y_2} dy = \int_0^s (1+x)y_0 dx \quad (s\text{ は任意の値})$$
$y_2 - y_0 = \left\{(s-0) + \frac{1}{2}(s^2 - 0^2)\right\} y_0$ が $x = s$ の場合に成り立つから, x と y_2 との関係式は $y_2 = \left(1 + x + \frac{1}{2}x^2\right) y_0$ である.
$\frac{dy_2}{dx} = (1+x)y_0, y_2 = \left(1 + x + \frac{1}{2}x^2\right) y_0$ だから, この近似解は $\frac{dy}{dx} = y$ の解ではない.

2 次方程式の第 3 の近似解 (問 6.8)
$\phi = 1 + \cfrac{1}{1 + \cfrac{1}{\phi}}$ の ϕ を $1 + \frac{1}{\phi}$ でおきかえる.
この近似解は 1.5.

◀ 積分方程式
$y_2 = y_0 + \int_0^s y_1 dx$
$= y_0 + y_0 \int_0^s (1+x) dx$
初期値 y_0 から点をつなぎ合わせる (図 0.23).

$y_3 = y_0 + \int_0^s y_2 dx$
$= y_0 + y_0 \int_0^s \left(1 + x + \frac{1}{2}x^2\right) dx$
$= y_0 + y_0 \left(s + \frac{1}{2}s^2 + \frac{1}{2 \cdot 3}s^3\right)$

手順 4　この操作をくりかえす.

微分方程式の第 n の近似解
解 y_n を $\frac{dy}{dx} = y_{n-1}$ で決める.
$y_n = \left(1 + x + \frac{1}{2}x^2 + \cdots + \frac{1}{n!}x^n\right) y_0$
$\xrightarrow{n \to \infty} \left(1 + x + \frac{1}{2}x^2 + \cdots + \frac{1}{n!}x^n + \cdots\right) y_0$

2 次方程式の第 n の近似解 (問 6.8)
$\phi = 1 + \cfrac{1}{1 + \cfrac{1}{1 + \cfrac{1}{1 + \cfrac{1}{\cdots}}}}$
この近似解は $1.618\cdots$.

逐次近似のしくみ
左辺の上限, 右辺の被積分関数を変える.
$\int_{y_0}^{\boxed{y_1}} dy = \int_0^s y_0 dx$
↓
$\int_{y_0}^{\boxed{y_2}} dy = \int_0^s \boxed{y_1} dx$
↓
$\int_{y_0}^{y_3} dy = \int_0^s \boxed{y_2} dx$
↓
⋮

$|y_0| \leq M$ (M は正の実定数) とすると
$$|y_1 - y_0| = |y_0| \, |x|$$

$$\leq M|x|.$$
$$|y_2 - y_1| \leq L|y_2 - y_1|$$
$$= L\left|\frac{1}{2}x^2 y_0\right|$$
$$\leq \frac{ML}{2}|x|^2.$$

◀ $y_1 - y_0 = y_0 x.$
◀ Lipschitz 条件は，この例で $|q(y_2) - q(y_1)| = |y_2 - y_1|$ だから $L = 1$ とすることができる．

$$|y_3 - y_2| \leq L|y_3 - y_2|$$
$$= L\left|\frac{1}{2 \cdot 3}x^3 y_0\right|$$
$$= \frac{L}{3}\left|\frac{1}{2}x^2 y_0\right||x|$$
$$= \frac{L}{3}|y_2 - y_1||x|$$
$$\leq \frac{ML^2}{2 \cdot 3}|x|^3.$$

◀ Lipschitz 条件は，この例で $|q(y_3) - q(y_2)| = |y_3 - y_2|$ だから $L = 1$ とすることができる．
◀ $|y_2 - y_1| \leq \frac{ML}{2}|x|^2.$

同様に，
$$|y_n - y_{n-1}| \leq \frac{ML^{n-1}}{n!}|x|^n.$$

このように，手順 2, 3, ... で
$$\int_0^s x\,dx = \frac{1}{2}s^2,$$
$$\int_0^s \frac{1}{2}x^2\,dx = \frac{1}{2} \cdot \frac{1}{3}s^3,$$
$$\cdots,$$
$$\int_0^s \frac{1}{(n-1)!}x^{n-1}\,dx = \frac{1}{(n-1)!} \cdot \frac{1}{n}s^n$$

の積分をくりかえすと，つぎつぎに $\frac{1}{2}, \frac{1}{3}, \ldots, \frac{1}{n}$ が係る．$\sum_{n=0}^{\infty} \frac{L^n}{n!}|x|^n$ は一様絶対収束するので，

◀ 問 6.9，例題 6.4.

$$\lim_{n \to \infty} y_n = y_0 + (y_1 - y_0) + (y_2 - y_1) + \cdots + (y_n - y_{n-1}) + \cdots$$

は一様収束する．この右辺の部分和は y_n だから，$\lim_{n \to \infty} y_n$ の値が存在する．$\lim_{n \to \infty} y_n = y$ とおくと，y は x の連続関数である．このとき

$$\lim_{n \to \infty} \int_0^s y_n\,dx = \int_0^s y\,dx$$

◀ y は定数関数ではなく，x の関数であることに注意．

だから，
$$y_{n+1} - y_0 = \int_0^s y_n\,dx$$

◀ 逐次近似のしくみを参照．

は

$$y|_{x=s} - y|_{x=0} = \int_0^s y\,dx \quad \begin{array}{|c|c|} \hline x & 0 \to s \\ \hline y & y|_{x=0} \to y|_{x=s} \\ \hline \end{array} \quad y|_{x=0} = y_0.$$

になる．この積分方程式は，常微分方程式 $\frac{dy}{dx} = y$ の初期値問題と同じ意味を表す．したがって，「曲線上の各点で接線の傾きがその点の高さに等しい」という性質を持つ関数が存在して，その関数で常微分方程式 $\frac{dy}{dx} = y$ の解が表せる．

◀ 常微分方程式 $\frac{dy}{dx} = y$ の初期値問題は，積分方程式
$$\int_{y|_{x=0}}^{y|_{x=s}} dy = \int_0^s y\,dx$$
で表せる．

同じ初期条件をみたす $\frac{dy}{dx} = y$ の解の一意性を確かめるために，

$$y = y_0 + \int_0^s y\,dx,$$

とおく．

$$\tilde{y} = y_0 + \int_0^s \tilde{y} dx$$

$$\begin{aligned}|y - \tilde{y}| &= \left|\int_0^s (y - \tilde{y})dx\right| \\ &\leq \left|\int_0^s |y - \tilde{y}|dx\right| \\ &\leq L\left|\int_0^s |y - \tilde{y}|dx\right|\end{aligned}$$

◀ Lipschitz 条件は，この例では $L=1$ とすることができる．

であり，$|y - \tilde{y}| \leq K$ (K は正の実定数) とすると

$$|y - \tilde{y}| \leq KL|s|$$

になる．$x = s$ (s はどんな値でもいい) の場合に成り立つから，

$$|y - \tilde{y}| \leq KL|x|$$

である．右辺を積分すると，

$$\begin{aligned}|y - \tilde{y}| &\leq \left|\int_0^s KL|x|dx\right| \\ &\leq \frac{KL}{2}|s|^2\end{aligned}$$

となる．このような積分をくりかえすと，

$$|y - \tilde{y}| \leq \frac{KL^n}{(n+1)!}|s|^n \to 0 \quad (n \to \infty)$$

を得る．したがって，$y = \tilde{y}$ であり，解は一意に存在する．

― ノート：なぜ微分方程式の解の存在定理が重要なのか ―

第 2 講から第 5 講までの範囲で取り上げた微分方程式は，求積法 (探究演習【3.5】) で解ける特殊な例である．どの教科書でも，解ける特別な微分方程式だけを扱っている．圧倒的に多くの微分方程式は，求積法では解けない．このため，コンピュータに頼って，数値解析で数値解を求める方法を研究する．存在定理によって，このような微分方程式に解が存在するかどうかを知ることは，数値解析を保証するために必要である．微分方程式と初期条件とで解の性質が決まる．解の性質を知ることが重要であり，求積法で解けなくても，存在定理 (解の存在と一意性) が手がかりになる．

◀ 遠山啓：『微分と積分 ― その思想と方法 ―』(1970, 日本評論社) p. 234.
木村俊房：『常微分方程式の解法』(培風館, 1958) p. 14.
稲葉三男：『1 階微分方程式』(共立出版, 1978) p. 58.
齋藤利弥：『常微分方程式論』(朝倉書店, 1967) p. 2.
斎藤信彦：科学朝日, **18** (1989) 18.

6.3 ベキ級数による解の展開

常微分方程式の初期値解の存在定理 (存在と一意性) は，例題 6.2 のように，逐次近似法で理解することができる．1 階常微分方程式 $\dfrac{dy}{dx} = y$ の初期値問題 ($x = 0$ のとき $y = y_0$) の解は，

$$y = \left(1 + x + \frac{1}{2}x^2 + \cdots + \frac{1}{n!}x^n + \cdots\right)y_0$$

である．例題 1.2 では，この 1 階常微分方程式の初期値解を，指数関数

$$y = e^x y_0$$

◀ 例題 1.2 で $a = 1$, $x_0 = 0$ とおくと，$c = y_0$ だから $y = e^x y_0$.

で表した．級数展開のように伸び切った顔つきと e^x のように引き締まった顔つきとが同じ式の別の表現であることを，なっとくできるだろうか？

◀ 式には表情がある．

2 次関数を思い出すと，
$$(x-a)^2 = x^2 - 2ax + a^2$$

◀ x についての 2 次関数は，最高次数が 2 の多項式で表せる．

でも，同じ関数が $(x-a)^2$ と $x^2 - 2ax + a^2$ との二つの顔を持つことがわかる．中学数学の多項式で学習済みであることに気づいていないだけで，

左辺は $x = a$ を中心とする Taylor (テイラー) の展開式
$$1(x-a)^2 + 0(x-a)^1 + 0(x-a)^0,$$

右辺は Maclaurin (マクローリン) の展開式 ($x = 0$ を中心とする Taylor 展開)
$$1x^2 - 2ax^1 + a^2x^0$$

である．例題 6.3 で，関数の展開の意味を理解する．

例題 6.3　関数の展開

$x = 0$ を含む変域 (変数 x の範囲) で，関数値 $f(x)$ がつぎのように書き表せると仮定する．
$$f(x) = c_0 + c_1 x + c_2 x^2 + \cdots + c_n x^n + \cdots.$$

$c_0, c_1, \ldots, c_n$ は実定数である．この式を x で微分する操作をつづけて，$c_0, c_1, c_2, \ldots, c_n$ を求めよ．

◀ 定義域と値域 (0.3 節) とを実数の範囲 $\mathbf{R}$ として f は実関数である．
$x \in \mathbf{R}$

[発想]　昇ベキの順 (次数が低い項から高い項に並べる) に x で微分した式をつくると，最低次数の項が定数項になることに着目する．x を含む項で $x = 0$ とおくと，係数の値が決まる．

【解説】 $f(x)$ を x で微分して $f'(x)$ の式を求め，$f'(x)$ を x で微分して $f''(x)$ の式を求めると

$$f'(x) = c_1 + 2c_2 x + \cdots + nc_n x^{n-1} + \cdots,$$
$$f''(x) = \phantom{c_1 + {}} 2c_2 + \cdots + n(n-1)c_n x^{n-2} + \cdots,$$
$$\cdots$$
$$f^{(n)}(x) = \phantom{c_1 + 2c_2 + \cdots + {}} n!c_n + \cdots,$$
$$\cdots$$

を得る．これらの級数で $x = 0$ とおくと，
$$f(0) = c_0, f'(0) = c_1, f''(0) = 2c_2, \ldots, f^{(n)}(0) = n!c_n, \ldots$$

となるから，展開係数は
$$c_n = \frac{f^{(n)}(0)}{n!}$$

である．したがって，$f(x)$ の展開式は
$$f(x) = f(0) + f'(0)x + \frac{f''(0)}{2!}x^2 + \cdots + \frac{f^{(n)}(0)}{n!}x^n + \cdots$$

と表せ，**Maclaurin** の展開式 という．

[補足]　$f(0)$ を $\dfrac{f^{(0)}(0)}{0!}x^0$, $f'(0)x$ を $\dfrac{f^{(1)}(0)}{1!}x^1$, $f''(0)$ を $f^{(2)}(0)$ と書くと，和の記号で
$$f(x) = \sum_{k=0}^{\infty} \frac{f^{(k)}(0)}{k!} x^k$$

◀ $0! = 1$
$\dfrac{3!}{3} = \dfrac{3 \cdot 2 \cdot 1}{3} = 2!,$
$\dfrac{2!}{2} = \dfrac{2 \cdot 1}{2} = 1!$
と同じ規則が成り立つように，
$\dfrac{1!}{1} = 0!$ と決める
(旧法則保存の原理)．
小林幸夫：『線型代数の発想』(現代数学社, 2008) p. 11.
0 と 1 もいちいち書くと，式の規則が見つかる．

と表せる.
●類題● $x = a$ を含む変域 (変数 x の範囲) で，関数値 $f(x)$ がつぎのように書き表せると仮定する.

$$f(x) = c_0 + c_1(x-a) + c_2(x-a)^2 + \cdots + c_n(x-a)^n + \cdots.$$

$c_0, c_1, \ldots, c_n$ は実定数である．この式を x で微分する操作をつづけて，$c_0, c_1, c_2, \ldots, c_n$ を求めよ.

【解説】つぎつぎに x で微分した式をつくり，$x = a$ とおくと，展開係数

$$c_n = \frac{f^{(n)}(a)}{n!}$$

◀ $x = a$ とおくと，定数項だけを含む式になる.

を得る．したがって，$f(x)$ の展開式は

$$f(x) = f(a) + f'(a)(x-a) + \frac{f''(a)}{2!}(x-a)^2 + \cdots + \frac{f^{(n)}(a)}{n!}(x-a)^n + \cdots$$

と表せ，$x = a$ を中心とする **Taylor の展開式** という.

補足 $f(a)$ を $\frac{f^{(0)}(a)}{0!}(x-a)^0$, $f'(a)(x-a)$ を $\frac{f^{(1)}(a)}{1!}(x-a)^1$, $f''(a)$ を $f^{(2)}(a)$ と書くと，和の記号で

$$f(x) = \sum_{k=0}^{\infty} \frac{f^{(k)}(a)}{k!}(x-a)^k$$

と表せる.

Stop! 本問では，はじめからこの展開が可能であると仮定したのであって，展開式を限りなくつづけて，

$$f(x) = f(a) + f'(a)(x-a) + \frac{f''(a)}{2!}(x-a)^2 + \cdots + \frac{f^{(n)}(a)}{n!}(x-a)^n + \cdots$$

が必ず成り立つと誤解してはいけない．展開が可能であれば，この展開式になることがわかったにすぎない.

(i) $f(x)$ が何回でも微分可能かどうか？
(ii) 無限級数が収束するかどうか？
(iii) この和が存在して，$f(x)$ に等しいかどうか？

Maclaurin の展開式

$$f(x) = f(0) + f'(0)x + \frac{f''(0)}{2!}x^2 + \cdots + \frac{f^{(n-1)}(0)}{(n-1)!}x^{n-1} + R_n(x)$$

を

$$R_n(x) = f(x) - \left\{ f(0) + f'(0)x + \frac{f''(0)}{2!}x^2 + \cdots + \frac{f^{(n-1)}(0)}{(n-1)!}x^{n-1} \right\}$$

に書き換える．すべての x に対して，$R_n(x) \to 0 \ (n \to \infty)$ が成り立つとき，この形に展開できる.

◀ たとえば，青木利夫・吉原健一：『改訂微分積分学要論』(培風館, 1986), 木原太郎：『化学物理入門』(岩波書店, 1978).

◀ 問 6.9.

問 **6.9** $x = 0$ で指数関数 $e^x \ (-\infty < x < \infty)$ の n 次の近似式を求めて，誤差を評価せよ.

【解説】$f(x) = e^x$ とおくと，

$$f'(x) = \frac{d(e^x)}{dx} = e^x,$$

$$f^{(n)}(x) = \frac{d^n(e^x)}{dx^n} = e^x$$

のように，e^x を x で何回微分しても e^x のまま変わらない.

$$f^{(n)}(0) = 1 \ (n = 0, 1, 2, \ldots)$$

◀ 本問の考え方は，黒田孝郎他：『高等学校の微分・積分』(三省堂, 1984) にならった.

だから，n 次の近似式は

$$e^x \fallingdotseq 1 + x + \frac{1}{2!}x^2 + \cdots + \frac{1}{n!}x^n \quad (-\infty < x < \infty)$$

である．

◀ 例題 6.2 と比べよ．

図 1.3 でわかるように，e^x は単調に増加するから，$0 \leq x \leq s$ の変域で，

$$e^0 \leq e^x \leq e^s$$

であり，この式を $x = 0$ から $x = s$ まで積分すると，

$$\int_0^s e^0 dx \leq \int_0^s e^x dx \leq \int_0^s e^s dx$$

◀ x は積分変数，s は定数と考える．

から

$$s \leq e^s - 1 \leq e^s s$$

を得る．$0 \leq x \leq s$ の変数 x で成り立つから，

$$x \leq e^x - 1 \leq e^x x \leq e^s x$$

である．

$$x \leq e^x - 1 \leq e^s x$$

を $x = 0$ から $x = s$ まで積分すると，

$$\frac{s^2}{2} \leq (e^s - 1) - s \leq e^s \frac{s^2}{2}$$

を得る．$0 \leq x \leq s$ の変数 x で成り立つから，

$$\frac{x^2}{2} \leq (e^x - 1) - x \leq e^x \frac{x^2}{2} \leq e^s \frac{x^2}{2}$$

である．

$$\frac{x^2}{2} \leq (e^x - 1) - x \leq e^s \frac{x^2}{2}$$

を $x = 0$ から $x = s$ まで積分すると，

$$\underbrace{\frac{s^3}{3 \cdot 2}}_{3!} \leq \{(e^s - 1) - s\} - \frac{s^2}{2} \leq e^s \underbrace{\frac{x^3}{3 \cdot 2}}_{3!}$$

◀ $\int_0^s (e^x - 1)dx$
$= \int_0^s e^x dx - \int_0^s dx$
$= (e^s - 1) - (s - 0)$,

$\int_0^s e^s x dx$
$= e^s \int_0^s x dx$
$= e^s \frac{s^2}{2} \int_0^s x dx$
$= \frac{s^2}{2}$.

を得る．このような積分を n 回までくりかえすと，

$$\frac{x^{n+1}}{(n+1)!} \leq e^x - \underbrace{\left(1 + x + \frac{1}{2}x^2 + \cdots + \frac{1}{n!}x^n\right)}_{e^x の n 次の近似式} \leq e^x \frac{x^{n+1}}{(n+1)!}$$

不等号
日本では $\geqq$, $\leqq$ を使うが，世界では $\geq$, $\leq$ を使う．

となる．各辺を $\dfrac{x^{n+1}}{(n+1)!}$ で割ると，

$$1 \leq \frac{e^x - \left(1 + x + \frac{1}{2}x^2 + \cdots + \frac{1}{n!}x^n\right)}{\dfrac{x^{n+1}}{(n+1)!}} \leq e^x$$

だから，$x \to 0$ とすると，$e^x \to 1$ に注意して，

$$\lim_{x \to 0} \frac{e^x - \left(1 + x + \frac{1}{2}x^2 + \cdots + \frac{1}{n!}x^n\right)}{\dfrac{x^{n+1}}{(n+1)!}} = 1$$

となる. $x=0$ の近くで,

$$e^x - \underbrace{\left(1+x+\frac{1}{2}x^2+\cdots+\frac{1}{n!}x^n\right)}_{e^x \text{ の } n \text{ 次の近似式}} \fallingdotseq \frac{x^{n+1}}{(n+1)!}$$

であり, n 次の近似式の誤差は, $\frac{1}{(n+1)!}x^{n+1}$ の程度である.

x を正の一定値 s にして, $n\to\infty$ にすると,

$$\frac{x^{n+1}}{(n+1)!} \le e^x - \underbrace{\left(1+x+\frac{1}{2}x^2+\cdots+\frac{1}{n!}x^n\right)}_{e^x \text{ の } n \text{ 次の近似式}} \le e^x\frac{x^{n+1}}{(n+1)!}$$

で,

$$0 \le \frac{s^{n+1}}{(n+1)!} = \frac{s}{1}\cdot\frac{s}{2}\cdot\frac{s}{3}\cdots\frac{s}{s}\cdot\frac{s}{s+1}\cdots\frac{s}{n+1}$$
$$\le \frac{s^s}{s!}\left(\frac{s}{s+1}\right)^{n+1-s}$$

だから,

$$\lim_{n\to\infty}\frac{s^{n+1}}{(n+1)!} = 0$$

であり,

$$e^x = 1+x+\frac{1}{2}x^2+\cdots+\frac{1}{n!}x^n+\cdots$$
$$= \frac{x^0}{0!}+\frac{x^1}{1!}+\frac{x^2}{2!}+\cdots+\frac{x^n}{n!}+\cdots$$

となる.

◀ $\left|\frac{s}{s+1}\right| < 1$ だから
$\lim_{n\to\infty}\left(\frac{s}{s+1}\right)^{n+1-s} = 0$.

◀ $e^x = \sum_{k=0}^{\infty}\frac{x^k}{k!}$.

◀ 1.1 節.

Stop! この展開式を x で微分すると,

$$\frac{d(e^x)}{dx} = \frac{d1}{dx}+\frac{dx}{dx}+\frac{1}{2}\frac{d(x^2)}{dx}+\cdots+\frac{1}{n!}\frac{d(x^n)}{dx}+\cdots$$
$$= 0+1+x+\cdots+\frac{1}{(n-1)!}x^{n-1}+\cdots$$
$$= e^x$$

となる. e^x は, 常微分方程式 $\frac{dy}{dx}=y$ の初期値問題「$x=0$ のとき $y=1$」の解である.

◀ 物理学でも「位置 x_0 から vt (速度×時間) だけ変化して位置 x に達する」という意味を表すために, $x=x_0+vt$ のような現実に合った式を書く. 小林幸夫:『現場で出会う微積分・線型代数』(現代数学社, 2011) p. 44.
森毅:『解析の流れ』(日本評論社, 2006) p. 53 では,「小数の思想」といい表している.

ノート: 昇ベキの順と降ベキの順

- 初項 a, 公比 r の無限等比級数は

$$a+ar+ar^2+\cdots+ar^n+\cdots$$

のような昇ベキの順で表す.
- Taylor 展開は, 第 1 項まで, 第 2 項まで, ..., 第 n 項まで, ... の順に近似の程度が高くなる.
- 小数 5.23 は, $5+2\times 0.1+3\times(0.1)^2$ の昇べキの順を表し, 主要な項から並べた形である.

◀ 問 5.3.
小林幸夫:『現場で出会う微積分・線型代数』(現代数学社, 2011) p. 234.

問 6.10 $\cos\theta, \sin\theta\ (-\infty<\theta<\infty)$ を Maclaurin の級数に展開せよ.
【解説】 $f(\theta)=\cos\theta, g(\theta)=\sin\theta$ とおき, $f'(\theta), g'(\theta)$ を求める.

$$f'(\theta) = -\sin\theta, f''(\theta) = -\cos\theta, f^{(3)}(\theta) = \sin\theta, f^{(4)}(\theta) = \cos\theta, \ldots$$

$$g'(\theta) = \cos\theta, g''(\theta) = -\sin\theta, g^{(3)}(\theta) = -\cos\theta, g^{(4)}(\theta) = \sin\theta, \ldots$$

$$f(\theta) = f(0) + f'(0)\theta + \frac{f''(0)}{2!}\theta^2 + \cdots + \frac{f^{(n)}(0)}{n!}\theta^n + \cdots$$

◀ $f(\ ), g(\ )$ の具体的な記号が $\cos(\ ), \sin(\ )$ である.

に $f(0) = 1, f'(0) = 0, f''(0) = -1, f^{(3)}(0) = 0, f^{(4)}(0) = 1, \ldots$ を代入すると,

$$\cos\theta = 1 - \frac{1}{2!}\theta^2 + \frac{1}{4!}\theta^4 - \cdots + (-1)^k \frac{1}{(2k)!}\theta^{2k} + \cdots \quad (-\infty < \theta < \infty)$$

◀ $\cos\theta = \frac{1}{0!}\theta^0 - \frac{1}{2!}\theta^2 + \cdots,$
$\sin\theta = \frac{1}{1!}\theta^1 - \frac{1}{3!}\theta^3 + \cdots.$

となる. 同様に,

$$\sin\theta = \theta - \frac{1}{3!}\theta^3 + \frac{1}{5!}\theta^5 - \cdots + (-1)^{k-1} \frac{1}{(2k-1)!}\theta^{2k-1} + \cdots \quad (-\infty < \theta < \infty)$$

である.

[Stop!] $\cos\theta$ の展開式は, θ の偶数次の項だけで表せる.
$\sin\theta$ の展開式は, θ の奇数次の項だけで表せる.
単位円の円周上のどの位置でも, よこ軸 (θ 軸) の正の側から測った角を θ とおき,
角がいくらのとき,
ヨコ座標はいくらかを表す規則 (関数) を $\cos$, 関数値を $\cos(\theta)$,
タテ座標はいくらかを表す規則 (関数) を $\sin$, 関数値を $\sin(\theta)$,
と表す.
図 6.7 でわかるように, θ がどんな値でも,
$\cos\theta = \cos(-\theta)$ をみたすから $\cos$ は偶関数,
$\sin\theta = -\sin(-\theta)$ をみたすから $\sin$ は奇関数
である.

◀ 1 は θ^0 であり, 0 は偶数だから, 1 も θ の偶数次の項である.

◀ 関数, 関数値について, 0.3 節, 問 0.6 参照.

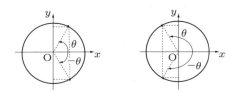

図 6.7 角と座標との間の関係 単位円の円周上の位置で, x 軸の正の側から測った角とヨコ座標 x との対応を $\cos$, タテ座標 y との対応を $\sin$ で表す.

問 6.11 指数関数 e^θ は θ が実数のときに定義したが, e^θ の展開式で, θ の代わりに形式上 $i\theta$ ($i = \sqrt{-1}$) とおく. どのように $e^{i\theta}$ を定義するとよいか?

【解説】問 6.9 の e^x の x を θ におきかえた展開式で, θ の代わりに $i\theta$ ($i = \sqrt{-1}$) とおき, 実部と虚部とを求める.

◀ 青木利夫・吉原健一:『改訂微分積分学要論』(培風館, 1986).
◀ 5.2 節参照.

$$\begin{aligned} e^{i\theta} &= 1 + i\frac{\theta}{1!} - \frac{\theta^2}{2!} - i\frac{\theta^3}{3!} + \frac{\theta^4}{4!} + i\frac{\theta^5}{5!} - \cdots \\ &= \left(1 - \frac{\theta^2}{2!} + \frac{\theta^4}{4!} - \cdots\right) + i\left(\theta - \frac{\theta^3}{3!} + \frac{\theta^5}{5!} - \cdots\right) \\ &= \cos\theta + i\sin\theta \end{aligned}$$

◀ 問 5.1 参照.

となるから, $e^{i\theta}$ を

$$e^{i\theta} = \cos\theta + i\sin\theta$$

と定義する.

常微分方程式の解がベキ級数 (整級数)

$$\sum_{k=0}^{\infty} c_k(x-a)^k = c_0 + c_1(x-a) + c_2(x-a)^2 + \cdots$$

◀ c_k ($k = 0, 1, 2, \ldots$) を定数として, x の整数ベキによる展開級数を**整級数** (または**ベキ級数**) という.

($c_0, c_1, c_2, \ldots$ は実定数) で表せるから, 第2講から第5講までの方法で解くことがむずかしいときには, 解をベキ級数の形で求めるとよさそうである. この発想で解けることを確かめるために, すでに初期値解を求めた常微分方程式を取り上げる.

例題 6.4 ベキ級数による解法 (1階常微分方程式の解析解) ─────

全平面で定義した1階線型常微分方程式 $\dfrac{dy}{dx} = y$ の解を, ベキ級数による方法で求めよ.

◀ 例題 1.2, 例題 6.2, 問 6.9.

[発想] 微分方程式の中のすべての関数値を x のベキ級数に展開する.

【解説】 $y \neq 0$ [関数値が 0 ($y=0$) の定数関数でない] の場合

手順 0 初期条件を設定する. **例** 「$x=0$ のとき $y = y_0$ (y_0 は正の定数)」

手順 1 $y, \dfrac{dy}{dx}$ を Maclaurin の展開式で表せると仮定する. 解析的解 $\varphi(x)$ を

$$\varphi(x) = c_0 + c_1 x + c_2 x^2 + c_3 x^3 + \cdots.$$

の形で表す. この級数を項別に x で微分すると

$$\varphi'(x) = c_1 + 2c_2 x + 3c_3 x^2 + \cdots$$

◀ $y = \varphi(x)$,
$\dfrac{dy}{dx} = \varphi'(x)$.
$c_0 = \varphi(0)$,
$c_1 = \varphi'(0)$,
$c_2 = \dfrac{\varphi''(0)}{2!}$,
$\cdots$
$c_n = \dfrac{\varphi^{(n)}(0)}{n!}$.

となる.

手順 2 ベキ級数を微分方程式に代入する.

$$c_1 + 2c_2 x + 3c_3 x^2 + \cdots = c_0 + c_1 x + c_2 x^2 + c_3 x^3 + \cdots$$

手順 3 x の同じベキを集めて, 式を整理する.

$$(c_1 - c_0) + (2c_2 - c_1)x + (3c_3 - c_2)x^2 + \cdots = 0.$$

手順 4 各ベキの係数の関係を求める.

この式は, x のあらゆる値で成り立つ (x について恒等式) から, 各ベキの係数を 0 に等しいとおく.

$$x^0 \text{の係数}: c_1 - c_0 = 0,$$
$$x^1 \text{の係数}: 2c_2 - c_1 = 0,$$
$$x^2 \text{の係数}: 3c_3 - c_2 = 0,$$
$$\cdots$$

$c_1, c_2, c_3, \ldots$ を c_0 で表すと,

$$c_1 = c_0,$$
$$c_2 = \frac{1}{2}c_1 = \frac{1}{2!}c_0,$$
$$c_3 = \frac{1}{3}c_2 = \frac{1}{3!}c_0,$$
$$\cdots$$

◀ 数列 $\{c_n\}$ の値を 1, 2, $\ldots$, n, $\ldots$ の順に決定する方程式を**漸化式**という.

となる.

手順 5 ベキ級数で初期値解を表す.

初期条件で $x = 0$ のとき $y = y_0$ だから, $c_0 = y_0$ である.

$$\varphi(x) = y_0 + y_0 x + \frac{y_0}{2!}x^2 + \frac{y_0}{3!}x^3 + \cdots$$

◀ $y_0 = c_0 + c_1 0$
$+ c_2 0^2 + c_3 0^3 + \cdots$

◀ ( ) の中は e^x の Maclaurin の展開式.

$$= \left(1 + x + \frac{1}{2!}x^2 + \frac{1}{3!}x^3 + \cdots\right)y_0$$
$$= e^x y_0.$$

[Stop!] ベキ級数の展開係数を決める漸化式を解いて得た級数解

$$\left(1 + x + \frac{1}{2!}x^2 + \frac{1}{3!}x^3 + \cdots\right)y_0$$

を形式解という．この解は，幸運にも既知の指数で表せるが，どのような級数解も既知の関数で表せるとは限らない．形式解を表す級数が収束して，常微分方程式の解としての意味をもつかどうかを調べる．

高校数学で学習する無限等比級数の収束の判定を手がかりにする．加法の結合法則にしたがって，公比 r の数列の初項 a から第 $(n+1)$ 項までの和 S_{n+1} を

$$\underbrace{\underbrace{(a + ar + ar^2 + \cdots + ar^{n-1})}_{S_n} + ar^n}_{S_{n+1}} = \underbrace{a + \underbrace{(ar + ar^2 + \cdots + ar^{n-1} + ar^n)}_{rS_n}}_{S_{n+1}}$$

と表して

$$S_n + ar^n = a + rS_n$$

から S_n を求めると

$$S_n = \frac{a(1 - r^n)}{1 - r} \quad (r \neq 1)$$

を得る．

$|r| < 1$ のとき，$n \to \infty$ とすると，$r^n \to 0$ だから，級数は

$$S_\infty = \frac{1}{1 - r}$$

に収束する．

$|r| \geq 1$ のとき $r^n \to \infty$ だから，級数は発散する．

公比で等比級数の収束・発散を判定することができ，公比は

$$r = \frac{\text{第 } (k+1) \text{ 項の値}}{\text{第 } k \text{ 項の値}}$$

◂ 等比級数の場合，r は一定．

である．

等比級数でない級数では，この比の値は一定ではなく，k と x との両方によるが，例題 6.4 の場合，任意の x に対して，

$$\left|\frac{\frac{1}{k!}x^k}{\frac{1}{(k-1)!}x^{k-1}}\right| = \frac{|x|}{k} \to 0 \ (k \to \infty)$$

である．すべての実数 x に対して，ベキ級数

$$1 + x + \frac{1}{2!}x^2 + \frac{1}{3!}x^3 + \cdots$$

は収束する．

◂ S は sum (合計) の頭文字．
$S_{n+1} = S_{n+1}$ は自分自身 = 自分自身である．この式の右辺の ( ) を r でくくると
$ar + ar^2 + \cdots + ar^{n-1} + ar^n$
$= r(a + ar + \cdots + ar^{n-2} + ar^{n-1})$
だから rS_n である．rS_n を左辺に，ar^n を右辺に移項すると
$(1 - r)S_n = a(1 - r^n)$
となる．

◂ $\dfrac{\frac{1}{k!}}{\frac{1}{(k-1)!}} = \dfrac{(k-1)!}{k!} = \dfrac{1}{k}$.

問 6.12 数直線 R 上の各点 x で定義した定数係数 2 階斉次線型常微分方程式 $\dfrac{d^2y}{dx^2} = -y$ の解を，ベキ級数による方法で求めよ． ◂ 例題 5.2.

【解説 1】 微分方程式の中のすべての関数値を x のベキ級数に展開する．

手順 0 初期条件を設定する．[例]「$x = 0$ のとき $y = 1, \dfrac{dy}{dx} = 0$」

手順 1 $y, \dfrac{d^2y}{dx^2}$ を Maclaurin（マクローリン）の展開式で表せると仮定する．解析的解 $\varphi(x)$ を

$$\varphi(x) = c_0 + c_1 x + c_2 x^2 + c_3 x^3 + c_4 x^4 + c_5 x^5 + \cdots.$$

の形で表す．この級数を項別に x で微分すると

$$\varphi'(x) = c_1 + 2c_2 x + 3c_3 x^2 + 4c_4 x^3 + 5c_5 x^4 + \cdots,$$

$$\varphi''(x) = 2c_2 + 2\cdot 3c_3 x + 4\cdot 3 c_4 x^2 + 5\cdot 4 c_5 x^3 + \cdots$$

となる．

◀ $y = \varphi(x)$,
$\dfrac{dy}{dx} = \varphi'(x)$,
$\dfrac{d^2y}{dx^2} = \varphi''(x)$.
$c_0 = \varphi(0)$,
$c_1 = \varphi'(0)$,
$c_2 = \dfrac{\varphi''(0)}{2!}$,
$\cdots$
$c_n = \dfrac{\varphi^{(n)}(0)}{n!}$.

手順 2 ベキ級数を微分方程式に代入する．

$$2c_2 + 3\cdot 2 c_3 x + 4\cdot 3 c_4 x^2 + 5\cdot 4 c_5 x^3 + \cdots = -(c_0 + c_1 x + c_2 x^2 + c_3 x^3 + c_4 x^4 + c_5 x^5 + \cdots)$$

手順 3 x の同じベキを集めて，式を整理する．

$$(2c_2 + c_0) + (3\cdot 2 c_3 + c_1)x + (4\cdot 3 c_4 + c_2)x^2 + (5\cdot 4 c_5 + c_3)x^3 + \cdots = 0.$$

手順 4 各ベキの係数の関係を求める．

この式は，x のあらゆる値で成り立つ（x について恒等式）から，各ベキの係数を 0 に等しいとおく．

$$x^0 \text{の係数}: 2c_2 + c_0 = 0,$$
$$x^1 \text{の係数}: 3\cdot 2 c_3 + c_1 = 0,$$
$$x^2 \text{の係数}: 4\cdot 3 c_4 + c_2 = 0,$$
$$x^3 \text{の係数}: 5\cdot 4 c_5 + c_3 = 0,$$
$$\cdots$$

だから，

$$c_2 = -\frac{1}{2!} c_0,$$
$$c_3 = -\frac{1}{3!} c_1,$$
$$c_4 = -\frac{1}{4\cdot 3} c_2 = \frac{1}{4!} c_0,$$
$$c_5 = -\frac{1}{5\cdot 4} c_3 = \frac{1}{5!} c_1,$$
$$\cdots$$

◀ $\dfrac{1}{4\cdot 3}\cdot\dfrac{1}{2!} = \dfrac{1}{4!}$,
$\dfrac{1}{5\cdot 4}\cdot\dfrac{1}{3!} = \dfrac{1}{5!}$.

となる．

手順 5 ベキ級数で初期値解を表す．

初期条件で，$y|_{x=0} = 1$ だから $c_0 = 1$，$\left.\dfrac{dy}{dx}\right|_{x=0} = 0$ だから $c_1 = 0$ である．$c_2, c_4, \ldots$ は c_0 で表せ，$c_3, c_5, \ldots$ は c_1 で表せる．

$$\varphi(x) = 1 - \frac{1}{2!} x^2 + \frac{1}{4!} x^4 - \cdots$$
$$= \cos x \quad \text{(偶関数)}.$$

◀ $\cos x$ の Maclaurin の展開式（問 6.10）．

【解説 2】 初期条件「$x=0$ のとき $y=0$, $\dfrac{dy}{dx} = 1$」のもとで解くと，$y|_{x=0} = 0$ だから $c_0 = 0$，$\left.\dfrac{dy}{dx}\right|_{x=0} = 1$ だから $c_1 = 1$ である．

$$\varphi(x) = x - \frac{1}{3!} x^3 + \frac{1}{5!} x^5 - \cdots$$
$$= \sin x \quad \text{(奇関数)}.$$

舞台裏
例題 1.2，例題 5.2 の微分方程式は，例題 6.4，問 6.12 のように級数展開すると，係数の特徴で指数関数，円関数とわかる．

【解説3】 初期条件「$x=0$ のとき $y=1, \dfrac{dy}{dx}=1$」のもとで解くと，$y|_{x=0}=1$ だから $c_0=1$, $\dfrac{dy}{dx}\Big|_{x=0}=1$ だから $c_1=1$ である．係数を決める漸化式は，偶数次の項と奇数次の項とに分かれるから，

$$\varphi(x)=\left(1-\dfrac{1}{2!}x^2+\dfrac{1}{4!}x^4-\cdots\right)+\left(x-\dfrac{1}{3!}x^3+\dfrac{1}{5!}x^5-\cdots\right)$$
$$=\cos x+\sin x.$$

◎何がわかったか　初期条件によって，級数展開で x の最低次は 0 次とは限らない．

> 例題 1.2, 例題 5.2 では，ベキの係数を求める代わりに，解を表す関数を仮定した．例題 5.3 で，非斉次解を ax^2+bx+c と仮定して未定係数の値を求めた方法は，ベキ級数による解法でも同じである．

── 感覚をつかめ ──

2 階常微分方程式 $\dfrac{d^2y}{dx^2}=0$ (計算練習【5.1】) の初期値解は $y=-x+3$ である．この解は，x の最高次数 (次数について 0.5 節) が 1 次のベキ級数である．解を表す関数を x で 2 回微分すると 0 になるから，解を級数展開すると 2 次よりも高い次数の項を含まないことが見通せる．

ベキ級数で線型常微分方程式を解く方法は，係数が定数の場合よりも係数が定数でない場合に便利である．理工学の応用面で，係数もベキ級数に展開すると，効率よく扱える線型常微分方程式が多い．

例題 6.5　ベキ級数による解法 (2 階常微分方程式の解析解)

全平面で定義した 2 階線型常微分方程式 (**Hermite** の微分方程式) $\dfrac{d^2y}{dx^2}-2x\dfrac{dy}{dx}+2\nu y=0$ (ν は実定数) の解を，ベキ級数による方法で求めよ．

◀ Charles Hermite (シャルル・エルミート) フランスの数学者

(発想)　2 階線型常微分方程式

$$\dfrac{d^2y}{dx^2}+P(x)\dfrac{dy}{dx}+Q(x)y=0$$

で，係数を

$$P(x)=0x^0+(-2)x^1+0x^2+0x^3+\cdots+0x^n+\cdots,$$
$$Q(x)=2\nu x^0+0x^1+0x^2+0x^3+\cdots+0x^n+\cdots$$

のベキ級数で展開した形と見る．$P(x), Q(x)$ のすべてが独立変数 x の定義域内の 1 点 $x=0$ で Maclaurin 展開可能だから，$x=0$ で**正則** (解析的) である．この常微分方程式の解を $y=f(x)$ とおくと，$f(x)$ も $x=0$ で Maclaurin 展開可能である．しかし，問 6.12 のように，級数が x の 0 次のベキから始まるとは限らない．最低次が x の何次かを考えるために，$y=x^\rho(c_0+c_1x+c_2x^2+\cdots), \rho\geq 0$ とおく．

【解説】微分方程式の中のすべての関数値を x のベキ級数に展開する．
手順 0　境界条件を設定する．「$x\to\pm\infty$ のとき $f(x)e^{-x^2/2}\to 0$」
手順 1　$y, \dfrac{dy}{dx}, \dfrac{d^2y}{dx^2}$ を Maclaurin の展開式で表せると仮定する．解析的解 $\varphi(x)$ を

$$\varphi(x)=c_0x^\rho+c_1x^{\rho+1}+c_2x^{\rho+2}+c_3x^{\rho+3}+c_4x^{\rho+4}+c_5x^{\rho+5}+\cdots\quad (c_0\neq 0, \rho\geq 0)$$

の形で表す．この級数を項別に x で微分すると

$$\varphi'(x)=\rho c_0 x^{\rho-1}+(\rho+1)c_1x^\rho+(\rho+2)c_2x^{\rho+1}+(\rho+3)c_3x^{\rho+2}+(\rho+4)c_4x^{\rho+3}+\cdots,$$
$$\varphi''(x)=\rho(\rho-1)c_0x^{\rho-2}+(\rho+1)\rho c_1x^{\rho-1}+(\rho+2)(\rho+1)c_2x^\rho+(\rho+3)(\rho+2)c_3x^{\rho+1}+\cdots$$

となる．

◀ ρ は「ロー」と読むギリシア文字である．x の最低次を ρ とするために，$c_0\neq 0$ とおく．
◀ 境界条件について，例題 5.6 参照．ここで設定した境界条件は唐突に思えるが，量子力学の典型的なモデル (調和振動子) を記述する Schrödinger (シュレディンガー) 方程式に課す境界条件である．この方程式の名称は，提案者 Schrödinger による．例題 5.6 参照．

手順2 ベキ級数を微分方程式に代入する.

$$\rho(\rho-1)c_0 x^{\rho-2} + (\rho+1)\rho c_1 x^{\rho-1} + (\rho+2)(\rho+1)c_2 x^{\rho} + (\rho+3)(\rho+2)c_3 x^{\rho+1} + \cdots$$
$$-2x\{\rho c_0 x^{\rho-1} + (\rho+1)c_1 x^{\rho} + (\rho+2)c_2 x^{\rho+1} + (\rho+3)c_3 x^{\rho+2} + (\rho+4)c_4 x^{\rho+3} + \cdots\}$$
$$+2\nu(c_0 x^{\rho} + c_1 x^{\rho+1} + c_2 x^{\rho+2} + c_3 x^{\rho+3} + c_4 x^{\rho+4} + c_5 x^{\rho+5} + \cdots)$$
$$= 0.$$

◀ $y = \varphi(x)$, $\dfrac{dy}{dx} = \varphi'(x)$, $\dfrac{d^2y}{dx^2} = \varphi''(x)$.

手順3 x の同じベキを集めて,式を整理する.

$$\rho(\rho-1)c_0 x^{\rho-2} + (\rho+1)\rho c_1 x^{\rho-1}$$
$$+ \{(\rho+2)(\rho+1)c_2 - (2\rho-2\nu)c_0\}x^{\rho} + \{(\rho+3)(\rho+2)c_3 - (2\rho+2-2\nu)c_1\}x^{\rho+1} + \cdots$$
$$+ \{(\rho+\lambda+2)(\rho+\lambda+1)c_{\lambda+2} - (2\rho+2\lambda-2\nu)c_\lambda\}x^{\rho+\lambda} + \cdots$$
$$= 0.$$

手順4 各ベキの係数の関係を求める.

この式は x のあらゆる値で成り立つ (x について恒等式) から,各ベキの係数を 0 に等しいとおく.

$x^{\rho-2}$ の係数: $\rho(\rho-1)c_0 = 0$,

$x^{\rho-1}$ の係数: $(\rho+1)\rho c_1 = 0$,

x^{ρ} の係数: $(\rho+2)(\rho+1)c_2 - (2\rho-2\nu)c_0 = 0$,

$x^{\rho+1}$ の係数: $(\rho+3)(\rho+2)c_3 - (2\rho+2-2\nu)c_1 = 0$,

$\cdots$

$x^{\rho+\lambda}$ の係数: $(\rho+\lambda+2)(\rho+\lambda+1)c_{\lambda+2} - (2\rho+2\lambda-2\nu)c_\lambda = 0$,

$\cdots$.

任意の ν の値に対して (ν がどんな値でも), c_0, c_1 の値を勝手に選んで,漸化式によって $c_2, c_3, \ldots, c_\lambda, \ldots$ の値を順に決めることができる.第1式で $c_0 \neq 0$ と仮定したから, ρ の値が決まる. x の最低次のベキを決める方程式

$$\rho(\rho-1) = 0$$

を **決定方程式** (または **指数方程式**), 決定方程式の解を **指数** という. ρ が取り得る値は

$$\rho = 0 \text{ または } \rho = 1.$$

手順5 ベキ級数で任意の解を表す.

(i) $\rho = 0$ の場合: $y = c_0 + c_1 x + c_2 x^2 + c_3 x^3 + c_4 x^4 + c_5 x^5 + \cdots + c_\lambda x^\lambda + \cdots$.

$c_0 = 0$ とおくと奇数次の項が残り, $c_1 = 0$ とおくと偶数次の項が残る (x の奇または偶関数).

(ii) $\rho = 1$ の場合: $y = c_0 x + c_1 x^2 + c_2 x^3 + c_3 x^4 + c_4 x^5 + c_5 x^6 + \cdots + c_\lambda x^{\lambda+1} + \cdots$.

$c_0 = 0$ とおくと偶数次の項が残り, $c_1 = 0$ とおくと奇数次の項が残る (x の偶または奇関数).

◀ $y = c_0 x^\rho + c_1 x^{\rho+1} + c_2 x^{\rho+2} + c_3 x^{\rho+3} + c_4 x^{\rho+4} + c_5 x^{\rho+5} + \cdots$. 手順4から (i), (ii) で $c_0 = 0, c_1 = 0$ の場合がわかる.

◀ 本節のノート:**2階斉次線型微分常微分方程式の通常点と特異点** を参照.

補足 $x = 0$ は微分方程式 $\dfrac{d^2y}{dx^2} - 2x\dfrac{dy}{dx} + 2\nu y = 0$ の **通常点** だから,

$$\varphi(x) = c_0 x^0 + c_1 x^1 + c_2 x^2 + c_3 x^3 + c_4 x^4 + c_5 x^5 + \cdots$$

◀ $\varphi(x) = \displaystyle\sum_{n=0}^{\infty} c_n x^n$.

を仮定して解くことができる.手順1の

$$\varphi(x) = c_0 x^\rho + c_1 x^{\rho+1} + c_2 x^{\rho+2} + c_3 x^{\rho+3} + c_4 x^{\rho+4} + c_5 x^{\rho+5} + \cdots$$

◀ $\varphi(x) = x^\rho \displaystyle\sum_{n=0}^{\infty} c_n x^n$.

との関係を確かめる.手順4の ρ の2通りの値 $0, 1$ に対応して, c_n の列も2組 (a_n, b_n と表す) 決まる.

$\rho = 0$ のとき a_0, a_1 の値を選ぶと
$$\varphi_1 = a_0 + a_1 x + a_2 x^2 + \cdots,$$
$\rho = 1$ のとき b_0, b_1 の値を選ぶと
$$\varphi_2 = b_0 x + b_1 x^2 + b_2 x^3 + \cdots$$
と表せる．解 φ_1, φ_2 の組は線型独立かどうかを調べる．x のどんな値に対しても ◀5.2節のノート：線型独立・線型従属を参照．
$$\{\varphi_1(x)\}s_1 + \{\varphi_2(x)\}s_2 = 0$$
となるような定数 s_1, s_2 の組が存在すると，
$$(a_0 + a_1 x + a_2 x^2 + \cdots)s_1 + \{x(b_0 + b_1 x + b_2 x^2 + \cdots)\}s_2 = 0.$$
$x \to 0$ とすると，$a_0 \neq 0$ だから $s_1 = 0$ である．
$$\{x(b_0 + b_1 x + b_2 x^2 + \cdots)\}s_2 = 0$$
から $s_2 = 0$ である．したがって，組 $<\varphi_1, \varphi_2>$ は線型独立だから，解の基底である．任意の解は，基本解の線型結合 ◀例題 5.2.

$$\varphi(x) = (a_0 + a_1 x + a_2 x^2 + \cdots)C_1 + \{x(b_0 + b_1 x + b_2 x^2 + \cdots)\}C_2 \quad (C_1, C_2 \text{ は適当な定数})$$

で表せ，$\varphi(x) = \sum_{n=0}^{\infty} c_n x^n$ の形になる．$x = 0$ が通常点のとき，このベキ級数を微分方程式に代入すると解が求まることがわかる．

Stop! 無限級数は λ が大きい項でどのような振舞を示すか？
$x^{\rho+\lambda}$ の係数から
$$\frac{c_{\lambda+2}}{c_\lambda} = \frac{2\rho + 2\lambda - 2\nu}{(\rho + \lambda + 2)(\rho + \lambda + 1)}$$
であり，λ が大きいと
$$\frac{c_{\lambda+2}}{c_\lambda} \to \frac{2}{\lambda}$$
となる．この程度を知るために，例題 6.4 の無限級数
$$e^x = \frac{x^0}{0!} + \frac{x^1}{1!} + \frac{x^2}{2!} + \cdots + \frac{x^{\lambda-1}}{(\lambda-1)!} + \frac{x^\lambda}{\lambda!} + \cdots$$
の高次項の振舞
$$\frac{\frac{1}{\lambda!}}{\frac{1}{(\lambda-1)!}} = \frac{1}{\lambda}$$
と比べてみる．この無限級数の代わりに
$$e^{x^2} = \frac{x^0}{0!} + \frac{x^2}{1!} + \frac{x^4}{2!} + \cdots + \frac{x^{\lambda-1}}{\left(\frac{\lambda-1}{2}\right)!} + \frac{x^\lambda}{\left(\frac{\lambda}{2}\right)!} + \cdots$$
を調べると，x の偶数次の項だけを含むから，高次項の振舞
$$\frac{1/\left(\frac{\lambda}{2}\right)!}{1/\left(\frac{\lambda-1}{2}\right)!} = \frac{2}{\lambda}$$

◀ $\dfrac{\left(\dfrac{\lambda-1}{2}\right)!}{\left(\dfrac{\lambda}{2}\right)!}$

$= \dfrac{\left(\dfrac{\lambda-1}{2}\right)!}{\dfrac{\lambda}{2}\left(\dfrac{\lambda-1}{2}\right)!}$

$= \dfrac{2}{\lambda}.$

は，$\varphi(x)$ の展開で $c_1 = 0$ とおいた場合と比較できる．λ が大きいとき，$\varphi(x)$ の高次項 ◀ $y = \varphi(x)$.

の振舞

$$\frac{c_{\lambda+2}}{c_\lambda} \to \frac{2}{\lambda}$$

と同じだから,

$$\varphi(x) = c_0 x^\rho + c_2 x^{\rho+2} + c_4 x^{\rho+4} + \cdots.$$

の無限級数は e^{x^2} の程度で大きくなる. $\varphi(x)e^{-x^2/2}$ は負のベキの指数関数 $e^{-x^2/2}$ を含むが, x が大きくなると

$$\varphi(x)e^{-x^2/2} \to e^{x^2/2}$$

となるから, 境界条件をみたさない.

◎何がわかったか　$\varphi(x)$ は無限級数ではなく, 多項式 (有限項で終わる) であるように係数を決める.

手順 6　境界条件をみたす解をベキ級数で表す.

x の最低次を ρ と決めて, $c_0 \neq 0$ とおく. $c_1 \neq 0$ とすると, 漸化式で $c_3, c_5, \ldots$ の値が決まり, y は無限級数になるから $c_1 = 0$ とする. ν の値を適当に選び, ある有限番の項以降のどこかで $c_\lambda = 0$ (λ は偶数) にしなければならない. $|x|$ の値が大きいと, 負のベキの指数関数 $e^{-x^2/2}$ が $\varphi(x)e^{-x^2/2}$ を 0 に近づける. 第 $n\,(=\lambda)$ 項までの多項式にする ν の値は

$$\nu = \rho + \lambda \qquad (\lambda\text{ は }0\text{ を含む偶数})$$

である. $\rho = 0$ の場合 $\nu = 0, 2, 4, \ldots$, $\rho = 1$ の場合 $\nu = 1, 3, 5, \ldots$ となる. これらの値をまとめると, 解が境界条件をみたすような ν の取り得る値は

$$\nu = 0, 1, 2, 3, 4, 5, \ldots$$

である.

▶ **注意**　常微分方程式 $\dfrac{d^2 y}{dx^2} - 2x\dfrac{dy}{dx} + 2\nu y = 0$ が境界条件をみたすためには, ν は勝手な値を取ることはできず, とびとびの値しか取れない.

手順 4 の漸化式で係数の値を決める.

例　x^ρ の係数が 2^ρ になるようにする (図 **6.8**).
$\rho = 0, \nu = 0, \lambda = 0$ のとき $\varphi(x) = 1.$
$\rho = 1, \nu = 1, \lambda = 0$ のとき $\varphi(x) = 2x.$
$\rho = 0, \nu = 2, \lambda = 2$ のとき $\varphi(x) = -2 + 4x^2.$

同様に, 3 次関数, 4 次関数, $\ldots$, n 次関数, $\ldots$ が求まる.

◀ $y = c_0 x^\rho$
$+ c_1 x^{\rho+1} + c_2 x^{\rho+2}$
$+ c_3 x^{\rho+3} + c_4 x^{\rho+4}$
$+ c_5 x^{\rho+5} + \cdots.$
◀ $e^{x^2} e^{-x^2/2}$
$= e^{x^2/2}.$

◀ c_0 と c_1 とのどちらかを 0 とおく.
◀ $(2\rho + 2\lambda - 2\nu)c_\lambda = 0$ をみたす ν の値を選ぶと,
$(\rho + \lambda + 2)(\rho + \lambda + 1)c_{\lambda+2} = 0$
から $c_{\lambda+2}$ の値は 0 になる. 消えない最後の項の係数が c_λ であると決めると,
$\dfrac{c_{\lambda+2}}{c_\lambda} = 0$ である.

◀ 小谷正雄:『量子力学 I』(岩波書店, 1951) p. 70.
原島鮮:『初等量子力学 (改訂版)』(裳華房, 1986) p. 59.

◀ $\varphi(x) = c_0 x^0$, $c_0 = 2^0.$
◀ $\varphi(x) = c_0 x^1$, $c_0 = 2^1.$
◀ $\varphi(x) = c_0 + c_2 x^2$, $c_2 = -2c_0$, $c_2 = 2^2$, $c_0 = -2.$

◀ 問 5.17, 例題 5.6 と比べよ.

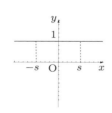
(a)　定数関数 $\varphi(x) = 1.$

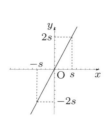
(b)　正比例関数 $\varphi(x) = 2x$ (1 次関数の特別な場合).

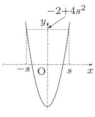
(c)　2 次関数 $\varphi(x) = -2 + 4x^2.$

図 6.8　解曲線　s は任意の正の実数である (どんな値でもいい). 奇関数 $\varphi(x) = -\varphi(-x)$, 偶関数 $\varphi(x) = \varphi(-x)$ のどちらかであることに注意する.

検算

$$\frac{d^2 1}{dx^2} - 2x\frac{d1}{dx} + 2 \cdot 0 \cdot 1 = 0 - 2x \cdot 0 + 0 = 0.$$

◀ $\dfrac{c_{\lambda+2}}{c_\lambda} = \dfrac{2\rho + 2\lambda - 2\nu}{(\rho + \lambda + 2)(\rho + \lambda + 1)}$
から $c_{\lambda+2} = 0.$

$$\frac{d^2(2x)}{dx^2} - 2x\frac{d(2x)}{dx} + 2\cdot 1\cdot 2x = 0 - 2x\cdot 2 + 4x$$
$$= 0.$$
$$\frac{d^2(-2+4x^2)}{dx^2} - 2x\frac{d(-2+4x^2)}{dx} + 2\cdot 2(-2+4x^2) = (0+8) - 2x(0+8x) - 8 + 16x^2$$
$$= 0.$$

参考 微分方程式 $\frac{d^2y}{dx^2} - 2x\frac{dy}{dx} + 2\nu y = 0$ (ν は実定数) の解を表す多項式を **Hermite** (エルミート) 多項式という.

■ **モデル** ■ 空間内で固体の原子の運動を扱うとき, x, y, z 軸のそれぞれの方向で, ばねに付けたおもりのように, 各原子が振動するモデルを考える. 量子力学では, このモデルを Schrödinger (シュレディンガー) 方程式で表し, 例題 6.5 の常微分方程式に帰着する. 本問の記号で表すと, 解は $\varphi(x)e^{-x^2/2}$ であり, $|\varphi(x)e^{-x^2/2}|^2$ は x 軸方向で調和振動子を観測したとき, x と $x+dx$ との間に見出す確率を表す.

ノート:2 階斉次線型常微分方程式の通常点と特異点

(1) 2 階斉次線型常微分方程式の**通常点**
 関数 P, Q が数直線 $\mathbf{R}$ の定義域内の点 x_0 の近傍で $x-x_0$ の整級数に展開できる (Taylor 展開可能) とき, $x = x_0$ で**正則** (または**解析的**) という. 点 x_0 を 2 階斉次線型常微分方程式

$$\frac{d^2y}{dx^2} + P(x)\frac{dy}{dx} + Q(x)y = 0$$

の**通常点** (または**正則点**) という. 解析的解 $\varphi(x)$ は $x = x_0$ で Taylor 展開可能だから,

$$\varphi(x) = \sum_{n=0}^{\infty} c_n(x-x_0)^n \quad (|x-x_0| < r \text{ のとき級数が収束するとき}, r \text{ を収束半径という})$$

とおく. 例 問 6.12, 例題 6.5

$$c_0 = \varphi(x_0),\ c_1 = \varphi'(x_0),\ c_2 = \frac{\varphi''(x_0)}{2!},\ \ldots,\ c_n = \frac{\varphi^{(n)}(x_0)}{n!},\ \ldots.$$

(2) 2 階斉次線型常微分方程式の**確定特異点** (または**正則特異点**)
 関数 p, q が数直線 $\mathbf{R}$ の点 x_0 の近傍で

$$p(x) = p_{-1} + p_0(x-x_0) + p_1(x-x_0)^2 + \cdots,$$
$$q(x) = q_{-2} + q_{-1}(x-x_0) + q_0(x-x_0)^2 + \cdots$$

$(p_{-1}, q_{-2}, p_0, q_{-1}, p_1, q_0, \ldots$ は実定数) のように $x-x_0$ の整級数に展開できる (Taylor 展開可能) とき, 2 階斉次線型常微分方程式

$$(x-x_0)^2\frac{d^2y}{dx^2} + (x-x_0)p(x)\frac{dy}{dx} + q(x)y = 0$$

の両辺を $(x-x_0)^2$ で割ると,

$$\frac{d^2y}{dx^2} + \frac{p(x)}{(x-x_0)}\frac{dy}{dx} + \frac{q(x)}{(x-x_0)^2}y = 0$$

になる. 点 x_0 を除いて, x_0 の右側近傍または左側近傍で, これらの常微分方程式が定義できるとき, 点 x_0 を常微分方程式の**確定特異点** (または**正則特異点**) という. 解析的解 $\varphi(x)$ を

$$\varphi(x) = (x-x_0)^\rho \sum_{n=0}^{\infty} c_n(x-x_0)^n \quad (c_0 \neq 0, \rho \text{ は定数})$$

とおく. 例 計算練習【6.2】

(3) **不確定特異点** (確定特異点でない特異点)
▶ **注意** 通常点と特異点とを区別するのは，解を表す級数の形が異なるからである．解析的解を表す級数を (1), (2) のように仮定したが，(2) を (1) に適用していい．例題 6.5 のように，(1) の代わりに (2) を適用しても (1) を仮定した解析的解になる例題 6.5 の 補足 ．

6.4 解の安定性 —— ベクトル微分方程式

例題 5.2 で，常微分方程式の解ベクトルを相平面に描いて，位相軌道の振舞を調べた．微分方程式は，位相軌道を決める規則を表す．この規則で，位相軌道は放物線，楕円 (円)，双曲線のように異なる振舞を示す．閉軌道 (楕円などの閉じた曲線) は，解の周期性を表す．この例題では，物体の運動のモデルも調べた．時刻 t のときの位置 x，速度 v で運動の状態が決まる．位相軌道は，x と v との間の関係を表す曲線である．運動のモデルは，力学以外の微分方程式の解の特徴を調べるときの手がかりになる．微分方程式の位相軌道の性質を調べる問題を，力学系の理論という．

相平面で，位置と速度との組 (ベクトル) を点で表す．初期条件は，相平面の特定の 1 点 (初期位置と初速度) を決める．運動のモデルでは，初期条件のもとで微分方程式を解いて，時刻 t のときの解ベクトルを求める．「微分方程式を解く」とは，初期値のベクトルを入力して，時刻 t のときのベクトルを出力するという意味である．入力に対応する出力を決める規則を写像という．ベクトルをベクトルに対応させる規則は，マトリックスで表せる．写像の観点から考えると，初期値問題 (初期条件をみたす解が存在するかどうか) は，このマトリックスを求める問題と見ることができる．ここでも，微分方程式は線型代数と結びつく．

◀ 写像について，0.3 節参照．

この発想で，連立常微分方程式の初期値問題の位相軌道を調べてみる．例題 5.2 の初期値解 (初期値問題の解) は，どのようなマトリックスで表せるか？ この問題の準備として，4.1 節のように「概念を拡張する」という発想で，マトリックスの指数関数を定義する．級数展開 $e^x = \sum_{k=0}^{\infty} \frac{1}{k!} x^k$ の実数 x をマトリックス Mx におきかえる．

◀ 問 6.9．

◀ $\boldsymbol{y_0}$ 定数の組 (ベクトル)
I 単位マトリックス
2×2 マトリックスの場合，
$\begin{pmatrix} 1 & 0 \\ 0 & 1 \end{pmatrix}$．
O 零マトリックス
2×2 マトリックスの場合，
$\begin{pmatrix} 0 & 0 \\ 0 & 0 \end{pmatrix}$．
$M^0 = I$ とする．
マトリックスの無限級数が収束することを既知とする．

マトリックスの指数関数

$$e^{Mx} = I + M\frac{x}{1!} + M^2\frac{x^2}{2!} + M^3\frac{x^3}{3!} + \cdots$$

で e の M 乗を**定義**する．
連立常微分方程式に効力を発揮する性質は，

$$\begin{aligned}
\frac{d}{dx}(e^{Mx}\boldsymbol{y_0}) &= \frac{d}{dx}\left(I + M\frac{x}{1!} + M^2\frac{x^2}{2!} + M^3\frac{x^3}{3!} + \cdots\right)\boldsymbol{y_0} \\
&= \left(O + M\frac{1}{1!} + M^2\frac{2x}{2!} + M^3\frac{3x^2}{3!} + \cdots\right)\boldsymbol{y_0} \\
&= M\left(I + M\frac{x}{1!} + M^2\frac{x^2}{2!} + M^3\frac{x^3}{3!} + \cdots\right)\boldsymbol{y_0} \\
&= Me^{Mx}\boldsymbol{y_0}
\end{aligned}$$

である．

問 6.13 $M = \begin{pmatrix} 0 & 1 \\ -1 & 0 \end{pmatrix}$ のとき，e^{Mx} を求めよ．

【解説】$M^2 = \begin{pmatrix} 0 & 1 \\ -1 & 0 \end{pmatrix}\begin{pmatrix} 0 & 1 \\ -1 & 0 \end{pmatrix} = \begin{pmatrix} -1 & 0 \\ 0 & -1 \end{pmatrix} = -I$ から，
$M^3 = MM^2 = -M$, $M^4 = MM^3 = -M^2 = I$, $M^5 = MM^4 = M$, $M^6 = MM^5 = M^2 = -I$, $M^7 = MM^6 = -M, \ldots$ である．e の Mx 乗は

$$e^{Mx} = I + M\frac{x^1}{1!} + M^2\frac{x^2}{2!} + M^3\frac{x^3}{3!} + M^4\frac{x^4}{4!} + M^5\frac{x^5}{5!} + \cdots$$
$$= I + M\frac{x^1}{1!} - I\frac{x^2}{2!} - M\frac{x^3}{3!} + I\frac{x^4}{4!} + M\frac{x^5}{5!} + \cdots$$
$$= I\left(1 - \frac{x^2}{2!} + \frac{x^4}{4!} - \cdots\right) + M\left(\frac{x}{1!} - \frac{x^3}{3!} + \frac{x^5}{5!} - \cdots\right)$$
$$= I\cos x + M\sin x.$$

◀ 問 6.10.

$$e^{\begin{pmatrix} 0 & 1 \\ -1 & 0 \end{pmatrix}x} = \begin{pmatrix} 1 & 0 \\ 0 & 1 \end{pmatrix}\cos x + \begin{pmatrix} 0 & 1 \\ -1 & 0 \end{pmatrix}\sin x$$
$$= \begin{pmatrix} \cos x & \sin x \\ -\sin x & \cos x \end{pmatrix}.$$

◀ 式が文末の場合，ピリオドが必要である．

●類題● $M = \begin{pmatrix} 0 & 1 \\ 1 & 0 \end{pmatrix}$ のとき，e^{Mx} を求めよ．

【解説】$M^2 = \begin{pmatrix} 0 & 1 \\ 1 & 0 \end{pmatrix}\begin{pmatrix} 0 & 1 \\ 1 & 0 \end{pmatrix} = \begin{pmatrix} 1 & 0 \\ 0 & 1 \end{pmatrix} = I$ から，
$M^3 = MM^2 = M$, $M^4 = MM^3 = M^2 = I$, $M^5 = MM^4 = M$, $M^6 = MM^5 = M^2 = I$, $M^7 = MM^6 = M, \ldots$ である．e の Mx 乗は

$$e^{Mx} = I\left(1 + \frac{x^2}{2!} + \frac{x^4}{4!} + \cdots\right) + M\left(\frac{x}{1!} + \frac{x^3}{3!} + \frac{x^5}{5!} + \cdots\right)$$
$$= I\cosh x + M\sinh x.$$

◀ 問 6.10.

$$e^{\begin{pmatrix} 0 & 1 \\ 1 & 0 \end{pmatrix}x} = \begin{pmatrix} 1 & 0 \\ 0 & 1 \end{pmatrix}\cosh x + \begin{pmatrix} 0 & 1 \\ 1 & 0 \end{pmatrix}\sinh x$$
$$= \begin{pmatrix} \cosh x & \sinh x \\ \sinh x & \cosh x \end{pmatrix}.$$

補足 指数関数の級数展開

◀ 問 6.9.

$$e^x = \frac{x^0}{0!} + \frac{x^1}{1!} + \frac{x^2}{2!} + \cdots + \frac{x^n}{n!} + \cdots,$$

$$e^{-x} = \frac{(-x)^0}{0!} + \frac{(-x)^1}{1!} + \frac{(-x)^2}{2!} + \cdots + \frac{(-x)^n}{n!} + \cdots$$

◀ e^x の x を $-x$ でおきかえた式

だから

$$\frac{e^x + e^{-x}}{2} = \frac{x^0}{0!} + \frac{x^2}{2!} + \frac{x^4}{4!} + \cdots,$$

◀ $\cosh(x)$

$$\frac{e^x - e^{-x}}{2} = \frac{x^1}{1!} + \frac{x^3}{3!} + \frac{x^5}{5!} + \cdots.$$

◀ $\sinh(x)$

◀ 5.2 節のノート：円関数と双曲線関数を参照．

◀ 例題 5.2.

問 6.14 相平面で定数係数の斉次連立 1 階常微分方程式

$$\begin{cases} \dfrac{dy_1}{dx} = y_2, \\ \dfrac{dy_2}{dx} = -y_1 \end{cases}$$

6.4 解の安定性 — ベクトル微分方程式

の初期条件「$x = x_0$ のとき $y_1 = y_{01}, y_2 = y_{02}$」をみたす解ベクトルの変動を調べよ.

【解説】 連立常微分方程式を係数マトリックスで表す.

$$\frac{d}{dx}\begin{pmatrix} y_1 \\ y_2 \end{pmatrix} = \underbrace{\begin{pmatrix} 0 & 1 \\ -1 & 0 \end{pmatrix}}_{\text{係数マトリックス}} \begin{pmatrix} y_1 \\ y_2 \end{pmatrix}$$

◂ 連立常微分方程式の右辺を y_1, y_2 で表すと,$0y_1 + 1y_2, -1y_1 + 0y_2$ である.

を記号で

$$\frac{d\boldsymbol{y}}{dx} = M\boldsymbol{y}$$

と表して

$$\frac{d}{dx}(e^{M(x-x_0)}\boldsymbol{y_0}) = Me^{M(x-x_0)}\boldsymbol{y_0}$$

◂ $\frac{d}{dx}\underbrace{(e^{M(x-x_0)}\boldsymbol{y_0})}_{\boldsymbol{y}} = M\underbrace{e^{M(x-x_0)}\boldsymbol{y_0}}_{\boldsymbol{y}}$.

初期値解の一意性について, 5.2 節参照.

と比べると, 初期値解の一意性から, 解ベクトルは

$$\boldsymbol{y} = e^{M(x-x_0)}\boldsymbol{y_0}$$

である. この式で $x = x_0$ のとき $\boldsymbol{y} = \boldsymbol{y_0}$ だから, $\boldsymbol{y_0}$ は初期値である. 問 6.13 から,

$$\begin{pmatrix} y_1 \\ y_2 \end{pmatrix} = \underbrace{\begin{pmatrix} \cos(x-x_0) & \sin(x-x_0) \\ -\sin(x-x_0) & \cos(x-x_0) \end{pmatrix}}_{\text{初期値のベクトルを入力して解ベクトルを出力する写像}} \begin{pmatrix} y_{01} \\ y_{02} \end{pmatrix}.$$

【例】 $x_0 = 0, y_{01} = 1, y_{02} = 0$

$$\begin{pmatrix} \cos x & \sin x \\ -\sin x & \cos x \end{pmatrix} \begin{pmatrix} 1 \\ 0 \end{pmatrix}$$

◂ $x = x_0$ のとき
$\boldsymbol{y} = e^O \boldsymbol{y_0} = I\boldsymbol{y_0}$
$= \boldsymbol{y_0}$.
O は零マトリックスだから
$e^O = I + \frac{1}{1!}O + \frac{1}{2!}O^2 + \cdots = I$.

◂ 本節のノート:レゾルベントマトリックスを参照.

◎何がわかったか この例で, 位相軌道は, 相平面 ($y_1 y_2$ 平面) の点 (1,0) を通り, 原点を中心とする半径 1 の円 (図 5.6) である. x が増加すると, 解ベクトル (解を表す点) は, 原点を中心として時計の針のまわる向きに動く.

◂ 例題 5.2 の類題.

●類題● 相平面で定数係数の斉次連立 1 階常微分方程式

$$\begin{cases} \dfrac{dy_1}{dx} = y_2, \\ \dfrac{dy_2}{dx} = y_1 \end{cases}$$

の初期条件「$x = x_0$ のとき $y_1 = y_{01}, y_2 = y_{02}$」をみたす解ベクトルの変動を調べよ.

【解説】

$$\frac{d}{dx}\begin{pmatrix} y_1 \\ y_2 \end{pmatrix} = \begin{pmatrix} 0 & 1 \\ 1 & 0 \end{pmatrix}\begin{pmatrix} y_1 \\ y_2 \end{pmatrix}$$

の解ベクトルは

$$\begin{pmatrix} y_1 \\ y_2 \end{pmatrix} = e^{\begin{pmatrix} 0 & 1 \\ 1 & 0 \end{pmatrix}(x-x_0)}\begin{pmatrix} y_{01} \\ y_{02} \end{pmatrix}$$

である. 問 6.13 の類題から,

$$\begin{pmatrix} y_1 \\ y_2 \end{pmatrix} = \underbrace{\begin{pmatrix} \cosh(x-x_0) & \sinh(x-x_0) \\ \sinh(x-x_0) & \cosh(x-x_0) \end{pmatrix}}_{\text{初期値のベクトルを入力して解ベクトルを出力する写像}} \begin{pmatrix} y_{01} \\ y_{02} \end{pmatrix}.$$

【例】 $x_0 = 0, y_{01} = 1, y_{02} = 0$

$$\begin{pmatrix} \cosh x & \sinh x \\ \sinh x & \cosh x \end{pmatrix} \begin{pmatrix} 1 \\ 0 \end{pmatrix}$$

◂ 円関数, 双曲線関数のちがいで, 位相軌道が異なる. 位相軌道の振舞は, 例題 6.6 で係数マトリックスの固有値の観点から理解する.

この例で, 位相軌道は, 相平面 ($y_1 y_2$ 平面) の点 (1,0) を通る双曲線 (図 5.8) である.

─ノート:レゾルベントマトリックス (線型代数との結びつき 8)─

初期値の集合の要素 $\begin{pmatrix} y_{01} \\ y_{02} \end{pmatrix}$ を解空間 (初期条件によって異なる解の全体) の一つの要素 (解の一意性) に対応させる (うつす) 規則 (はたらき) は**写像**である. この写像を表すマトリックスを**レゾルベントマトリックス** (**解核マトリックス**) という.

◂ 写像について, 0.3 節参照.

第6講 エピローグ — 常微分方程式の解の振舞

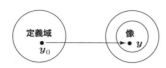

レゾルベントマトリックスの幾何的意味

$$\underbrace{\begin{pmatrix} y_1 \\ y_2 \end{pmatrix}}_{\text{出力}} = \underbrace{\begin{pmatrix} \cos x & \sin x \\ -\sin x & \cos x \end{pmatrix}}_{\text{写像を表すマトリックス}} \underbrace{\begin{pmatrix} y_{01} \\ y_{02} \end{pmatrix}}_{\text{入力}}$$

$$\begin{pmatrix} y_{01} \\ y_{02} \end{pmatrix} = \begin{pmatrix} 1 \\ 0 \end{pmatrix} y_{01} + \begin{pmatrix} 0 \\ 1 \end{pmatrix} y_{02} \quad \blacktriangleleft \text{基本ベクトルの線型結合 (問 5.13)}$$

x の値を決めると，このマトリックスで，基本ベクトルは

$$\begin{pmatrix} 1 \\ 0 \end{pmatrix} \mapsto \underbrace{\begin{pmatrix} \cos x \\ -\sin x \end{pmatrix}}_{\text{マトリックスの第 1 列}}, \quad \begin{pmatrix} 0 \\ 1 \end{pmatrix} \mapsto \underbrace{\begin{pmatrix} \sin x \\ \cos x \end{pmatrix}}_{\text{マトリックスの第 2 列}}$$

のように，時計の針のまわる向きに角 x だけ回転する．基本ベクトルの線型結合 $\begin{pmatrix} y_{01} \\ y_{02} \end{pmatrix}$ も回転して，解は $\begin{pmatrix} \cos x \\ -\sin x \end{pmatrix} y_{01} + \begin{pmatrix} \sin x \\ \cos x \end{pmatrix} y_{02}$ と表せる (図 6.9)．

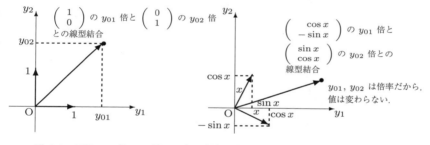

図 6.9 回転 y_1 軸，y_2 軸，2 本の破線で囲んだ長方形を角 x だけ回転させる．

解核マトリックスの意味

初期値 $\begin{pmatrix} y_{01} \\ y_{02} \end{pmatrix} = \begin{pmatrix} 1 \\ 0 \end{pmatrix}$ のときの解 $\begin{pmatrix} \cos x \\ -\sin x \end{pmatrix}$，初期値 $\begin{pmatrix} y_{01} \\ y_{02} \end{pmatrix} = \begin{pmatrix} 0 \\ 1 \end{pmatrix}$ のときの解 $\begin{pmatrix} \sin x \\ \cos x \end{pmatrix}$ の並び (解の基本系) と見ることができる．
$\begin{pmatrix} y_1 \\ y_2 \end{pmatrix} = \begin{pmatrix} \cos x \\ -\sin x \end{pmatrix}$, $\begin{pmatrix} y_1 \\ y_2 \end{pmatrix} = \begin{pmatrix} \sin x \\ \cos x \end{pmatrix}$ は $\dfrac{dy_1}{dx} = y_2$, $\dfrac{dy_2}{dx} = -y_1$ を
みたすから解ベクトルである (検算せよ)．

ノート：基本解の線型結合とレゾルベントマトリックスとの関係

2 階斉次線型常微分方程式 $\dfrac{d^2 y}{dx^2} + \omega^2 y = 0$ (ω^2 は正の実数)

- 任意の解：$y = \{\cos(\omega x)\} c_1 + \{\sin(\omega x)\} c_2$ (線型独立な解の線型結合)
- 解空間：$<\cos(\omega x), \sin(\omega x)>$ を基底とする 2 次元線型空間 (5.2 節のノート：解空間)
- 初期条件「$x = x_0$ のとき $y = y_{01}$, $\dfrac{dy}{dx} = y_{02}$ (x_0, y_{01}, y_{02} は定数)」をみたす解

$$\begin{cases} y_{01} = \{\cos(\omega x_0)\} c_1 + \{\sin(\omega x_0)\} c_2, \\ y_{02} = -\omega \{\sin(\omega x_0)\} c_1 + \omega \{\cos(\omega x_0)\} c_2 \end{cases}$$

◀ 初期値は $\begin{pmatrix} 1 \\ 0 \end{pmatrix}$ と限らず，あらゆる値を取り得る．物理現象では，現実にはあり得ない初期条件を課さない．

◀ $\boldsymbol{y}_0 = \begin{pmatrix} y_{01} \\ y_{02} \end{pmatrix}$
$\boldsymbol{y} = \begin{pmatrix} y_1 \\ y_2 \end{pmatrix}$
y_{01}, y_{02} は任意の定数 (どんな値でもいい) を表す．

◀ 定義域は 2 実数の組の全体 $\boldsymbol{R}^2$ であるが，像は $\boldsymbol{R}^2$ の部分集合である．
$-1 \leq \cos x \leq 1$, $-1 \leq -\sin x \leq 1$
だから，$\begin{pmatrix} 2 \\ 3 \end{pmatrix}$ などにはうつらない．

Stop!
$\begin{pmatrix} \cos x & \sin x \\ -\sin x & \cos x \end{pmatrix} \begin{pmatrix} 1 \\ 0 \end{pmatrix}$
$= \begin{pmatrix} \cos x \\ -\sin x \end{pmatrix}$
$\begin{pmatrix} \cos x & \sin x \\ -\sin x & \cos x \end{pmatrix} \begin{pmatrix} 0 \\ 1 \end{pmatrix}$
$= \begin{pmatrix} \sin x \\ \cos x \end{pmatrix} \begin{pmatrix} 1 \\ 0 \end{pmatrix}$
を入力すると，マトリックスの第 1 列を出力する．$\begin{pmatrix} 0 \\ 1 \end{pmatrix}$ を入力すると，マトリックスの第 2 列を出力する．
小林幸夫：『線型代数の発想』(現代数学社, 2008) p.37.

◀ 解の基本系について，5.2 節参照．

◀ 例題 5.2 では「$x_0 = 0$ のとき $y_{01} = 1, y_{02} = 0$」計算練習【5.2】

◀ Cramer の方法 (問 5.8) で c_1, c_2 について解く．

6.4 解の安定性 — ベクトル微分方程式

を, c_1, c_2 について解く.

$$c_1 = \{\cos(\omega x_0)\}y_{01} - \frac{\sin(\omega x_0)}{\omega}y_{02}, \quad c_2 = \{\sin(\omega x_0)\}y_{01} + \frac{\cos(\omega x_0)}{\omega}y_{02}$$

を $y = \{\cos(\omega x)\}c_1 + \{\sin(\omega x)\}c_2$ に代入し, 加法定理を使って整理すると

$$y = [\cos\{\omega(x-x_0)\}]\,y_{01} + \frac{\sin\{\omega(x-x_0)\}}{\omega}y_{02},$$

$$\frac{dy}{dx} = [-\omega\sin\{\omega(x-x_0)\}]\,y_{01} + [\cos\{\omega(x-x_0)\}]\,y_{02}.$$

$u_1(x) = \cos\{\omega(x-x_0)\}$, $u_2(x) = [\sin\{\omega(x-x_0)\}]/\omega$ とおくと,

$$y = u_1(x)y_{01} + u_2(x)y_{02}, \quad y' = u_1{}'(x)y_{01} + u_2{}'(x)y_{02}.$$

$u_1(x_0) = 1$, $u_1{}'(x_0) = 0$, $u_2(x_0) = 0$, $u_2{}'(x_0) = 1$ をみたすから, $<u_1, u_2>$ は解の基本系 (5.2 節).

$y_1 = y$, $y_2 = \dfrac{dy}{dx}$ とおくと, この 2 階斉次線型常微分方程式を斉次連立線型 1 階常微分方程式

$$\begin{cases} \dfrac{dy_1}{dx} = y_2, \\ \dfrac{dy_2}{dx} = -\omega^2 y_1 \end{cases}$$

に書き換えることができる.

- 初期値解:

$$\begin{pmatrix} y_1 \\ y_2 \end{pmatrix} = \begin{pmatrix} \cos\{\omega(x-x_0)\} \\ -\omega\sin\{\omega(x-x_0)\} \end{pmatrix} y_{01} + \begin{pmatrix} [\sin\{\omega(x-x_0)\}]/\omega \\ \cos\{\omega(x-x_0)\} \end{pmatrix} y_{02}$$

$$= \underbrace{\begin{pmatrix} \cos\{\omega(x-x_0)\} & [\sin\{\omega(x-x_0)\}]/\omega \\ -\omega\sin\{\omega(x-x_0)\} & \cos\{\omega(x-x_0)\} \end{pmatrix}}_{\text{レゾルベントマトリックス (解の基本系)}} \begin{pmatrix} y_{01} \\ y_{02} \end{pmatrix}.$$

- レゾルベントマトリックスの特別な場合: ロンスキーマトリックス (5.2 節)

$$\begin{pmatrix} y_1 \\ y_2 \end{pmatrix} = \begin{pmatrix} \cos x & \sin x \\ -\sin x & \cos x \end{pmatrix} \begin{pmatrix} y_{01} \\ y_{02} \end{pmatrix}. \quad \blacktriangleleft \begin{pmatrix} y_1 \\ y_2 \end{pmatrix} = \begin{pmatrix} y \\ y' \end{pmatrix}$$

$$\begin{pmatrix} y_{01} \\ y_{02} \end{pmatrix} = \begin{pmatrix} 1 \\ 0 \end{pmatrix}, \begin{pmatrix} 0 \\ 1 \end{pmatrix} \text{のとき} \begin{pmatrix} y_1 \\ y_2 \end{pmatrix} = \begin{pmatrix} u_1(x) \\ u_1{}'(x) \end{pmatrix}, \begin{pmatrix} u_2(x) \\ u_2{}'(x) \end{pmatrix}.$$

◀ 加法定理
$\cos\{\omega(x-x_0)\}$
$= \cos(\omega x)\cos(\omega x_0)$
$+ \sin(\omega x)\sin(\omega x_0)$
$\sin\{\omega(x-x_0)\}$
$= \sin(\omega x)\cos(\omega x_0)$
$- \cos(\omega x)\sin(\omega x_0)$
Euler の関係式 (5.1 節) で
$e^{i(\theta_1 - \theta_2)}$
$= \cos(\theta_1 - \theta_2)$
$+ i\sin(\theta_1 - \theta_2).$
左辺を
$e^{i\theta_1} e^{-i\theta_2}$
$= (\cos\theta_1 + i\sin\theta_1)$
$\times (\cos\theta_2 - i\sin\theta_2)$
$= (\cos\theta_1\cos\theta_2$
$+ \sin\theta_1\sin\theta_2)$
$+ i(\sin\theta_1\cos\theta_2$
$- \cos\theta_1\sin\theta_2)$
に書き換えて, 右辺と比べると加法定理が導ける.

◀ ノート: レゾルベントマトリックスを参照. 解核マトリックスの意味.

◀ 0.3 節のとおりで, y' は $\dfrac{dy}{dx}$ の値を表す.

◀ 簡単な例
$\omega = 1$, $x_0 = 0$ のときの基本解
$u_1(x) = \cos x$,
$u_2(x) = \sin x$
(問 5.12, 問 5.13).
$u_1{}'(x) = -\sin x$,
$u_2{}'(x) = \cos x$.
ロンスキーマトリックス
$\begin{pmatrix} u_1(x) & u_2(x) \\ u_1{}'(x) & u_2{}'(x) \end{pmatrix}$

ノート: 線型 1 階常微分方程式から連立線型 1 階常微分方程式への拡張

$$\frac{dy}{dx} = ay \quad \text{(例題 1.2)}. \qquad \frac{d\boldsymbol{y}}{dx} = M\boldsymbol{y} \quad \text{(問 6.14)}.$$

初期条件 「$x = 0$ のとき $y = y_0$」 「$x = 0$ のとき $\boldsymbol{y} = \boldsymbol{y_0}$」

初期値解 $y = e^{ax}y_0.$ $\boldsymbol{y} = e^{Mx}\boldsymbol{y_0}.$

問 6.13, 問 6.14 では, マトリックスの無限級数が簡単に求まる例を考えた. ほかの例では, この計算に手間がかかる. 対角マトリックスの n 乗は簡単に求まるから, 線型代数の方法 (固有値問題) でマトリックスを対角化する方法に進める. この方法は, 計算を簡単にするだけでなく, 位相軌道の振舞を理解する手がかりになる. 固有値は, 連立線型常微分方程式 (線型常微分方程式系) の解の安定性 (x の値が大きくなるにつれて十分大きく乱れるとき不安定) と関係がある.

問 6.15 定数係数の斉次連立 1 階常微分方程式

$$\begin{cases} \dfrac{dy_1}{dx} = \lambda_1 y_1 \\ \dfrac{dy_2}{dx} = \lambda_2 y_2 \end{cases}$$

の初期条件「$x = x_0$ のとき $y_1 = y_{01}, y_2 = y_{02}$」をみたす解ベクトルを求めよ．$\lambda_1, \lambda_2$ は相異なる定数である．

◀ x_0, y_{01}, y_{02} は定数である．

【解説】$\lambda_1 y_1 = \lambda_1 y_1 + 0 y_2,\ \lambda_2 y_2 = 0 y_1 + \lambda_2 y_2$ だから

$$\frac{d}{dx}\begin{pmatrix} y_1 \\ y_2 \end{pmatrix} = \underbrace{\begin{pmatrix} \lambda_1 & 0 \\ 0 & \lambda_2 \end{pmatrix}}_{\text{係数マトリックス}}\begin{pmatrix} y_1 \\ y_2 \end{pmatrix}.$$

◀ 式が文末の場合，ピリオドが必要である．

問 6.14 と同様に，解ベクトルは

$$\begin{pmatrix} y_1 \\ y_2 \end{pmatrix} = e^{\begin{pmatrix} \lambda_1 & 0 \\ 0 & \lambda_2 \end{pmatrix}(x-x_0)}\begin{pmatrix} y_{01} \\ y_{02} \end{pmatrix}$$

と表せる．

$$\begin{pmatrix} \lambda_1 & 0 \\ 0 & \lambda_2 \end{pmatrix}^n = \begin{pmatrix} \lambda_1{}^n & 0 \\ 0 & \lambda_2{}^n \end{pmatrix}$$

だから

$$e^{\begin{pmatrix} \lambda_1 & 0 \\ 0 & \lambda_2 \end{pmatrix}(x-x_0)}$$
$$= \begin{pmatrix} 1 & 0 \\ 0 & 1 \end{pmatrix} + \begin{pmatrix} \lambda_1 & 0 \\ 0 & \lambda_2 \end{pmatrix}\frac{(x-x_0)^1}{1!} + \begin{pmatrix} \lambda_1{}^2 & 0 \\ 0 & \lambda_2{}^2 \end{pmatrix}\frac{(x-x_0)^2}{2!} + \cdots$$
$$= \begin{pmatrix} 1 + \dfrac{\{\lambda_1(x-x_0)\}^1}{1!} + \dfrac{\{\lambda_1(x-x_0)\}^2}{2!} + \cdots & 0 \\ 0 & 1 + \dfrac{\{\lambda_2(x-x_0)\}^1}{1!} + \dfrac{\{\lambda_2(x-x_0)\}^2}{2!} + \cdots \end{pmatrix}$$
$$= \begin{pmatrix} e^{\lambda_1(x-x_0)} & 0 \\ 0 & e^{\lambda_2(x-x_0)} \end{pmatrix}.$$

◀ 問 6.9 の $e^x = \sum_{k=0}^{\infty} \dfrac{x^k}{k!}$ で x を $\lambda_1(x-x_0), \lambda_2(x-x_0)$ におきかえる．

解ベクトルは

$$\begin{pmatrix} y_1 \\ y_2 \end{pmatrix} = \underbrace{\begin{pmatrix} e^{\lambda_1(x-x_0)} & 0 \\ 0 & e^{\lambda_2(x-x_0)} \end{pmatrix}}_{\text{レゾルベントマトリックス (解核マトリックス)}}\begin{pmatrix} y_{01} \\ y_{02} \end{pmatrix}$$

◀ 本節のノート：レゾルベントマトリックスを参照．解核マトリックスの意味．

$$= \begin{pmatrix} e^{\lambda_1 x}e^{-\lambda_1 x_0}y_{01} \\ e^{\lambda_2 x}e^{-\lambda_2 x_0}y_{02} \end{pmatrix}$$

◀ マトリックスとタテベクトルとの乗法の積を求める．

$$= \begin{pmatrix} 1 \\ 0 \end{pmatrix}e^{\lambda_1 x}\underbrace{e^{-\lambda_1 x_0}y_{01}}_{\text{定数}} + \begin{pmatrix} 0 \\ 1 \end{pmatrix}e^{\lambda_2 x}\underbrace{e^{-\lambda_2 x_0}y_{02}}_{\text{定数}}.$$

◀ $\begin{pmatrix} 1 \\ 0 \end{pmatrix}e^{\lambda_1 x},\ \begin{pmatrix} 0 \\ 1 \end{pmatrix}e^{\lambda_2 x}$ の線型結合

Stop! 問 5.7 の拡張

解の基底 $\left\langle \begin{pmatrix} 1 \\ 0 \end{pmatrix}e^{\lambda_1 x},\ \begin{pmatrix} 0 \\ 1 \end{pmatrix}e^{\lambda_2 x} \right\rangle.$

Stop! $\begin{pmatrix} 1 \\ 0 \end{pmatrix}$ を入力すると，マトリックスの第 1 列を出力する．$\begin{pmatrix} 0 \\ 1 \end{pmatrix}$ を入力すると，マトリックスの第 2 列を出力する．
小林幸夫：『線型代数の発想』(現代数学社，2008) p. 37.

6.4 解の安定性 — ベクトル微分方程式

基本解の線型結合 $\begin{pmatrix} y_1 \\ y_2 \end{pmatrix} = \begin{pmatrix} 1 \\ 0 \end{pmatrix} e^{\lambda_1 x} c_1 + \begin{pmatrix} 0 \\ 1 \end{pmatrix} e^{\lambda_2 x} c_2.$

$\begin{pmatrix} y_1 \\ y_2 \end{pmatrix} = \begin{pmatrix} e^{\lambda_1 x} \\ 0 \end{pmatrix} c_1 + \begin{pmatrix} 0 \\ e^{\lambda_2 x} \end{pmatrix} c_2$ と表すこともできる.

[補足] 例題 1.2 で, $a = \lambda_1, a = \lambda_2$ の場合,

$$\begin{pmatrix} y_1 \\ y_2 \end{pmatrix} = \begin{pmatrix} e^{\lambda_1 x} e^{-\lambda_1 x_0} y_{01} \\ e^{\lambda_2 x} e^{-\lambda_2 x_0} y_{02} \end{pmatrix}.$$

解核マトリックスは,
$\begin{pmatrix} y_{01} \\ y_{02} \end{pmatrix} = \begin{pmatrix} 1 \\ 0 \end{pmatrix}$
のときの解
$\begin{pmatrix} e^{\lambda_1(x-x_0)} \\ 0 \end{pmatrix}$ と
$\begin{pmatrix} y_{01} \\ y_{02} \end{pmatrix} = \begin{pmatrix} 0 \\ 1 \end{pmatrix}$
のときの解
$\begin{pmatrix} 0 \\ e^{\lambda_2(x-x_0)} \end{pmatrix}$ と
を並べたマトリックスである.

◎何がわかったか それぞれの微分方程式が 1 変数の単独方程式のとき, 微分方程式系は対角マトリックスで表せる. どちらの微分方程式も, 変数分離して解を求めることができる. 連立常微分方程式の解は, ベクトル関数値 (この例では, 指数関数の値の組) の線型結合になる. 指数関数は, 係数マトリックスの対角成分をベキに含む.

例題 6.6 微分方程式を表すマトリックスの固有ベクトル

数直線 $\boldsymbol{R}$ 上の各点 x で定義した定数係数の斉次連立 1 階常微分方程式

$$\begin{cases} \dfrac{dy_1}{dx} = a_{11} y_1 + a_{12} y_2, \\ \dfrac{dy_2}{dx} = a_{21} y_1 + a_{22} y_2 \end{cases}$$

は

$$\frac{d}{dx} \begin{pmatrix} y_1 \\ y_2 \end{pmatrix} = \begin{pmatrix} a_{11} & a_{12} \\ a_{21} & a_{22} \end{pmatrix} \begin{pmatrix} y_1 \\ y_2 \end{pmatrix}$$

◀ 稲葉三男:『常微分方程式』(共立出版, 1973) 3.2 節.
竹之内脩:『常微分方程式』(秀潤社, 1977) 第 2 章.
Richard Haberman: *Mathematical Models* (Prentice Hall, 1977).

と表せる. 係数マトリックス M がつぎの場合に, 初期条件「$x = x_0$ のとき $y_1 = y_{01}$, $y_2 = y_{02}$」[相平面で点 (y_{01}, y_{02}) を通る] をみたす解ベクトルの変動を調べよ.

$$\begin{pmatrix} 1 & 3 \\ 2 & 6 \end{pmatrix}, \quad \begin{pmatrix} -1 & 3 \\ 2 & -6 \end{pmatrix}, \quad \begin{pmatrix} 4 & 1 \\ -3 & 0 \end{pmatrix}, \quad \begin{pmatrix} -4 & 1 \\ 3 & -2 \end{pmatrix},$$

$$\begin{pmatrix} 0 & 1 \\ 1 & 0 \end{pmatrix}, \quad \begin{pmatrix} 3 & 0 \\ 0 & 3 \end{pmatrix}, \quad \begin{pmatrix} -3 & 0 \\ 0 & -3 \end{pmatrix}, \quad \begin{pmatrix} 5 & -2 \\ 2 & 1 \end{pmatrix},$$

$$\begin{pmatrix} 1 & -1 \\ 1 & -1 \end{pmatrix}, \quad \begin{pmatrix} 7 & -1 \\ 2 & 5 \end{pmatrix}, \quad \begin{pmatrix} -7 & -1 \\ 2 & -5 \end{pmatrix}, \quad \begin{pmatrix} 0 & 1 \\ -1 & 0 \end{pmatrix}$$

【解説】連立常微分方程式

$$\frac{d}{dx} \begin{pmatrix} y_1 \\ y_2 \end{pmatrix} = \begin{pmatrix} a_{11} & a_{12} \\ a_{21} & a_{22} \end{pmatrix} \begin{pmatrix} y_1 \\ y_2 \end{pmatrix}$$

を対角マトリックスで表す.

手順 1 $\begin{pmatrix} y_1 \\ y_2 \end{pmatrix} = \begin{pmatrix} u_1 & v_1 \\ u_2 & v_2 \end{pmatrix} \begin{pmatrix} x_1 \\ x_2 \end{pmatrix}$ とおく.

◀ 未知関数の変数変換.

もとの連立微分方程式は

$$\frac{d}{dx} \begin{pmatrix} x_1 \\ x_2 \end{pmatrix} = \begin{pmatrix} u_1 & v_1 \\ u_2 & v_2 \end{pmatrix}^{-1} \begin{pmatrix} a_{11} & a_{12} \\ a_{21} & a_{22} \end{pmatrix} \begin{pmatrix} u_1 & v_1 \\ u_2 & v_2 \end{pmatrix} \begin{pmatrix} x_1 \\ x_2 \end{pmatrix}$$

となる. ただし, u_1, u_2, v_1, v_2 は定数である.

◀ $\begin{pmatrix} u_1 & v_1 \\ u_2 & v_2 \end{pmatrix}^{-1}$ は $\begin{pmatrix} u_1 & v_1 \\ u_2 & v_2 \end{pmatrix}$ の逆マトリックス. もとの連立微分方程式の両辺に左から逆マトリックスを掛ける.

手順 2 $\begin{pmatrix} u_1 & v_1 \\ u_2 & v_2 \end{pmatrix}^{-1} \begin{pmatrix} a_{11} & a_{12} \\ a_{21} & a_{22} \end{pmatrix} \begin{pmatrix} u_1 & v_1 \\ u_2 & v_2 \end{pmatrix} = \underbrace{\begin{pmatrix} \lambda_1 & 0 \\ 0 & \lambda_2 \end{pmatrix}}_{\text{対角マトリックス}}$ にする.

$u_1, u_2, v_1, v_2, \lambda_1, \lambda_2$ の値を決めるために,

$$\begin{pmatrix} u_1 & v_1 \\ u_2 & v_2 \end{pmatrix}^{-1} \begin{pmatrix} a_{11} & a_{12} \\ a_{21} & a_{22} \end{pmatrix} \begin{pmatrix} u_1 & v_1 \\ u_2 & v_2 \end{pmatrix} = \begin{pmatrix} \lambda_1 & 0 \\ 0 & \lambda_2 \end{pmatrix}$$

の両辺に左から $\begin{pmatrix} u_1 & v_1 \\ u_2 & v_2 \end{pmatrix}$ を掛けて

$$\begin{pmatrix} a_{11} & a_{12} \\ a_{21} & a_{22} \end{pmatrix} \begin{pmatrix} u_1 & v_1 \\ u_2 & v_2 \end{pmatrix} = \begin{pmatrix} u_1 & v_1 \\ u_2 & v_2 \end{pmatrix} \begin{pmatrix} \lambda_1 & 0 \\ 0 & \lambda_2 \end{pmatrix}$$

に書き換える.この式は,

$$\begin{pmatrix} a_{11} & a_{12} \\ a_{21} & a_{22} \end{pmatrix} \underbrace{\begin{pmatrix} u_1 \\ u_2 \end{pmatrix}}_{\text{固有ベクトル}} = \underbrace{\begin{pmatrix} u_1 \\ u_2 \end{pmatrix}}_{\text{固有ベクトル}} \underbrace{\lambda_1}_{\text{固有値}},$$

$$\begin{pmatrix} a_{11} & a_{12} \\ a_{21} & a_{22} \end{pmatrix} \underbrace{\begin{pmatrix} v_1 \\ v_2 \end{pmatrix}}_{\text{固有ベクトル}} = \underbrace{\begin{pmatrix} v_1 \\ v_2 \end{pmatrix}}_{\text{固有ベクトル}} \underbrace{\lambda_2}_{\text{固有値}}$$

をまとめて書いた形である.

手順3 $\begin{pmatrix} a_{11} & a_{12} \\ a_{21} & a_{22} \end{pmatrix} \begin{pmatrix} p_1 \\ p_2 \end{pmatrix} = \begin{pmatrix} p_1 \\ p_2 \end{pmatrix} \lambda$ の固有値を求める.

$$\begin{cases} (a_{11}-\lambda)p_1 + a_{12}p_2 = 0, \\ a_{21}p_1 + (a_{22}-\lambda)p_2 = 0 \end{cases}$$

を Cramer の方法で p_1, p_2 について解くと

$$p_1 = \frac{\begin{vmatrix} 0 & a_{12} \\ 0 & a_{22}-\lambda \end{vmatrix}}{\begin{vmatrix} a_{11}-\lambda & a_{12} \\ a_{21} & a_{22}-\lambda \end{vmatrix}}, \quad p_2 = \frac{\begin{vmatrix} a_{11}-\lambda & 0 \\ a_{21} & 0 \end{vmatrix}}{\begin{vmatrix} a_{11}-\lambda & a_{12} \\ a_{21} & a_{22}-\lambda \end{vmatrix}}$$

を得る.分母 $= 0$ のとき,係数マトリックス $\begin{pmatrix} a_{11} & a_{12} \\ a_{21} & a_{22} \end{pmatrix}$ の固有方程式

$$\begin{vmatrix} a_{11}-\lambda & a_{12} \\ a_{21} & a_{22}-\lambda \end{vmatrix} = (a_{11}-\lambda)(a_{22}-\lambda) - a_{12}a_{21} = 0$$

を λ について解く.微分方程式の

特性方程式:$\lambda^2 - \underbrace{(a_{11}+a_{22})}_{\text{対角成分の和}}\lambda + \underbrace{a_{11}a_{22} - a_{12}a_{21}}_{\text{係数マトリックスの行列式}} = 0$

の解は

$$\lambda_1 = \frac{a_{11}+a_{22}+\sqrt{(a_{11}+a_{22})^2 - 4(a_{11}a_{22}-a_{12}a_{21})}}{2},$$

$$\lambda_2 = \frac{a_{11}+a_{22}-\sqrt{(a_{11}+a_{22})^2 - 4(a_{11}a_{22}-a_{12}a_{21})}}{2}$$

である.

手順4 固有値に属する固有ベクトルを求める.

固有値 λ_1 に属する固有ベクトルは $\begin{pmatrix} u_1 \\ u_2 \end{pmatrix}$,固有値 λ_2 に属する固有ベクトルは $\begin{pmatrix} v_1 \\ v_2 \end{pmatrix}$

◀ 単位マトリックスを I と表し,
$I = \begin{pmatrix} 1 & 0 \\ 0 & 1 \end{pmatrix}$,
$U = \begin{pmatrix} u_1 & v_1 \\ u_2 & v_2 \end{pmatrix}$ と
おくと,$UU^{-1} = I$.

◀ 小林幸夫:『線型代数の発想』(現代数学社, 2008) p. 311.
Yukio Kobayashi: *European Journal of Pure and Applied Mathematics* **7** (2014), pp.405–411.
右辺は 2×1 マトリックス(タテベクトル)と 1×1 マトリックス(スカラー)との乗法である.$\lambda_1 \begin{pmatrix} u_1 \\ u_2 \end{pmatrix}$ の乗法は定義できない.

◀ $\begin{pmatrix} u_1 \\ u_2 \end{pmatrix}, \begin{pmatrix} v_1 \\ v_2 \end{pmatrix}$ を $\begin{pmatrix} p_1 \\ p_2 \end{pmatrix}$ と表した.

◀ 分母 $\neq 0$ のとき $\begin{pmatrix} p_1 \\ p_2 \end{pmatrix} = \begin{pmatrix} 0 \\ 0 \end{pmatrix}$ は固有ベクトルにしない.
◀ 係数マトリックスの行列式
$\begin{vmatrix} a_{11} & a_{12} \\ a_{21} & a_{22} \end{vmatrix} = a_{11}a_{22} - a_{12}a_{21}$
◀ 根号の中の計算
$(a_{11}+a_{22})^2$
$-4(a_{11}a_{22}-a_{12}a_{21})$
$= a_{11}^2 + a_{22}^2$
$+2a_{11}a_{22}$
$-4a_{11}a_{22} + 4a_{12}a_{21}$
$= a_{11}^2 + a_{22}^2$
$-2a_{11}a_{22} + 4a_{12}a_{21}$
$= (a_{11}-a_{22})^2$
$+4a_{12}a_{21}$.

6.4 解の安定性 — ベクトル微分方程式

である.

手順 5 $\dfrac{d}{dx}\begin{pmatrix} x_1 \\ x_2 \end{pmatrix} = \begin{pmatrix} \lambda_1 & 0 \\ 0 & \lambda_2 \end{pmatrix}\begin{pmatrix} x_1 \\ x_2 \end{pmatrix}$ の解ベクトルを求める.

◀ 手順 2 で対角化した微分方程式
$$\frac{dx_1}{dx} = \lambda_1 x_1,$$
$$\frac{dx_2}{dx} = \lambda_2 x_2$$
をまとめて書いた形.

x_1, x_2 の初期値を x_{01}, x_{02} と表すと, 問 6.15 と同様に,

$$\begin{pmatrix} x_1 \\ x_2 \end{pmatrix} = \begin{pmatrix} e^{\lambda_1(x-x_0)} & 0 \\ 0 & e^{\lambda_2(x-x_0)} \end{pmatrix}\begin{pmatrix} x_{01} \\ x_{02} \end{pmatrix}$$

である. 手順 1 の変数変換の式から

$$\begin{pmatrix} y_1 \\ y_2 \end{pmatrix} = \overbrace{\begin{pmatrix} u_1 & v_1 \\ u_2 & v_2 \end{pmatrix}}^{\text{固有ベクトルの並び}} \overbrace{\begin{pmatrix} e^{\lambda_1(x-x_0)} & 0 \\ 0 & e^{\lambda_2(x-x_0)} \end{pmatrix}}^{\text{固有値を含む指数関数}} \begin{pmatrix} x_{01} \\ x_{02} \end{pmatrix}$$

$$= \begin{pmatrix} u_1 & v_1 \\ u_2 & v_2 \end{pmatrix}\begin{pmatrix} e^{\lambda_1(x-x_0)}x_{01} \\ e^{\lambda_2(x-x_0)}x_{02} \end{pmatrix} \quad \blacktriangleleft \begin{pmatrix} x_1 \\ x_2 \end{pmatrix} = \begin{pmatrix} e^{\lambda_1(x-x_0)}x_{01} \\ e^{\lambda_2(x-x_0)}x_{02} \end{pmatrix}$$

$$= \begin{pmatrix} u_1 & v_1 \\ u_2 & v_2 \end{pmatrix}\left\{\begin{pmatrix} 1 \\ 0 \end{pmatrix}e^{\lambda_1(x-x_0)}x_{01} + \begin{pmatrix} 0 \\ 1 \end{pmatrix}e^{\lambda_2(x-x_0)}x_{02}\right\}$$

$$= \underbrace{\begin{pmatrix} u_1 \\ u_2 \end{pmatrix}}_{\text{固有ベクトル}}\overbrace{\underbrace{e^{\lambda_1 x}}_{\lambda_1 \text{は固有値}} \underbrace{e^{-\lambda_1 x_0}x_{01}}_{\text{定数}}}^{x_1} + \underbrace{\begin{pmatrix} v_1 \\ v_2 \end{pmatrix}}_{\text{固有ベクトル}}\overbrace{\underbrace{e^{\lambda_2 x}}_{\lambda_2 \text{は固有値}} \underbrace{e^{-\lambda_2 x_0}x_{02}}_{\text{定数}}}^{x_2}$$

◀ 問 6.15 の解ベクトルと同じ形.

Stop!
$$\begin{pmatrix} u_1 & v_1 \\ u_2 & v_2 \end{pmatrix}\begin{pmatrix} 1 \\ 0 \end{pmatrix} = \begin{pmatrix} u_1 \\ u_2 \end{pmatrix}.$$
$$\begin{pmatrix} u_1 & v_1 \\ u_2 & v_2 \end{pmatrix}\begin{pmatrix} 0 \\ 1 \end{pmatrix} = \begin{pmatrix} v_1 \\ v_2 \end{pmatrix}.$$
$\begin{pmatrix} 1 \\ 0 \end{pmatrix}$ を入力すると, マトリックスの第 1 列を出力する.
$\begin{pmatrix} 0 \\ 1 \end{pmatrix}$ を入力すると, マトリックスの第 2 列を出力する.

小林幸夫:『線型代数の発想』(現代数学社, 2008) p. 37.

を得る. つぎの **補足** のように, x_{01}, x_{02} は y_{01}, y_{02} で表せる.

Stop! 連立微分方程式の解は, 係数マトリックスの固有値をベキに含む指数関数の値と固有ベクトルとを掛けたベクトル関数値 (関数値の組) の線型結合になる. 位相軌道の振舞は, 係数マトリックスの固有値で決まる. つぎのそれぞれの係数マトリックスは, 固有値の特徴が異なる.

補足 x_1, x_2 の初期値 x_{01}, x_{02} は, Carmer の方法で手順 1 の変数変換の式

$$\begin{cases} u_1 x_{01} + v_1 x_{02} = y_{01}, \\ u_2 x_{01} + v_2 x_{02} = y_{02} \end{cases}$$

を解いて

$$x_{01} = \frac{\begin{vmatrix} y_{01} & v_1 \\ y_{02} & v_2 \end{vmatrix}}{\begin{vmatrix} u_1 & v_1 \\ u_2 & v_2 \end{vmatrix}} = \frac{v_2 y_{01} - v_1 y_{02}}{u_1 v_2 - v_1 u_2},$$

$$x_{02} = \frac{\begin{vmatrix} u_1 & y_{01} \\ u_2 & y_{02} \end{vmatrix}}{\begin{vmatrix} u_1 & v_1 \\ u_2 & v_2 \end{vmatrix}} = \frac{u_1 y_{02} - u_2 y_{01}}{u_1 v_2 - v_1 u_2}$$

となる. マトリックスとベクトルとの乗法で

$$\begin{pmatrix} x_{01} \\ x_{02} \end{pmatrix} = \begin{pmatrix} \dfrac{v_2}{u_1 v_2 - u_2 v_1} & -\dfrac{v_1}{u_1 v_2 - u_2 v_1} \\ -\dfrac{u_2}{u_1 v_2 - u_2 v_1} & \dfrac{u_1}{u_1 v_2 - u_2 v_1} \end{pmatrix}\begin{pmatrix} y_{01} \\ y_{02} \end{pmatrix}$$

◀ $\boldsymbol{x}_0 = \begin{pmatrix} x_{01} \\ x_{02} \end{pmatrix}$, $\boldsymbol{y}_0 = \begin{pmatrix} y_{01} \\ y_{02} \end{pmatrix}$, $U = \begin{pmatrix} u_1 & v_1 \\ u_2 & v_2 \end{pmatrix}$ とおくと,
$\boldsymbol{y}_0 = U\boldsymbol{x}_0,$
$\boldsymbol{x}_0 = U^{-1}\boldsymbol{y}_0.$

と表すことができる. このマトリックスは, $\begin{pmatrix} u_1 & v_1 \\ u_2 & v_2 \end{pmatrix}$ の逆マトリックスである.

参考 マトリックスの指数関数の性質

$$\begin{pmatrix} y_1 \\ y_2 \end{pmatrix} = \begin{pmatrix} u_1 & v_1 \\ u_2 & v_2 \end{pmatrix}\begin{pmatrix} e^{\lambda_1(x-x_0)} & 0 \\ 0 & e^{\lambda_2(x-x_0)} \end{pmatrix}\begin{pmatrix} x_{01} \\ x_{02} \end{pmatrix}$$

に 補足 で求めた逆マトリックスを使うと，

$$\begin{pmatrix} y_1 \\ y_2 \end{pmatrix} = \underbrace{\begin{pmatrix} u_1 & v_1 \\ u_2 & v_2 \end{pmatrix} \begin{pmatrix} e^{\lambda_1(x-x_0)} & 0 \\ 0 & e^{\lambda_2(x-x_0)} \end{pmatrix} \begin{pmatrix} u_1 & v_1 \\ u_2 & v_2 \end{pmatrix}^{-1}}_{\text{レゾルベントマトリックス (解核マトリックス)}} \begin{pmatrix} y_{01} \\ y_{02} \end{pmatrix}$$

◀ レゾルベントマトリックスは，初期値 $\begin{pmatrix} y_{01} \\ y_{02} \end{pmatrix}$ を入力すると，解 $\begin{pmatrix} y_1 \\ y_2 \end{pmatrix}$ を出力する写像を表す．

となる．問 6.14 の方法で，

$$\begin{pmatrix} y_1 \\ y_2 \end{pmatrix} = e^{\begin{pmatrix} a_{11} & a_{12} \\ a_{21} & a_{22} \end{pmatrix}(x-x_0)} \begin{pmatrix} y_{01} \\ y_{02} \end{pmatrix}$$

である．手順 2 で調べたように，

$$\begin{pmatrix} a_{11} & a_{12} \\ a_{21} & a_{22} \end{pmatrix} = \begin{pmatrix} u_1 & v_1 \\ u_2 & v_2 \end{pmatrix} \begin{pmatrix} \lambda_1 & 0 \\ 0 & \lambda_2 \end{pmatrix} \begin{pmatrix} u_1 & v_1 \\ u_2 & v_2 \end{pmatrix}^{-1}$$

だから，$\begin{pmatrix} y_1 \\ y_2 \end{pmatrix}$ を表す二つの式を比べると，

$$\begin{aligned} e^{\begin{pmatrix} a_{11} & a_{12} \\ a_{21} & a_{22} \end{pmatrix}(x-x_0)} &= e^{\begin{pmatrix} u_1 & v_1 \\ u_2 & v_2 \end{pmatrix} \begin{pmatrix} \lambda_1 & 0 \\ 0 & \lambda_2 \end{pmatrix} \begin{pmatrix} u_1 & v_1 \\ u_2 & v_2 \end{pmatrix}^{-1}(x-x_0)} \\ &= \begin{pmatrix} u_1 & v_1 \\ u_2 & v_2 \end{pmatrix} \begin{pmatrix} e^{\lambda_1(x-x_0)} & 0 \\ 0 & e^{\lambda_2(x-x_0)} \end{pmatrix} \begin{pmatrix} u_1 & v_1 \\ u_2 & v_2 \end{pmatrix}^{-1} \end{aligned}$$

の成り立つことがわかる．簡単のために，$M = \begin{pmatrix} a_{11} & a_{12} \\ a_{21} & a_{22} \end{pmatrix}$, $U = \begin{pmatrix} u_1 & v_1 \\ u_2 & v_2 \end{pmatrix}$, $\Lambda = \begin{pmatrix} \lambda_1 & 0 \\ 0 & \lambda_2 \end{pmatrix}$ とおくと，

$$e^{M(x-x_0)} = e^{U\Lambda U^{-1}(x-x_0)} = U e^{\Lambda(x-x_0)} U^{-1}$$

だから，記号で

$$\boldsymbol{y} = e^{M(x-x_0)} \boldsymbol{y}_0 = U e^{\Lambda(x-x_0)} U^{-1} \boldsymbol{y}_0$$

と表せる．計算例 1, 2 で，レゾルベントマトリックスを求めるとき，この関係式を使う．

相談室

S 対角マトリックスに $e^{\lambda_1(x-x_0)}$ と $e^{\lambda_2(x-x_0)}$ とを並べていますが，手順 3 で $\lambda_1 = \dfrac{a_{11}+a_{22}-\sqrt{\cdots}}{2}$, $\lambda_2 = \dfrac{a_{11}+a_{22}+\sqrt{\cdots}}{2}$ とおくこともできますか？

P 手順 5 で固有ベクトルを並べる順も $\begin{pmatrix} v_1 & u_1 \\ v_2 & u_2 \end{pmatrix}$ になります．固有値をベキに含む指数関数の値に，対応する固有ベクトルを掛けたベクトル値関数が求まるので，解ベクトルは変わりません．

● 計算例 1 固有値が相異なる実数の場合 $M = \begin{pmatrix} 1 & 3 \\ 2 & 6 \end{pmatrix}$ のとき [表 6.1 (a)]

手順 3 の連立方程式

$\lambda_1 = 7$ の場合
$$\begin{cases} -6u_1 + 3u_2 = 0, \\ 2u_1 - 1u_2 = 0. \end{cases}$$
$$\begin{pmatrix} u_1 \\ u_2 \end{pmatrix} = \begin{pmatrix} t_1 \\ 2t_1 \end{pmatrix}$$
(t_1 は 0 でない任意の実数)．

$\lambda_2 = 0$ の場合
$$\begin{cases} 1v_1 + 3v_2 = 0, \\ 2v_1 + 6v_2 = 0. \end{cases}$$
$$\begin{pmatrix} v_1 \\ v_2 \end{pmatrix} = \begin{pmatrix} -3t_2 \\ t_2 \end{pmatrix}$$
(t_2 は 0 でない任意の実数)．

$$x_{01} = \frac{y_{01} + 3y_{02}}{7t_1}, \quad x_{02} = -\frac{2y_{01} - y_{02}}{7t_2}$$

◀ 手順 3 の λ_1, λ_2 の表式の a_{ij} に値を代入しないで，直接
$\begin{vmatrix} 1-\lambda & 3 \\ 2 & 6-\lambda \end{vmatrix} = 0$
から $(1-\lambda)(6-\lambda)-6$
$= \lambda^2 - 7\lambda$
$= \lambda(\lambda-7) = 0$
を解くほうが早い．
x_{01}, x_{02} の値は 補足 の式で求めることができる．

6.4 解の安定性 — ベクトル微分方程式

表 6.1 係数マトリックスの対角和と行列式 係数マトリックス M の固有値は
$\lambda = \{a_{11} + a_{22} \pm \sqrt{(a_{11}+a_{22})^2 - 4(a_{11}a_{22} - a_{12}a_{21})}\}/2$
$= [\text{tr}(M) \pm \sqrt{\{\text{tr}(M)\}^2 - 4\det(M)}]/2$ のように対角和と行列式で表せる.
係数マトリックスの行列式 $a_{11}a_{22} - a_{12}a_{21} = 0$ のとき, 固有値の一方は 0 である.

	係数マトリックス	対角和	行列式	固有値
(a)	$\begin{pmatrix} 1 & 3 \\ 2 & 6 \end{pmatrix}$	7	0	$\lambda_1 = 7, \lambda_2 = 0$ (正と 0).
(b)	$\begin{pmatrix} -1 & 3 \\ 2 & -6 \end{pmatrix}$	-7	0	$\lambda_1 = -7, \lambda_2 = 0$ (負と 0).
(c)	$\begin{pmatrix} 4 & 1 \\ -3 & 0 \end{pmatrix}$	4	3	$\lambda_1 = 3, \lambda_2 = 1$ (2 個とも正の実数).
(d)	$\begin{pmatrix} -4 & 1 \\ 3 & -2 \end{pmatrix}$	-6	5	$\lambda_1 = -1, \lambda_2 = -5$ (2 個とも負の実数).
(e)	$\begin{pmatrix} 0 & 1 \\ 1 & 0 \end{pmatrix}$	0	-1	$\lambda_1 = 1, \lambda_2 = -1$ (正負の異なる実数). 問 6.14 の類題.
(f)	$\begin{pmatrix} 3 & 0 \\ 0 & 3 \end{pmatrix}$	6	9	$\lambda_1 = \lambda_2 = 3$ (正の重解).
(g)	$\begin{pmatrix} -3 & 0 \\ 0 & -3 \end{pmatrix}$	-6	9	$\lambda_1 = \lambda_2 = -3$ (負の重解).
(h)	$\begin{pmatrix} 5 & -2 \\ 2 & 1 \end{pmatrix}$	6	9	$\lambda_1 = \lambda_2 = 3$ (対角化できない).
(i)	$\begin{pmatrix} 1 & -1 \\ 1 & -1 \end{pmatrix}$	0	0	$\lambda_1 = \lambda_2 = 0$ (重解 $=0$).
(j)	$\begin{pmatrix} 7 & -1 \\ 2 & 5 \end{pmatrix}$	12	37	$\lambda_1 = 6+i, \lambda_2 = 6-i$ (複素共役, 正の実部).
(k)	$\begin{pmatrix} -7 & -1 \\ 2 & -5 \end{pmatrix}$	-12	37	$\lambda_1 = -6+i, \lambda_2 = -6-i$ (複素共役, 負の実部).
(l)	$\begin{pmatrix} 0 & 1 \\ -1 & 0 \end{pmatrix}$	0	1	$\lambda_1 = i, \lambda_2 = -i$ (純虚数, 実部 $=0$). 問 6.14 参照.

> 正方マトリックス M を入力して対角成分の和を出力する関数を tr と表す.
> $\text{tr}(M) = a_{11} + a_{22}$
> 対角成分の和を跡 (トレース) ともいう.
> 正方マトリックス M を入力して行列式の値を出力する関数を det と表す.
> $\det(M) = a_{11}a_{22} - a_{12}a_{21}$

だから, 手順 5 の解ベクトルは

$$\begin{pmatrix} y_1 \\ y_2 \end{pmatrix} = \underbrace{\begin{pmatrix} 1 \\ 2 \end{pmatrix}}_{\text{固有ベクトル}} t_1 \underbrace{e^{7x}}_{\text{7 は固有値}} \underbrace{e^{-7x_0} x_{01}}_{\text{定数}} + \underbrace{\begin{pmatrix} -3 \\ 1 \end{pmatrix}}_{\text{固有ベクトル}} t_2 \underbrace{e^{0x}}_{\text{0 は固有値}} \underbrace{e^{0x_0} x_{02}}_{\text{定数}}$$

$$= \begin{pmatrix} 1 \\ 2 \end{pmatrix} e^{7x} c_1 + \begin{pmatrix} -3 \\ 1 \end{pmatrix} e^{0x} c_2$$

であり [表 6.2 (a), 図 6.10, 図 6.11], 任意の実数 t_1, t_2 によらない. c_1, c_2 の値は

$$c_1 = \frac{e^{-7x_0}(y_{01} + 3y_{02})}{7}, \quad c_2 = -\frac{e^{0x_0}(2y_{01} - y_{02})}{7}$$

◀ 右辺に
$x_{01} = \dfrac{y_{01} + 3y_{02}}{7t_1}$,
$x_{02} = -\dfrac{2y_{01} - y_{02}}{7t_2}$
を代入すると, t_1, t_2 は約せる.

のように, y_1, y_2 の初期値 y_{01}, y_{02} で表せる.

Stop! 問 5.7 の拡張

解の基底 $\left\langle \begin{pmatrix} 1 \\ 2 \end{pmatrix} e^{7x}, \begin{pmatrix} -3 \\ 1 \end{pmatrix} e^{0x} \right\rangle$.

基本解の線型結合 $\begin{pmatrix} y_1 \\ y_2 \end{pmatrix} = \begin{pmatrix} 1 \\ 2 \end{pmatrix} e^{7x} c_1 + \begin{pmatrix} -3 \\ 1 \end{pmatrix} e^{0x} c_2$.

◀ $\begin{pmatrix} e^{7x} \\ 2e^{7x} \end{pmatrix}, \begin{pmatrix} -3e^{0x} \\ e^{0x} \end{pmatrix}$.

表 6.2 基本解の線型結合 係数マトリックスは表 6.1 (a), (b), ..., (l) と同じ．係数 c_1, c_2 の値は初期条件「$x = x_0$ のとき $y_1 = y_{01}, y_2 = y_{02}$」で決まる．

	係数マトリックス	解ベクトル
(a)	$\begin{pmatrix} 1 & 3 \\ 2 & 6 \end{pmatrix}$	$\begin{pmatrix} y_1 \\ y_2 \end{pmatrix} = \begin{pmatrix} 1 \\ 2 \end{pmatrix} e^{7x} c_1 + \begin{pmatrix} -3 \\ 1 \end{pmatrix} e^{0x} c_2$ （0 は固有値, $e^{0x} = 1$）．
(b)	$\begin{pmatrix} -1 & 3 \\ 2 & -6 \end{pmatrix}$	$\begin{pmatrix} y_1 \\ y_2 \end{pmatrix} = \begin{pmatrix} 1 \\ -2 \end{pmatrix} e^{-7x} c_1 + \begin{pmatrix} 3 \\ 1 \end{pmatrix} e^{0x} c_2$ （0 は固有値, $e^{0x} = 1$）．
(c)	$\begin{pmatrix} 4 & 1 \\ -3 & 0 \end{pmatrix}$	$\begin{pmatrix} y_1 \\ y_2 \end{pmatrix} = \begin{pmatrix} 1 \\ -1 \end{pmatrix} e^{3x} c_1 + \begin{pmatrix} 1 \\ -3 \end{pmatrix} e^{x} c_2$．
(d)	$\begin{pmatrix} -4 & 1 \\ 3 & -2 \end{pmatrix}$	$\begin{pmatrix} y_1 \\ y_2 \end{pmatrix} = \begin{pmatrix} 1 \\ 3 \end{pmatrix} e^{-x} c_1 + \begin{pmatrix} 1 \\ -1 \end{pmatrix} e^{-5x} c_2$．
(e)	$\begin{pmatrix} 0 & 1 \\ 1 & 0 \end{pmatrix}$	$\begin{pmatrix} y_1 \\ y_2 \end{pmatrix} = \begin{pmatrix} 1 \\ 1 \end{pmatrix} e^{x} c_1 + \begin{pmatrix} 1 \\ -1 \end{pmatrix} e^{-x} c_2$．（問 6.14 類題）
(f)	$\begin{pmatrix} 3 & 0 \\ 0 & 3 \end{pmatrix}$	$\begin{pmatrix} y_1 \\ y_2 \end{pmatrix} = \begin{pmatrix} 1 \\ 0 \end{pmatrix} e^{3x} c_1 + \begin{pmatrix} 0 \\ 1 \end{pmatrix} e^{3x} c_2$．（問 6.15 で $\lambda_1 = \lambda_2 > 0$ の場合）
(g)	$\begin{pmatrix} -3 & 0 \\ 0 & -3 \end{pmatrix}$	$\begin{pmatrix} y_1 \\ y_2 \end{pmatrix} = \begin{pmatrix} 1 \\ 0 \end{pmatrix} e^{-3x} c_1 + \begin{pmatrix} 0 \\ 1 \end{pmatrix} e^{-3x} c_2$．（問 6.15 で $\lambda_1 = \lambda_2 < 0$ の場合）
(h)	$\begin{pmatrix} 5 & -2 \\ 2 & 1 \end{pmatrix}$	$\begin{pmatrix} y_1 \\ y_2 \end{pmatrix} = \begin{pmatrix} 1 \\ 1 \end{pmatrix} e^{3x} c_1 + \left\{ \begin{pmatrix} 1 \\ 0 \end{pmatrix} + \begin{pmatrix} 1 \\ 1 \end{pmatrix} \cdot 2x \right\} e^{3x} c_2$．
(i)	$\begin{pmatrix} 1 & -1 \\ 1 & -1 \end{pmatrix}$	$\begin{pmatrix} y_1 \\ y_2 \end{pmatrix} = \begin{pmatrix} 1 \\ 1 \end{pmatrix} c_1 + \left\{ \begin{pmatrix} 1 \\ 0 \end{pmatrix} + \begin{pmatrix} 1 \\ 1 \end{pmatrix} x \right\} c_2$．
(j)	$\begin{pmatrix} 7 & -1 \\ 2 & 5 \end{pmatrix}$	$\begin{pmatrix} y_1 \\ y_2 \end{pmatrix} = \left\{ \begin{pmatrix} 1 \\ 1 \end{pmatrix} \cos x + \begin{pmatrix} 0 \\ 1 \end{pmatrix} \sin x \right\} e^{6x} c_1 + \left\{ \begin{pmatrix} 1 \\ 1 \end{pmatrix} \sin x - \begin{pmatrix} 0 \\ 1 \end{pmatrix} \cos x \right\} e^{6x} c_2$．
(k)	$\begin{pmatrix} -7 & -1 \\ 2 & -5 \end{pmatrix}$	$\begin{pmatrix} y_1 \\ y_2 \end{pmatrix} = \left\{ \begin{pmatrix} 1 \\ -1 \end{pmatrix} \cos x + \begin{pmatrix} 0 \\ 1 \end{pmatrix} \sin x \right\} e^{-6x} c_1 + \left\{ \begin{pmatrix} 1 \\ -1 \end{pmatrix} \sin x - \begin{pmatrix} 0 \\ 1 \end{pmatrix} \cos x \right\} e^{-6x} c_2$．
(l)	$\begin{pmatrix} 0 & 1 \\ -1 & 0 \end{pmatrix}$	$\begin{pmatrix} y_1 \\ y_2 \end{pmatrix} = \left\{ \begin{pmatrix} 1 \\ 0 \end{pmatrix} \cos x - \begin{pmatrix} 0 \\ 1 \end{pmatrix} \sin x \right\} c_1 + \left\{ \begin{pmatrix} 1 \\ 0 \end{pmatrix} \sin x + \begin{pmatrix} 0 \\ 1 \end{pmatrix} \cos x \right\} c_2$．（問 6.14 で初期条件を変えた）

参考　レゾルベントマトリックス

補足で求めた逆マトリックスを使うと

$$\underbrace{\begin{pmatrix} y_1 \\ y_2 \end{pmatrix}}_{\boldsymbol{y}} = \underbrace{\begin{pmatrix} t_1 & -3t_2 \\ 2t_1 & t_2 \end{pmatrix}}_{U} \underbrace{\begin{pmatrix} e^{7(x-x_0)} & 0 \\ 0 & e^{0(x-x_0)} \end{pmatrix}}_{e^{\Lambda(x-x_0)}} \underbrace{\begin{pmatrix} \dfrac{1}{7t_1} & \dfrac{3}{7t_1} \\ -\dfrac{2}{7t_2} & \dfrac{1}{7t_2} \end{pmatrix}}_{U^{-1}} \underbrace{\begin{pmatrix} y_{01} \\ y_{02} \end{pmatrix}}_{\boldsymbol{y}_0}$$

$$= \underbrace{\begin{pmatrix} \dfrac{1}{7} e^{7(x-x_0)} + \dfrac{6}{7} e^{0(x-x_0)} & \dfrac{3}{7} e^{7(x-x_0)} - \dfrac{3}{7} e^{0(x-x_0)} \\ \dfrac{2}{7} e^{7(x-x_0)} - \dfrac{2}{7} e^{0(x-x_0)} & \dfrac{6}{7} e^{7(x-x_0)} + \dfrac{1}{7} e^{0(x-x_0)} \end{pmatrix}}_{\text{レゾルベントマトリックス （解の基本系）}} \begin{pmatrix} y_{01} \\ y_{02} \end{pmatrix}.$$

Stop! $\begin{pmatrix} 1 \\ 0 \end{pmatrix}$ を入力すると，マトリックスの第 1 列を出力する．$\begin{pmatrix} 0 \\ 1 \end{pmatrix}$ を入力すると，マトリックスの第 2 列を出力する．小林幸夫：『線型代数の発想』（現代数学社，2008) p. 37.

6.4 解の安定性 — ベクトル微分方程式

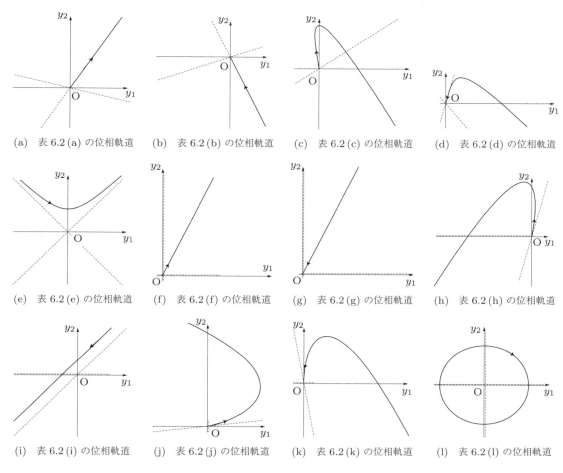

(a) 表 6.2 (a) の位相軌道   (b) 表 6.2 (b) の位相軌道   (c) 表 6.2 (c) の位相軌道   (d) 表 6.2 (d) の位相軌道

(e) 表 6.2 (e) の位相軌道   (f) 表 6.2 (f) の位相軌道   (g) 表 6.2 (g) の位相軌道   (h) 表 6.2 (h) の位相軌道

(i) 表 6.2 (i) の位相軌道   (j) 表 6.2 (j) の位相軌道   (k) 表 6.2 (k) の位相軌道   (l) 表 6.2 (l) の位相軌道

図 6.10 位相軌道 $x_0 = 0$, $y_{01} = 1$, $y_{02} = 2$. 破線は固有ベクトルの方向を表す. 解の収束・発散に着目する. 矢印の向きは, x–y_1 グラフ, x–y_2 グラフで x の増減とともに y_1, y_2 がどのように増減するかを調べるとわかる.

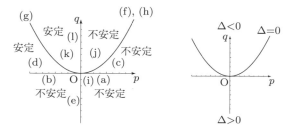

図 6.11 解の安定性と係数マトリックスの対角和・行列式との関係 表 6.1 (a), (b), …, (l). 係数マトリックス M の対角和を p, 行列式を q と表し, $\Delta = p^2 - 4q$ とおく. $\Delta = 0$ のとき $q = \frac{1}{4}p^2$.

補足

$\Delta > 0$, $q < 0$ の例 問 6.15 で $\lambda_1 = -1$, $\lambda_2 = 2$ のとき, 解は $y_1 = e^{-x}$, $y_2 = 2e^{2x}$. y_1y_2 平面の点 $(1, 2)$ を通るから, 位相軌道は第 1 象限の双曲線 $y_2 = \dfrac{2}{y_1^2}$ である. 特定の点に収束しないから, 解は不安定である.

解核マトリックスは,
$\begin{pmatrix} y_{01} \\ y_{02} \end{pmatrix} = \begin{pmatrix} 1 \\ 0 \end{pmatrix}$
のときの解と
$\begin{pmatrix} y_{01} \\ y_{02} \end{pmatrix} = \begin{pmatrix} 0 \\ 1 \end{pmatrix}$
のときの解とを並べたマトリックスである.
◀ 本節のノート：レゾルベントマトリックスを参照. 解核マトリックスの意味.

● **計算例 2** 特性方程式に重解があり, 対角化できない場合 $M = \begin{pmatrix} 5 & -2 \\ 2 & 1 \end{pmatrix}$ のとき [表 6.1 (h)], 計算例 1 と同じ方法で固有値, 固有ベクトルを求めると,

$$\begin{pmatrix} 5 & -2 \\ 2 & 1 \end{pmatrix} \underbrace{\begin{pmatrix} t \\ t \end{pmatrix}}_{\text{固有ベクトル}} = \underbrace{\begin{pmatrix} t \\ t \end{pmatrix}}_{\text{固有ベクトル}} \underbrace{3}_{\text{固有値}} \quad (t \text{ は } 0 \text{ でない任意の実数})$$

である．このほかに，
$$\begin{pmatrix} 5 & -2 \\ 2 & 1 \end{pmatrix}\begin{pmatrix} v_1 \\ v_2 \end{pmatrix} = \begin{pmatrix} t \\ t \end{pmatrix} + \begin{pmatrix} v_1 \\ v_2 \end{pmatrix} 3$$

をみたすような $\begin{pmatrix} v_1 \\ v_2 \end{pmatrix}$ を求める．これらの式をまとめて，

$$\begin{pmatrix} 5 & -2 \\ 2 & 1 \end{pmatrix}\begin{pmatrix} t & v_1 \\ t & v_2 \end{pmatrix} = \begin{pmatrix} t \times 3 & t + v_1 \times 3 \\ t \times 3 & t + v_2 \times 3 \end{pmatrix}$$

と表せる (マトリックスどうしの乗法の積を求めて，左辺と右辺との間で成分どうしを比べると，この式が正しいことを確認できる)．右辺を

$$\begin{pmatrix} t \times 3 & t + v_1 \times 3 \\ t \times 3 & t + v_2 \times 3 \end{pmatrix} = \begin{pmatrix} t & v_1 \\ t & v_2 \end{pmatrix}\begin{pmatrix} 3 & 1 \\ 0 & 3 \end{pmatrix}$$

に書き換える (右辺のマトリックスどうしの乗法の積を求めると，左辺と一致することがわかる) と

$$\begin{pmatrix} 5 & -2 \\ 2 & 1 \end{pmatrix}\begin{pmatrix} t & v_1 \\ t & v_2 \end{pmatrix} = \begin{pmatrix} t & v_1 \\ t & v_2 \end{pmatrix}\underbrace{\begin{pmatrix} 3 & 1 \\ 0 & 3 \end{pmatrix}}_{\text{三角マトリックス}}$$

のように三角化できる．マトリックスどうしの乗法の積は

$$\begin{pmatrix} 3t & 5v_1 - 2v_2 \\ 3t & 2v_1 + 1v_2 \end{pmatrix} = \begin{pmatrix} 3t & t + 3v_1 \\ 3t & t + 3v_2 \end{pmatrix}$$

となるから，
$$\begin{cases} 5v_1 - 2v_2 = t + 3v_1, \\ 2v_1 + 1v_2 = t + 3v_2 \end{cases}$$

を v_1, v_2 について解く．実質的な方程式は

$$2v_1 - 2v_2 = t$$

だけだから，

$$\begin{pmatrix} v_1 \\ v_2 \end{pmatrix} = \begin{pmatrix} s + \dfrac{t}{2} \\ s \end{pmatrix}$$

を得る．s は 0 でない任意の実数である．

手順 1 で

$$\begin{pmatrix} y_1 \\ y_2 \end{pmatrix} = \begin{pmatrix} t & s + \dfrac{t}{2} \\ t & s \end{pmatrix}\begin{pmatrix} x_1 \\ x_2 \end{pmatrix}$$

とおく．手順 2 の対角マトリックスの代わりに，三角マトリックスで表した微分方程式

$$\frac{d}{dx}\begin{pmatrix} x_1 \\ x_2 \end{pmatrix} = \begin{pmatrix} 3 & 1 \\ 0 & 3 \end{pmatrix}\begin{pmatrix} x_1 \\ x_2 \end{pmatrix}$$

の解ベクトルを求める．手順 5 で，問 6.15 と同様に，

$$\begin{pmatrix} x_1 \\ x_2 \end{pmatrix} = e^{\begin{pmatrix} 3 & 1 \\ 0 & 3 \end{pmatrix}(x - x_0)}\begin{pmatrix} x_{01} \\ x_{02} \end{pmatrix}$$

と表せる．

$$\begin{pmatrix} 3 & 1 \\ 0 & 3 \end{pmatrix}^n = \begin{pmatrix} 3^n & 3^{n-1}n \\ 0 & 3^n \end{pmatrix}$$

◀ 小林幸夫：『線型代数の発想』(現代数学社, 2008) p. 304.

◀ 二つの線型独立な固有ベクトルが求まらないとき，同じ固有ベクトルを並べたマトリックス $\begin{pmatrix} u_1 & u_1 \\ u_2 & u_2 \end{pmatrix}$ の逆マトリックスは存在しないから，手順 5 を実行することができない．

◀ $\begin{pmatrix} 3 & 1 \\ 0 & 3 \end{pmatrix}^2, \begin{pmatrix} 3 & 1 \\ 0 & 3 \end{pmatrix}^3,$ $\begin{pmatrix} 3 & 1 \\ 0 & 3 \end{pmatrix}^4, \cdots$ を計算すると，n 乗が求まる．

6.4 解の安定性 — ベクトル微分方程式

だから

$$e^{\begin{pmatrix} 3 & 1 \\ 0 & 3 \end{pmatrix}(x-x_0)}$$

$$= \begin{pmatrix} 1 & 0 \\ 0 & 1 \end{pmatrix} + \begin{pmatrix} 3 & 1 \\ 0 & 3 \end{pmatrix}\frac{(x-x_0)^1}{1!} + \begin{pmatrix} 3^2 & 3 \cdot 2 \\ 0 & 3^2 \end{pmatrix}\frac{(x-x_0)^2}{2!}$$

$$+ \begin{pmatrix} 3^3 & 3^2 \cdot 3 \\ 0 & 3^3 \end{pmatrix}\frac{(x-x_0)^3}{3!} + \begin{pmatrix} 3^4 & 3^3 \cdot 4 \\ 0 & 3^4 \end{pmatrix}\frac{(x-x_0)^4}{4!} + \cdots$$

$$= \begin{pmatrix} 1 + \frac{\{3(x-x_0)\}^1}{1!} + \frac{\{3(x-x_0)\}^2}{2!} + \cdots & (x-x_0)\frac{(x-x_0)^0}{0!} + (x-x_0)\frac{\{3(x-x_0)\}^1}{1!} + (x-x_0)\frac{\{3(x-x_0)\}^2}{2!} + \cdots \\ 0 & 1 + \frac{\{3(x-x_0)\}^1}{1!} + \frac{\{3(x-x_0)\}^2}{2!} + \cdots \end{pmatrix}$$

$$= \begin{pmatrix} e^{3(x-x_0)} & (x-x_0)e^{3(x-x_0)} \\ 0 & e^{3(x-x_0)} \end{pmatrix}.$$

◂ $3^3 \cdot 4 \cdot \dfrac{(x-x_0)^4}{4!}$
$= 3^3 \cdot \dfrac{(x-x_0)^4}{3!}$
$= (x-x_0)$
$\times \dfrac{\{3(x-x_0)\}^3}{3!}$
のように計算する.
他も同様.
◂ 問 6.9.

$$x_{01} = -\frac{2s(y_{01} - y_{02}) - ty_{02}}{t^2}, \quad x_{02} = \frac{2(y_{01} - y_{02})}{t}$$

だから, 手順 5 の解ベクトルは

$$\begin{pmatrix} y_1 \\ y_2 \end{pmatrix} = \begin{pmatrix} t & s + \dfrac{t}{2} \\ t & s \end{pmatrix}\begin{pmatrix} x_1 \\ x_2 \end{pmatrix}$$

◂ 手順 1 の変数変換の式は
$y_1 = tx_1 + \left(s + \dfrac{t}{2}\right)x_2,$
$y_2 = tx_1 + sx_2$
だから, x_{01}, x_{02} の値は 補足 の式で u_1 を t, u_2 を t, v_1 を $s + \dfrac{t}{2}$, v_2 を s におきかえると求まる. 式を整理してから, これらの値を x_{01}, x_{02} に代入する.
$tx_{01} + sx_{02} = y_{02},$
$tx_{02} = 2(y_{01} - y_{02}),$
$t(x_{01} - x_0x_{02}) + sx_{02}$
$= y_{02} - 2x_0(y_{01} - y_{02})$
$= -2x_0y_{01}$
$\quad + (1 + 2x_0)y_{02}.$

$$= \begin{pmatrix} t & s + \dfrac{t}{2} \\ t & s \end{pmatrix}\begin{pmatrix} e^{3(x-x_0)} & (x-x_0)e^{3(x-x_0)} \\ 0 & e^{3(x-x_0)} \end{pmatrix}\begin{pmatrix} x_{01} \\ x_{02} \end{pmatrix}$$

$$= \begin{pmatrix} t & s + \dfrac{t}{2} \\ t & s \end{pmatrix}\begin{pmatrix} e^{3(x-x_0)}x_{01} + (x-x_0)e^{3(x-x_0)}x_{02} \\ e^{3(x-x_0)}x_{02} \end{pmatrix}$$

$$= \begin{pmatrix} t & s + \dfrac{t}{2} \\ t & s \end{pmatrix}\left[\begin{pmatrix} 1 \\ 0 \end{pmatrix}\{e^{3x}e^{-3x_0}(x_{01} - x_0x_{02}) + xe^{3x}e^{-3x_0}x_{02}\}\right.$$

$$\left.+ \begin{pmatrix} 0 \\ 1 \end{pmatrix}e^{3x}e^{-3x_0}x_{02}\right] \quad ◂ \begin{pmatrix} 1 \\ 0 \end{pmatrix}x_1 + \begin{pmatrix} 0 \\ 1 \end{pmatrix}x_2$$

$$= \underbrace{\begin{pmatrix} t \\ t \end{pmatrix}}_{\text{固有ベクトル}}\overbrace{e^{3x}e^{-3x_0}\{(x_{01} - x_0x_{02}) + x_{02}x\}}^{x_1}$$
$\underbrace{}_{\text{3 は固有値}}$

$$+ \underbrace{\begin{pmatrix} s + \dfrac{t}{2} \\ s \end{pmatrix}}_{\text{固有ベクトルの代わり}}\overbrace{e^{3x}e^{-3x_0}x_{02}}^{x_2}$$
$\underbrace{}_{\text{3 は固有値}}$

◂ $\begin{pmatrix} t \\ t \end{pmatrix} = \begin{pmatrix} 1 \\ 1 \end{pmatrix}t,$
$\begin{pmatrix} s + \dfrac{t}{2} \\ s \end{pmatrix}$
$= \begin{pmatrix} 1 \\ 1 \end{pmatrix}s + \begin{pmatrix} 1 \\ 0 \end{pmatrix}\dfrac{t}{2}.$

$$= \begin{pmatrix} 1 \\ 1 \end{pmatrix}e^{3x}e^{-3x_0}\{t(x_{01} - x_0x_{02}) + sx_{02} + tx_{02}x\} + \begin{pmatrix} 1 \\ 0 \end{pmatrix}e^{3x}e^{-3x_0}\frac{tx_{02}}{2}$$

$$= \begin{pmatrix} 1 \\ 1 \end{pmatrix}e^{3x}c_1 + \left\{\begin{pmatrix} 1 \\ 0 \end{pmatrix}e^{3x} + \begin{pmatrix} 1 \\ 1 \end{pmatrix}e^{3x} \cdot 2x\right\}c_2 \quad ◂ x_{01}, x_{02} \text{ の式を代入する.}$$

であり [表 6.2 (h), 図 6.10 (h), 図 6.11], 任意の実数 t, s によらない. c_1, c_2 の値は

$$c_1 = e^{-3x_0}\{-2x_0y_{01} + (1 + 2x_0)y_{02}\}, \quad c_2 = e^{-3x_0}(y_{01} - y_{02})$$

のように, y_1, y_2 の初期値 y_{01}, y_{02} で表せる.

Stop! 問 5.7 の拡張

解の基底 $\left\langle \begin{pmatrix} 1 \\ 1 \end{pmatrix} e^{3x}, \begin{pmatrix} 1 \\ 0 \end{pmatrix} e^{3x} + \begin{pmatrix} 1 \\ 1 \end{pmatrix} e^{3x} \cdot 2x \right\rangle$.

基本解の線型結合 $\begin{pmatrix} y_1 \\ y_2 \end{pmatrix} = \begin{pmatrix} 1 \\ 1 \end{pmatrix} e^{3x} c_1 + \left\{ \begin{pmatrix} 1 \\ 0 \end{pmatrix} e^{3x} + \begin{pmatrix} 1 \\ 1 \end{pmatrix} e^{3x} \cdot 2x \right\} c_2$.

◀ $\begin{pmatrix} e^{3x} \\ e^{3x} \end{pmatrix}$, $\begin{pmatrix} e^{3x}(1+2x) \\ 2e^{3x}x \end{pmatrix}$.

相談室

S 特性方程式が重解をもつのに対角化可能なマトリックスがあるのはなぜでしょうか?

P 単位マトリックスのスカラー倍で表せる $\begin{pmatrix} \alpha & 0 \\ 0 & \alpha \end{pmatrix}$ の特性方程式は $(\alpha-\lambda)^2 = 0$ ですから,重解 $\lambda = \alpha$ をもちます.特性方程式が重解をもつのに対角化できるマトリックスは,$\begin{pmatrix} 3 & 0 \\ 0 & 3 \end{pmatrix}$, $\begin{pmatrix} -3 & 0 \\ 0 & -3 \end{pmatrix}$ などです.

参考 レゾルベントマトリックス

初期値が $\begin{pmatrix} y_{01} \\ y_{02} \end{pmatrix} = \begin{pmatrix} 1 \\ 0 \end{pmatrix}$ のときの解と $\begin{pmatrix} y_{01} \\ y_{02} \end{pmatrix} = \begin{pmatrix} 0 \\ 1 \end{pmatrix}$ のときの解とを並べたマトリックスをつくる.

$y_{01} = 1, y_{02} = 0$ のとき $c_1 = -2e^{-3x_0}x_0, c_2 = e^{-3x_0}$ だから

$$\begin{pmatrix} 1 \\ 1 \end{pmatrix} e^{3x} c_1 + \left\{ \begin{pmatrix} 1 \\ 0 \end{pmatrix} e^{3x} + \begin{pmatrix} 2 \\ 2 \end{pmatrix} e^{3x} x \right\} c_2 = \begin{pmatrix} e^{3(x-x_0)}(2x+1-2x_0) \\ 2e^{3(x-x_0)}(x-x_0) \end{pmatrix}.$$

$y_{01} = 0, y_{02} = 1$ のとき $c_1 = e^{-3x_0}(1+2x_0), c_2 = -e^{-3x_0}$ だから

$$\begin{pmatrix} 1 \\ 1 \end{pmatrix} e^{3x} c_1 + \left\{ \begin{pmatrix} 1 \\ 0 \end{pmatrix} e^{3x} + \begin{pmatrix} 2 \\ 2 \end{pmatrix} e^{3x} x \right\} c_2 = \begin{pmatrix} -2e^{3(x-x_0)}(x-x_0) \\ -e^{3(x-x_0)}(2x-1-2x_0) \end{pmatrix}.$$

解は

$$\begin{pmatrix} y_1 \\ y_2 \end{pmatrix} = \underbrace{\begin{pmatrix} e^{3(x-x_0)}(2x+1-2x_0) & -2e^{3(x-x_0)}(x-x_0) \\ 2e^{3(x-x_0)}(x-x_0) & -e^{3(x-x_0)}(2x-1-2x_0) \end{pmatrix}}_{\text{レゾルベントマトリックス (解の基本系)}} \begin{pmatrix} y_{01} \\ y_{02} \end{pmatrix}$$

と表せる.

◀ 本節のノート:レゾルベントマトリックスを参照. 解核マトリックスの意味.

Stop! $\begin{pmatrix} 1 \\ 0 \end{pmatrix}$ を入力すると,マトリックスの第 1 列を出力する. $\begin{pmatrix} 0 \\ 1 \end{pmatrix}$ を入力すると,マトリックスの第 2 列を出力する. 小林幸夫:『線型代数の発想』(現代数学社, 2008) p.37.

● **計算例 3** 特性方程式が重解 0 をもつ場合 $M = \begin{pmatrix} 1 & -1 \\ 1 & -1 \end{pmatrix}$ のとき [表 6.1 (i)], 問 6.14 と同様に, 解ベクトルは

$$\begin{pmatrix} y_1 \\ y_2 \end{pmatrix} = e^{\begin{pmatrix} 1 & -1 \\ 1 & -1 \end{pmatrix}(x-x_0)} \begin{pmatrix} y_{01} \\ y_{02} \end{pmatrix}$$

と表せる.

$$M^2 = \begin{pmatrix} 1 & -1 \\ 1 & -1 \end{pmatrix} \begin{pmatrix} 1 & -1 \\ 1 & -1 \end{pmatrix} = \begin{pmatrix} 0 & 0 \\ 0 & 0 \end{pmatrix} = O$$

から $M^n = O$ $(n \geq 2)$ である.

$$\begin{aligned} e^{M(x-x_0)} &= \begin{pmatrix} 1 & 0 \\ 0 & 1 \end{pmatrix} + \begin{pmatrix} 1 & -1 \\ 1 & -1 \end{pmatrix} \frac{(x-x_0)^1}{1!} \\ &= \begin{pmatrix} 1+x-x_0 & -x+x_0 \\ x-x_0 & 1-x+x_0 \end{pmatrix} \end{aligned}$$

だから, 解ベクトルは

6.4 解の安定性 — ベクトル微分方程式

$$\begin{pmatrix} y_1 \\ y_2 \end{pmatrix} = \underbrace{\begin{pmatrix} 1+x-x_0 & -x+x_0 \\ x-x_0 & 1-x+x_0 \end{pmatrix}}_{\text{レゾルベントマトリックス (解の基本系)}} \begin{pmatrix} y_{01} \\ y_{02} \end{pmatrix}$$

$$= \begin{pmatrix} (y_{01}-y_{02})x + y_{01} - x_0(y_{01}-y_{02}) \\ (y_{01}-y_{02})x + y_{02} - x_0(y_{01}-y_{02}) \end{pmatrix}$$

◀ $y_{01} - x_0(y_{01}-y_{02})$
$= (y_{01}-y_{02}) + y_{02}$
$\quad - x_0(y_{01}-y_{02})$.

$$= \begin{pmatrix} 1 \\ 1 \end{pmatrix} x(y_{01}-y_{02}) + \begin{pmatrix} y_{01} - x_0(y_{01}-y_{02}) \\ y_{02} - x_0(y_{01}-y_{02}) \end{pmatrix}$$

$$= \begin{pmatrix} 1 \\ 1 \end{pmatrix} x(y_{01}-y_{02}) + \begin{pmatrix} y_{01}-y_{02} \\ 0 \end{pmatrix} + \begin{pmatrix} y_{02}-x_0(y_{01}-y_{02}) \\ y_{02}-x_0(y_{01}-y_{02}) \end{pmatrix}$$

$$= \begin{pmatrix} 1 \\ 1 \end{pmatrix} x(y_{01}-y_{02}) + \begin{pmatrix} 1 \\ 0 \end{pmatrix}(y_{01}-y_{02}) + \begin{pmatrix} 1 \\ 1 \end{pmatrix}\{y_{02}-x_0(y_{01}-y_{02})\}$$

$$= \begin{pmatrix} 1 \\ 1 \end{pmatrix} c_1 + \left\{ \begin{pmatrix} 1 \\ 0 \end{pmatrix} + \begin{pmatrix} 1 \\ 1 \end{pmatrix} x \right\} c_2$$

であり [表 6.2 (i), 図 6.10 (i), 図 6.11], c_1, c_2 の値は

$$c_1 = y_{02} - x_0(y_{01}-y_{02}), \quad c_2 = y_{01} - y_{02}$$

のように, y_1, y_2 の初期値 y_{01}, y_{02} で表せる.

$\boxed{\text{Stop!}}$ 問 5.7 の拡張

解の基底 $\left\langle \begin{pmatrix} 1 \\ 1 \end{pmatrix}, \begin{pmatrix} 1 \\ 0 \end{pmatrix} + \begin{pmatrix} 1 \\ 1 \end{pmatrix} x \right\rangle$.

基本解の線型結合 $\begin{pmatrix} y_1 \\ y_2 \end{pmatrix} = \begin{pmatrix} 1 \\ 1 \end{pmatrix} c_1 + \left\{ \begin{pmatrix} 1 \\ 0 \end{pmatrix} + \begin{pmatrix} 1 \\ 1 \end{pmatrix} x \right\} c_2$.

◀ $\begin{pmatrix} 1 \\ 0 \end{pmatrix} + \begin{pmatrix} 1 \\ 1 \end{pmatrix} x$
$= \begin{pmatrix} 1+x \\ x \end{pmatrix}$.

● 計算例 4　固有値が複素共役の場合　$M = \begin{pmatrix} 7 & -1 \\ 2 & 5 \end{pmatrix}$ のとき [表 6.1 (j)], 計算例 1 と同様に, 解ベクトルは

$$\begin{pmatrix} y_1 \\ y_2 \end{pmatrix} = \underbrace{\begin{pmatrix} 1 \\ 1-i \end{pmatrix}}_{\text{固有ベクトル}} \underbrace{e^{(6+i)x}}_{6+i \text{ は固有値}} C_1 + \underbrace{\begin{pmatrix} 1 \\ 1+i \end{pmatrix}}_{\text{固有ベクトル}} \underbrace{e^{(6-i)x}}_{6-i \text{ は固有値}} C_2$$

◀ Euler の関係式
(5.2 節) を使うと,
$e^{(6\pm i)x}$
$= e^{6x}e^{\pm ix} = e^{6x}$
$\quad \times(\cos x \pm i\sin x)$.

$$= \left\{ \begin{pmatrix} 1 \\ 1 \end{pmatrix} e^{6x}\cos x + \begin{pmatrix} 0 \\ 1 \end{pmatrix} e^{6x}\sin x \right\}(C_1+C_2)$$

$$\quad + \left\{ \begin{pmatrix} 1 \\ 1 \end{pmatrix} e^{6x}\sin x - \begin{pmatrix} 0 \\ 1 \end{pmatrix} e^{6x}\cos x \right\} i(C_1-C_2)$$

◀ $C_1 = \alpha + i\beta$,
$C_2 = \alpha - i\beta$
(α, β は実数) のとき
$C_1 + C_2 = 2\alpha$,
$i(C_1 - C_2) = -2\beta$.

と表せる [表 6.2 (j), 図 6.10 (j), 図 6.11].
$c_1 = C_1 + C_2, c_2 = i(C_1 - C_2)$ とおくと, C_1, C_2 が複素共役のとき, c_1, c_2 は実数である. 表 6.2 では, 解ベクトルを c_1, c_2 で表してある.

▶ 注意　問 6.14 で求めた解ベクトルは, 円関数の加法定理を使って書き換えると,

$$\begin{pmatrix} y_1 \\ y_2 \end{pmatrix} = \begin{pmatrix} \cos x \cos x_0 + \sin x \sin x_0 & \sin x \cos x_0 - \cos x \sin x_0 \\ -(\sin x \cos x_0 - \cos x \sin x_0) & \cos x \cos x_0 + \sin x \sin x_0 \end{pmatrix} \begin{pmatrix} y_{01} \\ y_{02} \end{pmatrix}$$

$$= \begin{pmatrix} (y_{01}\cos x_0 - y_{02}\sin x_0)\cos x + (y_{02}\cos x_0 + y_{01}\sin x_0)\sin x \\ -(y_{01}\cos x_0 - y_{02}\sin x_0)\sin x + (y_{02}\cos x_0 + y_{01}\sin x_0)\cos x \end{pmatrix}$$

$$= \begin{pmatrix} \cos x \\ -\sin x \end{pmatrix} c_1 + \begin{pmatrix} \sin x \\ \cos x \end{pmatrix} c_2$$

になり，計算例 4 と同じ方法で求めた解ベクトルと一致する (表 6.2)．c_1, c_2 の値は

$$c_1 = y_{01}\cos x_0 - y_{02}\sin x_0, \quad c_2 = y_{02}\cos x_0 + y_{01}\sin x_0$$

のように，y_1, y_2 の初期値 y_{01}, y_{02} で表せる．

■モデル■ 戦闘に見つかる法則を見出すために，戦闘をモデル化する．時刻 t のとき生存している兵士数を，A 軍で x_A，B 軍で x_B と表す．Lanchester (ランチェスター) は，連立常微分方程式

$$\begin{cases} \dfrac{dx_\text{A}}{dt} = -\alpha x_\text{B}, \\ \dfrac{dx_\text{B}}{dt} = -\beta x_\text{A} \end{cases}$$

◀ Frederick William Lanchester イギリスの技術者

◀ 佐藤總夫：『自然の数理と社会の数理 — 微分方程式で解析する I』(日本評論社，1984)．

が成り立つと仮定した．α は B 軍が A 軍におよぼす損害率，β は A 軍が B 軍におよぼす損害率を表し，どちらも正の比例定数である．初期条件「$t = 0$ s のとき $x_\text{A} = x_{0\text{A}}$，$x_\text{B} = x_{0\text{B}}$」を課すと，

$$\frac{d}{dt}\begin{pmatrix} x_\text{A} \\ x_\text{B} \end{pmatrix} = \begin{pmatrix} 0 & -\alpha \\ -\beta & 0 \end{pmatrix}\begin{pmatrix} x_\text{A} \\ x_\text{B} \end{pmatrix}$$

の解ベクトルは

$$\begin{pmatrix} x_\text{A} \\ x_\text{B} \end{pmatrix} = e^{\begin{pmatrix} 0 & -\alpha \\ -\beta & 0 \end{pmatrix}t}\begin{pmatrix} x_{0\text{A}} \\ x_{0\text{B}} \end{pmatrix}$$

である．問 6.13 の類題と同様に，

$$\begin{pmatrix} 0 & -\alpha \\ -\beta & 0 \end{pmatrix}^2 = \begin{pmatrix} 1 & 0 \\ 0 & 1 \end{pmatrix}\alpha\beta, \quad \begin{pmatrix} 0 & -\alpha \\ -\beta & 0 \end{pmatrix}^3 = \begin{pmatrix} 0 & -\alpha \\ -\beta & 0 \end{pmatrix}\alpha\beta,$$

$$\begin{pmatrix} 0 & -\alpha \\ -\beta & 0 \end{pmatrix}^4 = \begin{pmatrix} 1 & 0 \\ 0 & 1 \end{pmatrix}(\alpha\beta)^2, \quad \begin{pmatrix} 0 & -\alpha \\ -\beta & 0 \end{pmatrix}^5 = \begin{pmatrix} 0 & -\alpha \\ -\beta & 0 \end{pmatrix}(\alpha\beta)^2, \ldots$$

だから

$$\begin{aligned} e^{\begin{pmatrix} 0 & -\alpha \\ -\beta & 0 \end{pmatrix}t} &= \begin{pmatrix} 1 & 0 \\ 0 & 1 \end{pmatrix}\left\{1 + \frac{(\alpha\beta)^1 t^2}{2!} + \frac{(\alpha\beta)^2 t^4}{4!} + \cdots\right\} \\ &\quad + \begin{pmatrix} 0 & -\alpha \\ -\beta & 0 \end{pmatrix}\left\{\frac{t}{1!} + \frac{(\alpha\beta)^1 t^3}{3!} + \frac{(\alpha\beta)^2 t^5}{5!} + \cdots\right\} \\ &= \begin{pmatrix} 1 & 0 \\ 0 & 1 \end{pmatrix}\left\{1 + \frac{(\sqrt{\alpha\beta})^2 t^2}{2!} + \frac{(\sqrt{\alpha\beta})^4 t^4}{4!} + \cdots\right\} \\ &\quad + \begin{pmatrix} 0 & -\alpha \\ -\beta & 0 \end{pmatrix}\frac{1}{\sqrt{\alpha\beta}}\left\{\frac{\sqrt{\alpha\beta}\,t}{1!} + \frac{(\sqrt{\alpha\beta})^3 t^3}{3!} + \frac{(\sqrt{\alpha\beta})^5 t^5}{5!} + \cdots\right\} \\ &= \begin{pmatrix} 1 & 0 \\ 0 & 1 \end{pmatrix}\cosh(\sqrt{\alpha\beta}\,t) + \begin{pmatrix} 0 & -\sqrt{\dfrac{\alpha}{\beta}} \\ -\sqrt{\dfrac{\beta}{\alpha}} & 0 \end{pmatrix}\sinh(\sqrt{\alpha\beta}\,t). \end{aligned}$$

◀ $\dfrac{(\alpha\beta)^1 t^3}{3!}$
$= \dfrac{(\sqrt{\alpha\beta})^2 t^3}{3!}$
$= \dfrac{1}{\sqrt{\alpha\beta}}\dfrac{(\sqrt{\alpha\beta})^3 t^3}{3!}$
などのように書き換える．
$\dfrac{\alpha}{\sqrt{\alpha\beta}} = \sqrt{\dfrac{\alpha}{\beta}},$
$\dfrac{\beta}{\sqrt{\alpha\beta}} = \sqrt{\dfrac{\beta}{\alpha}}.$

$$\begin{pmatrix} x_\text{A} \\ x_\text{B} \end{pmatrix} = \begin{pmatrix} \cosh(\sqrt{\alpha\beta}\,t) & -\sqrt{\dfrac{\alpha}{\beta}}\sinh(\sqrt{\alpha\beta}\,t) \\ -\sqrt{\dfrac{\beta}{\alpha}}\sinh(\sqrt{\alpha\beta}\,t) & \cosh(\sqrt{\alpha\beta}\,t) \end{pmatrix}\begin{pmatrix} x_{0\text{A}} \\ x_{0\text{B}} \end{pmatrix}$$

となり，時刻 t のとき生存している兵士数は

$$\begin{cases} x_{\mathrm{A}} = \{\cosh(\sqrt{\alpha\beta}t)\}x_{0\mathrm{A}} - \{\sinh(\sqrt{\alpha\beta}t)\}\sqrt{\dfrac{\alpha}{\beta}}x_{0\mathrm{B}}, \\ x_{\mathrm{B}} = \{\cosh(\sqrt{\alpha\beta}t)\}x_{0\mathrm{B}} - \{\sinh(\sqrt{\alpha\beta}t)\}\sqrt{\dfrac{\beta}{\alpha}}x_{0\mathrm{A}} \end{cases}$$

である．Cramer の方法で，$\cosh(\sqrt{\alpha\beta}t)$, $\sinh(\sqrt{\alpha\beta}t)$ について解くと，

$$\cosh(\sqrt{\alpha\beta}t) = \frac{\begin{vmatrix} x_{\mathrm{A}} & -\sqrt{\dfrac{\alpha}{\beta}}x_{0\mathrm{B}} \\ x_{\mathrm{B}} & -\sqrt{\dfrac{\beta}{\alpha}}x_{0\mathrm{A}} \end{vmatrix}}{\begin{vmatrix} x_{0\mathrm{A}} & -\sqrt{\dfrac{\alpha}{\beta}}x_{0\mathrm{B}} \\ x_{0\mathrm{B}} & -\sqrt{\dfrac{\beta}{\alpha}}x_{0\mathrm{A}} \end{vmatrix}} = \frac{-\beta x_{0\mathrm{A}} x_{\mathrm{A}} + \alpha x_{0\mathrm{B}} x_{\mathrm{B}}}{-\beta x_{0\mathrm{A}}^2 + \alpha x_{0\mathrm{B}}^2},$$

$$\sinh(\sqrt{\alpha\beta}t) = \frac{\begin{vmatrix} x_{0\mathrm{A}} & x_{\mathrm{A}} \\ x_{0\mathrm{B}} & x_{\mathrm{B}} \end{vmatrix}}{\begin{vmatrix} x_{0\mathrm{A}} & -\sqrt{\dfrac{\alpha}{\beta}}x_{0\mathrm{B}} \\ x_{0\mathrm{B}} & -\sqrt{\dfrac{\beta}{\alpha}}x_{0\mathrm{A}} \end{vmatrix}} = \frac{-\sqrt{\alpha\beta}(x_{0\mathrm{B}} x_{\mathrm{A}} - x_{0\mathrm{A}} x_{\mathrm{B}})}{-\beta x_{0\mathrm{A}}^2 + \alpha x_{0\mathrm{B}}^2}$$

◀ $\cosh(\sqrt{\alpha\beta}t)$
$= \{-\sqrt{\beta/\alpha}\, x_{0\mathrm{A}} x_{\mathrm{A}}$
$+ \sqrt{\alpha/\beta}\, x_{0\mathrm{B}} x_{\mathrm{B}}\}/$
$\{-\sqrt{\beta/\alpha}\, x_{0\mathrm{A}}^2$
$+ \sqrt{\beta/\alpha}\, x_{0\mathrm{B}}^2\}$
の分子・分母に $\sqrt{\alpha\beta}$ を掛ける．
$\sinh(\sqrt{\alpha\beta}t)$ も同様．

となる．

$$\cosh^2(\sqrt{\alpha\beta}t) - \sinh^2(\sqrt{\alpha\beta}t) = 1$$

だから，

$$x_{\mathrm{A}}^2 - \frac{\alpha}{\beta}x_{\mathrm{B}}^2 = x_{0\mathrm{A}}^2 - \frac{\alpha}{\beta}x_{0\mathrm{B}}^2.$$

◀ 例題 5.2 の類題．

このように，初期値解は例題 5.2 の類題，問 6.14 の類題のように双曲線関数で表せる．このモデルでは，$\alpha = \beta$ の場合，A 軍・B 軍の兵士数の 2 乗の差が一定になるように戦闘が推移する．

◀ 三土修平：『初歩からの経済数学』(日本評論社，1991)．

ノート：固有値問題 (線型代数との結びつき 9)

正方マトリックス $\begin{pmatrix} a_{11} & a_{12} \\ a_{21} & a_{22} \end{pmatrix} \in M(2; \boldsymbol{R})$ (成分が実数の 2×2 マトリックスの集合) で表せる変換で

$$\begin{pmatrix} a_{11} & a_{12} \\ a_{21} & a_{22} \end{pmatrix} \begin{pmatrix} x_1 \\ x_2 \end{pmatrix} = \begin{pmatrix} x_1 \\ x_2 \end{pmatrix} \lambda, \quad \begin{pmatrix} x_1 \\ x_2 \end{pmatrix} \neq \begin{pmatrix} 0 \\ 0 \end{pmatrix}$$

をみたすベクトル $\begin{pmatrix} x_1 \\ x_2 \end{pmatrix} \in \boldsymbol{R}^2$ (2 実数の組の集合) が存在するとき，λ を $\begin{pmatrix} a_{11} & a_{12} \\ a_{21} & a_{22} \end{pmatrix}$ の**固有値**，$\begin{pmatrix} x_1 \\ x_2 \end{pmatrix}$ を固有値 λ に属する**固有ベクトル**という．
一般に，$n \times n$ マトリックスの固有値・固有ベクトルを求める問題を**固有値問題**という．
固有値問題は，変換によって方向の変わらない幾何ベクトルを見出す問題である．$\begin{pmatrix} a_{11} & a_{12} \\ a_{21} & a_{22} \end{pmatrix}$ によって，$\begin{pmatrix} y_1 \\ y_2 \end{pmatrix}$ が $\begin{pmatrix} y_1 \\ y_2 \end{pmatrix} \lambda$ にうつる．これらの数ベクトルが表す幾何ベクトルの方向は同じである (図 **6.12**)．
斉次連立 1 階常微分方程式

$$\frac{d}{dx}\begin{pmatrix} y_1 \\ y_2 \end{pmatrix} = \begin{pmatrix} a_{11} & a_{12} \\ a_{21} & a_{22} \end{pmatrix} \begin{pmatrix} y_1 \\ y_2 \end{pmatrix}$$

◀ $\begin{pmatrix} 0 \\ 0 \end{pmatrix}$ を固有ベクトルとすると，方向の変わらない幾何ベクトルを見出す問題に意味をなさない．

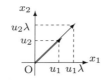

図 6.12 固有ベクトルの方向

を解くとき，係数マトリックス $\begin{pmatrix} a_{11} & a_{12} \\ a_{21} & a_{22} \end{pmatrix}$ が対角化できる場合，固有ベクトルを並べたマトリックスで

$$\begin{pmatrix} y_1 \\ y_2 \end{pmatrix} = \underbrace{\begin{pmatrix} u_1 & v_1 \\ u_2 & v_2 \end{pmatrix}}_{\text{固有ベクトルの並び}} \begin{pmatrix} x_1 \\ x_2 \end{pmatrix}$$

のように変数変換する．微分方程式の解

$$\begin{pmatrix} y_1 \\ y_2 \end{pmatrix} = \begin{pmatrix} u_1 & v_1 \\ u_2 & v_2 \end{pmatrix} \left\{ \begin{pmatrix} 1 \\ 0 \end{pmatrix} x_1 + \begin{pmatrix} 0 \\ 1 \end{pmatrix} x_2 \right\}$$

$$= \underbrace{\begin{pmatrix} u_1 \\ u_2 \end{pmatrix}}_{\text{固有ベクトル}} \underbrace{x_1}_{x \text{ の関数}} + \underbrace{\begin{pmatrix} v_1 \\ v_2 \end{pmatrix}}_{\text{固有ベクトル}} \underbrace{x_2}_{x \text{ の関数}} \quad \blacktriangleleft \text{例題 6.6}$$

は，係数マトリックスで方向を変えないベクトル (固有ベクトル) の線型結合で表せる．解の振舞を調べるとき，固有ベクトルの方向の斜交座標軸に向かって吸い寄せられたり，軸から湧き出したりするような特徴に着目する．

ノート：係数マトリックスと解との関係 (線型代数との結びつき 10)

● 連立 1 次方程式

$$\begin{cases} 7x_1 - 1x_2 = 2, \\ 2x_1 + 5x_2 = 3. \end{cases} \quad \begin{cases} -1x_1 + 3x_2 = 2, \\ 2x_1 - 6x_2 = -4. \end{cases} \quad \begin{cases} -1x_1 + 3x_2 = 1, \\ 2x_1 - 6x_2 = 3. \end{cases}$$

Cramer の方法で解くと，分母は係数マトリックスの行列式だから，この値が 0 かどうかによって，解の特徴が異なる．

$$x_1 = \frac{\begin{vmatrix} 2 & -1 \\ 3 & 5 \end{vmatrix}}{\begin{vmatrix} 7 & -1 \\ 2 & 5 \end{vmatrix}} = \frac{13}{37}. \quad x_1 = \frac{\begin{vmatrix} 2 & 3 \\ -4 & -6 \end{vmatrix}}{\begin{vmatrix} -1 & 3 \\ 2 & -6 \end{vmatrix}}. \quad x_1 = \frac{\begin{vmatrix} 1 & 3 \\ 3 & -6 \end{vmatrix}}{\begin{vmatrix} -1 & 3 \\ 2 & -6 \end{vmatrix}}.$$

$$x_2 = \frac{\begin{vmatrix} 7 & 2 \\ 2 & 3 \end{vmatrix}}{\begin{vmatrix} 7 & -1 \\ 2 & 5 \end{vmatrix}} = \frac{17}{37}. \quad x_2 = \frac{\begin{vmatrix} -1 & 2 \\ 2 & -4 \end{vmatrix}}{\begin{vmatrix} -1 & 3 \\ 2 & -6 \end{vmatrix}}. \quad x_2 = \frac{\begin{vmatrix} -1 & 1 \\ 2 & 3 \end{vmatrix}}{\begin{vmatrix} -1 & 3 \\ 2 & -6 \end{vmatrix}}.$$

分母 $\neq 0$. 　　　　分母 $= 0$，分子 $= 0$. 　　分母 $= 0$，分子 $\neq 0$.
一つの解が存在する．　解は無数に存在する (不定)．　解は存在しない (不能)．

● 斉次連立 1 階常微分方程式 (例題 6.6)

$$\begin{cases} \dfrac{dy_1}{dx} = a_{11} y_1 + a_{12} y_2, \\ \dfrac{dy_2}{dx} = a_{21} y_1 + a_{22} y_2 \end{cases}$$

係数マトリックス $\begin{pmatrix} a_{11} & a_{12} \\ a_{21} & a_{22} \end{pmatrix}$ の対角和と行列式とで，位相軌道の振舞が決まる．

- 2次方程式 (例題 6.6 の特性方程式) $\lambda^2 - \underbrace{(a_{11} + a_{22})}_{\text{対角和}}\lambda + \underbrace{a_{11}a_{22} - a_{12}a_{21}}_{\text{係数マトリックスの行列式}} = 0$

平方完成して整理すると

$$\left(\lambda - \frac{a_{11} + a_{22}}{2}\right)^2 = \frac{(a_{11} + a_{22})^2 - 4(a_{11}a_{22} - a_{12}a_{21})}{4}$$

となるから，解は係数 (対角和) と定数項 (行列式) とで表せ，

$$\lambda = \frac{a_{11} + a_{22} \pm \sqrt{(a_{11} + a_{22})^2 - 4(a_{11}a_{22} - a_{12}a_{21})}}{2}$$

である．根号の中の式 $D = (a_{11} + a_{22})^2 - 4(a_{11}a_{22} - a_{12}a_{21})$ を判別式という．

$D < 0$.	$D = 0$.	$D > 0$.
実数解は存在しない．	重解	相異なる2個の実数解

二つの解を λ_1, λ_2 とおくと，$(\lambda - \lambda_1)(\lambda - \lambda_2) = 0$ のように因数分解できる．この式を展開すると，$\lambda^2 - (\lambda_1 + \lambda_2)\lambda + \lambda_1\lambda_2 = 0$ となるから，解と係数との関係

解の和：$\lambda_1 + \lambda_2 = \underbrace{a_{11} + a_{22}}_{\text{対角和}}$, 解の積：$\lambda_1\lambda_2 = \underbrace{a_{11}a_{22} - a_{12}a_{21}}_{\text{係数マトリックスの行列式}}$

が成り立つ．

◀ $\lambda^2 - (a_{11}+a_{22})\lambda + a_{11}a_{22} - a_{12} + a_{21}$ を $\lambda^2 - (\lambda_1+\lambda_2)\lambda + \lambda_1\lambda_2 = 0$ と比べる．

Stop! 係数マトリックスの対角和と行列式
係数マトリックスの固有値 λ_1, λ_2 の間に $\lambda_1 + \lambda_2 = a_{11} + a_{22}$, $\lambda_1\lambda_2 = a_{11}a_{22} - a_{12}a_{21}$ の関係が成り立つ．

- λ_1, λ_2 が実数の場合
  $\lambda_1 + \lambda_2 < 0$, $\lambda_1\lambda_2 > 0$ のとき，$\lambda_1 < 0$, $\lambda_2 < 0$．
- λ_1, λ_2 が複素共役の場合
  つねに $\lambda_1\lambda_2 > 0$ だから $\lambda_1 + \lambda_2 < 0$ のとき，$\mathrm{Re}\,\lambda_1 < 0$, $\mathrm{Re}\,\lambda_2 < 0$．

◀ 本節のノート：係数マトリックスと解との関係を参照．

◀ Re は実部を表す．
◀ $\lambda_1 = \alpha + i\beta, \lambda_2 = \alpha - i\beta$ (α, β は実数) とすると，$\lambda_1\lambda_2 = \alpha^2 + \beta^2 > 0$．

問 6.16 例題 6.6 で定数係数の斉次連立1階常微分方程式

$$\frac{d}{dx}\begin{pmatrix} y_1 \\ y_2 \end{pmatrix} = \begin{pmatrix} a_{11} & a_{12} \\ a_{21} & a_{22} \end{pmatrix}\begin{pmatrix} y_1 \\ y_2 \end{pmatrix}$$

の係数マトリックスを対角化する代わりに，解ベクトルを $\begin{pmatrix} y_1 \\ y_2 \end{pmatrix} = \begin{pmatrix} q_1 \\ q_2 \end{pmatrix}e^{\mu x}$ とおくと，係数マトリックスの固有値問題に帰着することを示せ．q_1, q_2, μ は定数である．

【解説】例題 5.2 と同様に，指数関数を想定して，解の基底 (解の基本集合) を求める．

$$\frac{d}{dx}\begin{pmatrix} q_1 e^{\mu x} \\ q_2 e^{\mu x} \end{pmatrix} = \begin{pmatrix} q_1 e^{\mu x}\mu \\ q_2 e^{\mu x}\mu \end{pmatrix}$$
$$= \begin{pmatrix} q_1 \\ q_2 \end{pmatrix}e^{\mu x}\mu$$

だから，微分方程式の左辺は

$$\frac{d}{dx}\begin{pmatrix} y_1 \\ y_2 \end{pmatrix} = \begin{pmatrix} q_1 \\ q_2 \end{pmatrix}e^{\mu x}\mu$$

◀ μ は「ミュー」と読むギリシア文字である．

◀ $\dfrac{d(e^{\mu x})}{dx}$
$= \dfrac{d(e^{\mu x})}{d(\mu x)}\dfrac{d(\mu x)}{dx}$
$= e^{\mu x}\mu$

$\dfrac{d}{dx}\begin{pmatrix} q_1 e^{\mu x} \\ q_2 e^{\mu x} \end{pmatrix}$ は
$\begin{pmatrix} \dfrac{d(q_1 e^{\mu x})}{dx} \\ \dfrac{d(q_2 e^{\mu x})}{dx} \end{pmatrix}$ を表す．

となる．微分方程式の右辺に

$$\begin{pmatrix} y_1 \\ y_2 \end{pmatrix} = \begin{pmatrix} q_1 \\ q_2 \end{pmatrix} e^{\mu x}$$

を代入して，左辺と右辺とを入れ換えると，

$$\begin{pmatrix} a_{11} & a_{12} \\ a_{21} & a_{22} \end{pmatrix} \begin{pmatrix} q_1 \\ q_2 \end{pmatrix} e^{\mu x} = \begin{pmatrix} q_1 \\ q_2 \end{pmatrix} e^{\mu x} \mu$$

◀ μ, q_1, q_2 は，例題 6.6 の手順 3 の λ, p_1, p_2 と同じである．

となる．例題 6.6 の手順 3 と同様に，μ は係数マトリックス $\begin{pmatrix} a_{11} & a_{12} \\ a_{21} & a_{22} \end{pmatrix}$ の固有値，$\begin{pmatrix} q_1 \\ q_2 \end{pmatrix}$ は固有ベクトルである．$\mu = \lambda_1$ に属する固有ベクトルは $\begin{pmatrix} u_1 \\ u_2 \end{pmatrix}$，$\mu = \lambda_2$ に属する固有ベクトルは $\begin{pmatrix} v_1 \\ v_2 \end{pmatrix}$ だから，重ね合わせの原理 (5.2 節) で，任意の解は

$$\begin{pmatrix} y_1 \\ y_2 \end{pmatrix} = \underbrace{\begin{pmatrix} u_1 \\ u_2 \end{pmatrix}}_{\text{固有ベクトル}} \underbrace{e^{\lambda_1 x}}_{\lambda_1 \text{は固有値}} \underbrace{c_1}_{\text{定数}} + \underbrace{\begin{pmatrix} v_1 \\ v_2 \end{pmatrix}}_{\text{固有ベクトル}} \underbrace{e^{\lambda_2 x}}_{\lambda_2 \text{は固有値}} \underbrace{c_2}_{\text{定数}}$$

である．y_1, y_2 が初期条件をみたすように，c_1, c_2 の値を決める．

休憩室　Mark Buchanan：『歴史は「べき乗則」で動く』(早川書房，2009) p.221.
理論経済学者たちは，何十という数学モデルを作り，その形式的な性質を詳細にわたり調べている．しかしどんな形にせよ，現実の経済システムの構造や作用を体系的に理解するという点では，まったく進歩していない．

計算練習

【6.1】 **整級数展開**　xy 平面の $x > 1$ の領域で定義した常微分方程式 $\dfrac{dy}{dx} = \dfrac{x+y}{x}$ の解を $x-1$ の整級数展開で求めよ．

【解説】 計算練習【3.1】(定数変化法) の級数展開による解析的解法を示す．
手順 0　初期条件を設定する．　「$x = x_0$ のとき $y = y_0$」[点 (x_0, y_0) を通る]

◀ $x_0 > 1$.

手順 1　$y, \dfrac{dy}{dx}$ を $x-1$ のベキ級数 (Taylor 展開) で表せると仮定する．解析的解 $\varphi(x)$ を

$$\varphi(x) = c_0 + c_1(x-1) + c_2(x-1)^2 + c_3(x-1)^3 + c_4(x-1)^4 + c_5(x-1)^5 + \cdots.$$

の形で表す．この級数を項別に x で微分すると

$$\varphi'(x) = c_1 + 2c_2(x-1) + 3c_3(x-1)^2 + 4c_4(x-1)^3 + 5c_5(x-1)^4 + \cdots$$

となる．
手順 2　ベキ級数を微分方程式に代入する．

$$c_1 + 2c_2(x-1) + 3c_3(x-1)^2 + 4c_4(x-1)^3 + 5c_5(x-1)^4 + \cdots$$
$$= \frac{x + c_0 + c_1(x-1) + c_2(x-1)^2 + c_3(x-1)^3 + c_4(x-1)^4 + c_5(x-1)^5 + \cdots}{x}.$$

手順 3　各ベキの係数の関係を求める．
$x = (x-1) + 1$ だから，両辺に $(x-1) + 1$ を掛ける．x の同じベキを集めて，左辺と右辺とを比べる．

◀ $y = \varphi(x)$, $\dfrac{dy}{dx} = \varphi'(x)$.

◀ $\dfrac{d\{(x-1)^n\}}{dx}$
$= \dfrac{d\{(x-1)^n\}}{d(x-1)} \times \dfrac{d(x-1)}{dx}$
$= n(x-1)^{n-1} \times \left(\dfrac{dx}{dx} - \dfrac{d1}{dx}\right)$
$= n(x-1)^{n-1} \times (1-0)$
$= n(x-1)^{n-1}$.

左辺
$$c_1(x-1) + 2c_2(x-1)^2 + 3c_3(x-1)^3 + 4c_4(x-1)^4 + 5c_5(x-1)^5 + \cdots.$$
$$c_1 \quad + 2c_2(x-1) + 3c_3(x-1)^2 + 4c_4(x-1)^3 + 5c_5(x-1)^4 + 6c_6(x-1)^5 + \cdots.$$
右辺
$$c_0 + 1 + (c_1+1)(x-1) + c_2(x-1)^2 + c_3(x-1)^3 + c_4(x-1)^4 + c_5(x-1)^5 + \cdots.$$

◀ 左辺
$x\{c_1 + 2c_2(x-1)$
$\quad + \cdots\}$
$= (x-1)\{c_1$
$\quad + 2c_2(x-1)$
$\quad + \cdots\}$
$\quad + \{c_1 + 2c_2(x-1)$
$\quad + \cdots\}.$

$(x-1)^0$ の係数：$c_1 = c_0 + 1$,
$(x-1)^1$ の係数：$c_1 + 2c_2 = c_1 + 1$,
$(x-1)^2$ の係数：$2c_2 + 3c_3 = c_2$,
$(x-1)^3$ の係数：$3c_3 + 4c_4 = c_3$,
$(x-1)^4$ の係数：$4c_3 + 5c_4 = c_4$,
$(x-1)^5$ の係数：$5c_3 + 6c_4 = c_5$,
$\cdots$

◀ 右辺で
$x + c_0 + c_1(x-1)$
$= (x-1) + (c_0+1)$
$\quad + c_1(x-1)$
$= c_0 + 1$
$\quad + (c_1+1)(x-1).$

だから，
$$c_2 = \frac{1}{2},$$
$$c_3 = -\frac{1}{3 \cdot 2},$$
$$c_4 = \frac{1}{4 \cdot 3},$$
$$c_5 = -\frac{1}{5 \cdot 4},$$
$\cdots$

手順 5 ベキ級数で初期値解を表す.
$$y = c_0 + (c_0+1)(x-1) + \frac{1}{2}(x-1)^2 - \frac{1}{3 \cdot 2}(x-1)^3 + \frac{1}{4 \cdot 3}(x-1)^4 - \frac{1}{5 \cdot 4}(x-1)^5 + \cdots$$
$$= c_0 x + (x-1) + \frac{1}{2}(x-1)^2 - \frac{1}{3 \cdot 2}(x-1)^3 + \frac{1}{4 \cdot 3}(x-1)^4 - \frac{1}{5 \cdot 4}(x-1)^5 + \cdots$$
$$= \{c_0 + \log_e(x)\}x.$$
$y|_{x=x_0} = y_0$ だから，
$$c_0 = \frac{y_0}{x_0} - \log_e(x_0)$$
である.

◀ 計算練習【3.1】の解と一致する.
計算練習【3.1】では $\frac{y}{x} + 1$, 計算練習【6.1】では $\frac{x+y}{x}$ であるが,
$x > 0$ だから
$\frac{x+y}{x} = \frac{x}{x} + \frac{y}{x}$
$\quad = \frac{y}{x} + 1.$
$x = 0$ のとき $\frac{x}{x}$ の値は不定である.

検算 $f(x) = x \log_e(x)$ とおく.
$f'(x) = \log_e(x) + 1, \qquad f'(1) = 1,$
$f''(x) = \frac{1}{x}, \qquad f''(1) = 1,$
$f^{(3)}(x) = -\frac{1}{x^2}, \qquad f^{(3)}(1) = -1,$
$f^{(4)}(x) = \frac{2!}{x^3}, \qquad f^{(4)}(1) = 2!,$
$f^{(5)}(x) = -\frac{3!}{x^4}, \qquad f^{(5)}(1) = -3!,$
$f^{(6)}(x) = \frac{4!}{x^5}, \qquad f^{(6)}(1) = 4!,$
$\cdots. \qquad \cdots.$

◀ 手順 5 で得たベキ級数は既知関数 $x\log_e(x)$ でまとめることができる.
$\frac{d\{x\log_e(x)\}}{dx}$
$= \frac{dx}{dx}\log_e(x)$
$\quad + x\frac{d\{\log_e(x)\}}{dx}$
$= \log_e(x) + x \cdot \frac{1}{x}$
$= \log_e(x) + 1.$
1.1 節, 3.2 節
積の微分 (問 3.3).

$x = 1$ を中心とする Taylor の展開式

$$f(x) = f(1) + f'(1)(x-1) + \frac{f''(1)}{2!}(x-1)^2 + \cdots + \frac{f^{(n)}(1)}{n!}(x-1)^n + \cdots$$

は，$f(x) = x\log_e(x)$ のとき

$$x\log_e(x) = (x-1) + \frac{1}{2}(x-1)^2 - \frac{1}{3\cdot 2}(x-1)^3 + \frac{1}{4\cdot 3}(x-1)^4 - \frac{1}{5\cdot 4}(x-1)^5 + \cdots$$

である。

◀ 6.3 節．

【6.2】 **確定特異点で級数展開する解法**　数直線 R の $x > 0$ で定義した常微分方程式 $\dfrac{d^2y}{dx^2} - \dfrac{2}{x^2}y = 0$ について，$x = 0$ の右側近傍で解の基底を求めよ．

【解説】 $\dfrac{d^2y}{dx^2} + \dfrac{p(x)}{x}\dfrac{dy}{dx} + \dfrac{q(x)}{x^2}y = 0$ で $p(x) = 0$, $q(x) = -2$ の場合．

$$x^2\frac{d^2y}{dx^2} - 2y = 0$$

◀ 右辺は定数関数の値が 0 であることを表す．

の形に表せるから，点 0 は確定特異点である．

手順 1　y, $x^2\dfrac{d^2y}{dx^2}$ の最低次が一致するようにベキ級数で表す．

▶ **失敗例**　この微分方程式が解析的解

◀ 6.3 節のノート：2 階斉次線型常微分方程式の通常点と特異点を参照．

$$\varphi(x) = c_0 + c_1 x + c_2 x^2 + c_3 x^3 + c_4 x^4 + c_5 x^5 + \cdots \quad (x > 0)$$

をもつと仮定する．この級数を項別に x で微分すると

$$\varphi'(x) = c_1 + 2c_2 x + 3c_3 x^2 + 4c_4 x^3 + 5c_5 x^4 + \cdots,$$

$$\varphi''(x) = 2c_2 + 3\cdot 2 c_3 x + 4\cdot 3 c_4 x^2 + 5\cdot 4 c_5 x^3 + \cdots$$

となる．

$$x^2\varphi''(x) = 2c_2 x^2 + 6c_3 x^3 + 12c_4 x^4 + 20c_5 x^5 + \cdots,$$
$$-2\varphi(x) = -2c_0 x^0 - 2c_1 x^1 - 2c_2 x^2 - 2c_3 x^3 - 2c_4 x^4 - 2c_5 x^5 - \cdots$$

だから

$$x^0 \text{の係数}: -2c_0 = 0,$$
$$x^1 \text{の係数}: -2c_1 = 0,$$
$$x^2 \text{の係数}: 0 = 0,$$
$$x^3 \text{の係数}: 4c_3 = 0,$$
$$\cdots$$

となる．$c_2 = 0$ とすると自明な解 $y = 0$（関数値が 0 の定数関数），$c_2 \neq 0$ とすると $y = c_2 x^2$ を得る．

◀ $\varphi(x) = x^{-1}$ とすると，$\varphi'(x) = -x^{-2}$, $\varphi''(x) = 2x^{-3}$ だから，視察で $y = x^{-1}$ も解であることがわかる．しかし，$\varphi(x) = c_0 x^0 + \cdots$ のように，x の最低次項を x^0 と仮定したから，$y = x^{-1}$ が求まらなかった．

(発想)　x の最低次を ρ とするために，$c_0 \neq 0$ とおいて，解析的解 $\varphi(x)$ を Frobenius (フロベニウス) 級数

$$\varphi(x) = x^\rho \sum_{n=0}^{\infty} c_n x^n \quad (c_0 \neq 0, \rho \geq 0)$$
$$= c_0 x^\rho + c_1 x^{\rho+1} + c_2 x^{\rho+2} + c_3 x^{\rho+3} + c_4 x^{\rho+4} + c_5 x^{\rho+5} + \cdots \quad (x > 0)$$

の形で表す．この級数を項別に x で微分すると

$$\varphi'(x) = \rho c_0 x^{\rho-1} + (\rho+1)c_1 x^\rho + (\rho+2)c_2 x^{\rho+1} + (\rho+3)c_3 x^{\rho+2} + (\rho+4)c_4 x^{\rho+3} + \cdots,$$

$$\varphi''(x) = \rho(\rho-1)c_0 x^{\rho-2} + (\rho+1)\rho c_1 x^{\rho-1} + (\rho+2)(\rho+1)c_2 x^\rho + (\rho+3)(\rho+2)c_3 x^{\rho+1} + \cdots.$$

となる．

◀ ρ は定数である．
$$\varphi(x) = \sum_{n=0}^{\infty} c_n x^n$$
ではなく
$$\varphi(x) = x^\rho \sum_{n=0}^{\infty} c_n x^n$$
の形で表す（例題 6.5）．このように修正する方法を Frobenius の方法という．
Georg Ferdinand Frobenius ドイツの数学者

手順 2　ベキ級数を微分方程式に代入する．

計 算 練 習

$$x^2\varphi''(x) = \rho(\rho-1)c_0 x^\rho + (\rho+1)\rho c_1 x^{\rho+1} + (\rho+2)(\rho+1)c_2 x^{\rho+2} + (\rho+3)(\rho+2)c_3 x^{\rho+3} + \cdots.$$
$$-2\varphi(x) = \qquad -2c_0 x^\rho \qquad -2c_1 x^{\rho+1} \qquad -2c_2 x^{\rho+2} \qquad -2c_3 x^{\rho+3} - \cdots.$$

手順3 各ベキの係数の関係を求める．

この式は x のあらゆる値で成り立つ (x について恒等式) から，各ベキの係数を 0 に等しいとおく．

$$x^\rho \text{の係数}: \{\rho(\rho-1)-2\}c_0 = 0,$$
$$x^{\rho+1} \text{の係数}: \{(\rho+1)\rho-2\}c_1 = 0,$$
$$x^{\rho+2} \text{の係数}: \{(\rho+2)(\rho+1)-2\}c_2 = 0,$$
$$x^{\rho+3} \text{の係数}: \{(\rho+3)(\rho+2)-2\}c_3 = 0,$$
$$x^{\rho+4} \text{の係数}: \{(\rho+4)(\rho+3)-2\}c_4 = 0,$$
$$\cdots.$$

第 1 式で $c_0 \neq 0$ と仮定したから，ρ の値が決まる．x の最低次のベキを決める方程式

$$\rho(\rho-1) - 2 = 0$$

を **決定方程式** (または **指数方程式**)，決定方程式の解を **指数** という．ρ が取り得る値は

$$\rho = -1 \text{ または } \rho = 2.$$

◀ $\rho^2 - \rho - 2 = 0$.
$(\rho+1)(\rho-2) = 0$.

手順5 ベキ級数で任意の解を表す．

(i) $\rho = -1$ の場合：$-2c_1 = 0, -2c_2 = 0, 0c_3 = 0, 4c_4 = 0, \ldots$ だから，

$$c_1 = 0, \ c_2 = 0, \ c_4 = 0, \ c_5 = 0, \ldots.$$

◀ $y = c_0 x^\rho$
$+c_1 x^{\rho+1} + c_2 x^{\rho+2}$
$+c_3 x^{\rho+3} + c_4 x^{\rho+4}$
$+c_5 x^{\rho+5} + \cdots$.

したがって，$c_0 = a, c_3 = b$ (a, b は定数，$a \neq 0$) とおくと，

$$\varphi_1(x) = ax^{-1} + bx^2 \ (x > 0).$$

(ii) $\rho = 2$ の場合：$4c_1 = 0, 10c_2 = 0, 18c_3 = 0, 28c_4 = 0, \ldots$ だから，

$$c_1 = 0, \ c_2 = 0, \ c_3 = 0, \ c_4 = 0, \ldots.$$

したがって，$c_0 = c$ (c は定数，$c \neq 0$) とおくと，

$$\varphi_2(x) = cx^2 \ (x > 0).$$

解 φ_1, φ_2 の組は線型独立かどうかを調べる．x のどんな値に対しても

$$\{\varphi_1(x)\}s_1 + \{\varphi_2(x)\}s_2 = 0 \ (x > 0)$$

◀ 5.2 節のノート：線型独立・線型従属，問 5.11.

となるような定数 s_1, s_2 の組が存在すると，

$$(ax^{-1} + bx^2)s_1 + (cx^2)s_2 = 0$$

が成り立つ．$x > 0$ だから

$$(a + bx^3)s_1 + (cx^3)s_2 = 0.$$

$x \to +0$ とすると，$a \neq 0$ だから $s_1 = 0$ である．$(cx^3)s_2 = 0$ $(x > 0)$ であり，$c \neq 0$ だから $s_2 = 0$ となる．したがって，組 $<\varphi_1, \varphi_2>$ は線型独立だから，解の基底である．任意の解は，基本解の線型結合 $\varphi(x) = Ax^{-1} + Bx^2$ (A, B は定数) で表せる．A, B の値は，初期条件「$x = x_0$ のとき $y = y_{01}, \dfrac{dy}{dx} = y_{02}$」で決める．

◀ 負のベキの項を含む級数を Laurant (ローラン) 級数という．

◀ $\varphi(x)$
$= (ax^{-1} + bx^2)C_1$
$+ (cx^2)C_2, A = aC_1,$
$B = bC_1 + cC_2$.

●**類題**● 数直線 $\mathbf{R}$ の $x > 0$ で定義した常微分方程式 $\dfrac{d^2 y}{dx^2} - \dfrac{2}{x^3} y = 0$ の $x = 0$ の右側近傍で解の基底を求めよ．

【解説】ベキ級数を微分方程式に代入すると，
$$x^3\varphi''(x) = \rho(\rho-1)c_0 x^{\rho+1} + (\rho+1)\rho c_1 x^{\rho+2} + \cdots,$$
$$-2\varphi(x) = -2c_0 x^{\rho} - 2c_1 x^{\rho+1} - 2c_2 x^{\rho+2} - \cdots$$
となる．x^{ρ} の係数を比べると，$-2c_0 = 0$．$c_0 \neq 0$ と仮定したから，この式をみたす c_0 の値は存在しない．したがって，微分方程式 $\dfrac{d^2y}{dx^2} - \dfrac{2}{x^3}y = 0$ $(x>0)$ は Frobenius 級数で表せる解をもたない．

◎何がわかったか　Frobenius 級数で表せる解をもつのは，どのような微分方程式か？

◀ 6.3 節のノート：2 階斉次線型常微分方程式の通常点と特異点を参照．

$$\frac{d^2y}{dx^2} + \frac{p(x)}{(x-x_0)}\frac{dy}{dx} + \frac{q(x)}{(x-x_0)^2}y = 0 \quad (x > x_0)$$

を
$$\frac{d^2y}{dx^2} + P(x)\frac{dy}{dx} + Q(x)y = 0$$

と表す．
$\dfrac{d^2y}{dx^2}$ を級数展開したときの最低次の x の次数よりも $P(x)\dfrac{dy}{dx}$, $Q(x)y$ の最低次の x の次数ほうが低次の場合，Frobenius 級数で表せる解をもたない．
係数関数 P, Q が点 x_0 のまわりで高々

◀ 類題では，$y = \varphi(x)$ とおくと，$\varphi''(x)$ の最低次の x の次数は $\rho-2$, $-\dfrac{2}{x^3}\varphi(x)$ の最低次の x の次数は $\rho-3$．

$$P(x) = \frac{p(x)}{x-x_0} = \frac{p_{-1}}{x-x_0} + p_0 + p_1(x-x_0) + p_2(x-x_0)^2 + \cdots,$$

$$Q(x) = \frac{q(x)}{(x-x_0)^2} = \frac{q_{-2}}{(x-x_0)^2} + \frac{q_{-1}}{x-x_0} + q_0 + q_1(x-x_0) + \cdots$$

のように級数展開できるとき，Frobenius 級数

$$y = c_0(x-x_0)^{\rho} + c_1(x-x_0)^{\rho+1} + c_2(x-x_0)^{\rho+2} + \cdots \quad (c_0 \neq 0)$$

を微分方程式に代入すると

$$\frac{d^2y}{dx^2} = \rho(\rho-1)c_0(x-x_0)^{\rho-2} + \cdots,$$
$$P(x)\frac{dy}{dx} = \rho p_{-1}c_0(x-x_0)^{\rho-2} + \cdots,$$
$$Q(x)y = c_0 q_{-2}(x-x_0)^{\rho-2} + \cdots$$

となるから，どの最低次も $(x-x_0)^{\rho-2}$ になる．

【6.3】**定数変化法**　数直線 $\mathbb{R}$ 上の各点 x で定義した非斉次連立 1 階常微分方程式

$$\begin{cases} \dfrac{dy_1}{dx} = 1y_1 + 3y_2 + e^{7x}, \\ \dfrac{dy_2}{dx} = 2y_1 + 6y_2 + e^{7x} \end{cases}$$

を
$$\frac{d}{dx}\begin{pmatrix} y_1 \\ y_2 \end{pmatrix} = \begin{pmatrix} 1 & 3 \\ 2 & 6 \end{pmatrix}\begin{pmatrix} y_1 \\ y_2 \end{pmatrix} + \begin{pmatrix} e^{7x} \\ e^{7x} \end{pmatrix}$$

と表して，解ベクトルの特徴を調べよ．

【解説】斉次項は，例題 6.6 の計算例 1 と同じだから，そのレゾルベントマトリックスを使うことができる．対応する斉次方程式 $\dfrac{d}{dx}\begin{pmatrix} y_1 \\ y_2 \end{pmatrix} = \begin{pmatrix} 1 & 3 \\ 2 & 6 \end{pmatrix}\begin{pmatrix} y_1 \\ y_2 \end{pmatrix}$ の解ベクトルは $\begin{pmatrix} y_1 \\ y_2 \end{pmatrix} = e^{\begin{pmatrix} 1 & 3 \\ 2 & 6 \end{pmatrix}(x-x_0)}\begin{pmatrix} y_{01} \\ y_{02} \end{pmatrix}$．問 3.4 の発想で，定数ベクトル $\begin{pmatrix} y_{01} \\ y_{02} \end{pmatrix}$ を変化させて，非斉次方程式の解を見つける．

◀ 問 6.14．

◀ 相平面
よこ軸：y_1
たて軸：y_2

手順 0　初期条件を設定する．「$x = x_0$ のとき $y_1 = y_{01}, y_2 = y_{02}$」[相平面で点 (y_{01}, y_{02})

を通る]

手順1 未知のベクトル値関数 (関数値の組) を導入する.

$$\begin{pmatrix} y_1 \\ y_2 \end{pmatrix} = e^{\begin{pmatrix} 1 & 3 \\ 2 & 6 \end{pmatrix}(x-x_0)} \begin{pmatrix} \psi_1(x) \\ \psi_2(x) \end{pmatrix}$$

とおいて, $\begin{pmatrix} y_1 \\ y_2 \end{pmatrix}$ の代わりに $\begin{pmatrix} \psi_1(x) \\ \psi_2(x) \end{pmatrix}$ を求める. ψ_1, ψ_2 は未知関数である.

◂ $\begin{pmatrix} y_1 \\ y_2 \end{pmatrix}$ から $\begin{pmatrix} \psi_1(x) \\ \psi_2(x) \end{pmatrix}$ に変数変換する.

手順2 未知関数がみたす微分方程式を求める.

手順1の式を微分方程式の左辺に代入して, 積を x で微分すると

$$\frac{d}{dx}\begin{pmatrix} y_1 \\ y_2 \end{pmatrix} = \begin{pmatrix} 1 & 3 \\ 2 & 6 \end{pmatrix} e^{\begin{pmatrix} 1 & 3 \\ 2 & 6 \end{pmatrix}(x-x_0)} \begin{pmatrix} \psi_1(x) \\ \psi_2(x) \end{pmatrix}$$
$$+ e^{\begin{pmatrix} 1 & 3 \\ 2 & 6 \end{pmatrix}(x-x_0)} \frac{d}{dx}\begin{pmatrix} \psi_1(x) \\ \psi_2(x) \end{pmatrix}$$
$$= \begin{pmatrix} 1 & 3 \\ 2 & 6 \end{pmatrix}\begin{pmatrix} y_1 \\ y_2 \end{pmatrix} + e^{\begin{pmatrix} 1 & 3 \\ 2 & 6 \end{pmatrix}(x-x_0)} \frac{d}{dx}\begin{pmatrix} \psi_1(x) \\ \psi_2(x) \end{pmatrix}$$

◂ マトリックスの指数関数を x で微分するときの基本は
$\frac{d}{dx}(e^{M(x-x_0)}\boldsymbol{y}_0)$
$= Me^{M(x-x_0)}\boldsymbol{y}_0$.

となるから, 微分方程式の右辺と比べると,

$$e^{\begin{pmatrix} 1 & 3 \\ 2 & 6 \end{pmatrix}(x-x_0)} \frac{d}{dx}\begin{pmatrix} \psi_1(x) \\ \psi_2(x) \end{pmatrix} = \begin{pmatrix} e^{7x} \\ e^{7x} \end{pmatrix}.$$

┌ 感覚をつかめ ─
$M = \begin{pmatrix} 1 & 3 \\ 2 & 6 \end{pmatrix}$
と表すと,
$e^{Mx} = Ue^{\Lambda x}U^{-1}$
(例題6.6の計算例1).
e^{Mx} に左から
$U(e^{\Lambda x})^{-1}U^{-1}$ を掛けると
$U(e^{\Lambda x})^{-1}U^{-1}$
$\times \underbrace{Ue^{\Lambda x}U^{-1}}_{e^{Mx}}$
$= U(e^{\Lambda x})^{-1}$
$\times (U^{-1}U)e^{\Lambda x}U^{-1}$
$= U$
$\times (e^{\Lambda x})^{-1}e^{\Lambda x}U^{-1}$
$= UU^{-1} = I$.
頭の中で, このように考えると, e^{Mx} の逆マトリックスは $U(e^{\Lambda x})^{-1}U^{-1}$ であることがわかる.
└─────────────

両辺に左から $\begin{pmatrix} t_1 & -3t_2 \\ 2t_1 & t_2 \end{pmatrix}\begin{pmatrix} e^{7(x-x_0)} & 0 \\ 0 & e^{0(x-x_0)} \end{pmatrix}^{-1}\begin{pmatrix} t_1 & -3t_2 \\ 2t_1 & t_2 \end{pmatrix}^{-1}$ を掛けると

$$\frac{d}{dx}\begin{pmatrix} \psi_1(x) \\ \psi_2(x) \end{pmatrix}$$
$$= \underbrace{\begin{pmatrix} t_1 & -3t_2 \\ 2t_1 & t_2 \end{pmatrix}}_{U} \underbrace{\begin{pmatrix} e^{7(x-x_0)} & 0 \\ 0 & e^{0(x-x_0)} \end{pmatrix}^{-1}}_{(e^{\Lambda(x-x_0)})^{-1}} \underbrace{\begin{pmatrix} t_1 & -3t_2 \\ 2t_1 & t_2 \end{pmatrix}^{-1}}_{U^{-1}} \begin{pmatrix} e^{7x} \\ e^{7x} \end{pmatrix}$$

となる. 右辺は, レゾルベントマトリックスで $x - x_0$ の代わりに $-(x-x_0)$ とおいて

$$\frac{d}{dx}\begin{pmatrix} \psi_1(x) \\ \psi_2(x) \end{pmatrix} = \begin{pmatrix} \frac{1}{7}e^{-7(x-x_0)} + \frac{6}{7} & \frac{3}{7}e^{-7(x-x_0)} - \frac{3}{7} \\ \frac{2}{7}e^{-7(x-x_0)} - \frac{2}{7} & \frac{6}{7}e^{-7(x-x_0)} + \frac{1}{7} \end{pmatrix}\begin{pmatrix} e^{7x} \\ e^{7x} \end{pmatrix}$$
$$= \begin{pmatrix} \frac{3}{7}e^{7x} + \frac{4}{7}e^{7x_0} \\ -\frac{1}{7}e^{7x} + \frac{8}{7}e^{7x_0} \end{pmatrix}.$$

◂ 対角マトリックスの逆マトリックスの求め方
$\begin{pmatrix} e^{-7(x-x_0)} & 0 \\ 0 & 1 \end{pmatrix}$
$\times \begin{pmatrix} e^{7(x-x_0)} & 0 \\ 0 & 1 \end{pmatrix}$
$= \begin{pmatrix} 1 & 0 \\ 0 & 1 \end{pmatrix}$.
だから, $x - x_0$ の代わりに $-(x - x_0)$ とおくと, 逆マトリックスが求まる.

手順3 未知関数を求める.

$$\begin{pmatrix} y_{01} \\ y_{02} \end{pmatrix} = e^{\begin{pmatrix} 1 & 3 \\ 2 & 6 \end{pmatrix}(x_0-x_0)} \begin{pmatrix} \psi_1(x_0) \\ \psi_2(x_0) \end{pmatrix}$$

だから, ψ_1, ψ_2 の初期値は $\begin{pmatrix} \psi_1(x_0) \\ \psi_2(x_0) \end{pmatrix} = \begin{pmatrix} y_{01} \\ y_{02} \end{pmatrix}$.

未知関数がみたす微分方程式の左辺を $\psi_i(x) = \psi_i(x_0)$ (初期値) から $\psi_i(x) = \psi_i(s)$ (s はどんな値でもいい) まで積分し, 右辺を $x = x_0$ (初期値) から $x = s$ まで積分する.

$$\int_{\psi_i(x_0)}^{\psi_i(s)} d\{\psi_i(x)\} = \psi_i(s) - \psi_i(x_0)$$

◂ $x_0 - x_0 = 0$ だから, $e^O = I$ (O は零マトリックス, I は単位マトリックス).

だから
$$\begin{pmatrix} \psi_1(s) - y_{01} \\ \psi_2(s) - y_{02} \end{pmatrix}$$
$$= \int_{x_0}^{s} \begin{pmatrix} \frac{3}{7}e^{7x} + \frac{4}{7}e^{7x_0} \\ -\frac{1}{7}e^{7x} + \frac{8}{7}e^{7x_0} \end{pmatrix} dx$$
$$= \begin{pmatrix} \frac{3}{49}e^{7s} + \frac{4}{7}e^{7x_0}s - \frac{3}{49}e^{7x_0} - \frac{4}{7}e^{7x_0}x_0 \\ -\frac{1}{49}e^{7s} + \frac{8}{7}e^{7x_0}s + \frac{1}{49}e^{7x_0} - \frac{8}{7}e^{7x_0}x_0 \end{pmatrix}.$$

◀ $d\{\psi_1(x)\} = \left(\frac{3}{7}e^{7x} + \frac{4}{7}e^{7x_0}\right)dx,$
$d\{\psi_2(x)\} = \left(-\frac{1}{7}e^{7x} + \frac{8}{7}e^{7x_0}\right)dx.$

手順 4 未知関数にレゾルベントマトリックスを掛けて初期値解を求める．

$x = s$ の場合 (s はどんな値でもいい) に成り立つから，y_1, y_2 と x との対応の規則 (関数) で決まる関数値は

$$\begin{pmatrix} y_1 \\ y_2 \end{pmatrix} = \begin{pmatrix} \frac{1}{7}e^{7(x-x_0)} + \frac{6}{7} & \frac{3}{7}e^{7(x-x_0)} - \frac{3}{7} \\ \frac{2}{7}e^{7(x-x_0)} - \frac{2}{7} & \frac{6}{7}e^{7(x-x_0)} + \frac{1}{7} \end{pmatrix}$$
$$\times \begin{pmatrix} \frac{3}{49}e^{7x} + \frac{4}{7}e^{7x_0}x - \frac{3}{49}e^{7x_0} - \frac{4}{7}e^{7x_0}x_0 + y_{01} \\ -\frac{1}{49}e^{7x} + \frac{8}{7}e^{7x_0}x + \frac{1}{49}e^{7x_0} - \frac{8}{7}e^{7x_0}x_0 + y_{02} \end{pmatrix}$$

◀ 例題 6.6 の計算例 1 のレゾルベントマトリックス．

◀ $\begin{pmatrix} \psi_1(x) \\ \psi_2(x) \end{pmatrix}.$

で求まる (図 **6.13**, 図 **6.14**).

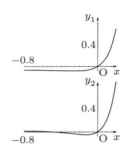
図 **6.13** 解の振舞 (解曲線)

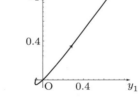
図 **6.14** 位相軌道 解は特定の点 $(0,0)$ を通り，矢印の向きに変化する．

例 $x_0 = 0, y_{01} = 0, y_{02} = 0$ のとき

$$\begin{pmatrix} y_1 \\ y_2 \end{pmatrix} = \begin{pmatrix} \frac{4}{7}xe^{7x} + \frac{3}{49}e^{7x} - \frac{3}{49} \\ \frac{8}{7}xe^{7x} - \frac{1}{49}e^{7x} + \frac{1}{49} \end{pmatrix}.$$

検算 $\begin{pmatrix} \frac{dy_1}{dx} \\ \frac{dy_2}{dx} \end{pmatrix} = \begin{pmatrix} 4xe^{7x} + e^{7x} \\ 8xe^{7x} + e^{7x} \end{pmatrix},$

$$\begin{pmatrix} 1 & 3 \\ 2 & 6 \end{pmatrix} \begin{pmatrix} \frac{4}{7}xe^{7x} + \frac{3}{49}e^{7x} - \frac{3}{49} \\ \frac{8}{7}xe^{7x} - \frac{1}{49}e^{7x} + \frac{1}{49} \end{pmatrix} + \begin{pmatrix} e^{7x} \\ e^{7x} \end{pmatrix} = \begin{pmatrix} 4xe^{7x} + e^{7x} \\ 8xe^{7x} + e^{7x} \end{pmatrix}.$$

探究演習

【6.4】微分方程式の解の級数展開 xy 平面の $|x| < 1$ で定義し，原点 $(0,0)$ を通り，任意の点で接線の傾きが

$$\frac{dy}{dx} = 2(1 + x^2 + x^4 + \cdots)$$

の曲線で表せる関数 f を考える.
(1) 接線の傾き $2(1+x^2+x^4+\cdots)$ を, 和の記号 $\sum$ で表せ.
(2) この傾きを分数関数の形で表せ.
(3) 接線の傾きを (1) の形として, 関数 f を求めて, 級数の形で表せ.
(4) 接線の傾きを (2) の形として, 関数 f を求めて, 既知の関数 (三角関数, 指数関数, 対数関数など) で表せ.
(5) 解曲線の概形を描け.

◀ (1), (2) は高校数学の範囲で考えることができる.

◀ $2(1+x^2+x^4+\cdots)$ は, 数学上あいまいな表し方である.

★ 背景 ★　求積法 (積分法をくりかえして微分方程式の解を求める) で既知の関数を積分するのは, 解法の工夫である. 求積法で解けない微分方程式のほうが圧倒的に多く, このような場合は解をベキ級数の形で求める方法を試みる. 本問では, 求積法で解ける微分方程式について, 求積法と級数展開による解析的解法との関係を調べる.

◀ 求積法について, 探究演習【3.5】参照.

▶ 着眼点　$2(1+x^2+x^4+\cdots)$ には, x の偶数乗の項だけを含むから, x の偶関数である. x の正負を反転しても, $(-3)^2 = 3^2$ などが成り立つから, 関数の値は同じである. したがって, (2) は奇関数ではない.

○解法○

(1) $2(1+x^2+x^4+\cdots) = 2\sum_{n=0}^{\infty} x^{2n}$.

(2) $S_{2n} = 1+x^2+x^4+x^6+\cdots+x^{2n}$ とおく.

$$\begin{aligned} S_{2n} &= 1+x^2(1+x^2+x^4+\cdots+x^{2(n-1)}) \\ &= 1+x^2(1+x^2+x^4+\cdots+x^{2(n-1)}+x^{2n}-x^{2n}) \\ &= 1+x^2(S_{2n}-x^{2n}) \end{aligned}$$

◀ x^{2n} を足して引くと, S_{2n} をつくることができる.

だから
$$(1-x^2)S_{2n} = 1-x^{2(n+1)}$$

となり,
$$S_{2n} = \frac{1-x^{2(n+1)}}{1-x^2}$$

◀ $x^2 x^{2n} = x^{2+2n}$ $= x^{2(n+1)}$.

を得る. $|x|<1$ のとき $\lim_{n\to\infty} x^{2(n+1)} = 0$ だから
$$\lim_{n\to\infty} \frac{1-x^{2(n+1)}}{1-x^2} = \frac{1}{1-x^2}$$

となる. 接線の傾きは
$$\frac{dy}{dx} = \frac{1}{1-x^2}$$

◀ $2(1+x^2+x^4+\cdots)$ は $\frac{1}{1-x^2}$ の Maclaurin 展開である.

と表せる.

(3) 分母を払って
$$dy = 2\sum_{n=0}^{\infty} x^{2n} dx$$

に書き換えて, 左辺を $y=0$ (初期値) から $y=t$ (t はどんな値でもいい) まで積分し, 右辺を $x=0$ (初期値) から $x=s$ (s はどんな値でもいい) まで積分する.

$$\int_0^t dy = 2\sum_{n=0}^{\infty} \int_0^s x^{2n} dx.$$

$$t-0 = \sum_{n=0}^{\infty} \frac{2}{2n+1} s^{2n+1}.$$

$x=s$, $y=t$ の場合 (s, t はどんな値でもいい) に成り立つから, x と y との関係式は
$y = \sum_{n=0}^{\infty} \frac{2}{2n+1} x^{2n+1}$ であり,

$$f(x) = \sum_{n=0}^{\infty} \frac{2}{2n+1} x^{2n+1}$$

となる.

(4) 分母を払って
$$dy = \frac{2}{1-x^2}dx$$
に書き換えて，左辺を $y=0$ (初期値) から $y=t$ (t はどんな値でもいい) まで積分し，右辺を $x=0$ (初期値) から $x=s$ (s はどんな値でもいい) まで積分する.

$$\int_0^t dy = \int_0^s \frac{2}{1-x^2}dx.$$

$$\frac{2}{1-x^2} = \frac{2}{(1-x)(1+x)}$$
$$= \frac{1}{1-x} + \frac{1}{1+x}$$

だから
$$\int_0^s \frac{2}{1-x^2}dx = \int_0^s \frac{dx}{1-x} + \int_0^s \frac{dx}{1+x}$$
$$= -\int_0^{\log_e(1-s)} d\{\log_e(1-x)\} + \int_0^{\log_e(1+s)} d\{\log_e(1+x)\}$$
$$= -\log_e(1-s) + \log_e(1+s)$$
$$= \log_e\left(\frac{1+s}{1-s}\right).$$

x	$0 \to s$
$\log_e(1-x)$	$\log_e 1 \to \log_e(1-s)$

x	$0 \to s$
$\log_e(1+x)$	$\log_e 1 \to \log_e(1+s)$

$$t - 0 = \log_e\left(\frac{1+s}{1-s}\right)$$

が $x=s, y=t$ の場合 (s, t はどんな値でもいい) に成り立つから，x と y との関係式は $y = \log_e\left(\frac{1+x}{1-x}\right)$ であり，

$$f(x) = \log_e\left(\frac{1+x}{1-x}\right)$$

となる.

(5) 解曲線の概形は図 **6.15** のようになる.

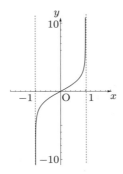

図 **6.15** 解の振舞 (解曲線)

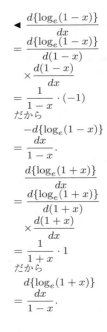

◀ $\dfrac{d\{\log_e(1-x)\}}{dx}$

$= \dfrac{d\{\log_e(1-x)\}}{d(1-x)}$
$\times \dfrac{d(1-x)}{dx}$
$= \dfrac{1}{1-x} \cdot (-1)$

だから

$\dfrac{-d\{\log_e(1-x)\}}{dx}$
$= \dfrac{1}{1-x}$.

$\dfrac{d\{\log_e(1+x)\}}{dx}$
$= \dfrac{d\{\log_e(1+x)\}}{d(1+x)}$
$\times \dfrac{d(1+x)}{dx}$
$= \dfrac{1}{1+x} \cdot 1$

だから

$\dfrac{d\{\log_e(1+x)\}}{dx}$
$= \dfrac{1}{1-x}$.

◀ $y = f(x)$.

◀ 適当な曲線を描くのではなく，グラフの特徴に注意する.

◎何がわかったか (4) で求めた関数のマクローリン展開が (3) で求めた級数である. ただし，(3), (4) を解くとき，マクローリン展開の予備知識はまったく必要ない.

【6.5】 非正規型常微分方程式 xy 平面の第 1 象限 ($x > 0, y > 0$) で描いた曲線上の点 P の接線とたて軸との交点を P_1，よこ軸との交点を P_2，P_1P_2 の長さを a とする. どの点の接線でも，交点間の長さが一定であるような曲線を求めよ.

◀ 微分方程式の名称と階数・次数 (0.5 節).

★ 背景 ★ $y = xf(y') + g(y')$ の型の常微分方程式を Lagrange（ラグランジュ）型の微分方程式という．$f(y') = y'$ の場合，$y = xy' + g(y')$ を Clairaut（クレロー）型の微分方程式という．Clairaut 型の例として，数直線 $\boldsymbol{R}$ の各点 x で定義した 1 階 2 次常微分方程式 $y = xy' \pm \dfrac{ay'}{\sqrt{1+(y')^2}}$ の解曲線の特徴を調べる．

▶ 着眼点　最高階（ここでは，1 階）の導関数について解けた形でないから，正規型でない．非正規型の微分方程式は，解の一意性が成り立たない．

○解法○
曲線上の点 (s, t)（どの位置でもいい）で接線の傾き $y'|_{x=s}$ を m とおくと，接線の方程式は
$$y - t = m(x - s)$$
と表せる．接線とたて軸（y 軸）との交点は $(0, t-sm)$，よこ軸（x 軸）との交点は $(s - t/m, 0)$ である．三平方の定理で，
$$\left(s - \frac{t}{m}\right)^2 + (t - sm)^2 = a^2$$
だから，
$$t = sm \pm \frac{am}{\sqrt{1+m^2}}$$
となる．$x = s, y = t$ の場合（s, t はどんな値でもいい）に成り立つから，x と y との関係式は，Clairaut 型の微分方程式
$$y = xy' \pm \frac{ay'}{\sqrt{1+(y')^2}}$$
である．この微分方程式を解いて，解曲線の特徴を調べる．

手順 0　初期条件を設定する．「$x = 1$ のとき $y = 1$」[点 $(1,1)$ を通る]

手順 1　$p = y', g(p) = \pm \dfrac{ap}{\sqrt{1+p^2}}$ とおいて，微分方程式の両辺を x で微分する．
$$p = p + x\frac{dp}{dx} + \frac{d\{g(p)\}}{dp}\frac{dp}{dx}$$
となるから，
$$\frac{dp}{dx}\left(x + \frac{d\{g(p)\}}{dp}\right) = 0 \ \text{（関数値が 0 の定数関数）}$$
のそれぞれの因数を 0（関数値が 0 の定数関数）とおくと，
$$\frac{dp}{dx} = 0,$$
$$x + \frac{d\{g(p)\}}{dp} = 0$$
の二つの場合を得る．

手順 2　$\dfrac{dp}{dx} = 0$ をみたす解を求める．
$$p = C \ \text{（C は定数）}$$
を微分方程式に代入すると，直線の方程式
$$y = xC \pm \frac{aC}{\sqrt{1+C^2}}$$
を得る．点 $(1,1)$ を通るから，
$$1 - C = \pm \frac{aC}{\sqrt{1+C^2}}$$
となる．a の値を決めても，定数 C の値は一意に決まらない．

◀ y' は x の導関数 f' の値である（0.3 節）．
$y' = f'(x)$

◀ Joseph-Louis Lagrange（ジョゼフ・ルイ・ラグランジュ）イタリアの数学者

◀ Alexis Claude Clairaut（アレクシス・クレロー）フランスの数学者

◀ 正規型，非正規型（6.1 節）．

◀ 問 0.1 の直線の方程式を参照．

◀ 接線の方程式に $x = 0$ を代入すると $y = t - sm$，$y = 0$ を代入すると $x = s - t/m$ を得る．

◀ $\left(\dfrac{sm-t}{m}\right)^2 + (sm-t)^2 = (sm-t)^2 \times \left(1 + \dfrac{1}{m^2}\right).$
接線が水平（傾き $m = 0$）の場合，よこ軸と交わらないから，$m \ne 0$.

◀ もとの微分方程式を x で微分して解く場合，y' を p で表すことが少なくない．
秋山武太郎：『わかる積分学』（日新出版，1961）p. 236.

◀ 積の微分（問 3.3）．
$\dfrac{d(xp)}{dx} = \dfrac{dx}{dx}p + x\dfrac{dp}{dx},$
$\dfrac{d\{g(p)\}}{dx} = \dfrac{d\{g(p)\}}{dp}\dfrac{dp}{dx}.$

◀ $\dfrac{dy}{dx} = C$ を変数分離して，$dy = Cdx$ の左辺を $y = 1$（初期値）から $y = t$（t はどんな値でもいい）まで積分し，右辺を $x = 1$ から $x = s$（s はどんな値でもいい）まで積分すると，$t - 1 = C(s - 1)$ となる．$x = s, y = t$ の場合（s, t はどんな値でもいい）に成り立つから，$y = Cx + (1 - C)$．この式からも $1 - C = \pm \dfrac{a}{\sqrt{1+C^2}}$ を得る．

手順 3 $x + \dfrac{d\{g(p)\}}{dp} = 0$ をみたす解を求める.

$$g(p) = \pm ap(1+p^2)^{-\frac{1}{2}}$$

だから, $q = 1 + p^2$ とおくと

$$\dfrac{d\{g(p)\}}{dp} = \pm a \left(p \dfrac{d(q^{-\frac{1}{2}})}{dq} \dfrac{dq}{dp} + \dfrac{dp}{dp} q^{-\frac{1}{2}} \right)$$

$$= \pm a \left\{ p \left(-\dfrac{1}{2} q^{-\frac{3}{2}} \cdot 2p \right) + q^{-\frac{1}{2}} \right\}$$

$$= \pm \dfrac{a}{(1+p^2)^{\frac{3}{2}}}$$

◀ 積 $pq^{-\frac{1}{2}}$ を p で微分する.

となる.

$$x \pm \dfrac{a}{(1+p^2)^{\frac{3}{2}}} = 0$$

ともとの微分方程式

$$y = xp \pm \dfrac{ap}{\sqrt{1+p^2}}$$

◀ $p = y'$.

とから p を消去する.

計算の工夫 $p = \tan\theta$ とおいて, p から θ に変数変換する.

$$x = \mp \dfrac{a}{(1+\tan^2\theta)^{\frac{3}{2}}} = \mp a(\cos\theta)^3$$

を得るから,

$$y = \mp a(\cos\theta)^3 \tan\theta \pm \dfrac{a \tan\theta}{\sqrt{1+(\tan\theta)^2}}$$

$$= \mp a(\cos\theta)^2 \sin\theta \pm a \sin\theta$$

$$= \pm a(\sin\theta)^3$$

◀ $p = \dfrac{dy}{dx}$ は接線の傾きだから, $\tan\theta$ と表す.
$(\cos\theta)^2 + (\sin\theta)^2 = 1$.
$1 + (\tan\theta)^2 = \dfrac{1}{(\cos\theta)^2}$.
$\dfrac{(\cos\theta)^3}{\{1+(\tan\theta)^2\}^{\frac{3}{2}}}$
$\dfrac{1}{\sqrt{1+(\tan\theta)^2}}$
$= \cos\theta$.
$\cos\theta \tan\theta = \sin\theta$.
$a\sin\theta(\mp(\cos\theta)^2 \pm 1)$
$= a\sin\theta$
$\times \{\pm(\sin\theta)^2\}$.

となる. $x^{\frac{2}{3}}$ と $y^{\frac{2}{3}}$ とを加え, $(\cos\theta)^2 + (\sin\theta)^2 = 1$ を使って θ を消去すると

$$\text{アストロイド (星芒形)} : x^{\frac{2}{3}} + y^{\frac{2}{3}} = a^{\frac{2}{3}}$$

である (図 **6.16**). 点 $(1,1)$ を通るから, $a = 2\sqrt{2}$ である.

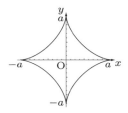

図 6.16 解の振舞 (解曲線) $x(t) = \mp a(\cos\theta)^3$, $y = \pm a(\sin\theta)^3$, $(0 \leq \theta \leq 2\pi)$.

◀ 問 6.4.

◀ 曲線 $x^{\frac{2}{3}} + y^{\frac{2}{3}} = a^{\frac{2}{3}}$ は, すべての接線と接するから, 接線 (直線) の全体の包絡線という.

▶ **注意** x のあらゆる値で $\dfrac{dp}{dx}\left(x + \dfrac{d\{g(p)\}}{dp}\right) = 0$ (関数値が 0 の定数関数) だから, 「x の全域で $\dfrac{dp}{dx} = 0$」「x の全域で $x + \dfrac{d\{g(p)\}}{dp} = 0$」とは限らない. 直線 $y = xC \pm \dfrac{aC}{\sqrt{1+C^2}}$ と曲線 $x^{\frac{2}{3}} + y^{\frac{2}{3}} = a^{\frac{2}{3}}$ とをつないだ曲線も, たて軸, よこ軸との交点間の長さは a である. 微分方程式は曲線の各点で接線の傾きを表す式だから, どの点でも曲線と接線とは同じ微分方程式をみたす. しかし, a の値を選んだとき (たとえば $a = 2$), C にどんな値を代入しても, 直線の方程式からアストロイドの方程式は導けない. Clairaut 型の微分方程式は, 一つの初期条件をみたす解が無数に存在する.

◀ 関数 $\{\cos(\ )\}^3$
$\{\cos(\ )\}^2, \{\sin(\ )\}^3,$
$\{\sin(\ )\}^2.$
$\cos^2(\theta)$ のように書くと,
$\cos\left(\cos\left(\dfrac{\pi}{2}\right)\right)$
$= \cos(0) = 1$ とまちがうおそれがある. 正しくは, $\left\{\cos\left(\dfrac{\pi}{2}\right)\right\}^2$
$= (0)^2 = 0$.

|休憩室| 東野圭吾：『容疑者 X の献身』(文藝春秋，2005)
「幾何の問題に見せかけて，実は関数の問題」

【6.6】 Euler 型の線型常微分方程式 数直線 R の $x > 0$ で定義した変数係数 2 階非斉次線型常微分方程式

$$x^2 \frac{d^2y}{dx^2} - 2x \frac{dy}{dx} + 2y = 0$$

◀ 右辺は定数関数の値が 0 であることを表す．

について，$x = 0$ の右側近傍で解の基底を求めよ．

★ 背景 ★ 例題 5.5 (定数係数 2 階斉次線型微分方程式に書き換える方法) の級数展開による解析的解法を示す．

▶ 着眼点 $\dfrac{d^2y}{dx^2} + \dfrac{p(x)}{x} \dfrac{dy}{dx} + \dfrac{q(x)}{x^2} = 0$ で $p(x) = -2, q(x) = 2$ の場合．点 0 は確定特異点である．

◀ 6.3 節のノート：2 階斉次線型常微分方程式の通常点と特異点を参照．

◀ 計算練習【6.2】．

○解法○

手順 1 $y, x\dfrac{dy}{dx}, x^2\dfrac{d^2y}{dx^2}$ の最低次が一致するようにベキ級数で表す．

手順 2 ベキ級数を微分方程式に代入する．

$$\begin{aligned}
x^2\varphi''(x) &= \rho(\rho-1)c_0 x^\rho + (\rho+1)\rho c_1 x^{\rho+1} + (\rho+2)(\rho+1)c_2 x^{\rho+2} + (\rho+3)(\rho+2)c_3 x^{\rho+3} + \cdots \\
-2x\varphi'(x) &= \quad -2c_0 x^\rho - 2(\rho+1)c_1 x^{\rho+1} \quad -2(\rho+2)c_2 x^{\rho+2} \quad -2(\rho+3)c_3 x^{\rho+3} - \cdots \\
2\varphi(x) &= \quad 2c_0 x^\rho \quad + 2c_1 x^{\rho+1} \quad + 2c_2 x^{\rho+2} \quad + 2c_3 x^{\rho+3} - \cdots
\end{aligned}$$

手順 3 各ベキの係数の関係を求める．

この式は x のあらゆる値で成り立つ (x について恒等式) から，各ベキの係数を 0 に等しいとおく．

$$x^\rho \text{の係数}: \{\rho(\rho-1) - 2\rho + 2\}c_0 = 0,$$
$$x^{\rho+1} \text{の係数}: \{(\rho+1)\rho - 2(\rho+1) + 2\}c_1 = 0,$$
$$x^{\rho+2} \text{の係数}: \{(\rho+2)(\rho+1) - 2(\rho+2) + 2\}c_2 = 0,$$
$$x^{\rho+3} \text{の係数}: \{(\rho+3)(\rho+2) - 2(\rho+3) + 2\}c_3 = 0,$$
$$\cdots.$$

第 1 式で $c_0 \neq 0$ と仮定したから，ρ の値が決まる．x の最低次のベキを決める方程式

$$\rho(\rho-1) - 2\rho + 2 = 0$$

◀ $\varphi(x) = x^\rho \displaystyle\sum_{n=0}^\infty c_n x^n$
$(c_0 \neq 0, \rho \geq 0)$．

◀ $\rho^2 - 3\rho + 2 = 0$．
$(\rho-1)(\rho-2) = 0$．

を **決定方程式** (または **指数方程式**)，決定方程式の解を **指数** という．ρ が取り得る値は

$$\rho = 1 \text{ または } \rho = 2.$$

手順 5 ベキ級数で任意の解を表す．

(i) $\rho = 1$ の場合：$0c_1 = 0, 2c_2 = 0, 6c_3 = 0, \ldots$ だから，

$$c_2 = 0, \ c_3 = 0, \ c_4 = 0, \ c_5 = 0, \ldots.$$

◀ $y = c_0 x^\rho$
$+ c_1 x^{\rho+1} + c_2 x^{\rho+2}$
$+ c_3 x^{\rho+3} + c_4 x^{\rho+4}$
$+ c_5 x^{\rho+5} + \cdots$．

したがって，$c_0 = a, c_1 = b$ (a, b は定数，$a \neq 0$) とおくと，

$$\varphi_1(x) = ax + bx^2 \ (x > 0).$$

(ii) $\rho = 2$ の場合：$2c_1 = 0, 6c_2 = 0, 12c_3 = 0, \ldots$ だから，

$$c_1 = 0, \ c_2 = 0, \ c_3 = 0, \ c_4 = 0, \ldots.$$

したがって，$c_0 = c$ (c は定数，$c \neq 0$) とおくと，

$$\varphi_2(x) = cx^2 \ (x > 0).$$

解 φ_1, φ_2 の組は線型独立かどうかを調べる．

◀ 5.2 節のノート：線型独立・線型従属を参照．

$$\{\varphi_1(x)\}s_1 + \{\varphi_2(x)\}s_2 = 0 \quad (x > 0)$$

となるような定数 s_1, s_2 の組が存在すると，x のどんな値に対しても

$$(ax + bx^2)s_1 + (cx^2)s_2 = 0$$

が成り立つ．$x > 0$ だから

$$(a + bx)s_1 + (cx)s_2 = 0.$$

$x \to +0$ とすると，$a \neq 0$ だから $s_1 = 0$ である．$(cx)s_2 = 0 \; (x > 0)$ であり，$c \neq 0$ だから $s_2 = 0$ となる．したがって，組 $<\varphi_1, \varphi_2>$ は線型独立だから，解の基底である．任意の解は，基本解の線型結合 $\varphi(x) = Ax + Bx^2$ (A, B は定数) で表せる．

◀ $\varphi(x) = (ax + bx^2)C_1 + (cx^2)C_2$,
$A = aC_1$,
$B = bC_1 + cC_2$.

◎何がわかったか　例題 5.5 で基本解の線型結合が $y = c_1 x + c_2 x^2$ の形で表せる理由を，探究演習【6.6】の級数展開で理解する．

例題 5.5 の方法：手順 1 で変数変換 $x = e^t$ ($-\infty < x < \infty$) で定数係数常微分方程式に書き換える．手順 2 で $y = e^{\lambda t}$ と仮定して基底を求める．この過程で，基本解を x^λ とおいたということができる．λ は特性方程式 $\lambda^2 - 3\lambda + 2 = 0$ から得る．基底は $<x, x^2>$ だから，基本解の線型結合は $y = c_1 x + c_2 x^2$ である．

◀ $e^{\lambda t} = (e^t)^\lambda = x^\lambda$.

探究演習【6.6】の方法：解析的解を級数展開したときの x の最低次 x^ρ の次数 ρ は，決定方程式 $\rho^2 - 3\rho + 2 = 0$ から得る．決定方程式と特性方程式とは一致する．基底は $<ax + bx^2, cx^2>$ だから，基本解の線型結合は $y = c_1 x + c_2 x^2$ である．

参考　特性方程式の解には，(i) 2 個の実数解の場合，(ii) 複素共役の場合，(iii) 重解の場合 (問 5.6, 問 5.7, 例題 5.4) の 3 通りの場合がある．指数方程式の解も 3 通りの場合がある．

◀ 稲葉三男：『常微分方程式』(共立出版, 1973) 4 章.

第 6 講の自己評価 (到達度確認)

① 常微分方程式の初期値解の存在と一意性の意味を理解したか？
② ベキ級数展開で常微分方程式の解を求める方法を理解したか？
③ 連立 1 階常微分方程式をマトリックスで表して，解と固有値との間の関係を理解したか？

付録　初期値問題を微分演算子で解く方法

　常微分方程式には，線型代数と結びついた性質があり，解のベクトルとしての姿が解の振舞と関連している (5.2 節, 6.4 節). このほかに，微分演算子は代数のように扱える特徴がある. 最後に，微分演算子を使って，常微分方程式の初期値問題を手品のように解いてみる.

A.1　微分演算子と逆演算子

　微積分の演算を代数の方法で扱うために，3.1 節, 5.2 節で微分演算子 $\dfrac{d}{dx}$ を記号 D で表した. 常微分方程式を解くために，逆演算子 $\dfrac{1}{D}$ を定義する. 準備として，Heaviside (ヘビサイド) の階段関数とデルタ関数とを導入する (図 **A.1**).

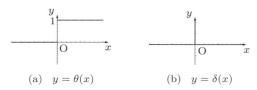

(a)　$y = \theta(x)$　　　(b)　$y = \delta(x)$

図 **A.1**　階段関数とデルタ関数

階段関数

$$\theta(x) = \begin{cases} 0 & (x < 0), \\ 1 & (x > 0). \end{cases}$$

デルタ関数

　階段関数は不連続であるが，不連続な点 $x = 0$ で階段関数を，x について微分すると，形式上

$$\delta(x) = \frac{d\{\theta(x)\}}{dx}$$

となり，δ をデルタ関数という.

$$x \neq 0 \text{ のとき } \delta(x) = 0.$$
$$x = 0 \text{ のとき } \int_{-\infty}^{\infty} \delta(x)dx = 1 \text{ となるように } \delta(0) = \infty.$$

　デルタ関数は，微分可能な連続関数 f を掛けて，デルタ関数が 0 でない点 $x = 0$ を含む区間 $a < x < b$ $(a < 0, b > 0)$ で積分したとき，魔法のような意味を持ち，

$$\begin{aligned}
\int_a^b f(x)\delta(x)dx &= \int_a^b f(x)\frac{d\{\theta(x)\}}{dx}dx \\
&= f(b)\theta(b) - f(a)\theta(a) - \int_a^b \frac{d\{f(x)\}}{dx}\theta(x)dx \\
&= f(b) \cdot 1 - f(a) \cdot 0 - \int_0^b \frac{d\{f(x)\}}{dx}dx \\
&= f(b) - \{f(b) - f(0)\} \\
&= f(0)
\end{aligned}$$

◀ L. D. Landau, E. Lifshitz:『力学・場の理論』(筑摩書房, 2008). 不連続な関数をなめらかな関数に似せて，超関数という概念を考える.
◀ 部分積分 (問 3.5)
◀ $\theta(x) = 0\ (x < 0)$, $\theta(x) = 1\ (x > 0)$.

である.

積分変数を ξ, 独立変数を x として,逆演算子を

$$\frac{1}{D-a}f(x) = \int_{-\infty}^{\infty} \theta(x-\xi)e^{a(x-\xi)}f(\xi)d\xi \quad (a \text{ は定数})$$

と定義する. $a=0$ のとき

$$\frac{1}{D}f(x) = \int_{-\infty}^{x} f(\xi)d\xi = \int_{-\infty}^{\infty} \theta(x-\xi)f(\xi)d\xi.$$

◀ この定義の意味は,並木美喜雄:『デルタ関数と微分方程式』(岩波書店, 1982)にくわしい.

◀ $\theta(x-\xi) = 0 \ (x-\xi < 0)$, $\theta(x-\xi) = 1 \ (x-\xi > 0)$.

問 A.1 逆演算子が $DD^{-1} = D^{-1}D = 1$ (1 を掛ける演算) を確かめよ.

【解説】積分の値が決まるように,関数 f は $\lim_{x \to -\infty} f(x) = 0$ という性質をもっていることが必要である.

$$D\frac{1}{D}f(x) = D\int_{-\infty}^{x} f(\xi)d\xi = f(x),$$

$$\frac{1}{D}Df(x) = \int_{-\infty}^{x} \frac{d\{f(\xi)\}}{d\xi}d\xi = f(x).$$

◀ 記号 D は微分演算子 $\dfrac{d}{dx}$ を表す.

問 A.2 $(D-a)\displaystyle\int_{-\infty}^{\infty} \theta(x-\xi)e^{a(x-\xi)}f(\xi)d\xi = f(x)$ を確かめよ.

【解説】$\dfrac{d\{\theta(x-\xi)e^{a(x-\xi)}\}}{dx} = \delta(x-\xi)e^{a(x-\xi)} + \theta(x-\xi)e^{a(x-\xi)}a$ (積の微分)
だから

$$\int_{-\infty}^{\infty} \delta(x-\xi)e^{a(x-\xi)}f(\xi)d\xi + a\int_{-\infty}^{\infty} \theta(x-\xi)e^{a(x-\xi)}f(\xi)d\xi$$
$$- a\int_{-\infty}^{\infty} \theta(x-\xi)e^{a(x-\xi)}f(\xi)d\xi$$
$$= f(x).$$

◀ $\dfrac{d\{\theta(x-\xi)\}}{dx}$
$= \dfrac{d\{\theta(x-\xi)\}}{d(x-\xi)}\dfrac{d(x-\xi)}{dx}$
$= \delta(x-\xi)\left(\dfrac{dx}{dx} - \dfrac{d\xi}{dx}\right)$
$= \delta(x-\xi)(1-0).$
$= \delta(x-\xi).$

$\dfrac{d(e^{a(x-\xi)})}{dx}$
$= \dfrac{d(e^{a(x-\xi)})}{d\{a(x-\xi)\}}$
$\quad \times \dfrac{d\{a(x-\xi)\}}{dx}$
$= e^{a(x-\xi)}a.$

▶ **注意** 問 A.1 のように $(D-a)(D-a)^{-1} = (D-a)^{-1}(D-a) = 1$ を示すとき,部分積分法 (問 3.5) を使うから, $\left[e^{a(x-\xi)}f(\xi)\right]_{x}^{\infty}$ が求まる条件は関数 f が $\lim_{\xi \to \infty} e^{a(x-\xi)}f(\xi) = 0$ をみたすことである.

A.2 不連続な関数を微分する方法

不連続な関数の例として,例題 5.2 のモデル (ばねに取り付けたおもりの運動) を取り上げる.初期条件「時刻 $t=0$ s のとき位置 $x=x_0$,速度 $v=v_0$」のもとで,おもりを手放す.この初期値問題は,つぎのように書き換えることができる.

- 実験開始前の $t<0$ s で,おもりは $x=0$ m に止まったままだった.
- $t=0$ s のとき,おもりを $x=x_0$ の位置に置いて, $v=v_0$ の速度を与えると,おもりが変化し始める.
- $t>0$ s で,位置の変化は $m\dfrac{d^2x}{dt^2} = -kx$ で決まる.

$t=0$ s で位置が 0 m から x_0 に飛び上がる関数 ψ を,図 **A.2** のように,連続関数 φ_1 と階段関数 θ とで

$$\psi(t) = \varphi_1(t) + x_0\theta(t)$$

と表す.

$$\varphi_1(t) = \begin{cases} x - x_0 & (t>0 \text{ s}), \\ x & (t<0 \text{ s}). \end{cases}$$

◀ $v = \dfrac{dx}{dt}$.

◀ $t>0$ s のとき
$\theta(t) = 1$ だから
$\varphi_1(t) + x_0\theta(t)$
$= x - x_0 + x_0 \cdot 1$
$= x$ ($t>0$ s では連続関数).
$t<0$ s のとき
$\theta(t) = 0$ だから
$\varphi_1(t) + x_0\theta(t)$
$= x + x_0 \cdot 0$
$= x$
$= O(t)$ m
($O(t)$ は関数値が 0 の定数関数).

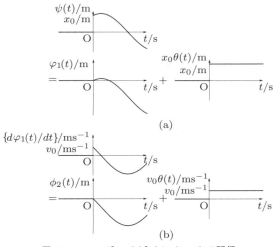

図 **A.2** ψ, $d\{\varphi_1(t)\}/dt$ と t との関係

$\dfrac{d\{\varphi_1(t)\}}{dt}$ は $t=0$ s で速度が 0 m/s から v_0 に飛び上がる関数の値だから，連続関数 φ_2 と階段関数 θ とで

$$\frac{d\{\varphi_1(t)\}}{dt} = \varphi_2(t) + v_0\theta(t)$$

と表す．

$$\varphi_2(t) = \begin{cases} \dfrac{dx}{dt} - v_0 & (t > 0 \text{ s}), \\ \dfrac{dx}{dt} & (t < 0 \text{ s}). \end{cases}$$

不連続点で t について微分する操作を D に含めると，

$$D\psi(t) = \varphi_2(t) + v_0\theta(t) + x_0\delta(t)$$

となる．

$$\begin{aligned} D^2\psi(t) &= \frac{d\{\varphi_2(t)\}}{dt} + v_0\delta(t) + x_0\frac{d\{\delta(t)\}}{dt} \\ &= \frac{d^2x}{dt^2} + v_0\delta(t) + x_0\frac{d\{\delta(t)\}}{dt} \end{aligned}$$

だから，微分方程式（この例では，運動方程式）で

$$\frac{d^2x}{dt^2} = D^2\psi(t) - v_0\delta(t) - x_0\frac{d\{\delta(t)\}}{dt}$$

におきかえると，$t > 0$ s に制限しないで，どの時刻 t のときも

$$D^2\psi(t) + \omega^2\psi(t) = v_0\delta(t) + x_0\frac{d\{\delta(t)\}}{dt}$$

となる．ここで，$\omega^2 = k/m$ である．

◀ $t > 0$ s のとき
$\theta(t) = 1$ だから
$\varphi_2(t) + v_0\theta(t)$
$= \dfrac{dx}{dt} - v_0 + v_0 \cdot 1$
$= \dfrac{dx}{dt}$ ($t > 0$ s
では連続関数).
$t < 0$ s のとき
$\theta(t) = 0$ だから
$\varphi_2(t) + v_0\theta(t)$
$= \dfrac{dx}{dt} + v_0 \cdot 0$
$= \dfrac{dx}{dt}$
$= O(t)$ m/s
($O(t)$ は関数値が
0 の定数関数).

◀ 記号 D は微分演算子 $\dfrac{d}{dt}$ を表す．

◀ 例題 5.2 のモデルの運動方程式は
$m\dfrac{d^2x}{dt^2} = -kx$.

◀ $\dfrac{d^2x}{dt^2} = -\dfrac{k}{m}x$
で $\omega^2 = k/m$ とおくと
$\dfrac{d^2x}{dt^2} = -\omega^2 x$.
$D^2\psi(t) - v_0\delta(t)$
$-x_0\dfrac{d\{\delta(t)\}}{dt}$
$= -\omega^2\psi(t)$.

◀ 部分分数展開
$\dfrac{v_0 + x_0 D}{(D+i\omega)(D-i\omega)}$
$= \dfrac{A}{D+i\omega}$.

問 A.3 $D^2\psi(t) + \omega^2\psi(t) = v_0\delta(t) + x_0\dfrac{d\{\delta(t)\}}{dt}$ の初期値解を求めよ．

【解説】 この微分方程式は

$$(D^2 + \omega^2)\psi(t) = (v_0 + x_0 D)\delta(t)$$

と表せる．部分分数展開

$$\frac{v_0+x_0D}{D^2+\omega^2}=\frac{1}{2i\omega}\left(\frac{-v_0+i\omega x_0}{D+i\omega}+\frac{v_0+i\omega x_0}{D-i\omega}\right)$$

を使うと，$t>0$ s のとき $\psi(t)=x$ だから，

$$\begin{aligned}
x &= \frac{1}{2i\omega}\left(\frac{-v_0+i\omega x_0}{D+i\omega}+\frac{v_0+i\omega x_0}{D-i\omega}\right)\delta(t)\\
&= \frac{1}{2i\omega}(-v_0+i\omega x_0)\int_{-\infty}^{\infty}\theta(t-\tau)e^{-i\omega(t-\tau)}\delta(\tau)d\tau\\
&\quad + \frac{1}{2i\omega}(v_0+i\omega x_0)\int_{-\infty}^{\infty}\theta(t-\tau)e^{i\omega(t-\tau)}\delta(\tau)d\tau\\
&= \frac{1}{2i\omega}\{(-v_0+i\omega x_0)e^{-i\omega t}+(v_0+i\omega x_0)e^{i\omega t}\}\\
&= \frac{e^{i\omega t}+e^{-\omega t}}{2}\cdot\frac{i\omega x_0}{i\omega}+\frac{e^{i\omega t}-e^{-\omega t}}{2i}\cdot\frac{v_0}{\omega}\\
&= \{\cos(\omega t)\}x_0+\{\sin(\omega t)\}\frac{v_0}{\omega} \qquad \blacktriangleleft \text{Euler の関係式 (5.1 節) を使う．}
\end{aligned}$$

$$\begin{aligned}
&+\frac{B}{D-i\omega}\\
&=\{A(D-i\omega)\}\\
&+B(D+i\omega)\}\\
&/(D^2+\omega^2)\\
&=\{(A+B)D\\
&-i\omega(A-B)\}\\
&/(D^2+\omega^2)
\end{aligned}$$
だから
$A+B=x_0$,
$-i\omega(A-B)=v_0$
を A, B について解く
と
$A=\dfrac{-v_0+i\omega x_0}{2i\omega}$,
$B=\dfrac{v_0+i\omega x_0}{2i\omega}$.

となる．

[Stop!] 被積分関数 (積分される関数) がデルタ関数と階段関数とを含むから計算が簡単である．

索 引

▶ 索引を数学用語の和英辞典として活用することができる．

【あ行】

アステロイド	asteroid	290
安定性	stability	259
1 階高次常微分方程式	first-order higher degree ordinary differential equation	231
位相軌道	phase trajectory	142, 156
1 次関数	linear function	52
一様絶対収束する	uniformly absolutely convergent	244
陰関数	implicit function	74, 102, 110, 122
運動学	kinematics	141
n 次多項式	nth polynomial	158
Hermite 多項式	Hermite polynomials	254, 258
円関数	circular function	148, 178, 183
Euler 型線型微分方程式	Euler differential equation	185, 291
Euler の関係式	Euler's formula	146
黄金数	golden number	242

【か行】

解核マトリックス	resolvent matrix	261
解曲線	integral curve	20
解空間	solution space	158, 261, 262
階 数	order	25
階数低下法	reduction of order	174, 206, 208, 211, 221
解析解	analysis solution	251
階段関数	step function	293
解の一意性	uniquness of solutions	162, 234, 237, 243
解の基本系	system of fundamental solutions	171
解の存在	existence of solutions	237, 243
確定特異点	regular singular point	258, 282
重ね合わせの原理	superposition principle	151
関 数	function	1, 8, 11, 102, 104
関数値	value of a function	8, 11, 104
完全微分方程式	exact differential equation	116
基 底	basis	150, 157
基本解	fundamental solution	155, 262
逆演算子	inverse operator	293
逆関数	inverse function	40, 52
級数展開	expansion of a function in a series	282
境界条件	boundary condition	189
境界値問題	boundary value problem	189, 214
行列式	determinant	269
極 限	limit	8
局所座標	local coordinate	113
Cramer の方法	Cramer's rule	163
係数マトリックス	coefficient matrix	172, 278
決定方程式	indicial equation	283, 291
原始関数	primitive function	23
減衰振動	damped oscillation	182
高階斉次線型常微分方程式	high-order homogeneous linear ordinary differential equation	142, 149
高階常微分方程式	high-order ordinary differential equation	138
高階非斉次線型常微分方程式	high-order inhomogeneous linear ordinary differential equation	172
合成関数	composite function	26, 104
降ベキ	descending order of power	249
Cauchy 問題	Cauchy problem	84
固有関数	eigen function	192, 194
固有値	eigen value	192, 194

固有値問題	eigen value problem	193, 277
固有ベクトル	eigen vector	265, 277

【さ行】

指　数	exponent	255, 283, 291
次　数	degree	25
指数関数	exponential function	148, 259
自然対数	natural logarithm	39
写　像	map	11
従属変数	dependent variable	110
出　力	output	1, 110
常微分方程式	ordinary differential equation	24
昇ベキ	ascending order of power	246, 249
常用対数	common logarithm	39
初期条件	initial condition	20, 43, 44, 60, 189
初期値解	solution of the initial value problem	232
初期値問題	initial value problem	84, 162, 189, 293
正規型	normal form	231
整級数	entire series	251
整級数展開	power series expansion	280
斉次解	homogeneous solution	83, 173
斉次方程式	homogeneous equation	81
斉次連立線型常微分方程式	simultanous homogeneous linear ordinary differential equations	143, 150
正則点	regular point	258
正比例関数	directly proportional function	1
積　分	integral	3, 15
積分因子	integrating factor	122
積分因数	integrating factor	122
積分定数	constant of integration	16
積分方程式	integral equation	243
積分路	path of integration	114
接　線	tangent line	2, 3, 5, 8, 32, 108
接平面	tangent plane	101, 108
線型近似	linear approximation	5, 7, 107
線型空間	linear space	158
線型結合	linear combination	107, 151, 157
線型従属	linearly dependent	157, 166
線型常微分方程式	linear ordinary differential equation	80
線型性	linearity	158
線型独立	linearly independent	157, 162, 166
線型微分演算子	linear differential operator	172
線積分	line integral	114
全微分	total differential	107
双曲線関数	hyperbolic function	153, 157
相似変換	similarity transformation	70
相平面	phase plane	150, 161, 222, 260

【た行】

対角化	diagonalization	263
対角和	trace	269
対数関数	logarithmic function	39, 58
多項式関数	polynomial function	174
多変数関数	multivariable function	104
値　域	range	11
逐次近似	successive approximation	242
通常点	ordinary point	255, 258
底	base	39
定義域	domain	11
定数関数	constant function	11
定数係数高階斉次線型常微分方程式	constant-coefficient high-order homogeneous ordinary differential equation	150
定数変化法	variation of constants	84, 174, 284
定積分	definite integral	16, 19, 24
Taylor の展開式	Taylor series	247

デルタ関数	delta function	293
展開	expansion	246
導関数	derivative function	10, 12
等高線	contour line	114
同次型	homogeneous	63
同次式	homogeneous polynomial	64, 83
同次方程式	homogeneous equation	83
等ポテンシャル曲線	equipotential line	131
特異解	singular solution	237
特解	particular solution	83, 217
特性方程式	characteristic equation	151
独立変数	independent variable	110

【な行】

入力	input	1, 110
ネイピア数	Napier's constant	37

【は行】

非斉次解	inhomogeneous solution	173
非斉次線型常微分方程式	inhomogeneous linear ordinary differential equation	174
非斉次方程式	inhomogeneous equation	81
非斉次連立線型常微分方程式	simultanous inhomogeneous linear ordinary differential equations	143
微分	differential	3, 12, 29
微分演算子	differential operator	158, 293
微分係数	differential coefficient	12
微分商	differential quotient	12
不確定特異点	irregular singular point	259
複素数	complex numbers	145
複素数平面	complex plane	145
不定積分	indefinite function	24
平均値の定理	mean-value theorem	239
ベキ関数	power function	57
ベキ級数	power series	245
Bernoulli の微分方程式	Bernoulli differential equation	95
変数分離型	separable	34, 38, 42, 60, 61
変数変換	change of variable	232
偏導関数	partial derivative	106
偏微分	partial differential	107
偏微分係数	partial differential coefficient	106
偏微分方程式	partial differential equation	24
包絡線	envelope	237

【ま行】

Maclaurin の展開式	Maclaurin series	246
未知関数	unknown function	18
未知数	unknown	18
未定係数法	method of undetermined coefficients	173
無限級数	infiite series	256
無理数	irrational number	241

【や行】

陽関数	explicit function	74, 102

【ら行】

Riccati の微分方程式	Riccati differential equation	98
Lipschitz 条件	Lipschitz condition	239, 243
レゾルベントマトリックス	resolvent matrix	261, 270, 274
連分数	continued fraction	241
連立1階線型常微分方程式	simultaneous first-order linear ordinary differential equations	149
連立常微分方程式	simultaneous ordinary differential equations	138
ロンスキアン	Wronskian	165
ロンスキー行列式	Wronski determinant	165

―― 著者略歴 ――

東京大学大学院理学系研究科博士課程修了
理学博士
理化学研究所フロンティア研究員等を経て
創価大学教授
現在に至る

著書に『力学ステーション　時間と空間を舞台とした物体の振る舞い』（森北出版，2002），『数学ターミナル　線型代数の発想　楽屋裏から「なぜこう考えるのか」を探ってみよう』（現代数学社，2008），『数学オフィスアワー　現場で出会う　微積分・線型代数　化学・生物系の数学基礎を実践する』（現代数学社，2011）などがある。

数学ラーニング・アシスタント　常微分方程式の相談室
Learning-assistant for Mathmatics,
The Consultation Room of Ordinary Differential Equations

　　　　　　　　　　　　　　　　　　　　　　　Ⓒ Yukio Kobayashi 2019

2019 年 1 月 10 日　初版第 1 刷発行

著　　者	小　林　幸　夫	
発 行 者	株式会社　コ ロ ナ 社	
	代表者　牛　来　真　也	
印 刷 所	三美印刷株式会社	
製 本 所	有限会社　愛千製本所	

112-0011　東京都文京区千石 4-46-10
発行所　株式会社　コ ロ ナ 社
CORONA PUBLISHING CO., LTD.
Tokyo Japan
振替 00140-8-14844・電話 (03) 3941-3131 (代)
ホームページ　http://www.coronasha.co.jp

ISBN 978-4-339-06116-1　C3041　Printed in Japan　　　　　　　（柏原）

〈出版者著作権管理機構　委託出版物〉
本書の無断複製は著作権法上での例外を除き禁じられています。複製される場合は，そのつど事前に，出版者著作権管理機構（電話 03-5244-5088，FAX 03-5244-5089，e-mail: info@jcopy.or.jp）の許諾を得てください。

本書のコピー，スキャン，デジタル化等の無断複製・転載は著作権法上での例外を除き禁じられています。購入者以外の第三者による本書の電子データ化及び電子書籍化は，いかなる場合も認めていません。
落丁・乱丁はお取替えいたします。

シミュレーション辞典

日本シミュレーション学会 編
A5判／452頁／本体9,000円／上製・箱入り

- ◆**編集委員長** 大石進一（早稲田大学）
- ◆**分野主査** 山崎 憲（日本大学），寒川 光（芝浦工業大学），萩原一郎（東京工業大学），矢部邦明（東京電力株式会社），小野 治（明治大学），古田一雄（東京大学），小山田耕二（京都大学），佐藤拓朗（早稲田大学）
- ◆**分野幹事** 奥田洋司（東京大学），宮本良之（産業技術総合研究所），小俣 透（東京工業大学），勝野 徹（富士電機株式会社），岡田英史（慶應義塾大学），和泉 潔（東京大学），岡本孝司（東京大学）

（編集委員会発足当時）

シミュレーションの内容を共通基礎，電気・電子，機械，環境・エネルギー，生命・医療・福祉，人間・社会，可視化，通信ネットワークの8つに区分し，シミュレーションの学理と技術に関する広範囲の内容について，1ページを1項目として約380項目をまとめた。

- Ⅰ **共通基礎**（数学基礎／数値解析／物理基礎／計測・制御／計算機システム）
- Ⅱ **電気・電子**（音響／材料／ナノテクノロジー／電磁界解析／VLSI設計）
- Ⅲ **機械**（材料力学・機械材料・材料加工／流体力学／熱工学／機械力学・計測制御・生産システム／機素潤滑・ロボティクス・メカトロニクス／計算力学・設計工学・感性工学・最適化／宇宙工学・交通物流）
- Ⅳ **環境・エネルギー**（地域・地球環境／防災／エネルギー／都市計画）
- Ⅴ **生命・医療・福祉**（生命システム／生命情報／生体材料／医療／福祉機械）
- Ⅵ **人間・社会**（認知・行動／社会システム／経済・金融／経営・生産／リスク・信頼性／学習・教育／共通）
- Ⅶ **可視化**（情報可視化／ビジュアルデータマイニング／ボリューム可視化／バーチャルリアリティ／シミュレーションベース可視化／シミュレーション検証のための可視化）
- Ⅷ **通信ネットワーク**（ネットワーク／無線ネットワーク／通信方式）

本書の特徴

1. シミュレータのブラックボックス化に対処できるように，何をどのような原理でシミュレートしているかがわかることを目指している。そのために，数学と物理の基礎にまで立ち返って解説している。
2. 各中項目は，その項目の基礎的事項をまとめており，1ページという簡潔さでその項目の標準的な内容を提供している。
3. 各分野の導入解説として「分野・部門の手引き」を供し，ハンドブックとしての使用にも耐えうること，すなわち，その導入解説に記される項目をピックアップして読むことで，その分野の体系的な知識が身につくように配慮している。
4. 広範なシミュレーション分野を総合的に俯瞰することに注力している。広範な分野を総合的に俯瞰することによって，予想もしなかった分野へ読者を招待することも意図している。

定価は本体価格+税です。
定価は変更されることがありますのでご了承下さい。

図書目録進呈◆

技術英語・学術論文書き方関連書籍

理工系の技術文書作成ガイド
白井　宏 著
A5／136頁／本体1,700円／並製

ネイティブスピーカーも納得する技術英語表現
福岡俊道・Matthew Rooks 共著
A5／240頁／本体3,100円／並製

科学英語の書き方とプレゼンテーション（増補）
日本機械学会 編／石田幸男 編著
A5／208頁／本体2,300円／並製

続 科学英語の書き方とプレゼンテーション
－スライド・スピーチ・メールの実際－
日本機械学会 編／石田幸男 編著
A5／176頁／本体2,200円／並製

マスターしておきたい　技術英語の基本
－決定版－
Richard Cowell・佘　錦華 共著
A5／220頁／本体2,500円／並製

いざ国際舞台へ！　理工系英語論文と口頭発表の実際
富山真知子・富山　健 共著
A5／176頁／本体2,200円／並製

科学技術英語論文の徹底添削
－ライティングレベルに対応した添削指導－
絹川麻理・塚本真也 共著
A5／200頁／本体2,400円／並製

技術レポート作成と発表の基礎技法（改訂版）
野中謙一郎・渡邉力夫・島野健仁郎・京相雅樹・白木尚人 共著
A5／166頁／本体2,000円／並製

Wordによる論文・技術文書・レポート作成術
－Word 2013/2010/2007 対応－
神谷幸宏 著
A5／138頁／本体1,800円／並製

知的な科学・技術文章の書き方
－実験リポート作成から学術論文構築まで－
中島利勝・塚本真也 共著
A5／244頁／本体1,900円／並製

日本工学教育協会賞（著作賞）受賞

知的な科学・技術文章の徹底演習
塚本真也 著
A5／206頁／本体1,800円／並製

工学教育賞（日本工学教育協会）受賞

定価は本体価格+税です。
定価は変更されることがありますのでご了承下さい。

図書目録進呈◆